W0256316

Teubner-Ingenieurmathematik

Burg/Haf/Wille
Höhere Mathematik für Ingenieure
Band 1: Analysis
2. Aufl. 732 Seiten. DM 46,–

Band 2: Lineare Algebra
448 Seiten. DM 44,–

Band 3: Gewöhnliche Differentialgleichungen, Distributionen,
Integraltransformationen
405 Seiten. DM 42,–

Band 4: Vektoranalysis und Funktionentheorie
ca. 280 Seiten. ca. DM 42,–

Dorninger/Müller
Allgemeine Algebra und Anwendungen
324 Seiten. DM 48,–

v. Finckenstein
Grundkurs Mathematik für Ingenieure
461 Seiten. DM 48,–

Heuser/Wolf
Algebra, Funktionalanalysis und Codierung
168 Seiten. DM 36,–

Kamke
Differentialgleichungen
Lösungsmethoden und Lösungen
Band 1: Gewöhnliche Differentialgleichungen
10. Aufl. 694 Seiten. DM 88,–

Band 2: Partielle Differentialgleichungen erster Ordnung
für eine gesuchte Funktion
6. Aufl. 255 Seiten. DM 68,–

Krabs
Einführung in die lineare und nichtlineare
Optimierung für Ingenieure
232 Seiten. DM 38,–

Schwarz
Numerische Mathematik
2. Aufl. 496 Seiten. DM 48,–

 **B. G. Teubner Stuttgart**

Grundlagen der geometrischen Datenverarbeitung

Von Prof. Dr. rer. nat. Josef Hoschek
und Dr. rer. nat. Dieter Lasser
Technische Hochschule Darmstadt

Mit zahlreichen Figuren

B. G. Teubner Stuttgart 1989

Prof. Dr. rer. nat. Josef Hoschek

Geboren 1935 in Littitz/CSSR. Von 1956 bis 1961 Studium der Mathematik und Physik, 1964 Promotion und 1967 Habilitation an der Technischen Hochschule Darmstadt. Seit 1970 Professor an der TH Darmstadt, von 1981 bis 1983 Vizepräsident der TH Darmstadt.

Dr. rer. nat. Dieter Lasser

Geboren 1954 in Wiesbaden. Von 1976 bis 1981 Studium der Mathematik und Physik an der Technischen Hochschule Darmstadt, seit 1983 wiss. Mitarbeiter im Fachbereich Mathematik an der TH Darmstadt. 1985 Lehrbeauftragter der FH Pforzheim, 1987 Lehrbeauftragter der Universität Kaiserslautern, 1987 Promotion an der TH Darmstadt. 1987 Postdoctoral Award des National Research Councils, Washington, D.C., verbunden mit einem einjährigen Postdoctoral Forschungsstipendium an der Naval Postgraduate School, Monterey, CA.

CIP-Titelaufnahme der Deutschen Bibliothek

Hoschek, Josef:
Grundlagen der geometrischen Datenverarbeitung
von Josef Hoschek u. Dieter Lasser.
Stuttgart: Teubner, 1989
ISBN 978-3-519-02962-5   ISBN 978-3-322-99494-3 (eBook)
DOI 10.1007/978-3-322-99494-3
NE: Lasser, Dieter:

Gesamtherstellung: Zechnersche Buchdruckerei GmbH, Speyer
Umschlaggestaltung: M. Koch, Reutlingen

Vorwort

Die geometrische Datenverarbeitung liefert die mathematischen Grundlagen für die graphische Datenverarbeitung. Die graphische Datenverarbeitung hat, seit schnelle Rechner und billige Speicher zur Verfügung stehen, einen Siegeszug ohnegleichen angetreten. Sie ist heute aus dem täglichen Leben nicht mehr wegzudenken und wird in zahlreichen Bereichen eingesetzt:

- große Datenmengen können in Diagrammen besser und übersichtlicher dargestellt werden,

- "schöne" Darstellungen und Funktionsbilder rücken ein Produkt ins rechte Licht,

- Schnittzeichnungen stellt der Rechner und Plotter (fast) automatisch her,

- im Anlagenbau (Großchemie) sorgen dreidimensionale Modelle auf dem Rechner für die "richtige" Anordnung der Leitungssysteme,

- im Automobilbau, Schiffsbau, Flugzeugbau werden die Oberflächen der Produkte mit Methoden der graphischen Datenverarbeitung beschrieben und gestaltet,

- Produkterzeugung und Qualitätssicherung in verschiedenen Industriebereichen wie Nähmaschinenindustrie, Webindustrie, Schuhindustrie benötigt graphische Datenverarbeitung,

- in der Kartographie werden Landkarten, Stadtpläne, Reliefkarten mit Methoden der graphischen Datenverarbeitung entwickelt,

- die Medizin benötigt zur Planung von Operationen und zur Überwachung von Operationsergebnissen die graphische Datenverarbeitung,

- die Werbung und das Fernsehen nutzen vielfältig graphische Datenverarbeitung,

- die Bahnen von Robotern und Bewegungsabläufe werden mit Methoden der graphischen Datenverarbeitung beschrieben,

- die graphische Datenverarbeitung ist Grundlage der Erzeugung von Produkten mit Hilfe von rechnergesteuerten Fräsern.

Diese Liste läßt sich beliebig verlängern, in der Zukunft werden sicher weitere Einsatzfelder der graphischen Datenverarbeitung erschlossen werden.

Das Buch führt in die **mathematischen Grundlagen** der graphischen Datenverarbeitung, der sogenannten geometrischen Datenverarbeitung ein. Es werden die mathematischen Methoden entwickelt, die benötigt werden, um mathematische Module zur Erzeugung, Beschreibung, Veränderung von Freiformkurven und Freiformflächen in Softwaresystemen zu entwickeln. Der "normale" Anwender betrachtet ein Programmsystem zur graphischen Datenverarbeitung als *black box*, die er bis an ihre Grenzen ausnutzt. In dem Buch wollen wir kennenlernen, "wie es da drin aussieht", d.h. welche mathematische Verfahren eingesetzt werden müssen, um bestimmte Funktionen, Ziele, Problemlösungen in einem Softwarepaket erreichen zu können. Nicht diskutiert werden Grundlagen aus dem Bereich der Informatik wie Hardwaretechnologie, Softwaretechnologie, graphische Softwaresysteme usw.

Im Mittelpunkt des Buches stehen die Bézier- und B-Spline-Methoden zur Erzeugung von **Freiformkurven und Freiformflächen**. Während Kapitel 1 in die Projektionslehre einführt, liefert Kapitel 2 geometrische Grundlagen zur Darstellung von Kurven und Flächen sowie numerische Grundlagen, Kapitel 3 beschäftigt sich mit verschiedenen Splinetypen. In Kapitel 4 und 6 werden Bézier-, B-Spline-Kurven bzw. Bézier-, B-Spline-Flächen (Tensor-Produkt-, Dreiecksflächen, allgemeine Parametergebiete) umfassend dargestellt, während Kapitel 5 und 7 den Fragen der geometrischen Übergangsbedingungen zwischen verschiedenen Splinekurven und Splineflächen nachgehen und daraus verallgemeinerte Splines wie β- und γ-Splines entwickeln. Andere Flächendarstellungen werden in Kapitel 8 (Gordon-Coons-Flächen) und Kapitel 9 (scattered data) diskutiert, während im Kapitel 10 der für Datentransfer wichtigen Frage der Transformation zwischen verschiedenen Kurven- und Flächendarstellungen nachgegangen wird. Kapitel 11 führt Volumendarstellungen ein, in Kapitel 12 werden Algorithmen für das Verschneiden von Kurven und Flächen diskutiert und in Kapitel 13 Methoden zum Glätten von Kurven und Flächen dargestellt. Beweise der geometrischen Eigenschaften werden nur dann ausführlich ausgeführt, wenn der Beweisweg neue nutzbare Eigenschaften erschließt, sonst wird auf die Originalliteratur verwiesen. Ergänzt wird der Stoff durch zahlreiche Hinweise auf Anwendungen wie Darstellung von Parallelkurven und Parallelflächen, Übertragungen auf die Finite-Element-Methoden, geometrische Kriterien für Erkennen unerwünschter Flächenbereiche, Parametrisierung von Punktmengen zu Kurven- und Flächenerzeugung, Sichtbarkeitstests, Ray-tracing, Blending von Flächen usw.

Das Gebiet der geometrischen Datenverarbeitung (Computer Aided Geometric Design - CAGD) hat sich in den letzten Jahren sehr rasch entwickelt - wir haben daher versucht, auch neueste Entwicklungen einzufangen. Ein umfangreiches Literaturverzeichnis mit sehr vielen Quellen aus der Originalliteratur ergänzt die Stoffauswahl und erlaubt dem Leser, sich auch in Bereiche einzuarbeiten, die im Buch nur gestreift werden konnten. Im Literaturverzeichnis werden zunächst einmal die wichtigsten Lehrbücher aufgeführt, anschließend folgen Quellen aus der Originalliteratur.

Das Buch ist aus einer Vorlesung entstanden, die seit vielen Jahren an der Technischen Hochschule Darmstadt gehalten wird, sowie aus Kursen für Anwender des CAGD in der Industrie und einer Sammlung von Lehrbriefen, die beide Verfasser für die Fernuniversität Hagen entwickelt haben. Auf Aufgabenmaterial wurde verzichtet – Interessenten können sehr viele Aufgaben in den genannten Lehrbriefen der Fernuniversität Hagen finden (s. [HOS 87b]).

Die Verfasser danken vor allem Frau S. Drexler und Frau E. Kniffki für ihren unermüdlichen Einsatz beim Erstellen des Manuskriptes und dem Zeichnen der Figuren, einige Textteile wurden dankenswerterweise von Frau L. Cosulich, Ch. Leinen und G. Semler geschrieben. Danken möchten wir auch den Herren M. Eck, F.-J. Schneider, G. Schmeltz und P. Wassum für zahlreiche kritische Hinweise und das Lesen der Korrekturen.

Darmstadt, im Mai 1989

Josef Hoschek
Dieter Lasser

Inhaltsverzeichnis

1. Transformation räumlicher Objekte, Projektionen

1.1 Einleitung

Die gute Darstellung eines zwei- oder dreidimensionalen Objektes auf dem Bildschirm oder dem Plotter setzt voraus, daß Methoden vorhanden sind, um ein Objekt in eine vorher gewählte Ebene zu projizieren und dieses Bild "**richtig**" auf dem Bildschirm oder in dem Plotterfeld zu plazieren. Der Zeichner oder der Künstler stellt ein Objekt mit Hilfe von Intuition und Erfahrung dar, der kundige Photograph erkennt den richtigen Ausschnitt, die beste Ansicht, den richtigen Standpunkt. Auf dem Rechner müssen diese Fähigkeiten durch mathematische Hilfsmittel ersetzt werden wie mathematische Beschreibung eines Objektes, mathematische Beschreibung einer Projektion (Abbildung) des Objektes, mathematische Beschreibung von Transformationen (Vergrößern, Verschieben, Verdrehen des Objekt-Bildes).

Wir greifen für unsere Überlegungen auf Methoden aus der **Linearen Algebra**, der **Analytischen Geometrie** und der **Analysis** des $\mathbb{R}^2$ bzw. $\mathbb{R}^3$ zurück. Die Objekte werden durch mathematische Beschreibung von Punkten, Linien, Kurven, Flächen, Körpern erfaßt, die Abbildungen der Objekte ergeben sich über entsprechend gewählte Abbildungen der Punkte, Linien, Kurven usw. Gemetrischer Hintergrund dieses Kapitels sind die Verfahren der Darstellenden Geometrie. Rechnerorientierte Methoden der Darstellenden Geometrie sind umfassend in [HART 88] dargestellt.

In diesem Kapitel werden zunächst als mathematische Hilfsmittel *Translationen*, *Skalierungen*, *Rotationen* analytisch beschrieben, *homogene* Koordinaten führen zu einer übersichtlichen analytischen Darstellung von hintereinander ausgeführten Abbildungen. Objekte des $\mathbb{R}^3$ können mit *Parallelprojektion* (z.B. entsprechend dem Schattenwurf bei Sonnenlicht) oder *Zentralprojektion* (entsprechend der Photographie) in eine Bildebene projiziert werden. Es werden Kriterien zur Bildbeurteilung entwickelt, aber auch Methoden, um aus ebenen Bildern räumliche Situationen zu rekonstruieren (*Stereobilder, Anaglyphen*). Für einen guten Bildeindruck ist die Entscheidung über Sichtbarkeit von großer Bedeutung - es muß entschieden werden, welche Teile eines Objektes der Beobachter direkt sieht bzw. welche Teile für den Beobachter verdeckt sind. Mit *Schattierungen* kann der plastische Eindruck räumlicher Objekte verstärkt werden.

1.2   Koordinatentransformationen

Grundlage der Bildgestaltung auf dem Bildschirm oder dem Plotter sind
Koordinatentransformationen im $\mathbb{R}^2$ oder $\mathbb{R}^3$ (s.a. [ANG 83], [SCHUL 86]).
Im allgemeinen unterscheidet sich das (**kartesische**) Koordinatensystem eines
Objektes von dem Koordinatensystem des Bildschirmes oder des Plotters. Das
Koordinatensystem des Objektes ist oft über geometrische Eigenschaften des
Objektes festgelegt (ausgezeichnete Richtungen, Symmetrien usw.), das Koordinatensystem des Bildschirmes oder die Größe des Bildfeldes durch das Gerät
definiert (z.B. Nullpunkt in der linken oberen Ecke, x- und y-Achse parallel zu
den Bildschirmrändern). Mit Hilfe von Koordinatentransformationen (*Verschie-
bungen, Skalierungen, Drehungen*) wird das Objektsystem in das Gerätesystem
transformiert. Generell wird vorausgesetzt, daß orthonormierte Koordinatensysteme vorliegen (**kartesische** Koordinatensysteme).

1.2.1   Koordinatentransformationen in der Ebene

Wird mit $(O;x_1,x_2)$ das System S (z.B. Ge*rätesystem*) und mit $(O'; x_1',x_2')$das
System S' (z.B. O*bjektsystem*) bezeichnet, so ist die einfachste Transformation
zwischen den beiden Systemen eine **Translation**, wobei vorausgesetzt wird, daß
die beiden (gerichteten) Koordinatenachsen jeweils zueinander parallel sind
(s. Fig, 1.1).

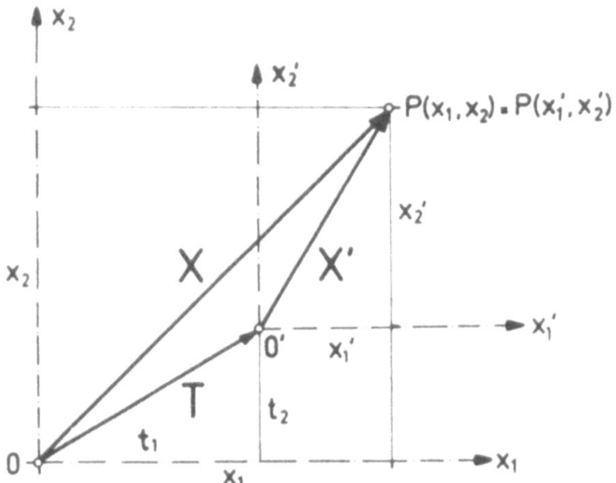

Fig. 1.1: Translation

Aus Fig. 1.1 können die Transformationsgleichungen direkt abgelesen werden.
Es gilt

$$x_1 = t_1 + x_1'$$
$$x_2 = t_2 + x_2'$$

(1.1)

mit $\mathbf{T}^T := (t_1, t_2)$ als Koordinaten des Ursprungs von S' im System S. Werden Vektoren $\mathbf{X}^T := (x_1, x_2)$ usw. eingeführt, so folgt aus (1.1)

$$\mathbf{X} = \mathbf{T} + \mathbf{X}' \ . \tag{1.1'}$$

Für Drehungen eines Systems S' gegen das System S durch den Winkel φ um den gemeinsamen Ursprung $O = O'$ folgt aus Fig. 1.2

$$\begin{aligned} x_1 &= x_1' \cos \varphi \ - \ x_2' \sin \varphi \ , \\ x_2 &= x_1' \sin \varphi \ + \ x_2' \cos \varphi \end{aligned} \tag{1.2}$$

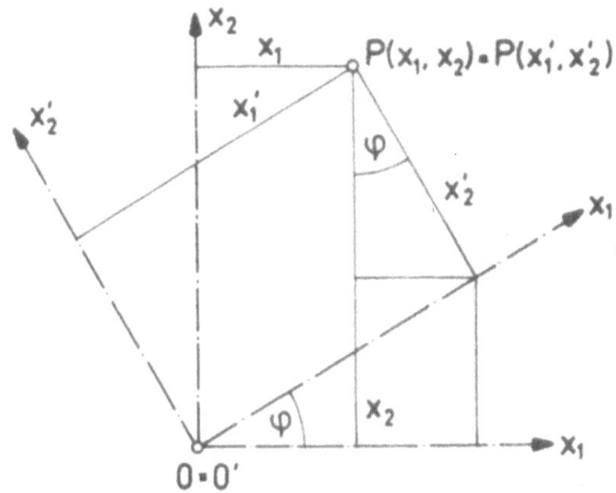

Fig. 1.2: Drehung durch Winkel φ

Mit der orthogonalen (Dreh-) Matrix

$$\mathbf{R}(\varphi) := \begin{pmatrix} \cos \varphi & - \sin \varphi \\ \sin \varphi & \cos \varphi \end{pmatrix}$$

führt (1.2) auf

$$\mathbf{X} = \mathbf{R} \, \mathbf{X}' \ . \tag{1.2'}$$

(1.2') beschreibt die Transformation von Punkten aus dem gestrichenen System in das ungestrichene System. Sollen die Basisvektoren e_i' transformiert werden, so können die Einheitspunkte (1,0) bzw. (0,1) benutzt werden.

Eventuell muß das System S' noch zusätzlich vergrößert (oder verkleinert) werden. Solche **Skalierungen** werden durch

$$x_1 = \lambda_1 x_1' \ , \qquad x_2 = \lambda_2 x_2' \qquad\qquad (\lambda_i \in \mathbb{R})$$

beschrieben. Mit der *Skalierungsmatrix*

$$\tilde{\mathbf{S}} := \begin{pmatrix} \lambda_1 & 0 \\ 0 & \lambda_2 \end{pmatrix} \tag{1.3}$$

ergibt sich für die Skalierung die Matrizengleichung

$$X = \tilde{S} \, X' \ . \tag{1.3'}$$

Die Überlagerung (Hintereinanderausführung) von Translation und Rotation sowie Skalierung führt auf die Abbildungsgleichung

$$X = \tilde{S} \, (T \ + \ R \, X') \ . \tag{1.4}$$

Die in (1.4) beschriebenen Transformationen sind i. allg. nicht kommutativ. Kommutativ sind jeweils Translationen, Skalierungen und Rotationen untereinander, auch Skalierungen mit gleichem Skalierungsfaktor und Rotationen sind kommutativ. Nun müssen eventuell mehrere solche Transformationen hintereinander ausgeführt werden, dabei würde die Addition in (1.4) stören. Daher werden **erweiterte Koordinatenvektoren** (Abb. $\mathbb{R}^2 \to \mathbb{R}^3$) eingeführt:

$$X: = \begin{pmatrix} 1 \\ x_1 \\ x_2 \end{pmatrix} \ .$$

Wird analog die Matrix **R** erweitert zu

$$A: = \left(\begin{array}{c|cc} 1 & 0 & 0 \\ \hline t_1 & \cos \varphi & -\sin \varphi \\ t_2 & \sin \varphi & \cos \varphi \end{array} \right) = \left(\begin{array}{c|c} 1 & 0 \\ \hline T & R \end{array} \right) \tag{1.5}$$

und $\tilde{S}$ analog zu **S** erweitert, kann die Abbildung (1.4) zusammengefaßt werden zu

$$X = S \, A \, X' \ . \tag{1.4'}$$

Diese Matrizen sind nicht kommutativ, d.h., wird zuerst skaliert und dann gedreht und verschoben, gilt

$$X = A \, S \, X' \ .$$

Die erweiterten Koordinaten sind ein Sonderfall der **homogenen Koordinaten** (vgl. z.B. [GRO 57]). In diesen Koordinaten wird dem Punkt $(x_1, x_2) \in \mathbb{R}^2$ der Vektor

$$X = \begin{pmatrix} w \\ w x_1 \\ w x_2 \end{pmatrix} \quad =: \quad \begin{pmatrix} u_0 \\ u_1 \\ u_2 \end{pmatrix} \tag{1.6}$$

mit w als *homogenisierender* Koordinate zugeordnet. Offenbar gilt

$$x_1 = \frac{u_1}{u_0} \, , \qquad\qquad x_2 = \frac{u_2}{u_0} \ . \tag{1.6'}$$

u_0 wird im allgemeinen ungleich Null vorausgesetzt. $u_0 = 0$ erlaubt, den Fernpunkt (uneigentlichen Punkt) mit Richtung (x_1, x_2) analytisch zu beschreiben. Diese Fernpunkte werden bei späteren Überlegungen noch von Bedeutung sein.

Zu beachten ist, daß manchmal die homogenisierende Koordinate als letzte
Koordinate in den Vektor **X** eingeführt wird, so daß von (1.6) für **X** gilt

$$\mathbf{X}^T = (u_1, u_2, u_3)$$

mit u_3 als homogenisierender Koordinate (s. z.B. [ENC 86]).

1.2.2   Koordinatentransformationen im $\mathbb{R}^3$

Im dreidimensionalen Raum (bezogen auf eine kartesische Basis) läßt sich eine
Koordinatentransformation ebenfalls beschreiben durch

$$\mathbf{X} = \mathbf{T} + \mathbf{R}\,\mathbf{X'} \; , \tag{1.7}$$

mit **T** als Translationsvektor und der Drehmatrix **R** als orthogonaler
(3×3)-Matrix. Dabei gelte

$$\mathbf{T} = \begin{pmatrix} t_1 \\ t_2 \\ t_3 \end{pmatrix}, \quad
\mathbf{X} = \begin{pmatrix} x_1 \\ x_2 \\ x_3 \end{pmatrix}, \quad
\mathbf{X'} = \begin{pmatrix} x_1' \\ x_2' \\ x_3' \end{pmatrix}, \quad
\mathbf{R} = (a_{ik})$$

mit

$$a_{ik} = \cos(\langle\, x_i, x_k' \rangle) = e_i \cdot e_k'$$

mit e_i bzw. e_k' als orthonormale Basisvektoren des zugehörigen kartesischen
Bezugssystems (s. Fig. 1.3).

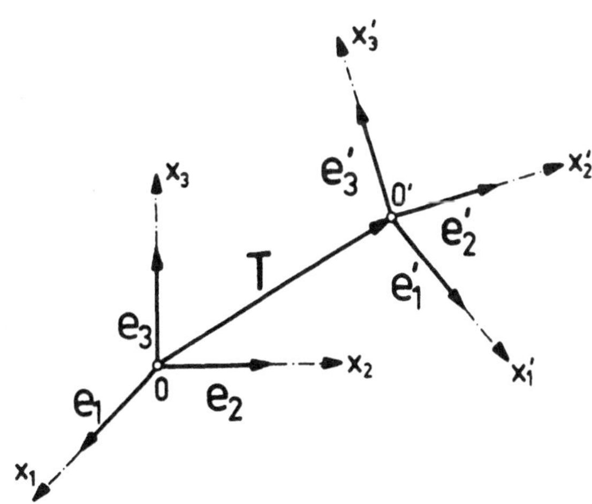

Fig. 1.3: Bezugssysteme

Auch im $\mathbb{R}$ können erweiterte oder **homogene Koordinaten** eingeführt werden
über

$$X^T = (1, x_1, x_2, x_3) \;,$$

dann nimmt die Transformation (1.7) die Gestalt an

$$\begin{pmatrix} 1 \\ x_1 \\ x_2 \\ x_3 \end{pmatrix} = \left(\begin{array}{c|c} 1 & 0 \\ \hline T & R \end{array} \right) \begin{pmatrix} 1 \\ x_1' \\ x_2' \\ x_3' \end{pmatrix} \quad \text{oder} \quad X = A\,X' \;. \tag{1.8}$$

Die Skalierungsmatrix lautet analog

$$S = \begin{pmatrix} 1 & & & 0 \\ & \lambda_1 & & \\ & & \lambda_2 & \\ 0 & & & \lambda_3 \end{pmatrix} \;. \tag{1.9}$$

Damit ergibt sich als allgemeine Transformationsformel

$$X = S\,A\,X' \;. \tag{1.8'}$$

Die inversen Transformationen können (wegen $R^{-1} = R^T$, da R orthogonal!)
wie folgt geschrieben werden

$$A^{-1} = \left(\begin{array}{c|c} 1 & 0 \\ \hline -R^T\,T & R^T \end{array} \right), \quad S^{-1} = \begin{pmatrix} 1 & & & 0 \\ & \frac{1}{\lambda_1} & & \\ & & \frac{1}{\lambda_2} & \\ 0 & & & \frac{1}{\lambda_3} \end{pmatrix} \;.$$

Die von der Drehmatrix R erzeugte Drehung kann auch in drei Drehungen
um die drei Koordinatenachsen zerlegt werden:

Drehung um x_3-Achse
durch Winkel α
$$Z(\alpha) = \begin{pmatrix} \cos\alpha & -\sin\alpha & 0 \\ \sin\alpha & \cos\alpha & 0 \\ 0 & 0 & 1 \end{pmatrix}, \tag{1.10a}$$

Drehung um x_2-Achse
durch Winkel β
$$Y(\beta) = \begin{pmatrix} \cos\beta & 0 & \sin\beta \\ 0 & 1 & 0 \\ -\sin\beta & 0 & \cos\beta \end{pmatrix}, \tag{1.10b}$$

Drehung um x_1-Achse
durch Winkel γ
$$X(\gamma) = \begin{pmatrix} 1 & 0 & 0 \\ 0 & \cos\gamma & -\sin\gamma \\ 0 & \sin\gamma & \cos\gamma \end{pmatrix} \;. \tag{1.10c}$$

Dabei sind die Drehwinkel α, β, γ im Rechtssystem (x_1, x_2, x_3) immer positiv orientiert. Für **R** kann dann z.B. gelten

$$\mathbf{R} = \mathbf{X}(\gamma)\ \mathbf{Y}(\beta)\ \mathbf{Z}(\alpha)\ , \tag{1.11}$$

wobei zuerst um die x_3-Achse, dann um die x_2-Achse und schließlich um die x_1-Achse gedreht wird. Natürlich sind auch andere Reihenfolgen möglich, was jedoch zu einer anderen Darstellung der Drehmatrix **R** führt, d.h. zu anderen Drehwinkeln α, β, γ für eine speziell gewählte Matrix **R**.

Ein anderer Weg zur Darstellung der Drehmatrix **R** sind die **Eulerschen Winkel**: Die Lage des neuen Koordiantensystems ist gegenüber dem alten durch drei Winkel bestimmt:

a) den *Nutationswinkel* ϑ zwischen der positiven Richtung der x_3-Achse und der $x_3{}'$-Achse $(0 \le \vartheta < \pi)$,

b) den *Präzessionswinkel* ψ zwischen der x_1-Achse und der Schnittgeraden OX der (x_1, x_2)-Ebene und der $(x_1{}', x_2{}')$-Ebene mit $0 \le \psi < 2\pi$ (s. Fig. (1.4)) ,

c) den *Rotationswinkel* φ zwischen der Geraden OX und der $x_1{}'$-Achse $(0 \le \varphi < 2\pi)$.

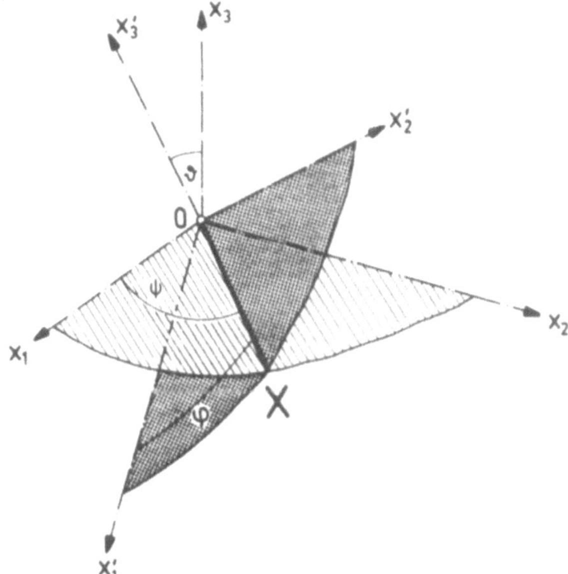

Fig. 1.4: Eulersche Winkel

Wird zur Abkürzung gesetzt

$$c_1 := \cos\vartheta\ , \quad c_2 := \cos\psi\ , \quad c_3 := \cos\varphi$$
$$s_1 := \sin\vartheta\ , \quad s_2 := \sin\psi\ , \quad s_3 := \sin\varphi$$

nimmt die Drehmatrix **R** in Abhängigkeit der Eulerschen Winkel die Gestalt an

$$\mathbf{R} = \begin{pmatrix} c_2c_3 - c_1s_2s_3 & -c_2s_3 - c_1s_2c_3 & s_1s_2 \\ s_2c_3 + c_1c_2s_3 & -s_2s_3 + c_1c_2c_3 & -s_1c_2 \\ s_1s_3 & s_1c_3 & c_1 \end{pmatrix} . \tag{1.12}$$

Als **Anwendungsbeispiel** betrachten wir Figur 1.5, in der mehrere Transformationen hintereinander ausgeführt werden sollen. Dabei gilt

Ursystem $\mathbf{X} \to$ Zwischensystem $\mathbf{X'} = \mathbf{AX}$
                               (nach Translation in x-Richtung um a)

Zwischensystem $\mathbf{X'} \to$ Zwischensystem $\mathbf{X''} = \mathbf{BX'} = \mathbf{BAX}$
                               (nach Drehung um x-Achse durch Winkel α)

Zwischensystem $\mathbf{X''} \to$ Endsystem $\mathbf{X'''} = \mathbf{CX''} = \mathbf{CBAX} =: \mathbf{DX}$.
                               (nach Drehung um z-Achse durch Winkel β)

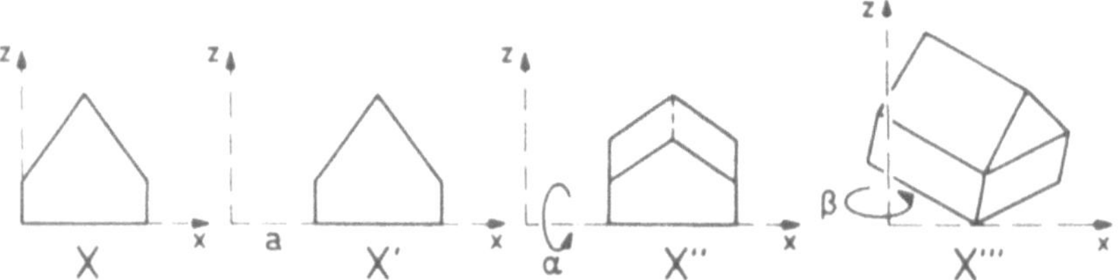

Fig. 1.5: Beispiel

Die zugehörige Abbildungsmatrix lautet

$$\mathbf{D} := \begin{pmatrix} 1 & 0 \\ \hline & \cos\beta & \sin\beta & 0 \\ 0 & -\sin\beta & \cos\beta & 0 \\ & 0 & 0 & 1 \end{pmatrix} \begin{pmatrix} 1 & 0 \\ \hline & 1 & 0 & 0 \\ 0 & 0 & \cos\alpha & \sin\alpha \\ & 0 & -\sin\alpha & \cos\alpha \end{pmatrix} \begin{pmatrix} 1 & 0 \\ \hline -a & 1 & 0 \\ 0 & & 1 \\ 0 & 0 & 1 \end{pmatrix} .$$

In der **Praxis** (vgl. z.B. auch [ENC 75]) werden die Koordinatenspalten der Punkte, deren Bilder man berechnen möchte, zu einer sogenannten Objektmatrix zusammengefaßt. Damit ergibt sich als Abbildungsgleichung eines Objektes

$$\begin{pmatrix} 1 & 1 \\ \xi_1 & \eta_1 \\ \xi_2 & \eta_2 \\ \xi_3 & \eta_3 \end{pmatrix} \cdots = \begin{pmatrix} 1 & 0 \\ \hline T & R \end{pmatrix} \begin{pmatrix} 1 & 1 \\ x_1 & y_1 \\ x_2 & y_2 \\ x_3 & y_3 \end{pmatrix} \cdots \quad .$$

1.3   Projektionen

Sollen räumliche Objekte auf dem Bildschirm dargestellt werden, sind Projektionen (*lineare Abbildungen)* dieser Objekte in eine Ebene (Bildebene) notwendig. Die gewählte Projektion entscheidet über die Güte (Wirksamkeit) der ebenen Darstellung eines räumlichen Objektes. Mathematisch läßt sich eine Projektion durch eine Abbildungsmatrix beschreiben.

Diese Abbildungsmatrix wird festgelegt durch geometrische Forderungen an die Abbildung: Das geometrische Objekt (Objektkoordinatensystem $(0;x_1,x_2,x_3)$) wird auf eine vorgegebene Bildebene ε (Bildkoordinatensystem $(0';\xi_1,\xi_2,\xi_3)$ mit der ξ_3-Achse senkrecht zur Bildebene ε) abgebildet über

- Parallelprojektion mit Projektionsrichtung **p**   (Fig. 1.6a)
- Zentralprojektion mit Zentrum **Z**   (Fig. 1.6b).

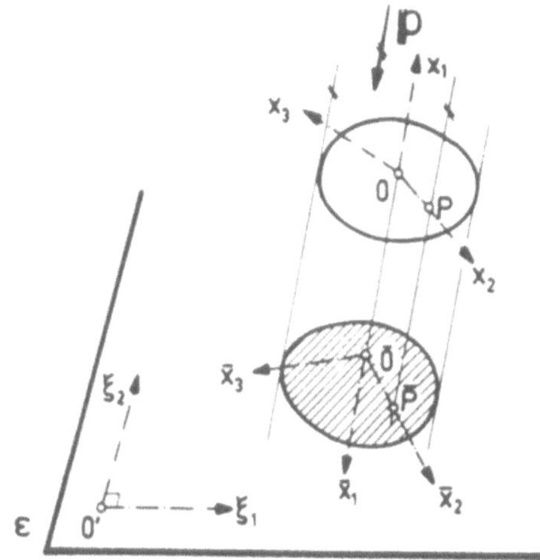

Fig. 1.6a:
Parallelprojektion

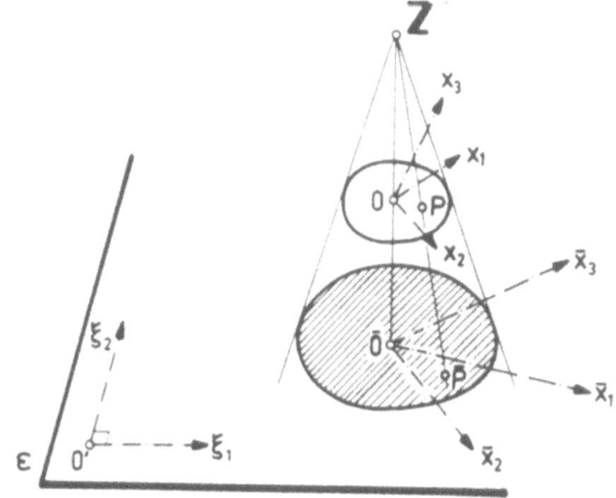

Fig. 1.6b:
Zentralprojektion

Die Wahl der Projektion (ε, p) oder (ε, Z) entscheidet über die Wirkung der Abbildung. Zur Beurteilung einer speziell gewählten Projektion empfiehlt es sich, das Objektkoordinatensystem mit einem Einheitswürfel abzubilden. Das Würfelbild liefert eine Vorstellung über die Wirkung der gewählten Abbildung.

1.3.1   Parallelprojektion

Bei der Parallelprojektion erfolgt die Abbildung der Punkte des Objektes durch Projektionsgeraden (*"Lichtstrahlen"*) parallel zu einer gewählten Richtung p. Die Bilder der Objektpunkte sind die Durchstoßpunkte der zugehörigen Projektionsgeraden durch die Bildebene ε. Man unterscheidet

- *senkrechte* Parallelprojektion (p senkrecht zu ε),
- *schiefe* Parallelprojektion (p nicht senkrecht zu ε).

Um die *Parallelprojektion* mathematisch einfacher beschreiben zu können, setzen wir voraus, daß vor Ausführung der Parallelprojektion das Objektkoordinatensystem $(O\,;x_1,x_2,x_3) \rightarrow (\tilde{O}\,;\tilde{x}_1,\tilde{x}_2,\tilde{x}_3)$ so transformiert werde, daß

- der Ursprung O' des Koordinatensystems $(O';\xi_1,\xi_2)$ der Bildebene mit dem Bild $\bar{O}$ des Ursprungs $\tilde{O}$ des Objektkoordinatensystems zusammenfalle,
- das Objektkoordinatensystem $(O\,;x_1,x_2,x_3) \rightarrow (\tilde{O}\,;\tilde{x}_1,\tilde{x}_2,\tilde{x}_3)$ so transformiert werde, daß das Bild $\bar{x}_3$ der $\tilde{x}_3$-Achse des Objektkoordinatensystems mit der Achse ξ_2 des Bildsystems zusammenfällt. Wir erhalten dann die z.B. in Fig. 1.7 wiedergegebene prinzipielle Lage der Koordinatenachsen in der Bildebene (vergl. auch dazu Fig. 1.6 a, 1.6 b).

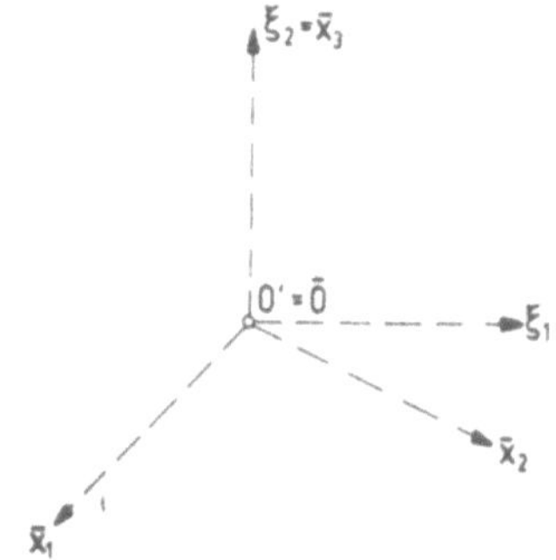

Fig. 1.7: Koordinatensysteme in der Bildebene

Um nun das Bild $\bar{P}(\bar{x}_1,\bar{x}_2,\bar{x}_3)$ eines Objektpunktes $P(x_1,x_2,x_3)$ in dem Bildkoordinatensystem gemäß Fig. 1.7 zu finden, betrachten wir die Abbildung einer Objektkoordinatenachse x_i. Bei Parallelprojektion mit Richtung p folgt für ihr Bild $\bar{x}_i$ gemäß Fig. 1.8

$$\bar{x}_i \;=\; v_i\, x_i \qquad\qquad (i = 1,2) \qquad\qquad\qquad (1.13)$$

mit v_i als skalarem Verzerrungsfaktor, der allein durch die Projektionsrichtung p bestimmt ist. Aus Fig. 1.8 kann entnommen werden, daß eine Parallelprojektion im allg. durch zwei gleichwertige Vorgaben festgelegt werden kann:

- es wird die Projektionsrichtung p vorgegeben und dann werden die Verzerrungen v_i berechnet,
- es werden die Verzerrungen v_i und das Bild $(O; \bar{x}_1, \bar{x}_2, \bar{x}_3)$ des Objektkoordinatensystems "geeignet" gewählt.

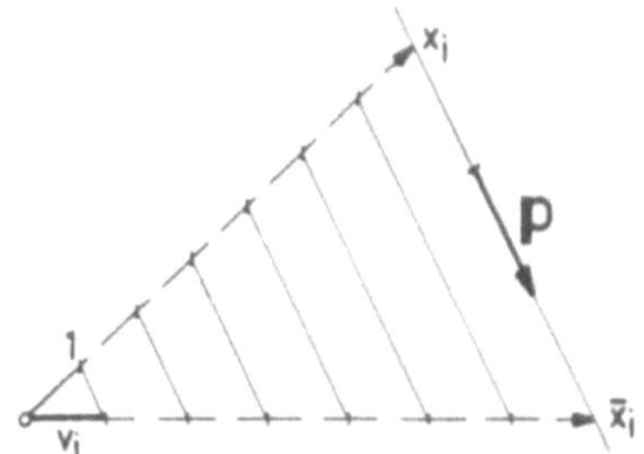

Fig. 1.8: Verzerrung bei Parallelprojektion

Der mathematische Hintergrund dieser Aussage ist der **Satz von Pohlke** in der Konstruktiven Geometrie (vgl. z.B. dazu [BRA 86], [GIE 87], [REH 69])

1.3.2 Vorgabe der Verzerrungen

Sind die Verzerrungen v_i gegeben, so berechnen sich gemäß Fig. 1.9 und (1.13) die Koordinaten $\bar{P}(\xi_1, \xi_2)$ des Bildes $\bar{P}(\bar{x}_1, \bar{x}_2, \bar{x}_3)$ eines Objektpunktes $P(x_1, x_2, x_3)$ über

$$\xi_1 = v_1 x_1 \cos\alpha + v_2 x_2 \cos\beta$$
$$\xi_2 = -v_1 x_1 \sin\alpha - v_2 x_2 \sin\beta + v_3 x_3$$

$$(1.14a)$$

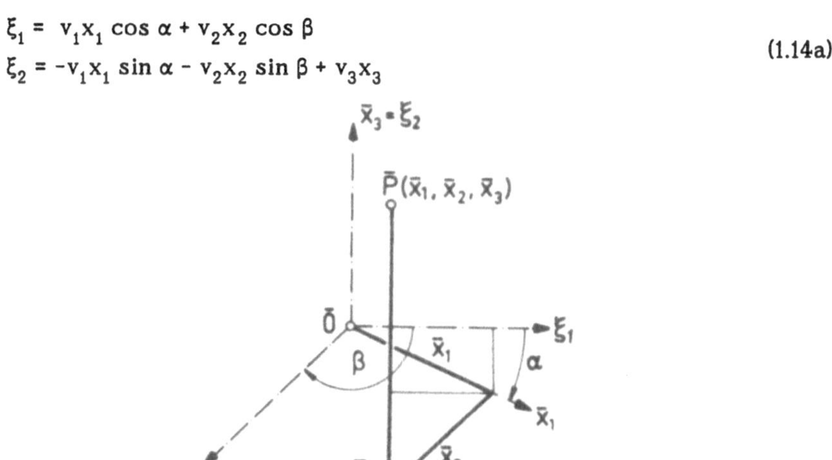

Fig. 1.9: Bild $\bar{P}$ eines Objektpunktes P

oder in Matrizenschreibweise

$$\begin{pmatrix} \xi_1 \\ \xi_2 \\ 0 \end{pmatrix} = \begin{pmatrix} v_1 \cos \alpha & v_2 \cos \beta & 0 \\ -v_1 \sin \alpha & -v_2 \sin \beta & v_3 \\ 0 & 0 & 0 \end{pmatrix} \begin{pmatrix} x_1 \\ x_2 \\ x_3 \end{pmatrix} . \qquad (1.14b)$$

Aus der Lage der Bilder (x_1, x_2) der zugehörigen Koordinatenachsen kann auch die "Sichtbarkeit" entschieden werden, d.h. es läßt sich z.B. entscheiden, ob der Beobachter in Richtung p in den positiven Quadranten des Objektsystems (Situation I) oder in den negativen Quadranten des Objektsystems (Situation II) hineinblickt. Hierbei geht wesentlich ein, daß ein kartesisches Bezugssystem ein Rechtssystem ist. Für einen Würfel im positiven Quadranten heißt dies, daß in Situation I der Ursprung vom Würfel verdeckt ist und in Situation II der Ursprung sichtbar ist (s. Fig. 1.10).

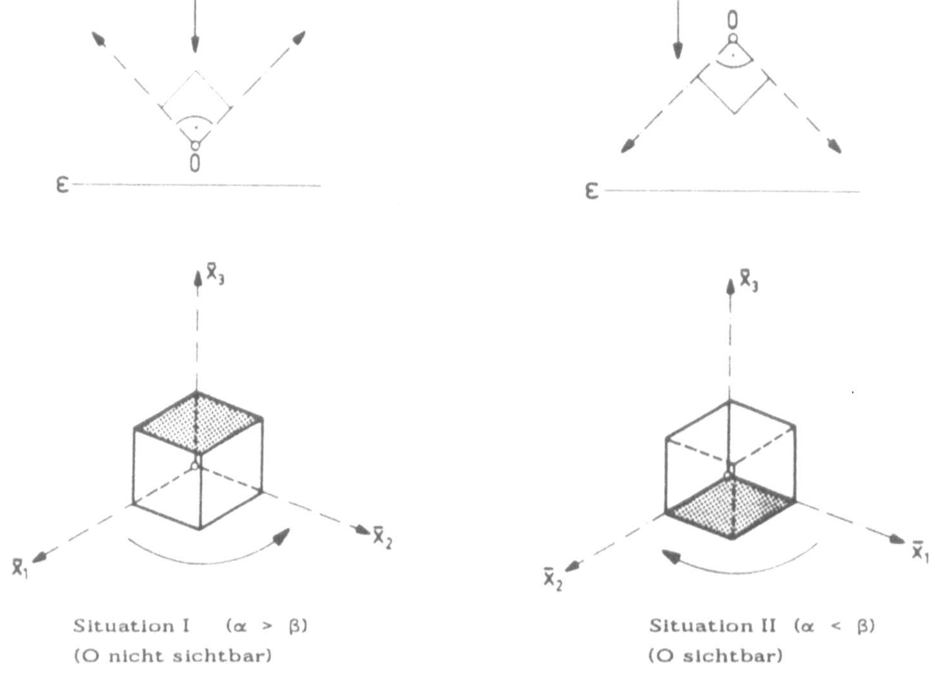

Fig. 1.10: Zur Orientierung der Achsenbilder

Für die Verzerrungen v_i gilt [REH 69], [WUN 76]

- sie sind frei wählbar bei schiefer Parallelprojektion,
- sie sind bei senkrechter Parallelprojektion vom gewählten Achsenkreuz abhängig.

Geeignete Achsenbilder bei schiefer Parallelprojektion (im Sprachgebrauch der Konstruktiven Geometrie *schiefe Axonometrie*) sind z.B. in Fig. 1.11, 1.12 dargestellt. Dabei ist zu beachten, daß eine Koordinatenebene des Objektes unverzerrt bleibt, wenn sie parallel zur Bildebene ε liegt. Die Bilder der zugehörigen Koordinatenachsen schließen dann einen rechten Winkel ein. Ist keine Koordinatenebene parallel zur Bildebene, so ist im allgemeinen die Bildwirkung besser (vergl. Fig. 1.13 mit Fig. 1.11, 1.12 s. a. [BRA 77]).

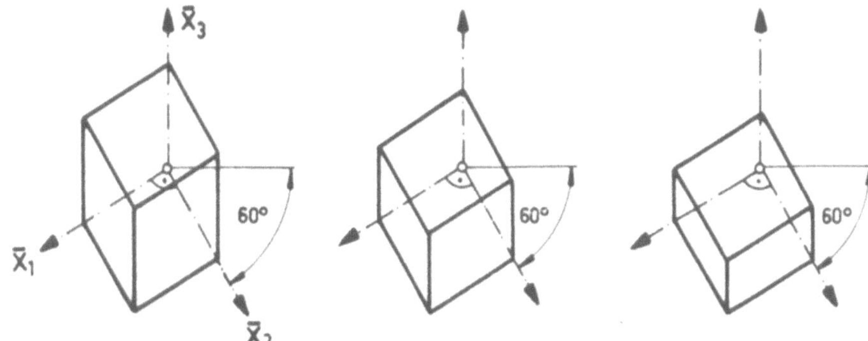

Fig. 1.11: Militärriß (*Vogelperspektive*)

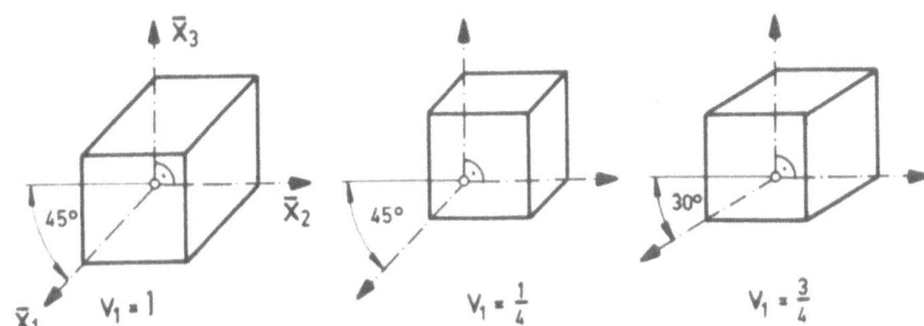

Fig. 1.12: Frontale Axonometrie (*Kavalierperspektive*)

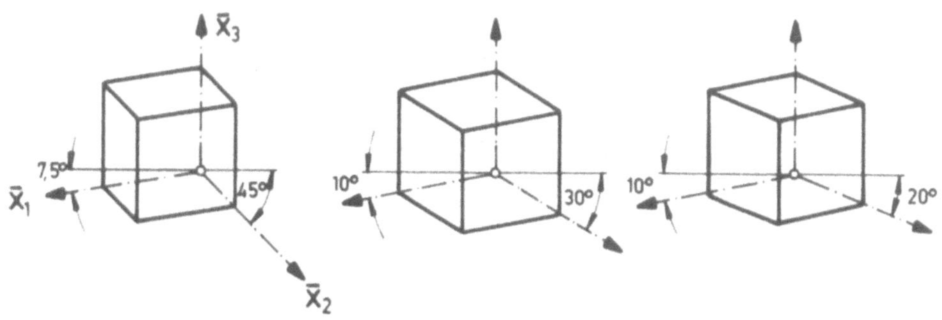

Fig. 1.13: Günstige schiefe Axonometrie

Bei senkrechter Parallelprojektion (*senkrechte Axonometrie*) berechnen sich die
Verzerrungen aus den Winkeln zwischen den Achsenbildern (s. Fig. 1.14).

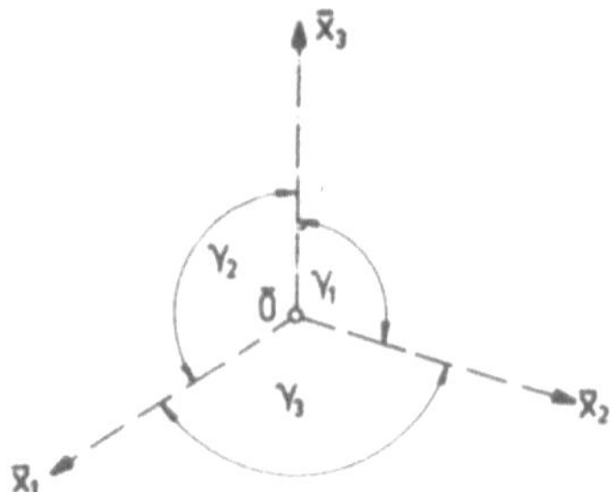

**Fig. 1.14: Winkel zwischen den Koordinatenachsen
bei senkrechter Axonometrie**

Es gilt (siehe auch [WUN 69])

$$v_1 = \sqrt{\frac{-\cos\gamma_1}{\sin\gamma_2\,\sin\gamma_3}}\,, \qquad v_2 = \sqrt{\frac{-\cos\gamma_2}{\sin\gamma_1\,\sin\gamma_3}}\,, \qquad v_3 = \sqrt{\frac{-\cos\gamma_3}{\sin\gamma_1\,\sin\gamma_2}}$$

Günstige Achsenbilder ergeben sich für $\gamma_1 = \gamma_2 = \gamma_3 = 120^\circ$,
$(v_1 : v_2 : v_3 = 1 : 1 : 1)$ (*isometrische* Axonometrie) oder für die *Ingenieurax-*
onometrie $(v_1 : v_2 : v_3 = 2 : 1 : 2)$ (s. Fig. 1.15).

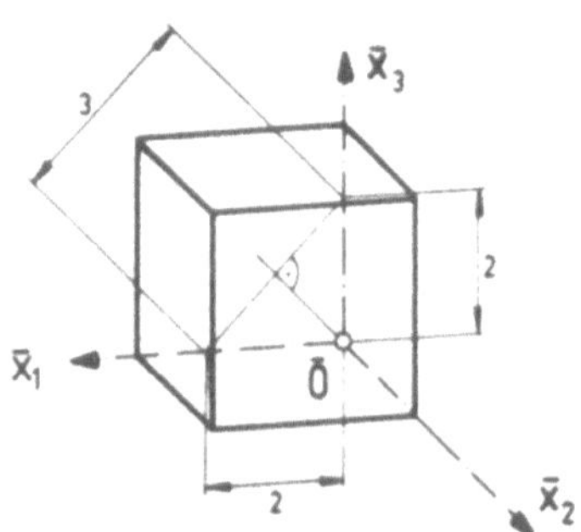

Fig. 1.15: Ingenieuraxonometrie

Die Achsenbilder der *Ingenieuraxonometrie* ergeben sich nach DIN 5 planime-
trisch aus dem in Fig. 1.15 eingezeichneten Hilfsdreieck mit dem Seitenverhältnis
$2 : 2 : 3$. Es ergeben sich die Verzerrungsverhältnisse $v_1 : v_2 : v_3 =$
$2 : \sqrt{7/2} : 2$. v_2 kann als Höhe des Dreiecks in Fig. 1.15 direkt abgelesen werden.

Sollen nun Abbildungen mit einem dieser Koordinatensysteme berechnet werden, so folgen die Abbildungsgleichungen gemäß (1.14) durch Ablesen der Verzerrungen und der Winkel gemäß Fig. 1.9 aus den entsprechenden Achsenbildern.

Einen anderen Weg zur Ermittlung der Abbildungsgleichungen ist in [PAU 88] vorgeschlagen worden: Die **Parallelprojektion** von Punkten $(x_1,x_2.x_3)$ wird als *affine Abbildung* interpretiert mit der Transformationsgleichung

$$\xi_1 = a_0 + a_1 x_1 + a_2 x_2 + a_3 x_3 \,,$$
$$\eta_1 = b_0 + b_1 x_1 + b_2 x_2 + b_3 x_3 \,. \tag{1.15}$$

Nun können z. B. in der Bildebene die Bilder $\overline{P}_i$ von 4 Ecken E_i eines Einheitswürfels ermittelt werden und daraus die (a_i,b_i) berechnet werden. Besonders geeignet ist die folgende Wahl

$$E_0(0,0,0) \;\rightarrow\; \overline{P}_0(0,0)\,, \quad \text{was liefert} \quad a_0 = 0, \quad b_0 = 0\,,$$
$$E_1(1,0,0) \;\rightarrow\; \overline{P}_1(\alpha_1,\beta_1)\,, \quad \text{was liefert} \quad a_1 = \alpha_1, \quad b_1 = \beta_1\,,$$
$$E_2(0,1,0) \;\rightarrow\; \overline{P}_2(\alpha_2,\beta_2)\,, \quad \text{was liefert} \quad a_2 = \alpha_2, \quad b_2 = \beta_2\,,$$
$$E_3(0,0,1) \;\rightarrow\; \overline{P}_3(\alpha_3,\beta_3)\,, \quad \text{was liefert} \quad a_3 = \alpha_3, \quad b_3 = \beta_3\,,$$

d.h. die Koeffizienten von (1.15) sind gerade die Bildkoordinaten der Ecken des Einheitswürfels!

1.3.3 Vorgabe der Projektionsrichtung

Die Abbildungsmatrix (1.14b) vereinfacht sich wesentlich, wenn vorausgesetzt wird, daß bei senkrechter Parallelprojektion (d.h. Projektionsrichtung **p** senkrecht zur Bildebene ε) die (x_1,x_2)-Ebene des Objektsystems parallel zur Bildebene ε liegt. Dann gilt in (1.14b) $v_1 = v_2 = 1$, $v_3 = 0$ und es kann weiter $\alpha = 0$ und $\beta = -\pi/2$ gewählt werden, so daß sich (1.14b) vereinfacht zu

$$\xi_1 = x_1\,, \qquad \xi_2 = x_2\,. \tag{1.16}$$

Liegt eine schiefe Parallelprojektion vor (**p** nicht senkrecht zu ε), so sind diese Voraussetzungen zunächst nicht erfüllbar. Daher wird zuerst

- das Objektsystem $(O;x_1,x_2,x_3)$ in ein neues Objektsystem $(O;\tilde{x}_1,\tilde{x}_2,\tilde{x}_3)$ so gedreht, daß z.B. die $(\tilde{x}_1,\tilde{x}_2)$-Ebene parallel zur Bildebene ε liegt,
- dann das Objektsystem $(O;\tilde{x}_1,\tilde{x}_2,\tilde{x}_3)$ so verschoben, daß der Ursprung O' des Bildsystems mit O zusammenfällt. Die Koordinatenebene $(\bar{x}_1,\bar{x}_2)$ des (neuen) Objektsystems fällt dann mit der Bildebene zusammen.

Eine solche Transformation kann z.B. so angesetzt werden: Hat die Bildebene ε im Objektsystem die Normalenrichtung $N^T = (a,b,c)$ mit $|N| = 1$, so soll gefordert werden, daß die Normalenrichtung N in die x_3-Achse des transformierten Systems übergeht. Dann kann als x_2-Richtung gewählt werden

$$Y^T\!: = \frac{1}{\sqrt{a^2+b^2}}\,(b,-a,0)\,,$$

so daß als Richtung der $\tilde{x}_1$-Achse folgt $\mathbf{X}^T = (\mathbf{Y} \times \mathbf{N})^T$. Diese vorgeschaltete Drehung kann daher beschrieben werden über

$$\begin{pmatrix} \tilde{x}_1 \\ \tilde{x}_2 \\ \tilde{x}_3 \end{pmatrix} = \begin{pmatrix} \mathbf{X}^T \\ \mathbf{Y}^T \\ \mathbf{N}^T \end{pmatrix} \begin{pmatrix} x_1 \\ x_2 \\ x_3 \end{pmatrix} . \tag{1.17}$$

Werden die o.g. Transformationen alle ausgeführt, d.h.

- die x_1-x_2-Ebene des Objektsystems parallel zur Bildebene gedreht,
- das Objektsystem in den Ursprung des Bildsystems verschoben,

so habe ein Objektpunkt $P(x_1,x_2,x_3)$ die Koordinaten $P(a_1,a_2,a_3)$ und die transformierte Projektionsrichtung habe die Koordinaten $p(p_1,p_2,p_3)$.

Werden nun noch die Koordinaten des Bildes $\overline{P}$ von P angesetzt über $P(\overline{x}_1,\overline{x}_2,0)$, folgt aus Fig. 1.16 die Abbildungsgleichung

$$\overline{P} = P + \lambda p \qquad\qquad (\lambda \in \mathbb{R}) .$$

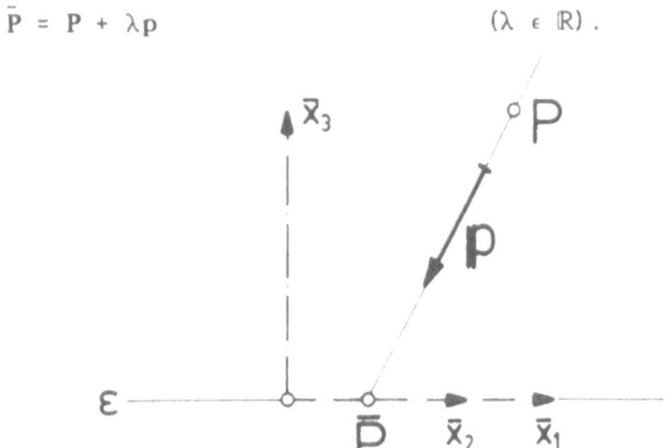

Fig. 1.16: Bild $\overline{P}$ eines Punktes P bei Parallelprojektion

Da im allgemeinen $p_3 \neq 0$ ist (sonst liegt eine Projektion parallel zur Bildebene ε vor !), kann λ aus der 3. Koordinate berechnet werden zu

$$\lambda = - \frac{a_3}{p_3} ,$$

so daß die Abbildungsgleichung lautet

$$\begin{pmatrix} \overline{x}_1 \\ \overline{x}_2 \\ 0 \end{pmatrix} = \begin{pmatrix} 1 & 0 & -\dfrac{p_1}{p_3} \\ 0 & 1 & -\dfrac{p_2}{p_3} \\ 0 & 0 & 0 \end{pmatrix} \begin{pmatrix} a_1 \\ a_2 \\ a_3 \end{pmatrix} . \tag{1.18}$$

<u>Bemerkungen zu (1.18):</u>

1) Aus der Abbildungsmatrix **A** in (1.18) folgt die Projektionsrichtung aus **A · p** = 0 . Diese Bedingung ist ein homogenes lineares Gleichungssystem für alle **p** (Kern von **A**).

2) **A** wird trivial (s. Bemerkungen am Anfang des Kapitels), wenn die Projektionsrichtung **p** parallel zu x_3 liegt. Dann gilt $p_1 = p_2 = 0$ und es folgt (1.16).

1.3.4 Zentralprojektion

Bei der Zentralprojektion oder der *Perspektive* wird ein Objekt Φ von einem **Zentrum Z** (Augpunkt) auf eine Bildebene ε projiziert (s. Fig. 1.17, vergl. auch Fig. 1.6 b). Die Zentralprojektion kann z.B. als mathematisches Modell des Sehvorgangs oder der (allgemeinen) Photographie angesehen werden. Während bei der Parallelprojektion alle Teile von Φ gleichartig verzerrt werden, werden bei der Zentralprojektion die vor der Bildebene (d.h. zwischen Zentrum **Z** und der Bildebene ε) liegenden Objektteile vergrößert, die hinter der Bildebene liegenden Objektteile verkleinert. Objektteile, die in der Bildebene liegen, bleiben unverzerrt (s. a. [SCHA 88]).

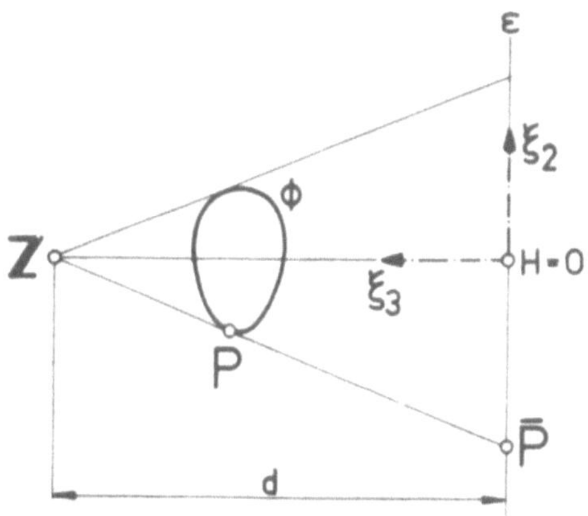

Fig. 1.17: Zentralprojektion

Vom Zentrum **Z** aus erkennt das Auge mit Blickrichtung senkrecht zu ε nur Dinge, die in einem gewissen Sehkegel liegen, dessen Spitze im Projektionszentrum **Z** liegt und dessen Achse die Lotgerade von **Z** auf die Bildebene ε ist. Der Lotfußpunkt der Lotgeraden von **Z** auf ε wird *Hauptpunkt* H genannt, der Abstand **HZ** heißt *Distanz* d . H ist der Mittelpunkt des Sehkreises als Schnitt der Bildebene ε mit dem Sehkegel. Die Erfahrung zeigt (s. z.B. [REH 69], [REH 80]), daß der Radius des Sehkreises ungefähr d/2 ist. Darf das Auge in **Z**

noch bewegt werden, so überstreicht es in etwa einen Kreis vom Radius d , den
Distanzkreis. Objektbilder innerhalb des Sehkreises wirken ausgeglichen,
Objektbilder außerhalb des Sehkreises aber innerhalb des Distanzkreises werden
leicht überbetont, während Objektbilder außerhalb des Distanzkreises starke
Verzerrungen aufweisen (s. Fig. 1.18).

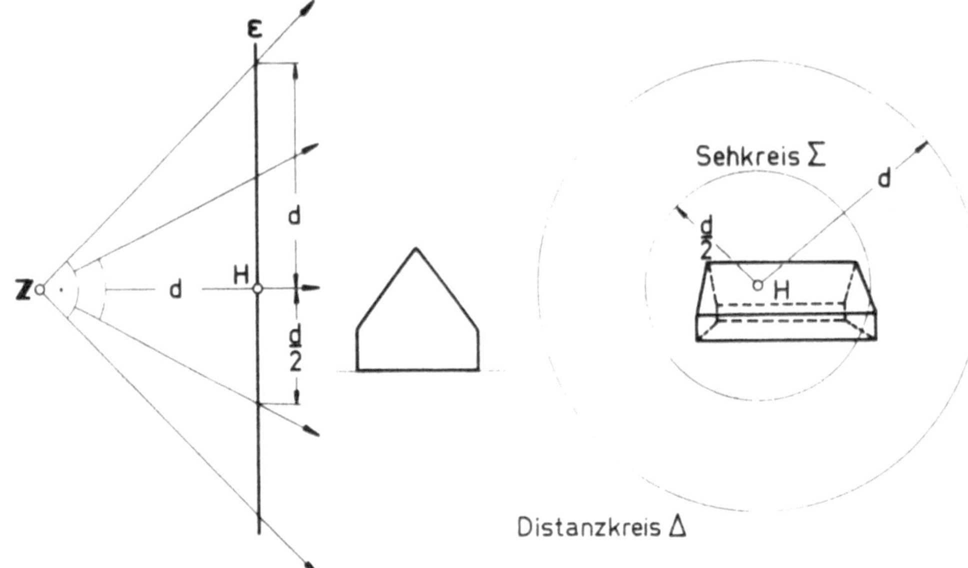

Fig. 1.18: Bildwirkung bei Zentralprojektion

Zur einfachen mathematischen Beschreibung der Zentralprojektion führen wir
speziell ein Bezugssystem $(O;\xi_1,\xi_2.\xi_3)$ ein, dessen Ursprung im Hauptpunkt **H**
liegt und dessen ξ_3-Achse auf das Zentrum **Z** zeigt (s. Fig. 1.17). – Liegt das
Objektsystem $(O;x_1,x_2,x_3)$ allgemein vor, so ist zunächst das Objektsystem
in das Bildsystem zu transformieren.

Gemäß Fig. 1.17 berechnet sich jetzt das Bild $\overline{P}$ eines Objektpunktes **P** über

$$\overline{P} = Z + \mu(P - Z) \qquad\qquad (\mu \in \mathbb{R})$$

oder

$$\begin{pmatrix} \overline{\xi}_1 \\ \overline{\xi}_2 \\ 0 \end{pmatrix} = \begin{pmatrix} 0 \\ 0 \\ d \end{pmatrix} + \mu \begin{pmatrix} \xi_1 \\ \xi_2 \\ \xi_3 - d \end{pmatrix} \;\; .$$

Die 3. Komponente liefert

$$\mu = \frac{d}{d-\xi_3}$$

und damit folgen als Koordinaten des Bildpunktes **P**

$$\bar{\xi}_1 = \frac{d\,\xi_1}{d-\xi_3} \quad , \qquad\qquad \bar{\xi}_2 = \frac{d\,\xi_2}{d-\xi_3} \quad . \tag{1.19}$$

Werden homogene Koordinaten eingeführt über

$$\xi_i =: \frac{\eta_i}{\eta_0} \quad , \qquad\qquad \bar{\xi}_i =: \frac{\bar{\eta}_i}{\bar{\eta}_0} \quad ,$$

kann die Abbildungsgleichung (1.19) in Matrizenform geschrieben werden

$$\begin{pmatrix} \bar{\eta}_0 \\ \bar{\eta}_1 \\ \bar{\eta}_2 \\ 0 \end{pmatrix} = \begin{pmatrix} d & 0 & 0 & -1 \\ 0 & d & 0 & 0 \\ 0 & 0 & d & 0 \\ 0 & 0 & 0 & 0 \end{pmatrix} \begin{pmatrix} \eta_0 \\ \eta_1 \\ \eta_2 \\ \eta_3 \end{pmatrix} \quad . \tag{1.19'}$$

Aus (1.19) läßt sich ablesen, daß alle Punkte der Ebene $\xi_3 = d$ nicht abgebildet werden können. Diese Ebene durch das Zentrum **Z** parallel zur Bildebene ε wird **Verschwindungsebene** genannt. Die Bildpunkte der Verschwindungsebene liegen im Unendlichen, daher zerfällt z.B. die Abbildung von Figuren, die die Verschwindungsebene schneiden, in zwei Teilbilder. Wenn das Projektionszentrum im Unendlichen liegt (Fernpunkt), geht die Zentralprojektion in die Parallelprojektion über.

Auch bei der Zentralprojektion lassen sich die Abbildungsgleichungen über das Bild eines Würfels gewinnen, wenn man die Zentralprojektion der Punkte $(O;x_0,x_1,x_2,x_3)$ als *projektive Abbildung* auffaßt (s. [PAU 88]):
Wir greifen die sog. *Zentrale Axonometrie* heraus, welche die folgenden rationalen Abbildungsgleichungen besitzt

$$\xi = \frac{a_0 + a_1 x + a_2 y + a_3 z}{1 + c_1 x + c_2 y + c_3 z} \quad , \qquad \eta = \frac{b_0 + b_1 x + b_2 y + b_3 z}{1 + c_1 x + c_2 y + c_3 z} \tag{$*$}$$

und bilden die Würfeleckpunkte $E_0(0,0,0)$, $E_1(1,0,0)$, $E_2(0,1,0)$, $E_3(0,0,1)$, $E_4(1,1,0)$ ab; zusätzlich wird noch eine Koordinate eines weiteren Punktes wie z. B. $E_5(1,0,1)$ benötigt. Damit folgt aus dem Ansatz $(*)$ ein lineares Gleichungssystem für die unbekannten Koeffizienten, das einfach zu lösen ist.

1.4 Stereobilder, Anaglyphen

Mit den bisher entwickelten Methoden sind wir in der Lage, ebene Projektionen räumlicher Objekte zu erstellen. Dabei geht natürlich der räumliche Eindruck verloren, dieser wird (in einfachen Situationen) vom Auge des Beobachters über zusätzliche Informationen (weitere Projektionen, aus Verzerrung wird geschlossen, was "vorn" und was "hinten" liegt) rekonstruiert. Bei komplizierten

Objekten ist diese räumliche Rekonstruktion oft schwierig oder gar unmöglich. (s. z. B. [SCHA 88]).Soll der räumliche Aufbau von formelmäßig beschriebenen Objekten (z.B. komplizierte Flächen der Analysis, der Differentialgeometrie) studiert werden, ist eine ebene Projektion allein nicht aussagekräftig genug. Hier kann die Erzeugung von *Stereopaaren* oder *Anaglyphen*-Bildern Abhilfe schaffen (s. z.B. [BART 83], [HAU 77]).

Die *Stereotechnik* ist aus der Photographie bekannt (Aufnahmen mit zweiäugiger Stereokamera). Sie wird z.B. zur Vermessung räumlicher Objekte (Stereophotogrammetrie) eingesetzt oder zur Vermaßung der Erdoberfläche sowie des Meeresgrundes mit Hilfe von Satelliten, findet jetzt aber auch in der Medizin Verwendung bei der Durchführung komplizierter Operationen (Röntgenstereotechnik) und in der Computertomographie/Kernspintomographie, um einen räumlichen Eindruck der zu untersuchenden Körperteile zu vermitteln. In den beiden letzten Fällen wird für die Wiedergabe und die Erzeugung des Raumeindruckes polarisiertes Licht eingesetzt. Anaglyphen-Bilder (meist aus den Komplementärfarben rot-grün auf dunklem Hintergrund) werden öfters zur Veranschaulichung in Lehrbüchern der Darstellenden Geometrie [EHR 64], [SCHÖ 77] eingesetzt, neuerdings findet diese Technik auch Anwendungen im Fernsehen.

Bei der Stereotechnik wird das beidäugige Sehen und die Rekonstruktion des räumlichen Eindruckes aus den beiden Sichtbildern der beiden Augen nachgeahmt. Ein gegebenes Objekt Φ wird von zwei Zentren Z_1, Z_2 (Augen!) im Augabstand $2b$ auf eine Bildebene ε (Abstand a) projiziert (s. Fig. 1.19). Projektion vom Zentrum Z_1 liefert Bild B_1, Projektion von Z_2 liefert Bild B_2.

Um die Abbildungsgleichungen zur Berechnung der Stereobildpaare B_1, B_2 zu erhalten, führen wir analog zu Kap. 1.3.4 ein spezielles Koordinatensystem ein, dessen (ξ_1,ξ_2)-Ebene wieder mit der Bildebene zusammenfalle und dessen ξ_3-Achse auf den Mittelpunkt der Strecke $Z_1 Z_2$ zeigt (s. Fig. 1.19).

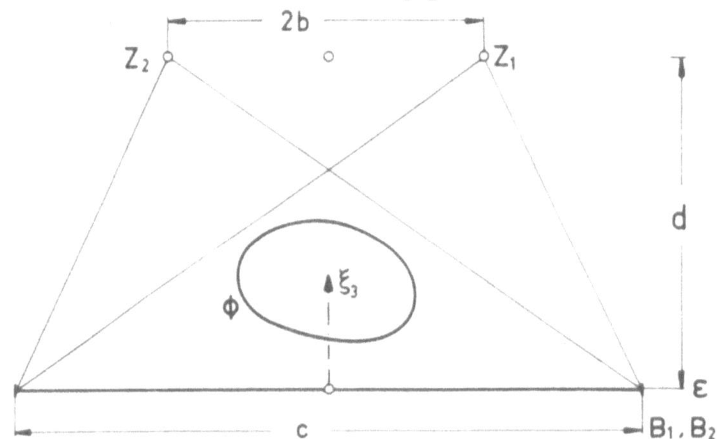

Fig. 1.19: Erzeugung von Stereobildern B_1, B_2 eines Objektes Φ

Wie oben angesetzt, sollen die Projektionszentren Z_1, Z_2 den Abstand $2b$ besitzen, ferner sei d der Abstand der Projektionszentren Z_1 von der Bildtafel, dann haben die Projektionszentren die Koordinaten (wenn vorausgesetzt wird, daß $Z_1 \cup Z_2$ parallel zur ξ_2-Achse liegt)

$$Z_1 = (0,b,d) \quad , \quad Z_2 = (0,-b,d) \tag{1.20}$$

Wird in (1.20) formal $a_2 := \pm b$ gesetzt, ergeben sich analog zu (1.19) als Abbildungsgleichungen eines Punktes $P(\xi_1,\xi_2,\xi_3)$

$$\bar{\xi}_1 = \frac{\xi_1 d}{d - \xi_3} \quad , \quad \bar{\xi}_2 = \frac{\xi_2 d - \xi_3 a_2}{d - \xi_3} \tag{1.21}$$

oder in Matrizenform mit homogenen Koordinaten

$$\begin{pmatrix} \bar{\eta}_0 \\ \bar{\eta}_1 \\ \bar{\eta}_2 \\ 0 \end{pmatrix} = \begin{pmatrix} d & 0 & 0 & -1 \\ 0 & d & 0 & 0 \\ 0 & 0 & d & -a_2 \\ 0 & 0 & 0 & 0 \end{pmatrix} \begin{pmatrix} \eta_0 \\ \eta_1 \\ \eta_2 \\ \eta_3 \end{pmatrix} \quad ,$$

wobei über

$$\xi_i = \frac{\eta_i}{\eta_0} \quad (i = 1,3) \quad , \quad \bar{\xi}_j = \frac{\bar{\eta}_i}{\bar{\eta}_0} \quad (j = 1,2)$$

homogene Koordinaten eingeführt wurden.

Die über (1.21) erzeugten Bildpaare müssen evtl. noch verkleinert (oder vergrößert) werden, damit sie den Voraussetzungen der Beobachtungsmethode gerecht werden.

Anstelle der hier entwickelten Abbildungsgleichungen für zwei Zentren Z_1, Z_2 hätten wir auch mit den Abbildungsgleichungen (1.19) zur Zentralprojektion direkt arbeiten können: Das Bild B_1 wird durch Projektion von Z auf ε konstruiert, das Bild B_2 ergibt sich nach Translation des Objektes parallel zur Bildebene ε um den Augabstand $2b$.

Beim Betrachten eines Stereopaares muß dafür Sorge getragen werden, daß jedes Auge gleichzeitig und getrennt nur eines der Bilder sehen kann. Die Blickrichtungen nach den sich entsprechenden Bildpunkten müssen sich (wenigstens annähernd) im Raum schneiden.

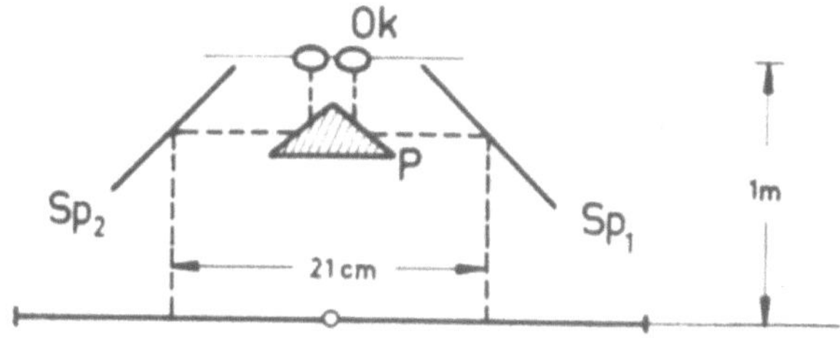

Fig. 1.20: Spiegelstereoskop

Beim Spiegelstereoskop (s. Fig. 1.20) werden die beiden nebeneinander angeord-
neten Bilder durch zwei Okulare O_k betrachtet. Bei der üblichen Dimensionierung beträgt der mit Hilfe eines Prismas P und zweier Spiegel Sp_1, Sp_2 erweiterte Augabstand 21 cm, d.h., jedes der Bilder besitzt die Bildbreite c = 21 cm.

Mini-Stereos (s. Fig. 1.21, s. auch [BART 83], [HAU 77]) können direkt durch
zwei Okulare betrachtet werden. Wegen des Augabstandes 2 b = 6,5 cm muß die
Bildbreite c = 6,5 cm betragen (Abstand der Projektionszentren von der
Bildebene d = 30 cm).

Sollen Stereobilder einem größeren Kreis gleichzeitig vorgestellt werden,
empfiehlt sich Projektion mit polarisiertem Licht und Betrachtung durch
entsprechende Brillen. Bei der neuerdings entwickelten Prismentechnik
(Keilstereoskop s. [KRE 72], [UNB 85]) werden die beiden Stereobilder
übereinander angeordnet und durch eine Brille mit zwei Prismen betrachtet.

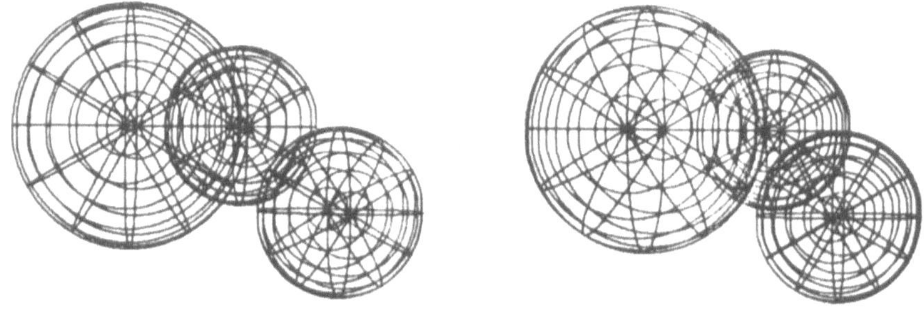

Fig. 1.21: Mini-Stereo von drei Kugeln

Mit Hilfe von polarisiertem Licht lassen sich räumliche Bilder auch auf einem
Rechnerbildschirm erzeugen; dazu werden z. B. linksdrehend- und rechtsdre-
hend-polarisierte Bilder jeweils schnell hintereinander aufgebaut und mit einer
Polarisationsbrille betrachtet, so daß ähnlich wie bei einem Spielfilm für jedes
Auge ein eigenes bewegtes Bild entsteht.

Mit einiger Übung kann das stereoskopische Sehen auch ohne technische Hilfsmittel erfolgen. Dazu betrachte man zwei nebeneinander liegende Stereobilder
aus ca. 60 cm Entfernung und visiere zunächst einen Punkt (z.B. eine Bleistiftspitze) in ca. 30 cm Entfernung mit beiden Augen an, wobei das rechte Auge
über die Bleistiftspitze die hintere Ecke der linken Figur und das linke Auge die
hintere Ecke der rechten Figur anvisieren soll. Jetzt sieht man drei unscharfe
Bilder. Das mittlere Bild ist das Raumbild, das nach einiger Zeit (und einigem

Üben) scharf räumlich erscheint (s. dazu auch [HAU 77], [SCHW 76]). Ein geübter Beobachter kann die Abstandsmaße beliebig variieren, er muß nur das räumliche Bild an der "richtigen" Stelle suchen. Einem fortgeschrittenen Kreis von "Stereosehern" kann man sogar durch Projektion von Stereopaaren mit einem Overheadprojektor räumliche Bilder vermitteln. Beim "freien" Stereosehen ohne technische Hilfsmittel werden allerdings die Bildpaare vertauscht, so daß sich die Orientierung des Bildes ändert (s. Fig. 1.22).

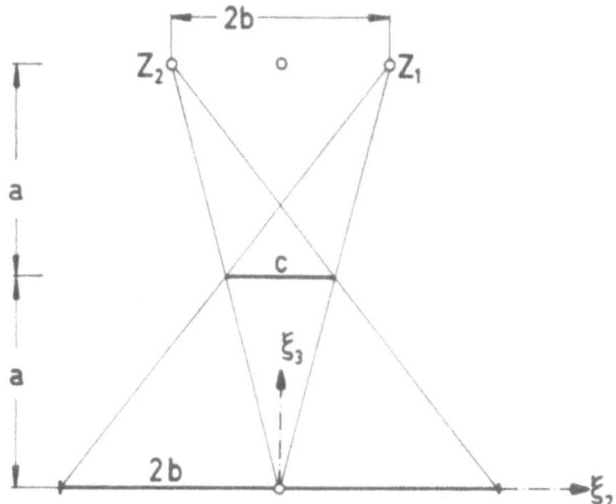

Fig. 1.22: Freies Stereosehen vertauscht Orientierung

Einfach wird das freie Stereosehen auch, wenn die beiden Prismen aus dem Brillengestell eines Keilstereoskops herausgenommen werden und vertikal so vor die beiden Augen gehalten werden, daß die beiden Mini-Stereobilder zur Deckung gelangen.

Wählt man als Bildwiedergabe von Stereopaaren die **Anaglyphen-Technik**, so werden die beiden Stereobilder übereinander gedruckt, da die Bildtrennung über die Komplementärfarben erfolgen kann. Hier ist im Prinzip keine Begrenzung der Bildbreite notwendig. Die Fig. 1.23 simuliert eine Anaglyphen-Darstellung, allerdings wurde aus drucktechnischen Gründen auf eine Farbwiedergabe verzichtet.

Anaglyphenbilder können auch einem größeren Kreis vorgeführt werden: Dazu stelle man getrennte Plotterzeichnungen der beiden Anaglyphen-Abbildungen her und versehe zur Justierung beide Bilder mit einem sich entsprechenden Bildrahmen. Die Anaglyphenbilder werden nun mit zwei Overhead-Projektoren projiziert, die so justiert sind, daß die Bildrahmen der beiden Anaglyphenbilder zusammenfallen. Eine Projektion wird mit roter, die andere mit grüner Ultraphanfolie abgedeckt. Werden nun diese Bilder mit einer Brille mit einem roten und einem grünen Glas betrachtet, entsteht über Farbaddition ein räumliches Bild.

Wichtig ist für die Güte der Darstellung, daß die beiden Folien auslöschend
wirken, d.h. übereinandergelegt schwarz erscheinen. Ist die Lichtauslöschung
zu gering, sollten jeweils zwei Farbfolien übereinandergelegt werden.

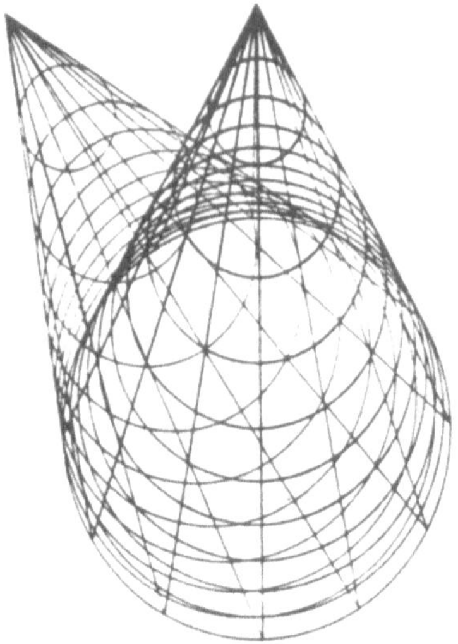

Fig. 1.23: Vereinfachte Anaglyphendarstellung eines Kegels

1.5 Visibilitätsverfahren

Unter Sichtbarkeits- oder Visibilitätsverfahren werden Methoden verstanden,
um an Projektionen räumlicher Objekte verdeckte Ecken, Kanten, Flächenstücke zu entdecken. Werden diese verdeckten Bereiche bei der Darstellung
ausgeblendet, entsteht ein räumlicher Eindruck des Objektes. Für realistische
Darstellungen ist die möglichst exakte Bestimmung der von einem Blickpunkt
aus sichtbaren Teile eines Objektes, einer Szene notwendig. Falsche Sichtbar-
keitsangaben können sogar das gegebene Objekt verfremden.

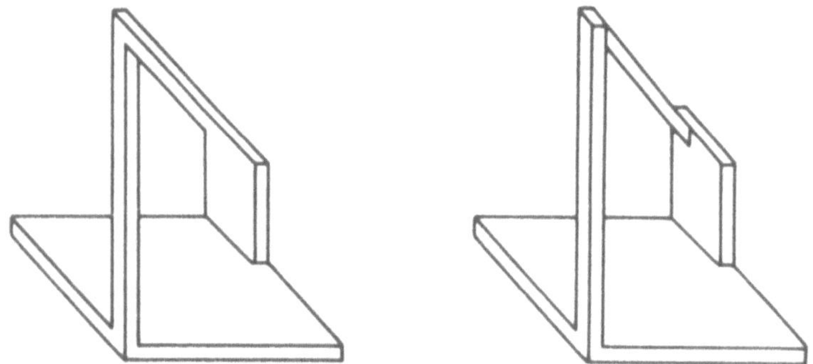

Fig. 1.24: Unmögliches Objekt, Korrektur

Während Fig. 1.24 zeigt, daß eine falsche Entscheidung über Sichtbarkeit zu einem im $\mathbb{R}^3$ unmöglichen Objekt führt, demonstriert Fig. 1.25, daß verschiedene Sichtbarkeitsentscheidungen auf unterschiedliche Anordnungen eines Objektes führen. Ohne Sichtbarkeitsentscheidung kann die räumliche Anordnung eines Objekts meist gar nicht entschieden werden,

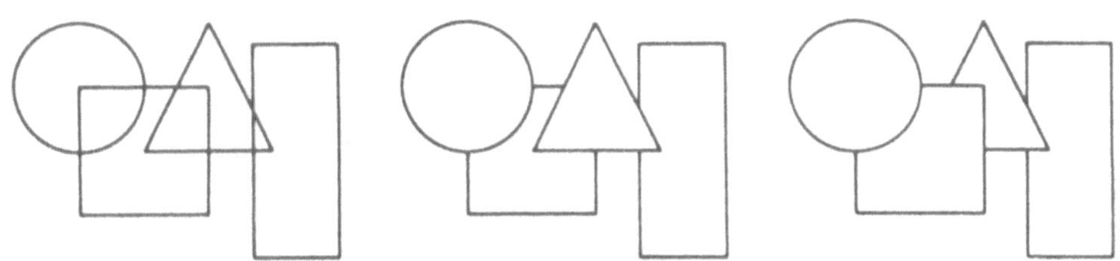

Fig. 1.25: Sichtbarkeit über Anordnung

Die Sichtbarkeitsentscheidung, d.h. die Elimination verdeckter Ecken, Kanten, Flächenstücke ist eines der herausfordernsten Probleme der Computergraphik. In diesem Bereich sind noch viele Probleme offen, hier bedarf es noch umfangreicher Forschungsarbeiten (vgl. [ENC 75], [FOLE 82]). Allerdings sollte nicht danach gestrebt werden, Vielzweckprogramme zu entwickeln. Diese sind oft ineffizient - es ist wirkungsvoller, die verwendeten Methoden der jeweiligen Situation anzupassen ([MYE 83], [WIT 81], [SAB 85a]).

Sichtbarkeits- oder Visibilitätsverfahren können methodisch gegliedert werden in

- Flächentest
- Punkttest
- Punkt / Flächentest.

Beim **Flächentest** bildet ein Flächenelement (z.B. ein ebenes Flächenstück eines Körpers) das Grundelement, das auf Sichtbarkeit getestet wird. Es kann nur untersucht werden, ob ein Flächenstück der Oberfläche eines konvexen Körpers vom Volumen des Körpers selbst verdeckt wird.

Die Körperoberfläche wird durch nach *außen zeigende* Normalenvektoren orientiert, und es wird das Skalarprodukt zwischen den Normalenvektoren und dem Sehstrahl **p** betrachtet. Der Sehstrahl ist bei Parallelprojektion durch die Projektionsrichtung festgelegt, bei Zentralprojektion durch die Verbindung mit dem Projektionszentrum **Z**. Sichtbar sind (bezogen auf den Beobachter) nur jene Körperteile, für die gilt

$$\mathbf{N} \cdot \mathbf{p} < 0 \ . \tag{1.22}$$

Fig. 1.26 enthält einen ebenflächig begrenzten konvexen Körper (Quader) mit nach außen orientierten Normalen. Sichtbar sind z.B. nur die Seiten 2, 3, 4.

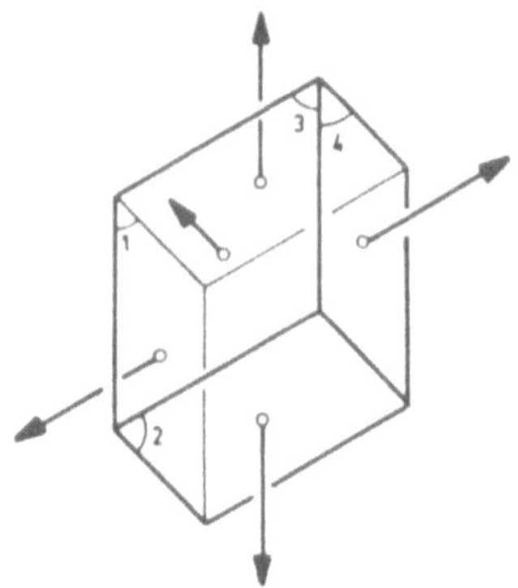

Fig. 1.26: Sichtbarkeit am Quader

Fig. 1.27 zeigt den Flächentest für eine konvexe, stetig gekrümmte Fläche bei Parallelprojektion. Die sichtbaren und unsichtbaren Teile des Körpers werden durch die Umrißlinie getrennt, die durch

$$N \cdot p = 0 \qquad\qquad\qquad (1.23)$$

bestimmt ist. Die Punkte der Umrißlinie liefern den Schatten des Objektes auf eine Ebene ε (vgl. Fig. 1.27).

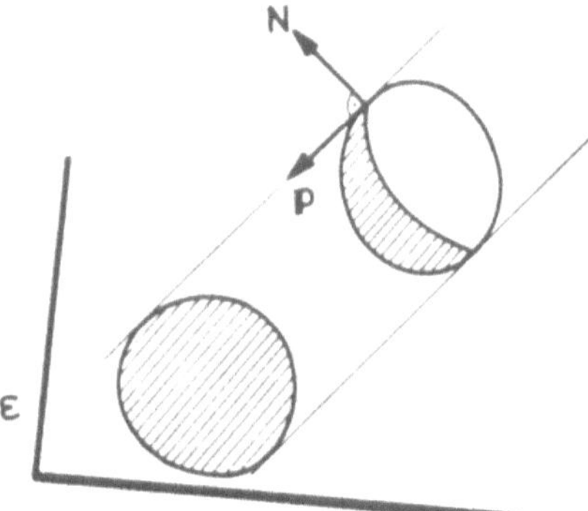

Fig. 1.27: Umrißlinie (und Projektion) eines konvexen Körpers

Ist die Oberfläche eines (konvexen) Flächenstückes als Funktion oder Relation gegeben, so stellt (1.23) eine nichtlineare Gleichung dar, deren Nullstellen zu bestimmen sind. Neuerdings entwickelte Sichtbarkeitsalgorithmen ermitteln zuerst die Gebiete, für die (1.22) gilt, d. h. die möglicher Weise sichtbar sind. Die damit auch berechneten Umrißlinien legen in der Parameterebene *Regionen* fest, nun müssen nur noch die Ränder der Regionen gegeneinander getestet werden [HORN 85].

Beim **Punkttest** werden die betrachteten Geraden- oder Kurvenstücke in kleine Segmente zerlegt, jedes Segment wird durch einen, z.B. in der Segmentmitte liegenden, Testpunkt gekennzeichnet. Das Segment wird gezeichnet, wenn sein Testpunkt von keiner anderen Fläche des betrachteten Objektes verdeckt wird, d.h. auf dem Lichtstrahl Auge – Testpunkt liegt. Dazu wird durch den Testpunkt P_i ein Sehstrahl geführt, und es wird untersucht, ob dieser Sehstrahl ein Objektteil trifft oder nicht. Die Güte des Punkttest hängt von der Segmentlänge ab, u. U. endet eine verdeckte Kante nicht genau an der Sichtbarkeitsgrenze oder ein Segmentteil schießt über die Sichtbarkeitsgrenze hinaus (s. Fig. 1.28).

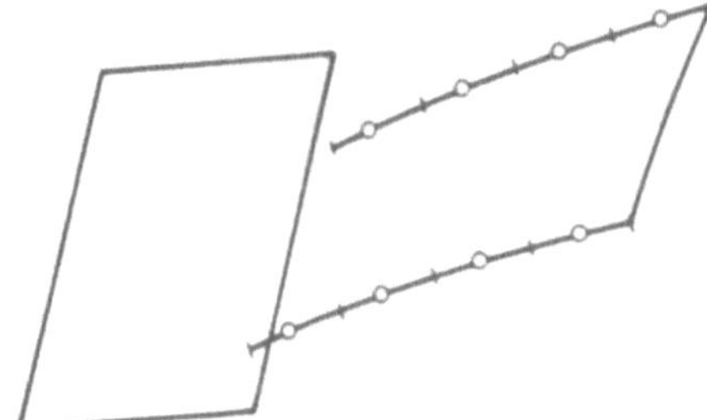

Fig. 1.28: Fehlzeichnung beim Punkttest

Bei den meisten effektiv arbeitenden Sichtbarkeitsalgorithmen werden **Punkt- und Flächentest** kombiniert und das Verfahren durch zusätzliche Überlegungen beschleunigt. Einen Überblick (z.T. mit Quellprogrammen) von solchen Sichtbarkeitsalgorithmen (oft auch hidden-line- oder hidden-surface-Verfahren genannt) finden sich z.B. in [ENC 75], [ENC 86].

Wir wollen hier als Beispiel das **Überlagerungsverfahren** (vgl. [ENC 75]) ausführlich beschreiben: Zunächst wird jedes Oberflächenstück des Objektes mit einem (u,v)-Raster versehen (Rasterbreite Δu, Δv, s. Fig. 1.29). Ein Punkt P eines Objektes wird dann festgelegt

- durch seine kartesichen Koordinaten (x,y,z),
- durch die (u,v)-Parameterwerte.

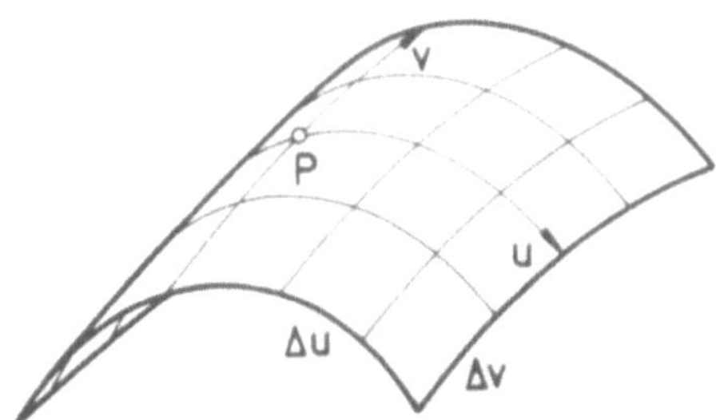

Fig. 1.29: (u,v)-Parameter des Flächenpunktes

Nun wird das Objekt auf den Bildschirm projiziert, der als (x,y)-Ebene interpretiert wird, und über den Bildschirm wird ein kartesisches Raster mit der Dis-
kretisierungsbreite Δ gelegt (s. Fig. 1.30). Soll ein Knotenpunkt **P** auf Sichtbarkeit getestet werden, so wird das Rasterkaro ermittelt, das **P** enthält. Für die
dann folgenden Schritte wird nur noch dieses Rasterkaro von **P** betrachtet. Es

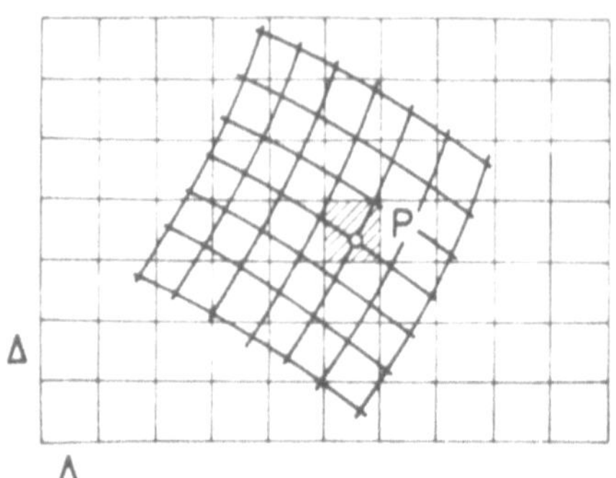

Fig. 1.30: Raster in der Bildebene

werden zunächst alle diejenigen Flächenelemente des Objektes gesucht, die
Punktmengen besitzen, deren Projektionen mit dem Rasterkaro von **P** einen
nichtleeren Durchschnitt besitzen. Ist die Anzahl der Punktmengen, die Punkte
im Rasterkaro von **P** besitzen, zu groß, kann das Rasterkaro von **P** noch
verfeinert werden. Um die Sichtbarkeit von **P** präziser entscheiden zu können,
werden die viereckigen $(\Delta u,\Delta v)$-Elemente im betrachteten Rasterkaro durch zwei
ebene Dreiecke durch die Elementeckpunkte approximiert (s. Fig. 1.31) und alle
Dreiecke aussortiert, die **P** nicht enthalten. **P** hat als Bild auf dem Bildschirm
die Koordinaten (x,y), jetzt werden die zugehörigen z-Koordinaten aller noch
in Betracht kommenden Objektpunkte P_l über die Ebenengleichungen der Drei-
ecksegmente berechnet. Sichtbar ist dann jener Objektpunkt P_l, der die größte
z-Koordinate besitzt.

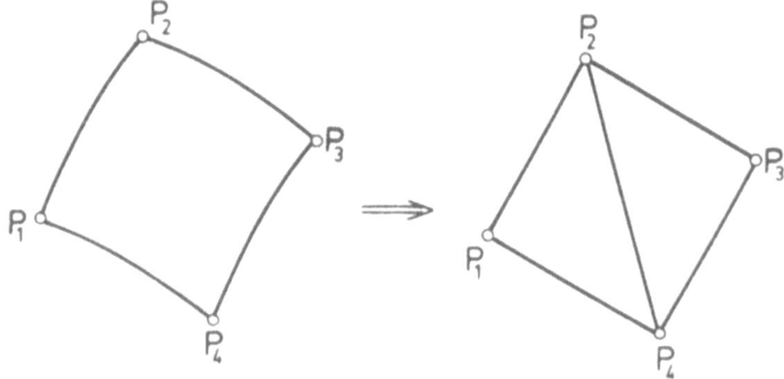

Fig. 1.31: Zerlegung eines $(\Delta u,\Delta v)$-Elements

So wird die Sichtbarkeit aller Knotenpunkte entschieden, danach müssen noch
die Verbindungslinien getestet werden. Sind zwei benachbarte Knotenpunkte
sichtbar, dann ist auch die Verbindungslinie sichtbar. Sind ein sichtbarer und
ein unsichtbarer Knotenpunkt benachbart, müssen auf der Verbindungslinie ein
oder mehrere Testpunkte eingeführt werden, für die die Sichtbarkeitskontrolle
wiederholt werden muß. Als Testpunkte können z.B. die Schnittpunkte der
Verbindungslinie der betrachteten Punkte mit dem (u,v)-Parameternetz gewählt
werden. Die ursprünglich gewählten Rasterparameter (Δu, Δv) legen die
Genauigkeit der Sichtbarkeitsgrenzen fest (s. Fig. 1.32).

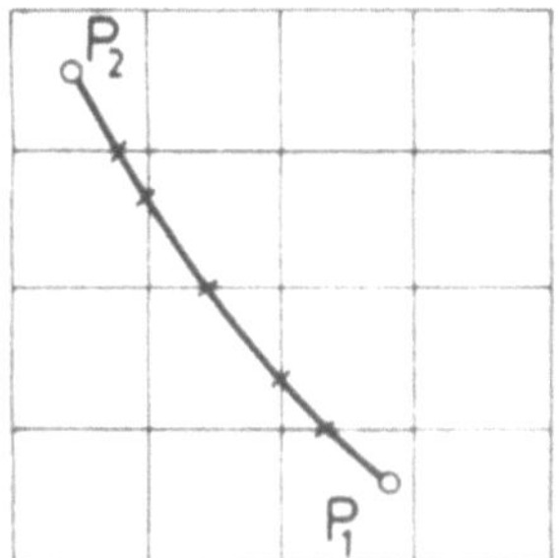

Fig. 1.32: Verfeinerung der Sichtbarkeitsentscheidung

Fig. 1.33 zeigt den sichtbaren Teil eines relativ komplexen Objektes, dessen
Oberfläche in Parameterdarstellung gegeben ist (s. Kapitel 2).

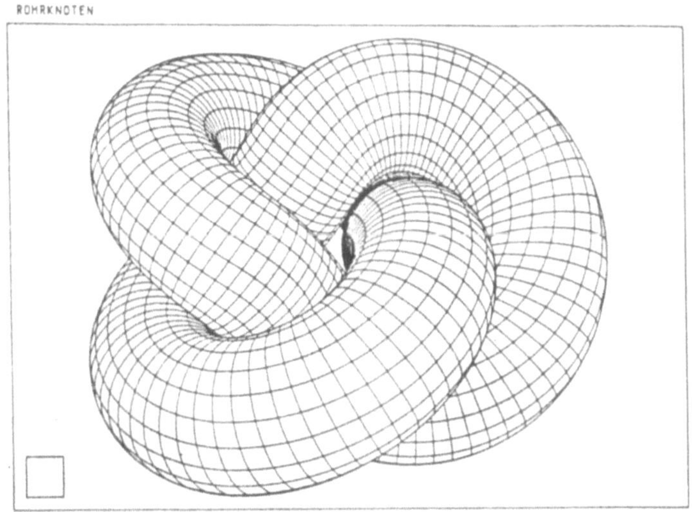

Fig. 1.33: Anwendung von Visibilitätsverfahren[*]

*) Die Figur wurde freundlicherweise vom Institut für Geometrie der TU
München (Prof. Dr. Giering, Dr. Seybold) zur Verfügung gestellt.

Ein einfaches Verfahren zur Sichtbarkeitsentscheidung kann bei Ausgabe über
einen Bildschirm benutzt werden: Die meisten Rechner verfügen über einen
Befehl, mit dem alle unter einem markierten Punkt liegenden Pixel bis zum
Bildschirmrand gelöscht werden können. Um dann z.B. eine Fläche $z = f(x,y)$
$(a \leq x \leq b,\ c \leq y \leq d)$ darzustellen, beginnt man mit der hintersten Flächenkurve $x = b$ und zeichnet anschließend die davorliegende Flächenkurve
$x = b - \Delta$ $(\Delta > 0)$, wobei alle Pixel *unter* dem jeweils markierten Kurvenpunkt
gelöscht werden (Prinzip s. Fig. 1.34, [MYE 83], [BUTL 79]).

Fig. 1.34: Ausgabe am Bildschirm, der gestrichelte Teil wird gelöscht

Dieses Verfahren kann auch auf (geeignete) Objekte, bestehend aus mehreren
Körpern, angewandt werden (s. Fig. 1.35).

Zur weiteren Vertiefung sei noch auf [GRIF 78],[GRIF 79], [GRIF 81], [MÜL 80],
[KRI 85], [BON 86], auf [ROG 85] sowie auf die Bibliographie [GRIF 78] und die
darin enthaltenen umfangreichen Literaturhinweise verwiesen.

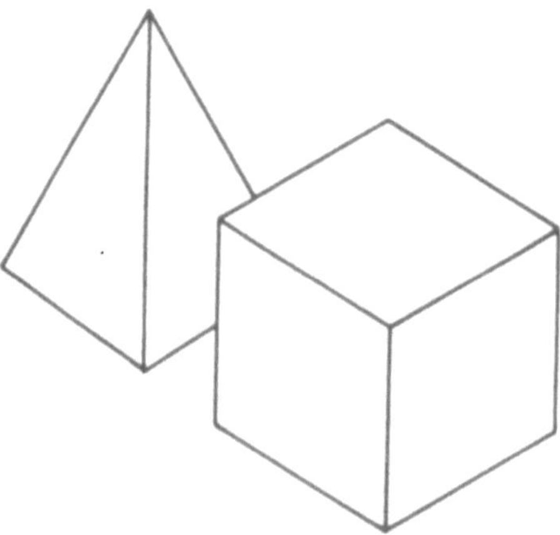

Fig. 1.35: Zur Sichtbarkeit mehrerer Objekte am Bildschirm

1.6 Schattierungen, Reflexionen

Das Ausblenden unsichtbarer Kanten und Flächenteile mit Hilfe von Sichtbarkeitsalgorithmen ist eine Möglichkeit, den räumlichen Eindruck des Bildes eines
Objektes bei Parallel- oder Zentralprojektion zu erhöhen. **Schattierungen** sind
ein weiterer Weg, den räumlichen Eindruck zu verstärken, wobei unterschiedliche Grautöne oder unterschiedliche Farben und Farbtöne dem einzelnen
Flächenteil einen erhöhten plastischen Eindruck vermitteln sollen (vgl.
[FOLE 82], [NEW 79], [PHO 75], [ROG 85], [FEL 88]). Das Schattieren erlangt
auch immer stärkere Bedeutung im Zusammenhang mit dem Gebäudedesign, mit
Energiebetrachtungen etwa der Plazierung von Solarzellen, der Grundstücks-
beurteilung [PECK 85] oder der Beurteilung der Güte von Oberflächen (s. a.
Kap. 13, [PÖS 84]).

Grundlage der Schattierungsmethoden ist die *geometrische Beleuchtungstheorie*, die verschiedene Definitionen der Helligkeit eines Flächenelementes
bereitstellt. Diese Definitionen hängen von gewissen physikalischen Hypothesen
ab, die nur experimentell begründet werden können.

Zwei Definitionen haben auch für gekrümmte Flächen wesentliche Bedeutung erlangt: die **Isophoten** und die **Isophengen** [LANG 84], [RÖS 37]. Die **Isophoten**
sind *Linien gleicher Helligkeit* und sind definiert über

$$h_1 = C_1 \cos \lambda \tag{1.24}$$

mit C_1 als geeignet gewählter Konstanten und λ als Winkel zwischen der
Flächennormalen N eines Flächenpunktes P und der Lichtrichtung p des
einfallenden Lichtes ($|N| = |p| = 1$) (s. Fig. 1.36).

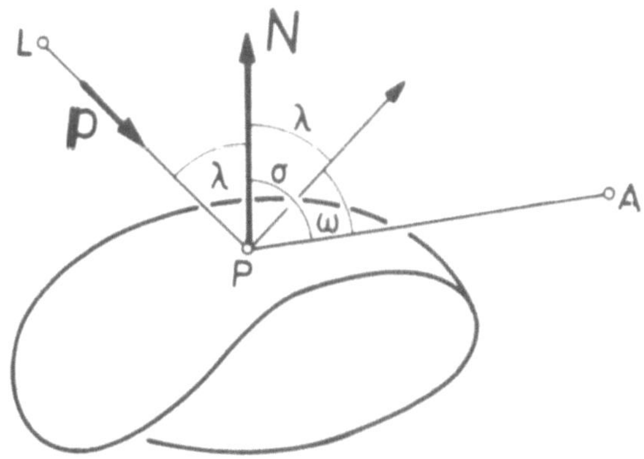

Fig. 1.36: Ein- und ausfallender Strahl,
Lichtquelle L, Auge A eines Beobachters

Zu dieser Definition muß kritisch bemerkt werden, daß der Blickpunkt des
Beobachters nicht berücksichtigt wird, was sicher nicht der natürlichen
Situation entspricht. Daher wurden die **Isophengen** eingeführt als *Linien
gleicher scheinbarer Helligkeit* über

$$h_2 = C_2 \cos \lambda \cos \sigma \tag{1.25}$$

mit C_2 als geeignet gewählter Konstanten und σ als Winkel des Sehstrahls
vom Beobachter zur Flächennormalen im Flächenpunkt **P** (s. auch Fig. 1.36).
Bei dieser Definition wird der Standpunkt des Beobachters überbetont, so daß
die Abschattierung einer Fläche nach Isophengen der Wirklichkeit ebenfalls
nicht entspricht. Besonders störend wirkt z.B., daß nach diesem Modell für die
Helligkeit der Umriß der Fläche am dunkelsten schattiert erscheint (für $\sigma = \frac{\pi}{2}$
ist $h_2 = 0$). Es wurden daher verschiedene Definitionen der Helligkeit entwik-
kelt, welche die beiden genannten Effekte kombinieren ([FOLE 82], [NEW 79]).

Bei der Festlegung der Konstanten sollte auch berücksichtigt werden, daß
die absolute Lichtstärke von der Entfernung R zwischen Auge und Lichtquelle
abhängig und im wesentlichen proportional zu $\frac{1}{R^2}$ ist. Die relative Intensität
erscheint dagegen von R fast unabhängig, weil sich die scheinbare Größe des
Flächenelementes mit wachsendem R nach demselben Gesetz verkleinert.
Weiter geht in die Konstanten ein

- die Oberflächenbeschaffenheit der Fläche (matt, glänzend),
- die Lichtbeschaffenheit (diffuses Licht, punktförmige Lichtquelle).

Wesentliche **Oberflächenkoeffizienten** sind

- der *Reflexionskoeffizient* R_p, der angibt, wieviel bei punktförmiger Lichtquelle vom einfallenden Licht reflektiert wird ($R_p \in [0,1]$),
- der *Reflexionskoeffizient* R_d, der für diffuses Licht angibt, wieviel vom
  einfallenden Licht reflektiert wird ($R_d \in [0,1]$).

Die Fläche erscheint farbig, falls unterschiedliche Reflektionskoeffizienten für
Lichtwellen unterschiedlicher Wellenlänge angenommen werden.

Die Lichtbeschaffenheit wird beschrieben von den Koeffizienten

- I_p als Intensität des einfallenden Lichtes bei punktförmiger Lichtquelle,
- I_d als Intensität des diffusen Lichtes.

Auf diesen Grundlagen wurden **Shading-Modelle** über verschiedene Definitionen
der Intensität entwickelt:

diffuse Reflexion an matter Oberfläche bei punktförmiger Lichtquelle unter
Verwendung des Isophotenmodells

$$I = I_p \, R_p \, \frac{\cos \lambda}{R^2} \tag{1.26}$$

mit λ als Winkel zwischen einfallendem Licht und der Normalen in einem Flächenpunkt P.

Um einer natürlichen Beleuchtungssituation möglichst nahe zu kommen, muß noch berücksichtigt werden, daß auch diffuses Licht vorhanden ist. Ein weiterer Mangel von (1.26) ist, daß bei Parallelbeleuchtung $R \to \infty$ geht. Sogar bei Zentralbeleuchtung kann $\frac{1}{R^2}$ einen großen Wertebereich durchlaufen, wenn z.B. der Augpunkt nahe an einem Objekt ist. Das ergäbe erhebliche Helligkeitsunterschiede für Flächenpunkte mit gleichem Einfallswinkel λ. Daher wird in [FOLE 82] vorgeschlagen, den Nenner R^2 durch $r + k$ zu ersetzen, mit k als Konstanten und r als Abstand zwischen Fläche und Augpunkt. Daher wird angesetzt

$$I = I_d R_d + I_p R_p \frac{\cos \lambda}{k + r} \ .$$

Ist die Oberfläche nicht durchweg matt, sondern in gewissem Sinne "glänzend", so liefert eine punktförmige Lichtquelle u.U. lokale Spiegelreflexionen. [PHO 75] versucht, diesen Effekt durch einen **Spiegelreflexionskoeffizienten** zu erfassen und setzt als Intensität an (*Phong-Shading*)

$$I = (R_p \cos \lambda + W(\lambda) \cos^n \omega) \frac{I_p}{k + r} + I_d R_d \tag{1.27}$$

mit $W(\lambda)$ als Spiegelreflexionskoeffizienten (s. Fig. 1.37), mit ω als Winkel zwischen Sehstrahl (Auge) und ausfallendem Licht (s. Fig. 1.36) und $n \in [1,10]$ als "Maß für Glanz der Oberfläche". Dabei hat eine glänzende Metallfläche, die sehr kleine Glanzzonen besitzt, einen hohen Wert n , eine stumpfe Oberfläche wie z.B. Papier ein kleines n .

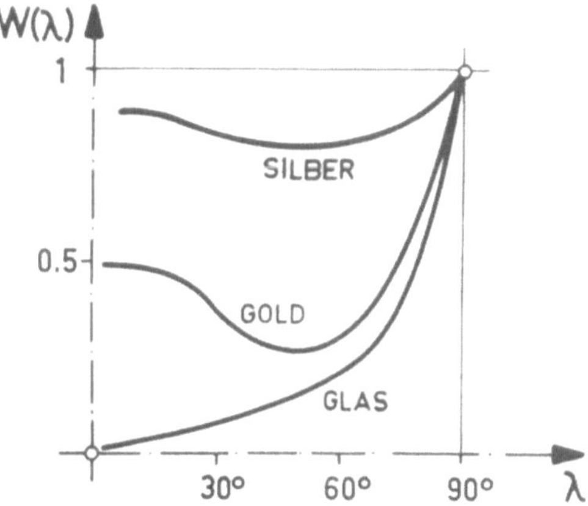

Fig. 1.37: Spiegelreflexionskoeffizient (vgl. a. [NEW 79])

Das Reflexionsmodell in [COOK 81] hat das Phong-Shading verbessert und berücksichtigt alle physikalischen Komponenten der Schattenbildung, so daß
Schattierungen ähnlich zu Photographien entstehen.

Soll eine glatte Fläche schattiert werden, wird auf der Fläche ein geeignetes
Punktegitter gewählt und in jedem Flächenpunkt die Intensität nach einem
dieser Shading-Modelle ermittelt. Die berechneten Intensitäten werden direkt
in jedem Flächenpunkt angetragen, evtl. wird zwischen den Intensitäten der
Flächenpunkte interpoliert. Eine glatte Fläche kann durch geeignete Polyeder
approximiert werden, dann lassen sich Normalen in den Eckpunkten der polye-
drischen Flächen durch Mittelwertbildung aus den Normalen der beteiligten
Facetten konstruieren, damit die Eckenintensitäten berechnen und über jeder
Facette gemittelt antragen(s. z.B. [FOLE 82]).

müssen jene reflektierenden Lichtstrahlen ermittelt werden, die durch den
Augpunkt verlaufen:

Sei L die Lichtquelle, P der Reflexionspunkt, N($|N|$ = 1) Normalenvektor in
P und A der Augpunkt, so besitzt der einfallende Strahl die Richtung
(s. Fig. 1.38) b = P L, der ausfallende Strahl die Richtung a = P A.

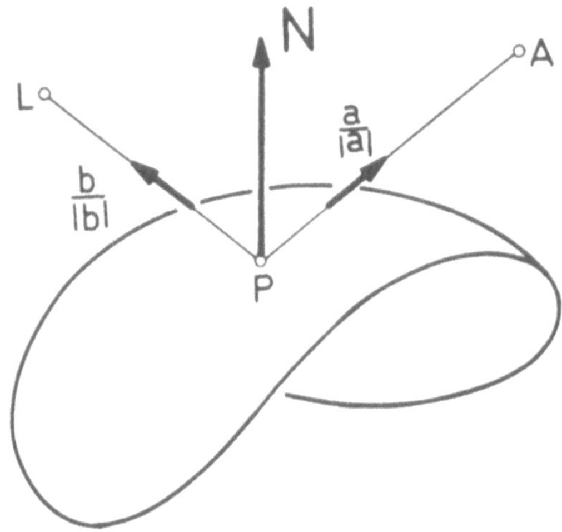

Fig. 1.38 : Reflexionsbedingung

Dann gilt nach dem Reflexionsgesetz (einfallender, ausfallender Strahl und
Normalenvektor liegen in einer Ebene)

$$\frac{a}{|a|} + \frac{b}{|b|} = \mu N \tag{1.28}$$

mit μ als noch zu bestimmendem skalaren Faktor. Wird berücksichtigt, daß bei der Reflexion   Einfallswinkel = Ausfallswinkel   gilt, haben wir weiter

$$\frac{a \cdot N}{|a|} = \frac{b \cdot N}{|b|} \quad . \tag{1.29}$$

Wird (1.28) skalar mit N multipliziert, folgt mit (1.29)

$$\mu = 2 \frac{b \cdot N}{|b|} \quad .$$

Um nun Glanzpunkte zu einer vorgegebenen Lichtquelle L und zu einem vorgegebenen Auge des Beobachters A zu berechnen, folgt aus (1.28) für den unbekannten Punkt P die im allgemeinen nichtlineare Gleichung

$$\frac{L - P}{|L - P|} + \frac{A - P}{|A - P|} = 2 \frac{(A - P) \cdot N}{|A - P|} N \quad . \tag{1.30}$$

Glanzpunkte von Kurven und Flächen haben bereits vor den Anwendungen in der Informatik vielfaches Interesse gefunden (s. z. B. [WUN 50]).

Ein Verfahren, das optimale Simulation der Physik der Beleuchtung liefert und nebenbei das Sichtbarkeitsproblem löst, ist das **ray-tracing** , d. h. die Strahlrückverfolgung: Es wird für jeden Punkt über Rückverfolgung gespiegelter, gebrochener sowie diffus reflektierter Strahlen der exakte Beitrag zu jedem Bildpunkt ermittelt (s. z. B. [ROT 82], [KAJ 82], [ROG 85], [SNY 87],[YAN 87, 87a]). Damit werden die physikalischen Beleuchtungsverhältnisse optimal simuliert, gleichzeitig wird automatisch das Sichtbarkeitsproblem gelöst. Dies erfordert natürlich erheblichen Aufwand an Rechenzeit, da die Rückverfolgung der Strahlen für jedes Pixel durchgeführt werden muß. Die Strahlrückverfolgung für einzelne Bildpunkte ist unabhängig voneinander, so daß zur Beschleunigung Vektorrechner eingesetzt werden können (s. z.B. [PLU 85]).

2. Grundlagen aus Geometrie und Numerik

2.1 Parameterdarstellungen von Kurven und Flächen

2.1.1 Parameterdarstellung von Kurven

Das Bild eines reellen Intervalls I (offen, geschlossen, halboffen, endlich, unendlich) unter einer stetigen, lokal injektiven Abbildung in den $\mathbb{R}^2$ oder $\mathbb{R}^3$ heißt **Kurve**. Im $\mathbb{R}^2$ ergibt sich eine ebene Kurve, im $\mathbb{R}^3$ i. allg. eine Raumkurve. Wird ein Ursprung O gewählt , so ist die Kurve eine Menge von Punkten P_i , deren Ortsvektoren P_i durch eine vektorwertige Funktion $X = X(t)$ des Parameters $t \in I$ beschrieben werden, die lokal eindeutig ist. Die Funktion $X(t)$ wird eine *Parameterdarstellung* der Kurve genannt.

Ein Beispiel einer ebenen Kurve *(Trochoide)* kann durch die Parameterdarstellung

$$X(t)^T = (\cos 3t \cos t, \cos 3t \sin t) \qquad \text{mit } t \in [0, \pi]$$

beschrieben werden (s. Fig. 2.1).

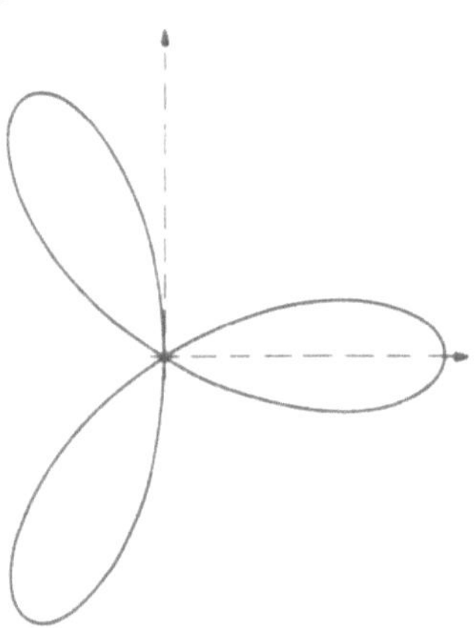

Fig. 2.1: Trochoide

Als Beispiel einer Raumkurve sei die *Schraublinie* angeführt, die die Parameterdarstellung besitzt (r, h const., $n \in \mathbb{N}$, s. Fig. 2.2)

$$X(t)^T = (r \cos t, r \sin t, h\, t) \qquad\qquad t \in [0, 2n\pi] \; .$$

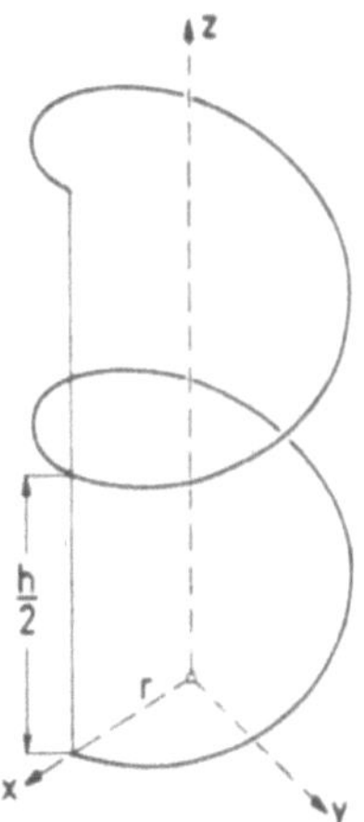

Fig. 2.2: Schraublinie

Eine Parameterdarstellung $X(t)$ kann über die *Parametertransformation* $t = t(t^*)$ auf die Parameterdarstellung $X(t^*)$ transformiert werden. Die beiden Darstellungen heißen äquivalent, wenn $t = t(t^*)$ eine umkehrbare Funktion ist. Eine Parameterdarstellung heißt **regulär**, wenn sie wenigstens einmal stetig differenzierbar ist und gilt

$$|\dot{X}(t)| \neq 0 \qquad \text{für alle } t \in I .$$

Hat $|\dot{X}(t)|$ eine Nullstelle in t_0, so besitzt die Kurve dort im allgemeinen eine Singularität (Spitze).

Die Länge eines Kurvenbogens berechnet sich über

$$L = \int_{t_0}^{t_1} |\dot{X}(t)|\, dt . \qquad (2.1)$$

Ein Maß für die Abweichung einer (wenigstens zweimal stetig differenzierbaren) Kurve von der Geraden ist die **Kurvenkrümmung**

$$\varkappa\,(t) = \frac{|\dot{X}(t) \times \ddot{X}(t)|}{|\dot{X}(t)|^3} \qquad (2.2)$$

mit $\mathbf{a} \times \mathbf{b}$ Vektorprodukt (Kreuzprodukt) der Vektoren $\mathbf{a}, \mathbf{b}$. Ist $\varkappa = 0$ für alle $t \in I$, so artet die Kurve zu einer Geraden aus, gilt lokal $\varkappa(t) = 0$, so besitzt die Kurve einen Wendepunkt oder Flachpunkt. Da für einen Kreis vom Radius r sich als Kurvenkrümmung ergibt $\varkappa = \frac{1}{r}$, wird $\frac{1}{\varkappa(t_0)}$ *Krümmungsradius* einer Kurve an der Stelle $t = t_0$ genannt. Der Krümmungsradius kann geometrisch als Radius jenes Kreises gedeutet werden, für den die 1. und 2. Ableitung mit der Kurve $X(t)$ an der Stelle $t = t_0$ übereinstimmen.

Ein Maß für die Abweichung einer (wenigstens 3-mal stetig differenzierbaren)
Kurve vom ebenen Verlauf ist die **Torsion** τ, die über

$$\tau(t) = \frac{(\dot{X}(t),\, \ddot{X}(t),\, \dddot{X}(t))}{|\,\dot{X}(t) \times \ddot{X}(t)\,|^2} \qquad\qquad (2.3)$$

berechnet werden kann, mit (, ,) als Determinante der beteiligten Vektoren.
Die Torsion τ verschwindet für ebene Kurven, wenn gleichzeitig $\varkappa \neq 0$ ist.
$\varkappa$ und τ sind **Invarianten** einer Kurve, d. h. ihr Wert ist unabhängig von der
Parametrisierung. $\varkappa(t)$ und $\tau(t)$ (mit $\varkappa \neq 0$) bilden ein vollständiges Invarian-
tensystem [LAU 68], d.h. sie legen eine Kurve (bis auf die Lage im $\mathbb{R}^3$) eindeutig fest.

Im $\mathbb{R}^2$ können Kurven auch als Funktionen $y = f(x)$ oder Relationen
$f(x,y) = 0$ beschrieben werden. Beispiele sind die Gerade

$$y = mx + b$$

oder der Kegelschnitt (Ellipse)

$$\frac{x^2}{a^2} + \frac{y^2}{b^2} = 1 . \qquad\qquad (*)$$

Aus der Parameterdarstellung ergibt sich im $\mathbb{R}^2$ die zugehörige Funktion oder
Relation über Elimination des Parameters. Zum Beispiel lautet die Parameterdarstellung einer Ellipse

$$x = a\ \cos t , \qquad y = b\ \sin t \qquad\qquad (t \in [0,2\pi]) .$$

Wird t über Quadrieren eliminiert, ergibt sich die Beziehung $(*)$.

Im folgenden wird i. allg. die Parameterdarstellung von Kurven bevorzugt, weil
damit eine größere Flexibilität zum Beschreiben von Kurven erreicht wird. $X(t)$
ist Funktion bezogen auf den Parameter t, d. h. die Komponenten von X sind
Funktionen des Parameters t.

2.1.2   Parameterdarstellung von Flächen

Wir geben uns nun in einer Ebene ((u,v)-Parameterebene) ein Gebiet G etwa
der Form

$$a \leq u \leq b, \qquad c \leq v \leq d$$

vor. Durch die stetig differenzierbare und lokal injektive Abbildung $G \to \Phi$
werde jeder Punkt (u,v) von G in den $\mathbb{R}^3$ abgebildet. Jeder Punkt der Bild-
menge Φ kann dann durch die reelle Vektorfunktion $X(u,v)$ beschrieben werden. $X(u,v)$ heißt eine *Parameterdarstellung* der Fläche Φ, u,v heißen die Parameter dieser Darstellung (s. Fig. 2.3). Die Linien u = const. bzw. v = const.
beschreiben auf der Fläche Φ das Netz der Parameterlinien.

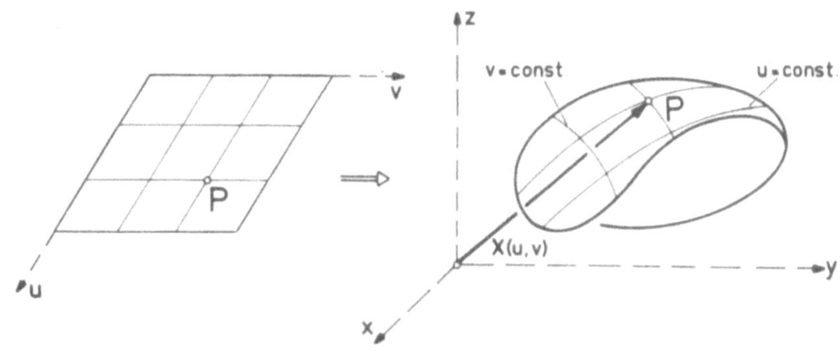

Fig. 2.3: Parameterdarstellung

Eine Parameterdarstellung heißt **regulär**, wenn zusätzlich auf Φ überall

$$\left|\frac{\partial \mathbf{X}}{\partial u} \times \frac{\partial \mathbf{X}}{\partial v}\right| \neq 0 , \tag{2.4}$$

d.h. in jedem Punkt von Φ der Normalenvektor definiert ist.

Hat $\left|\frac{\partial \mathbf{X}}{\partial u} \times \frac{\partial \mathbf{X}}{\partial v}\right|$ in $\mathbf{P}\,(u_0,v_0)$ eine Nullstelle, so besitzt die Fläche in $\mathbf{P}$ im allg. eine *Singularität* (Kante, Spitze).

Bei Flächendarstellungen treten leicht auch Singularitäten in der Parameterdarstellung auf, obgleich die Fläche selbst keine Sigularitäten besitzt, wie z.B. am Pol einer Kugel in der Darstellung (2.6a). Solche Parametersingularitäten können über Umparametrisierung beseitigt werden. Eine gegebene Parameterdarstellung einer Fläche kann umparametrisiert werden durch die Transformation

$$u = u(u^*,v^*), \qquad v = v(u^*,v^*) . \tag{2.5}$$

Eine solche *Parametertransformation* heißt **zulässig**, wenn sie umkehrbar ist, d.h. die zugehörige Funktionaldeterminante auf Φ nicht verschwindet.

Beispiele für Parameterdarstellungen von Flächen sind

Kugel (Radius 1):

$$\mathbf{X}^T = (\cos u \cos v, \cos u \sin v, \sin u) \text{ mit } -\tfrac{\pi}{2} \leq u \leq \tfrac{\pi}{2},\ 0 \leq v < 2\pi , \tag{2.6a}$$

Drehkegel:

$$\mathbf{X}^T = (u \cos v, u \sin v, cu) \text{ mit } c = \text{const.}, u \in \mathbb{R},\ 0 \leq v < 2\pi , \tag{2.6b}$$

Torus (s. Fig. 2.4):

$$\mathbf{X}^T = (r \cos v + \rho \cos v \cos u, r \sin v + \rho \sin v \cos u, \rho \sin u) \tag{2.6c}$$
$$\text{mit } \rho < r, \text{ const.}, u \text{ und } v \in [0,2\pi].$$

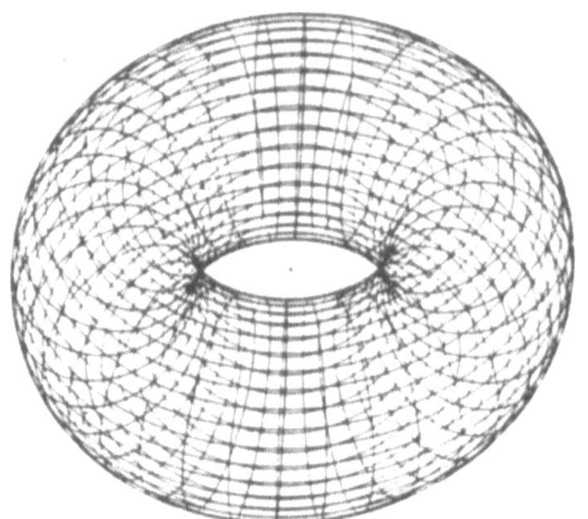

Fig. 2.4: Parallelprojektion des Torus

Durch eine Funktion zwischen den Parametern, z.B.

$$u = f(v) \quad \text{oder} \quad u = u(t), \quad v = v(t)$$

werden auf einer Fläche einzelne Kurven festgelegt. Zum Beispiel wird auf dem Kreiszylinder vom Radius r

$$X^T = (r\cos u, \ r\sin u, \ v)$$

durch v = cu eine *Schraublinie* beschrieben (s. Fig. 2.5, vergl. Fig. 2.2).

Fig. 2.5: Schraublinie
als Kurve auf
einem Zylinder

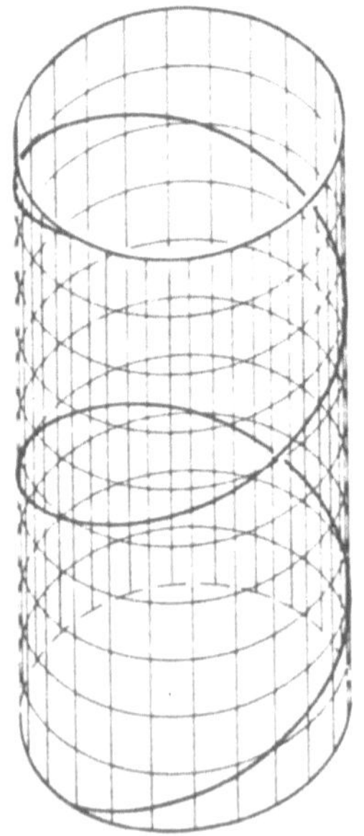

Natürlich lassen sich Flächen auch als Funktionen $z = z(x,y)$ oder Relationen $f(x,y,z) = 0$ beschreiben. Beispiele sind

Ebene: $ax + by + cz = d$,

Kugel: $x^2 + y^2 + z^2 = r^2$,

Drehkegel: $c^2 (x^2 + y^2) = z^2$.

Der **Tangentenvektor** an die Flächenkurve $X(u(t), v(t))$ berechnet sich über

$$\dot{X} = \frac{\partial X}{\partial u} \dot{u} + \frac{\partial X}{\partial v} \dot{v} , \tag{2.7a}$$

speziell haben die Parameterlinien die Tangenten:

$$X_u := \frac{\partial X}{\partial u} \quad (\text{Linien } v = \text{const.}) \quad , \quad X_v := \frac{\partial X}{\partial v} \quad (\text{Linien } u = \text{const.}) \tag{2.7b}$$

Die Vektoren $\frac{\partial X}{\partial u}$ und $\frac{\partial X}{\partial v}$ legen in den einzelnen Flächenpunkten die Tangentialebene an die Fläche fest. Der (normierte) **Normalenvektor** der Fläche kann über das Vektorprodukt berechnet werden

$$N = \frac{X_u \times X_v}{|X_u \times X_v|} \tag{2.8}$$

Einem Punkt $P(u,v)$ einer Fläche können Krümmungswerte zugeordnet werden: Dazu schneidet man die Fläche in P mit einer Normalschnittebene ε , d.h. einer Ebene, die den Normalenvektor in P enthält (s. Fig. 2.6).

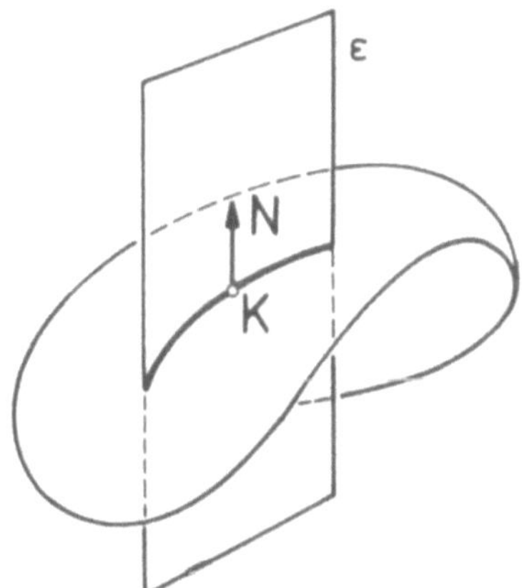

Fig. 2.6: Normalschnitt einer Fläche

Diese Ebene schneidet aus der Fläche eine ebene Kurve $X(s)$ heraus, deren Krümmung *Normalkrümmung* x_n der Fläche im Punkt $P(u,v)$ in Richtung $\dot{X}(s)$ heißt. Wird die Normalschnittebene um den Normalenvektor gedreht, ändert sich x_n i. allg. x_n ist periodisch und hat daher i. allg. zwei Extremwerte, die **Hauptkrümmungen** x_1 und x_2 . Zwischen den Hauptkrümmungen x_1 und x_2

und der Normalkrümmung x_n in einem beliebigen Normalschnitt des Punktes
P(u,v) besteht die *Eulersche Beziehung*

$$x_n = x_1 \cos^2\varphi + x_2 \sin^2\varphi \qquad\qquad (2.9a)$$

mit φ als Drehwinkel der Normalschnittebene gegen die erste Hauptrichtung,
d. h. gegen die Richtung mit der Hauptkrümmung x_1. Führen wir in der Tangentialebene des Punktes P(u,v) die Koordinaten ein $\quad \xi = \dfrac{\cos\varphi}{\sqrt{x_n}} \quad , \quad \eta = \dfrac{\sin\varphi}{\sqrt{x_n}},$
geht (2.9a) in die Kegelschnittgleichung über

$$1 = x\ \xi^2 + x\ \eta^2 \qquad . \qquad\qquad (2.9b)$$

Dieser Kegelschnitt wird **Dupinsche Indikatrix** genannt. Die Dupinsche Indikatrix charakterisiert das Krümmungsverhalten im Punkt P(u,v): haben beide Hauptkrümmungen das gleiche Vorzeichen, stellt (2.9b) eine Ellipse dar und P wird *elliptischer Punkt* genannt; ist eine Hauptkrümmung positiv und eine negativ heißt P *hyperbolischer Punkt*; verschwindet eine Hauptkrümmung so wird P *parabolisch genannt*. Verschwinden beide Hauptkrümmungen so liegt ein *Flachpunkt* vor. - Anschaulich kann die Dupinsche Indikatrix durch eine (kleine) Parallelverschiebung der Tangentialebene des Punktes P in Richtung der Normalen erzeugt werden: die Schnittfigur der verschobenen Tangentialebene mit der gegebenen Fläche liefert (angenähert) gerade die Dupinsche Indikatrix (s. Fig. 2.7).

Das Produkt der Hauptkrümmungen heißt *Gaußsche Krümmung*

$$K = x_1 \cdot x_2 \quad , \qquad\qquad (2.10a)$$

das arithmetische Mittel der Hauptkrümmungen heißt *mittlere Krümmung*

$$H = \tfrac{1}{2}\ (x_1 + x_2) \quad . \qquad\qquad (2.10b)$$

Mit Hilfe der Gaußschen Krümmung lassen sich Flächenstücke klassifizieren: Ist K > 0 (elliptische Punkte), so besitzt ein Flächenstück positive Gaußsche Krümmung, d.h. es ist konvex (s. Fig. 2.7a), ist K < 0 (hyperbolische Punkte), so hat das Flächenstück eine "sattelförmige" Gestalt (s. Fig. 2.7c), ist K = 0 (parabolische Punkte), so hat das Flächenstück eine "zylindrische" Gestalt (s. Fig. 2.7b).

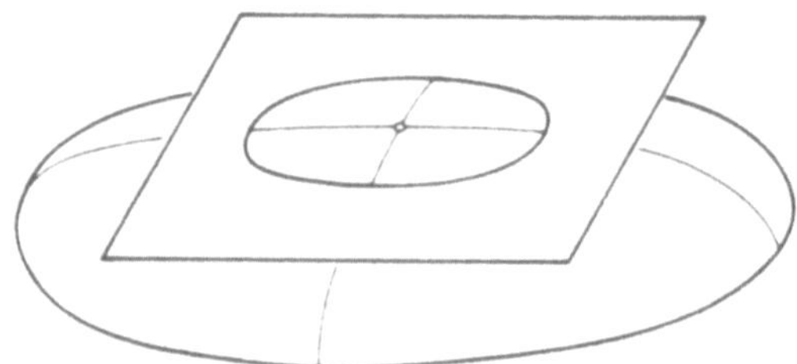

Fig. 2.7a: Flächenstück mit positiver Gaußscher Krümmung
(elliptischer Flächenpunkt)

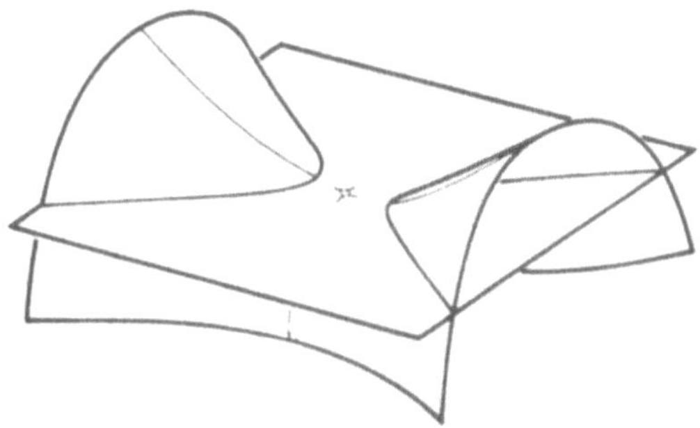

Fig. 2.7b: Flächenstück mit negativer Gaußscher Krümmung
(hyperbolischer Flächenpunkt)

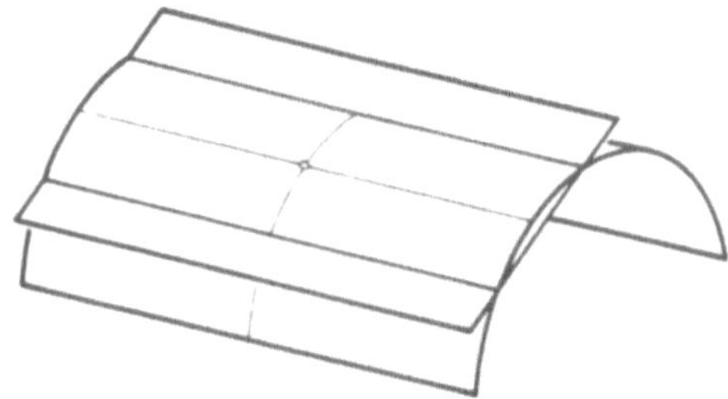

Fig. 2.7c: Flächenstück mit verschwindender Gaußscher Krümmung
(parabolischer Flächenpunkt)

Die Gaußsche Krümmung bzw. mittlere Krümmung kann direkt berechnet
werden über (s. z.B. [LAU 68], [STR 58])

$$K \;=\; \frac{LN - M^2}{EG - F^2} \;=\; \frac{(N_u, N_v, N)}{(X_u, X_v, N)} \;, \qquad (2.10c)$$

$$2H \;=\; \frac{EN - 2FM + GL}{EG - F^2} \qquad (2.10d)$$

Bei diesen Darstellungen wurden die *ersten* und *zweiten Grundgrößen* benutzt,
die so definiert sind

$$\begin{aligned}
E &= X_u \cdot X_u, & F &= X_u \cdot X_v, & G &= X_v \cdot X_v \\
L &= N \cdot X_{uu}, & M &= N \cdot X_{uv}, & N &= N \cdot X_{vv}
\end{aligned} \qquad (2.11)$$

Die Richtungen der Normalschnitte mit extremaler Normalkrümmung stehen
senkrecht aufeinander und werden *Hauptkrümmungsrichtungen* genannt. Ihr

Richtungsfeld legt die **Krümmungslinien** fest, die über folgende Differentialgleichung berechnet werden können (s. [LAU 68], [STR 58])

$$\begin{vmatrix} du^2 & - du\, dv & dv^2 \\ E & F & G \\ L & M & N \end{vmatrix} = 0 \qquad\qquad (2.12)$$

Ein *Beispiel* für Krümmungslinien sind Meridiane und Breitenkreise einer Rotationsfläche. Auf der Kugel versagt diese Begriffsbildung, weil dort alle Normal-
krümmungen gleich, d.h. extremal sind.

Flächen mit durchweg verschwindender Gaußscher Krümmung werden *Torsen*
genannt, da sie in die Ebene abwickelbar sind. *Beispiele* von Torsen sind die
Ebene selbst, Zylinder, Kegel und die von den Tangenten einer Raumkurve erzeugten sogenannten Tangentenflächen (s. z.B. [LAU 68], [STR 58]) .

Flächenkurven mit verschwindender Normalkrümmung x_n heißen **Asymptotenlinien**. Beispiele von Asymptotenlinien sind die Geraden von Regelflächen.

2.1.3 Spezielle Flächen

Wird eine Kurve $K(u)$ längs einer Kurve $M(v)$ verschoben, so entsteht eine
Translationsfläche (s. Fig. 2.8)

$$X(u,v) = K(u) + M(v) . \qquad\qquad (2.13)$$

Die Translationsfläche findet in der Technik vielfach Anwendung: so werden
z.B. viele Teile einer Autokarosserie, Teile von Werkzeugen, Formen für Plastik-
teile usw. durch Translationsflächen beschrieben.

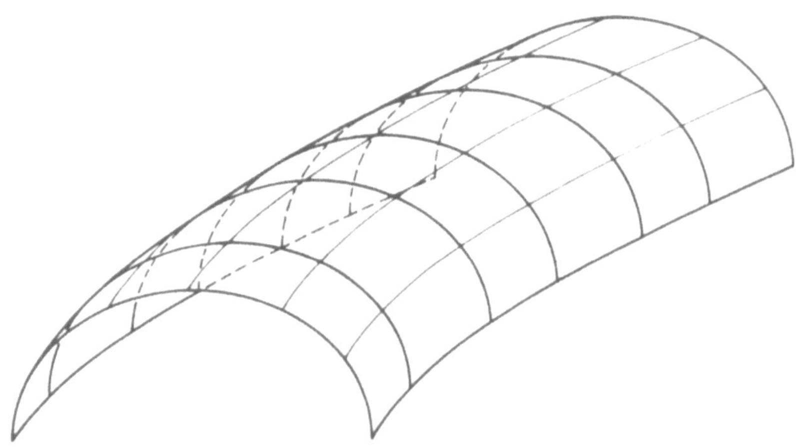

Fig. 2.8: Translationsfläche

Eine Variante der Translationsflächen sind die **Verbindungsflächen:** dabei werden zwei nicht kongruente (ebene) Kurven K_1 und K_2 geeignet verbunden. Wir wollen dazu ein Beispiel betrachten:

$$X_1^T = (0,\ \cos t,\ \sin t),$$
$$X_2^T = (3,\ 2\ \sqrt[3]{\cos t},\ 2\ \sqrt[3]{\sin t}) \qquad (t\ \epsilon\ [0,\ \tfrac{\pi}{2}]).$$

Eine *lineare* Verbindungsfläche der beiden Kurven folgt über Konvexkombination ihrer Parameterdarstellungen X_i (s. Fig. 2.9)

$$X(t,\lambda) = X_1(t)\ (1-\lambda) + X_2(t)\ \lambda \quad \text{mit} \quad \lambda\ \epsilon\ [0,1]. \tag{2.14a}$$

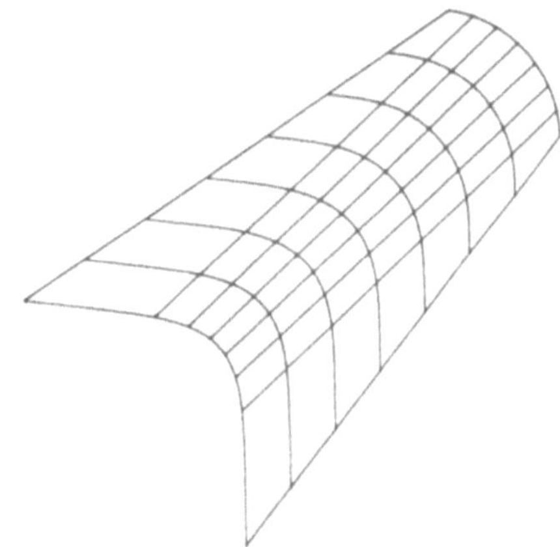

Fig. 2.9: Verbindungsfläche

Die so beschriebene Verbindungsfläche ist ein Stück einer Regelfläche: Eine **Regelfläche** entsteht durch stetige Bewegung einer Geraden. Sie besitzt die Parameterdarstellung

$$X(u,v) = r(u) + v\ a(u) \qquad \text{mit} \quad v\ \epsilon\ \mathbb{R}. \tag{2.14b}$$

Beispiele für Regelflächen sind z.B. Zylinderflächen mit der Parameterdarstellung

$$X = \begin{pmatrix} x(u) \\ y(u) \\ 0 \end{pmatrix} + v \begin{pmatrix} 0 \\ 0 \\ 1 \end{pmatrix},$$

oder das Rotationshyperboloid

$$X = \begin{pmatrix} a\ \cos u \\ a\ \sin u \\ 0 \end{pmatrix} + v \begin{pmatrix} -\cos\gamma\ \sin u \\ \cos\gamma\ \cos u \\ \sin\gamma \end{pmatrix}$$

mit γ = const. Das Rotationshyperboloid ist eine spezielle **Rotationsfläche.**
Eine Rotationsfläche entsteht durch Rotation einer (z.B. ebenen) Kurve um eine
Achse. Soll die Rotationsachse z.B. die z-Achse sein und ist die ebene Kurve
durch K^T = (r(u), 0, f(u)) gegeben, so hat die entstehende Rotationsfläche die
Parameterdarstellung

$$X = \begin{pmatrix} r(u) \ \cos v \\ r(u) \ \sin v \\ f(u) \end{pmatrix} . \tag{2.15}$$

2.1.4   Umrisslinien glatter Flächen

Wir haben bereits in Kapitel 1 den Umriß von Flächen diskutiert. Für Flächen in
Parameterdarstellung kann die Umrißlinie besonders übersichtlich berechnet
werden: Es sind gemäß (1.23) die Nullstellen der folgenden Bedingung zu
ermitteln

$$N(u,v) \cdot p = 0 \tag{2.16}$$

mit N als Normalenvektor der Fläche und p als Projektionsrichtung. Falls
(2.16) nicht elementar gelöst werden kann, müssen die Nullstellen numerisch
berechnet werden.

Wir betrachten als Beispiel die Umrißlinie des Torus bei Parallelprojektion mit
p = (0, $-\cos\alpha$, $-\sin\alpha$) . Die nach außen orientierte Normale hat nach (2.6c) und
(2.8) die Richtung

$$N^T = (\cos u \ \cos v, \ \cos u \ \sin v, \ \sin u).$$

Aus der Umrißbedingung (2.16) folgt

$$N \cdot p = \cos u \ \sin v \ \cos\alpha + \sin u \ \sin\alpha = 0 ,$$

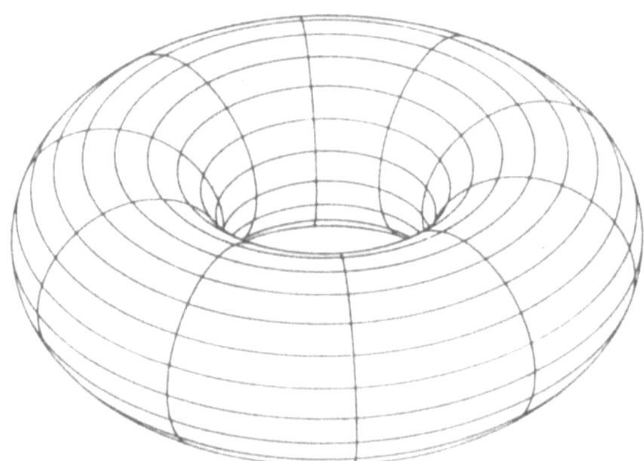

Fig. 2.10: Umrißlinie beim Torus

mit der Lösung

$$u = \arctan(-\sin v \cot\alpha) \, , \quad v = \arcsin(-\tan u \tan\alpha) \, .$$

Daraus kann geschlossen werden, daß die Linien v_0 = const. zwischen

$$u_1 = \arctan(-\sin v_0 \cot\alpha) \quad \text{und} \quad u_2 = u_1 + \pi$$

sichtbar sind, die Linien u_0 = const. sind sichtbar zwischen

$$v_1 = \arcsin(-\tan u_0 \tan\alpha) \quad \text{und} \quad v_2 = v_1 + \pi \, .$$

Dabei ist jedoch zu berücksichtigen, daß dies nur für $|-\tan u \tan\alpha| < 1$ gilt. Ist diese Bedingung nicht erfüllt, werden die entsprechenden Parameterlinien vollständig abgebildet (s. Fig. 2.10).

2.2 Parallelkurven und Parallelflächen

Parallelkurven und Parallelflächen (oft auch Äquidistanten, Offset-Kurven, Offset-Flächen genannt) sind Kurven bzw. Flächen, die von einer gegebenen Kurve bzw. Fläche einen konstanten Abstand d besitzen. Daher lautet die Parameterdarstellung einer Parallelkurve

$$X_d(t) = X(t) + N(t) \, d \, , \tag{2.17a}$$

die Parameterdarstellung einer Parallelfläche

$$X_d(u,v) = X(u,v) + N(u,v) \, d \, , \tag{2.17b}$$

mit N als normiertem Normalenvektor, d.h. $|N| = 1$. Bei gegebener Orientierung von N kann d positiv oder negativ sein, die zugehörigen Parallelkurven bzw. Parallelflächen liegen dann auf verschiedenen Seiten der gegebenen Kurve bzw. Fläche (s. Fig. 2.11). Der Normalenvektor N ist für ebene Kurven und Flächen definiert, für Raumkurven lediglich über $\dot{X} \cdot N = 0$ bestimmt.

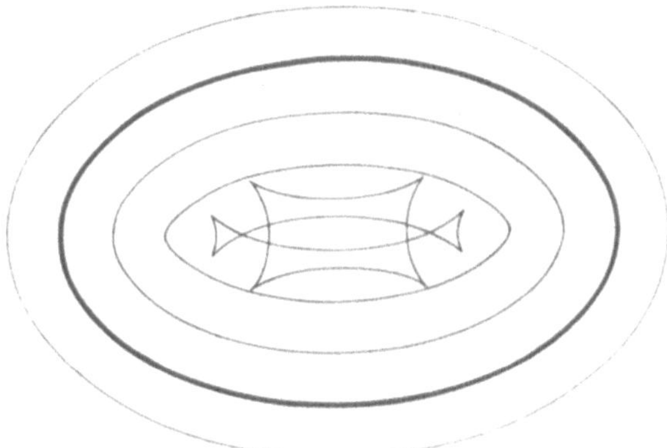

Fig. 2.11: Parallelkurven einer ebenen Kurve

Parallelkurven und Parallelflächen haben in den Anwendungen vielfache Bedeu-
tung [TIL 84], [ROSS 86]. So läßt sich z.B. die Innenhaut eines Schiffes, eines
Automobils über Parallelflächen mit Abstand der Materialdicke beschreiben.-
Laserschneider zum Schneiden ebener Metallstücke benutzen Parallelkurven als
Steuerkurven.—Fräser, welche die Oberflächen von Preßwerkzeugen zur Produk-
tion von Gebrauchsgegenständen, Fahrzeugteilen usw. erzeugen, werden über
Parallelkurven gesteuert. Spezielle Methoden zur NC-Steuerung (numerical
control!) für (einfach zusammenhängende) Innenbereiche mit Hilfe von Parallelkurven wurden in [PER 78] entwickelt. Die Erzeugung von Fräsbahnen bei mehrfachen Zusammenhang wurde in [HEL 88] diskutiert. Fig. 2.12 veranschaulicht
eine mögliche Fräsersteuerung zum Erzeugen einer Höhle.

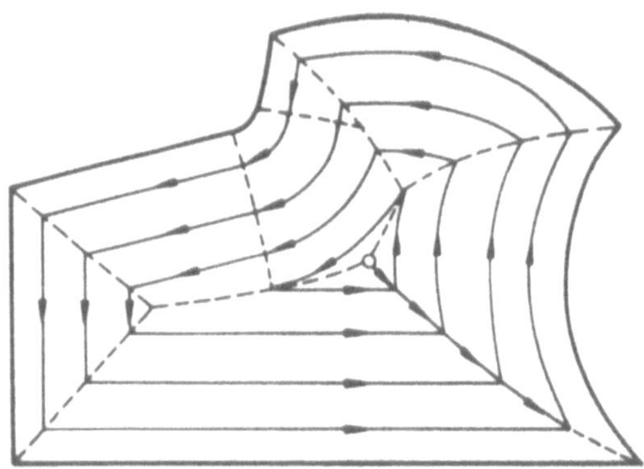

Fig. 2.12: Fräsbahnen zum Erzeugen einer Höhle

2.2.1   Parallelkurven

Für ebene Kurven läßt sich der Normalenvektor leicht angeben: Mit (2.17a) kann
daher die Parameterdarstellung von ebenen Parallelkurven so angesetzt werden

$$\xi_d(t) = x(t) \pm d \frac{\dot{y}(t)}{\sqrt{\dot{x}^2(t) + \dot{y}^2(t)}}$$

$$\eta_d(t) = y(t) \mp d \frac{\dot{x}(t)}{\sqrt{\dot{x}^2(t) + \dot{y}^2(t)}} \quad . \tag{2.18}$$

Für Raumkurven ist der Normalenvektor nicht direkt definiert, so daß hier eine
zusätzliche Freiheit besteht. Liegen die Raumkurven auf Flächen, so ist es
sinnvoll, die zugehörige Flächennormale zu nehmen.

Parallelkurven haben in entsprechenden Punkten (gleicher Parameterwert t)
parallele Tangenten, wie die Differentiation von (2.18) zeigt:

$$\dot{X}_d(t) = \dot{X}(t) (1 + \varkappa(t) d) \quad . \tag{2.19}$$

Aus (2.19) folgt auch sofort, wann Parallelkurven Spitzen haben können, obwohl die Ausgangskurve regulär ist (s. auch Fig. 2.12). Es muß gelten

$$1 + \varkappa\, d = 0 \tag{2.20}$$

(2.20) ist abhängig von der Orientierung und daher nicht so gut zur Berechnung von Spitzen der Parallelkurven geeignet. Daher wurde in [HOS 85] ein stabil arbeitendes Kriterium zur Berechnung der Spitzen angegeben. Aus (2.19) folgt als Krümmung $\varkappa_d$ einer Parallelkurve:

$$\varkappa_d = \frac{\varkappa}{1 + \varkappa\, d}\ ,$$

was mit den Krümmungsradien ρ, ρ_d so geschrieben werden kann

$$\rho_d = \rho + d\ . \tag{2.21}$$

Hat die Ausgangskurve selbst Spitzen, so muß die Parallelkurve an den Spitzen speziell definiert werden: z.B. kann die Parallelkurve durch Kreisstücke oder Geradenstücke ergänzt werden (s. Fig. 2.13)

Fig. 2.13: Möglicher Verlauf von Parallelkurven bei Kurvenspitzen

Parallelkurven können auch als Designelement eingesetzt werden, wie das folgende Ziermuster zeigt (s. a. [HOS 85])

Fig. 2.14: Ziermuster für Damenstiefel

Splineapproximationen von Parallelkurven werden z. B. in [ARN 86], [COQ 87], [HOS 88a,88c], [KLA 83], [PHA 88] entwickelt.

2.2.2   Parallelflächen

Parallelflächen besitzen in entsprechenden Punkten (u_0, v_0) parallele Tangentialebenen: Wird (2.17b) differenziert, folgt

$$\frac{\partial X_d}{\partial u} = X_u + N_u d , \quad \frac{\partial X_d}{\partial v} = X_v + N_v d$$

und damit

$$N_d = \frac{\partial X_d}{\partial u} \times \frac{\partial X_d}{\partial v} = X_u \times X_v = N |X_u \times X_v| , \tag{2.22}$$

da $N \cdot N_u = 0$, $N \cdot N_v = 0$ (wegen $N^2 = 1!$).

Für die Hauptkrümmungsradien $(\rho_i)_d$ einer Parallelfläche gilt analog zu (2.21)
(mit ρ_i als Hauptkrümmungen der gegebenen Fläche) [STR 58], [FAU 81],
[FARO 85]

$$(\rho_1)_d = \rho_1 + d , \quad (\rho_2)_d = \rho_2 + d \tag{2.23}$$

daraus folgt für die Gaußsche Krümmung der Parallelfläche

$$K_d = \frac{K}{1 - 2Hd + Kd^2} . \tag{2.24}$$

Die Singularitäten von Parallelflächen sind über das Verschwinden des äußeren
Produktes der partiellen Ableitungen nach u und v berechenbar. Nach einigen

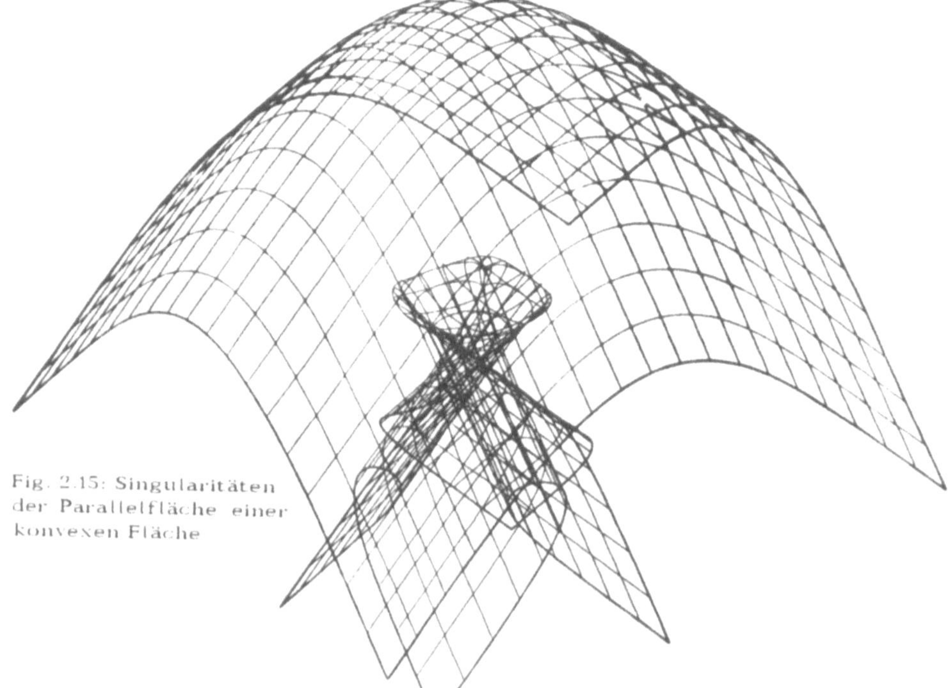

Fig. 2.15: Singularitäten
der Parallelfläche einer
konvexen Fläche

Umformungen folgt aus (2.22) (s. auch [FARO 85])

$$\left| \frac{\partial \mathbf{X_d}}{\partial u} \times \frac{\partial \mathbf{X_d}}{\partial v} \right| = |\mathbf{X_u} \times \mathbf{X_v}| \, |(1 - 2Hd + Kd^2)| \, . \tag{2.25}$$

Wenn die Parameterdarstellung regulär ist, bedeutet das Verschwinden des zweiten Faktors von (2.25), daß Singularitäten auftreten. Die Singularitäten von Parallelflächen können sehr verschiedenartig sein: es ergeben sich z. B. Spitzen, Kanten, Selbstdurchdringungen (s. a. [FARO 85] sowie Fig. 2.15)

Hat die Ausgangsfläche Kanten, Ecken, Singularitäten, so muß der Verlauf der Parallelfläche in diesen Punkten neu festgesetzt werden: es können zur Fortsetzung der Parallelflächen Kugel-, Zylinder-, Ebenenstücke benutzt werden.

Splineapproximationen von Parallelflächen werden in [HOS 89] entwickelt.

2.3   Interpolation von Kurven und Flächen

Die klassische Interpolation hat die Aufgabe, eine "komplizierte" Funktion $y = f(x)$ oder $z = f(x,y)$ durch eine "einfachere" Funktion $y = a(x)$ oder $z = a(x,y)$ anzunähern. Dabei wird gefordert, daß die Interpolationsfunktion a und die gegebene Funktion f an vorgegebenen Punkten übereinstimmen. Bei den Anwendungen, die diesem Kapitel zugrundeliegen, sollen jedoch nicht gegebene Funktionen interpoliert werden, sondern Profile, Flächenkurven, Flächenstücke von gegebenen Objekten wie z.B. Gegenständen des alltäglichen Lebens, Profilen von Werkzeugen, Oberflächen von Autokarosserien, Oberflächen von Turbinenschaufeln beschrieben werden, aber auch Gebäudeoberflächen, Bahnen von Flugkörpern, Strömungslinien, Fronten beim Ablauf chemischer Prozesse usw. dargestellt werden. Solche Kurven- oder Flächenstücke sind durch Punkte ihrer Oberfläche vorgegeben, die über eine bestimmte Konstruktion oder mit Hilfe eines Digitalisiergerätes gewonnen werden, d.h. man kennt von den unbekannten Funktionen f Wertetabellen wie z.B.

$$\begin{array}{cccc} x_0 & x_1 & \cdots & x_n \\ \hline f_0 & f_1 & \cdots & f_n \end{array} \, ,$$

$$\begin{array}{c|ccc} & y_0 & & y_m \\ \hline x_0 & f_{0,0} & \cdots & f_{0,m} \\ \cdot & \cdot & & \cdot \\ \cdot & \cdot & & \cdot \\ x_n & f_{n,0} & \cdots & f_{n,m} \end{array} \, .$$

Wir werden allerdings im folgenden nicht Funktionen $y = f(x)$ oder $z = f(x,y)$ interpolieren, sondern gleich den durchweg in der Praxis vertretenen Fall betrachten, in dem vorausgesetzt wird, daß die Kurven bzw. Flächen in Parameterdarstellung gegeben sind. Das heißt, wir werden Vorgaben betrachten, die in den folgenden Wertetabellen erfaßt sind:

$$\begin{array}{cccc} t_0 & t_1 & \cdots & t_n \\ \hline P_0 & P_1 & \cdots & P_n \end{array} \quad ,$$

	v_0	v_1	$\cdots$	v_m
u_0	P_{00}	P_{01}	$\cdots$	P_{0m}
u_1	P_{10}	$\cdot$	$\cdots$	$\cdot$
$\cdot$		$\cdot$	$\cdots$	$\cdot$
$\cdot$		$\cdot$	$\cdots$	$\cdot$
u_n	P_{n0}	P_{n1}	$\cdots$	P_{nm}

wobei die t_i die Parameterwerte der zugehörigen Punkte P_i darstellen und die (u_i, v_k) die Parameterwerte der Punkte P_{ik} beschreiben.

2.3.1   Interpolation von Kurven mit Monomen

Gegeben seien $(n + 1)$ paarweise verschiedene Punkte P_i $(i = 0(1)n)$ des $\mathbb{R}^3$ mit (geeignet gewählten) Parameterwerten t_i. Gesucht wird ein Polynom

$$p(t) = \sum_{j=0}^{n} A_j t^j \qquad (A_j \in \mathbb{R}^3, \ t \in [a,b]) \ , \tag{2.26}$$

wobei gelten soll

$$p(t_i) = P_i \ . \tag{2.27}$$

Die Punkte P_i heißen **Stützpunkte**, die t_i **Stützstellen** oder **Parameterwerte**, durch (t_i, P_i) werden die **Knoten** des Interpolationsproblems festgelegt.

Wir haben das Interpolationsproblem *vektorwertig* formuliert. Die Interpolation von Funktionen des $\mathbb{R}^2$ ordnet sich hier ein, wenn wir als Stützpunkte $(x_i, f(x_i))$ und als Stützstellen die zugehörigen x-Koordinaten x_i wählen (s. Fig. 2.16).

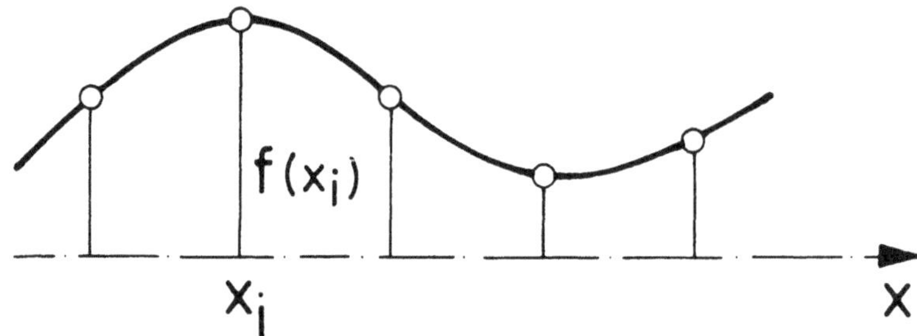

Fig. 2.16: Prinzip der Interpolation

Dem Ansatz (2.26) liegen **Monome** als Basisfunktionen zugrunde. Dies ist die einfachste Voraussetzung, wir werden später aber auch andere Basisfunktionen kennenlernen. Die Monome m_k bilden eine Basis, da die $m_k : t \to t^k$ $(k = 0(1)n)$ $(t \in \mathbb{R})$ für verschiedene Exponenten linear unabhängig sind.

Um eine Lösung des Interpolationsproblems zu finden, setzen wir (2.27) in (2.26) ein und erhalten das folgende lineare Gleichungssystem

$$P_i = \sum_{j=0}^{n} A_j\, m_j(t_i) \qquad\qquad (i = 0(1)n)\ . \tag{2.28}$$

Für die Lösung von (2.28) gilt:

Satz 2.1: Für $(n+1)$ Knoten $(t_i\ P_i)$ mit paarweise verschiedenen Stützstellen t_i $(i = 0(1)n)$ gibt es genau ein Polynom

$$p(t) = \sum_{j=0}^{n} A_j\, m_j(t)$$

mit der Eigenschaft

$$P_i = p(t_i) = \sum_{j=0}^{n} A_j\, (t_i)^j \quad \text{mit} \quad i = 0(1)n\ .$$

Zum *Beweis:* Wir schreiben (2.28) in Matrizenform

$$\begin{pmatrix} 1 & t_0 & \cdots & t_0^{\,n} \\ \cdot & & & \cdot \\ \cdot & & & \cdot \\ \cdot & & & \cdot \\ 1 & t_n & \cdots & t_n^{\,n} \end{pmatrix} \begin{pmatrix} A_0 \\ \cdot \\ \cdot \\ \cdot \\ A_n \end{pmatrix} = \begin{pmatrix} P_0 \\ \cdot \\ \cdot \\ \cdot \\ P_n \end{pmatrix} \tag{$*$}$$

mit den unbekannten Vektoren A_j. Die Koeffizienten von $(*)$ bilden die Vandermonde-Matrix, die für paarweise verschiedene t_i regulär ist, d.h. die A_j sind durch $(*)$ eindeutig bestimmt (vergl. z.B. [JOR 82]).

Bemerkungen: 1. Die Matrix in $(*)$ ist für hohes n im Rechner meist nicht besonders gut darstellbar.

2. Aufwendig ist eine Änderung eines einzigen Knotens – es muß das ganze System $(*)$ erneut gelöst werden.

3. Werden anstelle der Monom-Basisfunktionen in (2.28) andere polynomiale Basisfunktionen eingesetzt, ergeben sich natürlich die gleichen Resultate.

2.3.2 Interpolation von Kurven mit Lagrange-Polynomen

Um die o.g. Nachteile der Monom-Interpolation zu beseitigen, empfiehlt es sich, andere Basisfunktionen zu konstruieren: Die neuen Basisfunktionen L_i sollen z.B. vom Grade n sein, von den Parameterwerten t_k abhängen und für $t = t_i$ den Wert 1 haben, während sie an den anderen Knoten verschwinden. Das heißt, wir wollen von den Basisfunktionen verlangen, daß gilt

$$L_i(t_k) = \delta_{ik} := \begin{cases} 1 & \text{für } i = k \\ 0 & \text{für } i \neq k \end{cases} \qquad (2.29)$$

mit δ_{ik} als Kronecker-Symbol. Da das Interpolationsproblem eindeutig lösbar ist, müssen diese Basisfunktionen ebenfalls eindeutig konstruierbar sein. Die durch (2.29) festgelegten Basisfunktionen werden **Lagrange-Polynome** genannt und können wie folgt aufgebaut werden (s. Fig. 2.17)

$$\begin{aligned} L_k(t) &= \frac{(t-t_0)(t-t_1)..(t-t_{k-1})(t-t_{k+1})..(t-t_n)}{(t_k-t_0)(t_k-t_1)..(t_k-t_{k-1})(t_k-t_{k+1})..(t_k-t_n)} \\[2mm] &= \prod_{\substack{j=0 \\ j \neq k}}^{n} \frac{(t-t_j)}{(t_k-t_j)} \;. \end{aligned} \qquad (2.30)$$

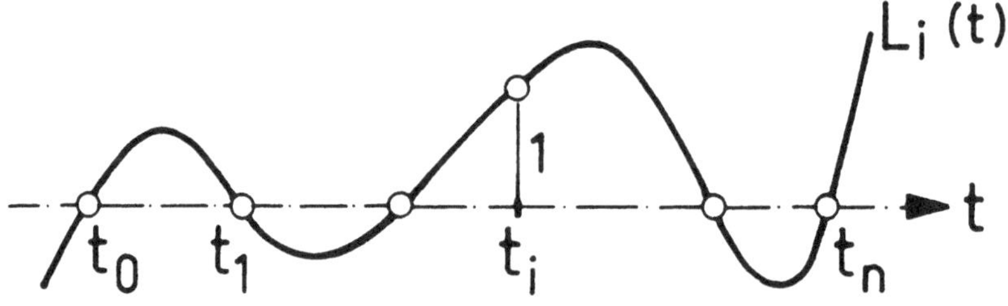

Fig. 2.17: Lagrange-Polynome

Die Lösung des Interpolationsproblems lautet dann

$$p(t) = \sum_{j=0}^{n} L_j(t)\, P_j \;, \qquad (2.31)$$

mit P_j als gegebenen Stützpunkten des Interpolationsproblems.

Betrachten wir ein Beispiel:

Beispiel 1: Es sollen im $\mathbb{R}^2$ folgende Knoten interpoliert werden

$$P_i \left\{ \begin{array}{c|ccc} t_i & 0 & 1 & 2 \\ \hline x_i & 0 & 1 & 2 \\ \hline y_i & 8 & 5 & 3 \end{array} \right. \;.$$

Die Lagrange-Polynome berechnen sich zu

$$L_0 = \frac{(t-1)(t-2)}{2} \;, \quad L_1 = -t(t-2) \;, \quad L_2 = \frac{t(t-1)}{2} \;.$$

Damit lautet die Lagrange-Darstellung der Lösung des im Beispiel gestellten

Interpolationsproblems

$$p(t) = P_0 \frac{(t-1)(t-2)}{2} - P_1 t(t-2) + P_2 \frac{t(t-1)}{2} \,.$$

Bei der Lösung des Interpolationsproblems mit Lagrange-Polynomen bleibt ein Nachteil erhalten: beim Hinzufügen eines weiteren Interpolationsknotens müssen alle Basisfunktionen neu berechnet werden. Dieser Nachteil soll über die Newton-Interpolation ausgeräumt werden.

2.3.3 Interpolation von Kurven mit Newton-Polynomen

Als **Newton-Polynome** $n(t)$ werden eingeführt (s. Fig. 2.18)

$$n_i(t): = (t-t_0)(t-t_1) \cdots (t-t_{i-1}) \tag{2.32}$$

mit $n_0(t) = 1$. Mit den Newton-Polynomen soll die Lösung des Interpolationsproblems lauten

$$p(t) = \sum_{j=0}^{n} n_j(t)\, A_j \,. \tag{2.33}$$

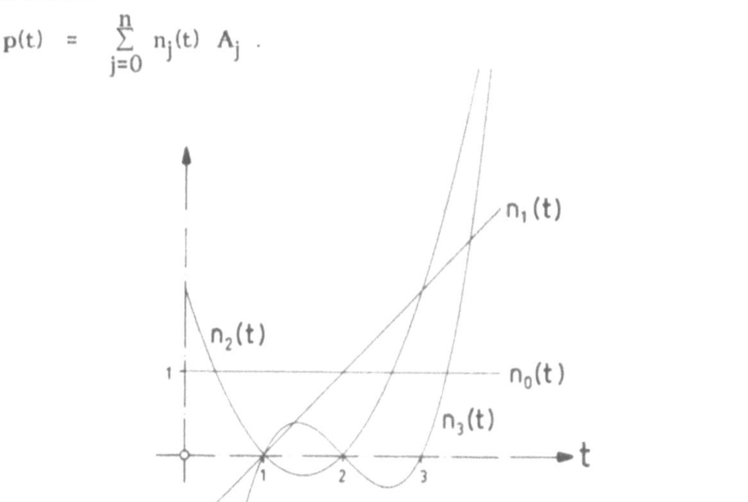

Fig. 2.18: Newton-Polynome n_0, n_1, n_2, n_3.

Die Koeffizienten A_j in (2.33) können durch direktes Einsetzen berechnet werden:

$$p(t_0) = P_0 = A_0$$

$$p(t_1) = P_1 = A_0 + A_1(t_1 - t_0) \quad \text{oder} \quad A_1 = \frac{P_1 - P_0}{t_1 - t_0}$$

$$p(t_2) = P_2 = A_0 + A_1(t_2 - t_0) + A_2(t_2 - t_0)(t_2 - t_1) \quad \text{oder}$$

$$A_2 = \frac{P_2 - P_0 - \dfrac{(P_1 - P_0)(t_2 - t_0)}{t_1 - t_0}}{(t_2 - t_0)(t_2 - t_1)} = \frac{\dfrac{P_2 - P_1}{t_2 - t_1} - \dfrac{P_1 - P_0}{t_1 - t_0}}{t_2 - t_0} \quad.$$

Diese Berechnung kann systematisiert werden: Dazu führen wir **dividierte Differenzen** ein über

$$[t_i \, t_k] := \frac{P_i - P_k}{t_i - t_k} \quad, \tag{$*$}$$

so daß als Koeffizienten von (2.33) wegen ($*$) folgen

$$
\begin{aligned}
A_0 &= P_0 \quad . \\[2ex]
A_1 &= [t_1 t_0] &&= \frac{P_1 - P_0}{t_1 - t_0} \quad , \\[2ex]
A_2 &= [t_2 t_1 t_0] &&= \frac{[t_2 t_1] - [t_1 t_0]}{t_2 - t_0} \quad , \\[2ex]
A_3 &= [t_3 t_2 t_1 t_0] &&= \frac{[t_3 t_2 t_1] - [t_2 t_1 t_0]}{t_3 - t_0} \quad , \\[2ex]
&\quad \cdot \\[-0.5ex]
&\quad \cdot \\[-0.5ex]
&\quad \cdot \\[1ex]
A_n &= [t_n t_{n-1} \, \cdots \, t_1 t_0] &&= \frac{[t_n \cdots t_1] - [t_{n-1} \cdots t_0]}{t_n - t_0} \quad .
\end{aligned}
\tag{2.34}
$$

Es ist klar zu erkennen, daß ein neu hinzugefügter Punkt P_{n+1} nur eine weitere Stufe in diesem Differenzenschema bedeutet.

2.3.4   Andere Lösungen des Interpolationsproblems für Kurven

Wir wollen abschließend noch einige weitere Interpolationsmethoden kennenlernen, die durch

- andere Vorgaben an den Knoten,
- andere Basisfunktionen

zu charakterisieren sind.

2.3.4.1   Hermite-Interpolation

Es seien jetzt wieder $(n+1)$ paarweise verschiedene Stützstellen t_k $(k = 0(1)n)$ gegeben, zusätzlich sind jetzt für jedes t_k folgende (m_k+1) Werte für die gesuchte Kurve $H(t)$ gegeben (wobei vorausgesetzt wird, daß $H(t)$ von der Differentiationsordnung $C^{\min(m_k)}$ ist):

$$H(t_k) = P_k , \qquad H'(t_k) = P_k' ,$$
$$\dots\dots\dots\dots\dots\dots , \qquad H^{(m_k)}(t_k) = P^{(m_k)} . \tag{2.36}$$

Gesucht ist ein Interpolationspolynom $H(t)$ mit möglichst niedrigem Polynomgrad, das die Bedingung (2.36) erfüllt. Es kann gezeigt werden (s. auch [BER 70], [FIN 77]), daß es genau eine Funktion $H(t)$ gibt, die (2.36) erfüllt. $H(t)$ hat als höchsten Polynomgrad

$$N = \sum_{k=0}^{n} (m_k + 1) - 1 . \tag{2.36a}$$

Wir wollen nun für $m_0 = m_1 \dots m_n = 1$ die Hermit-Interpolationsfunktionen explizit konstruieren: Nach (2.36a) hat das Polynom den Grad $N = 2n + 1$. Wir setzen an

$$H(t) = \sum_{j=0}^{n} P_j \, f_{nj}(t) + \sum_{j=0}^{n} P_j' \, g_{nj}(t) ,$$

mit noch zu berechnenden Funktionen $f_{nj}(t)$, $g_{nj}(t)$ vom Grade $2n + 1$. Einsetzen der Bedingungen (2.36) liefert für $m_k = 1$

$$f_{nj}(t_k) = \delta_{jk} , \qquad g_{nj}(t_k) = 0 ,$$
$$\qquad\qquad\qquad\qquad (j,k = 0(1)n) . \tag{2.37}$$
$$f'_{nj}(t_k) = 0 \qquad , \qquad g'_{nj}(t_k) = \delta_{jk} ,$$

Mit den Langrange-Polynomen

$$L_{nk}(t) = \prod_{\substack{j=0 \\ k \neq j}}^{n} \frac{t - t_j}{t_k - t_j} \qquad (j = 0(1)n)$$

kann eine Lösung von (2.37) so angegeben werden

$$f_{nk}(t) = [1 - 2L'_{nk}(t_k)(t - t_k)] \, L^2_{nk}(t) ,$$
$$\qquad\qquad\qquad\qquad (k = 0(1)n).$$
$$g_{nk}(t) = (t - t_k) \, L^2_{nk}(t) .$$

Die Hermite-Interpolation kann bei "guten" Vorgaben der Ableitungen in den Randpunkten sehr günstig sein , bei "ungünstigen" Vorgaben aber "verheerende" Resultate liefern. In Fig. 2.19 wird die unterschiedliche Wirkung der Hermite-Interpolation dargestellt: einmal wird auf der rechten Seite die Länge des Tangentenvektors verändert (Fig. 2.19a), zum anderen die Tangentensteigung (Fig. 2.19b).

Werden in den Knoten nicht alle Ableitungen bis zur Ordnung m_k angegeben, d. h. sind in den vorgeben Ableitungen Lücken, so spricht man von *lakunärer Interpolation.*

Natürlich lassen sich Interpolationsprobleme auch mit anderen Basisfunktionen lösen, wie z.B. mit trigonometrischen Funktionen, Tschebyscheff-Funktionen usw. (s. Kap. 2.4).

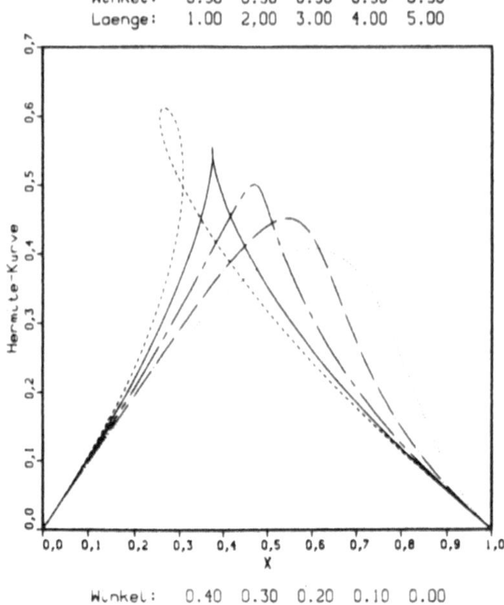

Fig. 2.19a: Hermite
Interpolation bei
unterschiedlicher
Tangentenlänge

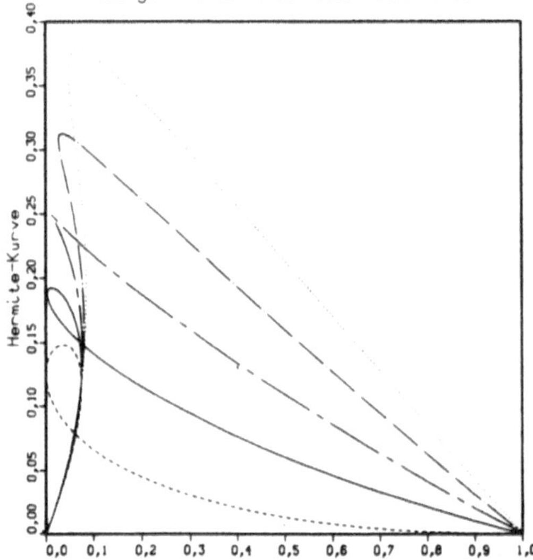

Fig. 2.19b: Hermite
Interpolation bei
unterschiedlicher
Tangentensteigung

2.3.4.2 Rationale Interpolation

Die Polynome neigen zwischen den Interpolationspunkten zur Welligkeit und
führen damit bei Anwendungen zu unerwünschten Bereichen. Diesen Nachteil
besitzen rationale Funktionen weniger, daneben kann mit diesen Funktionen
auch in der Nähe von Polen interpoliert werden. Wir setzen als Interpolationsfunktionen an

$$x(t) = \frac{\sum_{j=0}^{n} a_j\, t^j}{\sum_{j=0}^{n} d_j\, t^j} \quad , \qquad y(t) = \frac{\sum_{j=0}^{n} b_j\, t^j}{\sum_{j=0}^{n} d_j\, t^j} \quad ,$$

$$z(t) = \frac{\sum_{j=0}^{n} c_j\, t^j}{\sum_{j=0}^{n} d_j\, t^j} \qquad (a_j,b_j,c_j,d_j \in \mathbb{R},\ \ t \in I).^{*)} \qquad (2.38)$$

Eine allgemeine Lösung des rationalen Interpolationsproblems mit Hilfe von Kettenbrüchen findet sich in [WER 79a].

Legen wir **homogene Koordinaten** zugrunde, so kann (2.38) als Polynominterpolation des $\mathbb{R}^4$ interpretiert werden. Es gilt dann

$$x_0(t) = \sum_{j=0}^{n} d_j\, t^j \quad , \qquad x_1(t) = \sum_{j=0}^{n} a_j\, t^j \quad ,$$

$$x_2(t) = \sum_{j=0}^{n} b_j\, t^j \quad , \qquad x_3(t) = \sum_{j=0}^{n} c_j\, t^j \quad . \qquad (2.39a)$$

Die zu interpolierenden Punkte P_i müssen dann auch in homogenen Koordinaten vorgegeben werden. Dies bedeutet, die Koordinaten jedes Punktes sind noch mit einem Faktor ρ_i zu multiplizierten. Diese Faktoren müssen zusätzlich noch berechnet werden, was das Problem im allgemeinen nichtlinear werden läßt. Das rationale Interpolationsproblem kann über lineare Gleichungen gelöst werden, wenn z.B. im $\mathbb{R}^2$ vier Punkte gegeben sind und es gilt $n = 2$ bzw. im $\mathbb{R}^3$ fünf Punkte gegeben sind und es gilt $n = 3$. Um dies zu zeigen, schreiben wir den Ansatz (2.39a) in Matrixform

$$\mathbf{X}^T = F(t)^T\, \mathbf{K} \qquad (2.39b)$$

mit $F(t)^T = (\,1\ t\ t^2\ t^3\,)$ als Vektor der Basismonome t^k ($k = 0(1)3$, für den $\mathbb{R}^3$) und $\mathbf{K}$ als Matrix der Koeffizienten von (2.39a). Die Punkte P_i mögen die Parameterwerte t_i besitzen, jeder Punkt P_i habe den (unbekannten) homogenisierenden Faktor ρ_i.

Werden die Punkte $P_0 \,..\, P_3$ in (2.39b) eingesetzt, ergibt sich

$$\begin{pmatrix} \rho_0\ \mathbf{P_0}^T \\ \rho_1\ \mathbf{P_1}^T \\ \rho_2\ \mathbf{P_2}^T \\ \rho_3\ \mathbf{P_3}^T \end{pmatrix} = \begin{pmatrix} F(t_0)^T \\ F(t_1)^T \\ F(t_2)^T \\ F(t_3)^T \end{pmatrix} \cdot \mathbf{K} \ =: \ \mathbf{M}\,\mathbf{K} \ ,$$

---

*) I. allg. werden Nenner- und Zählerpolynomgrad nicht gleich sein!

woraus folgt

$$K = M^{-1} \begin{pmatrix} \rho_0 & P_0^T \\ \rho_1 & P_1^T \\ \rho_2 & P_2^T \\ \rho_3 & P_3^T \end{pmatrix} =: M^{-1} P(\rho_k) \ .$$

Der fünfte Punkt P_4 habe den Normierungsfaktor $\rho_4 = 1$, so daß über Einsetzen folgt

$$P_4 = F(t_4)^T M^{-1} P(\rho_k) \ ,$$

was ein lineares System für die vier unbekannten Faktoren ρ_i darstellt.

2.3.5   Interpolation von Flächen

Ziel ist es jetzt, eine Fläche im $\mathbb{R}^3$ durch eine Interpolationsfläche $X(u,v)$ anzunähern. Gegeben seien $(N+1)$ Punkte P_i des $\mathbb{R}^3$ und die zugehörigen Parameterwerte (u_i, v_i) mit $i = 0(1)N$. Gesucht ist ein Polynom mit möglichst niedrigem Grad

$$X(u,v) = \sum_{j=0}^{m} \sum_{k=0}^{n} A_{jk} u^j v^k \ , \tag{2.40}$$

das die gegebenen Punkte P_i mit den Parameterwerten (u_i, v_i) interpoliert. Hier ist die Existenz und Eindeutigkeit der Lösung des Interpolationsproblems im allgemeinen nicht gesichert, denn die zu interpolierenden Punkte dürfen z.B. in der (u,v) Parameterebene nicht auf sogenannten *gefährlichen Kurven* [BER 70], [WUN 77] liegen, da sonst das aus (2.40) durch Einsetzen entstehende Gleichungssystem singulär wird. Als Beispiel betrachten wir den Fall $m = n = 2$, $\max(j+k) = 2$ (vergl. (2.40)) und wählen sechs Punkte, die in der Parameterebene auf einem Kegelschnitt liegen. Werden diese Parameterwerte in (2.40) eingesetzt, folgt als Koeffizientendeterminante des linearen Gleichungssystems

$$\det (1 \ u_i \ v_i \ u_i^2 \ u_i v_i \ v_i^2) \ .$$

Diese Determinante verschwindet aber gerade für sechs Punkte, die auf einem Kegelschnitt liegen (s. a. [GRO 57]).

Wegen dieser Schwierigkeiten wollen wir jetzt gewisse Voraussetzungen an die Datenstruktur stellen:

a)   die Daten (Stützpunkte) sollen jeweils in den Schnittpunkten der benutzten Parameterlinien der zu konstruierenden Fläche liegen,

b)   sie sollen *allgemein* liegen, d.h. keiner gefährlichen Kurve angehören.

Weiter sei vorausgesetzt, daß der Ansatz (2.40) *vollständig* sei, d.h. in (2.40) treten alle möglichen Glieder bis zum höchsten Glied $A_{mn} u^m v^n$ auf.

Im Falle der Voraussetzung a) können die Parameterwerte matrizenförmig angeordnet werden:

$$
\begin{array}{llll}
(u_0, v_0) & (u_0, v_1) & \ldots\ldots & (u_0, v_n) \\
(u_1, v_0) & (u_1, v_1) & \ldots\ldots & (u_1, v_n) \\
 \\
\cdot & & \cdot \\
\cdot & & \cdot \\
\cdot & & \cdot \\
 \\
(u_m, v_0) & (u_m, v_1) & \ldots\ldots & (u_m, v_n) \ .
\end{array}
$$

Werden die zugehörigen $(n+1)(m+1)$ Punkte P_{ik} in (2.40) eingesetzt, folgt ein im allgemeinen lösbares lineares Gleichungssystem für die Unbekannten A_{ik} .

Unter Voraussetzung a) können auch wieder Lagrange-Formeln oder Newton-Formeln für das Interpolationsproblem angegeben werden (s. z.B. [JOR 82]). Mit Lagrange-Polynomen $L_i(u)$, $L_k(v)$ folgt aus (2.40) die Darstellung der Interpolationsfläche in **Tensorproduktform**

$$
X(u,v) \;=\; \sum_{i=0}^{m} \; \sum_{k=0}^{n} \; L_i(u) \, L_k(v) \, P_{ik} \ . \tag{2.41}
$$

Im Falle der Voraussetzung b) kann das Interpolationsproblem gelöst werden, wenn das Interpolationspolynom vollständig ist und $(n+1)(m+1)$ Punkte P_i sowie die zugehörigen Parameterwerte (u_i, v_i) paarweise verschieden sind.

Zu diesem Fragenkreis zählen auch die Scattered-Data-Methoden, mit denen wir uns in Kap. 9 beschäftigen werden .

2.3.6 Fehlerabschätzung für die Approximation von Kurven über Interpolation

Wir stellen uns vor, es sei eine Kurve $X(t)$ gegeben, diese Kurve soll durch ein Interpolationspolynom angenähert werden, wobei das Interpolationspolynom und $X(t)$ an $(n+1)$ Punkten P_i $(i = 0(1)n)$ übereinstimmen mögen. Es erhebt sich dann die Frage, wie die Abweichung der Interpolationsfunktion von der gegebenen Kurve $X(t)$ abgeschätzt werden kann. Dazu setzen wir an (vgl. auch [JOR 82])

$$
X(t) \;=\; P_n(t) \;+\; R_{n+1}(t) \ , \tag{2.42}
$$

mit $P_n(t)$ als Interpolationspolynom n-ter Ordnung und $R_{n+1}(t)$ als Restglied.

Das Restglied ist unbekannt, muß aber an den Stützstellen t_0 .. t_n verschwinden, d.h. $R_{n+1}(t)$ hat diese Stützstellen als Nullstellen und deshalb den prinzipiellen Verlauf von Fig. 2.20.

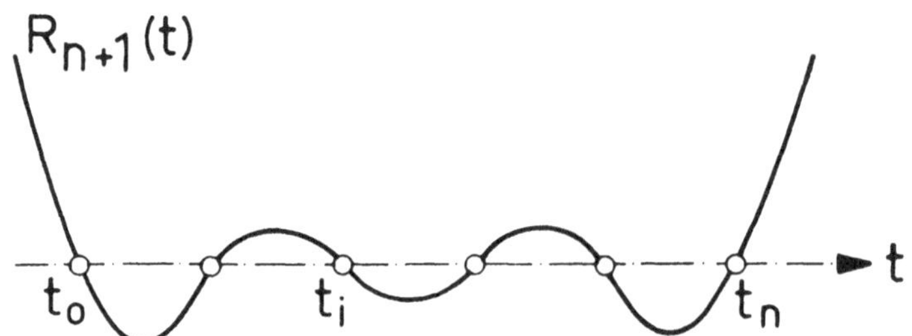

Fig. 2.20: Verlauf der Restgliedfunktion

Wie z.B. in [LOC 84] gezeigt wird, hat das Restglied die Gestalt

$$R_{n+1}(t) = (t - t_0)(t - t_1) \ .. \ (t - t_n) \ \frac{X^{(n+1)}(\xi_i)}{(n+1)!} \tag{2.43}$$

mit im allgemeinen unbekannten Stellen ξ_i aus dem Intervall $[t_0, t_n]$, wobei mit ξ die Extremstelle in der i-ten Komponente bezeichnet wird. - Dieses Restglied wird z.B. in [HÖLZ 83], [DAN 85] zur Fehlerabschätzung bei Splinetransformationen eingesetzt.

2.3.7   Beurteilung der verschiedenen Interpolationsmethoden

Zunächst muß festgestellt werden, daß zu einem System von Interpolationsknoten ein und nur ein Interpolationspolynom gehört. Dies bedeutet für die parametrisierte Interpolation, daß bei gleichen zu interpolierenden Punkten die Änderung der Parameterwerte auf verschiedene Interpolationskurven bzw. Interpolationsflächen führt. Eine Beurteilung der Methoden hat aber dann Bedeutung, wenn es um die praktische Berechnung geht: Zum Beispiel, wenn man nicht alle (n + 1) Glieder des Interpolationspolynoms berechnen möchte, sondern nur die ersten k Glieder, oder wenn man nicht im voraus weiß, mit wieviel Interpolationsstellen man arbeiten muß. Für diesen Problemkreis sind die Lagrange-Formeln ungünstig, weil jedes Glied von sämtlichen Stützstellen abhängt und damit alle Glieder neu berechnet werden müssen, wenn sich die Zahl der Interpolationsstellen ändert. Außerdem ist die Berechnung der einzelnen Glieder aufwendig. Man kann daher wohl sagen, daß die Lagrange-Formeln im wesentlichen theoretische Bedeutung haben und im allgemeinen die Newton-Formeln für praktische Arbeiten effektiver sind.

Weiter muß man feststellen, daß es bei der Interpolation oder Approximation von Funktionen i. allg. wenig sinnvoll ist, mit Polynomen vom Grade n > 5 zu arbeiten, da die Polynome dann zu starker Welligkeit neigen (s. z.B. [BONI 76]). Das Beispiel in Fig. 2.21 zeigt dieses Phänomen (s. a. [RUN 01]): Es soll die Funktion $y = \dfrac{1}{1 + x^2}$ zwischen $-5 \le x \le 5$ interpoliert werden. Mit zunehmender Anzahl der Interpolationspunkte (d.h. zunehmender Erhöhung des Polynomgrades) nimmt die Welligkeit erheblich zu. Die gegebene Funktion wird zunächst durch ein Polynom 4. Grades (Fig. 2.21 a), dann durch ein Polynom 7. Grades (Fig. 2.21 b) und schließlich durch ein Polynom 14. Grades (Fig. 2.21 c) interpoliert. Die Interpolationspunkte wurden jeweils äquidistant gewählt.

In Kapitel 2.5 wird gezeigt, daß diese Funktion auch zufriedenstellend approximiert werden kann, wenn x- und y-Komponente über eine Parameterdarstellung - beschrieben wird und die Parameter geeignet gewählt werden.

2.4. Approximation von Kurven und Flächen

Während bei der Annäherung gegebener Funktionen durch Interpolationsfunktionen gefordert wurde, daß die Interpolationsfunktionen gewisse vorher ausgewählte Knoten exakt annehmen, ist das Ziel der Approximationsverfahren, die Abweichung der Approximationsfunktion von der gegebenen Funktion möglichst

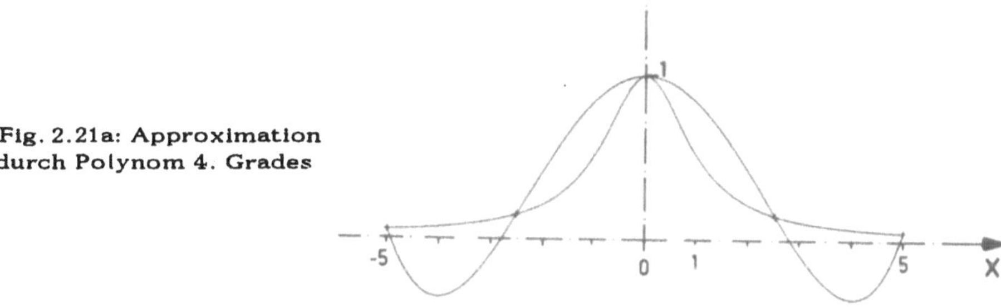

Fig. 2.21a: Approximation
durch Polynom 4. Grades

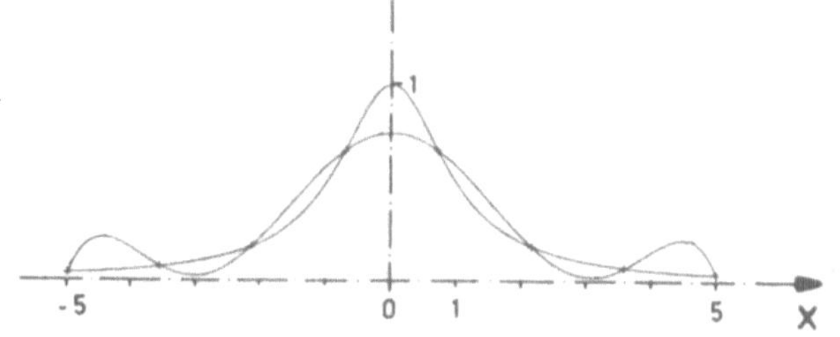

Fig. 2.21b: Approximation
durch Polynom 7. Grades

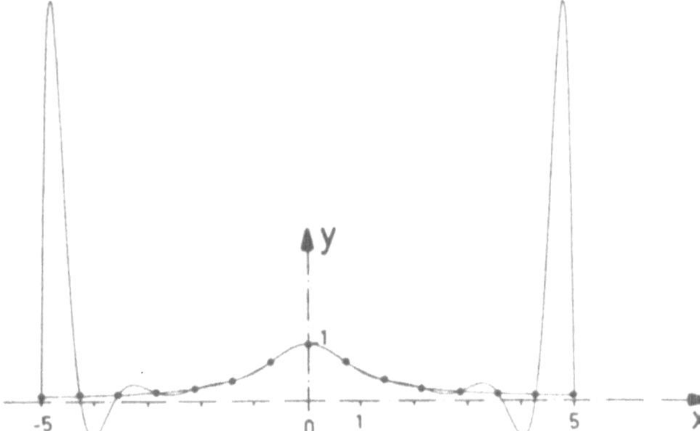

Fig. 2.21c: Approximation
durch Polynom 14. Grades

gering werden zu lassen. Auf eine exakte Annahme bestimmter Knoten wird
dafür verzichtet. Diese Überlegung gibt vor allem bei empirisch gewonnenen
Daten (Meßpunkten) einen Sinn, da

- die empirischen Daten meist mit Meßfehlern behaftet sind, so daß eine
  exakte Annahme der gegebenen Meßpunkte gar nicht erwünscht ist,
  sondern vielmehr das Einhalten gewisser Fehlerschranken,

- bei komplizierten Abläufen sehr viele Meßdaten bereitgestellt werden, so
  daß ein Interpolationsverfahren ausscheidet, da einmal die Ordnung der
  Basisfunktionen zu hoch wird und außerdem jeder weitere Meßpunkt die
  Ordnung der Interpolationsfunktion erhöhen würde und damit die Struktur
  der Lösung verändert.

Unter diesen Voraussetzungen hat die Approximation das **Ziel**

- eine gegebene Funktion f geeignet durch eine *einfachere Funktion* Φ zu
  ersetzen, wobei ein gewisser Fehler minimal werden soll;

- eine empirisch, d.h. durch Meßpunkte gegebene Funktion f durch eine
  formelmäßig gegebene Funktion Φ zu beschreiben, wobei ein gewisser
  Fehler minimiert werden soll.

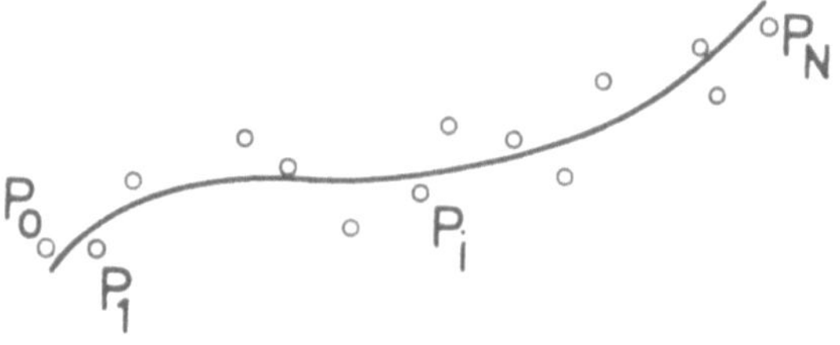

Fig. 2.22: Prinzip der Approximation

Graphisch läßt sich das Prinzip der Approximation etwa durch Fig. 2.22 beschreiben (man vgl. dazu Fig. 2.16, die graphisch die Interpolation darstellt).

Ziel der Approximationsmethoden ist das Ermitteln einer **optimalen** Ersatzfunktion Φ, die aus gewissen vorher gewählten Basisfunktionen aufgebaut wird. Optimal bedeutet dabei, daß eine gewählte **Fehlernorm** möglichst klein wird.

Um zu einer *Norm* $\|f\|$ zu gelangen, betrachten wir die Menge **M** aller (stetigen) Funktionen f über dem Intervall [a,b] und ordnen jeder Funktion f ϵ M eine reelle nichtnegative Zahl $\|f\|$ (Norm von f) zu, für die gilt

$$\| f \| \geq 0 \qquad\qquad (\| f \| = 0 \ \Leftrightarrow \ f = 0 \ \text{überall in} [a,b]) ,$$

$$\| \alpha f \| = |\alpha| \ \| f \| \qquad\qquad (\alpha \text{ beliebig}, \ \alpha \ \epsilon \ \mathbb{R}) , \qquad\qquad (2.44)$$

$$\| f{+}g \| \leq \| f \| + \| g \| \qquad (f, \ g \ \epsilon \ M) .$$

Mit Hilfe einer Norm kann für zwei Funktionen f,g ϵ **M** ein *Abstand* ρ eingeführt werden

$$\rho(f,g): = \|f{-}g\| ,$$

wobei ρ die Abstandsaxiome erfüllt.

Wir wählen nun ein System von (n + 1) Basisfunktionen φ_k (k = 0(1)n) und setzen als (*lineare*) Approximationsfunktion an

$$X(t) = \sum_{k=0}^{n} A_k \varphi_k(t) \quad \text{mit} \quad t \ \epsilon \ [a,b], \ A_k \ \epsilon \ \mathbb{R}^3 . \qquad\qquad (2.45)$$

Ziel der Approximationsaufgabe ist nun, die Koeffizienten A_k *geeignet* zu berechnen, d.h. folgende Aufgabe zu lösen: Zu einer gegebenen Funktion Y ϵ M und einem gegebenen Basissystem $\varphi_0,...,\varphi_n$ ist unter allen Approximationsfunktionen X ϵ **M*** vom Typ (2.45) eine Funktion

$$X^0(t) = \sum_{k=0}^{n} A_k^{(0)} \varphi_k(t)$$

zu bestimmen mit der Eigenschaft

$$\rho(Y,X^0) = \| Y(t) - X^0(t) \| = \min_{X \epsilon M^*} \| Y - X \| . \qquad\qquad (2.46)$$

X^0 heißt dann eine **beste Approximation** von Y zu dem gegebenen Basissystem $\{\varphi_k\}$ und der gewählten Norm $\| \cdot \|$.

Es gilt folgender **Existenzsatz** :

Satz 2.1 : Zu jeder gegebenen Funktion Y ϵ M [a,b] existiert für jedes System von Basisfunktionen $\varphi_0,\varphi_1,...,\varphi_n$ ϵ M [a,b] und jede Norm $\| \cdot \|$ mindestens eine beste Approximationsfunktion vom Typ (2.45) mit der Eigenschaft (2.46).

Ein *Beweis* dazu finden sich z.B. in [BER 70].

Beispiele für solche Basissysteme sind

a)   *Monome* $\varphi_0 = 1$, $\varphi_k = t^k$,

b)   *trigonometrische Funktionen* $\varphi_0 = 1$, $\varphi_1 = \cos t$, $\varphi_2 = \sin t$,
      $\varphi_3 = \cos 2t$, $\varphi_4 = \sin 2t,...$

c)   *Tschebyscheff-Polynome* $T_n(t)$: hier gilt mit $t = \cos\varphi$
      $T_n(t) := \cos n\varphi$ für $t \in [-1,1]$.

   Wegen $\cos(\alpha - \beta) + \cos(\alpha + \beta) = 2\cos\alpha \, \cos\beta$ folgt mit

   $$\alpha = n\varphi , \quad \beta = \varphi :$$

   $$T_{n-1}(t) + T_{n+1}(t) = 2t \, T_n(t) , \qquad (k = 1,2,3,..)$$

   so daß sich explizit angeben läßt

$$
\begin{aligned}
T_0(t) &= \cos(0) = 1 , \\
T_1(t) &= \cos \varphi = t , \\
T_2(t) &= \cos 2\varphi = -1 && + 2t^2 \\
T_3(t) &= \cos 3\varphi = && -3t && + 4t^3 , \\
T_4(t) &= \cos 4\varphi = 1 && - 8t^2 && + 8t^4 , \\
T_5(t) &= \cos 5\varphi = && 5t && - 20t^3 && + 16t^5 .
\end{aligned}
$$

$$(2.47)$$

Bemerkung: Die einfachste Approximation einer gegebenen Funktion kann durch abbrechende Reihenentwicklungen erfolgen, wie z. B.

-   durch ein Taylor-Polynom (Monome),
-   durch ein Fourierpolynom (trigonometrische Funktionen),
-   durch Tschebyscheff-Polynome .

2.4.1   Diskrete Fehlerquadratmethode von Gauss für Kurven (Ausgleichsverfahren)

Vorgegeben seien im $\mathbb{R}^2$ oder $\mathbb{R}^3$ $(N + 1)$ Meßpunkte P_i $(i = 0(1)N)$ und die zugehörigen Parameterwerte t_i . Die Abweichung der Meßpunkte P_i von der Approximationsfunktion $X(t)$ kann mit Hilfe eines Fehlervektors D_i so angegeben werden

$$X(t_i) - P_i := D_i .$$

Ziel der Approximation ist nun, den *Gesamtfehler*

$$d = \sum_{i=0}^{N} | D_i |^2 = \sum_{i=0}^{N} (X(t_i) - P_i)^2 \tag{2.48}$$

bzw. dessen Komponenten zu minimieren. Wenn die Meßpunkte mit unterschiedlicher Genauigkeit vorliegen, empfiehlt es sich, Gewichte w_i einzuführen, indem den weniger genauen Meßpunkten kleinere Gewichte zuerkannt werden als den genaueren Meßpunkten.

Dann tritt an die Stelle von (2.48) der Fehler

$$d = \sum_{i=0}^{N} w_i \, (X(t_i) - P_i)^2. \tag{2.49}$$

Ziel des Approximationsverfahrens ist nun, den Betrag des Fehlers (2.48) bzw. (2.49) zu minimieren, d.h. es soll erreicht werden

$$\sum_{i=0}^{N} w_i \, (X(t_i) - P_i)^2 \to \min. \quad .$$

Wir nehmen an, daß die Approximationsfunktion $X(t)$ gemäß (2.45) angesetzt wurde, d.h. es gilt

$$X(t) : = \sum_{i=0}^{n} A_i \, \varphi_i(t) \quad \text{mit} \quad n < N \ . \tag{2.50}$$

Dann lautet die notwendige Bedingung für das Minimum von (2.49)

$$\frac{\partial d}{\partial A_k} = -2 \sum_{i=0}^{N} w_i \, (P_i - X(t_i)) \, \frac{\partial X(t_i)}{\partial A_k}$$

$$= -2 \sum_{i=0}^{N} w_i \, (P_i - X(t_i)) \, \varphi_k(t_i) = 0$$

oder aufgelöst und (2.50) eingesetzt

$$\sum_{i=0}^{N} w_i \, P_i \, \varphi_k(t_i) = \sum_{l=0}^{n} A_l \sum_{i=0}^{N} w_i \, \varphi_l(t_i) \, \varphi_k(t_i) \qquad (k = 0(1)n). \tag{2.51}$$

(2.51) stellt für jede Komponente der unbekannten Koeffizienten A_l ein lineares Gleichungssystem mit $(n + 1)$ Gleichungen (*Normalgleichungen*) dar, das genau dann lösbar ist, wenn

1.) $N \geq n$,

2.) die φ_k ein Basissystem bilden, d.h. linear unabhängig sind ein sogenanntes *Tschebyscheff-System* bilden (*Beweis* s. z.B. [BER 70]) .

Wir führen nun ein

$$[\varphi_k, \varphi_j] : = \sum_{i=0}^{N} w_i \, \varphi_k(t_i) \, \varphi_j(t_i) \ ,$$

$$[P, \varphi_k] : = \sum_{i=0}^{N} w_i \, P_i \, \varphi_k(t_i) \qquad ,$$

so kann (2.51) explizit wie folgt geschrieben werden

$$
\begin{pmatrix}
[\varphi_0,\varphi_0][\varphi_0,\varphi_1][\varphi_0,\varphi_2] \ldots \ [\varphi_0,\varphi_n] \\
[\varphi_1,\varphi_0][\varphi_1,\varphi_1] \ldots \ \ldots \ [\varphi_1,\varphi_n] \\
\vdots \qquad\qquad\qquad\qquad \vdots \\
[\varphi_n,\varphi_0][\varphi_n,\varphi_1] \ldots \ldots \ldots [\varphi_n,\varphi_n]
\end{pmatrix}
\begin{pmatrix} A_0 \\ A_1 \\ \vdots \\ A_n \end{pmatrix}
=
\begin{pmatrix} [P,\varphi_0] \\ [P,\varphi_1] \\ \vdots \\ [P,\varphi_n] \end{pmatrix} ,
\tag{2.52}
$$

wobei dieses System für jede Komponente der Vektoren für sich gelöst werden
muß. Es kann gezeigt werden, daß die Koeffizientenmatrix in (2.52) positiv
definit ist (für n < N, s. z.B. [BÖH 85b]), allerdings liegt oft keine gute
Kondition vor. Als Lösungsmethoden bieten sich direkte QR-Zerlegung oder
Cholesky-Zerlegung an (s. z.B. [FIN 77], [LOC 84], [TÖR 79]).

Gilt n = N , geht die Approximation in die Interpolation über.

Die diskrete Fehlerquadratmethode von Gauß kann bei der Approximation
gegebener Funktionen durch die *kontinuierliche Fehlerquadratmethode* ersetzt
werden, wobei an die Stelle der Summen jeweils *Integrale* treten.

2.4.2 Diskrete Fehlerquadratmethode von Gauss für Funktionen des $\mathbb{R}^3$

Wir wollen die hier diskutierte Fehlerquadratmethode oder das sog. *Ausgleichs-
problem* zunächst für **Funktionen** des $\mathbb{R}^3$ formulieren: Gegeben seien $(N+1)$
Punkte $P_i(x_i,y_i,z_i)$ mit $i = 0(1)N$ und gesucht ist eine Funktion

$$
z = f(x,y,b_1,b_2,...,b_k,...,b_n)
$$

mit b_k als unbekannten Formparametern, die den unbekannten Koeffizienten
A_k in (2.45) entsprechen. Nun kann gefordert werden, daß z.B. die z-Abstände
d_i zwischen P_i und f minimiert werden, d.h. gelten soll

$$
\sum_{i=0}^{N} (d_i)^2 = \sum_{i=0}^{N} (z_i - f(x_i,y_i,b_1 b_2,...,b_k,...,b_n))^2 \ \to \ \min.
\tag{2.53}
$$

Mit

$$
\sum_{i=0}^{N} (d_i)^2 =: [d,d]
$$

ist notwendig für das Minimum

$$
\frac{\partial[d,d]}{\partial b_k} = 0 \ ,
$$

woraus mit (2.53) das System der *Normalgleichungen* folgt

$$
[z,\tfrac{\partial f}{\partial b_k}] - [f,\tfrac{\partial f}{\partial b_k}] = 0 \qquad (k = 1(1)n) \ .
\tag{2.54}
$$

Wenn wir als *Beispiel* das Ausgleichsparaboloid betrachten

$$f = ax^2 + bxy + cy^2 \qquad \text{(a,b,c Formparameter)} ,$$

so liefert (2.54) für $N > 3$ das System $\qquad$ (mit $[x^2] := \sum_{i=0}^{N} (x_i)^2$ usw.)

$$a[x^4] \quad + b[x^3y] \quad + c[x^2y^2] = [zx^2] ,$$
$$a[x^3y] \quad + b[x^2y^2] + c[xy^3] \quad = [zxy] ,$$
$$a[x^2y^2] + b[xy^3] \quad + c[y^4] \quad = [zy^2] .$$

Das hier beschriebene Approximationsverfahren kann recht übersichtlich in Matrixschreibweise dargestellt werden: Wir setzen als Approximationsfunktion an

$$z = \sum_{k=0}^{n} \varphi_k(x,y)\, b_k , \tag{2.55}$$

mit $\varphi_i(x,y)$ als linear unabhängigen Funktionen von x und y und linearen Formfaktoren b_i. Bei $(N+1)$ gegebenen Punkten $P_i\,(x_i,y_i,z_i)$ lautet die Fehlergleichung

$$d_i = z_i - \sum_{k=0}^{n} \varphi_k(x_i,y_i)\, b_k \tag{2.56a}$$

oder in Matrixschreibweise

$$\mathbf{D} = \mathbf{Z} - \mathbf{M}\mathbf{B} , \tag{2.56b}$$

mit $\mathbf{D}$ als Vektor der d_i, $\mathbf{Z}$ als Vektor der z_i, $\mathbf{B}$ als Vektor der b_k und $\mathbf{M}$ als Koeffizientenmatrix, aufgebaut gemäß (2.56a) aus $\varphi_k(x_i,y_i)$. Dabei sind $\mathbf{D}$, $\mathbf{Z} \in \mathbb{R}^{N+1}$, $\mathbf{B} \in \mathbb{R}^{n+1}$, $\mathbf{M}$ eine $(N+1) \times (n+1)$ Matrix. Ferner gelte $n < N$.

Nun gilt folgender

Hilfssatz 2.1: Das Fehlerquadrat $\mathbf{D}^T\mathbf{D}$ wird minimal, wenn $\mathbf{M}^T\mathbf{D} = 0$.

Zum *Beweis* betrachten wir den Fehler $\tilde{\mathbf{D}}$ in einem Punkt $\tilde{\mathbf{B}} := \mathbf{B} + \mathbf{V}$, d.h. dort gilt wegen (2.56b) $\tilde{\mathbf{D}} = \mathbf{D} - \mathbf{M}\mathbf{V}$.

Mit $\mathbf{M}^T\mathbf{D} = 0$ folgt

$$\|\tilde{\mathbf{D}}\|^2 = \tilde{\mathbf{D}}^T\tilde{\mathbf{D}} = \mathbf{D}^T\mathbf{D} - \mathbf{V}^T\mathbf{M}^T\mathbf{D} - \mathbf{D}^T\mathbf{M}\mathbf{V} + \mathbf{V}^T\mathbf{M}^T\mathbf{M}\mathbf{V} =$$
$$= \mathbf{D}^T\mathbf{D} - 2\,\mathbf{V}^T\mathbf{M}^T\mathbf{D} + \mathbf{V}^T\mathbf{M}^T\mathbf{M}\mathbf{V} \qquad =$$
$$= \mathbf{D}^T\mathbf{D} + (\mathbf{V}^T\mathbf{M}^T)(\mathbf{M}\mathbf{V}) = \|\mathbf{D}\|^2 + \|\mathbf{M}\mathbf{V}\|^2 ,$$

d.h. für $\mathbf{V} \neq 0$ ist $\|\tilde{\mathbf{D}}\|^2 > \|\mathbf{D}\|^2$ für alle $\tilde{\mathbf{D}} \neq \mathbf{D}$, dann ist aber $\mathbf{D}$ das gesuchte Minimum.

Wird auf (2.56b) dieser Hilfssatz angewandt, folgt als System der Normalgleichungen

$$M^T M B = M^T Z \tag{2.57}$$

und damit ein lineares System für den unbekannten Vektor B der Formparameter.

Hier wurde der Einfachheit halber vorausgesetzt, daß die Differenzen der
z-Koordinaten minimiert werden, was natürlich eine Willkür bedeutet und nicht
invariant gegenüber Koordinatentransformationen ist. Geometrisch sinnvoller
wäre es gewesen, als Fehlernorm die kürzesten Abstände der Meßpunkte P_i
von der Approximationsfläche zu wählen. Dieser Ansatz hätte aber zu einem
nichtlinearen Gleichungssystem zur Lösung der Approximationsaufgabe geführt.
Solche nichtlinearen Gleichungssysteme lassen sich nur in Sonderfällen auf die
Berechnung der Nullstellen von Polynomen reduzieren und können allgemein
nur über Newton-Verfahren näherungsweise gelöst werden.

2.4.3   Diskrete Fehlerquadratmethode von Gauss für parametrisierte Flächen

Wir wählen jetzt als spezielle Approximationsfläche eine bikubische Fläche

$$X(u,v) = \sum_{k=0}^{3} \sum_{i=0}^{3} A_{ik}\, u^i v^k \tag{2.58}$$

oder in Matrixschreibweise

$$X(u,v) = (u^3\ u^2\ u\ 1)\ A\ \begin{pmatrix} v^3 \\ v^2 \\ v \\ 1 \end{pmatrix}$$

mit A als 4×4 Matrix mit den vektorwertigen Elementen A_{ik} .

In Komponenten soll gelten

$$X(u,v) = (x(u,v),\ y(u,v),\ z(u,v))\ ,\quad A = \{A_{ik}\} = (a_{ik}, b_{ik}, c_{ik})\ .$$

Gegeben seien nun $(N+1)$ Punkte P_l mit $l = 0(1)N$, wobei vorausgesetzt sei
$N > 15$, sowie die zugehörigen Parameterwerte (u_l, v_l) .

Wir führen folgende Vektoren ein ($\in \mathbb{R}^{16}$)

$$W^T := (\, u^0 v^0,\, u^0 v^1,\, \ldots\ldots,\, u^0 v^3,\, u^1 v^0,\, u^1 v^1,\, \ldots\ldots,\, u^3 v^3\,),$$
$$a^T := (\, a_{00},\, a_{01},\, \ldots\ldots,\, a_{03},\, a_{10},\, a_{11},\, \ldots\ldots,\, a_{33}\,) \tag{2.59}$$

(analog b , c).

Damit kann z.B. die x-Komponente von (2.58) so geschrieben werden

$$x = \mathbf{W}^T \mathbf{a} \ .$$ (2.60)

Werden in (2.60) die gegebenen Punkte $\mathbf{P}_i$ und die zugehörigen Parameterwerte (u_i, v_i) eingesetzt und führen wir weiter ein

$$\mathbf{X} := \begin{pmatrix} x_0 \\ x_1 \\ \cdot \\ \cdot \\ x_N \end{pmatrix} \ , \qquad \mathbf{M} := \begin{pmatrix} \mathbf{W}_0^T \\ \mathbf{W}_1^T \\ \cdot \\ \cdot \\ \mathbf{W}_N^T \end{pmatrix} \ ,$$

so ergibt sich als Fehlergleichung

$$\mathbf{d}_X = \mathbf{X} - \mathbf{M}\mathbf{a} \ ,$$

woraus analog zu (2.57) das System der Normalgleichungen folgt zu

$$\mathbf{M}^T \mathbf{M} \mathbf{a} = \mathbf{M}^T \mathbf{X} \ ,$$ (2.61)

mit dem unbekannten Vektor $\mathbf{a}$.

Werden (2.61) und analog dazu die Gleichungssysteme für die beiden anderen Komponenten y, z gelöst, folgt über (2.58) explizit die Parameterdarstellung der Approximationsfläche. Auch hier hängt die Lösungsfläche von der gewählten Parametrisierung ab.

2.5 Parameterwahl bei Interpolation und Approximation

Die Parameterwahl beeinflußt entscheidend den Interpolations- und Approximations-Prozeß, wie der Vergleich zwischen unterschiedlichen Parametrisierungen zeigt (s. z. B [AHL 67], [EPS 76], [BOO 78], [HARTL 80], [TÖP 82], [MAS 86], [FOL 87a], [FOL 89]). Wir wollen zunächst die Interpolation einer gegebenen Punktmenge durch eine Kurve betrachten. Am einfachsten ist es natürlich, die Parametrisierung äquidistant zu wählen, d.h. wird ein Parameterintervall $[a,b]$ zugrunde gelegt und sollen $(n + 1)$ Punkte interpoliert werden, gilt

$$\Delta t = \frac{b - a}{n} \qquad \text{oder} \qquad t_i = a + i\Delta t \qquad \text{mit } i = 0(1)n.$$ (2.62)

Die Wirkung der Parametrisierung kann an folgendem kinematischen Bild erläutert werden, das bei automatisch gesteuerten Plottern, NC-Maschinen und Robotern praktische Relevanz erhält : Der Kurvenparameter t werde dazu als Zeit aufgefaßt, die ein Punkt $\mathbf{X}$ benötigt, um die Kurve $\mathbf{X}(t)$ zu durchlaufen. Haben nun die zu interpolierenden Punkte $\mathbf{P}_i$ verschiedene Abstände, so wird $\mathbf{X}$ verschiedene Zeitintervalle Δt_i zwischen den Punkten $\mathbf{P}_i$ und $\mathbf{P}_{i+1}$ benötigen. Bei der äquidistanten Parametrisierung steht nun für jedes zu interpolierende Punktepaar $\mathbf{P}_i$, $\mathbf{P}_{i+1}$ die gleiche Durchlaufzeit zur Verfügung. Sind die Abstände zwischen den Punkten unterschiedlich, so heißt dies, daß der Kurvenpunkt **X** mit verschiedener Geschwindigkeit die Interpolationskurve durchlaufen muß. Folgt einem großen Abstand ein kleinerer Abstand, muß die größere Geschwindigkeit stark reduziert werden, was zu einem Überschießen oder sogar zu Singularitäten [EPS 76] der Interpolationskurve führen kann, da die Geschwindigkeit einer zweimal stetig differenzierbaren Kurve nicht unstetig geändert werden kann.

Offenbar sollte also die Parametrisierung so gewählt werden, daß sie der Struktur der gegebenen Punktmenge möglichst nahe kommt und, um Singulari-täten zu vermeiden, durch eine Vektornorm erzeugt werden [EPS 76]. Einen solchen Zugang liefert die **chordale** Parametrisierung. Jetzt werden die Para-meterintervalle proportional zu den Abständen benachbarter Stützpunkte gewählt. Es gilt dann für das i-te Parameterintervall

$$\triangle t_i = \frac{|\mathbf{P}_i - \mathbf{P}_{i-1}|}{s} \tag{2.63}$$

mit s als Normierungsfaktor. Soll z.B. über dem Intervall $[0,1]$ interpoliert werden, so kann s als Gesamtlänge des von den $\mathbf{P}_i$ erzeugten Polygons gewählt werden. Dann gilt für die Parameterwerte t_i der Punkte $\mathbf{P}_i$ (mit $t_0 = 0$)

$$t_i = \sum_{j=1}^{i} \triangle t_j \qquad\qquad \text{mit } j = 1(1)n \ .$$

Eine andere mögliche Parameterwahl, welche die Struktur der gegebenen Daten nachbildet, wäre die sogenannte **zentripedale** Parametrisierung mit [LEE 75]

$$\triangle t_i = \frac{\sqrt{|\mathbf{P}_i - \mathbf{P}_{i-1}|}}{s} \ . \tag{2.64}$$

Weiter gibt es Vorschläge, die äquidistante und chordale Parametrisierung zu vermischen, etwa über das geometrische Mittel, oder auch die Parametrisierung zusammen mit der interpolierenden resp. approximierenden Kurve aus einem Optimierungsprozess zu gewinnen [TÖP 82].

NIELSON [NIE 89] hat eine *affin invariante Metrik* vorgeschlagen: Er berechnet zunächst einen, der gebenen Punktemenge zugeordneten Ausgleichskegelschnitt mit der Koeffizientenmatrix $Q = \{q_{ij}\}$ $(i,j = 1,1)$ über die Standardabweichungen

$$q_{11} = \frac{\sigma_y}{d} \ , \quad q_{22} = \frac{\sigma_x}{d} \ , \quad q_{12} = q_{21} = \frac{-\sigma_{xy}}{d}$$

$$\text{mit } \ d = \sigma_x \sigma_y - (\sigma_{xy})^2.$$

Der Abstand zweier Punkte **U** und **V** wird dann definiert über

$$M^2[P] \, (\mathbf{U},\mathbf{V}) = (\mathbf{U} - \mathbf{V}) \, Q \, (\mathbf{U} - \mathbf{V})^T \ . \tag{2.65}$$

Damit ist eine affin invariante chordale Parametrisierung als Verallgemeinerung von (2.63) durchführbar.

Ein Vorschlag zur Parametrisierung, der nicht nur die Abstände sondern auch die Winkeländerungen in den Interpolationspunkten berücksichtigt, wurde von FOLEY in [FOL 89] entwickelt. Dort wird als Parametrisierung vorgeschlagen

$$\triangle t_i = d_i \left[1 + {}^3\!/_2 \; \frac{\hat{\Theta}_i \, d_{i-1}}{d_{i-1} + d_i} \; + \; {}^3\!/_2 \; \frac{\hat{\Theta}_{i+1} \, d_{i+1}}{d_i + d_{i+1}} \right] \tag{2.66}$$

mit der Nielson-Metrik $d_i = M(P) \, |P_i - P_{i+1}|$ und $\hat{\Theta}_i = \min(\pi - \Theta_i, {}^\pi\!/_2)$ und Θ_i als Winkel zwischen (P_{i-1}, P_i) und (P_i, P_{i+1}).

Da die Gestalt der Interpolationskurve von der Parameterwahl abhängt, kann die Parameterstruktur zur Kurvengestaltung benutzt werden: Die Parameterintervalle können als Variable eines *Optimierungsproblems* aufgefaßt werden, wobei als Zielfunktion z.B. minimale Länge, minimales Krümmungsquadrat (Biegeenergie) usw. gewählt werden können. Fig. 2.23 zeigt eine optimale Interpolation der Punktmenge aus Fig. 2.21c mit *kürzester Länge* als Zielfunktion. Die Oszillationen am Rande sind verschwunden, so daß die ungünstige Auswirkung des hohen Polynomgrades in Fig. 2.21c geometrisch auf der "falschen" Parametrisierung beruhte bzw. auf der in Fig. 2.21c durchgeführten *Approximation einer Funktion*. In Fig. 2.23 wurde dagegen sowohl die x- als auch die y-Komponente als Polynome 14. Grades angesetzt und über Optimierung der Länge ein brauchbares Resultat erzielt. In Fig. 2.23 wurde die gegebene Kurve durchgezogen,

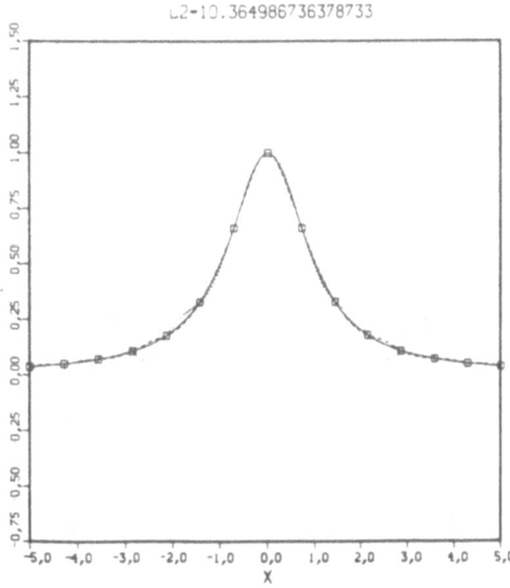

Fig. 2.23: Interpolation als Optimalisierungsproblem (analog zu Fig. 2.21c, mit kürzester Länge durch die gegebenen Punkte)

die nichtoptimale Interpolation punktiert (s. a. Fig. 2.21 c), die optimale gestrichelt dargestellt. – Dieses Beispiel zeigt auch, daß die Aussagen von Kap. 2.3.7 vor allem nur für Funktionen $y = f(x)$ richtig sind, bei der *parametrisierten Interpolation* aber durch zusätzliche Überlegungen auch mit höheren Polynomgraden erfolgreich gearbeitet werden kann. Es kann gezeigt werden, daß bei geeigneten geometrisch begründeten zusätzlichen Vorgaben in den zu interpolierenden Punkten auch mit Lagrange-Polynomen beliebig hoher Ordnung erfolgreich gearbeitet werden kann.

Die letzten Bemerkungen zeigen deutlich, daß das Interpolationsproblem ein **geometrisches** Problem ist, das frei von einem zufällig gewählten Koordinatensystem gelöst werden sollte!

Auch die **Approximation von Kurven** wird von der Parametrisierung entscheidend beeinflußt: Sei $X(t)$ ein vorgegebener Ansatz einer Approximationsfunktion, welche die Punkte P_i $(i = 0(1)N)$ approximieren soll, wobei diese Punkte die Parameterwerte t_i besitzen sollen. Ziel der Approximation ist dann die Länge des Fehlervektors

$$D_i = X(t_i) - P_i \tag{2.67}$$

zu minimieren. Allerdings sind diese Fehlervektoren im allgemeinen **nicht orthogonal** zur Approximationskurve, d.h. die Minimierung z.B. des absoluten Fehlers

$$d = \sum_{i=0}^{N} |D_i|^2$$

minimiert nicht die kürzesten Abstände zwischen den gegebenen Punkten und der Approximationskurve.

Eine *optimale Minimierung* ist aber sicher gegeben, wenn die Fehlervektoren D_i in den Punkten $X(\tilde{t_i})$ orthogonal sind zu der Approximationskurve $X(t)$. Diese optimale Minimierung kann erreicht werden,

- indem nicht irgendein durch die Parametrisierung induzierter Fehler minimiert wird, sondern die **kürzesten Abstände** zwischen der gesuchten Approximationskurve und den gegebenen Punkten P_i minimal werden sollen. Dies führt aber auf ein *nichtlineares Optimierungsproblem;*

- über **geeignete Änderung** der Parameterwerte t_i, wobei iterativ die Parameterwerte solange verändert werden, bis die Fehlervektoren D_i in $\tilde{X}(t_i)$ senkrecht zur Approximationskurve $X(t)$ stehen.

Um nichtlineare Verfahren zu vermeiden, wollen wir den zweiten Weg einschlagen: Dazu *approximieren* wir die (gesuchte) Kurve $X(t)$ im Punkt $X(t_i)$ *linear* und projizieren den Punkt P_i auf die Tangente im Punkt $X(t_i)$ (s. Fig. 2.24).

Der Abstand $\triangle c_i$ vom Lotfußpunkt L_i und dem Punkt $X(t_i)$ berechnet sich zu

$$\triangle c_i = (P_i - X(t_i)) \cdot \frac{X'(t_i)}{|X'(t_i)|} \tag{2.68}$$

und ist eine Näherung für die notwendige Parameteränderung, um den Fehlervektor $D_i = P_i - X(t_i)$ in eine zur Approximationskurve orthogonale Lage überzuführen. Wenn dem Approximationsproblem ein Gesamtparameterintervall $\mu = \mu_n - \mu_0$ zugrundeliegt und l die mit Hilfe eines Polygonzuges approximierte

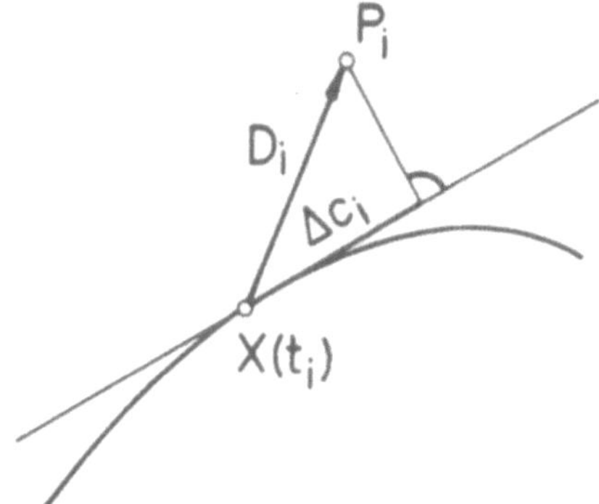

Fig. 2.24: Projektion des Fehlervektors D_i auf Kurventangente

Länge der Kurve ist, so kann ein korrigierter Parameterwert im Punkt $X(t_i)$ so berechnet werden [HOS 88]

$$t_i^* = t_i + \frac{\triangle c_i}{l}\, \mu. \tag{2.68a}$$

Einen anderen Zugang zur Parameterkorrektur liefert die *Minimierung* des Betrags der einzelnen *Fehlervektoren*, d.h. es wird gefordert

$$(P_i - X(t_i + \triangle t_i))^2 \rightarrow \min . \tag{2.69}$$

An jeder Parameterstelle t_i wird diese Fehlerdarstellung in Taylor-Reihe entwickelt, nach dem linearen (oder quadratischen) Glied abgebrochen, dann wird über Ausgleichsrechnung das beste $\triangle t_i$ berechnet zu (s. a. [HOS 89])

$$\triangle t_i = -\frac{(P_i - X(t_i)) \cdot \dot{X}(t_i)}{(P_i - X(t_i)) \cdot \ddot{X}(t_i) - \dot{X}(t_i)^2} . \tag{2.70}$$

Mit den neuen Parameterwerten

$$t_i^* = t_i + \triangle t_i \tag{2.70a}$$

wird nun z.B. das System der Normalgleichungen (2.51/2.52) erneut gelöst. Sind noch nicht alle Fehlervektoren (nahezu) orthogonal zu der so gefundenen neuen Approximationskurve, wird die Parametertransformation gemäß

(2.68 a) oder (2.70a) wiederholt und anschließend wieder das System der Normalgleichungen gelöst. Dieses Verfahren wird solange fortgesetzt, bis alle Fehlervektoren (nahezu) orthogonal zur Approximationskurve liegen. Die dann er-
mittelte Approximationskurve ist in dem Sinne optimal, daß sie die kürzesten
Abstände zwischen den gegebenen Punkten P_i und der Approximationskurve
minimiert. Beim praktischen Arbeiten wird das Erreichen der orthogonalen Lage
über eine Fehlerschranke (z. B. $\varepsilon = \pm\ 0.1^0$) kontrolliert; im allg. reichen drei
bis vier Iterationsschritte, um die optimale Approximationskurve zu erreichen.
Weiteres Durchlaufen der Iteration führt unter Umständen zu Aufrauhungen
und damit wieder zum Verlust der optimalen Situation.

Die lokale Konvergenz des Verfahrens (2.70) entspricht dem Newton-Verfahren:
wird in (2.70) der Zähler als Funktion f(t) aufgefaßt, so ist der Nenner die Ableitung des Zählers, d. h. (2.70a) nimmt gerade die Form der Newtonschen Rekursionsformel zur Nullstellenbestimmung an [HOS 89]!

Natürlich hängt das Resultat der Parameteroptimierung von der Startparametri-
sierung ab, da i. allg. nur lokale Extrema ermittelt werden. Auf diesen Effekt
hat neuerdings [COH 88] hingewiesen und durch instruktive Beispiele belegt.

Andere Ansätze zur Verbesserung der Parametrisierung einer vorgegebenen
Parameterbelegung gehen von intrinsischen Kurvengrößen wie Bogenlänge und
Kurvenkrümmung aus (s. z.B. [HARTL80], [SHA 82], [THO 85], [MAS 86]).

Die Parametrisierung von *Flächen* kann auf die Parametrisierung der Parameterlinien zurückgeführt werden, wenn die zu interpolierenden Punkte längs möglicher Parameterlinien vorgegeben sind. Sind die Punkte unregelmäßig vorgegeben, sind zusätzliche Überlegungen notwendig, um eine Parametrisierung zu finden: die gegebenen Punkte können z.B. auf geeignete Bezugsflächen projiziert
werden, deren Parameternetz bekannt ist . Dabei muß jedoch darauf geachtet
werden, daß die Abbildung zwischen der Parameterebene und der Interpolations-
oder Approximationsfläche *bijektiv* ist (s. Fig. 2.25).

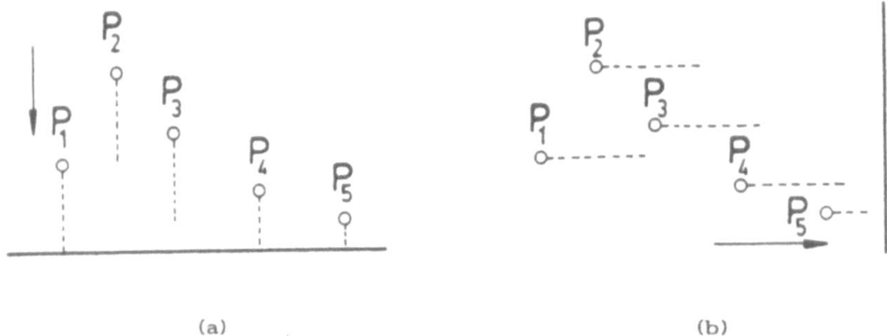

Fig. 2.25: Projektion der Punkte P_i auf Parameterebene.
(a) bijektive, (b) nicht bijektiv.

Ist die gegebene Punktemenge so strukturiert, daß sie (und die zu erwartende Interpolations- oder Approximationsfläche) bijektiv auf eine Ebene abgebildet werden kann, können über geeignete Normierung die möglichen Parameterwerte direkt abgelesen werden (s. Fig. 2.26).

Eine meist günstige Ebene ist eine approximierende Ebene ε der Punktmenge, die über Minimierung der kürzesten Abstände zwischen den Punkten P und der Ebene ε gewonnen wird. - Bildet die Punktmenge näherungsweise einen Teil eines Zylinders, so können die Punkte auf ein Zylinderstück projiziert werden. Wird dieses Zylinderstück in die Ebene abgewickelt, lassen sich die möglichen Parameterwerte wieder direkt ablesen. - Ist die gegebene Punktmenge zweiseitig

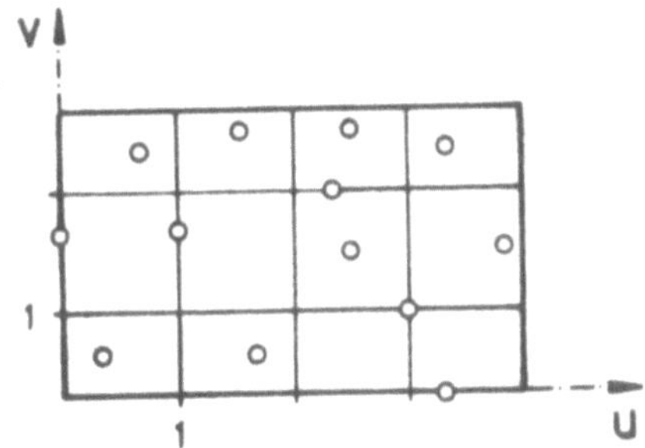

Fig. 2.26: Mögliche Bilder von Punkten in der Parameterebene.

gekrümmt, empfiehlt sich z.B. die Projektion auf eine Sattelfläche (einschaliges Hyperboloid). Die beiden Scharen geradliniger Erzeugenden des Hyperboloids können dann direkt als Bilder der Parameter u = const. , v = const. aus der Parameterebene interpretiert werden. Ein anderer Weg ist z. B. folgender: zunächst werden die Randkurven approximiert, dann in die Randkurven eine COONS-Fläche (s. Kap. 8) eingespannt. Die Lote der gegebenen Punkte auf diese Hilfsfläche liefern eine erste Approximation der Parameterwerte.

Es ist klar, daß bei all diesen Verfahren eine gewisse Willkür gegeben ist.

Die oben angeführte Methode zur affin-invarianten Parametrisierung von Kurven wurde in [NIE 89] auch auf unregelmäßig strukturierte Flächendaten ausgedehnt.

Im Falle der *Approximation* einer Punktmenge durch eine Fläche empfiehlt es sich ebenfalls während des Approximationsprozesses zusätzliche Parameterkorrekturen durchzuführen. Auch bei Flächen stehen im allgemeinen die Fehlervektoren $D_s = X(u_s, v_s) - P_s$ nicht orthogonal zur Approximationsfläche $X(u,v)$. Analog zu der Parameterveränderung bei der Approximation einer Kurve wird jetzt der Punkt P_s in die Tangentialebene der Approximationsfläche $X(u,v)$ im Punkt $X(u_s, v_s)$ projiziert (s. Fig. 2.27):

Die partiellen Ableitungen $X_u(u_s,v_s)$ und $X_v(u_s,v_s)$ sind die Tangentenrichtungen an die Parameterlinien $(u = u_s$, $v = v_s)$. Die Projektionen des Bildes
$\overline{D}_s$ des Fehlervektors D_s auf diese Tangentenrichtungen liefern Korrekturen
der Parameterwerte, d.h. es gilt (s. Fig. 2.27)

$$u_s^* = u_s + \frac{\triangle c_s}{L(u_s)}\ \mu_u \quad ,$$

$$v_s^* = v_s + \frac{\triangle d_s}{L(v_s)}\ \mu_v \quad , \tag{2.71}$$

mit

$$\triangle c_s = (P_s - X(u_s,v_s)) \cdot \frac{X_u(u_s,v_s)}{|X_u(u_s,v_s)|} \quad , \tag{2.71a}$$

$$\triangle d_s = (P_s - X(u_s,v_s)) \cdot \frac{X_v(u_s,v_s)}{|X_v(u_s,v_s)|} \quad ,$$

und μ_u, μ_v als Längen des u- bzw. v- Parameterintervalls der durch $X(u_s,v_s)$ verlaufenden Parameterlinien, sowie $L(u_s)$, $L(v_s)$ als Näherung der Länge der Parameterlinien $u = u_s$ bzw. $v = v_s$.

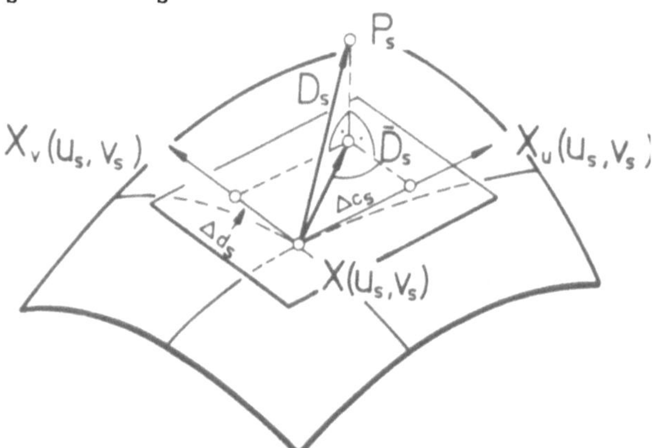

Fig. 2.27 : Projektion des Fehlervektors in die Tangentialebene
zur Parameterkorrektur.

Auch hier kann die Iteration beschleunigt werden, wenn in jedem Punkt der
Fehlervektor

$$(P_s - X(u_s + \triangle u_s, v_s + \triangle v_s))^2 \ \rightarrow \ \min$$

mit Hilfe von Taylor-Entwicklung und Ausgleichsrechnung minimiert wird. Es
ergibt sich dann folgende Parameterkorrektur

$$\triangle u_s = - \frac{(P_s - Y(u_s,v_s)) \cdot Y_u(u_s,v_s)}{(P_s - Y(u_s,v_s)) \cdot Y_{uu}(u_s,v_s) - Y_u(u_s,v_s)^2} \tag{2.72}$$

$$\triangle v_S = -\frac{(P_S - Y(u_S,v_S)) \cdot Y_v(u_S,v_S)}{(P_S - Y(u_S,v_S)) \cdot Y_{vv}(u_S,v_S) - Y_v(u_S,v_S)^2} \, .$$

Wird eines dieser Verfahren iterativ wiederholt, nähert sich der Fehlervektor im allgemeinen dem Flächenlot von P_S auf die Approximationsfläche $X(u,v)$.

Auch hier kann die Konvergenz des Verfahrens über die Newton-Raphson-Methode entschieden werden, da auch in (2.72) die Nenner die Ableitungen des Zählers darstellen.

Die Parameterkorrektur wird sich später (s. Kap. 13) als wirksame Methode bei der approximativen Basistransformation von Splinekurven und Splineflächen erweisen.

3. Allgemeine Splinekurven

3.1 Idee der Splinefunktion

Sollen bei Anwendungen z.B. Querschnitte von Profilen, von Flächen, Leitkurven zur Erzeugung von Flächen usw. dargestellt werden, so ist die klassische Interpolation oder Approximation, wie sie in Kap. 2 dargestellt wurde, im allgemeinen ungeeignet. Die Anwender erwarten von solchen Kurven, daß sich deren Krümmung nicht zu stark verändert (sie *glatt* erscheinen), während die klassischen Interpolationsfunktionen vor allem für größeren Polynomgrad n zum Oszillieren neigen (s. Kap. 2). Fig. 3.1 demonstriert noch einmal dieses Phänomen: Dort soll eine ebene Kontur approximiert werden, wobei durch 9 Punkte der Kontur ein interpolierendes Polynom 8. Grades festgelegt worden ist.

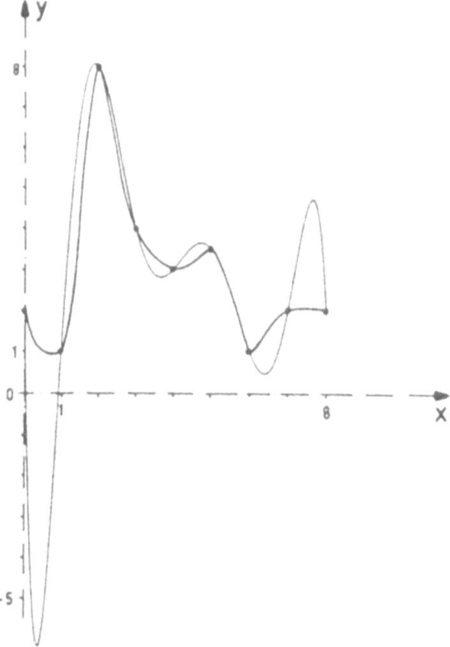

Fig. 3.1: Interpolationskurve (dünn) und erwartete Verbindungskurve der gegebenen Punkte

Die Interpolationskurve zeigt, daß an manchen Stellen extreme Abweichungen gegenüber einer erwarteten Kurvenform auftreten, die die Anwendung der Interpolation sinnlos erscheinen läßt. Ein Ausweg könnte nun sein, die Anzahl der Interpolationsstützstellen zu erhöhen: Doch wird damit auch der Polynomgrad erhöht, und es treten dann sehr bald Ausreißer auf, wie in Fig. 2.21 dargestellt.

Als Alternative bietet sich nun an, das gegebene Intervall in kleinere Teilintervalle und damit die Kurve in entsprechende Kurvensegmente zu zerlegen, ein auch bei der numerischen Integration mit Erfolg eingesetztes Verfahren. So werden z.B. bei der Trapezregel die Kurvensegmente durch Geraden approximiert, bei der Simpsonregel erfolgt die Approximation des Kurvenzuges durch Parabelzüge (s. Fig. 3.2). Allerdings stoßen dabei die einzelnen Parabelbögen nur stetig aneinander, für unsere eingangs gestellte Forderung nach einer *glatten* Kurve wäre dieses Verfahren allein sicher nicht die richtige Lösung.

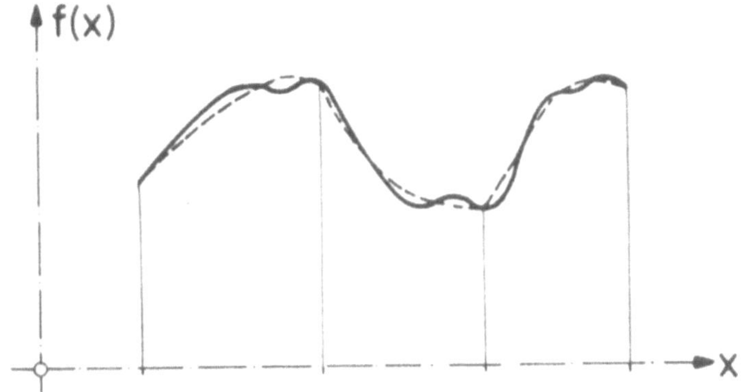

Fig. 3.2: Approximation eines Kurvenzuges durch
stetige Parabelstücke (gestrichelt).

Daher muß von diesen einzelnen Kurvensegmenten noch zusätzlich gefordert werden, daß z.B. die erster Ableitung (C^1-*stetig)* oder allgemein die ersten k Ableitungen *(C^k-stetig)* stetig aneinander anschließen.

Wir wollen eine diesen Forderungen entsprechende Funktion s konstruieren und setzen voraus

-   $s \in C^2\,[a,b]$, d.h. s soll C^2-stetig im ganzen Intervall sein,

-   $s(x_i) = r_i$ (i = 0(1)N), d.h. die gesuchte Funktion soll die Punkte (x_i, r_i) genau annehmen,

-   $\dfrac{d^4\,s(x)}{dx^4} = 0$ für $x \in [a,b] \setminus \{x_i,\ i = 0(1)N\}$.

Wird die letzte Bedingung integriert, erhält man ein kubisches Polynom

$$s = a_3 x^3 + a_2 x^2 + a_1 x + a_0$$

für jedes Intervall (*Segment*) $[x_i, x_{i+1}]$.

Bemerkung: Die 3. Ableitungen von s sind segmentweise konstant und besitzen an den Segmenttrennstellen x_i im allgemeinen Sprünge.

Entsprechend der eben konstruierten Funktion führen wir ein:

Definition 3.1: Eine segmentierte Funktion s mit Polynomsegmenten vom Grade
 n heißt,

a)   eine **Splinefunktion**, falls s (n-1)-mal stetig differenzierbar ist,

b)   eine **Sub-Splinefunktion**, falls s mindestens stetig ist und nicht a) gilt.

Bemerkung: Der Name *Spline* entstammt der englischen Sprache und bezeichnet
einen dünnen Stab, der von den Schiffsbauern benutzt wird, um die richtige
Form der Stringer zu konstruieren. Stringer werden die Planken genannt, die in
Schiffs-Längsrichtung quer zu den Spanten angebracht werden und die die
Außenwand des Schiffsrumpfes bilden. Im Deutschen heißt dieser dünne Stab
Straklatte, daher wurde in der deutschen Literatur die Splinefunktion lange auch
als *Strakfunktion* bezeichnet.

Eine kubische Splinefunktion beschreibt (näherungsweise) die Biegelinie (eines
dünnen   Stabes)   durch   eine   vorgegebene   Reihe   von   festen   Stützstellen (s. Fig. 3.3)

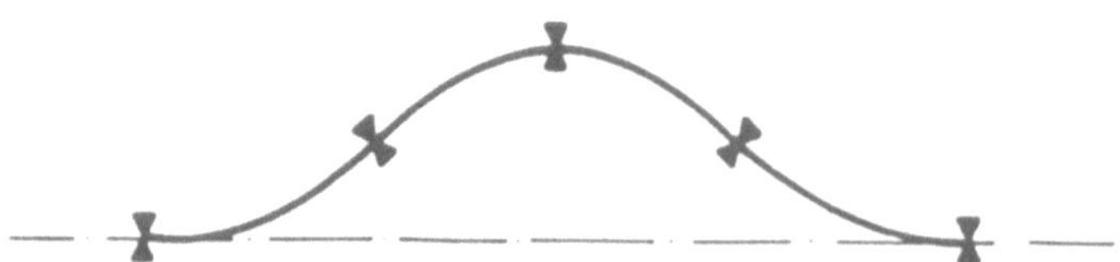

Fig. 3.3: Biegelinie eines dünnen Stabes

Dies kann etwa so gezeigt werden: Die Biegenergie E ist proportional zur
Stabkrümmung x , d.h. die Biegelinie ist Lösung des folgenden (*Variations-*)
Problems

$$E = c \int_0^l x^2 \, ds \; \rightarrow \; \min \, , \tag{3.1}$$

mit l als Länge, ds als Bogenlänge des Stabes und c als Konstante. Die
Krümmung einer Kurve wurde in Kap. 2 eingeführt zu

$$x = \frac{|\mathbf{X}' \times \mathbf{X}''|}{|\mathbf{X}'|^3} \, .$$

Für Funktionen y = y(x) kann der Ortsvektor angesetzt werden als $\mathbf{X} := \begin{bmatrix} x \\ y(x) \end{bmatrix}$.
Es gilt dann

$$|\mathbf{X}'| = \sqrt{1 + (y')^2} \qquad \text{und} \qquad ds = \sqrt{1 + (y')^2} \, dx \, ,$$

so daß (3.1) transformiert werden kann in

$$E = c \int_0^l \frac{(y'')^2}{(1 + y'^2)^{\frac{5}{2}}} \, dx \approx c \int_0^l (y'')^2 \, dx \rightarrow \min , \qquad (3.2)$$

wenn angenommen wird, daß $y'^2 \ll 1$ ist, d. h. die Steigung der gesuchten Kurve sehr klein ist. Das Problem (3.1) kann mit Methoden der *Variationsrechnung* (z.B. [ELS 70]) gelöst werden. Dort wird gezeigt, daß die Lösung der Aufgabe

$$\int f(y,y',y'';x)dx \Rightarrow \min \qquad (3.3)$$

notwendigerweise Lösung der sogenannten *Euler-Lagrange-Gleichung* von (3.3) ist, welche lautet

$$f_y - \frac{d}{dx}(f_{y'}) + \frac{d^2}{dx^2}(f_{y''}) = 0 . \qquad (3.4)$$

Wird (3.4) auf (3.2) angewandt, ergibt sich

$$f_{y''} = 2y'' ,$$

und damit als Euler-Lagrange-Gleichung des Variationsproblems (3.2)

$$\frac{d^2}{dx^2}(y'') = y^{(iv)} = 0 ,$$

woraus durch Integration ein kubisches Polynom folgt.

Bemerkungen: 1. Diese Eigenschaft der kubischen Splines wird in der Literatur oft *Minimal-Krümmungseigenschaft* genannt. Unter allen interpolierenden Kurven y ist die kubische Splinekurve die Kurve, welche $\left|\int_0^l (y'')^2 \, dx\right|$ minimiert.

2. Allgemein kann gezeigt werden [SPÄ 83], daß ein Spline $s(x)$ vom Grade $2m+1$

das Integral $\qquad\qquad \int_a^b [f^{(m+1)}(x)]^2 \, dx \qquad\qquad\qquad (*)$

unter den Randbedingungen

a) $\quad s^{(i)}(a) = s^{(i)}(b) = c \quad ,$ $\qquad\qquad\qquad\qquad i = m + 1 \, (1) \, 2m$

b) $\quad s^{(i)}(a) = f^{(i)}(a) \, , \quad s^{(i)}(b) = f^{(i)}(b) \, ,$ $\qquad\qquad i = 1 \, (1) \, m$

minimiert .

Als Vergleichsfunktion $f(x)$ sind diejenigen $f \in C^m[a,b]$ mit quadratisch integrierbarer Ableitung der Ordnung $m + 1$ zugelassen, die die Interpolationsbedingung

$$f(x_k) = s(x_k) = y_k \qquad\qquad (k = 0 \, (1) \, N) \qquad \text{erfüllen.}$$

3.2   Kegelschnitte als Subsplines

Von Ingenieuren (z.B. in der Flugzeugindustrie) werden oft Kurven aus Kegel-
schnitt-Segmenten C^1-stetig aneinandergesetzt, um bestimmte Profile zu erzeugen. Ein solches Profil zeigt Fig. 3.4, das aus folgenden Kurven besteht:

$$1 \cup 2 \quad \text{Kreis} , \quad 2 \cup 3 \quad \text{Parabel} , \quad 3 \cup 4 \quad \text{Ellipse} ,$$

$$4 \cup 5 \quad \text{Gerade} , \quad 5 \cup 6 \quad \text{Kreis} , \quad 6 \cup 7 \quad \text{Gerade} .$$

Spiegelung und Translation dieses Profils führt auf eine Röhrenfläche, Rotation
um die z-Achse auf eine Rotationsfläche.

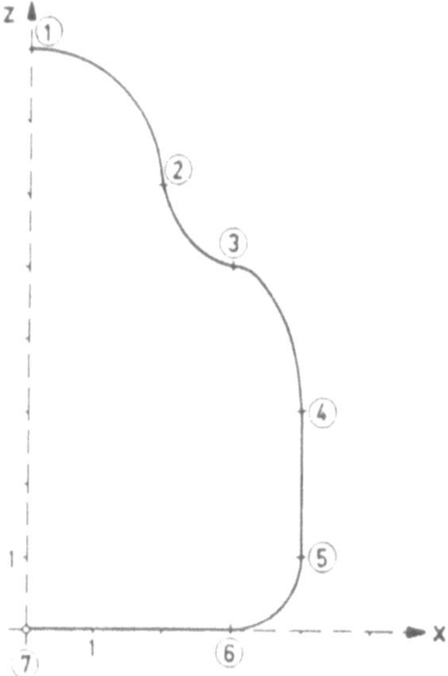

Fig. 3.4: Rotationsfläche aus Kegelschnittstücken

In [LIM 44] werden wohl zum ersten Mal diese Kegelschnittsubsplines beschrieben. Dort werden als Segmente Kegelschnittstücke mit gemeinsamer Tangente
an den Randpunkten benutzt, wobei noch ein weiterer Punkt oder eine Zusatzin-
formation frei vorgegeben werden können: Da die Gleichung eines Kegelschnittes in der (x,y)-Ebene im allgemeinen durch

$$y^2 + axy + bx^2 + cx + dy + e = 0 \tag{3.5}$$

beschrieben werden kann, sind 5 Bestimmungsstücke zur eindeutigen Festlegung eines Kegelschnittes notwendig. Nun soll ein Kegelschnittsubspline
durch Anfangs- und Endpunkt verlaufen und dort jeweils eine bestimmte
Tangente besitzen, wodurch 4 Bestimmungsstücke festgelegt sind. Als weiteres
Bestimmungsstück kommen z.B. in Frage: ein zusätzlicher Punkt auf der Kurve
oder der Typus der Kurve (Parabel, Ellipse, Hyperbel).

Der Typus eines Kegelschnittes läßt sich einfach über die Eigenwerte der quadratischen Form (3.5) beschreiben. Es gilt nämlich

- treten 2 reelle positive (oder negative) Eigenwerte auf, so ist der Kegelschnitt eine **Ellipse** (oder ein Doppelpunkt);

- treten ein positiver und ein negativer Eigenwert auf, so ist der Kegelschnitt eine **Hyperbel** (oder ein sich schneidendes Geradenpaar);

- ist ein Eigenwert gleich Null und der zweite ungleich Null, so ist der Kegelschnitt eine **Parabel** (oder eine Doppelgerade bzw. ein Paar paralleler Geraden);

Betrachten wir ein *Beispiel*: Gesucht ist ein Kegelschnitt durch P_1 und P_2, der dort die Tangenten t_1 und t_2 besitzt und außerdem eine Parabel ist. Wir wählen speziell (s. Fig. 3.5)

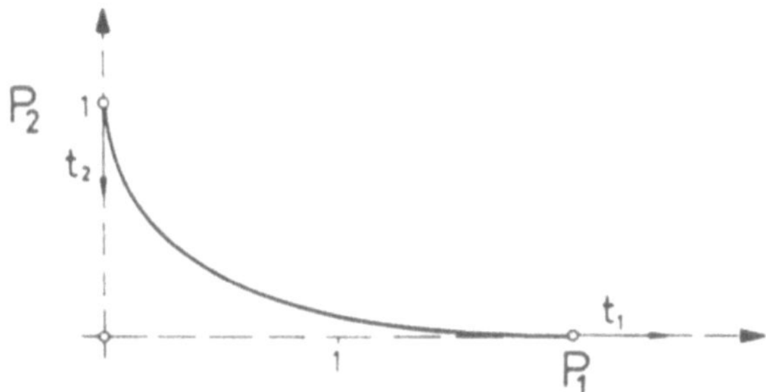

Fig. 3.5: Parabelstück

als Punkte $P_1(2,0)$, $P_2(0,1)$ und als Tangenten t_1 bzw. t_2, die Richtungen der Koordiantenachsen. Implizite Differentiation von (3.5) liefert

$$2yy' + ay + axy' + 2bx + c + dy' = 0 \quad \text{oder}$$

$$y' = -\frac{ay + 2bx + c}{2y + ax + d}.$$

Durch Einsetzen folgt:

$$y'(2,0) = 0 \qquad \rightarrow \qquad 4b + c = 0 \quad \text{und} \quad 2a + d \neq 0,$$

$$y'(0,1) = \infty \qquad \rightarrow \qquad 2 + d = 0 \quad \text{und} \quad a + c \neq 0,$$

$$y = 0 \quad \text{für} \quad x = 2 \rightarrow 4b + 2c + e = 0,$$

$$y = 1 \quad \text{für} \quad x = 0 \rightarrow 1 + d + e = 0,$$

woraus sich berechnet

$$b = \frac{1}{4}, \quad c = -1, \quad d = -2, \quad e = 1.$$

Wenn der gesuchte Kegelschnitt eine Parabel sein soll, muß ein Eigenwert Null sein, d.h. aber die Determinante der quadratischen Form (3.5) muß verschwinden, so daß weiter gilt

$$\begin{vmatrix} 1 & \frac{a}{2} \\[2mm] \frac{a}{2} & b \end{vmatrix} = 0 \;\rightarrow\; a = \pm\, 2\sqrt{b} = \pm\, 1 \; .$$

Bei Berücksichtigung der obigen Nebenbedingungen folgt $a = -1$.

Neben diesem analytischen Zugang ist auch ein **geometrisches Gestalten** der Kegelschnittsegmente möglich:

Dazu wird der Begriff des *Kegelschnittbüschels* (s. z.B. [GRO 57]) benötigt:
Gegeben seien zwei Kegelschnitte mit den Gleichungen

$$S_1(x,y) = 0 \quad \text{und} \quad S_2(x,y) = 0 \; .$$

Dann stellt die Linearkombination

$$(1-\lambda)S_1 + \lambda S_2 = 0 \qquad\qquad (\lambda \in \mathbb{R}) \qquad\qquad (3.6)$$

eine Schar von Kegelschnitten dar. Diese Schar wird Kegelschnittbüschel genannt, die Kegelschnitte S_1 , S_2 sind *Träger des Büschels*. Jeder Kegelschnitt des Büschels verläuft durch die Schnittpunkte von $S_1 \cap S_2$, da dort sowohl $S_1 = 0$ als auch $S_2 = 0$ und damit die Büschelgleichung (3.6) immer erfüllt sind (s. Fig. 3.6).

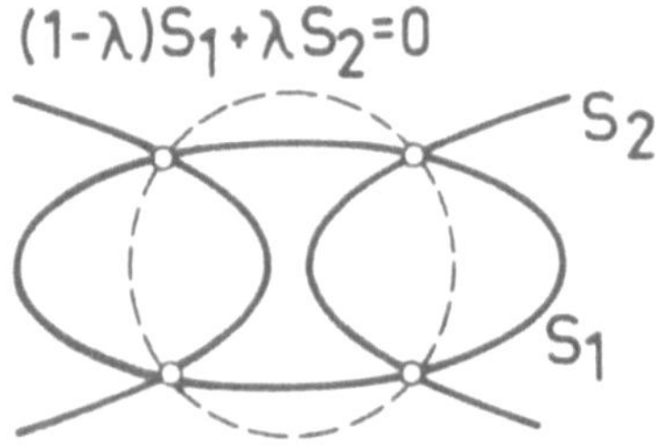

Fig. 3.6: Büschelkurve (gestrichelt) zum Büschel
mit den Trägern S_1 und S_2 .

Der Büschelparararameter λ legt den Verlauf der einzelnen Büschelkurven fest: Soll eine Büschelkurve z.B. durch einen weiteren Punkt $P_1(x_1,y_1)$ mit $P_1 \notin S_1$, $P_1 \notin S_2$ verlaufen, folgt durch Einsetzen in (3.6) für den Büschelparameter

$$\lambda = \frac{S_1(x_1,y_1)}{S_1(x_1,y_1) - S_2(x_1,y_1)} \quad .$$

Die Träger eines Kegelschnittbüschels können auch *ausgeartete* Kegelschnitte sein: Läßt sich nämlich die quadratische Kegelschnittgleichung in zwei lineare

Produkte zerlegen, so zerfällt der Kegelschnitt in zwei Linearformen, d.h. in
zwei Geraden. Umgekehrt kann man nun auch von vier Geraden

$$l_i : = a_i x + b_i y + c_i = 0$$

ausgehen, dann beschreibt z.B. $l_1 \cdot l_2 = 0$ einen zerfallenden Kegelschnitt. Das
Gebilde

$$(1 - \lambda)l_1 l_2 + \lambda l_3 l_4 = 0$$

legt wiederum ein Kegelschnittbüschel fest, das durch die vier Schnittpunkte
von $(l_1, l_2) \cap (l_3, l_4)$ verläuft (s. auch Fig. 3.7).

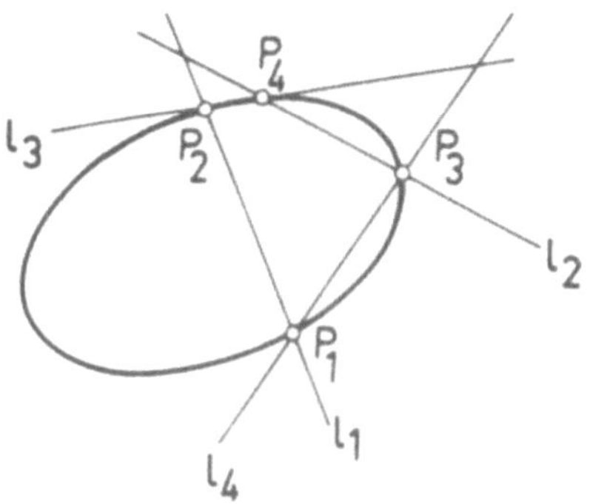

Fig. 3.7: Büschelkurve mit Geraden als Träger

Wird weiter spezialisiert und speziell z.B. $l_3 = l_4$ gewählt, folgt als Büschelgleichung

$$(1 - \lambda)l_1 l_2 + \lambda l_3^2 = 0 \ . \tag{3.7}$$

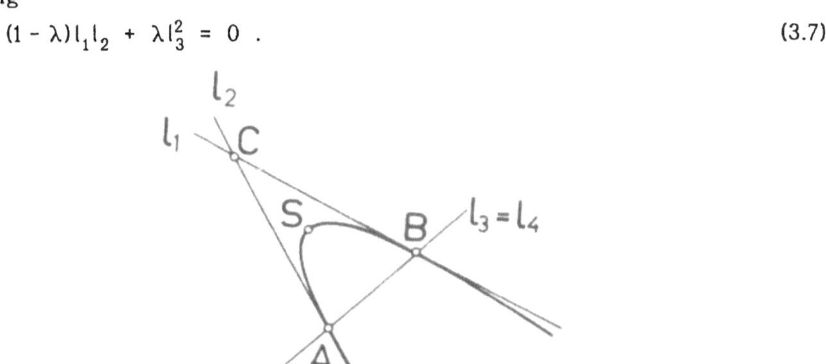

Fig. 3.8: Büschelkurve mit zwei zusammenfallenden
Geraden als Träger

Alle Kegelschnitte des Büschels besitzen dann l_1 und l_2 als Tangenten und verlaufen durch die Schnittpunkte A: = $l_1 \cap l_3$ und B: = $l_2 \cap l_3$ (s. Fig. 3.8). l_1 bzw. l_2 sind Tangenten in A bzw. B, weil A und B als Doppelpunkte gedeutet werden können (vgl. Fig. 3.7 und Fig. 3.8 und lasse in Fig. 3.7 die Schnittpunkte P_1 bzw. P_3 gegen P_2 bzw. P_4 konvergieren, d.h. $l_3 \to l_4$).

Wird aus einem Kegelschnittbüschel (gemäß (3.7)) eine bestimmte Büschelkurve durch einen zusätzlichen Punkt S ausgewählt, so wird dieser Punkt S oft *Schulterpunkt* genannt (s. Fig. 3.8). Liegt S im Dreieck (A,B,C) , so verläuft der Kegelschnitt stetig durch (A,S,B) , d.h. es treten zwischen A und B keine Asymptoten auf. Es gilt

Satz 3.1: Ist der Schulterpunkt S Mittelpunkt der Verbindungsstrecke der Mitten von AC und BC , dann ist der zugehörige Kegelschnitt eine **Parabel**. Liegt S innerhalb der Parabel (und nicht auf l_3) , so ist der Kegelschnitt eine **Ellipse**. Liegt S außerhalb der Parabel (und nicht auf l_1, l_2) , so ist der Kegelschnitt eine **Hyperbel**.

Zum *Beweis* s. z. B. [HOS 87b].

Betrachten wir ein *Beispiel* für den Entwurf eines Kegelschnittprofils mit der *Büschelmethode*: Gegeben seien die Segmenttrennpunkte S_1, S_2, S_3 und in diesen Punkten die Tangenten l_1, l_2, l_3 sowie die weiteren Punkte P_1, P_2 . Zur Konstruktion der Kegelschnittsubsplinekurven werden weiter die Trägergeraden l_4 und l_5 eingeführt, wodurch die Kegelschnittsegmente festgelegt sind (s. Fig. 3.9). Eine analytische Ermittlung von Kegelschnitt-Splines findet sich in [PAV 83].

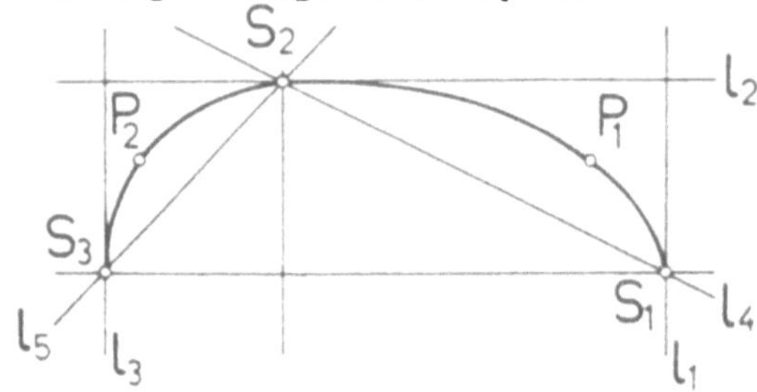

Fig. 3.9: Kegelschnittprofil mit Büschelmethode

Eine typische *Anwendung* der Büschelmethode ist die Konstruktion von Übergangskurven oder **blending** Kurven zwischen zwischen zwei Kurven K_1 und K_2 oder zwei Flächen (s. Fig. 3.10). Dabei werden im Falle der Kurven die Tangenten in A und B an die Kurven K_1 und K_2 als Trägergeraden eines Kegelschnittbüschels gedeutet, A $\cup$ B ist die dritte Trägergerade. Durch diese Trägergeraden sind alle möglichen Übergangskegelschnitte festgelegt. Ein Übergangskegelschnitt ist in Fig. 3.10a gestrichelt angegeben.

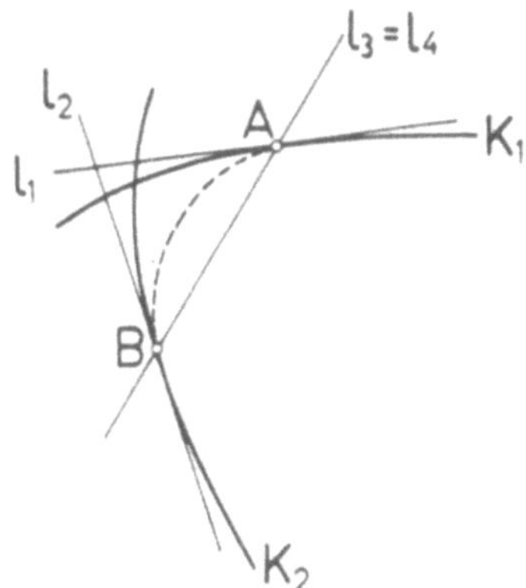

Fig. 3.10a: Tangentenstetiger Übergangskegelschnitt (gestrichelt)
zu den Kurven K_1 und K_2

Der hier entwickelte Übergangskegelschnitt schließt an die Kurven K_1 und K_2 mit gleicher Tangente an. Möchte man eine Übergangskurve konstruieren, die in A bzw. B an K_1 bzw. K_2 mit gleicher Krümmung anschließt, kann folgender Ansatz für die Übergangskurve benutzt werden ([LI 90])

$$F(x,y) = (1 - \mu)\, K_1 K_2 + \mu\, l_3^3 = 0 \ . \tag{*}$$

Die Übergangskurve kann als implizite Funktion $F(x,y)$ aufgefaßt werden. Berechnen der Krümmung liefert, daß die Übergangskurve im Punkt A bzw. B die gleiche Krümmung wie die Kurve K_1 bzw. K_2 in diesen Punkten besitzt. Fig. 3.10b zeigt eine solche Übergangskurve: Die Kurven K_1 und K_2 sind Parabeln, die krümmungsstetige Übergangskurve ist gestrichelt gezeichnet.

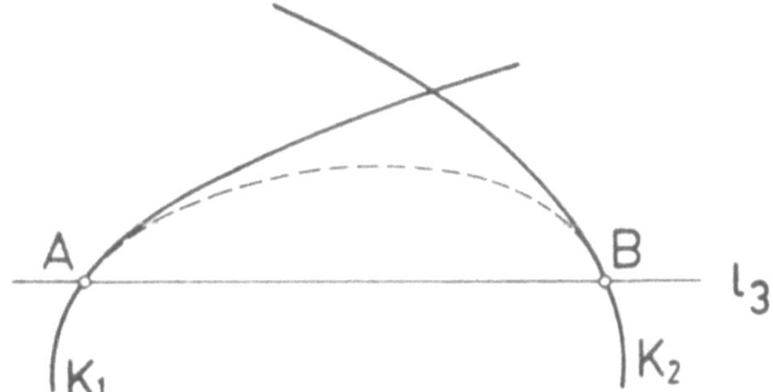

Fig. 3.10b: Krümmungsstetige Übergangskurve

Der Ansatz (*) kann auch zur Konstruktion von Übergangsflächen bzw. **blending** Flächen verwendet werden, dabei sind die Kurven K_1, K_2, l_3 durch Flächen zu ersetzen [LI 90]. Andere blending Verfahren wurden z. B. entwickelt bzw. werden beschrieben in [RIC 73], [HOFF 85,87], [MAR 86], [HOL 87], [ROCK 87], [WOO 87], [NUT 88], [PRA 88, 89], [BLO 89], [VAR 89].

Die Büschelmethode kann auch dazu benutzt werden, um *Verbindungsflächen* zu
konstruieren: als Verbindungs- oder Übergangsflächen werden jene Flächen
bezeichnet, die ein gegebenes Kurvenprofil S_1 in ein anderes Kurvenprofil S_2
mit Hilfe einer stetigen Kurvenschar überführen. Sind S_1 und S_2 Kegelschnitte,
die z.B. in der Ebene $z = 0$ und $z = z_0$ eines kartesischen Bezugssystems liegen,
und wird vorausgesetzt, daß die Verbindungsfläche aus Kegelschnitten besteht,
so können die weiteren Kegelschnitte der Verbindungsfläche, die in der Ebene
$z = \lambda z_0$ ($\lambda \in [0,1]$) liegen, dargestellt werden über

$$(1 - \lambda) S_1 + \lambda S_2 = 0 .$$

3.3   Kubische Splinekurven

Wir haben im Abschnitt 3.1 gezeigt, daß eine Splinefunktion 3. Grades die Biegeenergie minimiert und wollen nun die dort noch unbestimmt gebliebenen Koeffizienten ermitteln. Dabei setzen wir voraus, daß die Koeffizienten des kubischen
Polynoms Vektoren des $\mathbb{R}^2$ bzw. des $\mathbb{R}^3$ sind, d.h. wir betrachten gleich die
Spline-Interpolationen von parametrisierten Kurven; und nehmen weiterhin an,
daß die *Interpolationsknoten* (t_i, P_i) bekannt sind. Bei Anwendungen werden
fast immer parametrisierte Kurven zugrunde gelegt, um die in Kap. 2 bereits
dargestellten Vorteile nutzen zu können.

Gegeben seien also $(N + 1)$ Punkte $P_0,...,P_N$, sowie die zugehörigen Parameterwerte $t_i \in [a,b]$. Für diese Parameterwerte gelte

$$a = t_0 < t_1 < t_2 < .... < t_{N-1} < t_N = b .$$

Die Intervallängen eines Teilintervalls $t \in [t_i, t_{i+1}]$ sollen bezeichnet werden
durch

$$\triangle t_i : = t_{i+1} - t_i .$$

Jedes benachbarte Punktepaar P_i, P_{i+1} wird durch ein **kubisches Kurvenstück**
(Kurvensegment einer Interpolations-Splinekurve)

$$X_i(t) : = A_i(t - t_i)^3 + B_i(t - t_i)^2 + C_i(t - t_i) + D_i$$
$$(t \in [t_i, t_{i+1}] , \quad i = 0(1)N - 1)$$

(3.8)

verbunden (s. auch Fig. 3.11). Die Menge der Kurvensegmente bildet insgesamt
die kubische Interpolations-Splinekurve s .

In den Segmenttrennpunkten $P_1,...,P_{N-1}$ soll s mindestens zweimal stetig
differenzierbar sein. Damit gilt

$$X_i(t_i) = X_{i-1}(t_i) \quad \text{oder} \quad X_i(t_{i+1}) = X_{i+1}(t_{i+1}) ,$$
$$X_i'(t_i) = X_{i-1}'(t_i) \quad \text{oder} \quad X_i'(t_{i+1}) = X_{i+1}'(t_{i+1}) ,$$
$$X_i''(t_i) = X_{i-1}''(t_i) \quad \text{oder} \quad X_i''(t_{i+1}) = X_{i+1}''(t_{i+1}) .$$

(3.9)

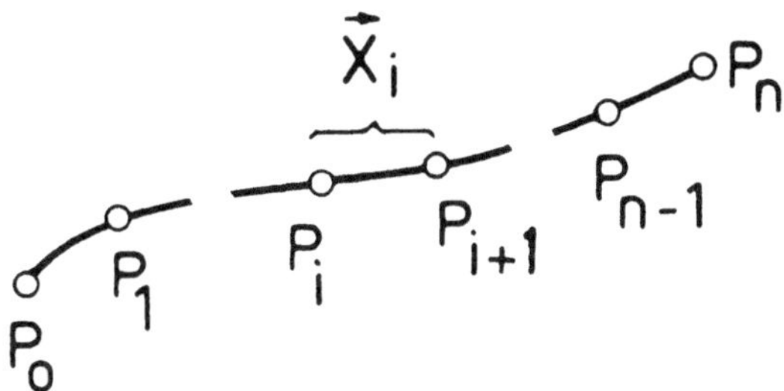

Fig. 3.11: Lage des Splinesegmentes $\mathbf{X}_i$

Werden diese Bedingungen in den Ansatz (3.8) eingesetzt, ergeben sich die folgenden Beziehungen

$$X_i(t_i) = P_i = D_i , \qquad X_i(t_{i+1}) = P_{i+1} = A_i \, \triangle t_i^3 + B_i \, \triangle t_i^2 + C_i \, \triangle t_i + D_i ,$$

$$X_i'(t_i) := P_i' = C_i , \qquad X_i'(t_{i+1}) = P_{i+1}' = 3A_i \, \triangle t_i^2 + 2B_i \, \triangle t_i + C_i, \qquad (3.10)$$

wobei zur Abkürzung in den Segmenttrennpunkten die (unbekannten) Hilfsgrößen P_i' (Ableitungen) eingeführt wurden. Wird (3.10) aufgelöst, erhalten wir

$$A_i = \frac{1}{(\triangle t_i)^3} \, \left[2 \, (P_i - P_{i+1}) + \triangle t_i \, (P_i' + P_{i+1}') \right] ,$$

$$B_i = \frac{1}{(\triangle t_i)^2} \, \left[3 \, (P_{i+1} - P_i) \; \dot{-} \; \triangle t_i (2 \, P_i' + P_{i+1}') \right] .$$

Wird dieses Resultat, sowie (3.10) in (3.8) eingesetzt, erhalten wir die **Hermite**- oder **Ferguson-Darstellung** [FER 64] einer kubischen Splinekurve

$$
\begin{aligned}
X_i(t_i) = \; & P_i \left(2 \, \frac{(t - t_i)^3}{(\triangle t_i)^3} - 3 \, \frac{(t - t_i)^2}{(\triangle t_i)^2} + 1 \right) \\[2mm]
& + P_{i+1} \left(-2 \, \frac{(t - t_i)^3}{(\triangle t_i)^3} + 3 \, \frac{(t - t_i)^2}{(\triangle t_i)^2} \right) \\[2mm]
& + P_i' \left(\frac{(t - t_i)^3}{(\triangle t_i)^2} - 2 \, \frac{(t - t_i)^2}{\triangle t_i} + (t - t_i) \right) \\[2mm]
& + P_{i+1}' \left(\frac{(t - t_i)^3}{(\triangle t_i)^2} - \frac{(t - t_i)^2}{\triangle t_i} \right) .
\end{aligned}
\tag{3.11}
$$

Wird speziell äquidistant parametrisiert ($\triangle t_i = 1$) und zusätzlich für jedes Segment $t \in [0,1]$ gewählt, folgen aus (3.11) die klassischen Hermite Polynome

$$
\begin{aligned}
H_{00}(t) &= 2t^3 - 3t^2 + 1 , & H_{01}(t) &= -2t^3 + 3t^2 , \\
H_{10}(t) &= t^3 - 2t^2 + t , & H_{11}(t) &= t^3 - t^2 .
\end{aligned}
\tag{3.12}
$$

Die Hermite-Polynome nehmen an den Rändern der Intervalle $[0,1]$ die Werte an

$$\left.\begin{array}{ll}
H_{0i}(k) = \delta_{ik} = \begin{cases} 1 & \text{für } i = k \\ 0 & \text{für } i \neq k \end{cases} & , \quad H_{0i}'(k) = 0 \\[2ex]
H_{1i}(k) = 0 & , \quad H_{1i}'(k) = \delta_{ik}
\end{array}\right\} \quad (i,k = 0,1) \qquad (3.13)$$

und interpolieren damit die Punkte P_i bzw. die Ableitungen P_i' in P_i.

In (3.11) sind im allgemeinen die Ableitungen P_i' unbekannt. Sie können geeignet *geschätzt* werden (s. Kap. 4.) oder aber über die Forderung, daß (3.11) C^2-stetig sein soll, eliminiert werden: Dazu berechnen wir die 2. Ableitung von (3.11) und erhalten

$$X_i''(t) = 6\,P_i\left(\frac{2\,(t - t_i)}{(\triangle t_i)^3} - \frac{1}{(\triangle t_i)^2}\right) + 6\,P_{i+1}\left(-2\,\frac{(t - t_i)}{(\triangle t_i)^3} + \frac{1}{(\triangle t_i)^2}\right) +$$

$$+ 2\,P_i'\left(3\,\frac{(t - t_i)}{(\triangle t_i)^2} - \frac{2}{\triangle t_i}\right) + 2\,P_{i+1}'\left(\frac{3\,(t - t_i)}{(\triangle t_i)^2} - \frac{1}{\triangle t_i}\right). \qquad (3.14)$$

Die C^2-Übergangsbedingung lautet

$$X_{i-1}''(t_i) = X_i''(t_i) \quad \text{oder} \quad X_i''(t_{i+1}) = X_{i+1}''(t_{i+1}) \quad , \qquad (3.15)$$

woraus mit (3.14) als **Rekursionsformel** folgt

$$\triangle t_i\,P_{i-1}' + 2(\triangle t_{i-1} + \triangle t_i)\,P_i' + \triangle t_{i-1}\,P_{i+1}'$$

$$= 3\,\frac{\triangle t_{i-1}}{\triangle t_i}\left(P_{i+1} - P_i\right) + 3\,\frac{\triangle t_i}{\triangle t_{i-1}}\left(P_i - P_{i-1}\right) \quad . \qquad (3.16)$$

Aus (3.16) erhalten wir für $i = 1(1)\,N - 1$ ein *tridiagonales* lineares Gleichungs-system mit $(N - 1)$ Gleichungen für die $(N + 1)$ Unbekannten $P_0', \ldots, P_N'$.

Wir können daher feststellen

Satz 3.2: Bei der Interpolation der Punkte $(P_0, \ldots, P_N)$ (mit $P_0 \neq P_N$ und $P_i \neq P_k$ für $i \neq k$) durch eine C^2-stetige kubische Splinekurve s sind zwei Randbedingungen frei wählbar.

Wir wollen nun überlegen, wie diese beiden freien Randbedingungen sinnvoll gewählt werden können:

a.) Es kann gefordert werden, daß in den Randpunkten P_0 und P_N die zweiten Ableitungen verschwinden. Solche Splines werden **natürliche Splines** genannt, weil sie eine Straklatte beschreiben, die in den Punkten t_0 und t_N fixiert wird und sich außerhalb von $[t_0, t_N]$ als Gerade fortsetzt. Aus der Forderung

$$X''(t_0) = 0 \quad , \qquad X_{N-1}''(t_N) = 0 \quad ,$$

folgt durch Einsetzen

$$\Delta t_0 (2\,P_0' + P_1') = -3\,P_0 + 3\,P_1 \ ,$$

$$\Delta t_{N-1}(P_{N-1} + 2\,P_N) = -3\,P_{N-1} + 3\,P_N \ . \tag{3.17}$$

Werden die Bedingungen (3.16) und (3.17) zusammengefaßt, erhalten wir explizit folgendes lineares Gleichungssystem

$$\begin{pmatrix}
2\Delta t_0 & \Delta t_0 & 0 & 0 & & \cdots & 0 \\
\Delta t_1 & 2(\Delta t_0+\Delta t_1) & \Delta t_0 & 0 & & & \\
0 & \Delta t_2 & 2(\Delta t_1+\Delta t_2) & \Delta t_1 & & & \\
0 & & & & & & \\
0 & & & & & & \\
\vdots & & & & & & \\
0 & \cdots & & & \Delta t_{N-1} & 2(\Delta t_{N-2}+\Delta t_{N-2}) & \Delta t_{N-1} \\
& & & & & \Delta t_{N-1} & 2\Delta t_{N-1}
\end{pmatrix}
\begin{pmatrix} P_0' \\ P_1' \\ \vdots \\ \\ \\ P_{N-1}' \\ P_N' \end{pmatrix} =$$

$$\tag{3.18}$$

$$\begin{pmatrix}
-3 & 3 & 0 & 0 & & \cdots & 0 \\
-3\dfrac{\Delta t_1}{\Delta t_0} & 3\left(\dfrac{\Delta t_1}{\Delta t_0}-\dfrac{\Delta t_0}{\Delta t_1}\right) & 3\dfrac{\Delta t_0}{\Delta t_1} & 0 & & & \\
0 & -3\dfrac{\Delta t_2}{\Delta t_1} & 3\left(\dfrac{\Delta t_2}{\Delta t_1}-\dfrac{\Delta t_1}{\Delta t_2}\right) & 3\dfrac{\Delta t_1}{\Delta t_2} & 0 & & \\
\vdots & & & & & & \\
& & & & -3\dfrac{\Delta t_{N-1}}{\Delta t_{N-2}} & 3\left(\dfrac{\Delta t_{N-1}}{\Delta t_{N-2}}-\dfrac{\Delta t_{N-2}}{\Delta t_{N-1}}\right) & 3\dfrac{\Delta t_{N-2}}{\Delta t_{N-1}} \\
0 & \cdots & & & & -3 & 3
\end{pmatrix}
\begin{pmatrix} P_0 \\ P_1 \\ \vdots \\ \\ \\ P_{N-1} \\ P_N \end{pmatrix}$$

b.) Es können die **Randsteigungen** vorgegeben werden, d.h. es wird gesetzt

$$X'(a) = P_0' =: T_0 \ , \qquad X'_{N-1}(b) = P_N' =: T_N.$$

Die Richtungen T_0, T_N können z.B. aus Abschätzungen über die relative Lage der den Randpunkten benachbarten Punkte gewonnen werden:

Man kann durch P_0, P_1, P_2 (und analog am Ende) eine *räumliche Parabel* über den Ansatz legen

$$Y = A_0 + A_1 t + A_2 t^2$$

und z.B. setzen

$$Y(-1) = P_0 \ , \quad Y(0) = P_1 \ , \quad Y(1) = P_2 \ .$$

Mit diesen Forderungen folgt aus dem Ansatz für Y

$$P_0 = A_0 - A_1 + A_2 \ , \quad P_1 = A_0 \ , \quad P_2 = A_0 + A_1 + A_2$$

oder

$$A_2 = \tfrac{1}{2}(P_0 - 2P_1 + P_2) \ , \quad A_1 = \tfrac{1}{2}(P_2 - P_0) \ .$$

Damit ergibt sich folgende Abschätzung für den Richtungsvektor der Randtangente

$$T_0 = Y'(-1) = A_1 - 2A_2 \ . \tag{3.19}$$

Analog kann eine Abschätzung von T_N angegeben werden, wodurch (3.18) wieder in ein lineares Gleichungssystem mit $(N+1)$ Gleichungen übergeht.

c.) Ein anderer Weg ist die Benutzung der **not a knot condition** von DE BOOR
([BOO 78], [GAN 85]): Hierbei wird gefordert, daß am Übergang vom 1. zum 2.
Segment und vom vorletzten zum letzten Segment kein "echter Knoten" auftritt, d.h. daß dort kein Sprung in den dritten Ableitungen vorhanden ist. Das
führt auf

$$X_0'''(t_1) = X_1'''(t_1) \ , \quad X_{N-1}'''(t_{N-1}) = X_{N-2}'''(t_{N-1}) \ . \tag{3.20}$$

Um (3.20) auswerten zu können, differenzieren wir (3.14) und erhalten

$$X_i'''(t) = \frac{12}{(\triangle t_i)^3} P_i - \frac{12}{(\triangle t_i)^3} P_{i+1} + \frac{6}{(\triangle t_i)^2} P_i' + \frac{6}{(\triangle t_i)^2} P_{i+1}' \ .$$

Einsetzen in (3.20) ergibt z.B.

$$-\frac{1}{(\triangle t_0)^2} P_0' + \left(\frac{1}{(\triangle t_1)^2} - \frac{1}{(\triangle t_0)^2} \right) P_1' + \frac{1}{(\triangle t_1)^2} P_2' =$$

$$\frac{2}{(\triangle t_0)^3} P_0 - \left(\frac{2}{(\triangle t_0)^3} + \frac{2}{(\triangle t_1)^3} \right) P_1 + \frac{2}{(\triangle t_1)^3} P_2$$

Aus der Rekursion (3.16) folgt weiter

$$\triangle t_1 P_0' + 2(\triangle t_0 + \triangle t_1) P_1' + \triangle t_0 P_2' =$$

$$3 \frac{\triangle t_0}{\triangle t_1} (P_2 - P_1) + 3 \frac{\triangle t_1}{\triangle t_0} (P_1 - P_0) \ .$$

Wird daraus P_2' eliminiert, ergibt sich eine Bedingung, welche die Diagonal-
struktur des Gleichungssystems nicht stört

$$\frac{1}{\triangle t_0} \left(\frac{1}{\triangle t_0} + \frac{1}{\triangle t_1} \right) P_0' + \left(\frac{1}{\triangle t_0} + \frac{1}{\triangle t_1} \right)^2 P_1' = - \left(\frac{2}{(\triangle t_0)^3} + \frac{3}{\triangle t_1 (\triangle t_0)^2} \right) P_0 +$$

$$+ \left(\frac{2}{(\triangle t_0)^3} - \frac{1}{(\triangle t_1)^3} + \frac{3}{\triangle t_1 (\triangle t_0)^2} \right) P_1 + \frac{1}{(\triangle t_1)^3} P_2 \ . \tag{3.21}$$

Das analoge Resultat erhalten wir am Ende der Splinekurve.

Bei den bisher entwickelten Berechnungsmethoden für kubische Splinekurven
wurden nicht geschlossene Kurven vorausgesetzt. Über **periodische Randbedingungen** läßt sich jedoch (3.18) auch auf geschlossene Kurven ausdehnen.

Für eine geschlossene Kurve gilt (wegen $t_0 = t_N$)

$$X_0(t_0) = X_{N-1}(t_N), \quad X_0'(t_0) = X_{N-1}'(t_N), \quad X_0''(t_0) = X_{N-1}''(t_N) \ . \tag{3.22}$$

Dies führt auf

$$P_0 = P_N \, , \qquad P_0' = P_N' \ .$$

Aus der Rekursion (3.16) folgt weiter für

für $i = N - 1$

$$\Delta t_{N-1} P_{N-2}' + 2(\Delta t_{N-1} + \Delta t_{N-2}) P_{N-1}' + \Delta t_{N-2} P_0' =$$

$$= 3 \frac{\Delta t_{N-2}}{\Delta t_{N-1}} (P_0 - P_{N-1}) + 3 \frac{\Delta t_{N-1}}{\Delta t_{N-2}} (P_{N-1} - P_{N-2}) \ ,$$

für $i = N$

$$\Delta t_0 P_{N-1}' + 2(\Delta t_0 + \Delta t_{N-1}) P_0' + \Delta t_{N-1} P_1' =$$

$$= 3 \frac{\Delta t_{N-1}}{\Delta t_0} (P_1 - P_0) + 3 \frac{\Delta t_0}{\Delta t_{N-1}} (P_0 - P_{N-1})$$

Werden diese Bedingungen in (3.18) anstelle der ersten und der letzten Zeile eingeführt, ergibt sich das lineare Gleichungssystem zur Berechnung der Splinekoeffizienten von periodischen Splinekurven, das allerdings nicht mehr tridiagonal ist.

Als *Beispiel* wollen wir eine kubische Splinekurve berechnen, von der in P_0 die Anfangstangente T_0 bekannt ist, während im Endpunkt P_4 natürliche Randbedingungen gelten sollen (s. Fig. 3.12). Weiter gelte $\Delta t_i = 1$.

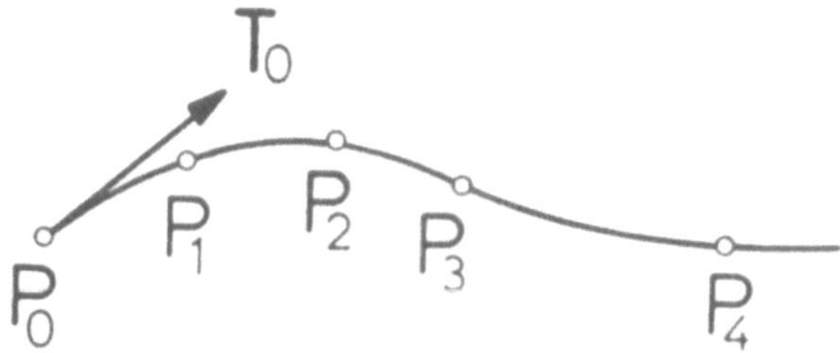

Fig. 3.12: Splinekurve mit Anfangssteigung

Nach den obigen Resultaten ergibt sich formal folgendes lineares Gleichungssystem

$$A\{P'\} = B\{P^*\} \ ,$$

wobei gilt $\{P'\} = (P_0', ..., P_N')^T$ bzw. $\{P^*\} = (T_0, P_0, ..., P_N)^T$ und mit A bzw. B

die zugehörigen Koeffizientenmatrizen bezeichnet werden.

Ausführlich geschrieben lautet dieses Gleichungssystem

$$
\begin{pmatrix} 1 & 0 & 0 & 0 & 0 \\ 1 & 4 & 1 & 0 & 0 \\ 0 & 1 & 4 & 1 & 0 \\ 0 & 0 & 1 & 4 & 1 \\ 0 & 0 & 0 & 1 & 2 \end{pmatrix} \begin{pmatrix} P'_0 \\ P'_1 \\ P'_2 \\ P'_3 \\ P'_4 \end{pmatrix} = \begin{pmatrix} 1 & 0 & 0 & 0 & 0 & 0 \\ 0 & -3 & 0 & 3 & 0 & 0 \\ 0 & 0 & -3 & 0 & 3 & 0 \\ 0 & 0 & 0 & -3 & 0 & 3 \\ 0 & 0 & 0 & 0 & -3 & 3 \end{pmatrix} \begin{pmatrix} T_0 \\ P_0 \\ P_1 \\ P_2 \\ P_3 \\ P_4 \end{pmatrix}
\tag{3.23}
$$

Inversion der linken Koeffizientenmatrix führt auf die Lösung

$$\{P'\} = A^{-1} B \{P^*\} \ .$$

Die Berechnung der kubischen Splinekurven hat jeweils auf eine tridiagonale oder symmetrisch tridiagonale Koeffizientenmatrix A geführt. A ist diagonaldominant und positiv definit. Daher gilt (s. auch [SPÄ 83])

Satz 3.3: Unter der Voraussetzung gleicher Parameterintervalle existiert für jede der angegebenen Randbedingungen zu gegebenen Interpolationspunkten P_i eine eindeutig bestimmte kubische Interpolationssplinekurve.

Zum Lösen tridiagonaler Systeme können spezielle Algorithmen eingesetzt werden, welche die Bandstruktur der Koeffizientenmatrix A ausnutzen. Es kann außerdem festgestellt werden, daß die Koeffizientenmatrix A des Systems gut konditioniert ist (s. auch [ENG 85]).

Die Parametrisierung beeinflußt die Kurvengestalt der Interpolationskurve. In Fig. 3.13 werden die Punkte $P_0,...,P_8$ durch natürliche kubische Splinekurven interpoliert. In Fig. 3.13a wurde einmal äquidistant parametrisiert (gestrichelte

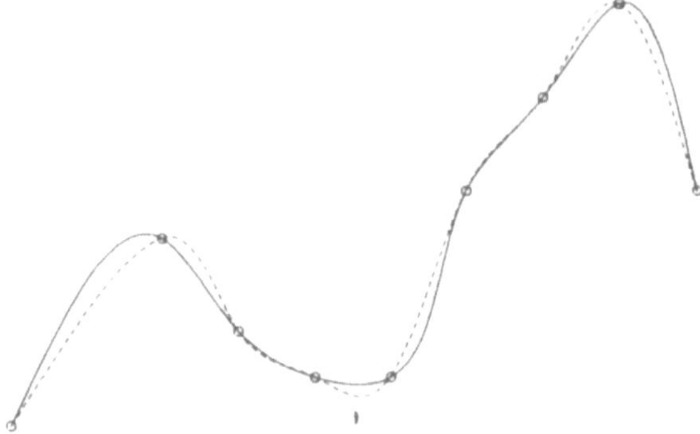

Fig. 3.13a: Interpolation der P_i äquidistant und chordal parametrisiert.

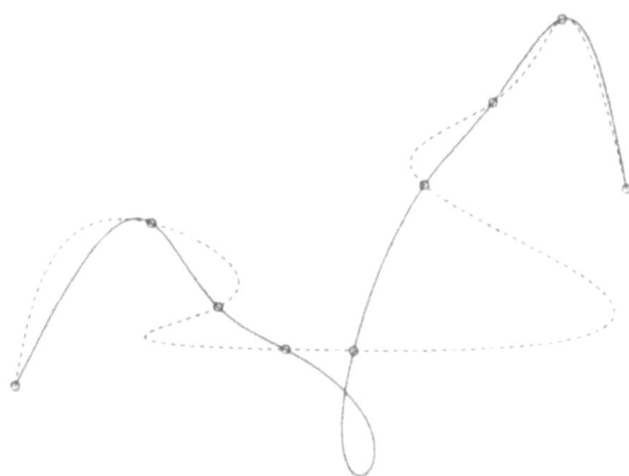

Fig. 3.13b: Interpolation der P_i mit spezieller Parameterwahl im 5. Segment

Kurve), dann chordal parametrisiert, d.h. proportional zu den Abständen benachbarter Punkte (durchgezogene Kurve) . In Fig. 3.13b wurde zunächst die chordale Parametrisierung gewählt und dann das fünfte Parameterintervall mit dem Wert 100 belegt (durchgezogene Kurve) bzw. als Parameterwert 1 gewählt (gestrichelte Kurve). Die erheblichen Unterschiede der Interpolationskurven sind augenscheinlich.

3.4   Splines 5. Grades

Bei Anwendungen, wie z.B. dem Glätten von Kurven, wird oft gefordert, daß an den Rändern eines zu glättenden Segmentes die vorliegende Stetigkeit der 2. Ableitung oder der Krümmung erhalten bleiben soll, während das Innere des Segmentes verändert werden kann. Dazu müssen Splinekoeffizienten vorhanden sein, welche z.B. die 2. Ableitung nicht beeinflussen. Dies ist bei kubischen Splines nicht möglich, wohl aber beim Spline 4. oder 5. Grades . Da aber für die Lösbarkeit des Gleichungssystems beim Interpolationsproblem symmetrische Randbedingungen wichtig sind, werden in der Praxis oft Splines 5. Grades (*quintische Splines*) eingesetzt. Wir wollen daher in diesem Abschnitt eine Methode zum Berechnen der Koeffizienten von Splinekurven 5. Grades entwickeln. Wir gehen aus von dem Ansatz (mit i = 0(1)N-1) .

$$X_i(t) = A_i(t - t_i)^5 + B_i(t - t_i)^4 + C_i(t - t_i)^3 + D_i(t - t_i)^2 +$$
$$+ E_i(t - t_i) + F_i \tag{3.24}$$

Gegeben seien insgesamt N + 1 zu interpolierende Punkte P_i mit den zugehörigen Parameterwerten t_i (i = 0(1)N) . Zur Berechnung der Splinekoeffizienten fordern wir an den Segmenttrennstellen zunächst einmal folgende Bedingungen:

$$X_i(t_i) \;=\; P_i \;, \quad X_i(t_{i+1}) \;=\; P_{i+1} \;,$$
$$X'_{i-1}(t_i) \;=\; P'_i \;=\; X'_i(t_i) \;,$$
$$X''_{i-1}(t_i) \;=\; P''_i \;=\; X''_i(t_i) \;, \tag{3.25}$$
$$X'''_{i-1}(t_i) \;=\; P'''_i \;=\; X'''_i(t_i) \;,$$
$$X^{iv}_{i-1}(t_i) \;=\; P^{iv}_i \;=\; X^{iv}_i(t_i) \;.$$

mit den noch als unbekannt anzusehenden Ableitungen $P'_i,...,P^{iv}_i$. Mit Hilfe dieser Größen werden jetzt die Koeffizienten in unserem Ansatz (3.24) dargestellt, wozu wir die Ableitungen von (3.24) bilden:

$$X'_i(t) \;=\; 5A_i(t-t_i)^4 \;+\; 4B_i(t-t_i)^3 \;+\; 3C_i(t-t_i)^2 \;+\; 2D_i(t-t_i) \;+\; E_i \;,$$
$$X_i''(t) \;=\; 20A_i(t-t_i)^3 \;+\; 12B_i(t-t_i)^2 \;+\; 6C_i(t-t_i) \;+\; 2D_i \;,$$
$$X_i'''(t) \;=\; 60A_i(t-t_i)^2 \;+\; 24B_i(t-t_i) \;+\; 6C_i \;, \tag{3.26}$$
$$X_i^{iv}(t) \;=\; 120A_i(t-t_i) \;+\; 24B_i \;.$$

Durch Einsetzen der 0. und 4. Ableitung gemäß (3.25), erhalten wir zunächst

$$F_i \;=\; P_i \;, \qquad B_i \;=\; \tfrac{1}{24}\,P^{iv}_i \;.$$

Da an den Segmenttrennstellen gelten soll

$$X^{iv}_{i-1}(t_i) = X^{iv}_i(t_i) \qquad \text{oder} \qquad X^{iv}_i(t_{i+1}) \;=\; X^{iv}_{i+1}(t_{i+1}) \;, \tag{3.27a}$$

liefert die letzte Gleichung von (3.26) weiter (mit $\triangle t_i = t_{i+1} - t_i$)

$$A_i \;=\; \frac{1}{120\triangle t_i}\,(P^{iv}_{i+1} \;-\; P^{iv}_i) \;. \tag{3.27b}$$

Aus der 2. Ableitung in (3.26) an der Stelle t_i bzw. an der Stelle t_{i+1} erhalten wir

$$D_i \;=\; \tfrac{1}{2}P''_i \;, \quad C_i \;=\; \frac{1}{6\triangle t_i}(P''_{i+1} - P''_i) \;-\; \frac{\triangle t_i}{36}(P^{iv}_{i+1} + 2P^{iv}_i) \;. \tag{3.27c}$$

Schließlich liefert $X_i(t_{i+1})$ den noch fehlenden Koeffizienten

$$E_i \;=\; \frac{1}{\triangle t_i}(P_{i+1} - P_i) \;-\; \tfrac{1}{6}\triangle t_i\,(P''_{i+1} + 2P''_i) \;+$$
$$+\; \tfrac{1}{360}\,(\triangle t_i)^3\,(7P^{iv}_{i+1} + 8P^{iv}_i) \;. \tag{3.27d}$$

Aus den Bedingungen (3.25) können wir durch Gleichsetzen der 1. bzw. der 3. Ableitungen die (unbekannten) Koeffizienten P'_i , P'''_i eliminieren: wir setzen zunächst

$$X'_{i-1}(t_i) \;=\; X'_i(t_i) \;,$$

woraus mit (3.27) folgt:

$$\frac{1}{\Delta t_{i-1}} (P_i - P_{i-1}) + \frac{1}{6} \Delta t_{i-1}(P''_{i-1} + 2P''_i) - \frac{1}{360} (\Delta t_{i-1})^3 (7P^{iv}_{i-1} + 8P^{iv}_i) =$$

$$= \frac{1}{\Delta t_i}(P_{i+1} - P_i) - \frac{1}{6} \Delta t_i (P''_{i+1} + 2P''_i) + \qquad (3.28a)$$

$$+ \frac{1}{360} (\Delta t_i)^3 (7P^{iv}_{i+1} + 8P^{iv}_i) \ .$$

Wird weiter gefordert

$$X'''_{i-1}(t_i) = X'''_i(t_i) \ ,$$

erhalten wir die folgende weitere Rekursionsformel für die 2. und 4. Ableitungen

$$- \frac{1}{\Delta t_{i-1}} P''_{i-1} + (\frac{1}{\Delta t_i} + \frac{1}{\Delta t_{i-1}}) P''_i - \frac{1}{\Delta t_i} P''_{i+1}$$

$$+ \frac{\Delta t_{i-1}}{6} P^{iv}_{i-1} + \frac{1}{3} (\Delta t_i + \Delta t_{i-1}) P^{iv}_i + \frac{\Delta t_i}{6} P^{iv}_{i+1} = 0 \ . \qquad (3.28b)$$

Die Beziehungen (3.28a), (3.28b) gelten für die Indizes $i = 1(1)N-1$, d.h. wir haben für die $2(N+1)$ unbekannten Koeffizienten $P''_0, ..., P''_N$ und $P^{iv}_0, ..., P^{iv}_N$ insgesamt $2(N-1)$ Gleichungen erhalten. Um zu einer quadratischen Koeffizientenmatrix zu gelangen, müssen wieder geeignete Randbedingungen eingeführt werden. Wir wollen *natürliche Randbedingungen* betrachten und fordern hierzu zusätzlich

$$P'''_0 = P'''_N = P^{iv}_0 = P^{iv}_N = 0 \ . \qquad (3.29)$$

Mit $P'''_0 = X'''_0(t_0) = 0$ erhalten wir wegen (3.26) $C_0 = 0$ sowie mit (3.27c) und (3.29)

$$P''_0 = P''_1 - \frac{1}{6}(\Delta t_0)^2 P^{iv}_1 \ . \qquad (3.29a)$$

Analog folgt wegen $\qquad P'''_N = X'''_{N-1}(t_N)$

$$P''_N = P''_{N-1} - \frac{1}{6}(\Delta t_{N-1})^2 P^{iv}_{N-1} \ , \qquad (3.29b)$$

ferner liefert (3.29) $B_0 = 0$.

Mit diesen Bedingungen eliminieren wir für die Indizes $i = 1$ bzw. $i = N - 1$ aus (3.28a) und (3.28b) P''_0 und P''_N. Als "Randbedingungen" erhalten wir für $i = 1$:

$$(3\Delta t_0 + 2\Delta t_1) P''_1 + \Delta t_1 P''_2 - \frac{1}{60} (18(\Delta t_0)^3 + 8(\Delta t_1)^3) P^{iv}_1 -$$

$$- \frac{7}{60} (\Delta t_1)^3 P^{iv}_2 = 6 \left[- \frac{(P_1 - P_0)}{\Delta t_0} + \frac{(P_2 - P_1)}{\Delta t_1} \right] \ , \qquad (3.29c)$$

und

$$\frac{6}{\Delta t_1} P''_1 - \frac{6}{\Delta t_1} P''_2 + (3\Delta t_0 + 2\Delta t_1) P^{iv}_1 + \Delta t_1 P^{iv}_2 = 0 \ ,$$

sowie für $i = N-1$

$$\Delta t_{N-2}\, P''_{N-2} + (2\Delta t_{N-2} + 3\Delta t_{N-1})\, P''_{N-1} -$$

$$- \frac{7}{60}(\Delta t_{N-2})^3\, P^{iv}_{N-2} - \frac{1}{60}(8(\Delta t_{N-2})^3 + 18(\Delta t_{N-1})^3)\, P^{iv}_{N-1} = \qquad (3.29d)$$

$$= 6\left(\frac{P_N - P_{N-1}}{\Delta t_{N-1}} - \frac{P_{N-1} - P_{N-2}}{\Delta t_{N-2}}\right)$$

und

$$- \frac{6}{\Delta t_{N-2}}\, P''_{N-2} + \frac{6}{\Delta t_{N-2}}\, P''_{N-1} + \Delta t_{N-2}\, P^{iv}_{N-3} + (2\Delta t_{N-2} + 3\Delta t_{N-1})\, P^{iv}_{N-1} = 0 \ .$$

Aus der Rekursionsformel (3.28a), (3.28b), den Beziehungen (3.29c) und (3.29d)
kann das folgende Gleichungssystem gebildet werden (s. z.B. [SPÄ 83])

$$\begin{pmatrix} A & -B \\ C & A \end{pmatrix} \begin{pmatrix} P'' \\ P^{iv} \end{pmatrix} = \begin{pmatrix} D \\ 0 \end{pmatrix} , \qquad (3.30)$$

wobei als neue Vektoren eingeführt wurden

$$P'' := (P''_1,...,P''_{N-1})^T \ ,$$

$$P^{iv} := (P^{iv}_1,...,P^{iv}_{N-1})^T \ ,$$

$$D := \left(6\left(\frac{P_2 - P_1}{\Delta t_1} - \frac{P_1 - P_0}{\Delta t_0}\right),...,6\left(\frac{P_N - P_{N-1}}{\Delta t_{n-1}} - \frac{P_{N-1} - P_{N-2}}{\Delta t_{n-2}}\right)\right)^T .$$

Die in (3.30) enthaltenen Matrizen A, B, C haben folgende Gestalt:

$$A = \begin{pmatrix}
3\Delta t_0 + 2\Delta t_1 & \Delta t_1 & \cdots & & & \cdots & 0 \\
\Delta t_1 & 2(\Delta t_1 + \Delta t_2) & \Delta t_2 & & & & \\
& \Delta t_2 & 2(\Delta t_2 + \Delta t_3) & \Delta t_3 & & & \\
& & & \ddots & & & \\
& & & & & & \\
& & & & & \Delta t_{N-2} & \\
0 \cdots & & \cdots & & \Delta t_{N-2} & 2\Delta t_{N-2} + 3\Delta t_{N-1}
\end{pmatrix} , \qquad (3.31)$$

$$B = \frac{1}{60}\begin{pmatrix} 18(\Delta t_0)^3 + 8(\Delta t_1)^3 & 7(\Delta t_1)^3 & \cdots & & \cdots & \cdots & \cdots & 0 \\ 7(\Delta t_1)^3 & 8((\Delta t_1)^3 + (\Delta t_2)^3) & 7(\Delta t_2)^3 & & & & & \cdot \\ & 7(\Delta t_2)^3 & 8((\Delta t_2)^3 + (\Delta t_3)^3) & 7(\Delta t_3)^3 & & & & \\ \cdot & & \vdots & & & & & \cdot \\ \cdot & & & \cdot & & & & \\ \cdot & & & & \cdot & & & \\ \cdot & & & & & \cdot & 7(\Delta t_{N-2})^3 & \\ 0 & \cdots & & & \cdots & & 7(\Delta t_{N-2})^3 & 8(\Delta t_{N-2})^3 + 18(\Delta t_{N-1})^3 \end{pmatrix}$$

$$C = \begin{pmatrix} \frac{6}{\Delta t_1} & -\frac{6}{\Delta t_1} & \cdots & & \cdots & 0 \\ -\frac{6}{\Delta t_1} & 6(\frac{1}{\Delta t_1} + \frac{1}{\Delta t_2}) & -\frac{6}{\Delta t_2} & & & \cdot \\ \cdot & -\frac{6}{\Delta t_2} & 6(\frac{1}{\Delta t_2} + \frac{1}{\Delta t_3}) & -\frac{6}{\Delta t_3} & & \cdot \\ & & & \ddots & & \\ \cdot & & & & & -\frac{6}{\Delta t_{N-2}} \\ 0 & \cdots & & & -\frac{6}{\Delta t_{N-2}} & \frac{6}{\Delta t_{N-2}} \end{pmatrix} \qquad (3.31)$$

Die Koeffizientenmatrix des Systems (3.30) hat tridiagonal-symmetrische Teil-matrizen (Blockmatrizen) **A**, **B**, **C**. Da **A**, **B** diagonaldominant sind und **C** nicht negativ definit ist, existiert stets die Inverse zur Koeffizientenmatrix in (3.30). Daher gilt (s. z. B. [SPÄ 83])

Satz 3.4: Zu den angegebenen Randbedingungen existiert zu gegebenen Interpolationsknoten (t_i, P_i) eine eindeutig definierte quintische Interpola-tionssplinekurve.

Bei der Lösung des linearen Systems (3.30) kann die Blockstruktur der Koeffi-zientenmatrix ausgenutzt werden und z.B. ein Block-Iterationsverfahren einge-setzt werden (s. z.B. [ENG 85]).

Fig. 3.14 enthält eine quintische Splinekurve im Vergleich zu einer kubischen Splinekurve bezogen auf die gleichen Interpolationsknoten. Die quintische Splinekurve (durchgezogen) scheint sich weniger den vorgegebenen Punkten an-zupassen als die kubische Splinekurve, hat aber weniger starke Änderungen der Krümmung und wirkt daher "glatter" oder "ausgeglichener". Diese Eigenschaft ist oft mit ein Grund für die Verwendung quintischer Splines in der Praxis.

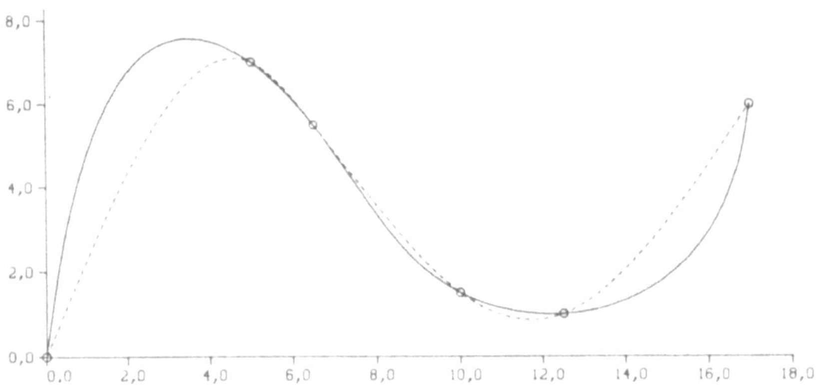

Fig. 3.14: Quintische und kubische Splinekurve

3.5   Hermite-Splines

Bei Hermite-Splines werden analog zur Hermite-Interpolation in den Knoten
neben den Stützpunkten auch noch Ableitungen vorgegeben. Wir legen wieder N
geordnete Stützpunkte P_i über dem Intervall $[t_0, t_N]$ mit $t_i < t_{i+1}$, $i = 0(1)N-1$
zugrunde und bezeichnen die k-te Ableitung in P_i mit $P_i^{(k)}$. Dann kann eine
Hermite-Spline-Kurve so angesetzt werden

$$X_i(t) = \sum_{l=0}^{1} \sum_{k=0}^{L} P_{i+l}^{(k)} H_{i+k,l}(t) \quad , \qquad (i = 0(1)N-1) \qquad (3.32)$$

wobei die $H_{k,l}(t)$ die Hermite-Basis-Funktionen beschreiben und L die
Ordnung der vorgebenen Ableitungen festlegt.

Im kubischen Fall (L = 1) sind vorgegeben die Punkte P_i und die ersten Ableitungen P_i' . Die Basisfunktionen $H_{i,l}(t)$ müssen die Stützpunkte P_i für $t = t_i$
interpolieren, während die Basisfunktionen $H_{i+1,l}(t)$ in P_i nur die Ableitungen
interpolieren dürfen. Dies liefert die Bedingungen (s. a. (3.13))

$$
\begin{array}{llll}
\text{Punkte:} & H_{i,0}(t_i) = 1 \quad , & H_{i,1}(t_i) = 0 \quad , & \\[4pt]
& H_{i,0}(t_{i+1}) = 0 \quad , & H_{i,1}(t_{i+1}) = 1 \quad , & (3.33)\\[4pt]
& H_{i,l}'(t_i) = 0 \quad , & H_{i,l}'(t_{i+1}) = 0 & (l = 0,1) \ .
\end{array}
$$

$$
\begin{array}{llll}
\text{1. Ableitung:} & H_{i+1,l}(t_i) = 0 \quad , & H_{i+1,l}(t_{i+1}) = 0 & (l = 0,1) \ , \\[4pt]
& H_{i+1,0}'(t_i) = 1 \quad , & H_{i+1,1}'(t_i) = 0 \quad , & \\[4pt]
& H_{i+1,0}'(t_{i+1}) = 0 \quad , & H_{i+1,1}'(t_{i+1}) = 1 \ .
\end{array}
$$

Diese Bedingungen werden aber genau von den Funktionen (3.11) bzw. (3.12)
erfüllt (dort ist i = 0 zu setzen).

Im quintischen Falle (L = 2) gelten die Bedingungen (3.33) sowie zusätzlich

$$
\begin{aligned}
H''_{i,l}(t_i) &= 0 , & H''_{i,l}(t_{i+1}) &= 0 , & \left. \right\} \\
H''_{i+1,l}(t_i) &= 0 , & H''_{i+1,l}(t_{i+1}) &= 0 , & \\
H_{i+2,l}(t_i) &= 0 , & H'_{i+2,l}(t_i) &= 0 , & \\
H_{i+2,l}(t_{i+1}) &= 0 , & H'_{i+2,l}(t_{i+1}) &= 0 , & \\
H''_{i+2,0}(t_i) &= 1 , & H''_{i+2,1}(t_i) &= 0 , & \\
H''_{i+2,0}(t_{i+1}) &= 0 , & H''_{i+2,1}(t_{i+1}) &= 1 . &
\end{aligned}
\qquad (l = 0,1)
\qquad (3.34)
$$

Die Lösung des Gleichungssystems (3.33), (3.34) liefert

$$
\begin{aligned}
H_{i,0}(t) &= -6 \frac{(t-t_i)^5}{(\Delta t_i)^5} + 15 \frac{(t-t_i)^4}{(\Delta t_i)^4} - 10 \frac{(t-t_i)^3}{(\Delta t_i)^3} + 1 \\[2mm]
H_{i,1}(t) &= 6 \frac{(t-t_i)^5}{(\Delta t_i)^5} - 15 \frac{(t-t_i)^4}{(\Delta t_i)^4} + 10 \frac{(t-t_i)^3}{(\Delta t_i)^3} \\[2mm]
H_{i+1,0}(t) &= -3 \frac{(t-t_i)^5}{(\Delta t_i)^4} + 8 \frac{(t-t_i)^4}{(\Delta t_i)^3} - 6 \frac{(t-t_i)^3}{(\Delta t_i)^2} + (t-t_i) \\[2mm]
H_{i+1,1}(t) &= -3 \frac{(t-t_i)^5}{(\Delta t_i)^4} + 7 \frac{(t-t_i)^4}{(\Delta t_i)^3} - 4 \frac{(t-t_i)^3}{(\Delta t_i)^2} \\[2mm]
H_{i+2,0}(t) &= -\tfrac{1}{2} \frac{(t-t_i)^5}{(\Delta t_i)^3} + \tfrac{3}{2} \frac{(t-t_i)^4}{(\Delta t_i)^2} - \tfrac{3}{2} \frac{(t-t_i)^3}{\Delta t_i} + \tfrac{1}{2}(t-t_i)^2 \\[2mm]
H_{i+2,1}(t) &= \tfrac{1}{2} \frac{(t-t_i)^5}{(\Delta t_i)^3} - \frac{(t-t_i)^4}{(\Delta t_i)^2} + \tfrac{1}{2} \frac{(t-t_i)^3}{\Delta t_i}
\end{aligned}
\qquad (3.35)
$$

Wird speziell wieder $\Delta t_i = 1$ und $t \in [0,1]$ für jedes Segment gesetzt, folgen analog zu (3.12) die klassischen quintischen Hermite-Polynome.

Um die Hermite-Spline-Interpolation einsetzen zu können, müssen z. B. neben den zu interpolierenden Punkten P_i auch die Tangentensteigungen P'_i vorgegeben werden. Dabei ist zu beachten, daß ungünstige Wahl der Tangenten zu unbefriedigenden Interpolationsresultaten führen kann (s. a Fig. 2.19). Es empfiehlt sich meist, aus der Anordnung der Punktmenge die Tangentensteigung zu schätzen. Ein häufig angewandtes Verfahren zum Schätzen der Tangentensteigung P'_i im Punkt P_i berücksichtigt die Lage von vier Nachbarpunkten von P_i [RENN 82]: Wir führen folgende Bezeichnungen ein

$$
S_i := P_i - P_{i-1} \qquad \text{(Sehnen der Punktfolge } P_i\text{)},
$$

$$
\alpha = \frac{|S_{i-1} \times S_i|}{|S_{i-1} \times S_i| + |S_{i+1} \times S_{i+2}|} \qquad \text{(Mittelung der Flächen innerhalb der Nachbarsehnen von } P_i\text{)}
$$

und berechnen daraus die Tangente P'_i über

$$P'_i = (1 - \alpha) S_i + \alpha S_{i+1} \; . \tag{3.36}$$

Spezielle Methoden sind am Kurvenanfang und Kurvenende notwendig, um P'_0, P'_1, P_{N-1}, P_N zu ermitteln (s. z.B. [BOO 78], [RENN 82]).

Ein Überblick über mögliche Ansätze zur Berechnung von Tangentensteigungen findet sich in [BÖH 84].

Bemerkung: Als Verallgemeinerung der Hermite-Splines können wieder *lakunäre Splines* angesehen werden (s. z. B. [FAU 86]) .

3.6 Splines in Tension

Monom-Splines neigen zur Oszillation und können daher unerwünschte Wendepunkte erzeugen. Um zu Splinefunktionen zu gelangen, die **steifer** sind als die Monom-Splines, hat SCHWEIKERT [SCHW 66] ein Resultat aus der Mechanik aufgegriffen: bei der Lösung der Differentialgleichung eines Balkens mit Zugspannung und Einzellast treten als Lösungsfunktionen hyperbolische Sinusfunktionen auf (s. z.B. [TIM 56]). SCHWEIKERT erkannte, daß der Zugspannungsparameter als Glättungsparameter zur Beseitigung unerwünschter Welligkeiten verwendet werden kann.

Die durch SCHWEIKERT begründeten *klassischen Splines in Tension* (oft auch *Exponentialsplines* genannt) und auch die später [NIE 74] eingeführten *polynomialen Alternativen*, sowie Weiterentwicklungen der Splines in Tension können aus einem Minimierungsproblem mit Nebenbedingungen entwickelt werden.

3.6.1 Exponentialsplines

Wir haben gesehen, daß in Analogie zu (3.2) der kubische Spline das Integral

$$\int_0^l \| X''(t) \|^2 \, dt$$

minimiert, und damit eine Approximation der Biegelinie eines dünnen Stabes liefert. Unerwünschte Wendepunkte können sicherlich durch Anlegen einer Zugspannung an den Enden des Splines beseitigt werden, da dies zu einer Reduktion der Bogenlänge des Splines führt. Da die Bogenlänge einer Kurve durch

$$\int_0^l \| X'(t) \|^2 \, dt$$

gegeben ist, mag hierdurch das Integral

$$\int_0^l \| X''(t) \|^2 \, dt + p^2 \int_0^l \| X'(t) \|^2 \, dt \; , \tag{3.37}$$

motiviert sein, dessen Minimierung bei Berücksichtigung von Interpolations-, Stetigkeits- und Randbedingungen zu Schweikerts Splines in Tension führt. Der freiwählbare Spannungsparameter p ($p \geq 0$), hat hierbei Einfluß auf den gesamten Kurvenverlauf, ist also ein **globaler tension Parameter**.

Ein Nachteil dieser klassischen Splines in Tension ist, daß sie nur einen Glättungsparameter zur Verfügung stellen, der auf die gesamte Kurve Einfluß ausübt. Es ist keine lokale Glättung möglich. Dies aber läßt sich durch Minimierung des durch Diskretisierung des Integrals für die Bogenlänge modifizierten Ansatzes

$$\int_0^1 \| \mathbf{X}''(t) \|^2 \, dt \; + \; \sum_{k=1}^{N} p_k^2 \int_{t_{k-1}}^{t_k} \| \mathbf{X}'(t) \|^2 \, dt \; \rightarrow \; \min. \tag{3.38}$$

erreichen, der für jedes Kurvensegment einen Spannungsparameter p_k ($p_k \geq 0$) zur Verfügung stellt.

Die Extremale des Variationsproblems hat die zugehörige *Euler-Lagrange-Gleichung* auf jedem Intervall $[t_{k-1}, t_k]$, $k = 1, \ldots, N$ zu erfüllen. Sie ergibt sich entsprechend zu (3.4) zu

$$\mathbf{X}_k^{\cdots}(t) - p_k^2 \, \mathbf{X}_k''(t) = 0 \quad \text{resp. zu} \quad \overset{\cdots}{\mathbf{X}}_k(\tau) - c_k^2 \, \ddot{\mathbf{X}}_k(\tau) = 0 \tag{3.39}$$

mit $c_k := \Delta t_{k-1} p_k$, $\Delta t_k := t_{k+1} - t_k$ wobei durch $\tau = \dfrac{t - t_{k-1}}{\Delta t_{k-1}}$, $\tau \in [0,1]$ auf $[t_{k-1}, t_k]$ der *lokale Parameter* τ eingeführt wurde. (3.39) hat die Lösung

$$\mathbf{X}_k(\tau) = a_k + b_k \tau + c_k \, e^{c_k \tau} + d_k \, e^{-c_k \tau} , \tag{3.40 a}$$

was sich auch in

$$\mathbf{X}_k(\tau) = A_k(1 - \tau) + B_k \tau + C_k \, \Theta_k(1 - \tau) + D_k \, \Theta_k(\tau) , \tag{3.40 b}$$

mit

$$\Theta_k(\tau): \; = \; \frac{\sinh c_k \tau - \tau \sinh c_k}{\sinh c_k - c_k}$$

überführen läßt. Die Darstellung (3.40b) hat bessere numerische Eigenschaften als der Ansatz (3.40a), insbesondere für die Grenzfälle $p_k \rightarrow 0$ oder $p_k \rightarrow \infty$.

Die Konstanten A_k, B_k, C_k, D_k resp. a_k, b_k, c_k, d_k sind über die Interpolations-, Splineübergangs- und den Randbedingungen zu ermitteln:

Sollen die Punkte $P_0, \ldots, P_N$ für $t_0 = 0 < t_1 < \ldots < t_N = 1$ durch

$$\mathbf{X}(t) = \sum_{k=1}^{N} \mathbf{X}_k(\tau)$$

mit t als *globalem* und τ als *lokalem* Parameter interpoliert werden, so folgt aus (3.40) zunächst

$$\mathbf{X}(t_{k-1}) = \mathbf{X}_k(0) = P_{k-1} = A_k \; , \quad \mathbf{X}(t_k) = \mathbf{X}_k(1) = P_k = B_k \; . \tag{3.41a}$$

Die erste Ableitung von (3.38) liefert unter Berücksichtigung der Kettenregel

$$P_{k-1}' := \mathbf{X}'(t_{k-1}^+) = \frac{1}{\Delta t_{k-1}} \, \dot{\mathbf{X}}_k(0) =$$

$$= \frac{1}{\Delta t_{k-1}} (-A_k + B_k - C_k \, \dot{\Theta}_k(1) + D_k \, \dot{\Theta}_k(0))$$

$$P'_k := X'(t_k^-) = \frac{1}{\Delta t_{k-1}} \dot{X}_k(1) =$$

$$= \frac{1}{\Delta t_{k-1}} (- A_k + B_k - C_k \dot{\Theta}_k(0) + D_k \dot{\Theta}_k(1))$$

wobei wieder für die noch unbekannten Ableitungen die Vektoren P'_k eingeführt
worden sind. Mit (3.41a) folgt daraus zunächst

$$C_k = - \frac{(P_{k-1} - P_k)(\dot{\Theta}_k(1) + 1) + (P'_k + P'_{k-1} \dot{\Theta}_k(1))\Delta t_{k-1}}{N_k} ,$$

$$D_k = \frac{(P_{k-1} - P_k)(\dot{\Theta}_k(1) + (P'_k \dot{\Theta}_k(1) + P'_{k-1})\Delta t_{k-1}}{N_k} ,$$

$$(3.41\,b)$$

mit

$$N_k := \dot{\Theta}_k(1)^2 - 1 .$$

In (3.41) sind noch die Ableitungen P'_k und P'_{k-1} unbekannt, welche sich aus
der noch nicht berücksichtigten Stetigkeitsbedingung

$$X''(t_k^-) = \frac{1}{(\Delta t_{k-1})^2} \ddot{X}_k(1) = \frac{1}{(\Delta t_k)} \ddot{X}_{k+1}(0) = X''_k(t^+)$$

ergeben.

Die Gleichheit der zweiten Ableitungen liefert zunächst

$$\ddot{\Theta}_k(1) (\Delta t_k)^2 D_k = \ddot{\Theta}_{k+1}(1)(\Delta t_{k-1})^2 C_{k+1} ,$$

so daß mit (3.41) für die unbekannten Steigungen P'_k die Rekursionsformel
folgt

$$f_k P'_{k-1} + (\dot{\Theta}_{k+1}(1)g_k + \dot{\Theta}_k(1)f_k)P'_k + g_k P'_{k+1} = g_k R_{k+1} + f_k R_k , \qquad (3.42)$$

mit

$$f_k := \ddot{\Theta}_k(1) \Delta t_k N_{k+1} \qquad g_k := \ddot{\Theta}_{k+1}(1) \Delta t_{k-1} N_k \left. \begin{array}{c} \\ \\ \end{array} \right\} \quad k = 1(1)n-1$$

$$R_k := \frac{P_k - P_{k-1}}{\Delta t_{k-1}} (\dot{\Theta}_k(1) + 1)$$

Um bei gegebenen Punkten P_k ein Gleichungssystem mit quadratischer Koeffizientenmatrix zu erhalten, müssen auch hier Randbedingungen eingeführt
werden. Auch im Falle der Splines in Tension führt (3.42) auf ein tridiagonales
Gleichungssystem mit diagonal dominanter Koeffizientenmatrix [SPÄ 83], d.h.
die Koeffizientenmatrix ist nicht singulär und das System besitzt eine eindeutige
Lösung.

Ist das aus (3.42) mit entsprechenden Randbedingungen entstehende System
gelöst, folgen aus (3.42) die Koeffizienten A_k, B_k, C_k, D_k und damit die
explizite Darstellung der Splinekurve. – Effiziente und stabile Berechnungsalgorithmen werden in [RENT 80] angegeben.

In Fig. 3.15a wurden die vorgegebenen Punkte mit verschiedenen jedoch einheitlich gewählten tension Parameterwerten $p_k = p$ ($k = 1,...,n$) interpoliert,
was auf Schweikert's klassische Splines in tension *(Exponentialsplines)* führt.
$p = 0$ ergibt den kubischen Spline, während $p = 100$ eine polygonähnliche
Interpolationskurve liefert. Der Grenzfall $p \to \infty$ ergibt das durch die Interpolationspunkte definierte Polygon. In Fig. 3.15b wurde mit dem Tensionsvektor
$p = (5, 100, 10, 3, 3, 3, 3, 100, 4, 100)^T$ interpoliert. - Die gestrichelte Kurve entspricht in beiden Beispielen dem kubischen Spline, also $p_k = p = 0$ für alle k .

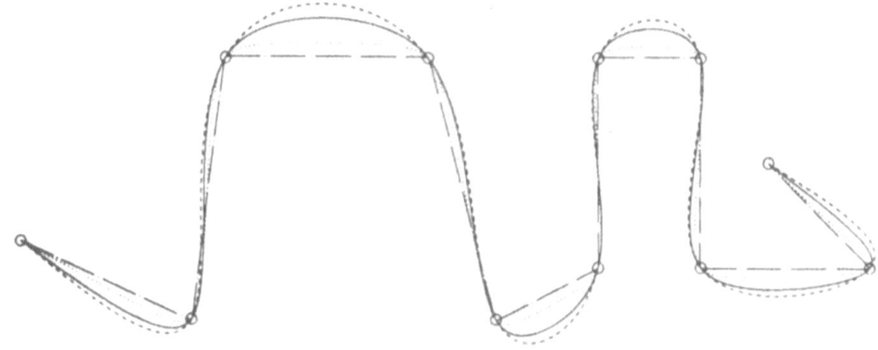

Fig. 3.15a: Spline in Tension zu verschiedenen tension Parameterwerten .
($\triangle t_k = 1$ für alle k; $p = 0$ gestrichelt (kubisch!), $p = 3$ durchgezogen, $p = 10$ punktiert, $p = 100$ strichpunktiert)

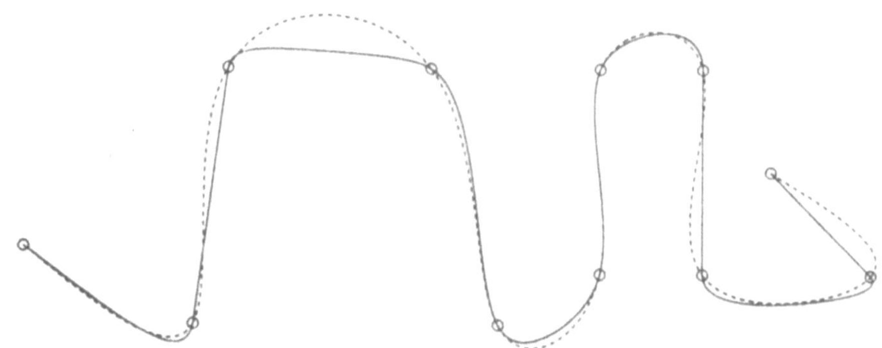

Fig. 3.15b: Spline in Tension mit Tensionsvektor (durchgezogen)
$p_k = 5, 100, 10, 3, 3, 3, 3, 100, 4, 100$, ($\triangle t_k = 1$ für alle k)
(kubischer Spline gestrichelt)

Bemerkungen 1. Das Integral

$$\int_0^l \| \, \mathbf{X}''(t) \, + \, p \, \mathbf{X}'(t) \, \|^2 \, dt \quad , \tag{3.43}$$

hat die gleiche physikalische Bedeutung wie (3.37) und führt ebenfalls auf (3.39). Somit minimieren Splines in Tension auch (3.43) ([BOO 66]).

2. Während obiger Ansatz von (3.40) ausgeht und die unbekannten ersten Ableitungen mit der Forderung der Stetigkeit der zweiten Ableitung in den Interpolationspunkten ermittelt, setzten [CLI 74] (für $p_k = p$, $k = 1,...,N$) und [BARS 83] die zweiten Ableitungen als unbekannt voraus und ermitteln sie mit der Forderung der Stetigkeit der ersten Ableitungen. Ausgangspunkt ist der Ansatz

$$\mathbf{X}_k(\tau) = \mathbf{A}_k(1 - \tau) + \mathbf{B}_k \, \tau + \mathbf{C}_k \, \Theta_k(1 - \tau) + \mathbf{D}_k \, \Theta_k(\tau) \quad , \tag{3.44}$$

mit

$$\Theta_k(\tau) = \frac{\sinh c_k \tau}{c_k^2 \sinh c_k} \quad ,$$

und c_k wie oben eingeführt. Es ergeben sich die Koeffizienten nun zu

$$\mathbf{A}_k = \mathbf{P}_{k-1} - \frac{\mathbf{P}''_{k-1}}{p_k^2} \quad , \quad \mathbf{B}_k = \mathbf{P}_k - \frac{\mathbf{P}''_k}{p_k^2} \, , \quad \mathbf{C}_k = (\triangle t_{k-1})^2 \, \mathbf{P}''_{k-1} \, , \quad \mathbf{D}_k = (\triangle t_{k-1})^2 \mathbf{P}''_k \, ,$$

und die aus der Stetigkeitsforderung der ersten Ableitungen,

$$\mathbf{X}'(t_k^-) = \frac{1}{\triangle t_{k-1}} \, \dot{\mathbf{X}}_k(1) = \frac{1}{\triangle t_k} \, \dot{\mathbf{X}}_{k+1}(0) = \mathbf{X}'(t_k^+) \quad ,$$

folgende Rekursionsformel zur Berechnung der $\mathbf{P}''_k$ lautet:

$$F_k \, \mathbf{P}''_{k-1} + (G_k + G_{k+1}) \, \mathbf{P}''_k + F_{k+1} \, \mathbf{P}''_{k+1} = \mathbf{r}_{k+1} - \mathbf{r}_k \tag{3.45}$$

mit

$$F_k : = \left(\frac{1}{c_k} - \frac{1}{\sinh c_k} \right) \frac{1}{p_k} \quad , \qquad G_k : = (\coth c_k - \frac{1}{c_k}) \frac{1}{p_k} \quad ,$$

$$\mathbf{r}_k : = (\mathbf{P}_k - \mathbf{P}_{k-1}) \frac{1}{\triangle t_{k-1}}$$

(3.45) führt für beliebige tension Werte p_k auf ein tridiagonales, diagonal dominantes, symmetrisches Gleichungssystem [BARS 83].

Das Arbeiten mit Splines in Tension wirft sofort die Frage auf, wie der resp. die Tensionfaktoren (im Falle eines nichtuniformen Tensionsvektors) zu wählen sind, um zwar einerseits unerwünschte Welligkeiten zu beseitigen, andererseits aber durch den Datenset vorgegebene Eigenschaften wie Positivität, Monotonie und Konvexität (s. a. Kap. 13) zu sichern. In [PRU 76] wird gezeigt, daß Positivität und Konvexität der Daten durch einen Exponentialspline reproduziert werden können, falls die Tensionfaktoren nur hinreichend groß gewählt werden. PRUESS gibt auch eine Methode an, die Tensionfaktoren so zu wählen, so daß

Konvexität gesichert ist und eine zweite, so daß Monotonie gesichert ist. Bereits 1969 war in [SPÄ 69] ein die Konvexität sichernder Prozeß zur Bestimmung der p_i beschrieben worden. In [HEß 86] werden notwendige und hinreichende Bedingungen für Konvexität angegeben. In [LYN 82] wird ein globaler Tensionfaktor p und in [REN 87] und [SAP 88] schließlich lokale Tensionfaktoren p_i iterativ automatisch bestimmt, die sowohl Positivität und Monotonie als auch Konvexität der Daten reproduzieren.

4. Auch mit Exponentialsplines können lineare Ausgleichsverfahren (s. Kap. 2.4) durchgeführt werden. Bei dem in [HEI 86] entwickelten Verfahren gibt der Benutzer neben den Meßdaten nur die Segmentzahl, d.h. die Anzahl der Intervallteilungspunkte an. Die Knoten selbst werden dann durch eine Cluster Analyse der Meßdaten bestimmt. Der Spline wird zunächst als kubischer Spline (alle $p_k = 0$) ermittelt. Treten unerwünschte Wendepunkte auf, was mit einem Kriterium aus [RENT 80] überprüft wird, so werden die Tensionparameter in den entsprechenden Bereichen nach einem Algorithmus aus [RENT 80] iterativ erhöht, bis eine befriedigende Lösung gefunden ist. Der Ausgleichsspline setzt sich somit aus kubischen und aus Exponentialspline-Segmenten zusammen.

Natürlich können die Exponentialsplines auch bivariat formuliert werden [SPÄ 71].

3.6.2 Polynomiale Splines in Tension

Exponentialsplines haben gegenüber polynomialen Splines den Nachteil, rechenaufwendig zu sein. Ein interpolierender, gewichteter kubischer Spline ergibt sich aus der Minimierung von

$$\sum_{k=1}^{N} p_k \int_{t_{k-1}}^{t_k} \| \mathbf{X}''(t) \|^2 \, dt \; + \; \sum_{k=0}^{N} \nu_k \| \mathbf{X}'(t_k) \|^2 \quad , \tag{3.46}$$

mit freiwählbaren Intervallgewichten p_k und Punktgewichten ν_k ($p_k, \nu_k \geq 0$). (3.46) reduziert sich für $p_k = 1$, $\nu_k = 0$ für alle k auf den bereits ausführlich behandelten Fall des C^2-stetigen kubischen Splines, für $\nu_k = 0$ für alle k folgt der *intervallgewichtete* kubische Spline [SALK 74], [FOL 87] und für $p_k = 1$ für alle k *NIELSON's ν-Spline* (punktgewichtete kubische Splines) [NIE 74, 86].

Wird $\mathbf{X}_k(\tau)$ in der Form

$$\mathbf{X}_k(\tau) = \mathbf{P}_{k-1} H_{00}(\tau) + \mathbf{P}'_{k-1} H_{10}(\tau) + \mathbf{P}_k H_{01}(\tau) + \mathbf{P}'_k H_{11}(\tau) \tag{3.47}$$

mit den kubischen Hermite Funktionen $H_{ik}(\tau)$ (s. a. (3.12)) angesetzt, so folgt aus (3.46) als Rekursionsformel zur Bestimmung der unbekannten Ableitungen $\mathbf{P}'_k$:

$$2c_k \mathbf{P}'_{k-1} + (\nu_k + 4c_k + 4c_{k+1}) \mathbf{P}'_k + 2c_{k+1} \mathbf{P}'_{k+1} = 6c_{k+1} \mathbf{r}_{k+1} + 6c_k \mathbf{r}_k \tag{3.48}$$

mit $c_k := \dfrac{p_k}{\Delta t_{k-1}}$, $\Delta t_k := t_{k+1} - t_k$ und $\mathbf{r}_k$ wie in (3.45) [FOL 87a].

Abweichend zu Kap. 3.3 sollen die natürlichen Randbedingungen nun lauten

$$p_1 X_1''(0) - \nu_0 X_1'(0) = 0 \quad , \qquad p_N X_N''(1) + \nu_N X_N'(1) = 0 \quad ,$$

und die Randbedingungen für einen periodischen Spline

$$X_1(0) = X_N(1) \, , \quad X_1'(0) = X_N'(1) \, , \quad p_1 X_1''(0) - p_N X_N''(1) = (\nu_0 + \nu_N) X_1'(0) \, .$$

(3.48) führt für nichtnegative tension Werte p_k, $\nu_k \geq 0$ (für alle k) auf ein tridiagonales, diagonal dominantes, im allgemeinen aber nicht-symmetrisches Gleichungssystem (s. z.B. [SALK 74], FOL [86, 87a]). Für ν-Splines ($p_k = 1$ für alle k) wurden in [BARS 83] Bereiche $\underline{\nu}_k < \nu_k < \bar{\nu}_k$ für die tension Parameter ν_k angegeben, so daß auch gewisse negative tension Werte auf ein nichtsinguläres Gleichungssystem, d.h. eine eindeutige Lösung, führen können.

Aus (3.46) folgt, daß die ersten Ableitungen bzgl. des Parameters im allg. nur C^1-stetig sein können. Für die zweite Ableitung gilt

$$p_{k+1} X''(t_k^+) - p_k X''(t_k^-) = \nu_k X'(t_k) \quad , \tag{3.49}$$

was man ausgehend von (3.47) und mit (3.48) zeigt. (3.49) impliziert z.B., daß $X(t)$ für $p_k = p_{k+1}$ in $X(t_k)$ krümmungsstetig ist, sofern $\| X'(t_k) \| \neq 0$, d.h. insbesondere sind also auch ν-Splines krümmungsstetig (s. auch [NIE 75, 86]).

Für $p_k \to \infty$ nimmt $X(t)$ auf $[t_{k-1}, t_k]$ lineares Verhalten an, falls p_{k-1}, p_{k+1} sowie ν_{k-1} und ν_k beschränkt bleiben (vgl. Fig. 3.16b, viertes Intervall und Fig. 3.16d, sechstes Intervall).

Für $\nu_k \to \infty$ bildet $X(t)$ in $X(t_k)$ eine Ecke (da dann $\| X'(t_k) \| \to 0$), falls p_k und p_{k+1} beschränkt bleiben (vgl. mit Fig. 3.16c und 3.16d, vierter und fünfter Interpolationspunkt).

In den folgenden Figuren wird die Wirkung der verschiedenen Spline-Typen gegenübergestellt. Zu den gleichen vorgegebenen Punkten sind kubische Splines und verschiedene Splines in Tension wiedergegeben.

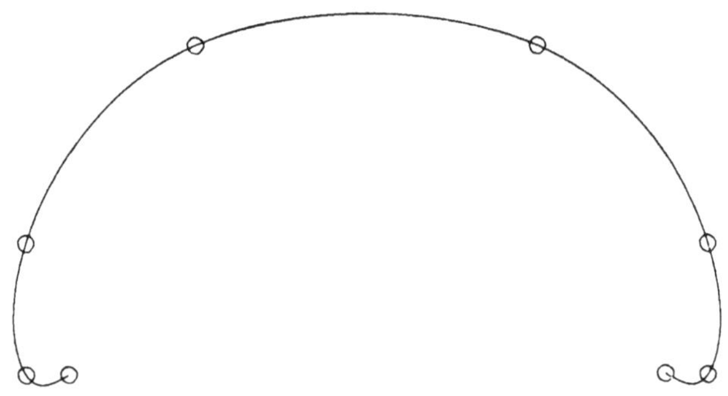

Fig. 3.16a: Kubischer Spline ($p_k = 1$, $\nu_k = 0$, $\Delta t_k = 1$ für alle k)

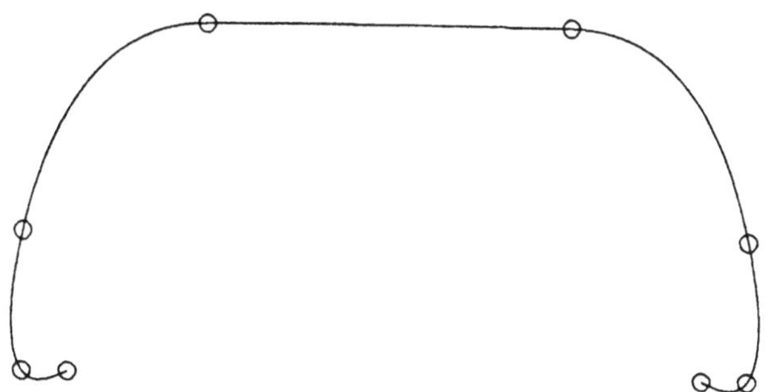

Fig. 3.16b: Intervallgewichteter kubischer Spline
(p_k = 1, 1, 1, 100, 1, 1, 1, ν_k = 0 , Δt_k = 1 für alle k)

Fig. 3.16c: Punktgewichteter kubischer Spline (ν-Spline)
(ν_k = 0, 0, 0, 100, 100, 0, 0, 0, p_k = 1 , Δt_k = 1 für alle k)

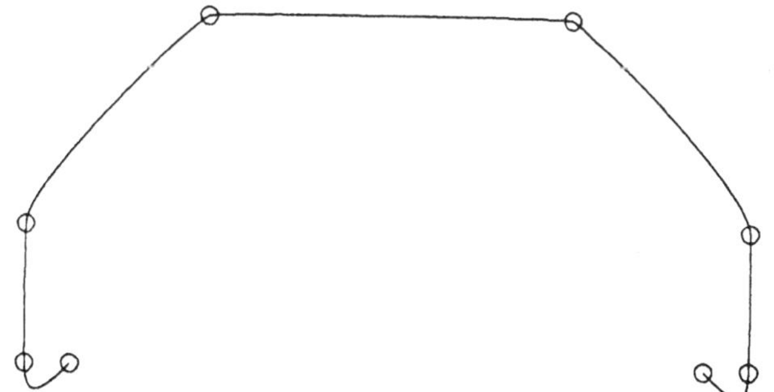

Fig. 3.16d: Intervall- und punktgewichteter Spline
(p_k = 1, 100, 1, 1, 1, 100, 1, ν_k = 0, 0, 0, 100, 100, 0, 0, 0,
Δt_k = 1 für alle k)

Bemerkungen 1: Für die Interpolation funktionswertiger Daten schlägt SALKAUSKAS [SALK 74] für die p_k die Verwendung von

$$p_k = \left[1 + \left(\frac{y_{k+1}(x) - y_k(x)}{\Delta t_k} \right)^2 \right]^{-m}$$

mit $m = 3$ vor, da $\int (y'')^2 \, dx$ dann die L_2 Norm der Krümmung von $y(x)$ approximiert. $m = 0$ ergibt $p_k = 1$ *für alle* k [FOL 87], führt also auf die v -Splines.

2. Wie für Exponentialsplines stellt sich auch für polynomiale Splines in Tension die Frage des automatischen Wählens der Tensionfaktoren damit Eigenschaften wie Konvexität und/oder Monotonie der Datenpunkte durch den Spline wiedergegeben werden. Da ein durch (3.46) definierter polynomialer Spline in Tension wegen (3.49) ein tangentenstetiger kubischer Subspline mit der Interpolationseigenschaft $f(t_i) = y_i$ ist und als solcher eindeutig durch seine erste Ableitung $y'_i = f'(t_i)$ in $f(t_i)$ bestimmt ist, wird, dies ausnutzend, in [FOL 88] ein Algorithmus beschrieben, der Monotonie und Konvexität polynomialer Splines in Tension sichert. Die Intervall und Punktgewichte werden hierzu nicht benötigt. Sie sind also weiterhin als freie, manuell zu wählende Designparameter gegeben:

Zunächst kann (3.46) mit Hilfe partieller Integration ($f'''(t)$ ist stückweise konstant ist, weil $f(t)$ stückweise kubisch!) in die äquivalente quadratische Form

$$Q(Y') = A^T Y' + \frac{1}{2} Y'^T H Y' \tag{*}$$

übergeführt werden, wobei gesetzt wurde

$$Y' = (y_0',\ldots, y_N')^T \quad , \quad A = (a_0,\ldots, a_N)^T$$

mit $\quad a_i = -3 S_i c_i - 3 S_{i+1} c_{i+1} , \quad S_i = \dfrac{\Delta y_i}{\Delta t_i} \quad$ und $\quad \Delta y_i = y_{i+1} - y_i$

sowie der symmetrischen, tridiagonalen $(n+1)^2$ - Matrix H mit

$$H_{i,i+1} = H_{i+1,i} = c_{i+1}, \quad H_{i,i} = \frac{1}{2} v_i + 2a_i + 2a_{i+1}.$$

Nun kommen Konvexitäts- und Monotonieforderung Restriktionen an y' gleich, in der Form, daß y' bestimmte obere und untere Schranken nicht über- resp. unterschreiten darf (s. z.B. [FRI 86], [FOL 88]). Die Bestimmung der unbekannten ersten Ableitungen ergibt sich deshalb aus der Minimierung von (*) unter Berücksichtigung der aus der Monotonie- und Konvexitätsforderung folgenden Restriktionen für y' .

3. Ansatz (3.46) läßt sich auf polynomiale Splines höheren Grades verallgemeinern durch

$$\sum_{k=1}^{N} p_k \int_{t_{k-1}}^{t_k} \| X^{(L)}(t) \|^2 \, dt + \sum_{k=0}^{N} \sum_{l=1}^{L-1} v_{k,l} \| X^{(l)}(t_k) \|^2 , \tag{3.50}$$

d.h. in jedem Knoten werden die ersten $L - 1$ $(L \geq 2)$ Ableitungen vorgegeben und für jede Ableitung ein Formparameter $\nu_{k,l}$, $(\nu_{k,l} \geq 0)$.

$X(t)$ genügt in den Knoten den Übergangsbedingungen

$$X^{(\varepsilon)}(t_k^+) = X^{(\varepsilon)}(t_k^-) \qquad (\varepsilon = 0(1)L-1) \qquad (3.51)$$

$$p_{k+1} X^{(\varepsilon)}(t_k^+) - p_k X^{(\varepsilon)}(t_k^-) = \nu_{k,\,2L-\varepsilon-1}\,(-1)^{L-\varepsilon}\,X^{(2L-1-\varepsilon)}(t_k) \quad (\varepsilon = L(1)2L-2).$$

(3.50) und (3.51) enthalten für $p_k = p$ $(k = 1,...N)$ HAGEN's geometrische Spline-Kurven [HAG 85], also z.B. für $L = 3$ torsions- und krümmungsstetige quintische Splines (τ-Splines) ([LAS 88], s. a. Kapitel 5).

Die hier angeführten Methoden zur Erzeugung polynomialer Splines in Tension wurden in [NIE 86] und [FOL 87b] auf bikubische Flächen ausgedehnt.

3.7 Nichtlineare Splines

Wir haben gesehen, daß kubische Splinefunktionen recht gut schwach gekrümmte Straklatten beschreiben können, stärker gekrümmte Kurven können nur über parametrisierte kubische Splines oder über Splinefunktionen höherer Ordnung dargestellt werden. Die Übergangsbedingungen zur Konstruktion dieser Splinekurven sind linear, so daß ein linearer Funktionenraum vorliegt (lineare Splines).

Es erhebt sich natürlich auch die Frage nach einem möglichst weitgehend exakt mathematischen Modell für stark gekrümmte Straklatten. Da hierbei nicht-lineare Übergangsbedingungen benötigt werden, liegt ein nichtlinearer Funktionenraum vor, die zugehörigen Splinedarstellungen werden nichtlineare Splines genannt (s. a. [WER 79]).

Wir wollen hier zwei Modellbildungen diskutieren
- die *Holzsplines*, die über

$$\frac{d^2 \varkappa}{ds^2} = 0 \qquad (3.52)$$

festgelegt sind mit $\varkappa$ als Kurvenkrümmung und s als Bogenlänge,
- die *mechanischen Splines*, die über minimale Biegeenergie

$$U = \int \varkappa^2\,ds \;\rightarrow\; \min \qquad (3.53)$$

bestimmt werden sollen.

Die **Holzsplines** können als direkte Verallgemeinerung der kubischen Splines angesehen werden, da für $s \approx x$ gilt $\varkappa \approx \dfrac{d^2 y}{dx^2}$, damit folgt aus (3.50) die Bedingung (3.2) . Wird (3.50) direkt integriert, ergibt sich zwischen zwei Knoten als *natürliche Kurvengleichung* (s. auch [STRU 64], [LAU 68])

$$\varkappa = as + b \qquad (a,b \in \mathbb{R}) \ .$$

Die damit beschriebene ebene Kurve heißt *CORNU-Spirale* oder *Klothoide* (s. Fig. 3.17), die in der Geodäsie als Übergangskurve im Straßenbau eingesetzt wird .

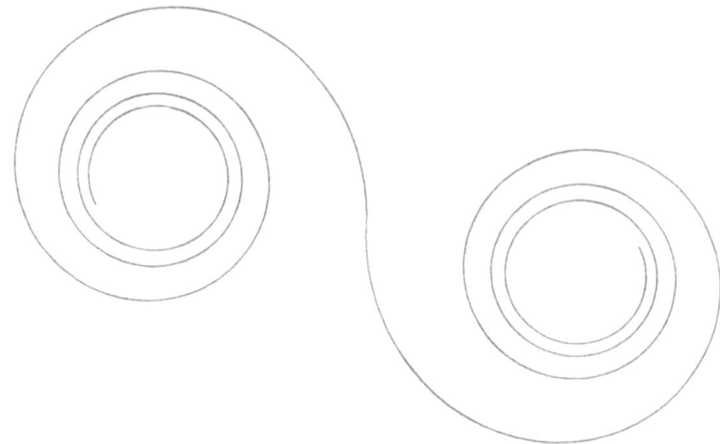

Fig. 3.17 : CORNU-Spirale

Wir führen ein

Definition 3.2: Gegeben sei eine Punktmenge $\{P_i\}$ ϵ $\mathbb{R}^2$. Eine Interpolationsspline-Kurve wird *Holzspline* genannt, wenn gilt
(1)   zwischen zwei benachbarten Knoten liegt eine CORNU-Spirale,
(2)   die Splinekurve hat in den P_i gleiche Krümmung als Übergangsbedingung.

Diese Splines werden oft auch *geometrische Splines* genannt, weil sie nur durch geometrische Größen (Bogenlänge, Krümmung) beschrieben werden.

Aus der natürlichen Gleichung (3.52) kann durch Integration in der xy-Ebene eine Integraldarstellung der zugehörigen Kurve ermittelt werden (s. auch [STR 64]). Der Winkel Θ ist der sog. *Kontingenzwinkel* der Kurve, für den gilt

$$x = \frac{d\Theta}{ds}$$

mit s als Bogenlänge. Integration liefert

$$\Theta(s) = \int_0^s x(s)\, ds + \Theta_s = \tfrac{1}{2}as^2 + bs + \Theta_s \ . \qquad (3.54a)$$

Da aus dem Steigungsdreieck einer Kurve sich weiter ergibt

$$\frac{dx}{ds} = \cos \Theta \quad , \qquad \frac{dy}{ds} = \sin \Theta \ ,$$

erhalten wir schließlich als Integraldarstellung der zugehörigen Kurve

$$x = \int_0^s \cos \Theta(t)\, dt \quad , \qquad y = \int_0^s \sin \Theta(t)\, dt \ . \qquad (3.54b)$$

Wir wollen nun eine "angenäherte" analytische Darstellung der Holzspline-Kurven entwickeln: Wie in Fig. 3.18 dargestellt, ordnen wir dem Punkt P_0 den Parameter $s = 0$ zu, der Punkt $P(s)$ werde durch die Sehne $P_0 P$ der Länge L beschrieben, der Winkel zwischen der Tangente in P_0 und L werde mit Θ_1, der Winkel zwischen der Tangente in P und L werde mit Θ_2 bezeichnet. Der Winkel zwischen den beiden Endtangenten heiße $\psi = \Theta_2 - \Theta_1$ (s. a. [SU 89]).

Aus dem Stützdreieck in P folgen dL, ds und $Ld\Theta_1$ (als Approximation des Kreisbogens $(L + dL) \cdot d\Theta_1$ und Vernachlässigung von Größen 2. Ordnung). Wegen $\varkappa = \frac{d\Theta}{ds}$ [STR 69] ergibt sich daraus das Differentialgleichungssystem

$$\frac{dL}{ds} = \cos\Theta_2 \, , \quad \frac{d\Theta_1}{ds} = -\frac{\sin\Theta_2}{L} \, , \quad \frac{d\Theta_2}{ds} = \varkappa - \frac{\sin\Theta_2}{L} \, . \tag{3.55}$$

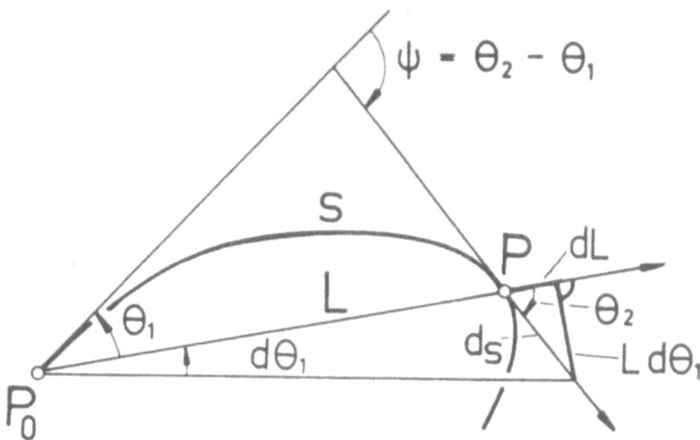

Fig. 3.18: Holzspline-Kurve

Die Anfangsbedingungen zur Lösung des Systems (3.55) lauten

$$L(0) = 0 \, , \quad \Theta_1(0) = \Theta_2(0) = 0 \, .$$

Aus der ersten Gleichung in (3.55) ergibt sich damit

$$\frac{dL}{ds}\bigg|_{s=0} = \cos\Theta_2\bigg|_{s=0} = 1 \, , \quad \frac{d^2L}{ds^2}\bigg|_{s=0} = -\frac{d\Theta_2}{ds}\sin\Theta_2\bigg|_{s=0} = 0 \, ,$$

d.h. es gilt für die Sehnenlänge L der Splinekurve

$$L = s + O(s^3) \, .$$

Da die Lösungskurven von (3.55) CORNU-Spiralen sein sollen, gilt nach (3.54a)

$$\Theta_1 := A_1 s + \tfrac{1}{2} B_1 s^2 + O(s^3) \, , \quad \Theta_2 := A_2 s + \tfrac{1}{2} B_2 s^2 + O(s^3) \, . \tag{3.56}$$

Damit liefert das System (3.55)

$$\frac{d\Theta_1}{ds} \approx A_1 + B_1\, s = -\frac{\sin\Theta_2}{L} \approx -A_2 - \tfrac{1}{2}\, B_2\, s$$

oder über Koeffizientenvergleich

$$A_1 = -A_2 \ , \qquad B_1 = -\tfrac{1}{2}\, B_2 \ .$$

Die dritte Gleichung in (3.55) führt mit (3.52) schließlich auf

$$A_2 = \frac{b}{2} \ , \qquad B_2 = \frac{2}{3}\, a \ .$$

Wenn wir nun diese Beziehungen für $s = 0$ und $s = L_0$ in (3.52) einführen, ergibt sich

$$x(0) =: x_1 = b \ , \quad x(L_0) =: x_2 = a\, L_0 + b \ ,$$

so daß (3.56) führt auf

$$\Theta_1 = \frac{L_0}{6}\,(2\,x_1 + x_2) + O(L_0{}^3) \ , \quad \Theta_2 = \frac{L_0}{6}\,(x_1 + 2\,x_2) + O(L_0{}^3) \qquad (3.57)$$

Damit kann eine interpolierende Holzspline-Kurve konstruiert werden: Liegen $(N+1)$ Punkte $\mathbf{P}_i$ vor, so gilt nach (3.57) für jeden Kurvenbogen

$$\Theta_{1,i+1} = -\frac{L_{i+1}}{6}\,(2\,x_i + x_{i+1}) + O(L_{i+1}{}^3) \ ,$$

$$\Theta_{2,i} = \frac{L_i}{6}\,(x_{i-1} + 2\,x_i) + O(L_i{}^3) \ .$$

Mit

$$\Theta_{2,i} - \Theta_{1,i+1} =: \varphi_i$$

als Winkel zwischen zwei benachbarten Splinesehnen ergibt sich schließlich die Rekursionsformel für die Kurvenkrümmung x_i

$$\mu_i\, x_{i-1} + 2\,x_i + \lambda_i\, x_{i+1} = 3\,K_i + O(\varphi^2) \qquad (3.58)$$

mit

$$\lambda_i := \frac{L_{i+1}}{L_i + L_{i-1}} \ , \quad \mu_i := \frac{L_i}{L_i + L_{i+1}} \ , \quad K_i := \frac{2\,\varphi_i}{L_i + L_{i+1}} \ .$$

Über entsprechende Randvorgaben folgt aus (3.58) analog zu der Ermittlung kubischer Splinekurven ein lineares Gleichungssystem für die Krümmungswerte in den Splineknoten. (3.54) beschreibt dann in Verbindung mit (3.52) die einzelnen Kurvensegmente der Holzspline-Kurve.

Neben der hier entwickelten Methode sei noch verwiesen auf: [NUT 72], dort werden Cornu -Spiral-Splines unter Verwendung eines speziellen lokalen Koordinatensystems entwickelt, sowie auf [LEE 73], [ADA 75], [MAL 77], [PAL 77, 78, 78a], [SCHE 78, 78a], wo neben Punkt-, Tangenten- und Krümmungswerten auch die Vorgabe von Torsionswerten in den Knoten gestattet wird. Weiter werden dort mit linearen Bindefunktionen im Sinne der Büschelmethode aus Kap. 3.2 Verbindungsflächen zu vorgegebenen Krümmungs- und/oder Torsionsprofilen konstruiert.

Wir wenden uns nun **mechanischen Splines** zu: Wir bezeichnen als M-Kurve die Lösungskurve $x(s)$, welche die Biegeenergie $u = \int x^2 \, ds$ minimiert. Als interpolierenden mechanischen Spline wird jene segmentierte GC^2-stetige M-Kurve bezeichnet, die eine gegebene Punktmenge $\{P_i\} \in \mathbb{R}^3$ verbindet(s. a. [MEH 74]).

Grundlage unserer Überlegungen ist jetzt das *Frenetsche* Ableitungssystem einer Raumkurve: Ist eine Kurve $X = X(s)$ über die Bogenlänge s parametrisiert, so gilt für den Tangentenvektor T

$$X' =: T \qquad (|T| = 1) \ .$$

Die zweite Ableitung $X''(s)$ zeigt in Hauptnormalenrichtung, ihr $|X''(s)|$ liefert die Krümmung x einer Kurve (s. auch [STRU 69], [LAU 68]), d.h. es gilt

$$X'' = T' = xH \tag{3.59a}$$

mit H als *Hauptnormalenvektor*. Wird nun noch über $B = T \times H$ der *Binormalenvektor* eingeführt, so legen (T, H, B) das begleitende *Frenetdreibein* fest, dessen Ableitungsgleichungen lauten

$$\begin{aligned}
T' &= & xH & \ , \\
H' &= -xT & + \tau B & \ , \\
B' &= & - \tau H &
\end{aligned} \tag{3.59b}$$

mit τ als *Torsion* einer (Raum)-Kurve ($\tau = 0$ führt auf ebene Kurven!).

In diesem Kalkül gilt

$$x^2 = (T')^2 \quad \text{mit der Nebenbedingung} \quad T^2 = 1 \ , \quad X' = T \ ,$$

so daß das Minimierungsproblem (3.51) übergeht in das Variationsproblem mit Nebenbedingungen

$$U = \int F \, ds$$

mit

$$F = (T')^2 + \lambda(s) (T^2 - 1) + 2\Phi(s) \cdot (X' - T) \tag{3.60}$$

mit λ, Φ als *Lagrangeparametern*. Notwendige Lösungsbedingungen liefern die zugehörigen *Euler-Lagrange-Gleichungen*

$$\frac{d}{ds} (F_{X'}) - \frac{\partial F}{\partial X} = 0 \ , \quad \frac{d}{ds} (F_{T'}) - \frac{\partial F}{\partial T} = 0 \ ,$$

woraus sich ergibt

$$-T'' + \lambda T - \Phi = 0 \ , \quad \Phi' = 0 \ .$$

Differentiation der Frenet-Formeln und einsetzen führt auf

$$(\lambda + x^2) T - x'H - x\tau B = \Phi \ . \tag{3.61}$$

Erneute Differentiation und Koeffizientenvergleich ergibt (wegen $\Phi' = 0$)

$$[\mathbf{T}]: \quad \lambda' + 3x'x = 0 \quad \rightarrow \quad \lambda + \tfrac{3}{2} x^2 = : D \ (= \text{const.})$$
$$[\mathbf{B}]: \ -2x'\tau - \ x\tau' = 0 \quad \rightarrow \qquad x^2\tau \ = : C \ (= \text{const.}) \tag{3.62}$$

Betragbildung in (3.61) führt auf die Differentialgleichung für die Unbekannte x

$$x'^2 + (\tfrac{1}{2} x^2 - D)^2 + \frac{C^2}{x^2} = |\Phi|^2 . \tag{3.63}$$

Durch die Substitution

$$\omega = \tfrac{1}{3} D - \tfrac{1}{4} x^2$$

wird (3.63) transformiert in

$$\omega'^2 = 4\omega^3 - C_1 \omega - C_3$$

mit den Konstanten C_i . Diese Differentialgleichung liefert als Lösung die *Weierstraßsche elliptische p -Funktion* (mit A als Integrationskonstante)

$$\omega = p(s + A; C_1 , C_2) \quad .$$

Damit ergibt sich als Kurvenkrümmung bzw. Kurventorsion

$$x^2 = \tfrac{4}{3} D - 4p(s + A; C_1 , C_2) \ , \qquad \tau = \frac{C}{x^2} \quad .$$

Auf diesem Wege sind die Splinekurvenbögen über Integration des Systems (3.59) berechenbar (s. auch [LAU 68]).

3.8   Gestalt erhaltende Splines

Die bisher entwickelten Methoden haben nur das *lokale* Verhalten der Splinefunktion berücksichtigt. Von großem Interesse sind aber *globale* Methoden, welche Gestalt erhaltende (**shape preserving**) Splines generieren. Gestalt erhaltend bedeutet, daß monotone Daten von einer monotonen Splinefunktion interpoliert oder approximiert werden oder konvexe Daten durch konvexe Splines erfaßt werden. Eine Darstellung der oft recht diffizilen Methoden würde den Rahmen dieses Buches übersteigen, daher sei nur auf einige neuere Arbeiten hingewiesen

-   Algorithmen für Gestalt interpolierende Splinefunktionen werden in [MCLA 83], [CON 88] dargestellt,
-   Gestalt interpolierende rationale Splinefunktionen werden in [GER 86], [SAK 88] entwickelt,
-   Gestalt interpolierende und krümmungsstetige *parametrisierte Splines* finden sich in [GOO 88],
-   Gestalt erhaltende Approximation ist in [KOZ 86] diskutiert.

4.   Bézier- und B-Spline-Kurven

Wir konnten bei der Untersuchung der kubischen Splinekurven (Monome als Basisfunktionen) keine geometrische Deutung der Splinekoeffizienten herleiten. Es lassen sich aber andere polynomiale Basisfunktionen angeben, bei denen die Splinekoeffizienten b_i *geometrische Bedeutung* haben, d.h. z.B., daß die b_i den ungefähren Verlauf der Kurve (oder Fläche) festlegen oder daß aus der Lage der Splinekoeffizienten b_i auf geometrische Eigenschaften der Kurve (oder Fläche) geschlossen werden kann. Solche Basisfunktionen haben in der Praxis für das interaktive Arbeiten große Bedeutung, da alle Prozesse **geometrisierbar** sind. Wir werden im wesentlichen zwei Typen solcher Splinefunktionen betrachten

-    die **Bézier-Spline-Kurven** ,

-    die **B-Spline-Kurven** .

Vom mathematischen Standpunkt liegen diesen Splinefunktionen mit geometrischen Eigenschaften der Splinekoeffizienten nur Basistransformationen etwa aus der Monom-Basis in eine andere neue Basis zugrunde. Formal können die Splinekoeffizienten b_i dieser Splinefunktionen aus den (gewöhnlichen) Splinekoeffizienten über diese Basistransformationen berechnet werden.

4.1   Bézier-Kurven

Die geometrischen Eigenschaften der Bézier-Kurven wurden unabhängig von P. DE CASTELJAU nach 1959 und P. BEZIER nach 1962 entwickelt und haben erstmals Eingang in die CAD-Systeme von Renault und Citroën gefunden. Um 1970 entdeckte R. FORREST die Zusammenhänge zwischen den Arbeiten von Bézier und den Bernstein-Polynomen: Die Bernstein-Polynome sind die Basisfunktionen der Bézier-Kurven (s. a. [BEZ 72] , [CAS 59], [FOR 72]).

Die Bernstein-Polynome können aus der binomischen Formel entwickelt werden:

$$1 = [(1-t) + t]^n = \sum_{r=0}^{n} \binom{n}{r} (1-t)^{n-r} t^r . \tag{4.1}$$

Die Summanden

$$B_r^n(t) := \binom{n}{r} (1-t)^{n-r} t^r \qquad (r = 0(1)n) \tag{4.2}$$

sind Polynome vom Grade n und heißen **Bernstein-Polynome vom Grade n.** (s. dazu a. [DAV 75], [GON 83], [STA 81], [LORE 53]).

Der Einfachheit halber beschränken wir uns zunächst einmal auf das Intervall I mit $t \in I = [0,1]$, da über I die Bernstein-Polynome folgende Eigenschaften besitzen

$$B_r^n(0) = B_r^n(1) = 0 , \quad (r \neq 0, \ r \neq n)$$

$$B_0^n(0) = B_n^n(1) = 1 ,$$

$$B_0^n(1) = B_n^n(0) = 0 ,$$

$$B_r^n(t) \geq 0 \quad \text{für } t \in I ,$$

$$\max_I B_r^n(t) = B_r^n\left(\frac{r}{n}\right) ,$$

$$B_r^n(t) = B_{n-r}^n(1-t) .$$

(4.3)

Fig. 4.1 zeigt die Graphen der Bernstein-Polynome 5. Grades $B_i^5(t)$ über [0,1].

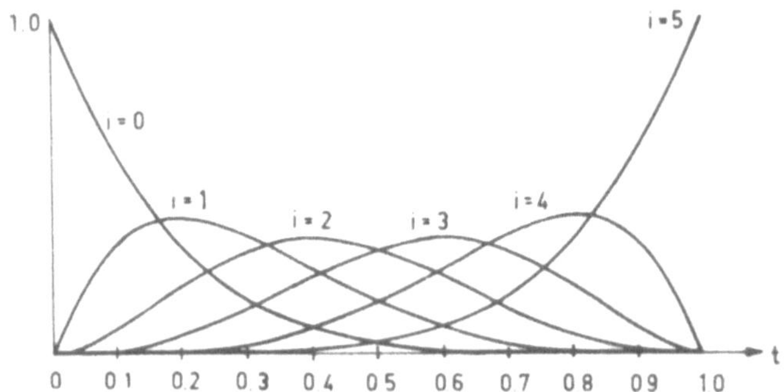

Fig. 4.1: Bernstein-Polynome 5. Grades

Mit den Bernstein-Polynomen als Basisfunktionen führen wir nun als **Bézier-Kurve** oder **Bézier-Polynom vom Grad n** eine Kurve ein in der Parameterdarstellung ([BEZ 72], [BÖH 84], [BÖH 85b], [FOR 72])

$$X(t) = \sum_{i=0}^{n} b_i \, B_i^n(t) \qquad (b_i \in \mathbb{R}^1 \vee \mathbb{R}^2 \vee \mathbb{R}^3)$$

(4.4)

mit konstanten Koeffizienten b_i . Die b_i sind im allgemeinen vektorwertig (im $\mathbb{R}^2$ oder $\mathbb{R}^3$) und heißen **Bézier-Punkte**, sind die b_i reelle Zahlen, so spricht man gelegentlich auch von **Bézier-Ordinaten**. Der Streckenzug durch die Bézier-Punkte wird als **Bézier-Polygon** bezeichnet.

Figur 4.2 zeigt einige Bézier-Polygone $\{b_i\}$ und die zugehörigen Bézier-Kurven $X(t)$.

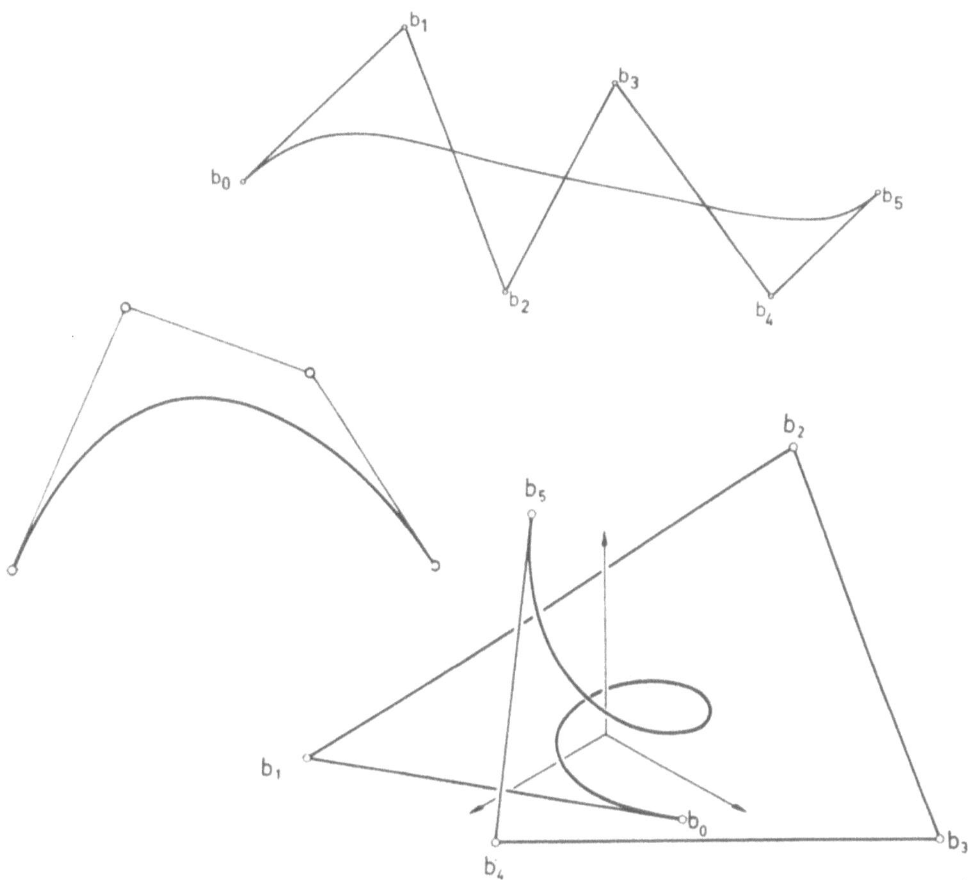

Fig. 4.2: Verschiedene Bézier-Kurven mit zuhörigen Bézier-Polygonen

Bemerkung: Neben der Definition der Kurve durch die Polygonecken b_i besteht die (weniger gebräuchliche) Definition durch die *Polygonseiten* a_i (s. a. [BEZ 72], [BEZ 86], [ENG 85], [MÜL 80])

$$X(t) = \sum_{i=0}^{n} a_i \, f_i^n(t) \qquad\qquad (4.4a)$$

mit den Basisfunktionen

$$f_i^n(t) = \sum_{k=i}^{n} (-1)^{k+i} \binom{k-1}{k-i} \binom{n}{k} t^k$$

und $\qquad a_0 = b_0, \qquad\qquad a_i = b_i - b_{i-1} \qquad\qquad (i = 1(1)\,n) \quad ,$

d. h. es gilt

$$b_i = \sum_{j=0}^{i} a_j \qquad \text{sowie} \qquad B_i^n(t) = f_i^n(t) - f_{i+1}^n(t)$$

Definition (4.4a) wird gelegentlich in Zusammenhang mit Hodographen-Kurven verwendet, die über die Ableitungen der gegebenen Kurve definiert sind und bei Untersuchungen auf Wendepunkte, Singularitäten und Durchdringungen eingesetzt werden [BEZ 86], [FOR 72], [SED 87a].

Fig. 4.1 a zeigt die Graphen der Polynome $f_i(t)$ über [0,1], Fig. 4.2a veranschaulicht die beiden Darstellungsmethoden.

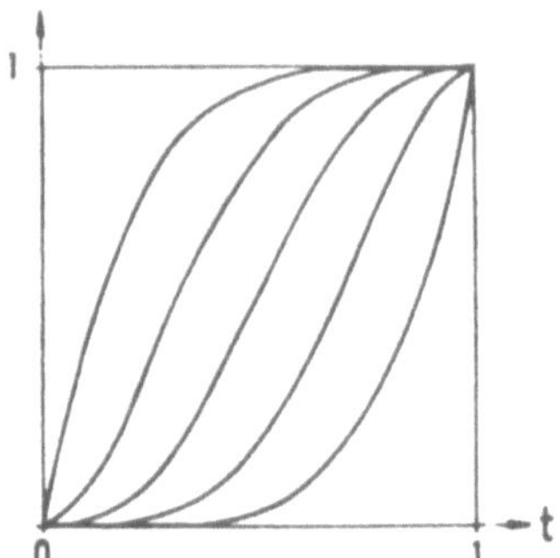

Fig. 4.1a: Basispolynome $f_i^5(t)$

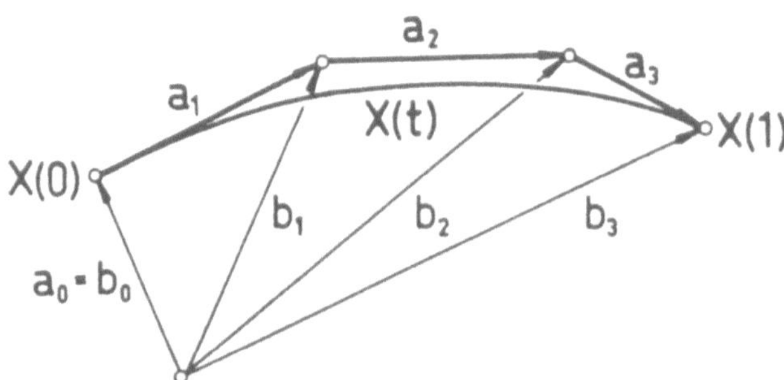

Fig. 4.2a: Verschiedene Darstellungen des Bézier-Polygons

Die Parameterdarstellung einer Bézier-Kurve gemäß (4.4) führt auf eine **Bézier-Funktion** über t, wenn die Koeffizienten b_i in (4.4) reelle Zahlen sind. Diese Deutung ist möglich, da der Parameter t formal ebenfalls als Bézier-Funktion dargestellt werden kann. Es gilt nämlich

$$t = \sum_{r=0}^{n-1} \binom{n-1}{r} (1-t)^{n-(1+r)} \, t^{1+r} = \sum_{i=0}^{n} \frac{i}{n} \, B_i^n(t) \ . \tag{*}$$

Dies kann etwa so gefolgert werden: Aus der binomischen Formel folgt

$$t = 1 \cdot t = [(1-t) + t]^{n-1} t = \left(\sum_{r=0}^{n-1} \binom{n-1}{r} (1-t)^{n-1-r} \, t^r \right) t \ .$$

Wird umindiziert über $i := r + 1$ und berücksichtigt, daß

$$\binom{n-1}{i-1} = \frac{i}{n} \binom{n}{i}$$

gilt, so folgt mit (4.2) unmittelbar daraus (*). Werden (*) und (4.4) mit $b_i \in \mathbb{R}^1$ zusammengefaßt, ergeben sich als Bézier-Punkte $\left(\frac{i}{n}, b_i \right)$ (s. Fig. 4.3).

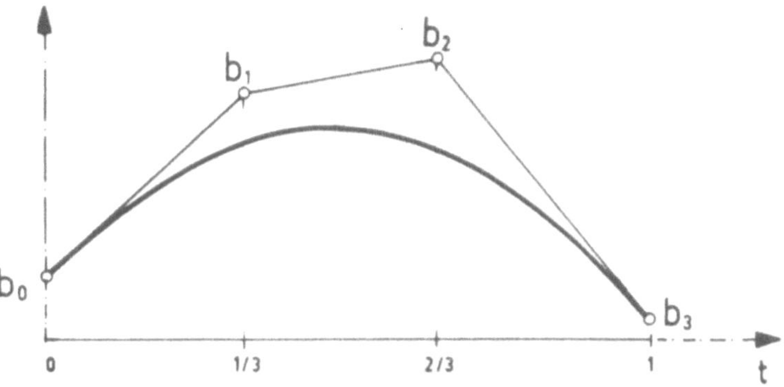

Fig. 4.3: Bézier-Funktion

Beim Betrachten der Figuren 4.2, 4.3 fällt auf, daß offenbar die Anfangs- und Endseiten des Bézier-Polygons Tangenten an die Bézier-Kurve sind. Zum *Beweis* dieser Eigenschaft führen wir eine **Operatorschreibweise** zur Darstellung der Bézier-Kurven ein (vergl. [HOSA 78]). An die Stelle von (4.4) tritt dabei

$$X(t) = (1 - t + t\,E)^n \, b_0 \tag{4.5}$$

mit dem Operator E, für den gilt

$$E\,b_i := b_{i+1} \ , \qquad E^m E^n = E^{m+n} \ , \qquad E\,E^{-1} = 1 \ .$$

Wird (4.5) ausmultipliziert, zeigt sich die Äquivalenz von (4.4) und (4.5). Differentiation von (4.5) liefert

$$X'(t) = n(1 - t + t\,E)^{n-1} (E - 1) b_0 \ , \tag{4.6}$$

$$X''(t) = n(n - 1) (1 - t + t\,E)^{n-2} (E - 1)^2 \, b_0 \ .$$

Einsetzen der Randparameterwerte $t = 0$ und $t = 1$ ergibt

$$X(0) = b_0 , \qquad\qquad\qquad X(1) = b_n ,$$

$$X'(0) = n(b_1 - b_0) , \qquad\qquad X'(1) = n(b_n - b_{n-1}) , \qquad\qquad (4.6a)$$

$$X''(0) = n(n-1)(b_2 - 2b_1 + b_0) , \quad X''(1) = n(n-1)(b_n - 2b_{n-1} + b_{n-2}) ,$$

woraus folgt,

- die Bézier-Kurve beginnt in b_0 und endet in b_n ,
- die Seiten $b_0 \cup b_1$ und $b_{n-1} \cup b_n$ des Bézier-Polygons sind Tangenten der Kurve,[*)]
- die 2. Ableitung am Rande hängt nur von den Randpunkten und deren beiden Nachbarpunkten des Bézier-Polygons ab.

Für die k-te Ableitung einer Bézier-Kurve gilt allgemein

$$X^{(k)}(t) = \frac{n!}{(n-k)!} (1 - t + tE)^{n-k} (E-1)^k b_0 . \qquad\qquad (4.7a)$$

Werden in (4.7a) die *Vorwärtsdifferenzen*

$$\Delta b_i := b_{i+1} - b_i ,$$

$$\Delta^2 b_i := \Delta(\Delta b_i) = \Delta(b_{i+1} - b_i) = b_{i+2} - 2b_{i+1} + b_i ,$$

$$\vdots$$

$$\Delta^k b_i := b_{i+k} - \binom{k}{1} b_{i+k-1} + \binom{k}{2} b_{i+k-2} - .. + b_i =$$

$$= \sum_{l=0}^{k} (-1)^l \binom{k}{l} b_{i+k-l}$$

$$(4.8)$$

eingeführt, nimmt (4.7a) die Form an:

$$X^{(k)}(t) = \frac{n!}{(n-k)!} \sum_{i=0}^{n-k} \Delta^k b_i \, B_i^{n-k}(t) . \qquad\qquad (4.7b)$$

Aus (4.7a,b) kann abgelesen werden (siehe auch [BEZ 72])

Lemma 4.1 (von Bézier): In den Randpunkten $t = 0$ und $t = 1$ hängen die Ableitungen der Ordnung k einer Bézier-Kurve nur von dem jeweiligen Randpunkt und den jeweiligen k benachbarten Bézier-Punkten ab.

Beweis: Werden über (4.7b) die k-ten Ableitungen in den Randpunkten ermittelt, gilt

$$X^{(k)}(0) = \frac{n!}{(n-k)!} \Delta^k b_0 , \qquad X^{(k)}(1) = \frac{n!}{(n-k)!} \Delta^k b_{n-k} , \qquad (4.7c)$$

woraus mit der Definition (4.8) die Behauptung folgt.

[*)] Falls einer oder mehrere benachbarte Bézier-Punkte von b_0 mit b_0 zusammenfallen, so ist die Tangente in b_0 gegeben durch b_0 und den ersten von b_0 verschiedenen Bézier-Punkt des Bézier-Polygons.

Bei Polynomen auf Monom-Basis kann der Funktionswert an einer Stelle $t = t_0$ bequem (und numerisch stabil) mit Hilfe des Horner-Schemas berechnet werden [GOL 84]. Das analoge Verfahren für Polynome in Bernstein-Basis ist der **Casteljau-Algorithmus** (s. a. [BARR 88], [FARO 88]): Zum Entwickeln des Casteljau-Algorithmus führen wir für Bézier-Kurven unterschiedlichen Polynomgrads folgende Bezeichnungen ein:

$$X_n(t) \ := (1-t+tE)^n \ b_0 =: b_{0,\ldots,\,n} \,,$$

$$X_{n-1}(t) := (1-t+tE)^{n-1} b_0 =: b_{0,\ldots,\,n-1} \,,$$

$$\vdots$$

$$X_{n-k}(t) := (1-t+tE)^{n-k} b =: b_{0,\ldots,\,n-k} \,;$$

$$E^m \, X_{n-k}(t) =: b_{m,\ldots,\,n-k+m} \,.$$

(4.9)

Damit gilt

$$X_n(t) \quad = (1-t+tE) \, X_{n-1}(t) = (1-t) \, X_{n-1}(t) \quad + \, tE \, X_{n-1}(t)$$

oder
$$b_{0,\ldots,\,n} \qquad\quad = (1-t) \, b_{0,\ldots,\,n-1} + \quad t \, b_{1,\ldots,\,n} \,,$$

sowie

$$X_{n-1}(t) \quad = (1-t+tE) \, X_{n-2}(t) = (1-t) \, X_{n-2}(t) \quad + \, tE \, X_{n-2}(t)$$

oder
$$b_{0,\ldots,\,n-1} \qquad\quad = (1-t) \, b_{0,\ldots,\,n-2} + \quad t \, b_{1,\ldots,\,n-1} \,,$$

und

$$E \, X_{n-1}(t) = E(1-t) \, X_{n-2}(t) + tE^2 \, X_{n-2}(t)$$

oder
$$b_{1,\ldots,\,n} \qquad\quad = (1-t) \, b_{1,\ldots,\,n-1} + \quad t \, b_{2,\ldots,\,n} \,.$$

Wird dieses Verfahren fortgesetzt, folgt mit $s = k + r$

$$\underbrace{b_{r,\ldots,s}}_{(k+1)\text{-fach}} = (1-t) \, \underbrace{b_{r,\ldots,s-1}}_{k\text{-fach}} + \, t \, \underbrace{b_{r+1,\ldots,s}}_{k\text{-fach}}$$

(*)

oder als letzter Schritt (mit $s = r + 1$)

$$b_{rs} = (1-t) \, b_r + t \, b_s \,.$$

(**)

Wenn wir nun dieses Verfahren der fortgesetzten linearen Interpolation rückwärts durchlaufen, d.h. aus den gegebenen Bézier-Punkten b_i folgt zunächst einmal Formel (**), dann werden alle Indexkombinationen gemäß (*) berechnet, so folgt für einen Parameterwert $t = t_0$ schließlich als letzter Schritt gemäß (4.9) der Funktionswert der Bézier-Kurve an der Stelle $t = t_0$. Es ist zweckmäßig, die einzelnen Rechenschritte dieser linearen Interpolation systematisch durchzuführen:

Dazu werden die Zwischenwerte wie folgt angeordnet (**Casteljau-Schema**)

$$
\begin{array}{llll}
 & \mathbf{b}_0 & & \\
1 - t_0 & \mathbf{b}_1 & \mathbf{b}_{01} & \\
 & \mathbf{b}_2 & \mathbf{b}_{12} & \mathbf{b}_{012} \\
t_0 & \mathbf{b}_3 & \mathbf{b}_{23} & \mathbf{b}_{123} \\
 & \cdot & \cdot & \cdot \\
 & \cdot & \cdot & \cdot \\
\mathbf{b}_{n-1} & \mathbf{b}_{n-2,n-1} & \cdot & \cdots & \mathbf{b}_{0,\dots,n-1} \\
\mathbf{b}_n & \mathbf{b}_{n-1,n} & \mathbf{b}_{n-2,n-1,n} & \cdots & \mathbf{b}_{1,\dots,n} & \mathbf{b}_{0,1,\dots,n} = X_n(t)
\end{array}
\qquad (4.10)
$$

Das Schema wird durchlaufen, indem in horizontaler Richtung jeweils mit t_0 und in schräger Richtung jeweils mit $(1-t_0)$ multipliziert wird. Die Berechnung von $\mathbf{b}_{123}$ ist in (4.10) schematisch angedeutet.

Aus dem Schema können auch die Ableitungen von $X_n(t)$ entnommen werden: Gemäß (4.6) und (4.9) gilt

$$
X_n'(t) = n(1 - t + t\,E)^{n-1}\,(\mathbf{b}_1 - \mathbf{b}_0) \;=\; n\,(\mathbf{b}_{1,\dots,n} - \mathbf{b}_{0,\dots,n-1})\,,
$$

d.h. die 1. Ableitung entsteht aus der vorletzten Spalte des Casteljau-Schemas (4.10). Analog folgen die 2. und höheren Ableitungen aus den vorhergehenden Spalten.

Der Casteljau-Algorithmus kann auch *geometrisch* gedeutet werden (s. Fig. 4. 4): Die Seiten des Bézier-Polygons werden im Verhältnis $(1-t_0) : t_0$ geteilt und die entstehenden Teilpunkte durch Geraden verbunden, diese Strecken werden wieder im Verhältnis $(1-t_0) : t_0$ geteilt usw.. Der letzte Teilpunkt liefert $X_n(t_0)$, die letzte Gerade die Tangente an die Bézier-Kurve im Punkt $X_n(t_0)$.

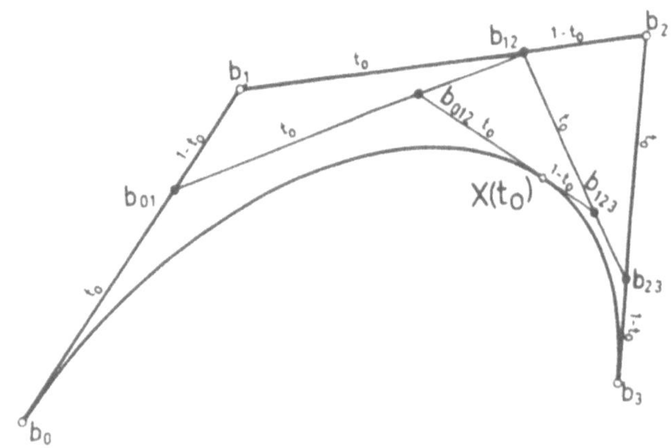

Fig. 4.4: Casteljau-Algorithmus, geometrische Deutung

Betrachten wir ein *Beispiel*: Gegeben sei die ebene Bézier-Kurve 4. Grades

$$\mathbf{X}_4(t) = \begin{pmatrix} 1 \\ 0 \end{pmatrix} (1-t)^4 + \begin{pmatrix} 0 \\ 2 \end{pmatrix} 4(1-t)^3 t + \begin{pmatrix} 1 \\ 5.5 \end{pmatrix} 6(1-t)^2 t^2$$
$$+ \begin{pmatrix} 6 \\ 5.5 \end{pmatrix} 4(1-t)t^3 + \begin{pmatrix} 7.5 \\ 0.5 \end{pmatrix} t^4 .$$

Wir wollen den Kurvenpunkt $\mathbf{X}_4(0.6)$ berechnen. Dazu durchlaufen wir jeweils für die x- bzw. y-Komponente das Casteljau-Schema (4.10) mit dem Parameterwert $t = 0.6$:

x-Komponente:				
1				
0	0.4			
1	0.6	0.52		
6	4.0	2.64	1.792	
7.5	6.9	5.74	4.5	<u>3.4168</u>

y-Komponente:				
0				
2	1.2			
5.5	4.1	2.94		
5.5	5.5	4.94	4.14	
0.5	2.5	3.7	4.196	<u>4.1736</u>

Zum Casteljau-Algorithmus kann abschließend noch bemerkt werden:

1. der Casteljau-Algorithmus ist *numerisch stabil,* da nur Additionen und Multiplikationen durchgeführt werden [FARO 87],
2. der Casteljau-Algorithmus ist *affin invariant,* da das Teilungsverhältnis affin invariant ist,
3. der Casteljau-Algorithmus erlaubt eine Zerlegung (*Segmentierung*) von Bézier-Kurven: Eine gegebene Bézier-Kurve wird mit Hilfe des Casteljau-Algorithmus an der Stelle $t = t_0$ aufgetrennt, die beiden Kurvensegmente sind wieder Bézier-Kurven mit Bézier-Punkten, die aus dem Casteljau-Schema zu entnehmen sind. Es gilt [STÄ 76]

Lemma 4.2: Über den Casteljau-Algorithmus kann eine Bézier-Kurve an der Stelle $t = t_0$ in zwei Bézier-Kurvensegmente zerlegt werden. Die beiden Ränder des Casteljau-Schemas liefern die Bézier-Punkte der neuen Bézier-Kurvensegmente. Die beiden Bézier-Kurvensegmente stimmen im Trennpunkt $t = t_0$ bis zur n-ten Ableitung überein.

Zur Interpretation von Lemma 2 betrachte man Figur 4.4 und das zugehörige Casteljau-Schema für den Polynomgrad $n = 3$. Die *Randpunkte* des Casteljau-Schemas sind einmal

$$\mathbf{b}_0, \mathbf{b}_{01}, \mathbf{b}_{012}, \mathbf{b}_{0123} = \mathbf{X}(t_0) \qquad \text{sowie} \qquad \mathbf{X}(t_0) = \mathbf{b}_{0123}, \mathbf{b}_{123}, \mathbf{b}_{23}, \mathbf{b}_3 .$$

Diese Punkte bilden die Bézier-Punkte der beiden neuen Bézier-Kurvensegmente zwischen $\mathbf{b}_0$ und $\mathbf{X}(t_0)$ und $\mathbf{X}(t_0)$ und $\mathbf{b}_3$.

In Figur 4.5 sind die beiden Bézier-Kurvensegmente und ihre zugehörigen Bézier-Punkte hervorgehoben, man vergleiche dazu Figur 4.4.

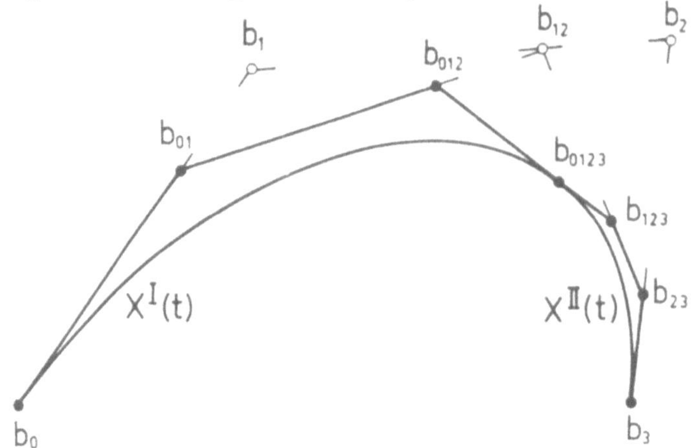

Fig. 4.5: Zerlegung einer Bézier-Kurve in zwei
C^3-stetige Kurvensegmente (vergl. Fig. 4.4).

Beweis Lemma 4.2: Die Zerlegung führe die Bézier-Kurve $X(t)$ in die Kurvensegmente $X^I(t)$ mit dem Parameterintervall $[0,t_0]$ und $X^{II}(t)$ mit dem Parameterintervall $[t_0,1]$ über. Gemäß der Behauptung hat $X^I(t)$ die Bézier-Punkte (s. (4.9))

$$
\begin{aligned}
\tilde{b}_0 &= b_0 \\
\tilde{b}_1 &= (1-t_0 + t_0 E)\, b_0 \\
\tilde{b}_2 &= (1-t_0 + t_0 E)^2\, b_0 \\
&\ \vdots \\
\tilde{b}_{n-1} &= (1-t_0 + t_0 E)^{n-1}\, b_0 \\
\tilde{b}_n &= (1-t_0 + t_0 E)^n\, b_0 \qquad .
\end{aligned}
\tag{*}
$$

Damit lautet die Parameterdarstellung von $X^I(t)$

$$X^I(t) = (1-t + tE)^n\, \tilde{b}_0$$

oder bei Beachtung der binomischen Formel und Einsetzen von (*)

$$X^I(t) = (1-t + t(1-t_0 + t_0 E))^n\, b_0$$

oder $\quad X^I(t) = (1-tt_0 + tt_0 E)^n\, b_0 \ .$ $\tag{**}$

Nun muß auch die gegebene Kurve $X(t)$ auf das neue Parameterintervall $[0,t_0]$ transformiert werden. Wird in (**) gesetzt $\tilde{t} = tt_0$, geht diese Beziehung in die Operatorschreibweise (4.5) einer Bézier-Kurve $X(\tilde{t})$ über. -Analog folgt der Beweis für $X^{II}(t)$.

Wird die oben beschriebene Zerlegung mehrfach wiederholt, d. h. für die Teilsegmente ausgeführt, so konvergiert die Folge der Bézier-Polygone gegen die Bézier-Kurve, falls die Menge der Unterteilungspunkte t_0 dicht liegt in [0,1] (für eine fortgesetzte Halbierung, d. h. $t_0 = 0.5$, s. a. [LANE 80]). Die Konvergenz ist sehr schnell [COH 85], [DAH 86], so daß sich wiederholte Unterteilung zur graphischen Darstellung der Kurve durch ihr verfeinertes Polygon eignet ([BART 87]).

Wir haben bei unserer Einführung der Bernstein Polynome vorausgesetzt, daß diese Basis-Funktionen über dem Parameterintervall [0,1] definiert sind. Wir haben jetzt gesehen, daß dies nicht ausreicht, für viele Anwendungen ist diese Voraussetzung außerdem unzweckmäßig. Wir wollen daher jetzt auch Bernstein-Polynonme über dem allgemeinen Parameterintervall [a,b] betrachten. Die bisher gefundenen Resultate sind gegenüber Umparametrisierungen invariant.

Für ein Parameterintervall [a,b] mit a < b tritt an die Stelle der Bernstein-Polynome gemäß (4.2) deren verallgemeinerte Definition

$$B_k^n(t) = \frac{1}{(b-a)^n} \binom{n}{k} (t-a)^k (b-t)^{n-k} . \tag{4.11}$$

Die Definition (4.11) kann analog zu (4.2) aus $[(t-a)+(b-t)] = (b-a)$ direkt hergeleitet werden. Werden in die Parameterdarstellung der Bézier-Kurve gemäß (4.4) die Basisfunktionen (4.11) eingesetzt, ergeben sich in Verallgemeinerung von (4.7b) die Ableitungen

$$X^{(k)}(t) = \frac{1}{(b-a)^k} \frac{n!}{(n-k)!} \sum_{i=0}^{n-k} \Delta^k b_i \, B_i^{n-k}(t) , \tag{4.12a}$$

wobei in (4.12a) natürlich wieder die Bernstein-Polynome gemäß (4.11) einzusetzen sind. Die Ableitungen in den Randpunkten des Parameterintervalls ergeben sich in Analogie zu (4.7c) zu

$$X^{(k)}(a) = \frac{1}{(b-a)^k} \frac{n!}{(n-k)!} \Delta^k b_0$$

$$X^{(k)}(b) = \frac{1}{(b-a)^k} \frac{n!}{(n-k)!} \Delta^k b_{n-k} . \tag{4.12b}$$

Alle Definitionen und Resultate, bei denen keine Ableitungen der Bernstein-Polynome benutzt werden, können durch die Substitution

$$\tilde{t} = \frac{t-a}{b-a} \tag{4.13a}$$

vom Intervall [a,b] auf das Intervall [0,1] zurückgeführt werden. Wird (4.13a) nach t aufgelöst, folgt

$$t = a(1 - \tilde{t} + b\tilde{t}) \qquad \text{mit } \tilde{t} \in [0,1] . \tag{4.13b}$$

Nun können die Bernstein Polynome als Funktionen des lokalen Parameters $\tilde{t}$ aufgefaßt werden, während der tatsächliche globale Kurvenparameter t über (4.13b) bestimmt ist.

Wie wir gesehen haben, spielt das Parameterintervall aber dann eine Rolle, wenn mehrere Bézier-Kurven zu einer *Bézier-Spline-Kurve* verknüpft werden, da ein geändertes Parameterintervall die Ableitungen mitverändert.

4.1.1   Geometrische Eigenschaften der Bézier-Kurven

Nach diesen einführenden Bemerkungen können wir nun die wesentlichen geometrischen Eigenschaften der Bézier-Kurven beweisen, aus denen die Bedeutung der Bézier-Kurven für die praktische Anwendung hervorgeht. Wir haben bereits oben festgestellt, daß die Randpunkte des Bézier-Polygons Kurvenpunkte und die erste und letzte Seite des Bézier-Polygons Kurventangenten sind.
Weiter gilt

Satz 4.1: *(convex-hull-property)* Eine ebene Bézier-Kurve liegt ganz innerhalb der konvexen Hülle des zugehörigen Bézier-Polygons.

Bemerkung: Die konvexe Hülle eines Polygons $\{b_i\}$ (s. Fig. 4.6) ist der Durchschnitt aller b_i enthaltenden konvexen Bereiche. Dabei heißt ein Bereich B konvex, wenn B mit $x, y \in B$ auch alle Punkte der durch x und y bestimmten Strecke enthält.

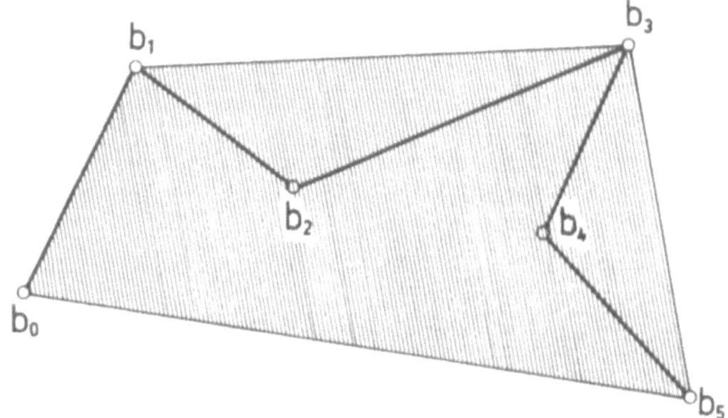

Figur 4.6: Konvexe Hülle der Punkte $b_0,...,b_5$.

Beweis Satz 1: Jeder Kurvenpunkt einer Bézier-Kurve kann mit dem Casteljau-Algorithmus berechnet werden. Der Casteljau-Algorithmus beruht auf einer linearen Verbindung von Punkten auf den Seiten des Bézier-Polygons. Diese Verbindungsgeraden können höchstens mit den Randgeraden der konvexen Hülle der Bézier-Punkte zusammenfallen. Daher liegen alle Kurvenpunkte innerhalb der konvexen Hülle.

Weiter gilt für ebene Bézier-Kurven

Satz 4.2: *(variation-diminishing-property)* Schneidet eine allgemeine Gerade das Bézier-Polygon einer ebenen Bézier-Kurve in maximal k Punkten, so kann die Bézier-Kurve höchstens k Schnittpunkte mit einer allgemeinen Geraden gemeinsam haben.

Beweis: s. z.B. [SCHO 67].

Bemerkungen 1: Für k = 2 bedeutet dies, daß die Bézier-Kurve stets konvex ist, wenn das Bézier-Polygon konvex ist (s. Fig. 4.7a), die Kurve kann aber auch konvex sein, obwohl das Bézier-Polygon nicht konvex ist (s. Fig. 4.7b). Hat die Bézier-Kurve einen Wendepunkt (s. Fig. 4.7c), dann hat auch das Bézier-Polygon mindestens einen Wendepunkt.
2: Singularitäten von Bézier-Kurven werden in [SU 89] diskutiert, Bézier-Kurven mit nur positiver Krümmung in [ROU 88] beschrieben.

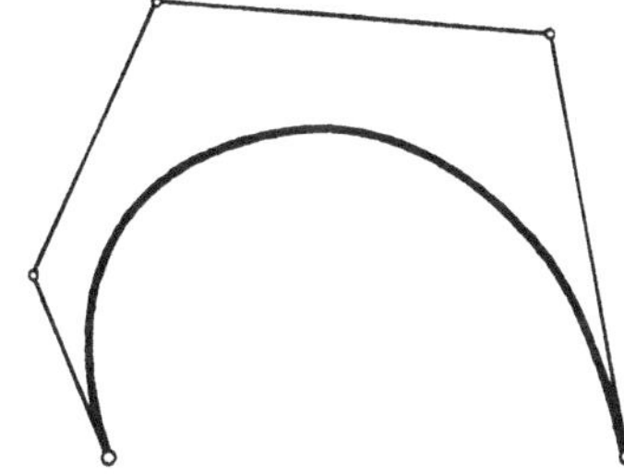

Fig. 4.7a: Polygon
und Kurve konvex

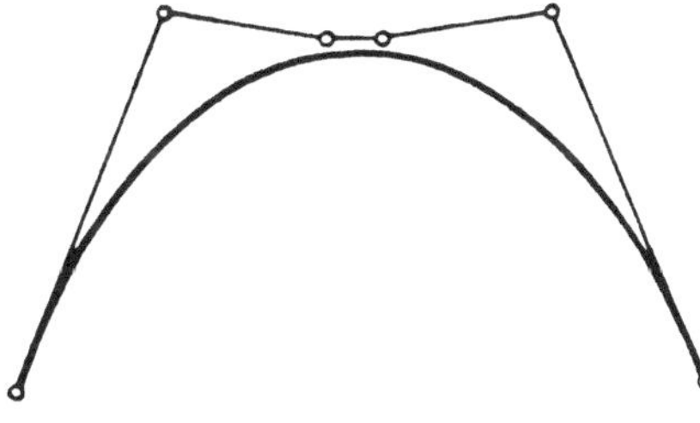

Fig. 4.7b: Polygon
nichtkonvex und
Kurve konvex

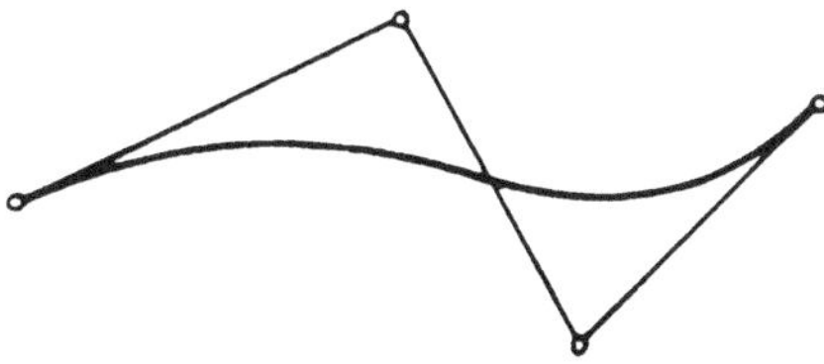

Fig. 4.7c: Kurve
und Polygon mit
einem Wendepunkt

Aus der Linearen Algebra ist bekannt, daß z.B. Vektoren des $\mathbb{R}^2$ auch als Vektoren des $\mathbb{R}^3$ über eine entsprechende Basistransformation dargestellt werden können. Wir wollen jetzt der analogen Frage für Basisfunktionen nachgehen:

Es sei gegeben eine Bézier-Kurve vom Grade n, und wir wollen die gleiche Kurve unverändert in einer neuen Basis vom Grade n+1 darstellen. Für diese Graderhöhung gilt:

Lemma 4.3: Wird der Polynomgrad einer Bézier-Kurve vom Grade n auf n+1 erhöht, so berechnen sich die neuen Bézier-Punkte $\bar{b}_k$ aus den gegebenen Bézier-Punkten b_i über

$$\bar{b}_k = \frac{k}{n+1} b_{k-1} + \left(1 - \frac{k}{n+1}\right) b_k \qquad (k = 0(1)n+1) . \qquad (4.14)$$

Beweis: Da in beiden Basisdarstellungen die gleiche Kurve beschrieben werden soll, gilt in der Operatorschreibweise gemäß (4.5)

$$(1 - t + tE)^n b_0 = (1 - t + tE)^{n+1} \bar{b}_0 .$$

Aus der Summe der linken Seite greifen wir die folgenden Summanden heraus

$$.. \quad + \binom{n}{k}(1-t)^{n-k} t^k E^k b_0 + \binom{n}{k-1}(1-t)^{n-k+1} t^{k-1} E^{k-1} b_0 + ..$$

und erweitern diese beiden Terme mit $[(1-t) + t]$, was liefert

$$.. \quad + \binom{n}{k}(1-t)^{n-k+1} t^k E^k b_0 + \binom{n}{k}(1-t)^{n-k} t^{k+1} E^k b_0 +$$

$$+ \binom{n}{k-1}(1-t)^{n-k+2} t^{k-1} E^{k-1} b_0 + \binom{n}{k-1}(1-t)^{n-k+1} t^k E^{k-1} b_0 + ..$$

und führen Koeffizientenvergleich in $(1-t)^{n-k+1} t^k$ mit der rechten Seite durch. Der zugehörige Koeffizient der rechten Seite lautet dabei

$$.. \quad + \binom{n+1}{k}(1-t)^{n-k+1} t^k E^k \bar{b}_0 + .. ,$$

so daß der Koeffizientenvergleich ergibt

$$\binom{n+1}{k}\bar{b}_k = \binom{n}{k} b_k + \binom{n}{k-1} b_{k-1} .$$

Berücksichtigung der Definition von $\binom{a}{b}$ liefert die Behauptung (4.14).

Formal kann die Graderhöhung von n auf n+1 durch den Operator E beschrieben werden. Ist Φ das Bézier-Polygon der Bézier-Kurve $B_n\Phi$ vom Grade n , so gilt über die Transformation (4.14) $B_n\Phi = B_{n+1}(E\Phi)$. Beschreiben $\Phi, E\Phi, E^2\Phi \ldots$ die fortgesetzte Graderhöhung, so gilt

Satz 4.3: Bei fortgesetzter Graderhöhung konvergiert das Bézier-Polygon Φ einer Bézier-Kurve gegen die Bézier-Kurve selbst, d.h. es gilt

$$\lim_{p \to \infty} E^p \Phi = B_n \Phi .$$

Zum *Beweis*: Satz 4.3 folgt über den *Weierstraßschen Approximationssatz* (s. z.B. [DAV 75], S. 108). Für praktische Anwendungen ist die Konvergenz jedoch zu langsam [COH 85].

Fig. 4.8 veranschaulicht die Aussage von Lemma 4.3: Fig. 4.8a zeigt die Graderhöhung einer Bézier-Kurve von $n = 5$ auf $n = 6$ und die zugehörigen Bézier-Polygone, Fig. 4.8b zeigt die Graderhöhung einer Bézier-Kurve vom Grad $n = 3$ bis $n = 10$. Man erkennt deutlich das Annähern des Bézier-Polygons an die Bézier-Kurve.

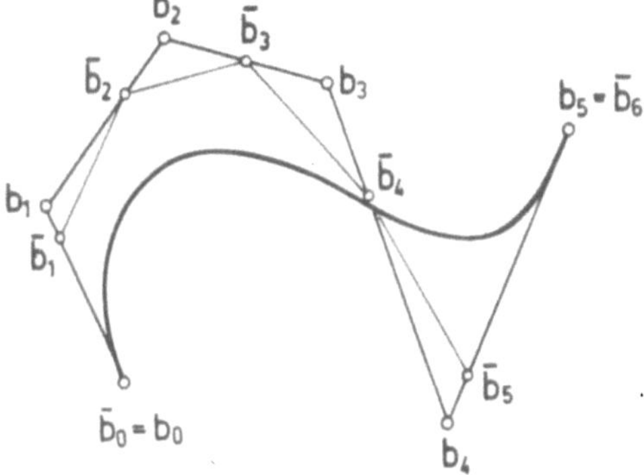

Fig. 4.8 a: Bézier-Polygone bei Graderhöhung von $n = 5$ auf $n = 6$.

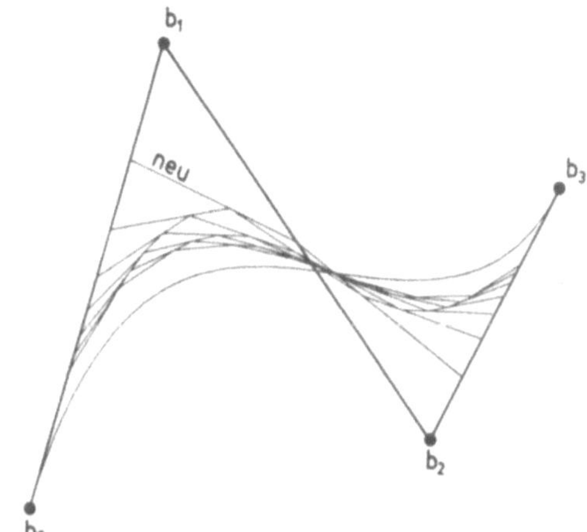

Fig. 4.8 b: Bézier-Polygon nähert sich Bezier-Kurve bei Graderhöhung

Bemerkungen: 1. Das Resultat (4.14) kann auf die Erhöhung vom Grade n auf den Grad $n + \mu$ erweitert werden. Es gilt

$$\bar{b}_k = \sum_{j=k-\mu}^{k} \frac{\binom{n}{j}\binom{\mu}{k-j}}{\binom{n+\mu}{k}}\, b_k \quad , \qquad k = 0,\ldots,\mu \; . \tag{4.14a}$$

2. Die Graderhöhung kann beim interaktiven Arbeiten eingesetzt werden: eine approximierende Kurve kann nach Graderhöhung wegen der größeren Zahl von Freiheitsgraden leichter verändert werden [HOS 87b].

3. Bei der Konstruktion von Anschlußbedingungen bei Splineflächen ist oft auch Graderhöhung notwendig, um Koeffizientenvergleich durchführen zu können.

Nach der Aussage von Lemma 4.3 ist es nur bedingt sinnvoll, von *dem* Polynomgrad einer Bézier-Kurve zu sprechen. Der Polynomgrad kann z.B. höher sein als notwendig, und es erhebt sich die Frage, wie ein solcher überhöhter Polynomgrad erkannt werden kann. Bei der numerischen Behandlung sind niedrigere Polynomgrade einfacher und stabiler zu handhaben. Wir werden im folgenden unter *dem* Polynomgrad einer Bézier-Kurve stets den niedrigst möglichen Polynomgrad verstehen.

Liegt bei einer vorgegebenen Bézier-Kurve ein überhöhter Polynomgrad N vor, so müssen z.B. die zusätzlichen Bézier-Punkte gemäß (4.14) konstruiert worden sein, d.h. aber, daß die Bézier-Punkte der Bézier-Kurve des Grades N Abhängigkeiten enthalten, die sich aus (4.14) ergeben. Diese Abhängigkeiten können durch das Differenzenschema der Bézier-Punkte aufgedeckt werden [FAR 79]. Es gilt

Lemma 4.4: Gegeben sei eine Bézier-Kurve vom Grade N, der niedrigst mögliche Polynomgrad sei n ($N > n$). Dann bricht das Differenzenschema der Bézier-Punkte nach n-Schritten ab, d.h. alle höheren Differenzen als von Ordnung n verschwinden.

Es gilt damit folgendes Differenzenschema

$$
\begin{array}{cccccccccc}
b_N \\
b_{N-1} & \Delta b_{N-1} \\
\cdot & & \Delta^2 b_{N-2} \\
\cdot & & & \cdot & \Delta^n b_{N-n} \\
& & & & & \cdot & 0 \\
& & & & & & 0 & 0 \\
\cdot \\
b_0 & \Delta b_0 & \Delta^2 b_0 & \cdot & \Delta^n b_0 & \cdot\cdot & 0 & 0 & 0 & \cdot
\end{array}
\qquad (4.15)
$$

Das Verschwinden der Differenzen $\Delta^{n+k} b_l$ mit $k = 1..,N-n$, ist kennzeichnend für einen überhöhten Polynomgrad.

4.1.2 Bézier-Spline-Kurven

Vom Standpunkt der Analysis sind die Bézier-Spline-Kurven polynomiale Splinekurven in einer anderen Basisdarstellung als die "gewöhnlichen" Splinekurven, die auf Monombasis basieren. Formal können die Splinekoeffizienten über die Transformation der Basisfunktionen umgerechnet werden (s. Kap. 10). Im Unterschied zu den Monomsplinekoeffizienten lassen sich aber für Bézier-Spline-Kurven die Bézier-Punkte geometrisch deuten und auch die *Anschlußbedingungen* zwischen benachbarten Splinesegmenten sind *geometrisch interpretierbar* (s. a. [BÖH 76],[STÄ 76]). – Figur 4.9 zeigt eine Bézier-Kurve mit Bézier-Polygon sowie die gleiche Kurve als Bézier-Spline-Kurve mit den zugehörigen Bézier-Polygonen.

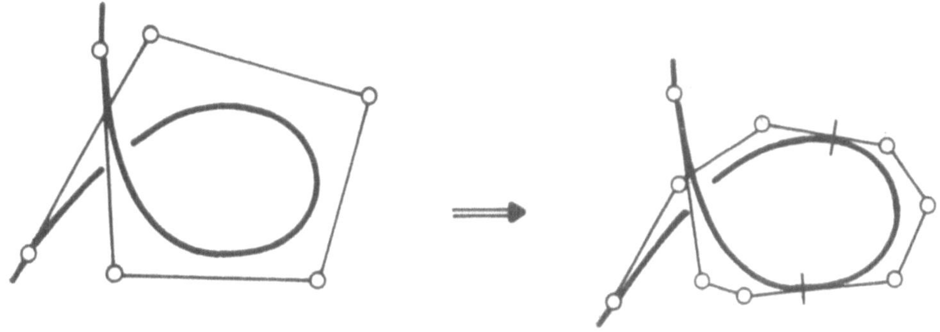

Fig. 4.9: Bézier-Polygon bei einer Bézier-Kurve
und einer zugehörigen Bézier-Spline-Kurve

Um die geometrische Bedeutung der Anschlußbedingungen benachbarter Splinesegmente erschließen zu können, setzen wir voraus

- daß benachbarte Splinekurvensegmente gleiche Ordnung besitzen sollen und der Anschluß in den Segmenttrennpunkten jeweils C^P- stetig erfolgen soll

- daß die Parametrisierung der einzelnen Segmente frei wählbar sein soll, d.h. wir transformieren den Parameter $t \in [0,1]$ durch

$$t =: \frac{u}{\mu_j} \qquad (\mu_j \in \mathbb{R}) \tag{4.16}$$

auf das Parameterintervall $u \in [0,\mu_j]$, d.h. für das Segment mit Index j durchlaufe der Parameter jeweils das Intervall $[0,\mu_j]$.

Bemerkung: Eine Änderung des Parameterintervalls ändert für die einzelne Kurve nicht den Kurvenverlauf. Da aber die Länge des Parameterintervalls wegen der Kettenregel der Differentiationsrechnung die Ableitungen verändert, beeinflussen verschiedene Parameterintervalle die Anschlußbedingungen in den Segmenttrennpunkten und damit auch den Verlauf der Bézier-Spline-Kurve.

Wir setzen als Kurvensegment der Bézier-Spline-Kurve an (Kurvenindex $i = 0(1)m$)

$$X_i = \sum_{k=0}^{n} b_{ki} B_k^n \left(\frac{u}{\mu_i}\right) \qquad (u \in [0,\mu_i]) \ . \tag{4.17}$$

Wir hätten in (4.17) auch Bernstein-Polynome gemäß (4.11) ansetzen können, der Kurvenparameter t würde dann zwischen t_i und t_{i+1} verlaufen, wobei die Parameterwerte t_j als Segmenttrennwerte auf einem globalen Parameterintervall $t_0 < t_1 < \dots \dots < t_m < t_{m+1}$ definiert sind. t wird daher oft als *globaler Parameter* bezeichnet, während u *lokaler Parameter* genannt wird. Werden die Segmenttrennpunkte mit den Parameterwerten t_i belegt, gilt

$$\mu_i = t_{i+1} - t_i \, .$$

Der lokale Ansatz gemäß (4.17) läßt meist einfacheres Arbeiten zu.

In den Segmenttrennpunkten gilt natürlich zunächst, daß die Kurve stetig ist, was auf

$$X_i(\mu_i) = X_{i+1}(0) \qquad\qquad \text{in lokalen Parametern}$$

oder auf

$$X_i(t^-_{i+1}) = X_{i+1}(t^+_{i+1}) \qquad\qquad \text{in globalen Parametern}$$

führt.

Sollen auch die 1. Ableitungen in den Segmenttrennpunkten übereinstimmen (C^1-Stetigkeit), gilt weiter

$$X'_i(\mu_i) = X'_{i+1}(0) \qquad\qquad \text{(und analog in globalen Parametern)}.$$

Aus (4.6a) folgt unter Berücksichtigung der Kettenregel und der Substitution (4.16)

$$\frac{n}{\mu_i}(b_{ni} - b_{n-1,i}) = \frac{n}{\mu_{i+1}}(b_{1,i+1} - b_{0,i+1}) \tag{4.18a}$$

oder wegen $b_{ni} = b_{0,i+1}$

$$b_{ni}(\mu_{i+1} + \mu_i) = \mu_i b_{1,i+1} + \mu_{i+1} b_{n-1,i} \, . \tag{4.18b}$$

Diese C^1-Übergangsbedingung besagt, daß der Segmenttrennpunkt $b_{ni} = b_{0,i+1}$ und die beiden benachbarten Bézier-Punkte kollinear liegen, d.h. daß beim C^1-Übergang diese Bézier-Punkte auf der gemeinsamen Tangente im Segmenttrennpunkt der Bézier-Spline-Kurve liegen. Die μ_i können als Gewichte gedeutet werden (s. Fig. 4.10a). Ist insbesondere $\mu_i = \mu_{i+1}$ (gleiches Parameterintervall benachbarter Splinekurven), dann halbiert b_{ni} die Strecke $(b_{n-1,i}, b_{1,i+1})$ (s.Fig.4.10b).

Die Wirkung unterschiedlicher Parameterintervalle benachbarter Bézier-Spline-Kurven zeigt Figur 4.11 (vgl. dazu auch Fig. 2.23,2.24): Vorgegeben ist eine Bézier-Kurve 3. Grades mit den Bézier-Punkten b_0, b_1, b_2, b_3, ferner kennt man einen Punkt b_6, der durch eine C^1-stetige Bézier-Spline-Kurve mit der gegebenen Bézier-Kurve verbunden werden soll, wobei in b_6 die Tangentenrichtung festgelegt ist. Der C^1-Anschluß besagt, daß der Bézier-Punkt b_4 gemäß (4.18b) auf der

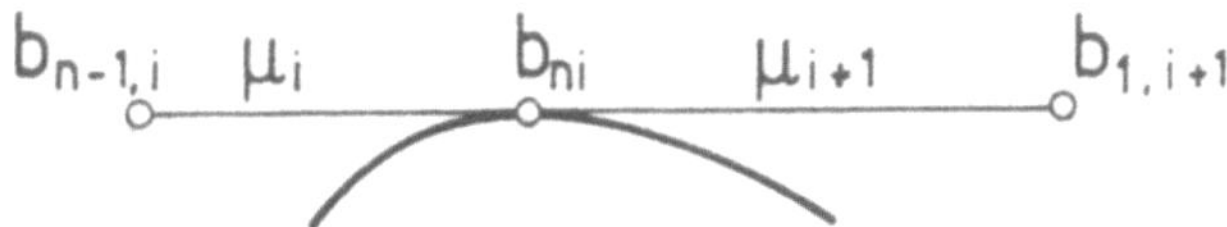

Fig. 4.10a: C^1-Anschluß bei verschiedenen Parameterintervallen.

Fig. 4.10b: C^1-Anschluß bei gleichen Parameterintervallen.

Tangente in b_3 gewählt werden soll, während der Bézier-Punkt b_5 geeignet auf der Tangente in b_6 zu wählen ist. Die Figuren 4.11a,b zeigen die Wirkung der Wahl von b_5 bei C^1-Anschluß und gleichem Parameterintervall für beide Bézier-Spline-Kurven. Wird dagegen das Verhältnis 4:1 für die Länge der Parameterintervalle zwischen gegebener und gesuchter Kurve gewählt, folgt Figur 4.11c. Dieser Kurvenverlauf entspricht sicher eher einer durch die Vorgaben "erwarteten" Kurve. Auf dieses Phänomen wurde bereits in [STÄ 76] hingewiesen.

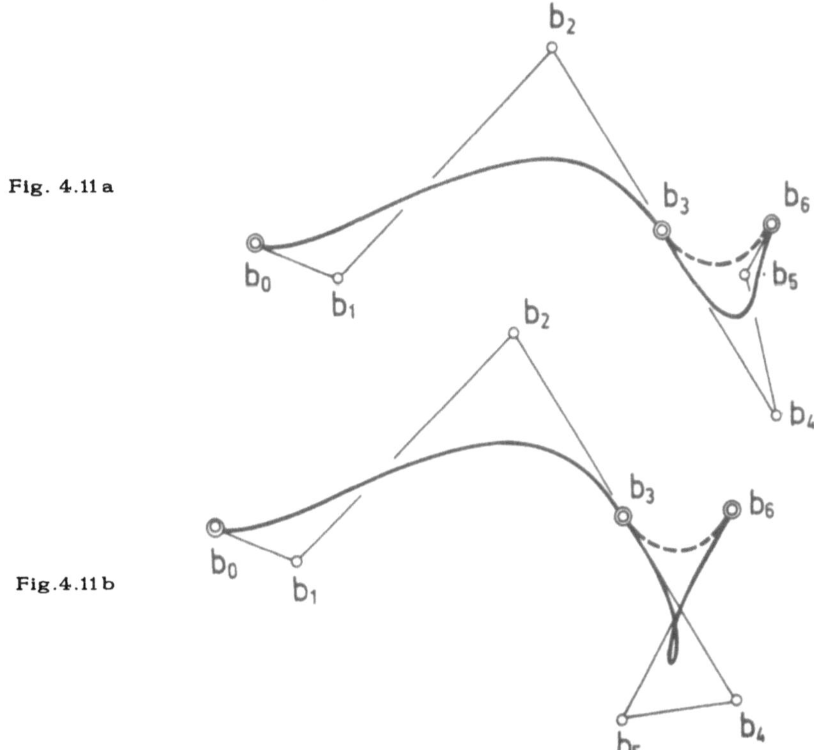

Fig. 4.11 a

Fig. 4.11 b

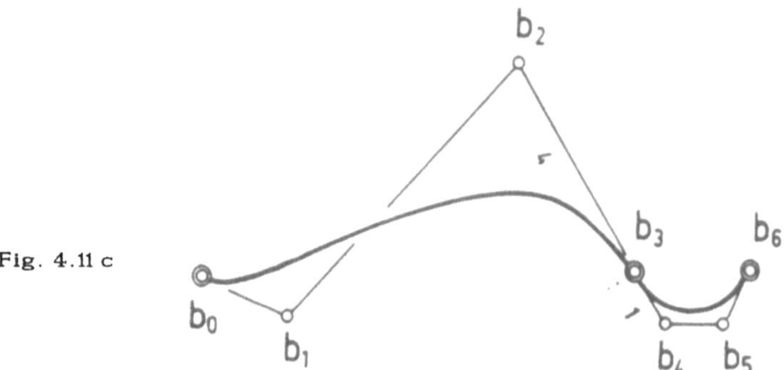

Fig. 4.11 c

Fig. 4.11: Kubische Bézier-Spline-Kurven. 4.11 a,b zeigen ungünstigen Anschluß
des zweiten Segments, 4.11 c zeigt günstigen Anschluß

Sollen die benachbarten Bézier-Spline-Segmente C^2-stetig anschließen, folgt
aus (4.6a)

$$\frac{n(n-1)}{\mu_i^2} (b_{ni} - 2b_{n-1,i} + b_{n-2,i}) = \frac{n(n-1)}{\mu_{i+1}^2} (b_{2,i+1} - 2b_{1,i+1} + b_{0,i+1})$$

oder wegen $b_{ni} = b_{0,i+1}$ und (4.18b)

$$b_{n-1,i} + \frac{\mu_{i+1}}{\mu_i} (b_{n-1,i} - b_{n-2,i}) = b_{1,i+1} + \frac{\mu_i}{\mu_{i+1}} (b_{1,i+1} - b_{2,i+1}) =: D_{i+1} \qquad (4.19)$$

Die in (4.19) eingeführten Punkte D_i können als Gewichtspunkte interpretiert
werden, sie liegen im Schnittpunkt der Geraden, die gemäß (4.19) durch die
Punkte $(b_{n-1,i}, b_{n-2,i})$ und $(b_{1,i+1}, b_{2,i+1})$ festgelegt werden. Figur 4.12a
veranschaulicht die geometrische Deutung der C^2-Stetigkeit gemäß (4.19), analog
folgt die Deutung der C^3-Stetigkeit in Figur 4.12b.

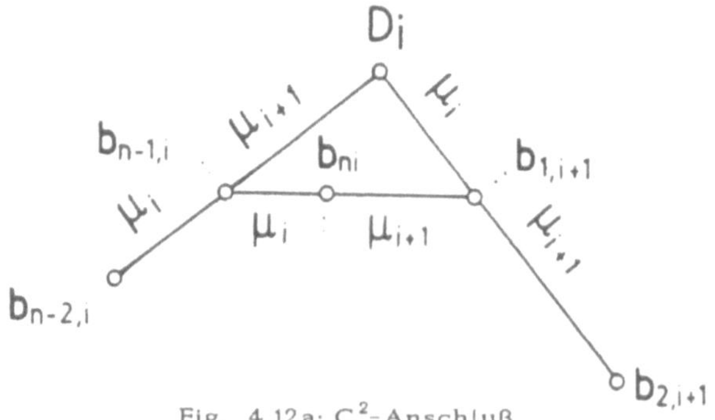

Fig. 4.12a: C^2-Anschluß

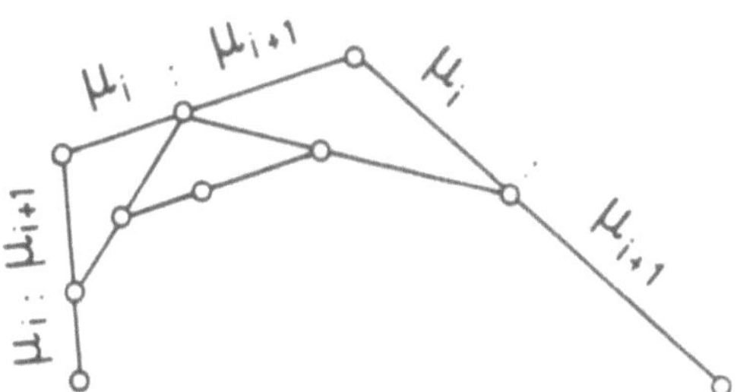

Fig. 4.12b: C³-Anschluß

Bemerkung: Wird eine gegebene Bézier-Kurve n-ten Grades mit dem Casteljau-Algorithmus gemäß Lemma 2 in mehrere Segmente aufgesplittet, entstehen C^n-stetige Bézier-Spline-Segmente. Dies bedeutet aber auch, daß sich die durch die Übergangsbedingungen bestimmten Bézier-Punkte eines an X_1 in $X_1(1)$ anschließenden Segmentes X_2 durch de Casteljausche Extrapolation ermitteln lassen: Die Anschlußkonstruktion unterscheidet sich im Falle eines C^p-Anschlusses

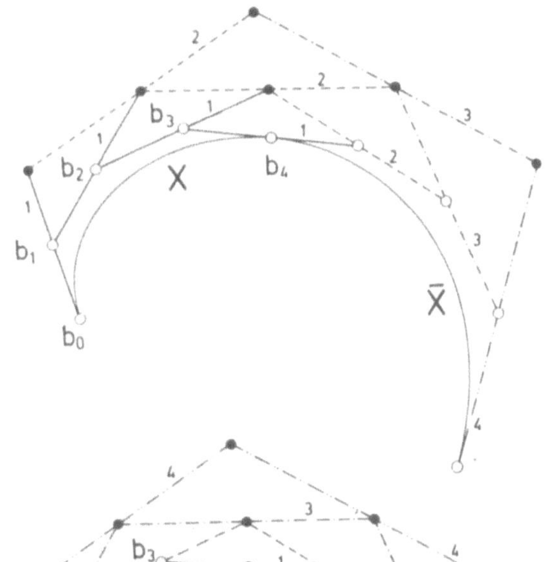

Fig. 4.13a: de Casteljau für $t_0 = 2$

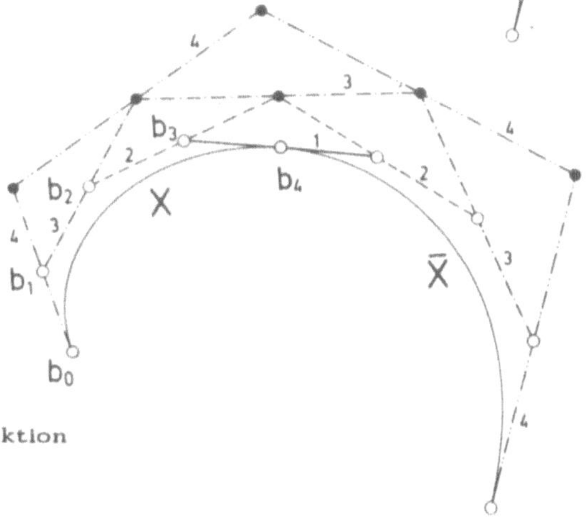

Fig. 4.13b: C⁴-Anschlußkonstruktion

mit p = n von der de Casteljau-Konstruktion zur Ermittlung eines Kurvenpunk-
tes an der Stelle λ mit $\lambda > 1$ nur durch die Reihenfolge der Operationen [STÄ 76].
Man vgl. dazu Fig. 4.13a mit Fig. 4.13b , in beiden Fällen ist die Reihenfolge der
Operationen durchnumeriert.

4.1.3 Kubische Bézier-Splines

Die in Gleichung (4.19) eingeführten Gewichtspunkte D_i erlauben eine übersichtliche Berechnung von interpolierenden Bézier-Spline-Kurven. Wir wollen
uns hier auf den *kubischen Fall* beschränken. Die notwendige Wahl von zwei
Randbedingungen (s. Kapitel 3) führt hier auf die freie Wahl des 2. und des
vorletzten Bézier-Punktes der Bézier-Spline-Kurve. Wir wählen eine fortlaufende
Numerierung der Bézier-Punkte und setzen dazu an

$$X_i(t) = b_{0,i}B_0^3(t) + b_{1,i}B_1^3(t) + b_{2,i}B_2^3(t) + b_{3,i}B_3^3(t) \tag{4.20}$$

mit $i = 0(1)n-1$. Die zu interpolierenden Punkte P_j $(j = 0(1)n)$ fallen mit den
Bézier-Punkten $b_{0,j}$ bzw. $b_{3,j-1}$ zusammen, d.h. es gilt

$$P_j = b_{0,j} = b_{3,j-1} \ .$$

Weiter setzen wir voraus, daß den zu interpolierenden Punkten P_j die Parameterwerte t_j zugeordnet werden, d.h. daß im Ansatz (4.20) Bernstein-Polynome
jeweils über dem Parameterintervall $[a,b] = [t_j,t_{j+1}]$ gemäß (4.11) verwandt
werden (globale Parametrisierung).

Mit $\mu_i := \Delta t_i = t_{i+1} - t_i$ ergeben sich aus (4.18) und (4.19) die **Übergangsbedingungen**

$$b_{3,i}(\Delta t_{i+1} + \Delta t_i) = \Delta t_i\, b_{1,i+1} + \Delta t_{i+1}b_{2,i} \ , \tag{4.21a}$$

$$D_{i+1} = b_{2,i} + \frac{\Delta t_{i+1}}{\Delta t_i}(b_{2,i} - b_{1,i}) = b_{1,i+1} + \frac{\Delta t_i}{\Delta t_{i+1}}(b_{1,i+1} - b_{2,i+1}) \tag{4.21b}$$

mit den **Gewichten** D_i . Durch Indexreduktion der rechten Seite und Elimination
von $b_{1,i}$ folgt daraus

$$D_i\, \Delta t_{i+1} + D_{i+1}(\Delta t_{i-1} + \Delta t_i) = b_{2,i}(\Delta t_{i-1} + \Delta t_i + \Delta t_{i+1}) =: b_{2,i}\, \Delta_i \ , \tag{4.22a}$$

mit $\quad \Delta_i = \Delta t_{i-1} + \Delta t_i + \Delta t_{i+1}$,
sowie über Elimination von $b_{2,i}$

$$D_{i+1}\, \Delta t_{i-1} + D_i(\Delta t_i + \Delta t_{i+1}) = b_{1,i}(\Delta t_{i-1} + \Delta t_i + \Delta t_{i+1}) = b_{1,i}\, \Delta_i \ . \tag{4.22b}$$

Indexerhöhung in (4.22b) und Addition von (4.22a) liefert mit (4.21a) die Rekursionsformel

$$D_i(\Delta t_{i+1})^2 \Delta_{i+1} + D_{i+1}(\Delta t_{i+1}(\Delta t_i + \Delta t_{i-1})\Delta_{i+1} + \Delta t_i(\Delta t_{i+1} + \Delta t_{i+2})\Delta_i)$$

$$+ D_{i+2}(\Delta t_i)^2 \Delta_i = b_{3,i}(\Delta t_{i+1} + \Delta t_i)\Delta_i \Delta_{i+1}. \tag{4.23}$$

Mit den Abkürzungen

$$\alpha_i := (\Delta t_i)^2 \Delta_i,$$

$$\beta_i = \Delta t_{i+1}(\Delta t_i + \Delta t_{i-1})\Delta_{i+1} + \Delta t_i(\Delta t_{i+1} + \Delta t_{i+2})\Delta_i, \tag{4.24a}$$

$$\gamma_i = (\Delta t_{i+1} + \Delta t_i)\Delta_i \Delta t_{i+1}$$

folgt mit (4.22a, 4.22b) als lineares Gleichungssystem zur Berechnung der Gewichte D_i

$$
\begin{pmatrix}
(\Delta t_1 + \Delta t_0) & \Delta t_{-1} & 0 & \cdots & & & \cdots & 0 \\
\alpha_1 & \beta_0 & \alpha_0 & 0 & \cdots & & & \vdots \\
0 & \alpha_2 & \beta_1 & \alpha_1 & 0 & \cdots & & \vdots \\
\vdots & & & & & & & \vdots \\
\vdots & & & & & & & \vdots \\
\vdots & & 0 & & & 0 & & \vdots \\
\vdots & & & & \alpha_{n-1} & \beta_{n-2} & \alpha_{n-2} \\
0 & \cdots & & \cdots & 0 & \Delta t_n & (\Delta t_{n-1} + \Delta t_{n-2})
\end{pmatrix}
\begin{pmatrix}
D_0 \\ D_1 \\ D_2 \\ \vdots \\ \vdots \\ \vdots \\ D_{n-1} \\ D_n
\end{pmatrix}
\begin{pmatrix}
b_{1.0}\,\Delta_0 \\ b_{3.0}\,\gamma_0 \\ \vdots \\ \vdots \\ \vdots \\ \vdots \\ b_{3.n-2}\,\gamma_{n-2} \\ b_{2.n-1}\,\Delta_{n-1}
\end{pmatrix}
\tag{4.24b}
$$

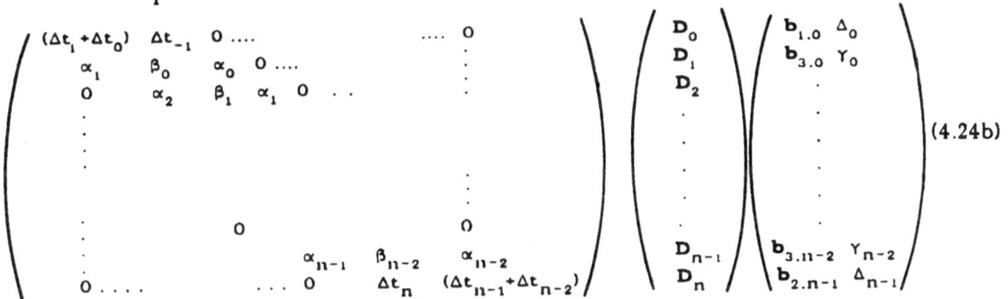

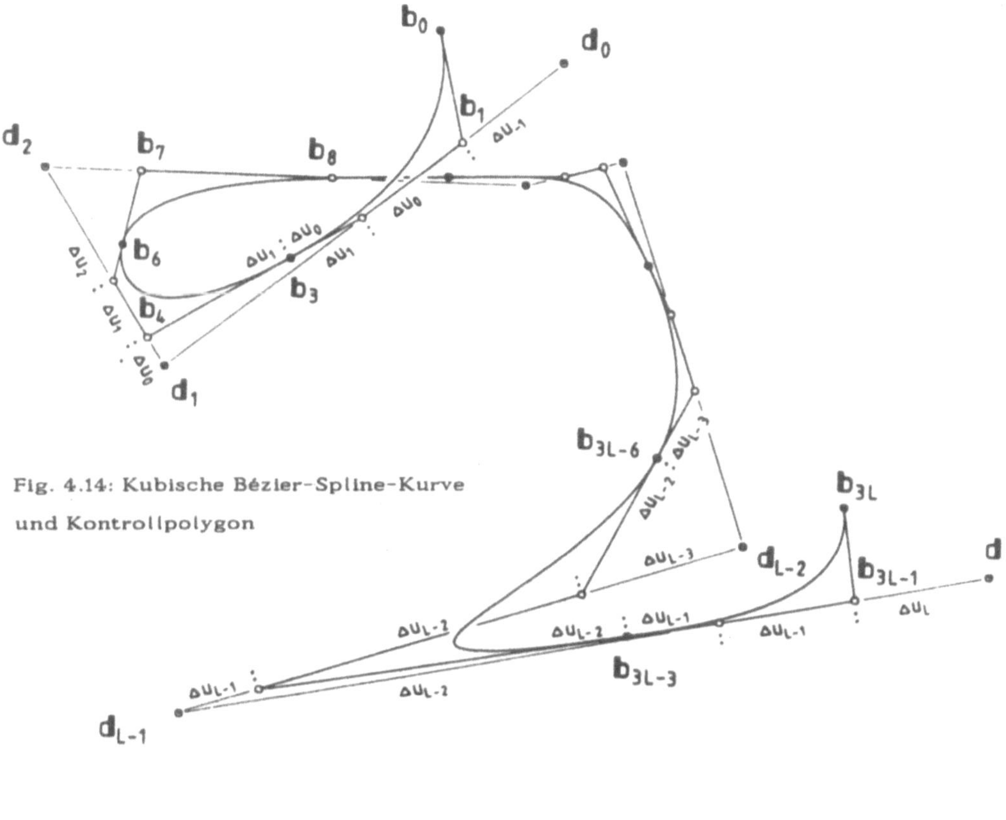

Fig. 4.14: Kubische Bézier-Spline-Kurve und Kontrollpolygon

wobei $\Delta t_{-1} = \Delta t_n = 0$ für offene Bézier-Spline-Kurven zu setzen ist. Für geschlossene Bézier-Spline-Kurven ist der Knotenvektor periodisch fortzusetzen, so daß diese Differenzen berechenbar sind (s. a. [HER 83]). Die Punkte $b_{1,0}$ und $b_{2,n-1}$ sind für offene Bézier-Spline-Kurven frei wählbar. Bei äquidistanter Parametrisierung nimmt die Koeffizientenmatrix in (4.24b) die Form der Koeffizientenmatrix in (3.18) an. - In Fig. 4.14 ist eine kubische Bézier-Spline-Kurve mit dem zugehörigen Bézier-Polygon und den durch die Parametrisierung induzierten Seitenlängen des Polygons wiedergeben. - Weitere Ansätze zur Interpolation mit Bézier-Splines finden sich z. B. a. in [HARA 82, 84].

Neben diesen (C^2-stetigen) kubischen Bézier-Splines können auch C^1-stetige kubische Bézier-(Sub-)Splines konstruiert werden. Dabei muß lediglich wegen des Ansatzes (4.20) eine Konstruktionsvorschrift für die einem Knotenpunkt $P_j = b_{3,j}$ benachbarten Bézier-Punkte $b_{3,j-1}$, $b_{3,j+1}$ entwickelt werden: Diese Bézier-Punkte liegen auf der Tangente mit Richtung T_j der Bézier-Spline-Kurve im Punkt $b_{3,j}$, wobei T_j *irgendwie* aus der Lage der (zu interpolierenden) Nachbarpunkte P_{j-1} und P_{j+1} konstruiert werden kann. Mit

$$\Delta P_j = P_{j+1} - P_j \qquad \text{bzw.} \qquad c_j = \frac{\Delta P_j}{\Delta t_j}$$

kann die Tangentenrichtung T_j linear aus den Nachbarsehnen aufgebaut werden über (s. Fig. 4.15)

$$T_j = (1-\alpha_j)\, c_{j-1} + \alpha_j\, c_j$$

oder

$$T_j = (1-\beta_j)\, \Delta P_{j-1} + \beta_j\, \Delta P_j\,.$$

(4.25)

Für die Faktoren α_j, β_j gibt es in der Literatur eine Vielzahl von Vorschlägen (s. z.B. [BÖH 84], [BOO 78]):

das **Bessel-Schema** setzt

(4.26a)

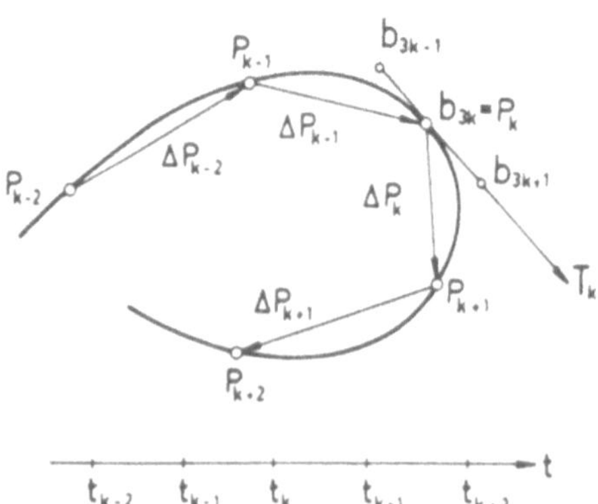

Fig. 4.15 : Tangente T_k und benachbarte Bézier-Punkte

das **Akima-Schema** setzt

$$\alpha_j = \frac{|\Delta c_{j-2}|}{|\Delta c_{j-2}| + |\Delta c_j|} \ , \tag{4.26b}$$

das **Renner/Pochop-Schema** wählt

$$\beta_j = \frac{|\Delta q_{j-2}|}{|\Delta q_{j-2}| + |q_j|} \quad \text{mit} \quad q_j = \frac{\Delta P_j}{|\Delta P_j|} \ . \tag{4.26c}$$

Die gesuchten, den Knotenpunkten $b_{3,j}$ benachbarten Bézier-Punkte, können dann berechnet werden z.B. über $(\Delta t_j$ Parameterintervall)

$$b_{3,j-1} = P_j - \tfrac{1}{3}\Delta t_{j-1}\, T_j \ , \qquad\qquad b_{3,j+1} = P_j + \tfrac{1}{3}\Delta t_j\, T_j \ .$$

Der Faktor $\tfrac{1}{3}$ folgt aus der Berechnung der Randtangente einer kubischen Bézier-Kurve $X(t)$: Es gilt z.B. nach (4.20)

$$\dot{X}(0) = \frac{3}{\Delta t_i} \, (b_{3,i+1} - b_{3,i})$$

oder

$$b_{3,i+1} = b_{3,i} + \frac{\Delta t_i}{3} \, \dot{X}(0) \ .$$

4.1.4 Rationale Bézier-Kurven

Die Bézier-Kurven bzw. Bézier-Spline-Kurven erlauben die Darstellung vielfältiger Kurvenbezüge. Oft werden in der Praxis als Übergangskurven Kegelschnitte benutzt, die im allgemeinen nicht als Bézier-Kurven dargestellt werden können. Will man die Kegelschnitte ebenfalls in die darstellbare Kurvenmenge aufnehmen, ist der Übergang auf **rationale Bézier-Kurven** notwendig. Außerdem ergeben sich über rationale Bézier-Kurven vielfältige weitere Gestaltungsmöglichkeiten von Kurvenzügen. Natürlich sind die (nichtrationalen) gewöhnlichen Bézier-Kurven in der Menge der rationalen Bézier-Kurven enthalten (s. a. [FAR 83], [BÖH 84], [PIE 86, 87a, 88]).

Um rationale Bézier-Kurven der Ordnung n übersichtlich beschreiben zu können, gehen wir von *homogenen Koordinaten* aus und führen als homogenisierende Faktoren (*Gewichte*) die Größen β_j ein ($\beta_j \in \mathbb{R}, \beta_j \neq 0$) . Dann können die Bézier-Punkte B_j so angesetzt werden

$$B_j = (\beta_j,\, u_j\beta_j,\, v_j\beta_j,\, w_j\beta_j)^T \ =: (\beta_j \, , \, \beta_j \, b_j)^T \tag{4.27}$$

Eine rationale Bézier-Kurve hat in homogenen Koordinaten die **Parameterdarstellung**

$$X(t) = \sum_{j=0}^{n} B_j \, B_j^n(t) \tag{4.28a}$$

oder bei Übergang auf inhomogene Koordinaten (x,y,z) des $\mathbb{R}^3$

$$x = \frac{\sum\limits_{j=0}^{n} u_j \beta_j\, B_j^n(t)}{\sum\limits_{j=0}^{n} \beta_j\, B_j^n(t)}\ , \qquad\qquad y = \frac{\sum\limits_{j=0}^{n} v_j \beta_j\, B_j^n(t)}{\sum\limits_{j=0}^{n} \beta_j\, B_j^n(t)}\ , \tag{4.28b}$$

$$z = \frac{\sum\limits_{j=0}^{n} w_j \beta_j\, B_j^n(t)}{\sum\limits_{j=0}^{n} \beta_j\, B_j^n(t)}\ .$$

Werden speziell alle $\beta_j = 1$ gesetzt, folgt für den Nenner $\sum\limits_{j=0}^{n} B_j^n(t) = 1$,

d.h. die rationale Bézier-Kurve geht in eine gewöhnliche Bézier-Kurve über.

Die Gewichte können als weiteres Design-Element eingesetzt werden, was an den folgenden Figuren demonstriert wird: Fig 4.16a enthält zum gleichen Bézier-Polygon verschiedene rationale Bézier-Kurven mit unterschiedlich gewählten Gewichten, die erste Kurve ist eine gewöhnliche Bézier-Kurve. Da das Bézier-Polygon konvex ist und alle Gewichte größer Null gewählt wurden, sind auch alle Kurven konvex.

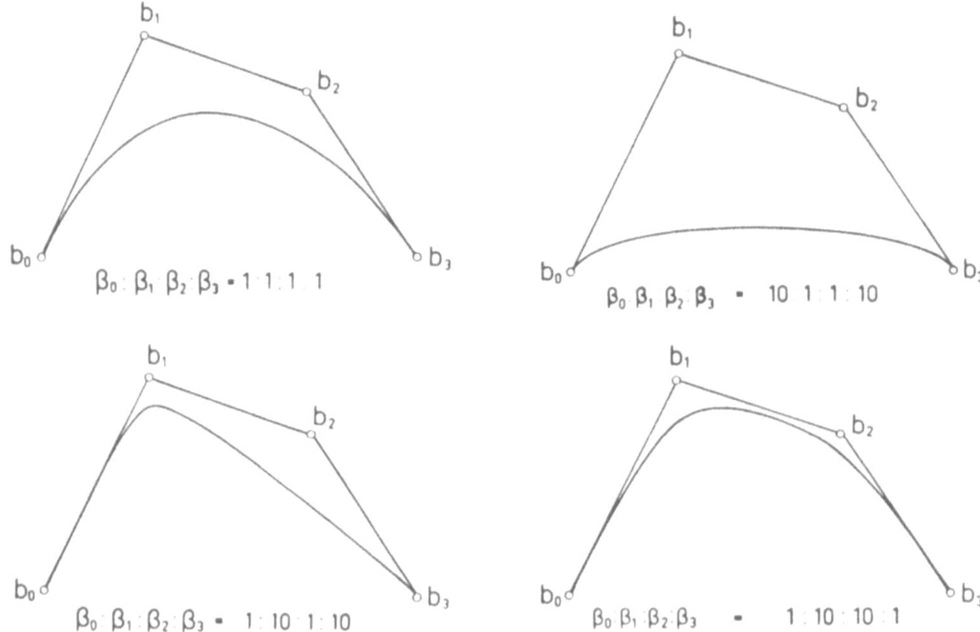

Fig. 4.16a: Verschiedene rationale Bézier-Kurven zum
gleichen Bézier-Polygon und unterschiedlichen Gewichten

Die Fig. 4.16b demonstriert, daß die Erhöhung eines Gewichtes die Annäherung
der Kurve an den zugehörigen Bezier-Punkt bewirkt.- Allgemein gilt: *Wird ein
Gewicht β_j erhöht, wandern alle Punkte der Kurve auf den Bézier-Punkt b_j zu,
wird das Gewicht vermindert, entfernen sich alle Kurvenpunkte von diesem
Bézier-Punkt.*

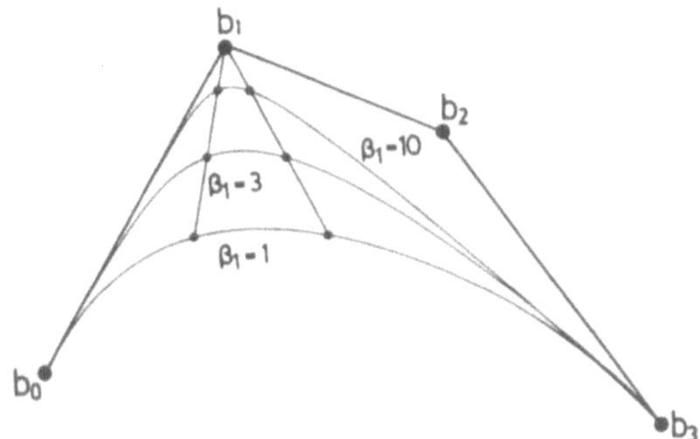

Fig. 4.16b: Wirkung einer Gewichtsänderung

Dies kann so gezeigt werden: Gegeben sei eine rationale Bézier-Kurve

$$X(t) = \frac{\sum\limits_{j=0}^{n} \beta_j \, b_j \, B_j^n(t)}{\sum\limits_{j=0}^{n} \beta_j \, B_j^n(t)} \quad . \tag{4.28c}$$

Nun werde das Gewicht β_k verändert auf $\overline{\beta}_k = \beta_k + \Delta\beta_k$, die so entstehende
Bézier-Kurve möge $\overline{X}(t)$ genannt werden. Entsprechende Umformungen von $X(t)$
und von $\overline{X}(t)$ gemäß (4.28c) liefert

$$(X(t) - \overline{X}(t))\,(\sum \overline{\beta}_j B_j^n(t)) \; = - \Delta\beta_k \, B_k^n(t)\,(b_k - X(t)) \quad ,$$

woraus die obige Aussage direkt ablesbar ist.

Ohne Einschränkung der Allgemeinheit können *zwei* Gewichte β_i, β_j gleich 1
gewählt werden (s. z. B. [PAT 85]): durch Durchdivision mit β_i und über eine zusätzliche gebrochen rationale Parametertransformation: ist z. B. $\beta_0 = 1$ gesetzt
worden, kann β_n nach 1 transformiert werden über

$$t = \frac{\tau}{a-c\tau} \qquad \text{oder} \qquad 1 - t = \frac{a(1-\tau)}{a-c\tau} \tag{4.29}$$

$$\text{mit} \quad a - c = 1 \qquad \text{und} \qquad a^{-n} = \beta_n \, .$$

Auf rationale Bézier-Kurven kann der *Algorithmus von de Casteljau* übertragen
werden: Am einfachsten ist es, das Casteljau-Schema (4.10) auf homogene Koordinaten, d.h. auf Vektoren des $\mathbb{R}^4$ gemäß (4.27) anzuwenden: dies bedeutet, daß

das Casteljau-Schema auch auf die Gewichte und die mit den Gewichten multiplizierten Bézier-Punkte ausgedehnt wird (s. a. [FAR 83]).

Ebenso ist die *Graderhöhung* auf rationale Bézier-Kurven ausdehnbar: Analog zu (4.14) gilt für die neuen Bézier-Punkte

$$\bar{\beta}_k \bar{b}_k = \frac{k}{n+1} \beta_{k-1} b_{k-1} + \left(1 - \frac{k}{n+1}\right) \beta_k b_k \ ,$$

$$(k = 0(1)n+1) \ , \qquad (4.30)$$

$$\bar{\beta}_k = \frac{k}{n+1} \beta_{k-1} + \left(1 - \frac{k}{n+1}\right) \beta_k \ .$$

Wird nun Graderhöhung mit Umparametrisierung gekoppelt, zeigt sich, daß die phänomenologisch gleiche rationale Bézier-Kurve durch verschiedene Bézier-Polygone beschrieben werden kann. Formal unterscheiden sich diese Kurven durch verschiedene Parametrisierung, d. h. durch verschiedenen Parameterdurchlauf. Auf dieses Phänomen hat wohl zuerst FARIN hingewiesen [FAR 88]. Die nun folgende Figur demonstriert diese Eigenschaft: Zugrunde mögen die kubischen rationalen Bézier-Kurven in Fig. 4.16a liegen (Bézier-Polygon gestrichelt). Wir greifen die zweite Kurve aus Fig. 4.16a heraus und erhöhen zunächst mit Hilfe von (4.30) den Polynomgrad von drei auf vier (die neue Bézier-Punkte sind durch Kreuzchen gekennzeichnet).Nun greifen wir wieder auf das Beispiel in 4.16a zurück und führen zunächst eine Parametertransformation gemäß (4.29) mit a = $\sqrt[3]{10}$ durch, womit das letzte Gewicht zu 1 umgewandelt wird und erhöhen erneut den Polynomgrad von drei auf vier (die neuen Bézier-Punkte sind durch Quadrate gekennzeichnet). Damit haben wir, wie Fig. 4.17 zeigt, die *geometrisch* gleiche

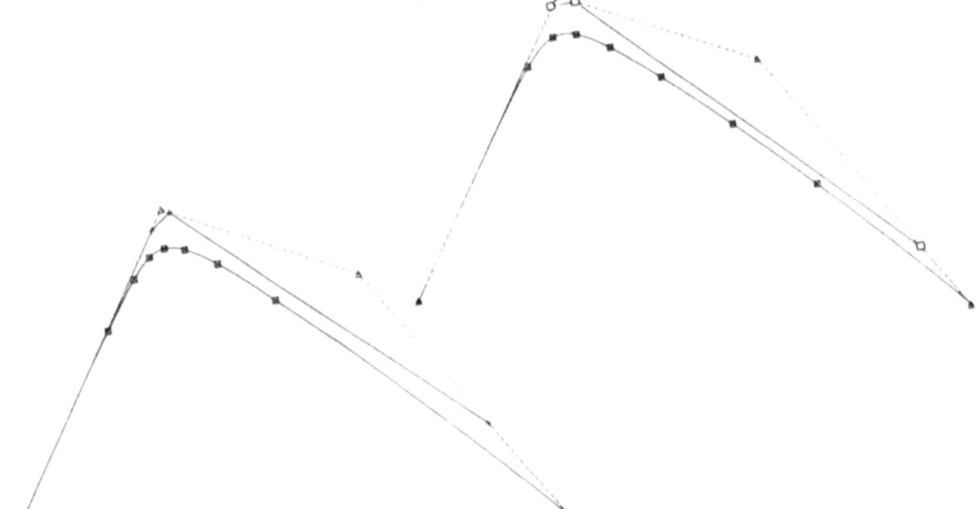

Fig. 4.17 : Verschiedene Kontrollpolygone einer
geometrisch gleichen rationalen Bézier-Kurve

Kurve mit verschiedenen Kontrollpunkten als Bézier-Kurve 4. Grades dargestellt. Der Unterschied der beiden Kurven liegt im Parameterdurchlauf! Dies
wird durch die Folge der eingezeichneten Kurvenpunkte demonstriert: die Kurvenpunkte haben den gleichen Parameterabstand von 0.125 (bei $t \in [0,1]$), sind
aber unterschiedlich auf der Kurve verteilt.

Die rationalen Bézier-Kurven haben folgende Eigenschaften

a) die Randseiten des Bézier-Polygons sind Tangenten der rationalen Bézier-
    Kurve,

b) der Nenner der Parameterdarstellung (4.28b) verschwindet nicht, wenn alle
    $\beta_j > 0$ sind,

c) wenn b) gilt, ist der Casteljau-Algorithmus übertragbar, d.h. es gilt die
    Konvexe-Hüllen-Bedingung,

d) wenn b) gilt, bleibt die variation-diminishing-property erhalten.

Werden negative Gewichte zugelassen, so liegt die rationale Bézier-Kurve nicht
mehr ganz in der konvexen Hülle des Bézier-Polygons. GOLDMAN-DE ROSE
[GOL 86] haben eine Abschätzung über die Abweichung einer rationalen Bézier-
Kurve von der konvexen Hülle des Bézier-Polygons angegeben: Werden mit

$$B_i^{n*}(t) := \frac{\beta_i B_i^n(t)}{\sum\limits_{k=0}^{n} \beta_k B_k^n(t)}$$

die rationalen Basisfunktionen bezeichnet [PIE 86a] und gilt

$$M_k = |\text{ max negativer Wert } B_k^{n*}(t)|,$$
$$M = \max \{M_k\},$$
$$p_t = \{\text{Anzahl der Basisfunktionen, die in } t \text{ negativ sind}\},$$
$$p = \sup_{t \in [0,1]} \{p_t\}$$

so ist $\delta = 1 + Mp$ ein Maß für die Abweichung von der konvexen Hülle des Bézier-
Polygons.

Mit **quadratisch rationalen Bézier-Kurven** lassen sich übersichtlich die Kegelschnitte (s. z. B. [LEE 87]) beschreiben: wir setzen gemäß (4.27) an

$$X(t) = \frac{\beta_0 b_0\, B_0^2(t) + \beta_1 b_1\, B_1^2(t) + \beta_2 b_2\, B_2^2(t)}{\beta_0\, B_0^2(t) + \beta_1\, B_1^2(t) + \beta_2\, B_2^2(t)}. \qquad (4.31)$$

Zur einfachen geometrischen Interpretation wählen wir speziell $\beta_0 = \beta_2 = 1$ und
führen den *Mittelpunkt* $M = \frac{1}{2}(b_0 + b_2)$ ein,

sowie den *Schulterpunkt* $S = M(1-s) + b_1 s$ mit $s = \dfrac{\beta_1}{1 + \beta_1}$. $\qquad (*)$

Es gilt dann (s. a. Fig. 4.18)

Lemma 4.5: Die rationale Bézier-Kurve 2. Ordnung in der Parameterdarstellung (4.31) beschreibt die Menge der (nicht ausgearteten) Kegelschnitte. Wird der Parameter s gemäß (∗) eingeführt, so gilt

$$s = \tfrac{1}{2} \quad \text{liefert einen Parabelbogen,}$$

$$s < \tfrac{1}{2} \quad \text{liefert einen Ellipsenbogen,}$$

$$s > \tfrac{1}{2} \quad \text{liefert einen Hyperbelbogen.}$$

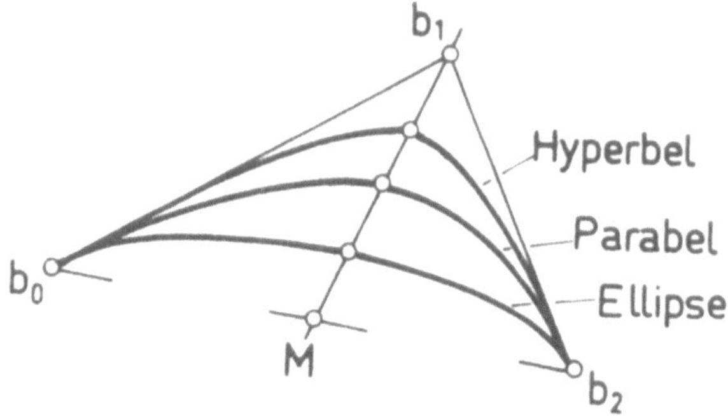

Fig. 4.18: Kegelschnitte als rationale Bézier-Kurven mit Bézier-Polygon.

Sind die beiden Seiten des Bézier-Polygons $b_0 b_1$ und $b_1 b_2$ gleich lang, so können über (4.31) auch **Kreise** dargestellt werden. Zum Nachweis wählen wir für die Bézier-Punkte spezielle Koordinaten: Gemäß Fig. 4.19 soll gelten

$$b_0 = (r,0), \qquad b_1 = (r, r \tan \varphi), \qquad b_2 = (r \cos 2\varphi,\, r \sin 2\varphi) ,$$

Wird gesetzt $\beta_1 := \cos \varphi$, folgen aus (4.31) als Komponenten der Bézier-Kurve

$$x = \frac{r(1-t)^2 + r \cos\varphi\, 2t(1-t) + r \cos 2\varphi\, t^2}{(1-t)^2 + 2\cos\varphi\, t(1-t) + t^2} \tag{4.32}$$

$$y = \frac{r \sin\varphi\, 2t(1-t) + r \sin 2\varphi\, t^2}{(1-t)^2 + 2\cos\varphi\, t(1-t) + t^2} \ .$$

Wird quadriert und addiert, folgt $x^2 + y^2 = r^2$. Eine lineare Transformation führt die gewählte spezielle Situation in allgemeine Lage über.
Für $\beta_1 = \cos \varphi > 0$ liegt der Kreisbogen ganz innerhalb des Bézier-Polygons (s. Fig. 4.19a), für $\beta_1 < 0$ liegt der Kreisbogen außerhalb des Bézier-Polygons.

Bemerkung: Die bekannte rationale Parametrisierung des Kreises

$$x = r \frac{1 - t^2}{1 + t^2} , \qquad y = r \frac{2t}{1 + t^2}$$

folgt aus (4.29) für $\beta_0 = \beta_1 = 1, \beta_2 = 2$.

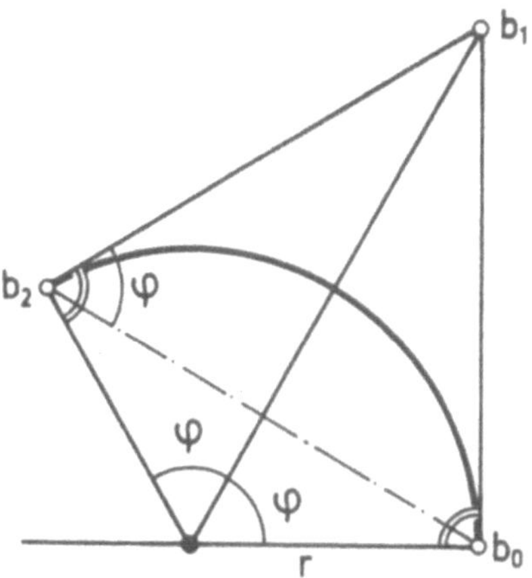

Fig. 4.19a: Bézier-Punkte eines Kreisbogens.

Einen anderen Zugang zur Beschreibung von Kreisen liefert die Einführung unendlich ferner Bézier-Punkte (s. a. [PIE 87]). Wir wählen $\beta_1 = 0$, d.h. der zugehörige Bézier-Punkt $\vec{b}_1$ wird zum Fernpunkt mit der Richtung $\vec{b}_1$ (s. Fig.
4.19b) . Weiter sei $\beta_0 = \beta_2 = 1$, so daß aus (4.29) folgt

$$X(t) = \frac{b_0\, B_0^2(t) + b_2\, B_2^2(t)}{B_0^2(t) + B_2^2(t)} + \frac{\vec{b}_1 B_1^2(t)}{B_0^2(t) + B_2^2(t)} \qquad . \tag{*}$$

Setzen wir weiter (s. Fig. 4.19b) $\qquad b_0 = (-r,0)$, $b_2 = (r,0)$, $\vec{b}_1 = (0,r)$,
so folgt aus (*) unmittelbar die Gleichung eines Kreises vom Radius r .

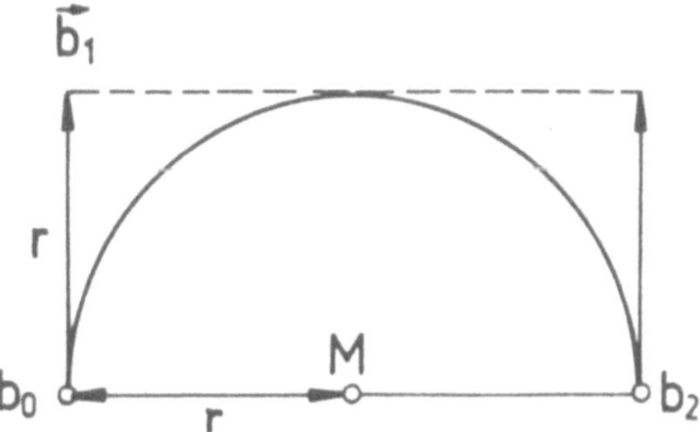

Fig. 4.19b: Bézier-Punkte eines Halbkreises, b_1 ist Fernpunkt.

Für Steuerungen von Fräsmaschinen werden oft Prozessoren eingesetzt, die
Kreis- bzw. Geradenstücke exakt beschreiben können. Für solche Fälle werden
interpolierende oder approximierende Kreis-Splines benötigt. Meist werden
hierfür elementare Methoden verwandt, um solche interpolierenden Kreisfolgen
zu erhalten (s. z.B. [SU 88, PIE 86a]), für Approximationen sind diese direkten

Ansätze meist nicht zu gebrauchen. Wir wollen daher als Anwendung der rationalen Bézierkurven *Kreis-Spline-Kurven* entwickeln: Zur übersichtlichen Darstellung führen wir folgende Bezeichnung der Basisfunktionen ein

$$B_0^{2*}(t) := \frac{(1-t)^2}{EN}, \quad B_1^{2*}(t) := \frac{2\,t\,(1-t)}{EN}, \quad B_2^{2*}(t) := \frac{t^2}{EN},$$

mit $\quad EN := (1-t)^2 + 2\beta_1\,t(1-t) + t^2 \quad$ und $\quad \beta_1 := \cos\varphi$.

Da für die Bézier-Spline-Darstellung die Gewichtspunkte d_i eine wichtige Rolle spielen, setzen wir voraus, daß die Kreis-Splines primär mit den Gewichtspunkten beschrieben werden. Nach Fig. 4.19a bzw. Fig. 4.19c kann angesetzt werden

$$d_0\,B_0^{2*}(t) + d_1\,\beta_1\,B_1^{2*}(t) + [d_1\,(1-\lambda_2) + d_2\,\lambda_2]\,B_2^{2*}(t)\,, \qquad t \in [t_0,t_1]$$

$$X(t) = \sum_i [d_{i-1}\,(1-\lambda_i) + d_i\,\lambda_i]\,B_0^{2*}(t) + d_i\,\beta_i\,B_1^{2*}(t) \qquad\qquad (4.33)$$

$$+ [d_i\,(1-\lambda_{i+1}) + d_{i+1}\,\lambda_{i+1}]\,B_2^{2*}(t) \qquad, \qquad t \in [t_{i-1},t_i] \qquad i=2(1)n-1$$

$$[d_{n-1}\,(1-\lambda_n) + d_n\,\lambda_n]\,B_0^{2*}(t) + d_n\,\beta_n\,B_1^{2*}(t) + d_{n+1}\,B_2^{2*}(t)\,, \quad t \in [t_{n-1},t_n]$$

wobei die λ_i die Strecke (d_{i-1}, d_i) so teilen müssen, daß das jeweilige BézierPolygon eines Splinesegments gleichlange Seiten hat! Über elementare Rechnung folgt für die λ_i

$$\lambda_1 = |d_0\,d_1| \qquad\qquad , \lambda_i = \lambda_{i-1}\,|d_{i-1}\,d_i|^{-1} \qquad\qquad (i = 2, n+1)$$

Sind die Kontrollpunkte d_i gegeben, folgt über (4.33) die Kreis-Spline-Kurve.

Auch die Interpolation vorgegeben Punkte P_i mit den Parameterwerten t_i durch Kreis-Splines ist über (4.33) eindeutig möglich, wenn die P_i die Segmenttrennpunkte sind und z.B. die Richtung der Tangente im Anfangspunkt $P_0 = d_0$ gegeben ist. Die restlichen Kontrollpunkte d_i ergeben sich dann elementargeometrisch aus den Symmetrieeigenschaften eines Kreissegmentes.

Um auch das Approximationssproblem einer vorgegebener Punktemenge P_i mit den Parameterwerten t_i durch Kreissplines zu lösen, schreiben wir (4.33) um, indem wir die Kontrollpunkte d_i durch die Mittelpunkte M_i, die Radien r_i und (halben) Öffnungswinkel φ_i der Kreissegmente darstellen: Nach Fig. 4.19c gilt

$$d_0 = M_1 + r_1\,\tilde{d}_0\,, \quad d_i = M_i + r_i\,\tilde{d}_i \qquad (i=1,\dots,n)$$

$$d_{n+1} = M_n + r_n\,\tilde{d}_{n+1}\,, \qquad\qquad\qquad\qquad (4.33a)$$

wobei gemäß Fig. 4.19a gesetzt wurde

$$\tilde{d}_0 = \begin{pmatrix} \cos\alpha_1 \\ \sin\alpha_1 \end{pmatrix}, \quad \tilde{d}_i = \frac{1}{\cos\varphi_i}\begin{pmatrix} \cos(\varphi_i + \alpha_i) \\ \sin(\varphi_i + \alpha_i) \end{pmatrix}, \quad \tilde{d}_{n+1} = \begin{pmatrix} \cos\alpha_{n+1} \\ \sin\alpha_{n+1} \end{pmatrix}. \quad (4.33b)$$

Für die Richtungswinkel α_i gilt weiter gemäß Fig. 4.19c

$$\alpha_i = \alpha_1 + 2\sum_{j=1}^{i-1} \varphi_j \qquad\qquad (i = 2(1)n+1)\,,$$

während sich die Kreismittelpunkte M_i berechnen über (M_1 sei vorgeben)

$$M_{i+1} = M_i + (r_{i-1} + r_i)\begin{pmatrix} \cos(\alpha_{i+1}) \\ \sin(\alpha_{i+1}) \end{pmatrix} \qquad (i = 1\,(1)\,n)\,. \qquad (4.33c)$$

Für die λ_i ergibt sich jetzt weiter die Rekursionsformel

$$\lambda_i = \frac{r_{i-1}\,\tan\varphi_{i-1}}{r_i\,\tan\varphi_i + r_{i-1}\,\tan\varphi_{i-1}} \qquad (4.33d)$$

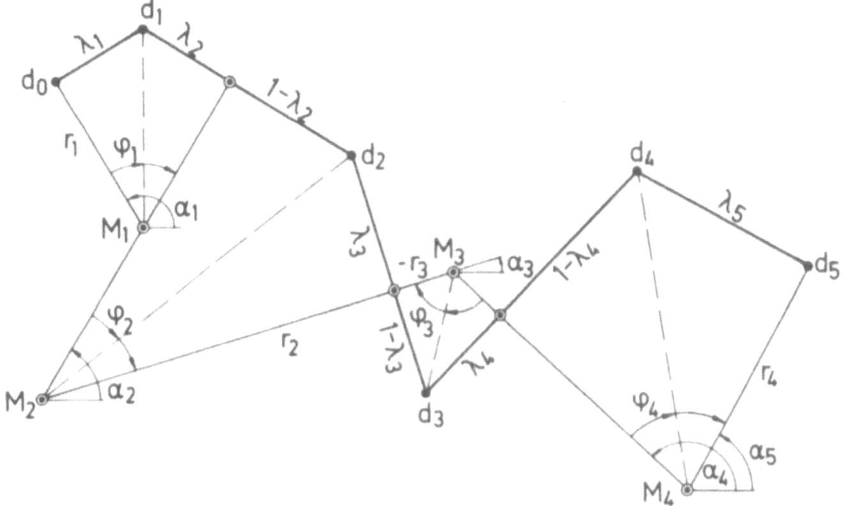

Fig. 4.19c: Bézier- Polygon für Kreis-Splinekurve

Für einen *Approximationsprozeß* stehen damit als (nichtlineare) Unbekannte zur Disposition α_1, M_1, φ_i, r_i. Zu minimieren ist dabei der Abstand zwischen den gegebenen Punkte P_i und der Kreis-Spline-Kurve. Eventuell können zur Verbesserung des Approximationsprozesses noch die Längen der Parameterintervalle der Splinesegemente eingeführt werden.

Die hier entwickelte Bézier-Darstellung von Kreis-Spline-Kurven läßt sich auch als rationale B-Spline-Kurve auffassen, die wir im folgenden Abschnitt herleiten werden.

Verallgemeinerungen der rationalen Bézier-Kurven mit Hilfe des Dualitätsprinzips finden sich in [HOS 83]. Dabei werden die Kurven nicht als Punktort sondern als Geradenort (Enveloppe der Tangenten) interpretiert.

4.2 Anwendung der Bernstein-Bézier Technik auf finite Elemente

Die meisten Probleme aus den Anwendungen der Mathematik in der Mechanik, dem Maschinenbau, dem Bauingenieurwesen usw. können relativ übersichtlich als Minimierungsprobleme von Energiefunktionalen beschrieben werden. Eine geschlossene Lösung dieser Minimierungsprobleme ist jedoch meistens nicht möglich. Daher werden die gesuchten Lösungen in zahlreiche *kleine Stücke (finite Elemente)* zerlegt und diese Teillösungen durch geeignete einfache Approximationsfunktionen beschrieben.

Wir wollen hier nur das eindimensionale Problem über dem Intervall [a,b] betrachten, Übertragungen auf Tensorprodukt-Bézierflächen und Dreiecks-Bézierflächen finden sich in [LUS 87]. Die zugrundeliegenden Energiefunktionale sind im allgemeinen Linearkombinationen folgender Integrale

$$\int_a^b X(u)\,du \ , \ \tfrac{1}{2}\int_a^b (X(u))^2\,du \ , \ \tfrac{1}{2}\int_a^b (X'(u))^2\,du \ , \ \tfrac{1}{2}\int_a^b (X''(u))^2\,du \ , \quad (4.34)$$

wobei $X(u)$ die gesuchte Funktion ist und zur Vereinfachung eventuell auftretende Vorfaktoren als konstant angenommen worden sind. Das Intervall [a,b] werde nun durch $[u_l, u_{l+1}]$ in m Elemente zerlegt (mit $u_0 = a,...,u_m = b$), d.h. an die Stelle von (4.34) treten die Teilintegrale

$$\int_{u_l}^{u_{l+1}} X(u)\,du \ , \ \tfrac{1}{2}\int_{u_l}^{u_{l+1}} (X(u))^2\,du \ , \ \tfrac{1}{2}\int_{u_l}^{u_{l+1}} (X'(u))^2\,du \ ,$$

$$\tfrac{1}{2}\int_{u_l}^{u_{l+1}} (X''(u))^2\,du \ , \qquad\qquad (l = 0,...,m - 1) \ . \qquad (4.35)$$

Als Lösungsansätze werden in jedem Element üblicherweise Polynome vom Grade n gewählt, die Übergänge von Element zu Element müssen gewissen Stetigkeitsforderungen genügen. Die so konstruierten Teillösungen liefern natürlich nur eine Näherung der gesuchten Lösungsfunktionen.

In unserem Falle wählen wir als Ansatzfunktionen Bézier-(Sub)-Spline-Kurven der Ordnung n mit m Segmenten. Die Bézier-Punkte seien $(b_0,...,b_n, b_{n+1},..., b_{ln},...,b_{(l+1)n},...,b_{mn})$, das l-te Segment werde durch den Vektor

$$\mathbf{b}_l = (b_{ln}, b_{ln+1},...,b_{(l+1)n})^T \qquad (l = 0,1,...,m-1) \qquad (4.36a)$$

beschrieben. Wenn wir nun noch den Bézier-Vektor

$$\mathbf{B}^n(t) = (B_0^n(t), B_1^n(t), \ldots, B_n^n(t))^T \qquad\qquad (4.36b)$$

einführen, kann eine Bézier-Kurve als Skalarprodukt

$$X(t) = (\mathbf{b}_l)^T \mathbf{B}^n(t) \qquad\qquad (4.37)$$

dargestellt werden. Damit liefert das erste Integral in (4.35)

$$\int_{u_l}^{u_{l+1}} X(u)\,du = \triangle u_l\,(\mathbf{b}_l)^T \int_0^1 \mathbf{B}^n(t)\,dt = \frac{\triangle u_l}{n+1}(1,1,...,1)\,\mathbf{b}_l \ . \qquad (4.38)$$

Für die anderen Integrale in (4.35) sind Produkte vom Typ $\mathbf{B}\;(\mathbf{B})^T$ zu integrieren. Nun gilt

$$B_i^r(t)\,B_j^r(t) = \binom{r}{i}\binom{r}{j}(1-t)^{2r-(i+j)}\,t^{i+j} = \frac{\binom{r}{i}\binom{r}{j}}{\binom{2r}{i+j}}\,B_{i+j}^{2r}(t)\,. \qquad (4.39a)$$

Damit folgt

$$(2r+1)\int_0^1 B_i^r(t)\,B_j^r(t)\,dt = \frac{\binom{r}{i}\binom{r}{j}}{\binom{2r}{i+j}} =: \binom{r}{i,j} \qquad (4.39b)$$

und damit

$$\mathbf{B}_r := \int_0^1 \mathbf{B}^r(\mathbf{B}^r)^T\,dt = \frac{1}{2r+1}\begin{pmatrix} \binom{r}{0,0} & \binom{r}{0,1} & \cdots & \binom{r}{0,r} \\[4pt] \binom{r}{1,0} & \binom{r}{1,1} & \cdots & \cdot \\ \vdots & \vdots & & \vdots \\ \binom{r}{r,0} & \binom{r}{r,1} & \cdots & \binom{r}{r,r} \end{pmatrix}. \qquad (4.39c)$$

Als Beispiel können wir kubische Bézier-Kurven als Approximationsfunktionen zugrunde legen. Dann ergibt sich

$$\mathbf{B}_0 = \int_0^1 \mathbf{B}^0(\mathbf{B}^0)^T\,dt = 1\,, \quad \mathbf{B}_1 = \int_0^1 \mathbf{B}^1(\mathbf{B}^1)^T\,dt = \frac{1}{3}\begin{vmatrix} 1 & \frac{1}{2} \\ \frac{1}{2} & 1 \end{vmatrix} = \frac{1}{6}\begin{vmatrix} 2 & 1 \\ 1 & 2 \end{vmatrix}\,,$$

$$\mathbf{B}_2 = \int_0^1 \mathbf{B}^2(\mathbf{B}^2)^T\,dt = \frac{1}{5}\begin{vmatrix} 1 & \frac{1}{2} & \frac{1}{6} \\ \frac{1}{2} & \frac{2}{3} & \frac{1}{2} \\ \frac{1}{6} & \frac{1}{2} & 1 \end{vmatrix} = \frac{1}{30}\begin{vmatrix} 6 & 3 & 1 \\ 3 & 4 & 3 \\ 1 & 3 & 6 \end{vmatrix}\,,$$

$$\mathbf{B}_3 = \int_0^1 \mathbf{B}^3(\mathbf{B}^3)^T\,dt = \frac{1}{140}\begin{vmatrix} 20 & 10 & 4 & 1 \\ 10 & 12 & 9 & 4 \\ 4 & 9 & 12 & 10 \\ 1 & 4 & 10 & 20 \end{vmatrix}\,.$$

Entsprechend folgt für die anderen Integrale in (4.35) unter Berücksichtigung der Darstellung der Ableitung von Bézier-Kurven (s. (4.7))

$$\int_{u_l}^{u_{l+1}} (\mathbf{X}(u))^2\,du = \Delta u_l\,(\mathbf{b}_l)^T \int_0^1 \mathbf{B}^n(\mathbf{B}^n)^T\,dt\;\mathbf{b}_l\,,$$

$$\int_{u_l}^{u_{l+1}} (\mathbf{X}'(u))^2\,du = \frac{n^2}{\Delta u_l}\,\Delta^1(\mathbf{b}_l)^T \int_0^1 \mathbf{B}^{n-1}(\mathbf{B}^{n-1})^T\,dt\;\Delta^1\mathbf{b}_l\,, \qquad (4.40)$$

$$\int_{u_l}^{u_{l+1}} (\mathbf{X}''(u))^2\,du = \frac{n^2(n-1)^2}{(\Delta u_l)^3}\,\Delta^2(\mathbf{b}_l)^T \int_0^1 \mathbf{B}^{n-2}(\mathbf{B}^{n-2})^T\,dt\;\Delta^2\mathbf{b}_l\,.$$

Um die Integrale über die Ableitungen übersichtlicher schreiben zu können,
führen wir die Abkürzungen ein

$$\mathbf{b}_l^{\alpha} := (\mathbf{b}_{ln}, \mathbf{b}_{ln+1}, \ldots, \mathbf{b}_{ln+\alpha-1}, \mathbf{b}_{ln+\alpha+1}, \ldots, \mathbf{b}_{ln+n}) \; , \tag{4.40a}$$

$$\mathbf{b}_l^{\alpha,\beta} := (\mathbf{b}_{ln}, \mathbf{b}_{ln+1}, \ldots, \mathbf{b}_{ln+\alpha-1}, \mathbf{b}_{ln+\alpha+1}, \ldots, \mathbf{b}_{ln+\beta-1}, \mathbf{b}_{ln+\beta+1}, \ldots, \mathbf{b}_{ln+n}) \; .$$

Dann gilt

$$\int_{u_l}^{u_{l+1}} (\mathbf{X}'(u))^2 \, du = \frac{n^2}{\triangle u_l} (\mathbf{b}_l^0 - \mathbf{b}_l^n)^T \mathbf{B}_{n-1} (\mathbf{b}_l^0 - \mathbf{b}_l^n) \tag{4.40b}$$

$$\int_{u_l}^{u_{l+1}} (\mathbf{X}''(u))^2 \, du = \tag{4.40c}$$

$$= \frac{n^2(n-1)^2}{(\triangle u_l)^3} (\mathbf{b}_l^{01} - 2\mathbf{b}_l^{0n} + \mathbf{b}_l^{n-1,n})^T \mathbf{B}_{n-2} (\mathbf{b}_l^{01} - 2\mathbf{b}_l^{0n} + \mathbf{b}_l^{n-1,n}) \; .$$

Wird in den Segmenttrennpunkten nur C^0-Übergang vorausgesetzt, lassen sich
mit (4.37), (4.39), (4.40) die Integrale in unseren Energiefunktionalen beschreiben.
Zusammenfassend gilt für Linearkombinationen der Integrale (4.35) prinzipiell
folgende Darstellung

$$I(\mathbf{b}_0, \ldots, \mathbf{b}_{m-1}) = \frac{1}{2} \sum_{i=0}^{m-1} \mathbf{b}_i^T \mathbf{M}_i \mathbf{b}_i + \sum_{i=0}^{m-1} \mathbf{m}_i^T \mathbf{b}_i \tag{4.41}$$

mit $(n+1) \times (n+1)$ Koeffizientenmatrizen $\mathbf{M}_i$ und Koeffizientenvektoren $\mathbf{m}_i$.
(4.41) läßt sich noch vereinfachen, da in den Elementtrennstellen bei C^0-Über-
gang die Randkoeffizienten der Bézier-Darstellungen übereinstimmen. Dieses
Überschieben einzelner Matrizen bzw. Vektoren wird in (4.42) veranschaulicht:
zur Vereinfachung wählen wir $m = 2$, so daß (4.41) in folgender Form zusammengefaßt werden kann

$$I(\mathbf{b}_0, \mathbf{b}_1) := \frac{1}{2} (\mathbf{b}_0 \, \mathbf{b}_1, \ldots, \mathbf{b}_n, \ldots, \mathbf{b}_{2n}) \begin{pmatrix} \mathbf{M}_0 & & 0 \\ & * & \\ 0 & & \mathbf{M}_1 \end{pmatrix} \begin{pmatrix} \mathbf{b}_0 \\ \mathbf{b}_1 \\ \cdot \\ \mathbf{b}_n \\ \cdot \\ \mathbf{b}_{2n} \end{pmatrix} +$$

$$+ (\mathbf{m}_0^T \, [*] \, \mathbf{m}_1^T) \begin{pmatrix} \mathbf{b}_0 \\ \mathbf{b}_1 \\ \cdot \\ \mathbf{b}_n \\ \cdot \\ \mathbf{b}_{2n} \end{pmatrix} = \frac{1}{2} \, \mathbf{b}^T \mathbf{M} \mathbf{b} + \mathbf{m}^T \mathbf{b} \; , \tag{4.42}$$

wobei an den Stellen (∗) die letzten und ersten Elemente der Matrizen bzw.
Vektoren übereinandergeschoben werden.

Wenn wir C^1-Übergänge berücksichtigen wollen, muß wegen (4.18b) die Bedingung

$$b_n = \frac{\Delta u_0}{\Delta u_0 + \Delta u_1} \, b_{n+1} + \frac{\Delta u_1}{\Delta u_0 + \Delta u_1} \, b_{n-1} =: \alpha \, b_{n+1} + (1 - \alpha) \, b_{n-1}$$

eingearbeitet werden, d.h. aus (4.41) kann b_n oder b_{n-1} oder b_{n+1} eliminiert werden. Wird z.B. b_n eliminiert, erhalten wir

$$b = \begin{pmatrix} b_0 \\ b_1 \\ \vdots \\ b_{n-1} \\ b_n \\ b_{n+1} \\ \vdots \\ b_{2n} \end{pmatrix} = \begin{pmatrix} 1 & & & & & & 0 \\ & 0 & & & & & \\ & & \ddots & & & & \\ & & & 1 & & & \\ & & 1-\alpha & \alpha & & & \\ & & & & 1 & & \\ & & & & & \ddots & 0 \\ 0 & & & & & & 1 \end{pmatrix} \begin{pmatrix} b_0 \\ b_1 \\ \vdots \\ b_{n-1} \\ b_{n+1} \\ \vdots \\ b_{2n} \end{pmatrix} =: S \, \hat{b} \tag{4.43}$$

Analoge Resultate ergeben sich für die Elimination der anderen Rand-Bézier-punkte.

Damit hat das zu optimierende Funktional im C^1-Übergang die Struktur

$$I(\hat{b}) = \tfrac{1}{2} \, \hat{b}^T \hat{M} \, \hat{b} + \hat{m}^T \hat{b} \, \colon \quad (\text{mit } M := S^T M S \, , \, \hat{m} = S^T m). \tag{4.44}$$

Um die Wirksamkeit der Methode zu demonstrieren, betrachten wir ein Beispiel (s. auch [SCHW 80], [LUS 87]):

Gegeben sei ein mehrfach gelagerter Durchlaufträger konstanten Querschnittes (Länge L), dessen eines Ende eingespannt und der an zwei weiteren Stellen gelenkig gelagert ist. Auf ihn wirken eine Einzellast F und eine kontinuierlich verteilte Last Q (vgl. Fig. 4.20). Dann ist das folgende Funktional

$$I = \tfrac{1}{2} \, c \int_0^L (X''(u))^2 \, du - Q \int_{\frac{2}{3}L}^L X(u) \, du - F \, X(\tfrac{1}{2}L) \tag{4.44}$$

unter den Randbedingungen $\quad X(0) = 0, \quad X'(0) = 0, \quad X(\tfrac{1}{2}L) = 0, \quad X(L) = 0$ zu minimieren, um den Verlauf $X(u)$ der Balkenbiegung zu erhalten .

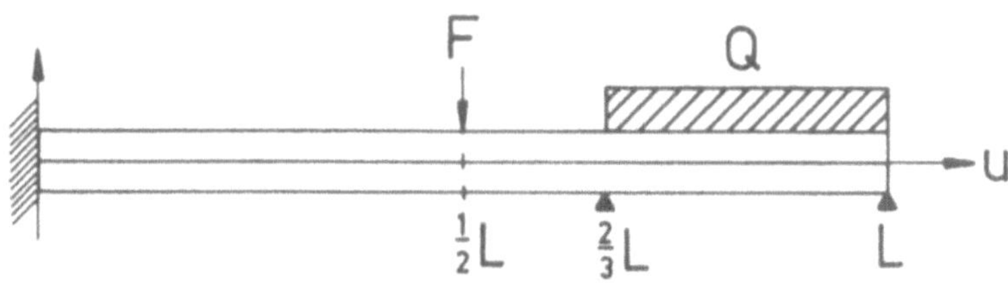

Fig. 4.20 : Durchlaufträger

Der Balken soll in drei Elemente unterteilt werden, wobei die Trennstellen der Segmente der Angriffspunkt der Einzelkraft F und der Auflagepunkt des Balkens bei $u = \frac{2}{3} L$ sind.

Elementweise wird ein kubischer Ansatz benutzt, dabei sollen C^1-Übergänge verwendet werden. Die Bézier-Kurve $X(u)$ hat also die Darstellung

$$X(u) = \begin{cases} b_0 B_0^3(t_0) + \ldots + b_3 B_3^3(t_0) & u \in [0, \frac{L}{2}] \\ b_3 B_0^3(t_1) + \ldots + b_6 B_3^3(t_1) & u \in [\frac{L}{2}, \frac{2}{3}L] \\ b_6 B_0^3(t_2) + \ldots + b_9 B_3^3(t_2) & u \in [\frac{2}{3}L, L] \end{cases} \quad , \qquad (4.45)$$

wobei die C^0-Stetigkeit bereits eingearbeitet worden ist. Die C^1-Übergänge fordern noch folgende Bedingungen ($\triangle u_0 = \frac{L}{2}$, $\triangle u_1 = \frac{L}{6}$, $\triangle u_2 = \frac{L}{3}$):

$$b_3 = \tfrac{1}{4} b_2 + \tfrac{3}{4} b_4 \, , \qquad b_6 = \tfrac{2}{3} b_5 + \tfrac{1}{3} b_7 \, , \qquad (4.46)$$

aus den Randbedingungen folgt weiter

$$b_0 = 0 \, , \quad b_1 = 0 \, , \quad b_6 = 0 \, , \quad b_9 = 0 \, . \qquad (4.47) \;)$$

Werden die oben entwickelten Methoden in das Energiefunktional eingesetzt, ergibt sich nach einigen Umformungen folgende Darstellung des Funktionals

$$I(\bar{b}) = \tfrac{1}{2} \frac{6\,C}{L^3} [b_0, b_1, b_3, b_4, b_6, b_7, b_8, b_9] \cdot$$

$$\begin{pmatrix} 16 & -24 & 8 & 0 & & & & 0 \\ -24 & 48 & -96 & 72 & 0 & & & \\ 8 & -96 & 1024 & -1152 & 216 & 0 & 0 & \\ 0 & 72 & -1152 & 1728 & -972 & 324 & 0 & 0 \\ . & 0 & 216 & -972 & 1456 & -729 & 0 & 27 \\ & & 0 & 324 & -729 & 486 & -81 & 0 \\ . & & 0 & 0 & 0 & -81 & 162 & -81 \\ 0 & & & 0 & 27 & 0 & -81 & 54 \end{pmatrix} \begin{pmatrix} b_0 \\ b_1 \\ b_3 \\ b_4 \\ b_6 \\ b_7 \\ b_8 \\ b_9 \end{pmatrix}$$

$$- [0, 0, F, 0, Q\tfrac{L}{12}, Q\tfrac{L}{12}, Q\tfrac{L}{12}, Q\tfrac{L}{12}] \begin{pmatrix} b_0 \\ b_1 \\ b_3 \\ b_4 \\ b_6 \\ b_7 \\ b_8 \\ b_9 \end{pmatrix} =: \tfrac{1}{2} \bar{b}^T \bar{M} \bar{b} + \bar{m}^T \bar{b}$$

Dieses Funktional kann mit den bekannten Optimierungsmethoden (s. z.B. Kap. 2) minimiert werden.

4.3 B-Spline-Kurven

Wir haben bisher die erheblichen Vorteile der Bézier-Kurven kennengelernt: Das Bézier-Polygon vermittelt bereits eine Übersicht über den möglichen Kurvenverlauf, Änderungen des Bézier-Polygons erlauben kontrollierte Änderungen des Verlaufs der Bézier-Kurve. Von Nachteil ist aber, daß die Anzahl der Ecken des Bézier-Polygons fest mit dem Grad der Bézier-Kurve gekoppelt ist - d.h. eine Erhöhung der Anzahl der Ecken des Bézier-Polygons (und damit eine Erhöhung der Möglichkeit, die Kurve zu ändern) muß mit der Erhöhung des Polynomgrades der Bézier-Kurve erkauft werden - einen Ausweg würden lediglich die Bézier-Spline-Kurven zeigen, die aber die zusätzliche Lösung eines linearen Gleichungssystems mit sich bringen. Von Nachteil ist auch der globale Charakter der Bézier-Punkte: sie wirken auf dem ganzen Parameterintervall, d.h. die Änderung eines Bézier-Punktes ändert die gesamte Bézier-Kurve (und damit auch den Bereich, der gar nicht geändert werden soll).

Diese Nachteile enthalten die **B-Spline-Kurven (Basis-Spline-Kurven)** nicht: Die B-Spline-Basis-Funktionen sind lokal definiert, d.h. die Änderung eines Punktes des zugehörigen Kontrollpolygons ändert den Kurvenverlauf nur lokal, der Einflußbereich eines jeden der Kontrollpunkte kann ganz genau angegeben werden. Weiter ist es möglich, neue Kontrollpunkte einzuführen, ohne den Polynomgrad zu erhöhen, aber auch z.B. die Differentiationsordnung des Übergangs zwischen benachbarten Splinesegmenten durch spezielle Wahl der Kontrollpunkte zu beeinflussen. Die geometrischen Eigenschaften der Bézier-Kurven wie convex-hullproperty, variation-diminishing-property usw. lassen sich sinngemäß übertragen.

Vom mathematischen Standpunkt aus besteht *formal* kein prinzipieller Unterschied zwischen B-Spline-Kurven und Bézier-Spline-Kurven: es handelt sich lediglich um Kurvendarstellungen in verschiedenen Funktions-Basis-Systemen (s. a. Kapitel 10). Dabei hat die B-Spline-Darstellung den Vorteil, daß im Vergleich zu den Bézier-Spline-Kurven weniger Kontrollpunkte benötigt werden, d. h. daß sich die B-Spline-Kurven kompakter im Rechner darstellen lassen. Es wird sich auch zeigen, daß sich die Bézier-Kurven als Sonderfall der B-Spline-Kurven deuten lassen.

4.3.1 B-Spline-Funktionen

Eine B-Spline-Funktion der Ordnung k ist ein stückweise (segmentweise) definiertes Polynom vom Grade $(k-1)$, das an den Segmentübergängen im allgemeinen C^{k-2} stetig ist (s.a. [BOO 72], [BOO 78], [COX 71]).

Den B-Spline-Funktionen liegen geordnete Parameterwerte zugrunde

$$t_0 < t_1 < t_2 < \dots < t_{m-1} < t_m$$

oder als **Trägervektor (Knotenvektor)** geschrieben

$$T = (t_0, t_1, t_2, ..., t_{m-1}, t_m) \; ; \qquad\qquad (4.48\,a)$$

Die Komponenten t_k von T sollen als *Trägerwerte* oder *Knoten* bezeichnet werden. Auf dieser Grundlage wird eingeführt

Definition 4.1: Gegeben sei der Trägervektor $T = (t_0, t_1, ..., t_{n-1}, t_n, t_{n+1}, ..., t_{n+k})$. Als *normalisierte B-Spline-Funktionen* $N_{i,k}$ der Ordnung k (vom Grad $k-1$) werden folgende Funktionen bezeichnet:

Für $k = 1$

$$N_{i1}(t) = \begin{cases} 1 & \text{für } t_i \le t < t_{i+1} \\ 0 & \text{sonst} \end{cases} \qquad\qquad (4.48\,b)$$

sowie für $k > 1$

$$N_{ik}(t) = \frac{t - t_i}{t_{i+k-1} - t_i} \, N_{i,k-1}(t) + \frac{t_{i+k} - t}{t_{i+k} - t_{i+1}} \, N_{i+1,k-1}(t) \qquad (4.48\,c)$$

mit $i = 0(1)n$.

Für die so definierten Basis-Funktionen können folgende Eigenschaften gezeigt werden

a) $\quad N_{ik}(t) > 0 \quad$ für $t_i < t < t_{i+k}$,

b) $\quad N_{ik}(t) = 0 \quad$ für $t_0 \le t \le t_i, \; t_{i+k} \le t \le t_{n+k}$,

c) $\quad \displaystyle\sum_{i=0}^{n} N_{ik}(t) = 1 \qquad\qquad (t \in [t_{k-1}, t_{n+1}])$

d) $\quad$ für $t_i \le t_l \le t_{i+k}$ sind die Basisfunktionen $N_{ik}(t)$ $\; C^{k-2}$- stetig an den Trägerwerten t_l

Bemerkungen: 1. a) - c) wird *Teilung der Eins* genannt.

2. Das Intervall $t_i \le t \le t_{i+k}$ heißt **Träger** oder *Trägerintervall* von N_{ik} .

3. Wählt man den Trägervektor **äquidistant**, d. h. $t_i = i$, so vereinfacht sich die Rekursion (4.48c) zu (**uniforme B-Splines**)

$$N_{ik}(t) = \frac{t-i}{k-1} N_{i,k-1}(t) + \frac{i+k-t}{k-1} N_{i+1,k-1}(t) \qquad\qquad (4.49)$$

4. Den normalisierten B-Splines N_{ik} stehen *nicht normalisierte* B-Splines M_{ik} gegenüber, für die bei einem Trägervektor gemäß (4.48a) gilt:

Für $k = 1$:

$$M_{i1} = \begin{cases} (t_{i+1} - t_i)^{-1} & \text{für } t_i \le t < t_{i+1} \\ 0 & \text{sonst} \end{cases}$$

für $k > 1$:

$$M_{ik}(t) = \frac{t-t_i}{t_{i+k}-t_i} \, M_{i,k-1}(t) \; + \; \frac{t_{i+k}-t}{t_{i+k}-t_i} \, M_{i+1,k-1} \; .$$

Zwischen diesen beiden Basis-Systemen besteht die Beziehung

$$N_{ik}(t) = (t_{i+k} - t_i) \, M_{ik}(t) \; .$$

5. Manchmal wird in der Literatur auch die Bezeichnung $N_i^p(t)$ benutzt, wobei gilt $N_{ik}(t) = N_i^{k-1}(t)$. In dieser Bezeichnung fallen Grad und Ordnung der Polynom-Segmente zusammen!

6. Eine andere Einführung der B-Spline-Funktionen kann so erfolgen: Wir beginnen mit der linearen B-Spline-Funktion N_{02} und berechnen den Inhalt des Durchschnittes mit einem sich über die Koordinatenachse hinweg bewegenden Einheitsimpuls über (s. a. Fig. 4.21a)

$$A(t) = \int_{-1}^{0} N_{02}(t) \, dt$$

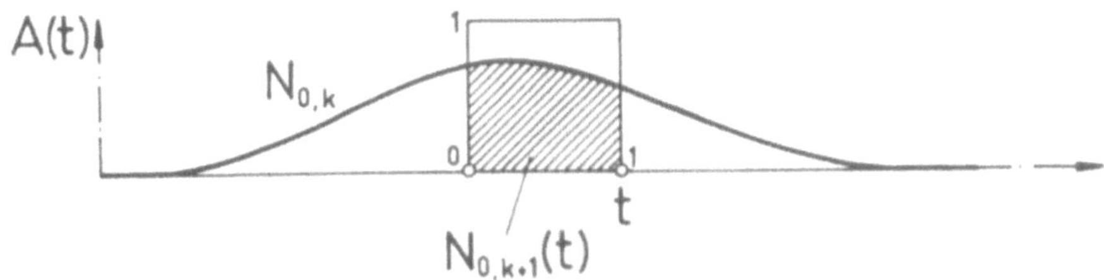

Fig. 4.21a: B-Spline-Funktion als Durchschnitt
mit einem bewegten Einheitsimpuls.

Dann gilt

$$N_{03}(t) = A(t) \, .$$

Dieses Verfahren kann rekursiv ausgedehnt werden über

$$N_{ik}(t) = \int_{-1}^{0} N_{i,k-1}(t) \, dt$$

und liefert so rekursiv alle B-Spline-Funktionen [SAB 77].

7. Die B-Spline-Funktionen können auch durch *Projektion von k-dimensionalen Simplizes* σ auf den eindimensionalen Unterraum $\mathbb{R}^1$ erzeugt werden: σ wirft auf $\mathbb{R}^1$ einen Schatten, dessen Intensität von der Dicke des Simplex in Projektionsrichtung abhängt. Wird diese Intensität des Schattens, d. h. das zugehörige projizierte Volumen, über jedem Punkt des $\mathbb{R}^1$ aufgetragen, entsteht eine B-Spline-Funktion der Ordnung k (s. a Fig. 4.21b) (s. z.B. a. [PRA 84]).

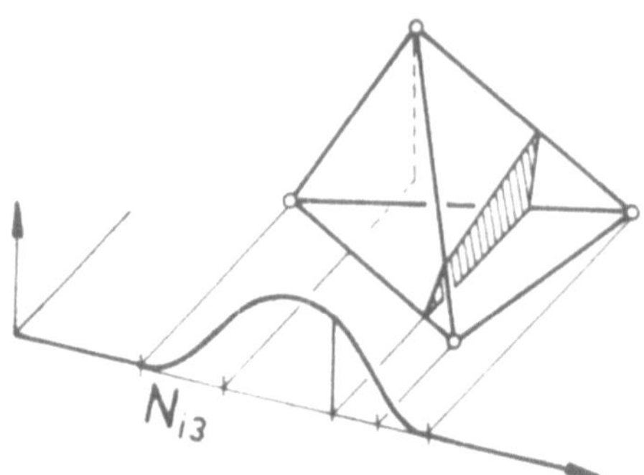

Fig. 4.21b: N_{13} als Schatten eines dreidimensionalen Simplex

8. Weitere Einführungen der B-Spline-Funktionen können z.B. mit Hilfe von Differenzenschemata über *abgeschnittene Potenzfunktionen* (s. z.B. a. [BOO 78], [BÖH 74]), über *statistische Methoden* (s. z.B. [GOL 88,88a]), mit Hilfe des *blossoming* (Polarformen) [RAM 87], [SEI 88] erfolgen.

9. Ein *historischer Überblick* über die Entwicklung der B-Splines findet sich in [BUT 88].

10. Bei der praktischen Berechnung der B-Spline-Funktionen wird im allgemeinen nicht die Definition (4.48 ,4.49) benutzt bzw. programmiert, sondern der *de-Boor- Algorithmus* (s. a. Kap. 4.3.3) eingesetzt.

Bevor wir aber Algorithmen zur einfachen und praktikablen Berechnung von B-Spline-Funktionswerten vorstellen, wollen wir uns die über Definition 4.1 eingeführten Funktionen veranschaulichen. Dazu benutzen wir zur Vereinfachung die uniforme Schreibweise gemäß (4.49).

Wir beginnen mit den "einfachsten" B-Spline-Funktionen $N_{0,1}$, $N_{2,1}$: gemäß Definition 1 sind dies für k = 1 Konstanten (vgl. Fig. 4.22a).

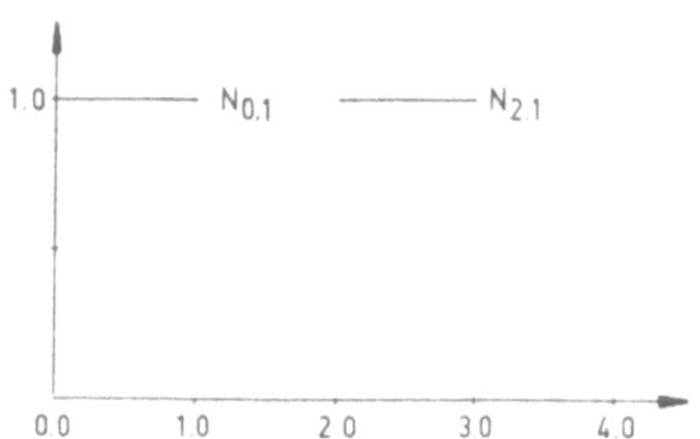

Fig. 4.22a: B-Spline-Funktionen $N_{0,1}$, $N_{2,1}$.

Für $k = 2$ und $i = 0$, $i = 1$ folgt aus (4.49)

$$N_{0,2}(t) = \frac{t}{1}\, N_{0,1}(t) + \frac{2-t}{1}\, N_{1,1}(t)\ ,$$

$$N_{1,2}(t) = \frac{t-1}{1}\, N_{1,1}(t) + \frac{3-t}{1}\, N_{2,1}(t)\ . \tag{4.50a}$$

Figur 4.22b enthält die Graphen dieser beiden Funktionen. Es fällt auf, daß die Graphen offenbar geometrisch durch Translation entstehen, was den beiden Funktionen in (4.50a) nicht direkt zu entnehmen ist.

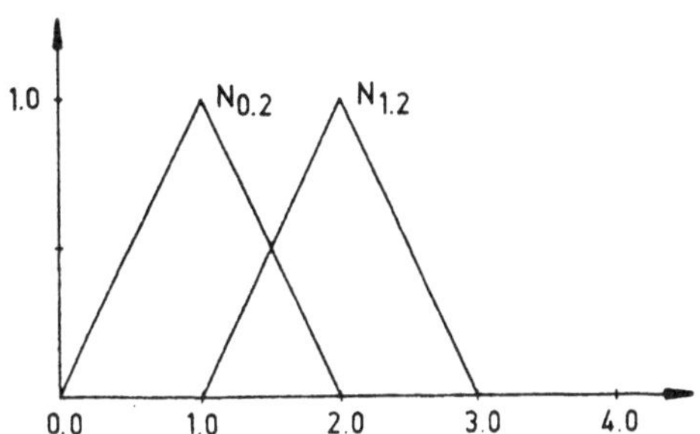

Fig. 4.22b: B-Spline-Funktionen $N_{0,2}$, $N_{1,2}$.

Die Translationsinvarianz der uniformen B-Spline-Funktionen kann durch eine geeignete Parametertransformation erfaßt werden: Wir setzen

$$t \equiv w \ [\text{mod } 1]\ , \tag{4.51}$$

d.h. für das Intervall $[0,1]$ gilt $t = w$,

  " " " $[1,2]$ gilt $t = w + 1$,

  " " " $[2,3]$ gilt $t = w + 2$, usw. (wobei jeweils $w \in [0,1]$) .

Damit folgt aus (4.50a) (mit $w \in [0,1]$)

$$N_{0,2} = w\, N_{0,1} + (1-w)\, N_{1,1}\ , \qquad N_{1,2} = w\, N_{1,1} + (1-w)\, N_{2,1}\ . \tag{4.50b}$$

Betrachten wir nun den Fall $k = 3$: Aus (4.49) ergibt sich zunächst

$$N_{0,3}(t) = \frac{t}{2}\, N_{0,2}(t) + \frac{3-t}{2}\, N_{1,2}(t)$$

und mit (4.50a) folgt

$$N_{0,3}(t) = \frac{t}{2}\, (w\, N_{0,1} + (1-w)\, N_{1,1}) + \frac{3-t}{2}\, (w\, N_{1,1} + (1-w)\, N_{2,1})\ .$$

Wird nun die Transformation (4.51) ausgeführt, ergibt sich schließlich

$$N_{0,3}(w) = \frac{w^2}{2}\, N_{0,1} + \left(\frac{(1-w^2)}{2} + \frac{(2-w)}{2}\, w \right) N_{1,1} + \frac{(1-w)^2}{2}\, N_{2,1} =$$

$$= \frac{w^2}{2}\, N_{0,1} + (-w^2 + w + \tfrac{1}{2})\, N_{1,1} + \frac{(1-w)^2}{2}\, N_{2,1}\ . \tag{4.50c}$$

Figur 4.22c zeigt den Graphen dieser Splinefunktion.

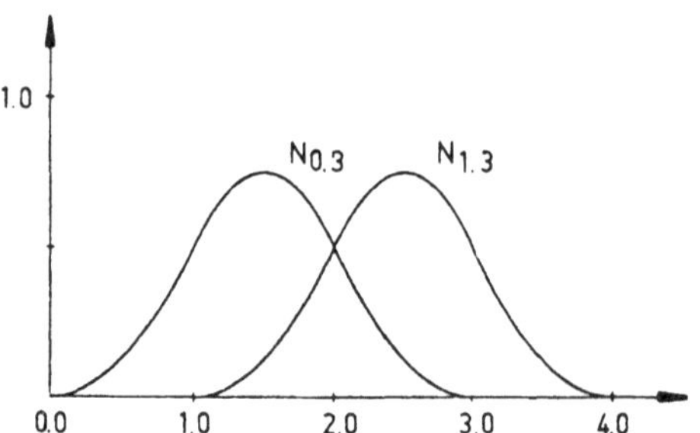

Fig. 4.22c: B-Spline-Funktionen $N_{0,3}$, $N_{1,3}$.

Abschließend soll noch der Graph von $N_{0,4}(t)$ ermittelt werden (s. Fig. 4.22d). Aus (4.49) und (4.51) ergibt sich

$$N_{0,4} = \frac{w^3}{6} N_{0,1} + (-\tfrac{1}{2} w^3 + \tfrac{1}{2} w^2 + \tfrac{1}{2} w + \tfrac{1}{6}) N_{1,1} +$$

$$+ (\tfrac{1}{2} w^3 - w^2 + \tfrac{2}{3}) N_{2,1} + \frac{(1-w)^3}{6} N_{3,1} . \tag{4.50d}$$

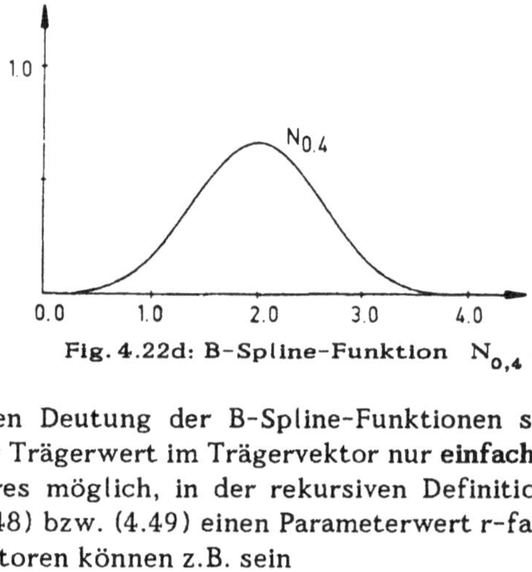

Fig. 4.22d: B-Spline-Funktion $N_{0,4}$.

Bei der bisherigen Deutung der B-Spline-Funktionen sind wir davon ausgegangen, daß jeder Trägerwert im Trägervektor nur **einfach gewichtet** wird. Es ist aber ohne weiteres möglich, in der rekursiven Definition der B-Spline-Funktionen gemäß (4.48) bzw. (4.49) einen Parameterwert r-fach (r ≤ k) zu zählen. Solche Trägervektoren können z.B. sein

$$T = (t_0, t_0, t_0, t_1, t_2, t_3, \dots, t_{n+k}) \qquad (t_0 \text{ dreifach!}),$$

$$T = (t_0, t_1, t_1, t_2, t_3, t_3, t_3, \dots, t_{n+k}) \qquad (t_1 \text{ zweifach, } t_3 \text{ dreifach!}),$$

$$T = (t_0, t_0, t_0, t_0, t_1, t_1, t_1, t_1) \qquad (\text{Anfangs- und Endwert vierfach!}) .$$

Wir betrachten als Beispiel $k = 3$ und den Trägervektor $T = (0,0,0,1,1,1)$. Für $N_{0,3}$ folgt aus (4.48)

$$N_{0,3} = \frac{t - t_0}{t_2 - t_0} N_{0,2} + \frac{t_3 - t}{t_3 - t_1} N_{1,2} . \tag{*}$$

Wird nun der gewählte Trägervektor eingesetzt, d. h. es soll gelten $t_0 = t_1 = t_2 = 0$, $t_3 = 1$, so liefert (*) mit (4.50b) (wegen des jetzt gewählten Trägervektors gilt $N_{0,1} = N_{1,1} = 0$)

$$N''_{0,3} = (1-w)^2 \, N_{2,1} \, . \tag{4.52a}$$

wobei durch die beiden hinzugefügten Striche **keine Ableitungen** bezeichnet werden, sondern auf die zwei zusätzlich zusammenfallenden Parameterwerte hingewiesen werden soll.

Dabei ist bemerkenswert, daß $N''_{0,3}$ mit dem Bernstein-Polynom $B_0^2(t)$ zusammenfällt! Analog folgt

$$N'_{1,3} = \frac{t-t_1}{t_3-t_1} \, N_{1,2} + \frac{t_4-t}{t_4-t_2} \, N_{2,2} \;=\; (-2w^2+2w) \, N_{2,1} \;=\; B_1^2(w) \, .$$

Allgemein gilt (s. z.B. [GOR 74a], [RIE 73]).

Lemma 4.6: Die B-Spline-Funktionen $N_{i,k}(w)$ der Ordnung k sind identisch zu den Bernstein-Polynomen $B_i^{k-1}(w)$ vom Grade $(k-1)$, falls der Trägervektor T $2k$ Elemente enthält und k-fach der Parameterwert 0 sowie k-fach der Parameterwert 1 auftritt, d.h. für den Trägervektor gilt

$$T = (\underbrace{0,0,\ldots,0}_{\text{k-fach}}, \ldots, \underbrace{1,1,\ldots,1}_{\text{k-fach}}) \, .$$

Neben diesen Sonderfällen wollen wir jetzt den für spätere Anwendungen wichtigen Fall betrachten, bei dem am Anfang und Ende des Trägervektors k-fache Parameterwerte auftreten, also z.B. für $k = 3$ gilt

$$T = (t_0, t_0, t_0, t_1, \ldots, t_{m-1}, t_m, t_m, t_m) \, .$$

Dann ergibt sich z.B. für $N'_{0,3}$ (mit $t_0 = 0, t_1 = 1, t_2 = 2$) aus (4.49)

$$N'_{0,3} = \frac{t-t_0}{t_2-t_0} \, N_{0,2} + \frac{t_3-t}{t_3-t_1} \, N_{1,2} = \left(-\frac{3}{2}w^2+2w\right) N_{1,1} + \frac{(1-w)^2}{2} \, N_{2,1} \, . \tag{4.52b}$$

Wir haben bisher die einfache oder mehrfache Wichtung der Trägerwerte recht formal diskutiert. Es erhebt sich natürlich die Frage, welche geometrische Bedeutung haben solche Manipulationen im Trägervektor für die B-Spline-Funktionen. Antwort darauf gibt

Satz 4.4: Fallen im Trägervektor T einer B-Spline-Funktion l Parameterwerte zusammen, so reduziert sich die Differentiationsordnung der B-Spline-Funktion $N_{i,k}$ von C^{k-2} auf C^{k-l-1}. Gleichzeitig reduziert sich die wirksame Länge des Trägerintervalls von der Länge k auf die Länge $k-(l-1)$.

Beweis dazu: siehe [GOR 74].

Für unsere Anwendungen der B-Spline-Funktionen liefert Satz 4.4, daß bei einer
k-fachen Wichtung des Trägerwertes t_j der Parameterwert $t = t_j$ auf eine Unstetigkeit der B-Spline-Funktionen führt.

4.3.2 B-Spline-Kurven

Analog zu den Bézier-Kurven wollen wir nun B-Spline-Kurven einführen: Grundlage ist ein Satz von SCHOENBERG (s. z. B. [SCHO 67], [BOO 72]), wonach die
B-Spline-Funktionen bei gegebenem Trägervektor eine lineare **Basis** bilden.

Während bei den Bézier-Kurven Ordnung und Anzahl der Bézier-Punkte verknüpft waren, haben wir hier eine andere Situation: Da die B-Spline-Funktionen
nur über einem gewissen *lokalen Träger* (Parameterbereich) wirken, können beliebig viele B-Spline-Funktionen zu einer B-Spline-Kurve gekoppelt werden. Wir
führen daher ein (s.a. [BÖH 77, 77a], [GOR 74], [RIE 73]):

Definition 4.2: Gegeben seien die Punkte d_i ($\in \mathbb{R}^2$, $\mathbb{R}^3$) mit $i = 0(1)n$, sowie
ein Trägervektor T gemäß Definition 4.1. Dann bezeichnen wir mit

$$X(t) = \sum_{i=0}^{n} d_i\, N_{ik}(t) \qquad (n \geq k-1) \qquad\qquad (t \in [t_{k-1}, t_{n+1}])$$

eine B-Spline-Kurve der Ordnung k zum Träger T. Die Punkte d_i werden
Kontrollpunkte oder **de Boor-Punkte** genannt, sie bilden das **de Boor-Polygon**.

Bemerkungen: 1. Die Wahl des Trägervektors beinhaltet die Stetigkeitsordnung
an den Parameterwerten $t = t_j$ (mit t_j als Trägerwerten), d. h,
- ein l-facher Trägerwert $(1 \leq l < k)$ t_j bedeutet C^{k-l-1}-Stetigkeit ,
- ein k-facher Trägerwert t_j bedeutet C^{-1}-Stetigkeit, d. h. eine Unstetigkeit.

2. Ist $t_i = t_{i+k}$, dann gilt $N_{ik} = 0$

3. Die Wahl der ersten und letzten k-1 Trägerwerte wird offen gelassen und kann
den Randvorgaben der B-Spline-Kurve angepaßt werden (s. die folg. Kapitel).

4. Ein direkter Zugang zu B-Spline-Kurven aus dem Kontrollpolygon findet sich
z. B. in [CHAI 74], [RIES 75].

Aus der Definition der B-Spline-Funktionen ergibt sich die lokale Wirksamkeit
der einzelnen de Boor-Punkte. Es gilt [GOR 74]

Lemma 4.7: Ist der B-Spline-Kurve $X(t) = \sum_{i=0}^{n} d_i\, N_{ik}(t)$ der Trägervektor
$T = (t_0, t_1, \ldots, t_n, t_{n+1}, t_{n+k})$ zugeordnet, so beeinflußt der de Boor-Punkt d_j
nur den Kurvenbereich der B-Spline-Kurve, der dem Parameterintervall
$t_j < t < t_{j+k}$ entspricht. Der Kurvenpunkt mit dem Parameter t^* mit
$t_r < t^* < t_{r+1}$ wird von den de Boor-Punkten $d_{r-(k-1)}, \ldots, d_r$ beeinflußt.

Die **Ableitungen** einer B-Spline-Kurve berechnen sich rekursiv über [BOO 72]

$$X^{(j)}(t) = (k-1)(k-2)\ldots(k-j) \sum_i d_i^{[j]} N_{i,k-j}(t)$$

mit

$$d_i^{[j]} = \begin{cases} d_i & j = 0, \\[2ex] \dfrac{d_i^{[j-1]} - d_{i-1}^{[j-1]}}{t_{i+k-j} - t_i} & j > 0. \end{cases} \qquad (4.53)$$

4.3.2.1 Offene B-Spline-Kurven

Bei allgemeiner Wahl der de Boor-Punkte d_i und des Trägervektors **T** steht die B-Spline-Kurve mit dem de Boor-Polygon in keinem offensichtlichen geometrischen Zusammenhang (s. Fig. 4.23)

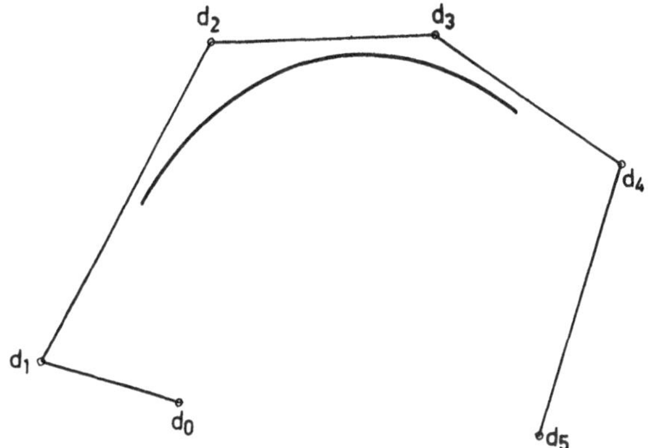

Fig. 4.23: B-Spline-Kurve und de Boor-Polygon
mit B-Spline-Funktionen der Ordnung k = 5

Möchte man jedoch ebenso wie bei den offenen Bézier-Kurven in den Randpunkten gewisse (bequeme) geometrische Eigenschaften erreichen, so wähle man als Trägerwerte am Anfang und Ende des Trägervektors

$$t_0 = t_1 = \ldots = t_{k-1} \; ;$$
$$t_{n+1} = t_{n+2} = \ldots = t_{n+k} \cdot$$

Damit ist gesichert, daß d_0 bzw. d_n Kurvenpunkte sind. Weiter fällt bei k-facher Zählung des ersten Parameterwertes des Trägervektors die erste B-Spline-Funktion mit dem Bernstein-Polynom $B_0^{k-1}(t)$ zusammen, d.h. aber, daß dann auch die Tangenteneigenschaft der Bézier-Kurven mit übernommen wird.

Wir setzen daher für offene B-Spline-Kurven der Ordnung k den **Trägervektor** voraus:

$$T = (\underbrace{t_0=t_1=t_2=..=t_{k-1}}_{\text{k-fach}}, t_k, t_{k+1}, \ldots, t_n, \underbrace{t_{n+1}=t_{n+2}=..=t_{n+k}}_{\text{k-fach}}) \, . \qquad (4.54)$$

Natürlich können auch zusätzlich die inneren Trägerwerte des Trägervektors (4.54) mehrfach gewählt werden.

Ist speziell n = k−1, folgt aus (4.54) bei Vergleich mit dem Trägervektor aus Lemma 4.6 [BOO 72]

Lemma 4.8: Für offene B-Spline-Kurve der Ordnung k gilt
- die Zahl der wirksamen Intervalle bei einfacher Wichtung der inneren Trägerwerte beträgt n − k + 2 ,
- für n = k −1 und den Trägervektor (4.54) geht die B-Spline-Kurve in eine Bézier-Kurve über.

Die Wahl des Trägervektors gemäß (4.54) verändert den Verlauf der in Fig. 4.22 dargestellten B-Spline-Funktionen. In Fig. 4.24 sind die B-Spline-Funktionen N_{i3} für einen Trägervektor mit t_0 = 0 und t_{n+1} = t_5 = 5 wiedergegeben:

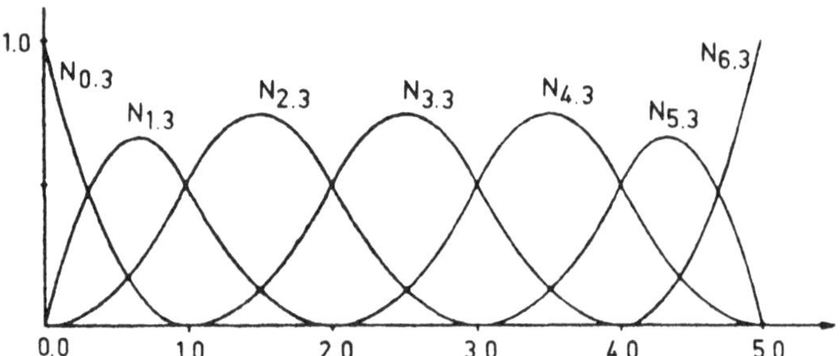

Fig. 4.24: B-Spline-Funktionen für offene B-Spline-Kurve

Wir wollen jetzt als *Beispiel* die Parameterdarstellung einer B-Spline-Kurve der Ordnung k = 3 mit sechs gegebenen de Boor-Punkten P_j (d.h. n = 5) explizit berechnen: Wir legen außerdem normalisierte B-Spline-Funktionen mit äquidistanter Parametrisierung zugrunde. Knotenvektor ist dann gemäß (4.54)

$$T = (0,0,0,1,2,3,4,4,4) \, .$$

Die einzelnen B-Spline-Funktionen wirken dann über den folgenden Intervallen des Trägervektors

$N''_{0,3}$ wirkt auf [0,0,0,1] , $N'_{1,3}$ wirkt auf [0,0,1,2] ,

$N_{2,3}$ wirkt auf [0,1,2,3] , $N_{3,3}$ wirkt auf [1,2,3,4] ,

$N'_{4,3}$ wirkt auf [2,3,4,4] , $N''_{5,3}$ wirkt auf [3,4,4,4] .

Aus diesem Schema ist zu erkennen, daß am Rande Symmetrien auftreten. In der

Parametrisierung mit dem Parameter $w \in [0,1]$ folgt daher z.B.

$$N_{0,3}''(w) = N_{5,3}''(1-w) , \quad N_{1,3}'(w) = N_{4,3}'(1-w) .$$

Damit lautet die Parameterdarstellung der betrachteten B-Spline-Kurve mit den Basisfunktionen (4.50c), (4.51), (4.52b)

$$X(t) = d_0 N_{0,3}''(t) + d_1 N_{1,3}'(t) + d_2 N_{2,3}(t) + d_3 N_{3,3}(t) + d_4 N_{4,3}'(t) + d_5 N_{5,3}''(t)$$

$$= d_0 (w^2 - 2w + 1) N_{2,1} + d_1 \left((-\tfrac{3}{2}w^2 + 2w) N_{2,1} + (\tfrac{w^2}{2} - w + \tfrac{1}{2}) N_{3,1} \right) +$$

$$+ d_2 (\tfrac{w^2}{2} N_{2,1} + (-w^2 + w + \tfrac{1}{2}) N_{3,1} + (\tfrac{1}{2}w^2 - w + \tfrac{1}{2}) N_{4,1})$$

$$+ d_3 (\tfrac{w^2}{2} N_{3,1} + (-w^2 + w + \tfrac{1}{2}) N_{4,1} + (\tfrac{1}{2}w^2 - w + \tfrac{1}{2}) N_{5,1})$$

$$+ d_4 (\tfrac{w^2}{2} N_{4,1} + (-\tfrac{3}{2}w^2 + w + \tfrac{1}{2}) N_{5,1}) \qquad + d_5 w^2 N_{5,1} \qquad (w \in [0,1])$$

oder nach Basis-Splines N_{i1} geordnet

$$
\begin{aligned}
X(t) = &\left(d_0(w^2 - 2w + 1) + d_1(-\tfrac{3}{2}w^2 + 2w) + d_2\tfrac{w^2}{2} \right) N_{2,1} \\
&+ \left(d_1(\tfrac{w^2}{2} - w + \tfrac{1}{2}) + d_2(-w^2 + w + \tfrac{1}{2}) + d_3\tfrac{w^2}{2} \right) N_{3,1} \\
&+ \left(d_2(\tfrac{w^2}{2} - w + \tfrac{1}{2}) + d_3(-w^2 + w + \tfrac{1}{2}) + d_4\tfrac{w^2}{2} \right) N_{4,1} \\
&+ \left(d_3(\tfrac{w^2}{2} - w + \tfrac{1}{2}) + d_4(-\tfrac{3}{2}w^2 + w + \tfrac{1}{2}) + d_5 w^2 \right) N_{5,1} .
\end{aligned}
\qquad (4.55)
$$

Aus (4.55) ist zu erkennen, daß ein de Boor-Punkt in maximal $k = 3$ Parameterintervallen wirkt und daß diese B-Spline-Kurve wegen der k gleich gewählten Parameterwerte am Anfang und Ende der Kurve aus ingesamt $l = (n+1) - (k-1) = n - k + 2 = 4$ Segmenten besteht.

Fig. 4.25a zeigt eine über (4.55) berechnete B-Spline-Kurve, Fig. 4.25b eine B-Spline-Kurve mit $n = 7$ und $k = 4$. In Fig. 4.25c wurde $n = 9$, $k = 3$ gesetzt und außerdem die Bézier-Kurve eingezeichnet, die entsteht, wenn die de Boor-Punkte als Bézier-Punkte gewählt werden.

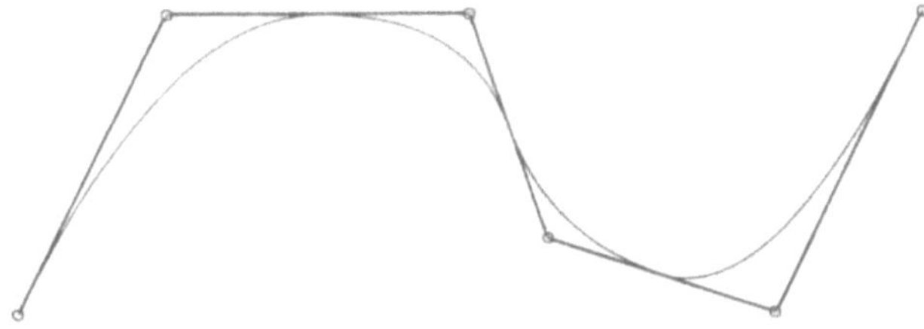

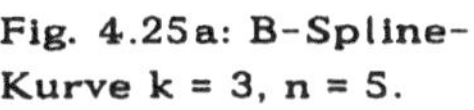

Fig. 4.25a: B-Spline-Kurve k = 3, n = 5.

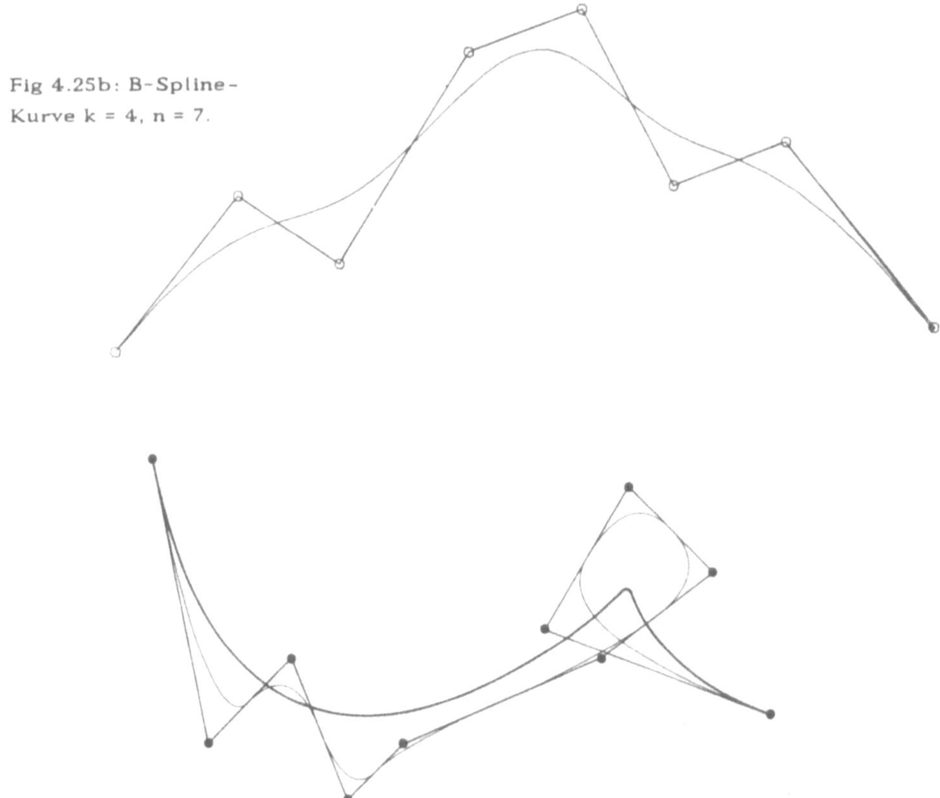

Fig 4.25b: B-Spline-
Kurve k = 4, n = 7.

Fig. 4.25c: B-Spline-Kurve k = 3, n = 9 und Bézier-Kurve vom Grad 9
mit gleichem Kontrollpolygon.

Die Berechnung von B-Spline-Kurven für k = 3 gemäß (4.55) bzw. aus den analogen Überlegungen für k > 3 ist ziemlich aufwendig. Wir haben hier diesen
Weg nur aufgezeigt, um die Wirksamkeit der B-Spline-Funktionen zu demonstrieren und eine gewisse Vertrautheit mit den B-Spline-Funktionen zu erhalten. Bei praktischen Arbeiten mit B-Splines sollte jedoch der später noch zu
entwickelnde *Algorithmus von de Boor* eingesetzt werden.

4.3.2.2 Geschlossene B-Spline-Kurven

Um geschlossene B-Spline-Kurven zu konstruieren, setzen wir die Folge der
de Boor-Punkte $d_0, \ldots, d_n$ durch die Forderung

$$d_0 \equiv d_{n+1}$$

periodisch fort und ergänzen den Trägervektor periodisch mit

$$t_{n+1} = t_n + (t_1 - t_0) \stackrel{\wedge}{=} t_0 \ , \ t_{n+2} = t_{n+1} + (t_2 - t_1) \stackrel{\wedge}{=} t_1 \ \ usw. \ ,$$

d. h. es gilt als Trägervektor (s. a. Fig. 4.26)

$$T = (t_0, t_1, ..., t_n, t_{n+1} = t_0, t_{n+2} = t_1, \ .\ .\ .\ , t_{n+k} = t_{k-1}) \ .$$

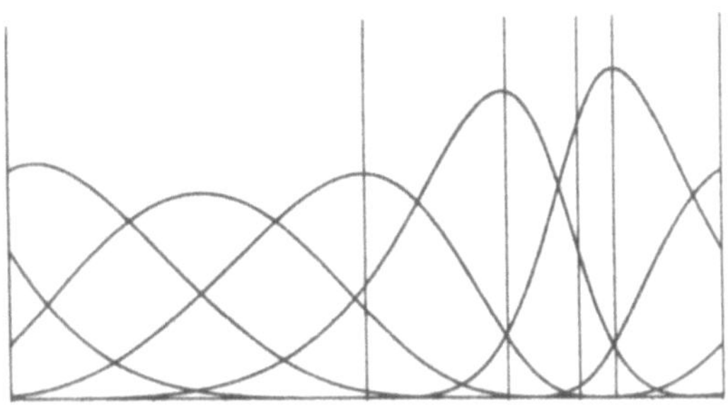

**Fig. 4.26: Träger und B-Spline-Funktionen
bei geschlossener B-Spline-Kurve**

Die Parameterdarstellung einer geschlossenen B-Spline-Kurve lautet dann

$$X(t) = \sum_{i=0}^{n} d_i \, N_{ik}(t) \qquad\qquad mit \qquad\qquad t \in [t_0, t_{n+1}]$$

Die einzelnen Basisfunktionen wirken jetzt auf den folgenden Intervallen

$$N_{0,k} \qquad \text{wirkt auf} \quad [t_0, ..., t_k] \ ,$$

$$N_{1,k} \qquad \text{wirkt auf} \quad [t_1, ..., t_{k+1}] \ ,$$

$$\vdots$$

$$N_{n-2,k} \quad \text{wirkt auf} \quad [t_{n-2}, t_{n-1}, t_n, t_0, t_1, ..., t_{k-3}] \ ,$$

$$N_{n-1,k} \quad \text{wirkt auf} \quad [t_{n-1}, t_n, t_0, ..., t_{k-2}] \ ,$$

$$N_{n,k} \qquad \text{wirkt auf} \quad [t_n, t_0, ..., t_{k-1}] \ .$$

Als Beispiel betrachten wir den Fall $n = 3$, $k = 3$: Die Parameterdarstellung der B-Spline-Kurve lautet dann

$$X(t) = \sum_{i=0}^{3} d_i N_{i,3} = d_0 N_{0,3} + d_1 N_{1,3} + d_2 N_{2,3} + d_3 N_{3,3}$$

oder mit (4.50 c)

$$X(t) = d_0\left(\frac{w^2}{2} N_{0,1} + \left(-w^2 + w + \tfrac{1}{2}\right) N_{1,1} + \tfrac{1}{2}(1-w)^2 N_{2,1}\right)$$

$$+ d_1\left(\frac{w^2}{2} N_{1,1} + \left(-w^2 + w + \tfrac{1}{2}\right) N_{2,1} + \tfrac{1}{2}(1-w)^2 N_{3,1}\right) +$$

$$+ \, \mathbf{d}_2\left(\frac{w^2}{2}\,N_{2,1} + \left(-w^2 + w + \tfrac{1}{2}\right) N_{3,1} + \tfrac{1}{2}(1-w)^2 N_{0,1}\right)$$

$$+ \, \mathbf{d}_3\left(\frac{w^2}{2}\,N_{3,1} + \left(-w^2 + w + \tfrac{1}{2}\right) N_{0,1} + \tfrac{1}{2}(1-w)^2 N_{1,1}\right)$$

$$= \left(\tfrac{1}{2}(1-w)^2\,\mathbf{d}_2 + \left(-w^2 + w + \tfrac{1}{2}\right)\mathbf{d}_3 + \frac{w^2}{2}\,\mathbf{d}_0\right) N_{0,1}$$

$$+ \left(\tfrac{1}{2}(1-w)^2\,\mathbf{d}_3 + \left(-w^2 + w + \tfrac{1}{2}\right)\mathbf{d}_0 + \frac{w^2}{2}\,\mathbf{d}_1\right) N_{1,1}$$

$$+ \left(\tfrac{1}{2}(1-w)^2\,\mathbf{d}_0 + \left(-w^2 + w + \tfrac{1}{2}\right)\mathbf{d}_1 + \frac{w^2}{2}\,\mathbf{d}_2\right) N_{2,1}$$

$$+ \left(\tfrac{1}{2}(1-w)^2\,\mathbf{d}_1 + \left(-w^2 + w + \tfrac{1}{2}\right)\mathbf{d}_2 + \frac{w^2}{2}\,\mathbf{d}_3\right) N_{3,1}$$

$$(4.56)$$

Fig. 4.27a zeigt eine geschlossene B-Spline-Kurve der Ordnung $k = 3$ gemäß der expliziten Darstellung (4.56), Fig. 4.27b enthält eine geschlossene B-Spline-Kurve der Ordnung $k = 4$, Fig. 4.27c eine B-Spline-Kurve mit $k = 3$ und $n = 8$.

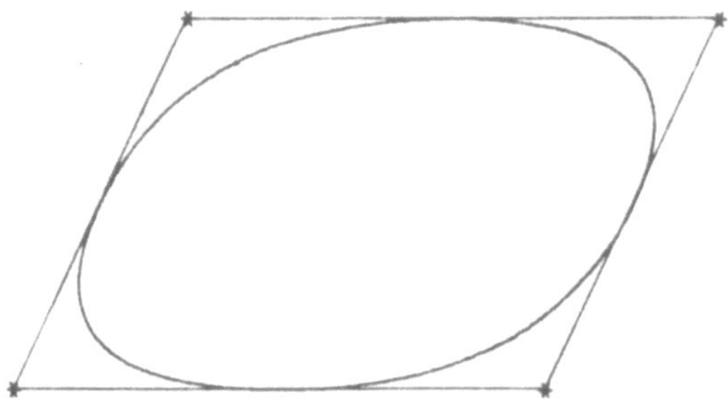

Fig. 4.27a: Geschlossene B-Spline-Kurve mit k = 3, n = 3.

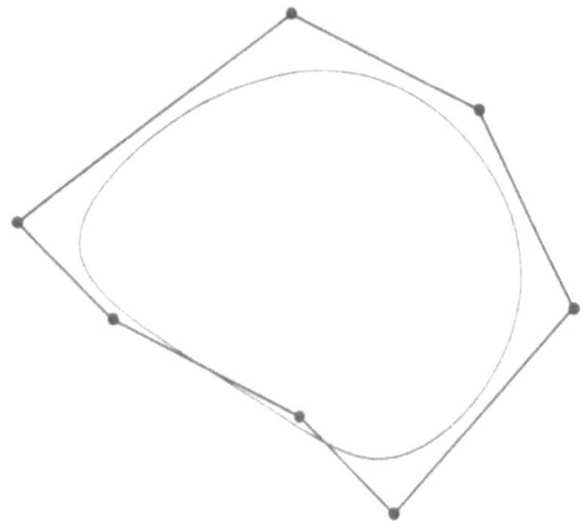

Fig. 4.27b: Geschlossene B-Spline-Kurve mit k = 4, n = 6.

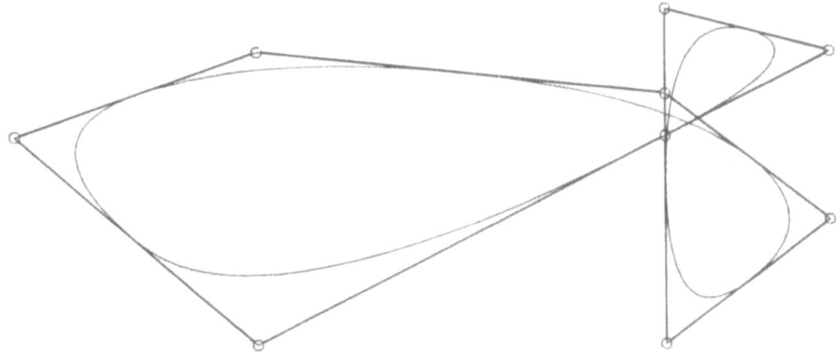

Fig. 4.27c: Geschlossene B-Spline-Kurve mit k = 3, n = 8

4.3.3   De Boor-Algorithmus

Der de Boor-Algorithmus ermöglicht eine übersichtliche Berechnung der Kurvenpunkte einer B-Spline-Kurve ohne explizite Kenntnis der B-Spline-Basisfunktionen. Er ist eine *Verallgemeinerung des Casteljau-Algorithmus* und berechnet die gesuchten Funktionswerte ebenfalls über lineare Unterteilung (s.a. [BÖH 84], [BOO 72]).

Wir gehen aus von der rekursiven Definition der normalisierten B-Spline-Funktionen (4.48c)

$$N_{i,k}(t) = \frac{t - t_i}{t_{i+k-1} - t_i}\, N_{i,k-1}(t) + \frac{t_{i+k} - t}{t_{i+k} - t_{i+1}}\, N_{i+1,k-1}(t)$$

sowie einem (beliebigen) Trägervektor **T** und setzen diese Basisfunktionen in die Parameterdarstellung der B-Spline-Kurve gemäß Definition 2 ein:

$$X(t) = \sum_{i=0}^{n} d_i\, N_{i,k} =$$

$$= \sum_{i=0}^{n} d_i\, \frac{t - t_i}{t_{i+k-1} - t_i}\, N_{i,k-1}(t) + \sum_{i=0}^{n} d_i\, \frac{t_{i+k} - t}{t_{i+k} - t_{i+1}}\, N_{i+1,k-1}(t)\ .$$

Nun wird der zweite Summand durch $i \mathrel{\hat{=}} i-1$ umindiziert, so daß folgt (wobei $d_{-1} = 0,\ d_{n+1} = 0$ gesetzt werden)

$$X(t) = \sum_{i=0}^{n+1} \frac{d_i(t - t_i) + d_{i-1}(t_{i+k-1} - t)}{t_{i+k-1} - t_i}\, N_{i,k-1}(t) =: \sum_{i=0}^{n+1} D_i^{\,1} N_{i,k-1}(t)\ .$$

Diese Umindizierung kann durch erneutes Einsetzen der jeweiligen Rekursionsformel für die Basisfunktionen fortgesetzt werden und führt schließlich auf

$$X(t) = \sum_{i=0}^{n+j} D_i^{\,j}(t)\, N_{i,k-j}(t) \qquad (j = 0(1)k-1)\,. \tag{4.57a}$$

Dabei gilt

$$D_i^{\,j} = (1-\alpha_i^{\,j})\, D_{i-1}^{\,j-1} + \alpha_i^{\,j}\, D_i^{\,j-1} \qquad (j > 0) \tag{4.57b}$$

$$\text{mit}\qquad \alpha_i^{\,j} = \frac{t - t_i}{t_{i+k-j} - t_i} \qquad\text{und}\qquad D_j^{\,0} = d_j\,. \tag{4.57c}$$

Wird nun der Algorithmus gemäß (4.57) durchlaufen, ergeben sich für $j = k-1$
die Basisfunktionen $N_{r,1}$, d.h. aber für $t \in [t_r, t_{r+1}]$ wird der Funktionswert
angenommen, und es gilt

$$X(t) = D_r^{\,k-1} \qquad \text{für } t \in [t_r, t_{r+1}]\,. \tag{4.57d}$$

Die in (4.57) enthaltenen Rechenschritte können wieder durch eine *schematische
Anordnung* analog zum Casteljau-Algorithmus systematisiert werden. Dabei ist
zu beachten, daß für einen gegebenen Parameterwert $t \in [t_r, t_{r+1}]$ alle $N_{i,k}(t)$
verschwinden, außer den Basisfunktionen $N_{i,k}$ mit Index $i \in (r-(k-1), r)$. Damit
lautet der

Algorithmus von de Boor

$$\begin{aligned}
d_{r-k+1} &= D_{r-k+1}^{\,0} \\
d_{r-k+2} &= D_{r-k+2}^{\,0} \longrightarrow D_{r-k+2}^{\,1} \\
\vdots & \qquad\qquad\qquad\qquad D_{r-k+3}^{\,2} \\
d_{r-1} &= D_{r-1}^{\,0} \qquad D_{r-1}^{\,1} \qquad D_{r-1}^{\,2} \cdots D_{r-1}^{\,k-2} \\
d_r &= D_r^{\,0} \longrightarrow D_r^{\,1} \qquad D_r^{\,2} \quad \cdots \quad D_r^{\,k-2} \; D_r^{\,k-1} = X(t)\,.
\end{aligned} \tag{4.58}$$

*Dabei wird in horizontaler Richtung jeweils mit $\alpha_i^{\,j}$, in schräger Richtung je-
weils mit $1-\alpha_i^{\,j}$ multipliziert. Der Faktor $\alpha_i^{\,j}$ ist in (4.57c) definiert.*

Fig. 4.28 zeigt die geometrische Deutung des de Boor-Algorithmus als fortgesetzte lineare Interpolation. Dabei wurden gewählt $t^* = 2.5$ und äquidistanter
Knotenvektor. Die Verallgemeinerung des Casteljau-Algorithmus (vgl. Fig. 4.4)
ist deutlich zu erkennen. Analog zum Casteljau-Algorithmus kann der de Boor-
Algorithmus auch zum Zerlegen einer B-Spline-Kurve in zwei Segmente benutzt
werden: Die oberen Randelemente (und die davor liegenden de Boor-Punkte) sowie die unteren Randelemente (und die darauf folgenden de Boor-Punkte) sind
die neuen Kontrollpunkte der beiden B-Spline-Segmente.

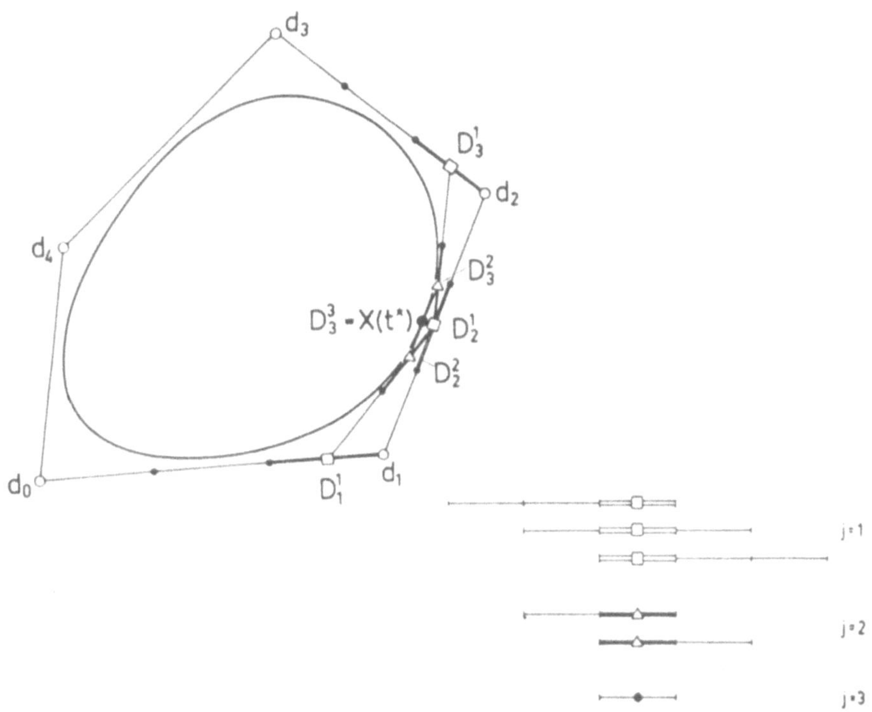

Fig. 4.28: Geometrische Deutung des de Boor-Algorithmus (k = 4).

Die Berechnung der Koeffizienten $\alpha_i^{\,j}$ kann mit Hilfe des *Teilverhältnisses* veranschaulicht werden, wie in Figur 4.28 angedeutet. Die Teilpunkte auf den Seiten des de Boor-Polygons stehen im gleichen Verhältnis, wie der zugehörige Parameterwert t^* die Knotenpunkte im Trägervektor teilt.

Betrachten wir ein *Beispiel:* Gegeben sei eine geschlossene B-Spline-Kurve der Ordnung k = 3 und (n+1) de Boor-Punkte (z.B. n = 12). Gesucht sei bei äquidistanter Parametrisierung der Kurvenpunkt $X(t^*)$ mit $t^* = 7.75$. Wegen der vorausgesetzten äquidistanten Parametrisierung lautet der Trägervektor

$$T = (0,1,2,...,12,13 \mathrel{\widehat{=}} 0,1,2) \, ,$$

d.h. t^* liegt im Intervall [7,8], also gilt r = 7 .

Wir wollen nun zwei Wege beschreiten

-     analog zu (4.56) berechnen wir den gesuchten Kurvenpunkt direkt,
-     wir berechnen den Kurvenpunkt mit Hilfe des de Boor-Algorithmus:

a) *direkte Berechnung*

Aus der Erweiterung von (4.56) auf n = 12   folgt durch Einsetzen von
w* = 0.75

$$X(t^*) = X(w^*) = \tfrac{9}{32}\,d_7 + \tfrac{11}{16}\,d_6 + \tfrac{1}{32}\,d_5 .$$

b) *über de Boor-Algorithmus*

Wegen r = 7 und k = 3 folgen aus (4.58) als erste Spalte des de Boor-
Algorithmus die Punkte (d_5, d_6, d_7), und es sind zu berechnen die Werte
$D_6{}^1, D_7{}^1$. Dafür werden benötigt $\alpha_6{}^1$ und $\alpha_7{}^1$. Aus (4.57c) folgt mit dem
obigen Trägervektor und t* = 7.75

$$\alpha_6{}^1 = \tfrac{7}{8} , \qquad \alpha_7{}^1 = \tfrac{3}{8} .$$

Für die zweite Spalte des de Boor-Algorithmus wird $\alpha_7{}^2$ benötigt, was
mit (4.57c) auf $\alpha_7{}^2 = \tfrac{3}{4}$ führt . Wird damit der de Boor-Algorithmus durchlaufen, ergibt sich folgendes Schema

$$d_5$$

$$d_6 \quad \tfrac{7}{8}d_6 + \tfrac{1}{8}d_5$$

$$d_7 \quad \tfrac{3}{8}d_7 + \tfrac{5}{8}d_6 \quad \tfrac{3}{4}\left(\tfrac{3}{8}d_7 + \tfrac{5}{8}d_6\right) + \tfrac{1}{4}\left(\tfrac{7}{8}d_6 + \tfrac{1}{8}d_5\right) = \tfrac{9}{32}d_7 + \tfrac{11}{16}d_6 + \tfrac{1}{32}d_5 = X(t^*).$$

Wegen der großen Bedeutung des de Boor-Algorithmus für eine effektive Berechnung der Kurvenpunkte einer B-Spline-Kurve sollen jetzt noch einmal die
einzelnen Rechenschritte im **Ablauf des de Boor-Algorithmus** beschrieben
werden:

Gegeben: (n+1) de Boor-Punkte $d_0, d_1, ..., d_n$ mit   n ≥ k-1 ,

       Ordnung k der B-Spline-Kurve

    –   bei geschlossener B-Spline-Kurve der Trägervektor
       $T = (t_{n-k+1}, ..., t_{n-1}, t_n, t_{n+1} = t_0, t_1, ..., t_n, t_{n+1} = t_0, t_1, t_2, ..., t_{k-1})$

    –   bei offener B-Spline-Kurve der Trägervektor
       $T = (t_0 = t_1 = t_2 = .. = t_{k-1}, t_k, ..., t_n, t_{n+1} = t_{n+2} = .. = t_{n+k})$.

Gesucht: Der Kurvenpunkt mit dem Parameterwert t* .

   ① Suche Index r mit $t_r \le t^* < t_{r+1}$,

   ② Bilde $\alpha_j{}^1 = \dfrac{t^* - t_j}{t_{j+k-1} - t_j}$ für j = (r-k+2), (1), r

       und berechne $D_j{}^1 = (1 - \alpha_j{}^1)\,d_{j-1} + \alpha_j{}^1\,d_j$

$$3 \qquad \text{Setze} \quad l = 2(1)k-1 \;, \quad \text{berechne für } j = (r-k+l+1)(1)r$$

$$\alpha_j^{\,l} = \frac{t^* - t_j}{t_{j+k-l} - t_j}$$

$$\text{und bilde} \qquad D_j^{\,l} = (1-\alpha_j^{\,l})\, D_{j-1}^{\,l-1} + \alpha_j^{\,l}\, D_j^{\,l-1} \;,$$

$$4 \qquad \text{Funktionswert} \quad X(t^*) = D_r^{\,k-1} \qquad .$$

Mit dem de Boor-Algorithmus können auch **Ableitungen** berechnet werden: Für die erste Ableitung einer B-Spline-Kurve in der Darstellung

$$X(t) = \sum_{i=0}^{n} d_i N_{i,k}(t) \qquad \text{gilt} \qquad \frac{dX}{dt} = \sum_{i=0}^{n} D_i^{(1)} N_{i,k-1}(t)$$

mit

$$D_i^{(1)} = (k-1)\,\frac{d_i - d_{i-1}}{t_{i+k-1} - t_i} \qquad . \tag{4.59}$$

Durch Wiederholung folgen die höheren Ableitungen (s. a. (4.53)). Ein anderer Zugang zur Berechnung der Ableitungen findet sich in [LEE 82], [BÖH 84a]. In [LEE 86] wird die numerische Stabilität der verschiedenen Algorithmen gegenüber gestellt.

4.3.4 Einfügen weiterer De Boor-Punkte

Für das interaktive Arbeiten hat sich bei den Bézier-Kurven das Einfügen eines weiteren Bézier-Punktes (und damit zusätzliche Graderhöhung) ohne Gestaltveränderung der Bézier-Kurve als sinnvoll erwiesen. Analog kann in eine gegebene Folge von de Boor-Punkten $d_0,...,d_n$ ein neuer de Boor-Punkt d_r^* eingefügt werden, ohne daß, wie im Fall der Bézier-Kurven, auch gleichzeitig der Polynomgrad erhöht werden muß. Die Lage des neuen de Boor-Punktes d_r^* ist durch den zugeordneten Parameterwert t^* im Trägervektor T bestimmt. Hat die B-Spline-Kurve die Ordnung k , so beeinflussen k benachbarte de Boor-Punkte ein Kurvensegment der B-Spline-Kurve.

Gegeben sei die B-Spline-Kurve der Ordnung k

$$X(t) = \sum_{i=0}^{n} d_i N_{i,k}(t) \;.$$

Der neue Parameterwert t^* werde zwischen t_r und t_{r+1} eingefügt und erhält die Bezeichnung $t_{r+1}^* = t^*$. Entsprechend ändern sich die Elemente des Trägervektors T^*

$$t_i^* = t_i \qquad 0 \le i \le r \;,$$

$$t_{r+1}^* = t^* \in [t_r, t_{r+1}] \;, \tag{4.60}$$

$$t_{i+1}^* = t_i \qquad r+1 \le i \le n \;.$$

Gesucht ist nun die gleiche B-Spline-Kurve in der neuen Basisdarstellung

$$X^*(t) = \sum_{i=0}^{n+1} d_i^* \, N_{i,k}^*(t) = X(t) \; .$$

Aus der Definition der B-Spline-Funktionen folgt, daß die Basisfunktionen

$$N_{0,k} \, ,\dots, \, N_{r-k,k} \quad \text{und} \quad N_{r+1,k} ,\dots, N_{n,k}$$

(bei alter Indizierung) von diesem dem Trägervektor neu eingefügten Knoten t^* bzw. von dem neuen de Boor-Punkt d_r^* nicht beeinflußt werden, d.h. für diese de Boor-Punkte gilt zunächst

$$d_i^* = d_i \qquad \text{für } 0 \le i \le r-k+1, \tag{4.61a}$$

$$d_{i+1}^* = d_i \qquad \text{für } r \le i \le n \; .$$

Für $r-k+2 \le i \le r$ ergeben sich die neuen de Boor-Punkte über

$$d_i^* = (1-\alpha_i)\, d_{i-1} + \alpha_i \, d_i \tag{4.61b}$$

mit

$$\alpha_i = \frac{t_{r+1}^* - t_i}{t_{i+k-1} - t_i} \; .$$

Der Beweis folgt aus dem de Boor-Algorithmus und Vergleich mit (4.43b,c) (siehe z.B. [BÖH 80]). Andere Zugänge zum Einsetzen von neuen Knoten finden sich z. B. in [COH 80] oder [LEE 82].

Figur 4.29 veranschaulicht die Lage der neuen de Boor-Punkte sowie ihre Lage im de Boor-Schema für $k=4$.

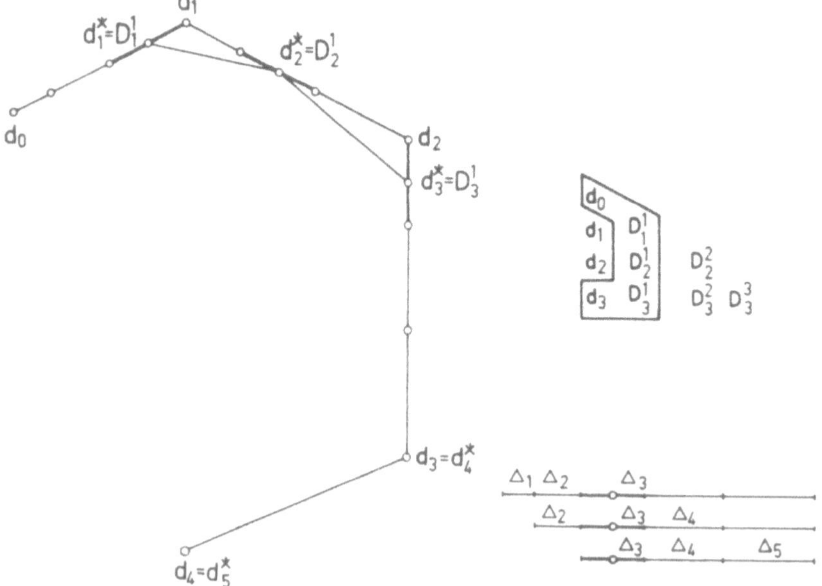

**Fig. 4.29 : Einfügen eines neuen de Boor-Punktes
mit dem de Boor-Algorithmus**

Wir wollen ein *Beispiel* betrachten: Vorgegeben sei eine geschlossene B-Spline-Kurve der Ordnung k und äquidistante Parametrisierung $t_i = i$, d.h. es liegt als Trägervektor vor

$$T = (0,1,2,3,4,...) .$$

Für $\qquad t^* = \frac{t_r + t_{r+1}}{2} = \frac{2r+1}{2}$

soll ein neuer de Boor-Punkt eingefügt werden, d.h. $\qquad t^* \in [t_r, t_{r+1}] .$
Nach (4.61b) berechnet sich α_i zu

$$\alpha_i = \frac{2r+1-2i}{2(k-1)} . \qquad\qquad (4.62)$$

In unserem obigen Beispiel gilt $k = 4$, daher ergeben sich die neuen de Boor-Punkte über den de Boor-Algorithmus gemäß

$$
\begin{aligned}
d_{r-3} &= d^*_{r-3} \\
d_{r-2} \quad & \tfrac{5}{6} d_{r-2} + \tfrac{1}{6} d_{r-3} = d^*_{r-2} \\
d_{r-1} \quad & \tfrac{1}{2} d_{r-1} + \tfrac{1}{2} d_{r-2} = d^*_{r-1} \\
d_r \quad & \tfrac{1}{6} d_r + \tfrac{5}{6} d_{r-1} = d^*_r \\
&\; \| \\
&d^*_{r+1}
\end{aligned}
\qquad (4.63a)
$$

Figur 4.30 zeigt ein entsprechendes Beispiel.

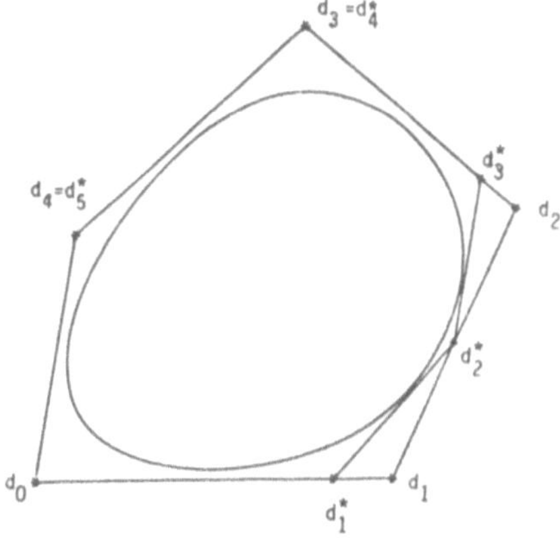

Fig. 4.30 : B-Spline-Kurve mit altem und neuem de Boor-Polygon.

Aus dem de Boor-Algorithmus lassen sich auch die neuen de Boor-Punkte ablesen, wenn ein mehrfach zu zählender Parameterwert t^* eingefügt werden soll. Im folgenden Ausschnitt aus dem de Boor-Schema sind die einzufügenden de Boor-Punkte bei zweifacher Wichtung des Parameterwertes t^* und $k = 5$ eingerahmt.

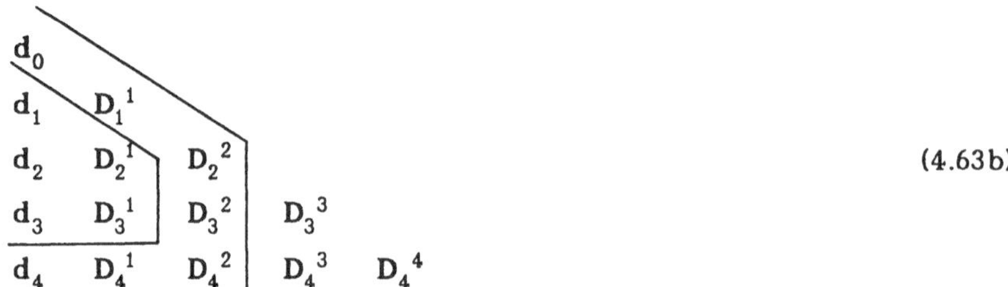

$$(4.63\,\text{b})$$

Soll ein dreifacher Parameterwert eingefügt werden, so wird anstelle der 2. Spalte die dritte Spalte hinzugenommen, wird ein vierfacher Parameterwert eingefügt, werden sämtliche Randpunkte des de Boor-Schemas zu de Boor-Punkten der neuen Kurvendarstellung. Die Kurve berührt das neue de Boor-Polygon!

Bemerkungen: 1. Analog zum de Casteljau-Algorithmus gilt, daß bei wiederholter Verfeinerung für in $[t_0,t_n]$ dichtliegende Parameterwerte das de Boor-Polygon gegen die B-Splinekurve konvergiert [COH85].
2. Neben dem Einfügen eines neuen de Boor-Punktes kann selbstverständlich auch die Erhöhung des Polynomgrades der B-Splinefunktionen notwendig sein. Algorithmen zur Graderhöhung finden sich z.B. in [PRA 84], [COH 85a].

4.3.5   Eigenschaften der B-Spline-Kurven

Wir können an den Beispielen beobachten, daß die B-Splinekurven mit $k = 3$ die Seiten des de Boor-Polygons berühren. Allgemein kann gezeigt werden (s. a. [GOR 74], [RIE 73])

Satz 4.5: Für B-Spline-Kurven der Ordnung k gilt

- fallen im Trägervektor l Parameterwerte zusammen, so reduziert sich die Differentiationsordnung einer B-Spline-Funktion auf $C^{(k-1-l)}$;

- liegen $(k-1)$ Punkte des de Boor-Polygons kollinear, so berührt die B-Spline-Kurve das Polygon;

- liegen k Punkte des de Boor-Polygons kollinear, so hat die B-Spline-Kurve mit dem de Boor-Polygon ein Geradenstück gemeinsam;

- fallen $(k-1)$ de Boor-Punkte zusammen, so kann die B-Spline-Kurve eine Ecke besitzen: die Kurve interpoliert die Mehrfachstützstelle und hat die in diesem Punkt zusammentreffenden Polygonseiten als Tangenten (s. a. Fig. 4.31);

- es gilt die convex-hull-property für jeweils k benachbarte de Boor-Punkte, d.h. ein Segment der B-Spline-Kurve liegt in der konvexen Hülle der zugehörigen k de Boor-Punkte. Der Bereich, in dem die B-Spline-Kurve global liegt, ergibt sich aus der Vereinigung der konvexen Hüllen der Kurvensegmente (s. Fig. 4.31);

  – es gilt für ebene B-Spline-Kurven die variation-diminishing-property
  für jeweils k benachbarte de Boor-Punkte.

Zum Beweis: Die variation-diminishing-property kann analog zu den Bézier-Kurven gezeigt werden(s. a. [LANE 83]).

Die convex-hull-property folgt aus dem de Boor-Algorithmus analog zu den Bézier-Kurven, wo die convex-hull-property aus dem Casteljau-Algorithmus zu folgern ist.

Fallen (k-1) de Boor-Punkte in einem de Boor-Punkt d_i zusammen, so reduziert sich die konvexe Hülle an dieser Stelle auf diesen Punkt d_i . Da die B-Spline-Kurve in der konvexen Hülle der Teilsegmente liegt, folgt, daß d_i auf der Kurve liegt und diese die in diesem Punkt zusammentreffenden Polygonseiten des de Boor-Polygons als Tangenten besitzt. Analog folgen die 2. und 3. Eigenschaft.

Die erste Eigenschaft folgt schließlich aus dem Einfügen eines l-fach zu zählenden Parameterwertes gemäß Kapitel 4.3.4.

Die nun folgende Fig. 4.31 zeigt die bei B-Spline-Kurven verschiedener Ordnung sich ergebenden konvexen Hüllen.

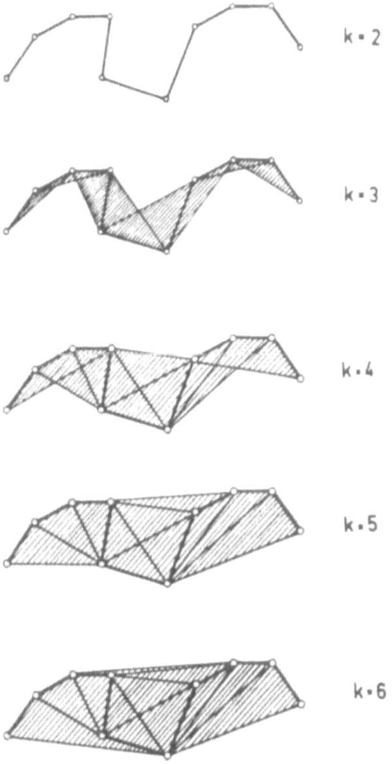

Fig. 4.31 : Konvexe Hülle
von B-Spline-Segmenten
verschiedener Ordnung k

4.3.6   Rationale B-Spline-Kurven

Analog zu den rationalen Bézier-Kurven lassen sich auch rationale B-Spline-Kurven einführen. Gegeben sei ein Trägervektor T sowie die de Boor-Punkte in homogenen Koordinaten

$$d_j = (\beta_j,\ u_j\beta_j,\ v_j\beta_j,\ w_j\beta_j)^T\ . \tag{4.64a}$$

Eine **rationale B-Spline-Kurve** der Ordnung k hat dann die Parameterdarstellung (in homogenen Koordinaten)

$$X(t) = \sum_{j=0}^{n} d_j\, N_{jk}(t) \qquad (n \geq k-1)$$

oder bei Übergang auf inhomogene Koordinaten (x,y,z) des $\mathbb{R}^3$

$$x = \frac{\displaystyle\sum_{j=0}^{n} u_j\beta_j\, N_{jk}(t)}{\displaystyle\sum_{j=0}^{n} \beta_j\, N_{jk}(t)} \ ,\quad y = \frac{\displaystyle\sum_{j=0}^{n} v_j\beta_j\, N_{jk}(t)}{\displaystyle\sum_{j=0}^{n} \beta_j\, N_{jk}(t)} \ ,\quad z = \frac{\displaystyle\sum_{j=0}^{n} w_j\beta_j\, N_{jk}(t)}{\displaystyle\sum_{j=0}^{n} \beta_j\, N_{jk}(t)} \ . \tag{4.64b}$$

Für $\beta_j > 0$ lassen sich alle Eigenschaften der gewöhnlichen B-Spline-Kurven analog übertragen ([TIL 83], [VERS 75], [PIE 87b]), die Gewichtsfaktoren β_j stellen wiederum ein zusätzliches Design-Element dar. Da B-Spline Segmente auch als Bézier-Kurven interpretiert werden können, gelten die in Kapitel 4.1.5 gemachten Aussagen analog.

In Fig. 4.32a,b sind einige Beispiele von rationalen B-Spline-Kurven angeführt. Fig. 4.32a zeigt geschlossene rationale B-Spline-Kurven der Ordnung k = 4 , wobei die beiden unteren de Boor-Punkte dreifach belegt sind. Die durchgezogene Kurve ist wieder die gewöhnliche B-Spline-Kurve, die gestrichelte Kurve hat die Gewichte (10:10:10:1:1:1:1:10), sie schmiegt sich daher mehr der linken Seite des de Boor-Polygons an, während die strichpunktierte Kurve die Gewichte (1:1:1:1:1:1:10:10) besitzt und sich daher mehr den beiden oberen de Boor-Punkten nähert. Fig. 4.31b zeigt offene rationale B-Spline-Kurven der Ordnung k = 3 . Die ausgezogene Kurve ist die zugehörige gewöhnliche B-Spline-Kurve, die gestrichelte Kurve hat die Gewichte (1:10:100:100:10:1) und schmiegt sich daher im mittleren Bereich dem de Boor-Polygon besser an, während die strichpunktierte Kurve die Gewichte (100:10:1:1:10:100) hat und sich daher am Anfang und Ende besser dem de Boor-Polygon anschmiegt.

Zur praktischen Berechnung der Basisfunktionen bei gegebenen Gewichten kann wieder der de Boor-Algorithmus eingesetzt werden, wobei analog zum rationalen Casteljau-Algorithmus neben den mit den Gewichten multiplizierten de Boor-Punkten auch die Gewichte dem Algorithmus (4.57) unterworfen werden.

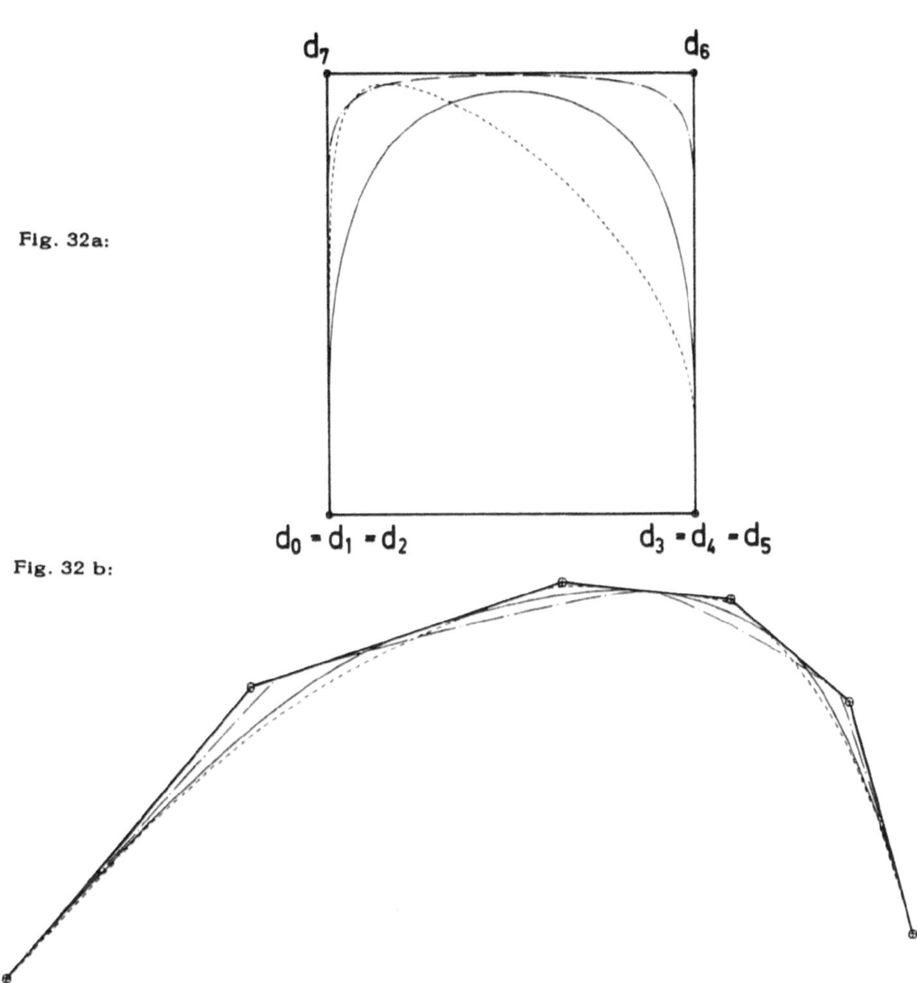

Fig. 4.32 a,b: Rationale B-Spline-Kurven zum gleichen de Boor-Polygon
mit verschiedenen Gewichten.

Rationale quadratische B-Spline-Kurven lassen sich auch zur Beschreibung von
Kreis-Splines einsetzen (vgl. dazu die rationalen Bézier-Kreis-Splines in(4.33)):
B-Spline Kreis-Splines können so angesetzt werden (s. [TIL 83], [TIL 85])

$$
X(t) = \frac{\sum\limits_{i=0}^{2n} \beta_i \, d_i \, N_{i3}(t)}{\sum\limits_{i=0}^{2n} \beta_i \, N_{i3}(t)}
\tag{4.65}
$$

mit dem Knotenvektor

$$T = (0,0,0,t_1,t_1,t_2,t_2,\dots,t_{n-2},t_{n-2},t_{n-1},t_{n-1},t_n,t_n,t_n) \tag{4.66a}$$

und den Gewichten

$$\begin{aligned} \beta_i &= 1 && \text{für } i = 2l && (l = 0(1)n), \\ \beta_i &= \cos \varphi_k && \text{für } i = 2k-1 && (k = 1(1)n). \end{aligned} \tag{4.66b}$$

Die Kontrollpunkte d_i können auch als Bézier-Punkte gedeutet werden, wobei die Nebenbedingung besteht, daß die Seiten des Bézier-Polygons über dem gleichen Kurven-Segment jeweils gleich lang sind, d.h. es gilt mit $k = 1(1)n$ $|b_{2k-1}, b_{2k-2}| = |b_{2k-1}, b_{2k}|$. Mit (4.65) läßt sich z.B. übersichtlich auch ein Vollkreis beschreiben. In Figur 4.33 wurde $\varphi_i = 60^\circ$ gewählt und $t_i = i$ $(i = 0(1)3)$.

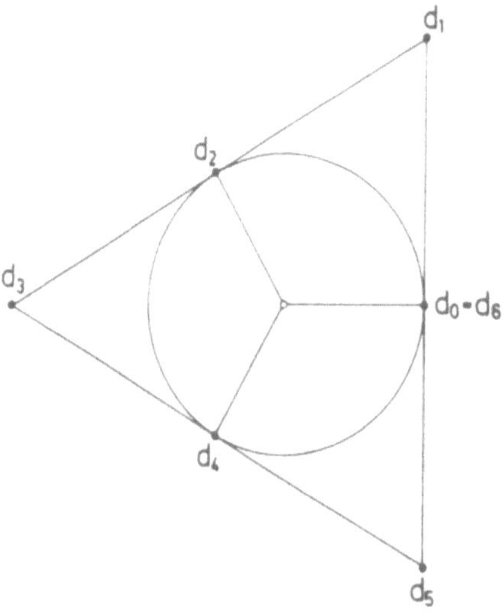

Fig. 4.33: de Boor-Polygon eines Vollkreises

Der Zusammenhang von (4.65) mit der Bézier-Darstellung von Kreissegmenten (4.33) ergibt sich über folgenden Vergleich der Basisfunktionen:

$$\begin{aligned} \text{B-Spline über } [0,0,0,t_1] &\;\hat{=}\; B_0^{2*}(t_1) \\ \text{B-Spline über } [0,0,t_1,t_1] &\;\hat{=}\; B_1^{2*}(t_1) \\ \text{B-Spline über } [0,t_1,t_1,t_2] &\;\hat{=}\; B_2^{2*}(t_1) \oplus B_0^{2*}(t_2), \end{aligned} \tag{4.67}$$

wobei hier mit $\oplus$ eine formale Addition verstanden wird, da $B_2^{2*}(t_1)$ über $[0,t_1]$ und $B_2^{2*}(t_2)$ über $[t_1,t_2]$ definiert sind.

4.4   Interpolation und Approximation

Die Interpolation oder Approximation gegebener Punkte P_i (i = 0(1) n) mit den Parameterwerten t_i und einem vorgegebenen Knotenvektor durch B-Spline-Kurven der Ordnung k bereitet keine Schwierigkeiten, wenn die Parameterwerte einigermaßen "gleichmäßig" auf den Knotenvektor verteilt sind. Das Interpolations- bzw. Approximationsproblem wird jedoch eventuell unlösbar, wenn die t_i Häufungspunkte aufweisen, da dann - bedingt durch die lokale Wirkung der B-Spline-Basis-Funktionen - Lücken im zugehörigen Gleichungssystem entstehen können.

Im Falle der Interpolation wird angesetzt (s. a. z. B. [WOO 88])

$$X(t) = \sum_{i=0}^{l} d_i\, N_{ik}(t) \tag{4.68}$$

mit l = n und den unbekannten de Boor-Punkten d_i. Der Knotenvektor lautet für geschlossene Kurven (ohne Mehrfachknoten)

$$T = (t_0, t_1, \ldots, t_n)$$

bzw. für offene Kurven (ohne innere Mehrfachknoten)

$$T = (t_0 = t_1 = \ldots = t_{k-1}, t_k, t_{k+1}, \ldots, t_n, t_{n+1} = t_{n+2} = \ldots = t_{n+k})\ .$$

Wird z. B. ein uniformer Knotenvektor vorgegeben und t_0 = 0 gewählt, so erstreckt sich das zur Verfügung stehende Parameterintervall über $t \in [\,0, n-k+2\,]$. Ist speziell n = k-1, wird die B-Spline-Kurve zu einer Bézier-Kurve.

Gilt in (4.68) l < n, so geht das Interpolationsproblem in ein Approximationsproblem über. Minimiert werden kann z. B. der Gesamtfehler

$$d = \sum_{i=0}^{n} (d_i)^2 \;=\; \sum_{i=0}^{n} (\, P_i - \sum_{j=0}^{l} d_j\, N_{jk}(t_i)\,)^2$$

mit Hilfe von Ausgleichsverfahren (s. Kap. 2). Parameterkorrektur verbessert das Approximationsergebnis. Eine zusätzliche Reduktion des Fehlers kann über *Verschiebung der Knoten* im Knotenvektor erreicht werden - hierzu ist jedoch der der Einsatz nichtlinearer Optimierungsmethoden erforderlich.

Ein weiteres Kriterium einer optimalen Approximation ist die *Reduktion der Daten* zur Beschreibung der Approximationskurve. In [LYC 87], [LYC 88] werden Strategien zur Beseitung wenig wirksamer Knoten des Knotenvektors entwickelt: Dabei werden bei einer gegebenen Toleranzen die vorhanden Knoten gewichtet und dann wird mit Hilfe eines Suchverfahrens festgestellt, wieviele Knoten gemäß der Reihenfolge der Wichtung unter Berücksichtigung der Toleranz entfernt werden können. In [WEV 88] werden Algorithmen beschrieben, die für kubische B-Splines über geeignete Normen zu einem vorgegebenen Datensatz Darstellungen mit möglichst wenig Knoten ermitteln.

4.5   Schlußbemerkungen

In der Entwicklung des Kapitels 4 wurden die Bézier-Kurven, die Bézier-Spline-kurven und die B-Spline-Kurven nebeneinander vorgestellt. Es soll jedoch nicht der Eindruck entstehen, daß die beiden Systeme voneinander unabhängig sind: Die Bézier-Spline-Kurven und die B-Spline-Kurven sind geometrisch gesehen die gleichen Kurven, lediglich in einer anderen Basisdarstellung. In Kapitel 10 werden z. B. die Bézier-Punkte einer B-Spline-Kurve ermittelt! Der Vorteil der B-Spline-Technik liegt darin, daß weniger Kontrollpunkte zur Kurvenbeschreibung notwendig sind, als bei der Darstellung der gleichen Kurve als Bézier-Spline-Kurve. Soll z.B. eine kubische B-Spline-Kurve ($k = 4$) mit $a = 10$ Segmenten dargestellt werden, sind wegen $n = a+k-2$ insgesamt 12 de Boor-Punkte zu bestimmen, während nach (4.22) insgesamt 31 Bézierpunkte notwendig sind, um die gleiche Kurve als Bézier-Splinekurve zu beschreiben. Der Vorteil der Bézier-Technik liegt in der "nahen" Korrespondenz von Kurve und Kontrollpolygon und der einfachen Berechenbarkeit der Basisfunktionen.

In Kapitel 10 wird dargestellt, wie die verschiedenen bisher benutzten Basissysteme

- Monome,
- Bernstein-Polynome,
- B-Spline-Basisfunktionen

bei gleichem Polynomgrad exakt transformiert werden können. Sind verschiedene Polynomgrade zwischen den Basisfunktionen gegeben, ist eine exakte Transformation im allgemeinen nicht möglich. Dafür müssen approximative Basistransformationen eingesetzt werden.

In der Zukunft dürften die nichtuniformen rationalen B-Splinekurven (NURBS) eine verstärkte Bedeutung erhalten. Diese Kurvensysteme beinhalten größte Flexibilität, aber auch größtmöglichste Spezialisierung, wie z.B. die exakte Beschreibung von Kreisen und Kegelschnitten.

5. Geometrische Splinekurven

Den in den vorausgehenden Kapiteln behandelten Splinekurven lag das Konzept der C^r-Stetigkeit aneinander anschließender Segmente, d.h. Übereinstimmung der ersten r Ableitungen in gemeinsamen Segmentrandpunkten, zugrunde. Dies ist aber ein recht formales Argument, das analytisch begründet ist und unter Umständen eine äußerst unbefriedigende Interpretation des Glättebegriffes wiedergibt, wie das Beispiel aus Fig. 5.1 veranschaulicht. Zudem erweist sich der C^r-Übergang für viele Anwendungen als *zu steif*. Einerseits kann die Interpolation ungleichmäßig verteilter Daten sehr ungünstig ausfallen, auch bei Verwendung einer nicht-äquidistanten Parametrisierung, zum Beispiel dann, wenn ein Segment große Krümmungsänderungen relativ zu den Nachbarsegmenten beinhaltet. Andererseits lassen sich bestimmte (Flächen-)Segmentkonfigurationen erst gar nicht C^r-stetig realisieren (s. Kap. 7). Zudem ist C^r-Stetigkeit nicht invariant bzgl. Reparametrisierungen, wird also durch eine Umparametrisierung *zerstört*. Umparametrisierungen können jedoch vielfältig vorteilhaft eingesetzt werden, etwa

- beim Erzeugen einer **optimalen Approximation** mittels einer iterativen Parameterwertverbesserung [HOS 88]

- beim **Glätten unerwünschter Krümmungen** von Splinekurven und Splineflächen [SCHEL 84]

- beim äußerst wichtigen Problem der **Konversion** zwischen unterschiedlichen Geometrie- Modellier-Systemen [DAN 85], [HOS 87, 88b].

- beim Erzeugen einer **optimalen Offset-Kurven** bzw. - **Flächen-Approximation** mittels Bézier-Splines [HOS 88a, 88b].

Der Glättebegriff der C^r-Stetigkeit ist deshalb geeignet zu erweitern. In Abschnitt 5.1 betrachten wir zunächst eine Erweiterung, die durch das Konzept der Stetigkeit der Krümmungen x_i einer Kurve gegeben ist. Spezieller, im Sinne der Übergangsbedingungen, dafür jedoch nicht an die Raumdimension gebunden sind ein Begriff, der vom differentialgeometrischen Konzept der Berührordnung ausgeht, und ein Zugang über die Variationsrechnung, die dann in 5.2 und 5.3 besprochen werden.

Da es hinsichtlich der Bezeichnungen innerhalb dieses sehr aktuellen Forschungsbereiches noch zu keiner allgemein anerkannten Konvention gekommen ist, wollen wir im Rahmen dieses Buches folgende Vereinbarung treffen:

Vereinbarung: Die allgemeine Bezeichnung **geometrische Splinekurve** soll für
alle Kurven verwandt werden, die geometrisch interpretierbare, allgemeinere
Übergangsbedingungen als C^r-Stetigkeit erfüllen, also z.B. für alle in diesem
Kapitel betrachteten Splinekurven. Der Terminus **GC^r-Stetigkeit** soll hingegen
den durch das Konzept der Berührordnung definierten Splinekurven vorbehalten
bleiben, aus Gründen, die in Abschnitt 5.2 dargelegt werden.

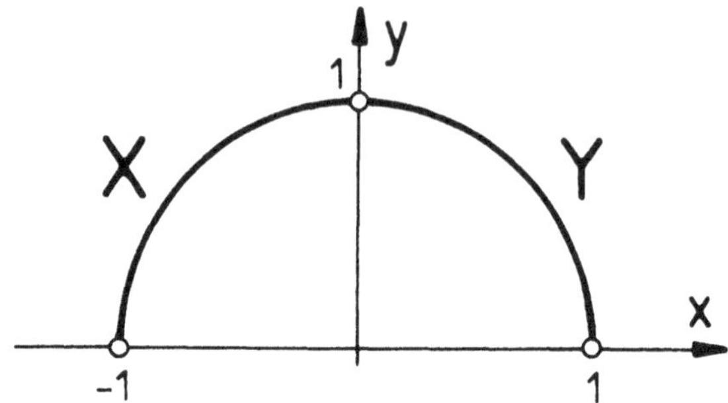

Fig. 5.1: $X = (- \cos \frac{\pi}{2} u^2, \sin \frac{\pi}{2} u^2)$, $Y = (\sin \frac{\pi}{2} t^2, \cos \frac{\pi}{2} t^2)$, $u, t \in [0,1]$

X und Y sind im Punkte $P = (0,1)$ nicht C^2-stetig, jedoch krümmungsstetig

5.1   Tangenten-, krümmungs- und torsionsstetige Kurven

Wenn zwei parametrisierte Kurven $X(u)$, $u \in [u_0, u_1]$ und $Y(t)$, $t \in [t_0, t_1]$ des
$\mathbb{R}^d$ in einem regulären Punkt[1] $P = X(u_1) = Y(t_0)$ C^1-stetig aneinander
anschließen, haben sie in P gleiche Ableitungen und damit gleiche Richtungsvektoren der Tangenten. Der *schwächeren*, aber mehr geometrischen Forderung
– *gleiche Tangente* – würde hingegen schon ausreichen, daß die Ableitungsvektoren gleichgerichtet sind, in der Länge könnten sie variieren. Bezeichnet die
Indizierung "+" rechtsseitige, die Indizierung "-" linksseitige Ableitungen, dann
wäre **Tangentenstetigkeit** damit gegeben durch

$$Y'(t_0^+) = \omega_{11} X'(u_1^-), \tag{5.1}$$

mit $\omega_{11} > 0$, als Folge der Regularitätsforderung. Die mehr geometrische
Forderung nach gemeinsamer Tangente führt also zu einem zusätzlichen
Freiheitsgrad, einem zusätzlichen **Designparameter**, und da die Tangente unabhängig von der aktuellen Parametrisierung ist, auch zu einer parameterinvarianten Interpretation des Glättebegriffes.

Für einen C^2- bzw. C^3-stetigen Kurvenübergang stimmen zusätzlich die zweiten
bzw. dritten Ableitungsvektoren in P überein. Da die zweite Ableitung gemäß
Gleichung (2.2) und die dritte Ableitung gemäß Gleichung (2.3) in die geometrischen Invarianten x und τ einfließen [STR 64], ist die zusätzliche Forderung

---

[1] d.h. in P gilt $|X'| \neq 0$, $|Y'| \neq 0$.

nach gleicher Krümmung bzw. gleicher Krümmung und Torsion bei stetigem Frenet Dreibein sicher eine geometrisch sinnvolle Modifikation der C^2 bzw. der C^3-Stetigkeitsbedingung.

Den Gleichungen zur Berechnung der Krümmung und der Torsion entnimmt man, daß **Krümmungsstetigkeit** äquivalent ist zu

$$Y''(t_0^+) = \omega_{11}^2 X''(u_1^-) + \omega_{12} X'(u_1^-) \tag{5.2}$$

falls (5.1) gilt, und **Torsionsstetigkeit** äquivalent ist zu

$$Y'''(t_0^+) = \omega_{11}^3 X'''(u_1^-) + \omega_{13} X''(u_1^-) + \omega_{23} X'(u_1^-) \tag{5.3}$$

falls (5.1) und (5.2) gelten (siehe z.B. [DYN 85], [HAG 86]).[2] (5.2) läßt sich physikalisch deuten als: *ein additiver Term in Richtung der Tangente, ein Geschwindigkeitsanteil* $\omega_{12} X'$, *trägt nicht zu einer Auslenkung eines Teilchens quer zur Bahn bei, d.h. beinflußt nicht die Krümmung der Bahnkurve;* und analog für (5.3).

Eine Erweiterung dieses Stetigkeitsbegriffes auf höhere Ordnungen ist allerdings nur für Kurven des $\mathbb{R}^d$ mit $d \geq r > 3$ möglich: Für eine Kurve des $\mathbb{R}^d$ lauten die **Frenet-Serret Formeln** (in Bogenlängenparametrisierung, e_i bezeichne die **Frenet-Basisvektoren** der Kurve, der *Punkt* die Ableitung bzgl. der Bogenlänge)

$$
\begin{aligned}
\dot{e}_1 &= & & x_1 e_2 \\
\dot{e}_2 &= & -x_1 e_1 & + x_2 e_3 \\
\dot{e}_3 &= & -x_2 e_2 & + x_3 e_4 \\
& \vdots & & \\
\dot{e}_{d-1} &= & -x_{d-2} e_{d-2} & + x_{d-1} e_d \\
\dot{e}_d &= & -x_{d-1} e_{d-1} &
\end{aligned}
$$

[SPI 79]. Die in den Frenet-Serret Formeln auftretenden Koeffizienten x_i sind von der aktuellen Parametrisierung unabhängig und werden **Krümmungen** genannt. Sie bestimmen die Kurve bis auf Lage eindeutig ([SPI 79], s. a. [HAG 86], für den $\mathbb{R}^3$ s. a. [STR 64]).

Entsprechend zu oben läßt sich zeigen, daß für zwei Kurven $X(u)$, $u \in [u_0, u_1]$ und $Y(t)$, $t \in [t_0, t_1]$ des $\mathbb{R}^d$ in einem regulären Punkt $P = X(u_1) = Y(t_0)$ bei linear unabhängigen Ableitungen $X^{(\rho)}$, $Y^{(\rho)}$, $\rho = 1,...,r-1$, Stetigkeit der ersten $r-1$ Krümmungen ($r \leq d$) x_i und der Frenet Basis genau dann besteht, wenn gilt [DYN 85], [LAS 88b][3]

---

[2] Um eine Division durch Null zu vermeiden, ist hierzu zusätzlich die lineare Abhängigkeit der Ableitungsvektoren erforderlich!

[3] Im $\mathbb{R}^2$ bzw. $\mathbb{R}^3$ wird x_1 auch einfach als Krümmung x und x_2 als Torsion τ bezeichnet (siehe oben).

$$Y(t_0^+) = X(u_1^-)$$

$$Y'(t_0^+) = \omega_{11} X'(u_1^-)$$

$$Y''(t_0^+) = \omega_{11}^2 X''(u_1^-) + \omega_{12} X'(u_1^-)$$

$$Y'''(t_0^+) = \omega_{11}^3 X'''(u_1^-) + \omega_{13} X''(u_1^-) + \omega_{23} X'(u_1^-) \tag{5.4}$$

$$Y''''(t_0^+) = \omega_{11}^4 X''''(u_1^-) + \omega_{14} X'''(u_1^-) + \omega_{24} X''(u_1^-) + \omega_{34} X'(u_1^-)$$

$$\vdots$$

$$Y^{(r)}(t_0^+) = \omega_{11}^r X^{(r)}(u_1^-) + \omega_{1r} X^{(r-1)}(u_1^-) + \ldots\ldots\ldots + \omega_{r-1,r} X'(u_1^-)$$

Diese Übergangsbedingungen lassen sich auch in Matrixform schreiben,

$$Y_+ = A X_-$$

mit einer unteren Dreiecksmatrix A, die in der Literatur als **connection matrix** (Zusammenhangsmatrix) bezeichnet wird.

DYN, EDELMAN und MICCHELLI [DYN 85, 85a, 87] haben gezeigt, daß sich aus der Diskussion der connection matrix Aussagen über die Existenz von lokalen Basisfunktionen für geometrische Splinekurven gewinnen lassen. Im speziellen zeigten sie:

Es gibt eine B-splineartige Darstellung durch lokale, nicht-negative Basisfunktionen, die sich zu Eins summieren, wenn die connection matrix A positiv definit ist.

Auf Grund der geometrischen Deutung der Krümmungen x_i und ihrer Invarianz bzgl. Parametertransformationen werden durch (5.4) definierte Splinekurven gegensätzlich zur hier getroffenen Konvention in der Literatur gelegentlich ebenfalls als **geometrisch C^r-** kurz **GC^r-** oder auch **G^r-stetige** Kurven bezeichnet (siehe z.B. [DYN 85, 85a], [HAG 86], [BÖH 87, 87a], [LAS 88b], [POT 90]).

Wir bemerken noch, daß die oben beschriebene Verallgemeinerung des C^r-Stetigkeitsbegriffes an die Raumdimension gebunden ist, in dem Sinne, daß für eine ebene Kurve alle Krümmungen x_i mit $i > 1$ identisch Null sind und für eine Kurve des $\mathbb{R}^3$ alle Krümmungen x_i mit $i > 2$ identisch Null sind, etc. Das heißt, daß der volle Satz der durch (5.4) gegebenen Designparameter nur für Kurven des $\mathbb{R}^d$ mit $d \geq r$ tatsächlich zur Verfügung steht.

Im $\mathbb{R}^2$ bzw. $\mathbb{R}^3$ läßt sich deswegen maximal nur Krümmungs- bzw. Torsionsstetigkeit wirklich voll auswerten.

Die Menge der krümmungs-, torsions-, etc. stetigen Kurven beinhaltet im Sinne der Übergangsbedingungen (5.4) zwei Teilmengen geometrischer Splinekurven, die von besonderem praktischem Interesse sind:

- geometrische Splinekurven, deren Definition vom Begriff der Berührordnung ausgeht, die wir hier als GC^r-stetig bezeichnen, und

- geometrischen Splinekurven, die eine Minimierungseigenschaft, ähnlich der Minimierungseigenschaft der C^r-stetigen Polynome (Abschnitt 3.6.2), besitzen.

Das Interesse an diesen Kurven, die im folgenden besprochen werden, besteht unter anderem deshalb, weil beide Konzepte von der Raumdimension unabhängig sind, d.h. im $\mathbb{R}^2$ lassen sich z.B. ohne weiteres GC^r-stetige Kurven mit $r > 3$ erzeugen.

5.2 GC^r-stetige Splinekurven

Geometrische C^r-Stetigkeit - kurz **GC^r**- oder auch **G^r-Stetigkeit** - zweier in einem regulären Punkt $P = X(u_1) = Y(t_0)$ aneinander anschließender Kurven $X(u)$, $u \in [u_0, u_1]$ und $Y(t)$, $t \in [t_0, t_1]$ des $\mathbb{R}^d$ ist definiert durch die Existenz einer gemeinsamen in P die Kurven $X(u)$ und $Y(t)$ $(r+1)$-punktig berührenden algebraischen Kurve, weshalb auch die Bezeichnung **Berührung r-ter Ordnung (contact of order r)** geläufig ist. $(r+1)$- punktige Berührung bedeutet analytisch, daß die r ersten Terme der linksseitigen und rechtsseitigen Taylorreihenentwicklungen in P mit den r ersten Termen der Taylorreihenentwicklung der in P gemeinsamen, berührenden algebraischen Kurven und deshalb auch untereinander übereinstimmen.

Um die Taylorreihen von $X(u)$ und $Y(t)$ miteinander vergleichen zu können, müssen sie jedoch zunächst auf den gleichen Parameter bezogen sein, damit die Ableitungen bzgl. des gleichen Parameters gebildet werden können. Es reicht aus, wenn wir eine der beiden Kurven durch eine zulässige, orientierungserhaltende Transformation umparametrisieren - z.B. $X(u)$ durch $u \to u(t)$ mit $\omega_0 \equiv u(t_0^-) = u_1^-$. Sind $X(u)$ und $Y(t)$ GC^r-stetig, dann gilt also

$$\rho = 0, \ldots, r \qquad \frac{d^\rho}{dt^\rho} Y(t)\Big|_{t_0^+} = \frac{d^\rho}{dt^\rho} X(u(t))\Big|_{u_1^-} = u(t_0^-) \qquad (5.5)$$

d.h. $X(u)$ und $Y(t)$ sind nach Umparametrisierung C^r-stetig.

Im speziellen läßt sich z.B. ein GC^1-stetiger Übergang durch eine lineare und ein GC^2-stetiger Übergang durch eine quadratische Parametertransformation in einen C^1- bzw. einen C^2-stetigen Übergang überführen, usw. (s. [VERO 76], [HERR 87], [BÖH 88b], s. a. [FRI 86], [NIE 86] für $r = 1$). Innerhalb des CAGD ist dies deshalb von Bedeutung, da eine lineare Parametertransformation den Polynomgrad einer nicht-rationalen Kurve unverändert läßt.

Sind aber nun X und Y C^r-stetig bzgl. eines gemeinsamen globalen Parameters t, so sind sie auch C^r-stetig bzgl. der natürlichen, der Bogenlängenparametrisierung s [SCHEF 01], [ROSE 85], [BARS 84a, 88a], d.h. es gilt dann auch

$$\rho = 0, \ldots, r \qquad \frac{d^\rho}{ds^\rho} Y(s)\Big|_{s_0^+ = s(t_0^+)} = \frac{d^\rho}{ds^\rho} X(s)\Big|_{s_0^- = s(t_0^-)}$$

und vice versa, wie man leicht mit Hilfe der Kettenregel sieht. In der Literatur findet sich deshalb auch die Bezeichnung **Bogenlängenstetigkeit (arc length continuity)** anstelle von GC^r-Stetigkeit.

Beim Ausführen der Differentiation auf der rechten Seite von (5.5) muß nun die Kettenregel berücksichtigt werden. Für r = 1, 2 erhalten wir zum Beispiel

$$\frac{d}{dt} Y(t)\Big|_{t_0^+} = \frac{d}{dt} u(t)\Big|_{t_0^-} \frac{d}{du} X(u)\Big|_{u_1^-}$$

und

$$\frac{d^2}{dt^2} Y(t)\Big|_{t_0^+} = \left(\frac{d}{dt} u(t)\Big|_{t_0^-}\right)^2 \frac{d^2}{du^2} X(u)\Big|_{u_1^-} + \frac{d^2}{dt^2} u(t)\Big|_{t_0^-} \frac{d}{du} X(u)\Big|_{u_1^-}$$

kurz

$$Y'(t_0^+) = \omega_1 X'(u_1^-) \tag{5.6}$$

$$Y''(t_0^+) = \omega_1^2 X''(u_1^-) + \omega_2 X'(u_1^-) , \tag{5.7}$$

mit den Abkürzungen

$$\omega_\rho = \frac{d^\rho}{dt^\rho} u(t)\Big|_{t=t_0^-} , \tag{5.8}$$

wobei $\omega_1 > 0$, als Folge der Regularitätsforderung. Dies bedeutet: Sind die beiden Kurven GC^2-stetig, so sind die Gleichungen (5.6) und (5.7) erfüllt, wobei die Größen ω_ρ gemäß (5.8) gegeben sind.

Andererseits: Lassen sich für zwei aneinander anschließende Kurven $X(u)$ und $Y(t)$ reelle Zahlen $\omega_0, \ldots, \omega_2$ finden, so daß (5.6) und (5.7) erfüllt sind, so ließe sich eine Umparametrisierung auf einen gemeinsamen Parameter durchführen derart, daß dann bzgl. dieser globalen Parametrisierung C^2-Stetigkeit zwischen $X(u)$ und $Y(t)$ gegeben wäre und damit GC^2-Stetigkeit.

Die Parametertransformation wäre in diesem Falle derart zu bestimmen, daß die durch (5.8) gegebenen Randbedingungen erfüllt sind, z.B. durch eine Taylor-Reihenentwicklung.

Bedingungsgleichungen für Berührung höherer Ordnung folgen analog und wurden erstmals explizit angegeben von GEISE [GEI 62]. Für r = 3 ergibt sich z.B.

$$Y'''(t_0^+) = \omega_1^3 X'''(u_1^-) + 3\omega_1\omega_2 X''(u_1^-) + \omega_3 X'(u_1^-) \tag{5.9}$$

und für r = 4

$$Y''''(t_0^+) = \omega_1^4 X''''(u_1^-) + 6\omega_1^2\omega_2 X'''(u_1^-) + (3\omega_2^2 + 4\omega_1\omega_3) X''(u_1^-) + \omega_4 X'(u_1^-) \tag{5.10}$$

(s. auch [COHE 82], [GOO 85a], [BARS 84a], [ROSE 85]).

Eine Rekursionsformel wurde in [HOS 88c] angegeben durch

$$Y^{(r)}(t_0^+) = \sum_{i=1}^{r} \alpha_{ri}\, X^{(i)}(u_1^-)$$

mit $\alpha_{11} = \omega_1$, $\alpha_{j0} = 0$, $\alpha_{jk} = 0$ für $j < k$ und der Rekursion

$$\alpha_{jk} = \omega_1 \alpha_{j-1,k-1} + E\,\alpha_{j-1,k}$$

wobei der Operator E definiert ist durch

$$E\,\omega_j = \omega_{j+1}\,, \qquad E\,(\omega_j\,\omega_k) = \omega_{j+1}\,\omega_k + \omega_j\,\omega_{k+1}$$

(vgl. a. mit [GOO 85a]).

Es sei noch angemerkt, daß auf Grund dessen, daß die visuelle Glätte einer GC^r-stetigen Kurve einer C^r-stetigen Kurve entspricht, GC^r-stetige Kurven gelegentlich auch als **visuell C^r-stetig** - kurz **VC^r-** oder auch **V^r-stetig** - bezeichnet werden (s. z.B. [FAR 82, 82a, 85], [BÖH 88b], [HERR 87], [LAS 88b], [POT 90]).

Vergleichen wir die, in der Form (5.6)ff parameterinvarianten Übergangsbedingungen der GC^r-stetigen Anschlüsse mit den durch (5.4) gegebenen Übergangsbedingungen, so ist unmittelbar zu erkennen, daß für $r \leq 2$ Äquivalenz besteht - (5.6) steht für Tangentenstetigkeit, (5.7) für Krümmungsvektorstetigkeit - daß aber das Konzept der GC^r-Stetigkeit für $r > 2$ im Sinne der Übergangsbedingungen einschränkender ist: GC^r-Stetigkeit impliziert Stetigkeit der Krümmungen x_i, diese aber nicht GC^r-Stetigkeit. Torsionsstetige Kurven X und Y müssen in $P = X(u_1) = Y(t_0)$ z.B.

$$\omega_{13} = 3\omega_{11}\omega_{12}$$

erfüllen, um dritte Berührordnung zu besitzen, usw. Doch obwohl GC^r-Stetigkeit *im direkten Vergleich* restriktiver ist, eröffnet das Konzept der GC^r-Stetigkeit letztlich doch mehr Möglichkeiten, da es nicht an die Raumdimension gebunden ist. (Die Definition der visuellen Stetigkeit nimmt keinen Bezug zur Raumdimension: r steht nicht in Abhängigkeit von d.) D.h. wir können z.B. ebene quintische Splinekurven mit GC^4-Übergängen in den Knoten konstruieren. Damit stehen nicht nur geometrische Splinekurven höheren polynomialen Grades zur Verfügung, sondern auch Splinekurven, die in ihren Übergängen eine größere geometrische Glätte aufweisen, denn im $\mathbb{R}^2$ ließ (5.4) maximal nur krümmungsstetige (kubische) Splinekurven zu.

Der Begriff der Berührordnung gestattet eine differentialgeometrische Deutung, aus der eine weitere Abgrenzung zu den durch (5.4) definierten Kurven folgt:

Mit Hilfe der Frenet-Serret Formeln lassen sich die Ableitungen von X und Y besonders leicht ermitteln. Es ergibt sich durch Anwendung der Produktregel [STR 64]

$$\dot{X} = e_1$$

$$\ddot{X} = x_1 e_2$$

$$\dddot{X} = -x_1^2 e_1 + \dot{x}_1 e_2 + x_1 x_2 e_3$$

$$\ddddot{X} = -3x_1\dot{x}_1 e_1 + (\ddot{x}_1 - x_1 - x_1 x_2)e_2 + (2\dot{x}_1 x_2 + x_1\dot{x}_2)e_3 + x_1 x_2 x_3 e_4$$

usw. und entsprechend für Y. D. h. die ρ-ten Ableitungen von X und Y (mit $\rho > 2$) bzgl. s berechnen sich über die Krümmungen x_k $(1 \le k < \rho)$ und den Ableitungen $x_k^{(\sigma)}(1 \le \sigma \le \rho - 1 - k)$ der Krümmungen x_k $(1 \le k < \rho - 2)$. Da GC^r-Stetigkeit aber C^r-Stetigkeit bzgl. der Bogenlängenparametrisierung bedeutet, liefert dies die folgende geometrische Interpretation der GC^r-Stetigkeit:

- Für ebene Kurven ist GC^r-Stetigkeit äquivalent zur Stetigkeit von e_1 und e_2, des Tangenten- und des Normalenvektors, sowie von x und deren Ableitungen $x^{(\rho)}$ $(1 \le \rho < r - 2)$;

- für Kurven des $\mathbb{R}^3$ ist GC^r-Stetigkeit äquivalent zur Stetigkeit von e_1, e_2 und e_3, des Frenet Dreibeines, sowie von x, $x^{(\rho)}$ $(1 \le \rho < r - 2)$, τ und $\tau^{(\rho)}$ $(1 \le \rho < r - 3)$ [POT 88];

usw.

Die Übergangsbedingungen (5.4) hingegen sichern - im Falle $r = 3$ z.B. wegen $\omega_{13} \ne 3\omega_{11}\omega_{12}$ im allgemeinen - nur die Stetigkeit der Krümmungen x_ρ $(1 \le \rho < r)$ nicht aber die Stetigkeit der Krümmungsableitungen: *die differentialgeometrischen Invarianten x_i der durch (5.4) definierten Kurven sind nur C^0-stetig.*

Das heißt, im Sinne differentialgeometrischer Größen ist das Konzept der Stetigkeit der Krümmungen x_i aus Abschnitt 5.1 einschränkender als das Konzept der GC^r-Stetigkeit, das mehr geometrische Größen invariant läßt [POT 88], [DEG 88].

Wir bemerken, daß für die Darstellung der Kurven $X(u)$, $Y(t)$ keine Voraussetzungen getroffen wurden, d.h. $X(u)$ und $Y(t)$ können sowohl in polynomialen als auch in nicht-polynomialen Basis-Systemen dargestellt werden. Im folgenden wollen wir uns in der Diskussion jedoch auf polynomiale Darstellungen beschränken, da nicht-polynomiale geometrische Splinekurven bereits in den Kapiteln 3.6.1 und 3.7 behandelt wurden.

5.3 Geometrische Splinekurven mit Minimierungseigenschaft

In Kapitel 3.6.2 wurden mit (3.50) und Spezialfällen von (3.50) Splinekurven, die ein bestimmtes Funktional minimieren, betrachtet. Sie genügen in ihrer allgemeinen, durch (3.50) gegebenen Formulierung den Übergangsbedingungen (3.51), die nach [POT 90] ebenfalls eine gewisse, allerdings sehr abstrakte geometrische Interpretation zulassen. Für $p_k = p$ folgen jedoch aus (3.50) und (3.51) HAGEN's geometrische Splinekurven [HAG 85] mit **tension Parametern** $\frac{\nu_{k,l}}{p}$, die z.B. für $L = 3$ auf torsionsstetige quintische C^2-Splines (τ-Splines) und für $L = 2$ auf krümmungsstetige kubische C^1-Splines (ν-Splines) [NIE 74, 86] führen. τ-Splines sind allerdings sehr spezielle torsionsstetige Kurven, die – abgesehen von den C^3-stetigen quintischen Subsplines – im allgemeinen von GC^3-stetigen quintischen Subsplines verschieden sind, bzw. GC^3-stetige Kurven besitzen im allgemeinen nicht die Minimierungseigenschaft der τ-Splines. Allgemein läßt sich sagen, daß HAGEN's geometrische Splinekurven für $L > 2$ (also $r > 2$) für von Null verschiedene $\nu_{k,l}$-Werte eine Teilmenge der durch (5.4) definierten geometrischen Splines bestimmt, die mit der Teilmenge der GC^r-stetigen Splines nur die C^r-stetigen Splines gemeinsam hat, was man sofort durch Vergleich der Übergangsbedingungen erkennen kann: Der *allgemeine* GC^r-stetige Spline minimiert also nicht das Funktional (3.50).

Nachfolgend werden wir exemplarisch, für in Bézier-Darstellung gegebene Kurven, tangenten-, krümmungs- und torsionsstetige Kurvenübergänge besprechen.

5.4 Tangentenstetige Splinekurven

Durch Einsetzen einer Kurvendarstellung in die Übergangsbedingung (5.1) ergeben sich tangentenstetig aneinander anschließende Kurvensegmente in der gewählten Kurvendarstellung. Für eine Bézier-Darstellung

$$X(u) = \sum_{k=0}^{n} b_k \, B_k^n (\mu) , \qquad u = (1-\mu)u_0 + \mu u_1, \quad \mu \in [0,1] , \qquad (5.11)$$

$$Y(t) = \sum_{k=0}^{\bar{n}} \bar{b}_k \, B_k^{\bar{n}} (\bar{\mu}) , \qquad t = (1-\bar{\mu})t_0 + \bar{\mu} t_1, \quad \bar{\mu} \in [0,1] , \qquad (5.12)$$

von $X(u)$ und $Y(t)$ folgen über Differentiation und Koeffizientenvergleich die Bedingungen

$$\bar{b}_0 = b_n \qquad (5.13)$$

$$(1 + qN_1\omega_{11})b_n = qN_1\omega_{11}b_{n-1} + \bar{b}_1 \qquad (5.14)$$

mit

$$q = \frac{\Delta t}{\Delta u} , \quad \Delta u = u_1 - u_0 , \quad \Delta t = t_1 - t_0 \quad \text{und} \quad N_1 = \frac{n}{\bar{n}} .$$

D.h. $\bar{b}_0 = b_n$ teilt die Strecke $b_{n-1}\bar{b}_1$ im Verhältnis $1 : qN_1\omega_{11}$. Bezeichnen wir den Abstand zwischen b_{n-1} und b_n als a_1, d.h. $a_1 = |\Delta b_{n-1}| = |b_n - b_{n-1}|$ und den Abstand zwischen $\bar{b}_0$ und $\bar{b}_1$ als $\bar{a}_1$, d.h. $\bar{a}_1 = |\Delta \bar{b}_0| = |\bar{b}_1 - \bar{b}_0|$, so gilt (Fig. 5.2)

$$a_1 : \bar{a}_1 = 1 : qN_1\omega_{11} .$$

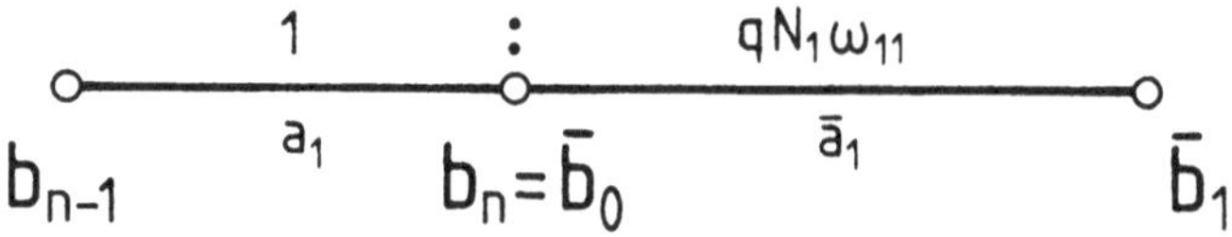

Fig. 5.2: Bézier-Polygon für einen tangentenstetigen Übergang.

Gehen wir davon aus, daß b_n und b_{n-1} gegeben sind, so berechnet sich der "*nächste*" Bézier-Punkt $\bar{b}_1$ über

$$\bar{b}_1 = b_n + qN_1\omega_{11}\triangle b_{n-1} \tag{5.15}$$

wobei ω_{11} als **Designparameter** frei gewählt werden kann. Damit liegt der Bézier-Punkt $\bar{b}_1$ auf der durch b_n und b_{n-1} festgelegten Kurventangente, wie durch (5.1) gefordert. Und da $q, N_1 > 0$ und $\omega_{11} \geq 0$ liegen b_{n-1} und b_n auf verschiedenen Seiten von $\bar{b}_0 = b_n$ (Fig. 5.3).

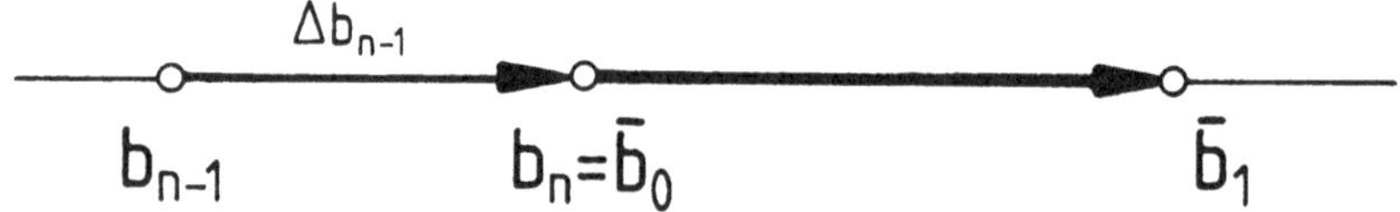

Fig. 5.3: Zur geometrischen Deutung von (5.15).

Tangentenstetige quadratische Splinekurven wurden z.B. in [BARS 84a] und [ROSE 88] betrachtet, tangentenstetige kubische Subsplines z.B. in [BARS 84a], [ROSE 88] und [HOS 87, 88b].

5.5   Krümmungsstetige Splinekurven

5.5.1   Bézier-Darstellung krümmungsstetiger Splinekurven

Durch Einsetzen der Bézier-Darstellungen (5.11) und (5.12) in (5.4) mit $r = 2$, Ausführung der Differentiation und anschließendem Koeffizientenvergleich folgen neben (5.13) und (5.14) für die Bézier-Punkte b_{n-2} und $\bar{b}_2$ der beiden benachbarten Bézier-Kurven zusätzlich die Bedingungsgleichungen

$$(1 + qN_2\omega_{11}^2\gamma)\,b_{n-1} = qN_2\omega_{11}^2\gamma b_{n-2} + s$$
$$(\gamma + q)\bar{b}_1 = q\,s + \gamma\bar{b}_2 \tag{5.16}$$

(Fig. 5.4, vgl. mit Fig. 4.14a). Hierbei wurde mit s ein geometrischer Konstruktionspunkt eingeführt und ein **Designparameter**

$$\gamma = \frac{1 + qN_1\omega_{11}}{N_1\omega_{11}(1 + q\dfrac{N_2}{N_1}\omega_{11}) + N_1\dfrac{\Delta t}{\bar{n} - 1}\omega_{12}} \ . \tag{5.17}$$

Ferner ist $\quad N_2 = \dfrac{n(n-1)}{\bar{n}(\bar{n}-1)}$.

D.h. b_{n-1} teilt die Strecke b_{n-2} s im Verhältnis $1 : qN_2\omega_{11}^2\gamma$ und $\bar{b}_1$ die Strecke s $\bar{b}_2$ im Verhältnis $\gamma : q$ (Fig. 5.4). Bezeichnen wir die Abstände von b_{n-2} bzw. von $\bar{b}_2$ von der Tangente t in $\bar{b}_0 = b_n$ mit a_2 bzw. mit $\bar{a}_2$, so folgt wegen der Ähnlichkeit (Strahlensatz) der in Fig. 5.4 eingetragenen Dreiecke

$$a_2 : \bar{a}_2 = 1 : q^2N_2\omega_{11}^2 \ .$$

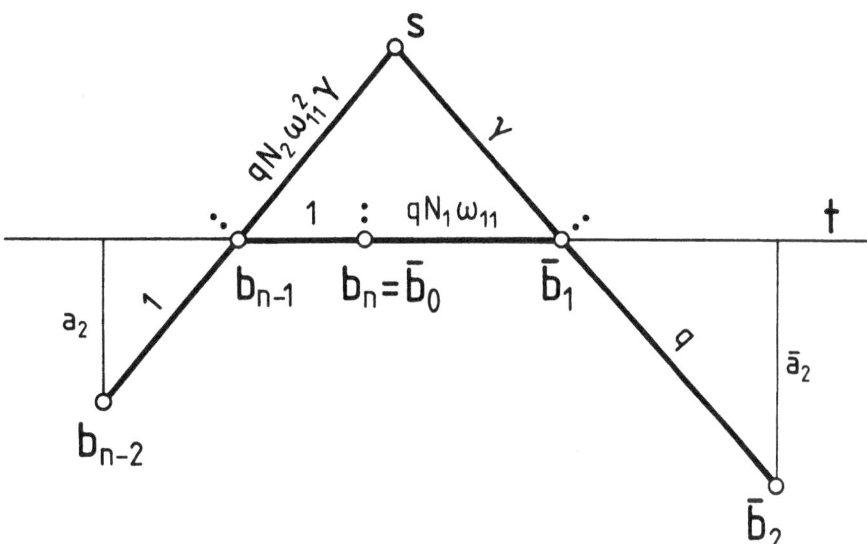

Fig. 5.4: Bézier-Polygon für einen krümmungsstetigen Übergang.

Wir gehen davon aus, daß die Bézier-Punkte b_n, b_{n-1} und b_{n-2} gegeben sind, und $\bar{b}_0$ und $\bar{b}_1$ über (5.13) und (5.14) ermittelt wurden. $\bar{b}_2$ folgt dann mit Hilfe des Konstruktionspunktes s aus (5.16) oder auch direkt über

$$\bar{b}_2 = b_n - q^2N_2\omega_{11}^2\Delta b_{n-2} + \mu\,\Delta b_{n-1} \tag{5.18}$$

mit $\mu = \mu(\omega_{12})$. Da ω_{11} und ω_{12} frei wählbare **Designparameter** sind, ist der geometrische Ort des Bézier-Punktes $\bar{b}_2$ bei krümmungsstetigem Übergang eine Gerade g parallel zur Kurventangente in $b_n = \bar{b}_0$ (vgl. mit [KAH 82], [HAG 86]) Fig. 5.5. Der Abstand von g zur Tangente ist durch den (vorher gewählten) Parameter ω_{11} festgelegt, der Parameter ω_{12} führt auf $\bar{b}_2$.

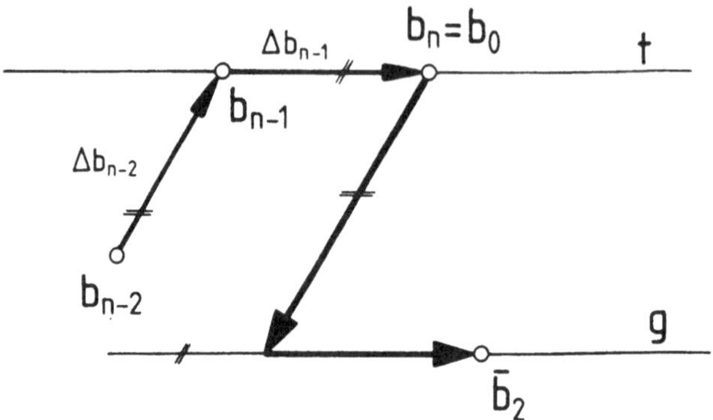

Fig. 5.5: Zur geometrischen Deutung von (5.18).

Aus den durch (5.14) und (5.16) bzw. (5.18) gegebenen Gleichungen folgt, daß die gesamte Konstruktion und damit $\bar{b}_2$ und die Gerade **g** in der durch Δb_{n-1} und Δb_{n-2} definierten Ebene, der *Schmiegebene* π von **X** und **Y** in **P** = **X**(u_1) = **Y**(t_0), liegen. Ferner folgt, wegen der Äquivalenz von (5.1) und (5.2) mit

$$\frac{|\mathbf{Y}'' \times \mathbf{Y}'|}{\|\mathbf{Y}'\|^3} = \frac{|\mathbf{X}'' \times \mathbf{X}'|}{\|\mathbf{X}'\|^3} \, ,$$

bei stetigem Frenet Dreibein, also durch Einsetzen der Bézier-Darstellungen von **X** und **Y**

$$\frac{|\Delta^2 \bar{\mathbf{b}}_0 \times \Delta \bar{\mathbf{b}}_0|}{\|\Delta \bar{\mathbf{b}}_0\|^3} = \frac{\bar{n}(n-1)}{n(\bar{n}-1)} \, \frac{|\Delta^2 \mathbf{b}_{n-2} \times \Delta \mathbf{b}_{n-1}|}{\|\Delta \mathbf{b}_{n-1}\|^3} \, ,$$

was sich auch als

$$\frac{|\Delta \bar{\mathbf{b}}_0 \times \Delta \bar{\mathbf{b}}_1|}{|\bar{a}_1|^3} = \frac{\bar{n}(n-1)}{n(\bar{n}-1)} \, \frac{|\Delta \mathbf{b}_{n-2} \times \Delta \mathbf{b}_{n-1}|}{|a_1|^3}$$

schreiben läßt, daß $\mathbf{b}_{n-2}, \dots, \bar{\mathbf{b}}_2$ nicht nur ein ebenes, sondern auch ein konvexes Polygon bilden, weshalb $\mathbf{b}_{n-2}$ und $\bar{\mathbf{b}}_2$ auf der gleichen Seite der Tangente **t** liegen (dies folgt auch aus (5.18)). Nun sind aber durch $|\Delta \bar{\mathbf{b}}_0 \times \Delta \bar{\mathbf{b}}_1|$ und durch $|\Delta \mathbf{b}_{n-2} \times \Delta \mathbf{b}_{n-1}|$ die Flächeninhalte der durch $\bar{\mathbf{b}}_0, \bar{\mathbf{b}}_1, \bar{\mathbf{b}}_2$ und durch $\mathbf{b}_{n-2}, \mathbf{b}_{n-1}, \mathbf{b}_n$ definierten Dreiecke (bis auf einen Vorfaktor) gegeben, weshalb die Beziehung

$$\frac{area\{\bar{\mathbf{b}}_0, \bar{\mathbf{b}}_1, \bar{\mathbf{b}}_2\}}{\bar{a}_1^3} = \frac{\bar{n}(n-1)}{n(\bar{n}-1)} \, \frac{area\{\mathbf{b}_n, \mathbf{b}_{n-1}, \mathbf{b}_{n-2}\}}{a_1^3}$$

zwischen den Flächeninhalten $area\{\bar{\mathbf{b}}_0, \bar{\mathbf{b}}_1, \bar{\mathbf{b}}_2\}$ und $area\{\mathbf{b}_n, \mathbf{b}_{n-1}, \mathbf{b}_{n-2}\}$ der beiden Dreiecke äquivalent zur Krümmungsstetigkeit von **X** und **Y** ist [FAR 82a] (Fig. 5.6).

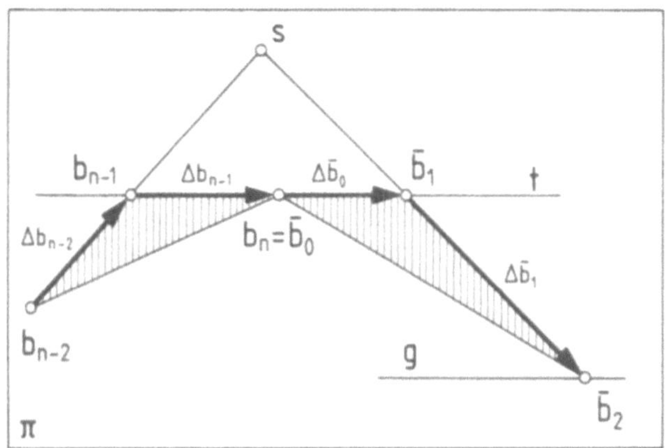

Fig. 5.6: Zur geometrischen Situation beim krümmungsstetigen Übergang

Von praktischem Interesse sind krümmungsstetige kubische Splinekurven (s. z.
B. [BOO 87], HOS 87, 88a], [GOO 88]) als auch – vornehmlich zu Interpolations-
zwecken – krümmungsstetige quintische Subsplines.

Wir wollen uns hier jedoch auf kubische Splinekurven $X(t)$, deren Segmente

$$X_i : [t_i, t_{i+1}] \to \mathbb{R}^d \text{ (mit } d = 2,3) \text{ durch } X_i(\mu) = \sum_{k=0}^{3} b_{3i+k} B_k^3(\mu), \quad \mu = \frac{t-t_i}{\Delta t_i}, \quad \mu \in [0,1]$$

$\Delta t_i = t_{i+1} - t_i$, gegeben seien, beschränken, für krümmungsstetige quintische
Subsplines sei auf [ROSE 88], [HOS 87, 88b] verwiesen.

5.5.2 B-Spline-Bézier-Darstellung krümmungsstetiger Splinekurven

Eine B-Spline-Bézier-Darstellung krümmungsstetiger C^1-Splines. d. h.
krümmungsstetiger kubischer Splines mit $\omega_{i,11} = 1$ (γ-Splines) wurde in [BÖH
85a] gegeben. Die Übergangsbedingungen vereinfachen sich für γ-Splines zu

$$\begin{aligned}
(1 + q_i)\mathbf{b}_{3i} &= q_i \mathbf{b}_{3i-1} + \mathbf{b}_{3i+i} \\
(1 + q_i\gamma_i)\mathbf{b}_{3i-1} &= q_i\gamma_i\mathbf{b}_{3i-2} + \mathbf{d}_i \\
(\gamma_i + q_i)\mathbf{b}_{3i+1} &= q_i\mathbf{d}_i + \gamma_i\mathbf{b}_{3i+2}
\end{aligned} \tag{5.19}$$

mit

$$\gamma_i = \cfrac{1}{1 + \cfrac{1}{1+q_i} \cdot \cfrac{\Delta t_i}{2} \, \omega_{i,12}} \tag{5.20}$$

Wie für C^2-stetige kubische Splines (Abschnitt 4.1.4) erhalten wir für γ-Splines
(Fig. 5.7)

$$\triangle_{i,1}\mathbf{b}_{3i+1} = (\triangle t_i + \triangle t_{i+1}\gamma_{i+1})\mathbf{d}_i + \triangle t_{i-1}\gamma_i\mathbf{d}_{i+1}$$

$$\triangle_{i,1}\mathbf{b}_{3i+2} = \triangle t_{i+1}\gamma_{i+1}\mathbf{d}_i + (\triangle t_{i-1}\gamma_i + \triangle t_i)\mathbf{d}_{i+1} \tag{5.21}$$

mit

$$\triangle_{i,1} = \triangle t_{i-1}\gamma_i + \triangle t_i + \triangle t_{i+1}\gamma_{i+1} . \tag{5.22}$$

(5.21) zusammen mit einer modifizierten Gleichung (5.14) gestattet die Formulierung eines Algoritmus zur Bestimmung der Bézier-Punkte eines γ-Splines bei vorgegebenem Kontrollpolygon $\{\mathbf{d}_i\}$, Knotenvektor $\{t_i\}$ und Designparameter $\{\gamma_i\}$ [BÖH 85a, 87]. Andererseits lassen sich die $\mathbf{d}_i$ ausgehend von vorgegebenen Bézier-Punkten, Knotenvektor und Designparameter über die Gleichungen (5.19) ermitteln.

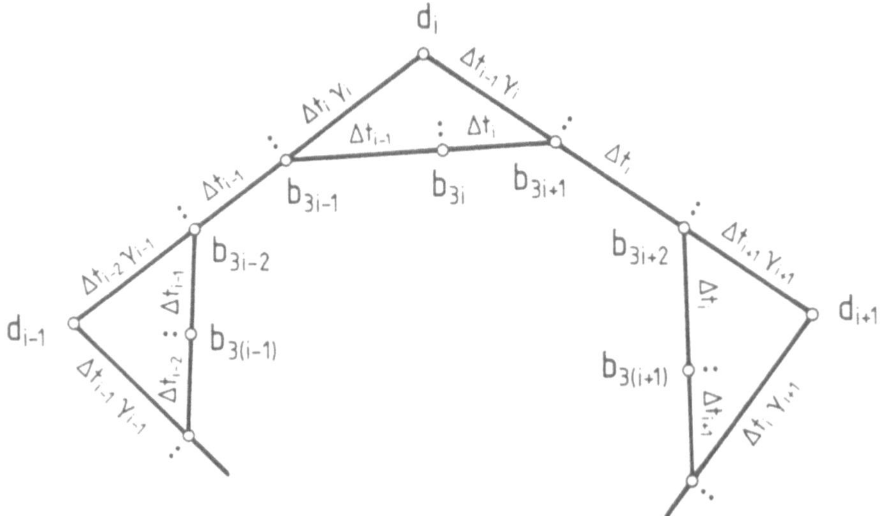

Fig. 5.7: de Boor- und Bézier-Polygon eines γ-Splines.

Die Diskussion der C^2-stetigen kubischen Bézier-Splines zeigte, daß die Hilfspunkte $\mathbf{d}_i$ gerade die de Boor-Punkte der B-Spline Darstellung des C^2-Splines waren. Auch für GC^2-stetige Bézier-Splinekurven können wir eine Darstellung durch lokale Basisfunktionen angeben derart, daß die $\mathbf{d}_i$ als Kontrollpunkte auftreten. Dazu machen wir den Ansatz

$$\mathbf{X}(t) = \sum_i \mathbf{d}_i G_i^3(t)$$

mit den geometrischen B-Splines $G_i^3(t)$, die nun nicht nur vom Knotenvektor, wie im Falle der $N_i^3(t)$, sondern auch von den γ_i abhängen. Die **geometrischen B-Splines** $G_i^3(t)$ können über die Identität

$$G_i^3(t) = \sum_j \delta_{ij} G_j^3(t) \tag{5.23}$$

ermittelt werden. Mit Hilfe von (5.21) folgt aus (5.23) für die von Null verschiedenen *inneren* Bézier-Ordinaten von $G_i^3(t)$

$$b_{3i-2,i} \; = \; \frac{1}{\triangle_{i-1,1}} \gamma_{i-1} \triangle t_{i-2} \qquad b_{3i-1,i} \; = \; \frac{1}{\triangle_{i-1,1}} (\gamma_{i-1} \triangle t_{i-2} + \triangle t_{i-1})$$

$$b_{3i+2,i} \; = \; \frac{1}{\triangle_{i,1}} \gamma_{i+1} \triangle t_{i+1} \qquad b_{3i+1,i} \; = \; \frac{1}{\triangle_{i,1}} (\gamma_{i+1} \triangle t_{i+1} + \triangle t_i)$$

und für die von Null verschiedenen Knoten

$$b_{3(i-1),i} \; = \; \frac{1}{\triangle_{i-1,2}} \triangle t_{i-2} b_{3i-2,i}$$

$$b_{3i,i} \; = \; \frac{1}{\triangle_{i,2}} (\triangle t_{i-1} b_{3i+1,i} + \triangle t_i b_{3i-1,i})$$

$$b_{3(i+1),i} \; = \; \frac{1}{\triangle_{i+1,2}} \triangle t_{i+1} b_{3i+2,i}$$

mit $\triangle_{i,1}$ wie in (5.22) und $\triangle_{i,2} = \triangle t_{i-1} + \triangle t_i$ [BÖH 85a]. Für Fig. 5.8 sind die Bézier-Ordinaten $b_{3i+j,i}$ über den Abszissen $t_i + j \frac{\triangle t_i}{3}$ aufzutragen.

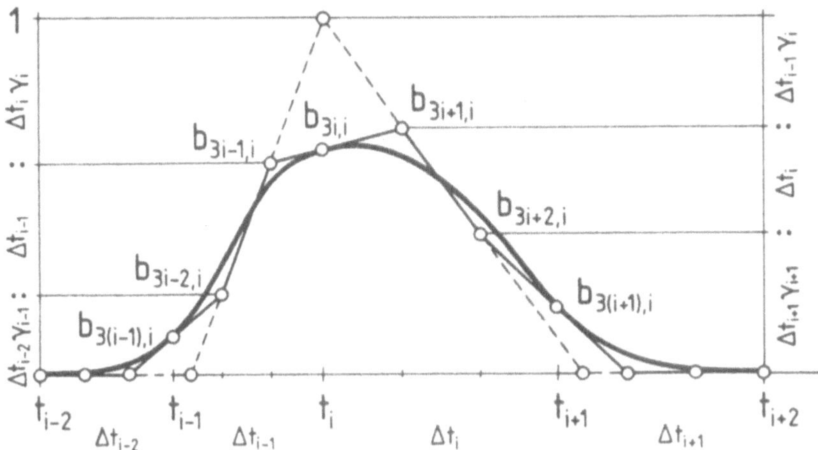

Fig. 5.8: Bézier-Punkte des geometrischen B-Splines $G_i^3(t)$.

Eine Darstellung der $G_i^k(t)$ als Linearkombination der gewöhnlichen B-Splines $N_i^k(t)$ aus Kap. 4.3.1 wird in [COH 87] gegeben.

Im Designprozeß mit γ-Splines empfiehlt sich, zunächst alle γ_i per default auf Eins zu setzen, was den gewöhnlichen C^2-Spline ergibt, um dann, durch gezieltes Verändern einzelner γ_i-Werte den gewünschten Kurvenverlauf zu erzielen. Fig. 5.9 zeigt den Einfluß unterschiedlicher γ_i-Werte auf den Kurvenverlauf; als durchgezogene Linie gezeichnet ist der kubische C^2-Spline (d.h. $\gamma_i = 1$ für alle i).

Auf Grund der besonderen Bedeutung kubischer Splines in der Paxis wurden in der Vergangenheit verschiedene Darstellungen krümmungsstetiger kubischer Splines, zum Teil von sehr unterschiedlichen Aufgabenstellungen ausgehend,

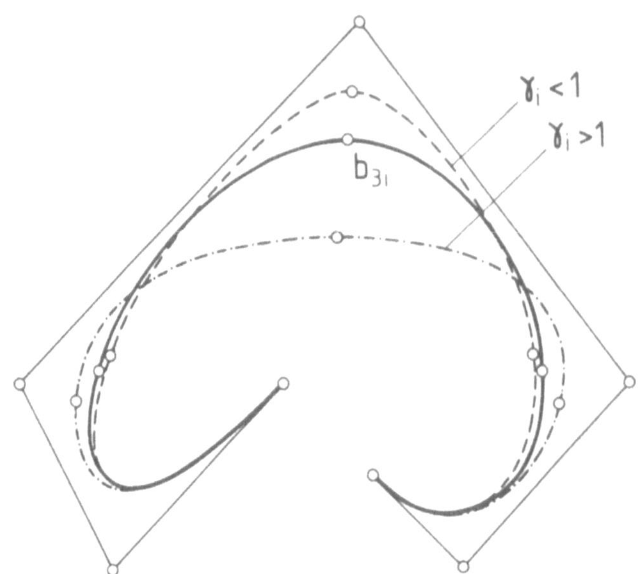

Fig. 5.9: Kurvendesign: Einfluß des Designparameters γ_i

entwickelt. Als Beispiele sind etwa zu nennen die bereits angeführten Bézier
und γ-Splines, sowie ν-Splines, β-Splines, Wilson-Fowler-Splines, Manning's
Splines und Bär's Splines [BÄR 77] - für einen historischen Überblick sei z.B.
auf [BÖH 88b], [LAS 88b] verwiesen, umfangreiche Literaturlisten sind z.B. in
[GRE 89], [LAS 88b] enthalten. Die verschiedenen Darstellungen, denen Monom,
Hermite, Bézier, B-Spline, etc. Basisfunktionen zu Grunde liegen, lassen sich
natürlich ineinander überführen (s. a. Kapitel 10). Deshalb sind sie mit Abschnitt
5.5.1 und 5.5.2 und durch Angabe der entsprechenden Transformationsgleichungen im Prinzip schon bekannt und bräuchten nicht mehr gesondert behandelt
werden. Da die oben aufgeführten Beispiele jedoch in Literatur und Praxis eine
geschichtlich gewachsene, besondere Bedeutung besitzen, werden sie nochmals
kurz betrachtet.

5.5.3 Manning's Splinekurven

MANNING [MAN 74] konstruierte 1974 die Punkte P_i, $i = 0, \ldots, N$ interpolierende, krümmungsstetige kubische Splines in Monom-Darstellung, d.h. Splines
mit Segmenten der Art

$$X_i(u) = R_{i,0} + uR_{i,1} + u^2 R_{i,2} + u^3 R_{i,3}, \quad u \in [0, 1].$$

MANNING's Vorgehensweise zur Bestimmung der unbekannten Koeffizienten
$R_{i,k}$ entspricht prinzipiell der in Abschnitt 3.3 beschriebenen, zur Bestimmung
der Koeffizienten eines C^2-stetigen, interpolierenden kubischen Splines. D.h.,
mit

$$\begin{aligned}
\mathbf{P}_i &\equiv \mathbf{X}_i(0) &&= \mathbf{R}_{i,0} \\
\mathbf{P}_{i+1} &\equiv \mathbf{X}_i(1) &&= \mathbf{R}_{i,0} + \mathbf{R}_{i,1} + \mathbf{R}_{i,2} + \mathbf{R}_{i,3} \\
\mathbf{X}'_{i+} &\equiv \mathbf{X}'_i(0^+) &&= \mathbf{R}_{i,1} \\
\mathbf{X}'_{i+1-} &\equiv \mathbf{X}'_i(1^-) &&= \mathbf{R}_{i,1} + 2\mathbf{R}_{i,2} + 3\mathbf{R}_3
\end{aligned}$$

folgt zunächst

$$\mathbf{X}_i(u) = \mathbf{P}_i + u\,\mathbf{X}'_{i+} + u^2\,[\,3(\mathbf{P}_{i+1} - \mathbf{P}_i) - 2\mathbf{X}'_{i+} - \mathbf{X}'_{i+1-}\,] + u^3\,[\,\mathbf{X}'_{i+} + \mathbf{X}'_{i+1-} - 2(\mathbf{P}_{i+1} - \mathbf{P}_i)\,]$$

und die unbekannten Ableitungen werden nun mit Hilfe *"geometrischer Formeln"* aus einem tridiagonalen Gleichungssystem derart bestimmt, daß in den Knoten Stetigkeit der Tangente und des Krümmungsvektors besteht, also die Gleichungen (5.1) und (5.2) erfüllt sind [MAN 74].

5.5.4 ν-Splines

NIELSON's ν-Splines [NIE 74, 86] (s. a. Abschnitt 3.6.2, sowie [BARS 81b, 84], [FRI 86], [FOL 87a]) wurden ebenfalls als Lösungen eines Interpolationsproblems bestimmt, allerdings derart, daß $\mathbf{X}(t)$ zusätzlich (3.50) mit $p_k = p = 1$ bzgl. des Raumes H^L für $L = 2$ minimiert.

Gemäß (3.51) erfüllen ν-Splines in den Knoten $(t_i,\ \mathbf{P}_i)$ $(i = 1, \ldots, N-1)$ die Übergangsbedingungen (es ist $p_k = p = 1$)

$$\begin{aligned}
\mathbf{X}(t_i^+) &= \mathbf{X}(t_i^-) \\
\mathbf{X}'(t_i^+) &= \mathbf{X}'(t_i^-) \\
\mathbf{X}''(t_i^+) &= \mathbf{X}''(t_i^-) + \nu_i\,\mathbf{X}'(t_i^-)\ .
\end{aligned}$$

Ein ν-Spline ist also ein krümmungsstetiger C^1-Spline, ein GC^2-stetiger Spline mit $\omega_{i,11} = 1$ und der Bezeichnung $\nu_i \equiv \omega_{i,12}$ und entspricht somit den γ-Splines: *ν-Splines sind interpolierende γ-Splines.* Neben der in Abschnitt 3.6.2 angegebenen Hermite Darstellung der ν-Splines steht damit nun auch eine B-Spline Bézier-Darstellung der ν-Splines zur Verfügung. Eine Konversion beider Darstellungen kann durch (5.20) oder auch durch

$$\nu_i = \frac{2}{\Delta t_i}\,(1 + q_i)\,(\tfrac{1}{\gamma_i} - 1)$$

geschehen.

Der Einfluß der sogenannten **tension Parameter** ν_i auf den Kurvenverlauf ist auf Grund der obigen Beziehung reziprok proportional zum Einluß der γ_i (s. Fig. 5.9 und a. Fig. 3.21 aus Abschnitt 3.6.2).

Es sei angemerkt, daß sich der durch die Minimumnormcharakterisierung der ν-Splines gegebene zulässige ν_i-Wertebereich - $\nu_i \geq 0$ - durch Diskussion des durch (3.48) gegebenen Gleichungssystems [BARS 84] und auch über die Positivitätsforderung an die γ_i der Bézier-Darstellung [LAS 88] auf bestimmte negative Wertebereiche erweitern läßt. Für negative ν_i-Werte minimiert ein ν-Spline jedoch nicht mehr notwendigerweise das Integral (3.46) (bzw. (3.50) mit $L = 2$) und $p_k = p = 1$. Ein Energievergleich basierend auf der Ermittlung der durch (3.1) gegebenen *wahren Energie* zeigt jedoch, daß ν-Splines mit *"leicht negativen"* ν-Werten einen realen elastischen Spline, eine Straklatte, möglicherweise besser beschreiben, als durch Minimierung von (3.46) mit der Nebenbedingung $\nu_i \geq 0$ gewonnene ν-Splines [FRI 87].

5.5.5 β-Splines

1981 wurde von BARSKY [BARS 81] eine Darstellung (spezieller) krümmungsstetiger kubischer Splines durch lokale Träger angegeben. BARSKY geht aus von den Übergangsbedingungen

$$X_i(0) = X_{i-1}(1)$$

$$X_i'(0) = \beta_1 X_{i-1}'(1)$$

$$X_i''(0) = \beta_1^2 X_{i-1}''(1) + \beta_2 X_i'(1) ,$$

also von globalen, d.h. für alle Segmente gleich zu wählenden **Designparametern** β_1 und β_2. Die Knotenvektoren gibt BARSKY äquidistant, d.h. $t_i = i$, $i \in \mathbb{N}$, vor. Für die lokalen Träger $B_k(u) = B_k(\beta_1, \beta_2, u)$ einer β-Spline-Kurve $X(t)$ mit Segmenten

$$X_i(u) = \sum_{k=-3}^{0} V_{i+k} B_k(u) , \qquad\qquad u \in [0, 1],$$

die V_0, V_1, . . . , V_N heißen Kontrollpunkte, wird dann ein kubischer Ansatz durchgeführt. Die Basisfunktionen haben die Übergangsbedingungen zu erfüllen und zusätzlich, als lokale Träger, $B_k \equiv 0$ außerhalb von (t_k, t_{k+4}) - damit sind dann auch die Ableitungen identisch Null außerhalb von (t_k, t_{k+4}). Mit diesen Forderungen folgt für die vier kubischen Segmente eines β-B-Splines die monomiale Darstellung ($u \in [0, 1]$), [BARS 81] (s. a. [BART 87])

$$B_k(u) = \begin{cases} \frac{1}{\beta} [2u^3] & , t \in [t_i, t_{i+1}] \\[2mm] \frac{1}{\beta} [2 + 6\beta_1 u + (3\beta_2 + 6\beta_1^2)u^2 - (2\beta_2 + 2\beta_1^2 + 2\beta_1 + 2)u^3] & , t \in [t_{i+1}, t_{i+2}] \\[2mm] \frac{1}{\beta} [(\beta_2 + 4\beta_1^2 + 4\beta_1) + (6\beta_1^3 - 6\beta_1)u \\[1mm] \quad - (3\beta_2 + 6\beta_1^3 + 6\beta_1^2)u^2 + (2\beta_2 + 2\beta_1^3 + 2\beta_1^2 + 2\beta_1)u^3] & , t \in [t_{i+2}, t_{i+3}] \\[2mm] \frac{1}{\beta} [(2\beta_1^3 - 6\beta_1^3 u + 6\beta_1^3 u^2 - 2\beta_1^3 u^3] & , t \in [t_{i+3}, t_{i+4}] \end{cases}$$

mit

$$\beta = 2\beta_1^3 + 4\beta_1^2 + 4\beta_1 + \beta_2 + 2 .$$

Wegen des äquidistanten Knotenvektors und der globalen, der *uniformen* Vorgabe der Designparameter β_1 und β_2 werden die $B_k(u)$ als **uniformly-shaped β-B-Splines** bezeichnet.

Der Vergleich mit Abschnitt 5.5.4 zeigt, daß uniformly-shaped β-Splines sehr spezielle ν-Splines und damit auch γ-Splines sind. Die Gegenüberstellung der Übergangsbedingungen ergibt die Zusammenhänge [BÖH 85a], [FRI 86]

$$\bigwedge_i \quad \beta_1 = q_i = \frac{\Delta t_i}{\Delta t_{i-1}} = \text{konstant} \; ,$$

β_1 ist also gar *kein echter* Designparameter und

$$\bigwedge_i \quad \beta_2 = q_i \Delta t_i \nu_i = \text{konstant} \; , \tag{5.24}$$

mit (5.20) und (5.24) folgt dann auch sofort der Zusammenhang

$$\bigwedge_i \quad \beta_2 = 2(1 + q_i)\,(\frac{1}{\gamma_i} - 1) = \text{konstant}$$

der uniformly-shaped β-Splines mit den γ-Splines (vgl. mit [ROSE 88]).

Während ein Kontrollpunkt wie im Falle der *gewöhnlichen* B-Splines auf nur vier (aufeinander folgende) Kurvensegmente Einfluß hat, ist eine offensichtliche Schwäche der uniformly-shaped β-Splines, daß die beiden β-Werte β_1 und β_2 globalen Einfluß besitzen, daß einzelne Kurvensegmente nicht gezielt verändert werden können.

Uniformly-shaped β-Splines lassen sich wie folgt lokalisieren: In jedem Knoten werden β-Werte $\beta_{i,1}$ und $\beta_{i,2}$ vorgegeben, die durch Hermite Polynome $\beta_{i,1}(u)$ und $\beta_{i,2}(u)$ so zu interpolieren sind, daß dadurch die geometrischen Übergangsbedingungen nicht zerstört werden. Dies läßt sich mit Hermite Polynomen fünften Grades erreichen. Während Kontrollpunkte V_i dieser **continuously-shaped β-Splines** [BARS 83] (s. a. [BART 84, 87]) wieder auf vier aufeinander folgende Kurvensegmente Einfluß ausüben, sind die Auswirkungen der β-Werte jetzt von besonders ausgeprägter Lokalität. Aufgrund der Konstruktion der **blending functions** $\beta_{i,1}(u)$ und $\beta_{i,2}(u)$ wirken die vorzugebenden $\beta_{i,1}$- und $\beta_{i,2}$-Werte nur auf die beiden Kurvensegmente X_i und X_{i+1}. Diese starke Lokalität wird allerdings mit dem Preis eines hohen polynomialen Grades, sowie einer rationalen Darstellung bezahlt, denn continuously-shaped β-Splines sind nicht mehr kubisch. Vielmehr sind die β-B-Splines $B_k(u)$ und somit auch die Splinekurven nun rational, als Quotient zweier Polynome 18-ten und 15-ten Grades gegeben!

Diesen Nachteil besitzen **allgemeine kubische β-Splines**, die wie die continuously-shaped β-Splines in jedem Knoten β-Werte $\beta_{i,1}$ und $\beta_{i,2}$ vorgeben, nicht mehr. Eine Formulierung allgemeiner β-Splines mit Hilfe von dividierten Differenzen und den truncated power functions - analog zur derartigen Herleitung gewöhnlicher B-Splines (siehe z.B. [SCHU 81]) - wurde in [BART 84] gegeben (s. a. [BART 87]). Eine explizite Formulierung dieser **discretely-shaped β-Splines** [JOE 87] kann, analog zur obigen Rechnung für uniformly-shaped β-Splines, ermittelt werden [GOO 85a, 86], wobei jedoch zu beachten ist, daß die β-Werte nun nicht mehr uniform gegeben sind, sondern in jedem Intervall verschieden sein können.

Allgemeine β-Splines lassen sich nach B-Splines entwickeln [HÖLL 86], sie entsprechen den γ- und damit auch den ν-Splines. Der Bezug zwischen den β-, den γ- und den ν-Werten ist durch obige Gleichungen gegeben, wobei allerdings β_1 und β_2 durch $\beta_{i,1}$ und $\beta_{i,2}$ zu ersetzen sind und nun natürlich die Gleichheit der β-Werte für alle i entfällt.

5.5.6   Wilson-Fowler Splines

Wilson-Fowler Splines wurden von WILSON und FOWLER [FOW 66] (s. a. [FRI 86a]) als ebene, krümmungsstetige, die Punkte $P_i = (x_i, y_i)$, $i = 0, \ldots, N$, interpolierende Splinekurven eingeführt, in dem sie für jedes Segment X ein eigenes, lokales (t,ν)-Koordinatensytem einführten. $t \in [0, L_i]$ wird definiert durch die Verbindungsgerade von P_i und P_{i+1} (vgl. mit Fig. 3.18) und $\nu_i = \nu_i(t)$ als kubisches Hermite Polynom

$$i = 0, \ldots, N-1 \qquad \nu_i(t) = \frac{t(t-L_i)^2}{L_i^2} \tan \alpha_i + \frac{t^2(t-L_i)}{L_i^2} \tan \delta_i, \qquad (5.25)$$

d. h. es gilt

$$\nu_i(0) = 0, \qquad \nu_i'(0) = \tan \alpha_i, \qquad \nu_i(L_i) = 0, \qquad \nu_i'(L_i) = \tan \delta_i,$$

wobei $\tan \alpha_i$ und $\tan \delta_i$ über die GC^2-Stetigkeitsbedingungen zu bestimmen sind, und L_i den euklidischen Abstand von P_i und P_{i+1} bezeichnet.

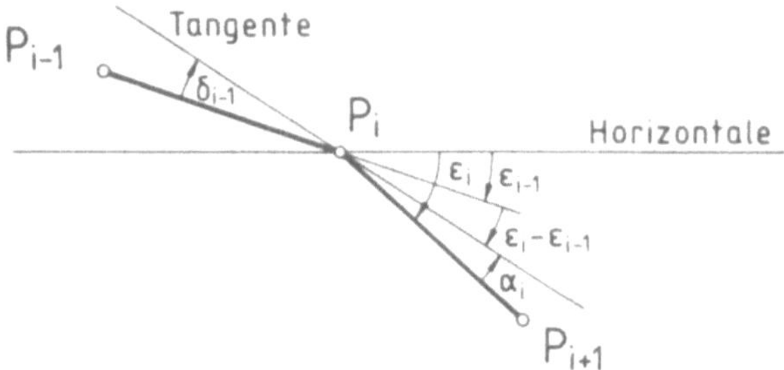

Fig. 5.10: Zur Definition der Winkel

Indem wir das lokale, *natürliche* Koordinatensystem eines **Wilson-Fowler-Splines** - kurz **WF-Splines** - in Beziehung bringen zu dem globalen (x,y)-Koordinatensystem, können wir eine Parameterdarstellung der einzelnen Segmente $X_i = (x_i(t), y_i(t))$ erhalten. Dies kann mittels einer Translation und einer Rotation geschehen, also durch

$$x_i(t) = x_i + (t - t_i) \cos \delta_i - \nu_i(t - t_i) \sin \delta_i$$
$$y_i(t) = y_i + (t - t_i) \sin \varepsilon_i + \nu_i(t - t_i) \cos \varepsilon_i \qquad (5.26)$$

mit $t \in [t_i, t_{i+1}]$, wobei wir die chordale Parametrisierung

$$t_0 = 0, \qquad\qquad t_i = t_{i-1} + L_{i-1}$$

verwenden. Da $v_i(t - t_i)$ durch das kubische Hermite Polynom von (5.25) gegeben ist, kann man nun auch erkennen, daß ein WF-Spline aus kubischen Segmenten aufgebaut ist.

Durch Einsetzen der WF-Darstellung (5.26) eines krümmungsstetigen Splines in die GC^2-Übergangsbedingungen folgen als Zusammenhänge der GC^2-Parameter $\omega_{i,11}$ und $\omega_{i,12}$ mit den WF-Parametern $\tan \alpha_i$ und $\tan \delta_i$ [FRI 86]:

$$\omega_{i,11} = \cos(\epsilon_i - \epsilon_{i-1}) - \tan \alpha_i \sin(\epsilon_i - \epsilon_{i-1}) ,$$

sowie

$$\omega_{i,12} = \frac{2}{L_i} (2 \tan \alpha_i + \tan \delta_i) \sin(\epsilon_i - \epsilon_{i-1}) .$$

Über (5.17) können die WF-Parameter $\tan \alpha_i$ und $\tan \delta_i$ in Bezug gebracht werden zu den γ_i aus Abschnitt 5.5.2, den Designparametern der B-Spline-Bézier-Darstellung oder auch zu den v_i's der v-Spline Darstellung [FRI 86]. Neueste Untersuchungen [FRI 87] zeigen, daß WF-Splines, von denen man sich zunächst eine bessere Realisierung der *wahren Energie* (3.1) eines Splines als durch parametrisierte kubische Splines erhofft hatte, für aus der Praxis kommende Interpolationsdatensätze in ihrem Energieverhalten optisch nicht von parametrisierten kubischen Splines, die sehr viel *einfacher* zu berechnen sind, zu unterscheiden sind.

5.6 Torsionsstetige Splinekurven

5.6.1 Bézier-Darstellung torsionsstetiger Splinekurven

Für Torsionsstetigkeit, d.h. Gültigkeit von (5.4) mit $r = 3$, zweier in Bézier-Darstellung gemäß (5.11) und (5.12) definierter Kurven folgen durch Einsetzen der Bézier-Darstellungen in (5.4) und Ausführen der Differentiation neben (5.13), (5.14) und (5.16) für die Bézier-Punkte b_{n-3} und $\bar{b}_3$ der Bézier-Kurven zusätzlich die Bedingungsgleichungen

$$(1 + q\,N_3\,\omega_{11}^3\,\delta)\,b_{n-2} = q\,N_3\,\omega_{11}^3\,\delta\,b_{n-3} + e^-$$

$$(\delta + q\,\varepsilon)\,s = q\,\varepsilon\,e^- + \delta\,e^+ \qquad (5.27)$$

$$(\varepsilon + q)\,\bar{b}_2 = q\,e^+ + \varepsilon\,\bar{b}_3$$

(Fig. 5.11, vgl. mit Fig. 4.14b). Hierbei wurden mit e^- und mit e^+ zusätzliche Konstruktionspunkte eingeführt.

$$\delta = q\,\frac{1}{2\,N_3\,\omega_{11}^3 + q\,N_2\,\frac{\Delta t}{n-2}\,\omega_{13} - q\,N_2\,\omega_{11}^2\,G}$$

$$\varepsilon = q\,\frac{1}{2-H} \qquad\qquad (5.28)$$

bezeichnet die **Designparameter** des torsionsstetigen Überganges. In (5.28) wurde gesetzt

$$G = \frac{N_1\omega_{11}(2q\,N_3\omega_{11}^4 + 3q\frac{N_3}{N_1}\omega_{11}^3 - 1) + q\,N_2\frac{\Delta t}{n-2}\omega_{13}(2 + qN_1\omega_{11}) + N_1\frac{(\Delta t)^2}{(n-1)(n-2)}\omega_{23}}{q\,N_2\omega_{11}^2(1+qN_1\omega_{11}) + N_1\omega_{11}(1+q\frac{N_2}{N_1}\omega_{11}) + N_1\frac{\Delta t}{n-1}\omega_{12}}$$

$$H = \frac{2 + 3qN_1\omega_{11} - q^3N_3\omega_{11}^3 - q^2N_2\frac{\Delta t}{n-2}\omega_{13} - qN_1\frac{(\Delta t)^2}{(n-1)(n-2)}\omega_{23}}{1 + 2qN_1\omega_{11} + q^2N_2\omega_{11}^2 + qN_1\frac{\Delta t}{n-1}\omega_{12}}$$

und

$$N_3 = \frac{n(n-1)(n-2)}{\bar{n}(\bar{n}-1)(\bar{n}-2)}$$

(vgl. mit [LAS 88b]). Gleichung (5.27) läßt sich deuten als: $\mathbf{b}_{n-2}$ teilt die Strek-
ke $\mathbf{b}_{n-3}\,\mathbf{e}^+$ im Verhältnis $1 : q\,N_3\,\omega_{11}^3\,\delta$, s die Strecke $\mathbf{e}^-\,\mathbf{e}^+$ im Verhältnis
$\delta : q\varepsilon$ und $\bar{\mathbf{b}}_2$ die Strecke $\mathbf{e}^+\,\bar{\mathbf{b}}_3$ im Verhältnis $\varepsilon : q$ (Fig. 5.11). Bezeichnen wir
die Abstände von $\mathbf{b}_{n-3}$ bzw. $\bar{\mathbf{b}}_3$ von der durch $\triangle\mathbf{b}_{n-1}$ und $\triangle\mathbf{b}_{n-2}$ definierten
Schmiegebene π in $\bar{\mathbf{b}}_0 = \mathbf{b}_n$, mit a_3 bzw. $\bar{a}_3$, so folgt wie in Abschnitt 5.5.1

$$a_3 : \bar{a}_3 = 1 : q^3\,N_3\,\omega_{11}^3 \ .$$

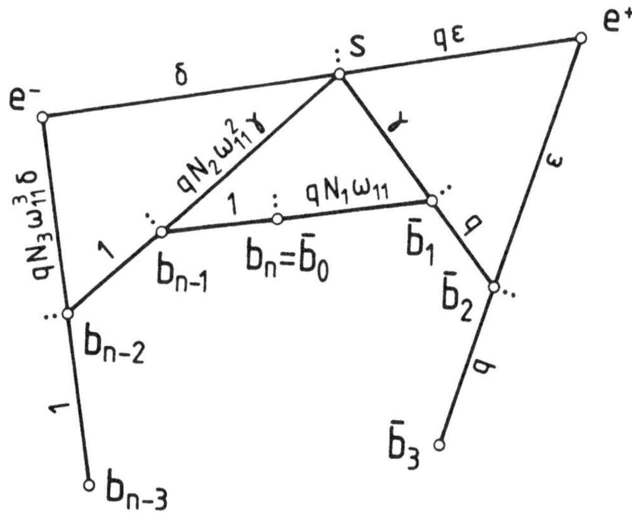

Fig. 5.11: Bézier-Polygon für einen torsionsstetigen Übergang

Sind die Bézier-Punkte $\mathbf{b}_n,....,\mathbf{b}_{n-3}$ gegeben und wurden $\bar{\mathbf{b}}_0,....,\bar{\mathbf{b}}_2$ über die Tan-
genten- und Krümmungs-Stetigkeitsbedingungen aus den Abschnitten 5.4 und
5.5 ermittelt, so berechnet sich $\bar{\mathbf{b}}_3$ mit Hilfe der Konstruktionspunkte $\mathbf{e}^+$ und
$\mathbf{e}^-$ aus (5.27) oder auch direkt über

$$\bar{\mathbf{b}}_3 = \mathbf{b}_n + q^3N_3\omega_{11}^3\triangle\mathbf{b}_{n-3} - \lambda\triangle\mathbf{b}_{n-2} + \mu\triangle\mathbf{b}_{n-1} \tag{5.29}$$

mit $\lambda = \lambda(\omega_{13})$ und $\mu = \mu(\omega_{23})$. Der geometrische Ort des Bézier-Punktes $\bar{b}_3$ bei torsionsstetigem Übergang ist also eine Ebene E parallel zur Schmiegebene π in $\bar{b}_0 = b_n$. Der Abstand von E zur Schmiegebene π ist durch den (vorher gewählten) Parameter ω_{11} festgelegt, die Parameter ω_{13} und ω_{23} führen auf $\bar{b}_3$ (vgl. mit [HAG 86]), s. Fig. 5.12.

Weiter folgt aus (5.29), daß b_{n-3} und $\bar{b}_3$ auf verschiedenen Seiten der Schmiegebene liegen.

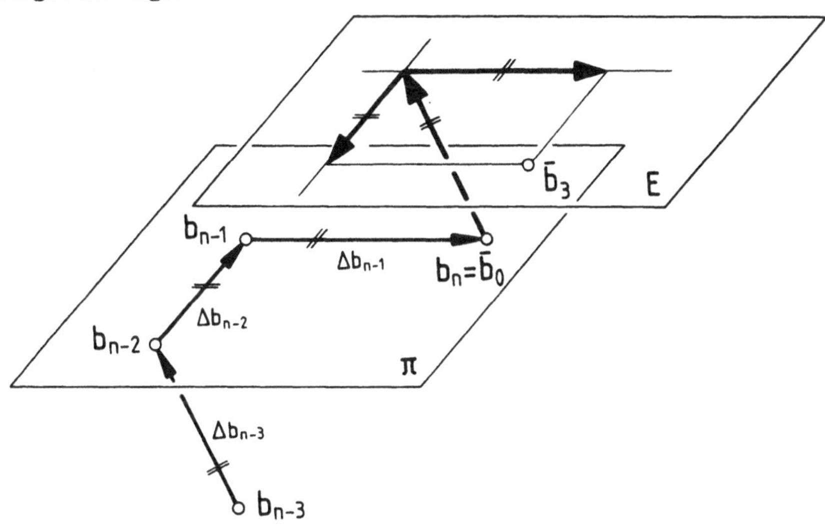

Fig. 5.12: Zur geometrischen Deutung von (5.29)

Aus der Äquivalenz von (5.1) bis (5.3) zu

$$\frac{(\mathbf{Y'}, \mathbf{Y''}, \mathbf{Y'''})}{||\mathbf{Y'} \times \mathbf{Y''}||^2} = \frac{(\mathbf{X'}, \mathbf{X''}, \mathbf{X'''})}{||\mathbf{X'} \times \mathbf{X''}||^2} \, ,$$

bei stetigem Frenet Dreibein, erhalten wir, entsprechend wie in Abschnitt 5.5, durch Einsetzen der Bézier-Darstellung von $\mathbf{X}$ und $\mathbf{Y}$

$$\frac{(\Delta \bar{b}_0, \Delta \bar{b}_1, \Delta \bar{b}_2)}{\bar{a}_1^6} = \frac{\bar{n}(n-2)}{n(\bar{n}-2)} \frac{(\Delta b_n, \Delta b_{n-1}, \Delta b_{n-2})}{a_1^6} \, .$$

Da durch $(\Delta \bar{b}_0, \Delta \bar{b}_1, \Delta \bar{b}_2)$ und durch $(\Delta b_n, \Delta b_{n-1}, \Delta b_{n-2})$ die Volumina der durch $b_{n-3},...,b_n$ und durch $\bar{b}_3,...,\bar{b}_0$ definierten Simplizes gegeben sind, ist die Beziehung

$$\frac{volume\{\bar{b}_0, \bar{b}_1, \bar{b}_2, \bar{b}_3\}}{\bar{a}_1^6} = \frac{\bar{n}(n-2)}{n(\bar{n}-2)} \frac{volume\{b_n, b_{n-1}, b_{n-2}, b_{n-3}\}}{a_1^6} \tag{5.30}$$

zwischen den Volumina der beiden Simplizes äquivalent zur Torsionsstetigkeit von $\mathbf{X}$ und $\mathbf{Y}$ [FAR 82a].

Von praktischem Interesse können torsionsstetige quartische Splines sein, wegen der unsymmetrischen Randvorgaben für quartische Splines jedoch mehr noch quintische Subsplines. [4] Nachfolgend werden wir exemplarisch B-Spline und Bézier-Darstellungen für quartische und quintische (Sub)Splines angeben.

5.6.2   B-Spline-Bezier-Darstellung torsionsstetiger Splinekurven

B-Spline Darstellungen torsionsstetiger Splines vierten Grades wurden in [DYN 85, 87], [BÖH 87] und in [ECK 89] angegeben und diskutiert.

Neben den oben angegebenen Gleichungen mit $n = \bar{n} = 4$, also $N_1 = N_2 = N_3 = 1$, erhalten wir nun (vgl. mit Fig. 5.13)

$$\triangle_{i,1} e_i^- = \triangle t_{i-2}\, \varphi_i\, d_{i-2} + (\triangle t_{i-1}\, \delta_i + \triangle t_i\, \varepsilon_i + \triangle t_{i+1}\, \psi_i) d_{i-3}$$

$$\triangle_{i,1} s_i = (\triangle t_{i-2}\, \varphi_i + \triangle t_{i-1}\, \delta_i) d_{i-2} + (\triangle t_i\, \varepsilon_i + \triangle t_{i+1}\, \psi_i) d_{i-3} \qquad (5.31)$$

$$\triangle_{i,1} e_i^+ = (\triangle t_{i-2}\, \varphi_i + \triangle t_{i-1}\, \delta_i + \triangle t_i\, \varepsilon_i) d_{i-2} + \triangle t_{i+1}\, \psi_i\, d_{i-3}$$

mit $\triangle_{i,1} = \triangle t_{i-2}\, \varphi_i + \triangle t_{i-1}\, \delta_i + \triangle t_i\, \varepsilon_i + \triangle t_{i+1}\, \psi_i$.

Dabei ist

$$\triangle_i \psi_i = (\triangle t_{i-1}\, \varepsilon_i + \triangle t_i + \triangle t_{i+1}\, \gamma_{i+1})\triangle t_i\, \varepsilon_i\, \delta_{i+1}$$

$$\triangle_i \varphi_i = (\triangle t_{i-1}\, \gamma_i + \triangle t_i + \triangle t_{i+1}\, \delta_{i+1})\triangle t_i\, \varepsilon_i\, \delta_{i+1}$$

mit $\triangle_i = (\triangle t_{i-1}\, \gamma_i + \triangle t_i)(\triangle t_{i+1}\, \gamma_{i+1} + \triangle t_i) - \triangle t_{i-1}\, \varepsilon_i\, \triangle t_{i+1}\, \delta_{i+1}$.

Somit folgt für die inneren Bézier-Punkte

$$\triangle_{i,2} b_{4i-2} = \triangle t_{i-2}\, \varepsilon_{i-1}\, s_i + (\triangle t_{i-1} + \triangle t_i\, \gamma_i)\, e_{i-1}^+$$

$$\triangle_{i,2} b_{4i-1} = (\triangle t_{i-2}\, \varepsilon_{i-1} + \triangle t_{i-1})\, s_i + \triangle t_i\, \gamma_i\, e_{i-1}^+ \qquad (5.32)$$

$$\triangle_{i,3} b_{4i+1} = \triangle t_{i-1}\, \gamma_i\, e_{i+1}^- + (\triangle t_i + \triangle t_{i+1}\, \delta_{i+1})\, s_i$$

$$\triangle_{i,3} b_{4i+2} = (\triangle t_{i-1}\, \gamma_i + \triangle t_i)\, e_{i+1}^- + \triangle t_{i+1}\, \delta_{i+1}\, s_i$$

mit $\triangle_{i,2} = \triangle t_{i-2}\, \varepsilon_{i-1} + \triangle t_{i-1} + \triangle t_i\, \gamma_i$

$\qquad \triangle_{i,3} = \triangle t_{i-1}\, \gamma_i + \triangle t_i + \triangle t_{i+1}\, \delta_{i+1}$

und für die Knoten Bézier-Punkte

$$(\triangle t_{i-1} + \triangle t_i)\, b_{4i} = \triangle t_{i-1}\, b_{4i+1} + \triangle t_i\, b_{4i-1} . \qquad (5.33)$$

[4] Symmetrische Randbedingungen lassen sich allerdings "*künstlich*" erzeugen, z.B. durch Forderung eines bestimmten Verhaltens der Splinekurvensegmente für ein $t^* \in (t_i, t_{i+1})$ - z.B. Vorgabe des Ortes $X(t^*)$ - wobei für t^* am besten der arithmetische Mittelwert der Intervallgrenzen gewählt wird $\rightarrow$ Schulterpunktbestimmung (s. Kap. 3, s. a. [LON 87], vgl. a. mit [BÖH 82]).

Werden die Konstruktionspunkte d_i als de Boor Kontrollpunkte einer B-Spline-artigen Darstellung

$$X(t) = \sum_i d_i \, G_i^4(t)$$

verwendet, so gestatten (5.31) bis (5.33) die Formulierung eines Algorithmus zur Bestimmung der Bézier-Punkte eines torsionsstetigen quartischen Splines bei vorgegebenem Kontrollpolygon $\{d_i\}$, Knotenvektor $\{t_i\}$ und Designparameter $\{\gamma_i, \delta_i, \varepsilon_i\}$. Andererseits lassen sich die d_i ausgehend von vorgegebenen Bézier-Punkten, Knotenvektor und Designparametern über die Gleichungen (5.27) und den Gleichungen

$$(\Delta t_i \, \varepsilon_i + \Delta t_{i+1} \, \psi_i) \, e_i^+ = \Delta t_i \, \varepsilon_i \, d_{i-2} + \Delta t_{i+1} \, \psi_i \, s_i$$

$$(\Delta t_{i-2} \, \varphi_i + \Delta t_{i-1} \, \delta_i) \, e_i^- = \Delta t_{i-2} \, \varphi_i \, s_i + \Delta t_{i-1} \, \delta_i \, d_{i-3}$$

ermitteln (vgl. mit Fig. 5.13).

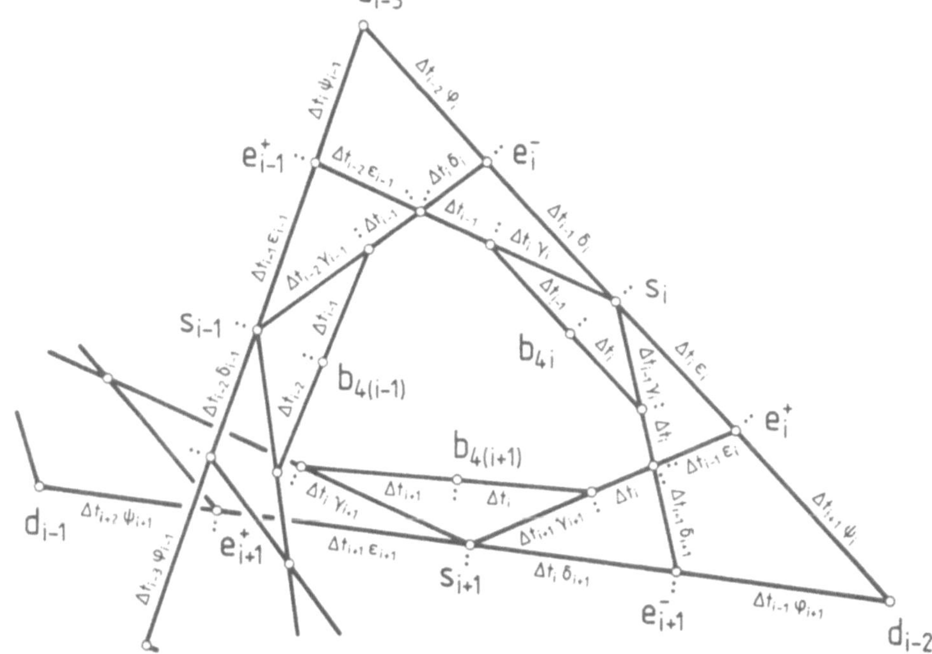

Fig. 5.13: De Boor und Bézier-Polygon eines torsionsstetigen
quartischen Splines

Beim Arbeiten mit torsionsstetigen Splines empfiehlt sich ein Vorgehen wie beim krümmungsstetigen kubischen Spline. Fig. 5.14 zeigt den Einfluß unterschiedlicher δ_i-Werte auf den Kurvenverlauf (auf Grund von (5.27) hat ε_i den entgegengesetzten Einfluß von δ_i, der Einfluß der γ_i ist wie im kubischen Fall, s. Fig. 5.9). Als durchgezogene Linie gezeichnet ist der quartische C^3-Spline, der sich ergibt, wenn alle Gewichte zu Eins gewählt werden.

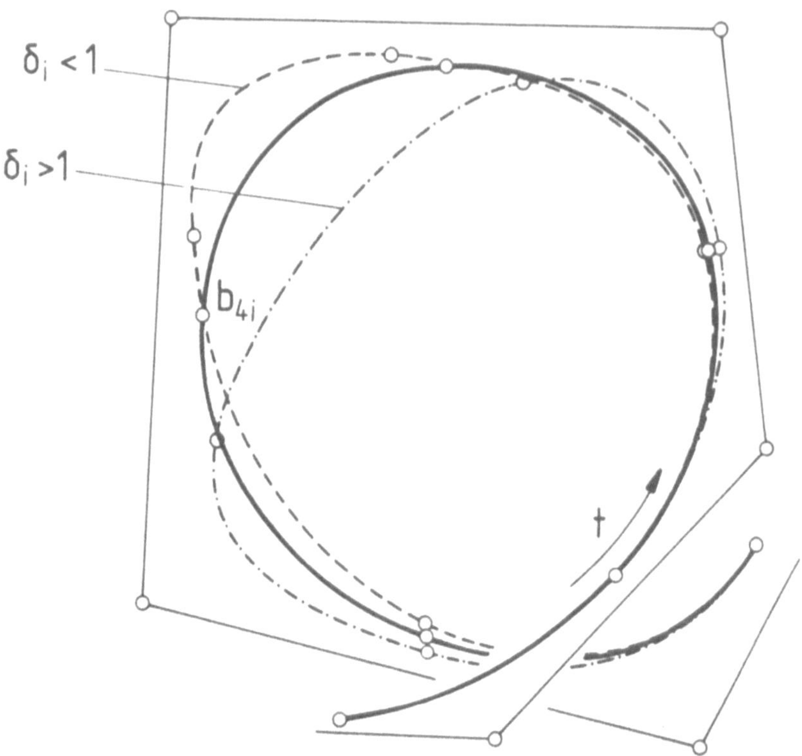

Fig. 5.14: Kurvendesign: Einfluß des Designparameters δ_i

Die lokalen Träger $G_i^4(u)$ können wie in Abschnitt 5.5.2 für γ-Splines, durch Konstruktion des zugehörigen Bézier-Polygons angegeben werden [ECK 87, 89].

5.6.3 GC³-stetige Splinekurven

sind spezielle torsionsstetige Splinekurven mit

$$\omega_{i,13} = 3\omega_{i,11}\omega_{i,12} \tag{5.34}$$

(vgl. (5.3) mit (5.9)).

Für eine B-Spline-Bézier-Darstellung folgen Übergangsbedingungen der Art (5.27) wobei jetzt jedoch (5.34) zu berücksichtigen ist. Konsequenz ist, daß (5.30) für GC³-Stetigkeit nur notwendig ist, nicht aber hinreichend [FAR 82a], und daß die Designparameter δ_i und ε_i im Falle eines GC³-stetigen Splines nicht mehr unabhängig voneinander sind. Vielmehr gilt

$$\delta_i(\varepsilon_i) = \frac{2\gamma_i(q_i\,\gamma_i + 1)\varepsilon_i}{(1 + q_i)(9 - 5\gamma_i)\varepsilon_i - 2\gamma_i(\gamma_i + q_i)} \tag{5.35}$$

wobei $n = \bar{n} = 4$, also $N_1 = N_2 = N_3 = 1$, für den Fall des quartischen Splines, gesetzt wurde [POT 88], [LAS 88a]. D.h. damit ein torsionsstetiger Spline ein GC^3-stetiger Spline ist, müssen δ_i und ε_i Gleichung (5.35) erfüllen. Es steht damit in jedem Knoten neben dem Parameter γ_i noch ein weiterer Designparameter – δ_i oder ε_i – zur Verfügung. Wird z.B. ε_i als unabhängiger Designparameter gewählt, so ist dann δ_i gemäß (5.35) zu bestimmen. Während torsionsstetige Kurven, die den vollen Satz an Designparametern verwenden, nur im $\mathbb{R}^3$ erzeugt werden können, lassen sich GC^3-stetige Kurven auch in der Ebene realisieren (s. a. Abschnitt 5.2).

Eine B-Spline Darstellung GC^3-stetiger quartischer Splines wurde auch in [BARS 84a] angegeben, wobei die lokalen Träger in monomialer Form ermittelt wurden.

B-Spline-Bézier-Darstellungen sowie Fragen zur convex hull und variation diminishing property GC^3-stetiger quartischer und auch GC^4-stetiger quintischer Kurven wurden in [LAS 88a], [ECK 87, 89] betrachtet.

GC^3-stetige Kurven siebten Grades und GC^4-stetige Kurven neunten Grades in Bézier-Darstellung wurden in [HOS 88b] zur Konversion und Approximation von Splinekurven eingesetzt.

In [ROSE 88a] wurde eine Rekursion zur Ermittlung der Kontrollpunkte einer Bézier-Darstellung GC^r-stetiger Kurven (r beliebig) $X(u)$ und $Y(t)$ angegeben. In einem ersten Rechenschritt werden dabei zunächst die den GC^r-Übergang bestimmenden Bézier-Punkte der auf t umparametrisierten Kurve $X(u(t))$ ermittelt, und sodann die durch den GC^r-Übergang definierten Bézier-Punkte von $Y(t)$ über die C^r-Übergangsbedingungen (5.5) rekursiv berechnet.

5.6.4 τ-Splines

Ein Vergleich der Übergangsbedingungen (3.51) mit $p_k = p = 1$ eines τ-Splines mit den Übergangsbedingungen (5.4) zeigt, daß für einen τ-Spline gilt

$$\omega_{i,11} = 1 \qquad \omega_{i,12} = 0 \qquad \omega_{i,13} = \nu_{i,2} \qquad \omega_{i,14} = 0$$

$$\omega_{i,23} = 0 \qquad \omega_{i,24} = 0$$

$$\omega_{i,34} = -\nu_{i,1} \; .$$

Damit bilden τ-Splines eine Teilmenge der torsionsstetigen quintischen Subsplines.

Eine Bézier-Darstellung für τ-Splines wurde in [LAS 88] ermittelt. Als Ergebnis folgen Fig. 5.15 entnehmbare Übergangsbedingungen, wobei

$$\delta_i = \cfrac{1}{1 + \cfrac{1}{(1+q_i)^2} \cfrac{\Delta_i}{3} \nu_{i,2}} \qquad\qquad \varepsilon_i = \cfrac{1}{1 + \cfrac{q_i}{(1+q_i)^2} \cfrac{\Delta_i}{3} \nu_{i,2}} \; , \qquad (5.36)$$

sowie

$$\rho_i = \frac{1}{3q_i - R_i} \qquad \sigma_i = q_i^2 \frac{1}{T_i - 3 + (T_i - S_i)\frac{q_i}{\varepsilon_i}} \qquad \tau_i = q_i \frac{1}{3 - T_i} \qquad (5.37)$$

mit

$$R_i = \frac{3q_i - 1 + \frac{1}{(1 + q_i)^3} \frac{\triangle_i^3}{24} \nu_{i,1}}{1 + \frac{1}{(1 + q_i)^3} \frac{\triangle_i}{3} \nu_{i,2}} \qquad S_i = \frac{2(1 - q_i) + \frac{1 - q_i}{(1 + q_i)^3} \frac{\triangle_i^3}{24} \nu_{i,1}}{1 + \frac{2q_i}{(1 + q_i)^3} \frac{\triangle_i}{3} \nu_{i,2}}$$

$$T_i = \frac{3 - q_i + \frac{q_i}{(1 + q_i)^3} \frac{\triangle_i^3}{24} \nu_{i,1}}{1 + \frac{q_i^2}{(1 + q_i)^3} \frac{\triangle_i}{3} \nu_{i,2}} \quad .$$

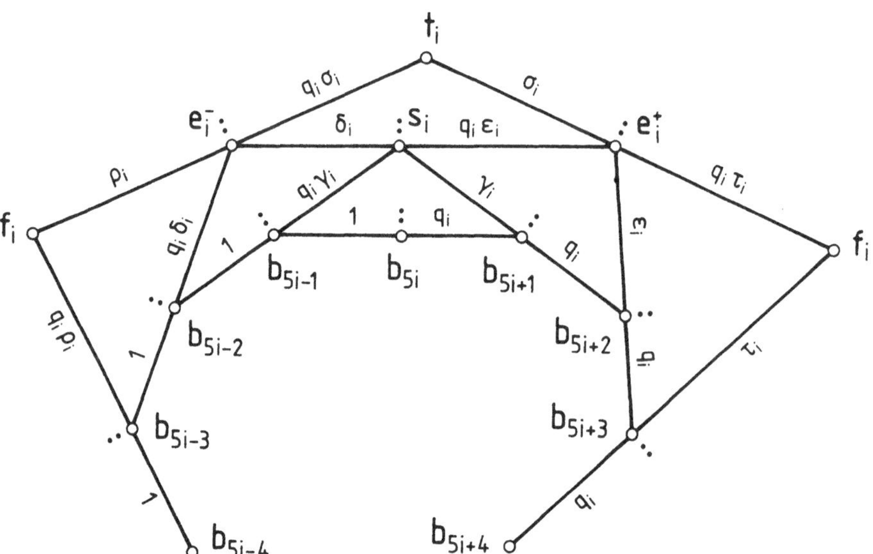

Fig. 5.15: Konstruktion des Bézier-Polygons für einen τ-Spline

Durch (5.36) und (5.37) können die Designparameter der Bézier-Darstellung eines τ-Splines berechnet werden. Die Designparameter können natürlich nicht mehr unabhängig voneinander sein, da die τ-Spline Definition zwei Formparameter beinhaltet, die Konstruktion aus Fig. 5.15 jedoch fünf. Die Situation ist also ähnlich wie im Falle der Bézier-Darstellung GC^3-stetiger Splinekurven. Die in (5.36) und (5.37) enthaltenen Abhängigkeiten lauten:

$$\delta_i = \frac{q_i \varepsilon_i}{1 - (1 - q_i)\varepsilon_i} \qquad (5.38)$$

und

$$\rho_i = \frac{1}{\delta_i}\frac{(1 + q_i\delta_i)(\varepsilon_i + \delta_i)\sigma_i}{3(1 + q_i)\sigma_i - (\delta_i + q_i\varepsilon_i)} \qquad \tau_i = \frac{1}{\varepsilon_i}\frac{(\varepsilon_i + q_i)(\varepsilon_i + \delta_i)\sigma_i}{3(1 + q_i)\sigma_i - (\delta_i + q_i\varepsilon_i)} \qquad (5.39)$$

Das heißt, damit eine torsionsstetige quintische Bézier-Subsplinekurve ein τ-Spline ist, müssen die Designparameter der Bézier-Darstellung die Bedingungen (5.38) und (5.39) erfüllen. Damit kann in jedem Knoten ε_i oder δ_i als *unabhängiger* Designparameter gewählt werden - im ersten Falle muß dann δ_i durch (5.38) als $\delta_i = \delta_i(\varepsilon_i)$ bestimmt werden - und zusätzlich kann ρ_i oder σ_i oder τ_i als *unabhängiger* Designparameter gewählt werden - im Falle von σ_i müßten dann ρ_i und τ_i über (5.39) als $\rho_i = \rho_i(\sigma_i)$ und $\tau_i = \tau_i(\sigma_i)$ bestimmt werden.

Die B-Spline-Bézier-Darstellung von τ-Splines ist natürlich identisch mit der B-Spline-Bézier-Darstellung torsionsstetiger quintischer (Sub-)Splines, die in [ECK 87, 89] angegeben wurde, und durch *"einbinden"* der Bézier-Konstruktion aus Fig. 5.15 in eine B-Spline-Konstruktion entsteht - entsprechend zur quintischen B-Spline-Bézier-Konstruktion (s. z.B. [SABL 78]) - jedoch mit dem Zusatz, daß die Designparameter für τ- Splines nicht unabhängig voneinander gewählt werden können. Es muß vielmehr $\gamma_i = 1$ gesetzt werden, und δ_i, ε_i, ρ_i, σ_i und τ_i sind unter Berücksichtigung von (5.38) und (5.39) zu wählen [LAS 88].

5.7 Rationale Geometrische Splinekurven

Wie wir in Abschnitt 4.1.5 gesehen haben, besitzen rationale Darstellungen nicht nur Freiform-Charakter sondern können auch Kegelschnitte exakt annehmen. Die in 4.1.5 beschriebenen Darstellungen erzeugen jedoch *"nur"* C^r-Stetigkeit. Rationale geometrische Splinekurven hingegen würden die Freiform- und Designeigenschaften der rationalen Kurven als auch die Design- und Invarianzeigenschaften (bzgl. Parametertransformationen) der geometrischen Splinekurven in sich vereinen, sind deshalb also von besonderem Interesse. Der nachfolgende Satz (s. [BÖH 88a], [DEG 88], [POT 90]) ist hierbei von besonderer Bedeutung.

Satz 5.1: Die GC^r-Stetigkeitsbedingungen aus Abschnitt 5.2 als auch die Stetigkeitsbedingungen aus Abschnitt 5.1 sind invariant unter projektiven Transformationen, insbesondere also unter Projektionen.

Zusammen mit der Möglichkeit eine rationale Kurve des $\mathbb{R}^d$ als Projektion einer nicht-rationalen Kurve des $(d+1)$-dimensionalen homogenen Koordinatenraumes zu deuten, gestattet dieser Satz die Herleitung der Übergangsbedingungen auf prinzipiell zwei verschiedenen Arten: ausgehend von der Darstellung durch homogene Koordinaten des $\mathbb{R}^4$ oder auch unter Verwendung inhomogener Koordinaten des $\mathbb{R}^3$. Da in der Praxis häufig mit inhomogenen Darstellungen des *"Objektraumes"*, d.h. des $\mathbb{R}^3$, gearbeitet wird, wollen wir hier zur Konstruktion rationaler krümmungs- und torsionsstetiger Kurven die Darstellung durch inhomogene Koordinaten verwenden, zur Konstruktion rationaler GC^r- stetiger Kurven jedoch die Darstellung durch homogene Koordinaten, um an diesem Beispiel die Vorteile dieser Vorgehensweise gegenüber der erstgenannten aufzuzeigen.

5.7.1 Rationale tangenten-, krümmungs- und torsionsstetige Splinekurven

Zur Auswertung der durch (5.4) gegebenen Stetigkeitsbedingungen werden die Ableitungen der beiden in $P = X(u_1) = Y(t_0)$ aneinander anschließenden Kurven $X(u)$, $u \in [u_0, u_1]$ und $Y(t)$, $t \in [t_0, t_1]$ benötigt. Auf Grund der rationalen Darstellung von $X(u)$ und $Y(t)$ sind diese nun mit der Quotientenregel zu ermitteln. Ausgehend von der rationalen Darstellung

$$X(u) \;=\; \frac{Z(u)}{N(u)}$$

ergibt sich z.B.

$$X'(u) \;=\; \frac{Z'N - ZN'}{N^2} \,,$$

$$X''(u) \;=\; \frac{Z''N - ZN''}{N^2} - 2\frac{N'}{N} X'(u) \,.$$

Für in Bézier-Darstellung

$$X(u) \;=\; \frac{\displaystyle\sum_{k=0}^{n} \beta_k\, \mathbf{b}_k\, B_k^n(\mu)}{\displaystyle\sum_{k=0}^{n} \beta_k\, B_k^n(\mu)} \,, \qquad u = (1-\mu)\,u_0 + \mu\,u_1 \,,\; \mu \in [0,1] \,,$$

$Y(t)$ entsprechend, gegebene Kurven $X(u)$ und $Y(t)$ gilt

$$Z^{(p)}(u) = \frac{\partial^p}{\partial u^p}\, Z(\mu) = \frac{1}{(\triangle u)^p}\, \frac{n!}{(n-p)!} \sum_{k=0}^{n-p} \triangle^p \beta_k\, \mathbf{b}_k\, B_k^{n-p}(\mu)$$

$$N^{(p)}(u) = \frac{\partial^p}{\partial u^p}\, N(\mu) = \frac{1}{(\triangle u)^p}\, \frac{n!}{(n-p)!} \sum_{k=0}^{n-p} \triangle^p \beta_k\, B_k^{n-p}(\mu)$$

mit $\triangle u = u_1 - u_0$ und den Vorwärtsdifferenzen

$$\triangle^p \beta_k\, \mathbf{b}_k = \sum_{j=0}^{p} (-1)^j \binom{p}{j}\, \beta_{k+p-j}\, \mathbf{b}_{k+p-j}$$

$$\triangle^p \beta_k \;\;\;= \sum_{j=0}^{p} (-1)^j \binom{p}{j}\, \beta_{k+p-j} \,.$$

Damit erhalten wir, bei stetigem Frenet Dreibein, als Bedingung für **Tangentenstetigkeit**

$$\omega_{11}\, \frac{n}{\triangle u}\, \frac{\beta_{n-1}}{\beta_n}\, \triangle \mathbf{b}_{n-1} \;=\; \frac{\bar{n}}{\triangle t}\, \frac{\bar{\beta}_1}{\bar{\beta}_0}\, \triangle \bar{\mathbf{b}}_0 \,,$$

für **Krümmungsstetigkeit** zusätzlich (vgl. mit [BÖH 82])

$$\frac{\bar{n}-1}{\bar{n}} \frac{\bar{\beta}_0 \bar{\beta}_2}{\bar{\beta}_1^2} \frac{\Delta\bar{b}_0 \times \Delta\bar{b}_1}{|\Delta\bar{b}_0|^3} = \frac{n-1}{n} \frac{\beta_n \beta_{n-2}}{\beta_{n-1}^2} \frac{\Delta b_{n-1} \times \Delta b_{n-2}}{|\Delta b_{n-1}|^3}$$

und für **Torsionsstetigkeit** zusätzlich

$$\frac{\bar{n}-2}{\bar{n}} \frac{\bar{\beta}_0 \bar{\beta}_3}{\bar{\beta}_1 \bar{\beta}_2} \frac{(\Delta\bar{b}_0, \Delta\bar{b}_1, \Delta\bar{b}_2)}{|\Delta\bar{b}_0 \times \Delta\bar{b}_1|^2} = \frac{n-2}{n} \frac{\beta_n \beta_{n-3}}{\beta_{n-1} \beta_{n-2}} \frac{(\Delta b_{n-1}, \Delta b_{n-2}, \Delta b_{n-3})}{|\Delta b_{n-1} \times \Delta b_{n-2}|^2}$$

(vgl. mit [BÖH 87a]). Übertragen wir die obigen Übergangsbedingungen in Konstruktionsvorschriften für das Bézier-Polygon, so erhalten wir in Analogie zu den nicht-rationalen Darstellungen der vorausgehenden Abschnitte für $r = 1$ (Tangentenstetigkeit)

$$(\bar{\beta}_1 + q\,N_1\,\omega_{11}\,\beta_{n-1})\,b_n = \bar{\beta}_1\,\bar{b}_1 + q\,N_1\,\omega_{11}\,\beta_{n-1}\,b_{n-1}$$

mit q, N_1, wie in Abschnitt 5.4 eingeführt und der Annahme, daß die Nenner von $X(u)$ und $Y(t)$, die homogenisierenden Gewichtsfunktionen, stetig ineinander übergehen ($\rightarrow \bar{\beta}_0 = \beta_n$) und für $r = 2$ Fig. 5.16 entnehmbare Übergangsbedingungen für krümmungsstetigen Anschluß. Fig. 5.16 zeigt zusätzlich noch die *"Einbindung"* der Krümmungsstetigkeits-Übergangsbedingungen in eine kubische B-Spline Darstellung [BÖH 87a]; entsprechende β-Spline Darstellungen wurden in [BARS 88] betrachtet. Die de Boor-Punkte sind wieder durch d_i bezeichnet. Krümmungsstetige quadratische rationale Kurven wurden in [FAR 87c] und torsionsstetige quartische rationale Kurven in [BÖH 87a] behandelt.

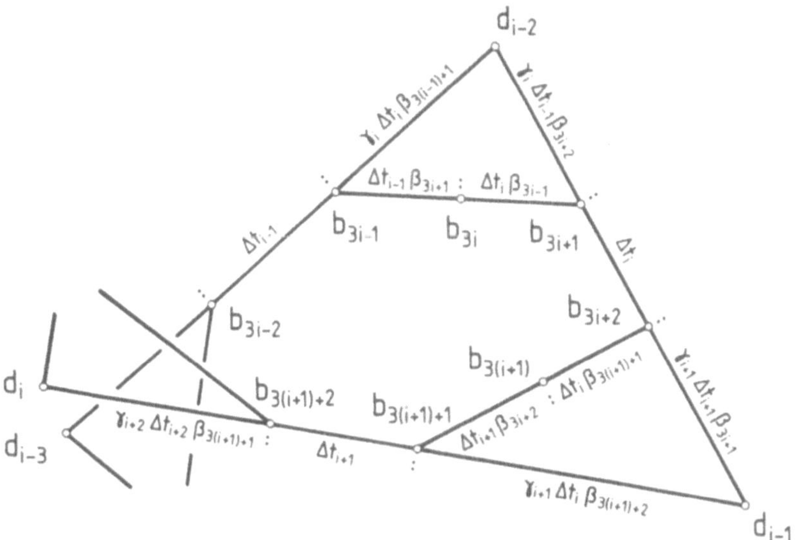

Fig. 5.16: de Boor und Bézier-Polygon eines krümmungsstetigen rationalen kubischen Splines

Die Bézier-Ordinaten $b_{ni+j,i}$ der rationalen geometrischen B-Splines $G_i^n(t)$ der B-Spline Darstellung

$$X(t) = \sum_i d_i \, G_i^n(t)$$

lassen sich analog zur Vorgehensweise in Abschnitt 5.5.2 ermitteln. Die lokalen Basisfunktionen $G_i^n(t)$ sind aber nun im allgemeinen nur C^0-stetig, da bei ungleicher Wahl der Gewichte β_{ni-1} und β_{ni+1} ein Knick im Polygon an der Übergangsstelle b_{ni} auftritt. Fig. 5.17 veranschaulicht diesen Sachverhalt für den Fall $n = 3$.

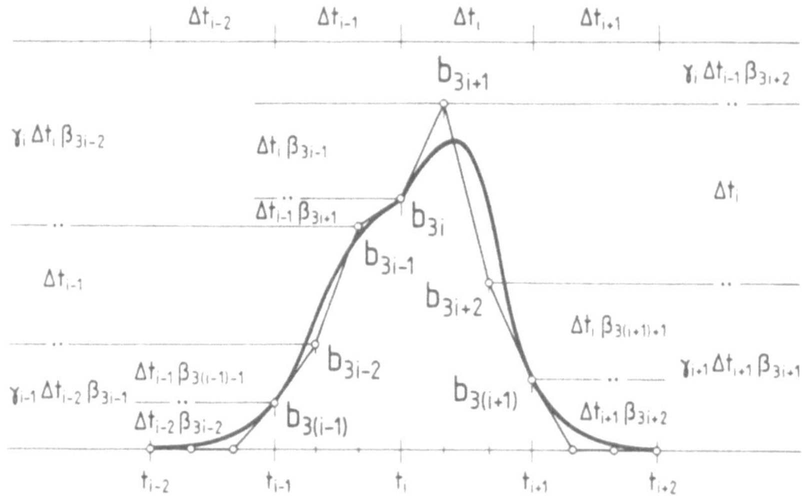

Fig. 5.17: Lokaler Träger $G_i^3(t)$ einer krümmungsstetigen rationalen kubischen B-Splinekurve

Es sei noch auf Arbeiten von NIELSON [NIE 84] und JORDAN und SCHINDLER [JOR 84] hingewiesen, in denen Kurven

$$X(t) = \sum_{j=0}^{2k} P_j \, R_j(t) \qquad\qquad (5.40)$$

mit speziellen rationalen Basisfunktionen $R_j(t)$, definiert durch

$$R_0(t) = \frac{1}{N(t)} \, (1-t)^{2k+1}$$

$$R_j(t) = \frac{1}{N(t)} \, [\alpha_j - (-1)^j] \, (1-t)^{2k-j} \, t^j$$

$$R_{2k}(t) = \frac{1}{N(t)} \, t^{2k+1}$$

mit $\quad N(t) = (1-t)^{2k+1} + \sum_{i=1}^{2k-1} [\alpha_i - (-1)^i] \, (1-t)^{2k-i} \, t^i + t^{2k+1} \quad ,$

betrachtet werden. Die $R_j(t)$ besitzen die Eigenschaften der gewöhnlichen Bernstein-Polynome $B_j^n(t)$ wodurch die Kontrollpunkte P_j *"Bézier-Punkt-Charakter"* erhalten und $X(t)$ convex hull property etc. Die **Designparameter** α_j wirken ähnlich wie die Gewichte β_j der rationalen Bézier-Darstellung: ein Erhöhen von α_j *"zieht"* die Kurve in Richtung P_j.

Da
$$X'(0) = (\alpha_1 + 1)(P_1 - P_0)$$

$$X'(1) = (\alpha_{2k-1} + 1)(P_{2k} - P_{2k-1})$$

und

$$\varkappa(0) = 2\,\frac{\alpha_2 - 1}{(\alpha_1 + 1)^2}\,\frac{|P_2 - P_1|}{|P_1 - P_0|^2}\,|\sin\gamma_1|$$

$$\varkappa(1) = 2\,\frac{\alpha_{2k-2} - 1}{(\alpha_{2k-1} + 1)^2}\,\frac{|P_{2k-2} - P_{2k-1}|}{|P_{2k} - P_{2k-1}|}\,|\sin\gamma_{2k}|$$

mit $\gamma_i = \sphericalangle(P_{i-1}, P_i, P_{i+1})$, läßt sich mit durch (5.40) definierten Segmenten z.B. ein tangentenstetiger oder auch krümmungsstetiger kubischer (d.h. k = 1) (Sub-) Spline aufbauen [NIE 84], [JOR 84].

Wegen der speziellen Form der $R_j(t)$ lassen sich die Ableitungen von $X(t)$, insbesondere diejenigen in den Eckpunkten, einfacher berechnen, als für den allgemeinen rationalen Fall. So folgt für die Torsion von $X(t)$ in t = 0 bzw. in t = 1:

$$\tau(0) = 3\,\frac{\alpha_3 + 1}{(\alpha_1 + 1)(\alpha_2 - 1)}\,\frac{|P_3 - P_1|}{|P_1 - P_0|\cdot|P_2 - P_1|}\,\frac{|\cos\delta_1|}{|\sin\gamma_1|}$$

$$\tau(1) = 3\,\frac{\alpha_{2k-3} + 1}{(\alpha_{2k-1} + 1)(\alpha_{2k-2} - 1)}\,\frac{|P_{2k-3} - P_{2k-1}|}{|P_{2k} - P_{2k-1}|\cdot|P_{2k-2} - P_{2k-1}|}\,\frac{|\cos\delta_{2k}|}{|\sin\gamma_{2k}|}$$

wobei δ_1 den Winkel zwischen $(P_1 - P_0)\times(P_2 - P_1)$ und $P_3 - P_1$, also die Abweichung von der Schmiegebene mißt, und δ_{2k} entsprechend.

Für k = 3 lassen sich damit anwendungsrelevante, torsionsstetige oder auch GC^3-stetige rationale quintische (Sub-)Splinekurven erzeugen.

5.7.2 Rationale GC^r-stetige Splinekurven

Zur Konstruktion GC^r-stetig aneinander anschließender rationaler Kurven in der Darstellung durch homogene Koordinaten, müssen zunächst die, den Gleichungen (5.6)ff entsprechenden Übergangsbedingungen aufgestellt werden [DEG 88]. Es seien also die beiden parametrisierten Kurven $X(u)$ und $Y(t)$ in homogener Koordinatendarstellung, d.h. als Kurven des 4-dimensionalen projektiven Raumes, $X(u): [u_0, u_1] \to \mathbb{R}^4$ und $Y(t): [t_0, t_1] \to \mathbb{R}^4$, gegeben. Dann gilt, daß $\overline{X}(u) = \eta(u)\,X(u)$, mit einer nullstellenfreien Funktion $\eta(u)$ und $X(u)$ die gleiche Kurve repräsentieren, und entsprechen für $Y(t)$. Stetigkeit zweier in einem regulären Punkt aneinander anschließender Kurven ist daher gegeben durch

$$Y(t_0^+) \;=\; \alpha_0 \, X(u_1^-)$$

mit $\alpha_0 = \alpha(u_1) \neq 0$. Die GC^r-Übergangsbedingungen folgen dann analog zu Abschnitt 5.2 durch Anwendung der Kettenregel aus

$$\rho = 0, \dots, r \qquad \frac{d^\rho}{dt^\rho}\, Y(t)\Big|_{t_0^+} \;=\; \frac{d^\rho}{dt^\rho}\Big(\alpha(t)\,X(u(t))\Big)\Big|_{u_1^- \,=\, u(t_0^-)} \qquad (5.41)$$

wobei $X(u)$ durch $u \to u(t)$ mit $\omega_0 = u(t_0^-) = u_1^-$ auf den Parameter t umparametrisiert wurde.

Ausführung der Differentiation auf der rechten Seite von (5.41) ergibt somit:

$$Y'(t_0^+) \;=\; \alpha_0 \omega_1 X'(u_1^-) \;+\; \alpha_1 X(u_1^-)$$

$$Y''(t_0^+) \;=\; \alpha_0 \omega_1^2 X''(u_1^-) \;+\; (\alpha_0 \omega_2 + 2\alpha_1 \omega_1) X'(u_1^-) \;+\; \alpha_2 X(u_1^-) \qquad (5.42)$$

$$Y'''(t_0^+) \;=\; \alpha_0 \omega_1^3 X'''(u_1^-) \;+\; 3(\alpha_0 \omega_1 \omega_2 + \alpha_1 \omega_1^2) X''(u_1^-)$$

$$+\; (3\alpha_2 \omega_1 + 3\alpha_1 \omega_2 + \alpha_0 \omega_3) X'(u_1^-) \;+\; \alpha_3 X(u_1^-)$$

etc. – eine Rekursionsformel wurde in [DEG 88] angegeben – mit den Abkürzungen

$$\alpha_\rho = \frac{d^\rho}{dt^\rho}\, \alpha(t)\Big|_{t=t_0^-}, \qquad\qquad \omega_\rho = \frac{d^\rho}{dt^\rho}\, u(t)\Big|_{t=t_0^-}, \qquad (5.43)$$

wobei $\omega_1 > 0$, als Folge der Regularitätsforderung.

Dies bedeutet: Sind die beiden Kurven GC^r-stetig, so sind die Gleichungen (5.42) erfüllt, wobei die Größen α_ρ und ω_ρ gemäß (5.43) gegeben sind.

Andererseits: Lassen sich für zwei aneinander anschließende Kurven reelle Zahlen $\omega_0, \dots, \omega_r$ und $\alpha_0, \dots, \alpha_r$ finden, so daß die Gleichungen (5.42) erfüllt sind, so ließe sich die Funktion $\alpha(t)$ bestimmen und eine Umparametrisierung auf einen globalen, gemeinsamen Parameter durchführen derart, daß dann bzgl. dieser globalen Parametrisierung C^r-Stetigkeit zwischen $X(u)$ und $Y(t)$ gegeben wäre und damit GC^r-Stetigkeit. Die Parametertransformation $u(t)$ sowie $\alpha(t)$ wären in diesem Falle so zu bestimmen, daß die durch (5.43) gegebenen Randbedingungen erfüllt sind, z.B. mittels einer Taylor-Reihenentwicklung.

Im Speziellen läßt sich z.B. ein GC^1-stetiger Übergang durch eine lineare rationale Parametertransformation in einen C^1-stetigen Übergang überführen [DEG 88]. Dies ist im CAGD von besonderem Interesse, da eine lineare rationale Parametertransformation den Grad einer rationalen Kurve unverändert läßt (s. a. [BÖH 88b]).

Zur Auswertung von (5.42) durch z.B. in Bézier-Darstellung und homogenen Koordinaten gemäß (4.27), (4.28) gegebenen Kurven $X(u)$ und $Y(t)$ sind die homogenen Darstellungen $X(u)$ und $Y(t)$ in (5.42) einzusetzen. Durch Bilden der

Ableitungen - hier zeigt sich der große Vorteil der Darstellung durch homogene Koordinaten: die Quotientenregel wird nicht benötigt! - und anschließendem Koeffizientenvergleich folgt dann sofort

$$\rho = 1, \ldots, r \qquad \Delta^\rho \bar{b}_0 = \sum_{k=0}^{\rho} A_{\rho k} \frac{(n-\rho)!}{(n-k)!} \Delta^k b_{n-k} \qquad (5.44)$$

wobei $A_{\rho k}$ für die Elemente der durch (5.42) definierten connection matrix $\mathbf{A}$ steht, und $A_{00} = \alpha_0 = 1$ aus der Stetigkeit der homogenisierenden Gewichtsfunktionen im Punkte $b_n = \bar{b}_0$ folgt.

(5.44) gestattet die rekursive Berechnung der $\bar{b}_i$ aus den b_i [DEG 88].

In (5.41)ff ist natürlich der affine Fall aus Abschnitt 5.2 enthalten: Bezeichnet ξ_i ($i = 0, \ldots, 3$) die homogenen Komponenten von $\mathbf{X}(u)$, so sind die affinen Koordinaten x_i ($i = 1, 2, 3$) des $\mathbb{R}^3$ gegeben durch $x_i = \xi_i / \xi_0$ (vgl. mit Abschnitt 4.1.5).

(5.41)ff gehen formal für $\alpha_0 = 1$, $\alpha_1 = \ldots = \alpha_r = 0$ in (5.6)ff über.

6. Spline-Flächen

6.1 Einleitung

Nachdem wir uns bisher mit den Eigenschaften der (klassischen) Spline-Kurven, der Bézier-Spline-Kurven, der B-Splines und der geometrischen Spline-Kurven beschäftigt haben, wenden wir uns jetzt den Spline-Flächen zu.

Wir können unterscheiden

- **Tensor-Produkt-Flächen** (viereckiges Parametergebiet),

- **Flächen mit dreieckigem oder (2n+1)-eckigem Parametergebiet**,

- **Transfinite Methoden** (Coons-Flächen).

In diesem Abschnitt sollen nur die klassischen Übergangsbedingungen zugrunde gelegt werden, *geometrische Übergänge* für Splineflächen finden sich in Kap. 7.

Von der Datenstruktur her muß bei Interpolation und Approximation unterschieden werden in

- **regelmäßig** verteilte Daten,
- **unregelmäßig** verteilte Daten (**scattered data**).

Die scattered-data-Verfahren werden in Kap. 9 diskutiert.

Die hier entwickelten Flächendarstellungen können auch auf dem $\mathbb{R}^3$ ausgedehnt werden und führen dann auf Volumendarstellungen mit quaderförmigem oder tetraedralem Parametergebiet (s. Kap. 11).

6.2 Tensor-Produkt-Flächen

Tensor-Produkt-Flächen können über verschiedene Basis-Funktionen erzeugt werden, wobei die Bernstein-Funktionen oder B-Spline-Funktionen als Basis-Funktionen wieder *geometrische Eigenschaften* induzieren.

Die Tensor-Produkt-Flächen lassen sich leicht über die entsprechenden Kurvendarstellungen gewinnen: Wir gehen aus von einer Kurve des $\mathbb{R}^2$ oder $\mathbb{R}^3$

$$X(u) = \sum_{i=0}^{n} C_i \, F_i(u)$$

mit $F_i(u)$ als Basisfunktionen. Nun wird diese Kurve durch den Raum bewegt, wobei auch Deformationen von $X(u)$ zugelassen sind. Diese Transformation kann mit Hilfe eines Parameters v beschrieben werden durch

$$C_i(v) = \sum_{k=0}^{m} A_{ik}\, G_k(v) \ .$$

Die dabei entstehende Fläche

$$X(u,v) = \sum_{i=0}^{n} \sum_{k=0}^{m} A_{ik}\, F_i(u)\, G_k(v) \ ,$$

wird **Tensor-Produkt-Fläche** genannt. Die Parameter (u,v) seien definiert über

$$a \leq u \leq b \ , \quad c \leq v \leq d \ , \qquad \text{d.h. über einem Rechteckgebiet.}$$

Sind z. B. die Basisfunktionen F, G **Monome**, so lautet die Tensor-Produkt-Flächendarstellung

$$X(u,v) = \sum_{i=0}^{n} \sum_{k=0}^{m} A_{ik} u^i v^k \ .$$

6.2.1 Bikubische Monomsplines

Analog zu der kubischen Splinekurve wollen wir jetzt **bikubische Interpolationssplines** entwickeln (s. a. [BOO 62]). Wir gehen aus von (n+1) x (m+1) gegebenen Punkten P_{ij} mit zugehörigen Parameterwerten (u_i, v_j), die in der (u,v)-Parameterebene ein **Rechteckgitter** bilden mögen. (s. Fig. 6.1)

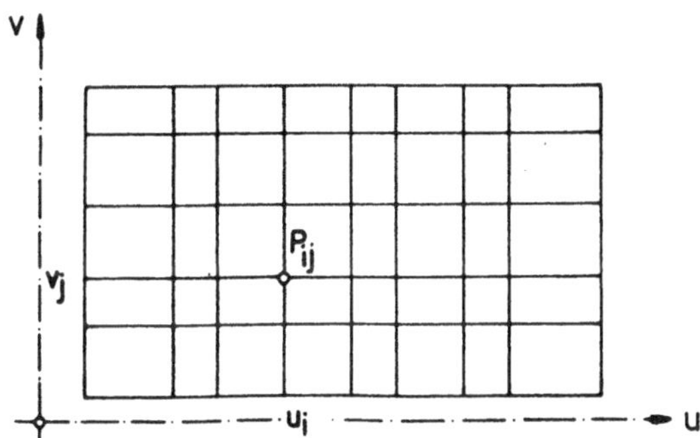

Fig. 6.1 Punktgitter in der Parameterebene

Gesucht ist eine die gegebenen Punkte P_{ij} interpolierende bikubische Splinefläche

$$X_{ij}(u,v) = \sum_{k=0}^{3} \sum_{l=0}^{3} A_{ijkl} (u-u_i)^k (v-v_j)^l \tag{6.1}$$

mit $\quad i = 0(1)n{-}1 \ , \quad j = 0(1)m{-}1 \ .$

(6.1) soll für festes (i,j) ein **bikubisches** Flächenstück (**Flächensegment** oder **Patch**) beschreiben, das die Punkte P_{ij}, $P_{i+1,j}$, $P_{i+1,j+1}$, $P_{i,j+1}$ interpoliert.

Die in (6.1) angesetzte *Splinefläche* soll folgende Bedingungen erfüllen:

Interpolation: $\quad X_{ij}(u_i,v_j) = P_{ij}$

Übergang: $\quad X_{ij} \in C^1 \quad , \quad \dfrac{\partial^2 X_{ij}}{\partial u \partial v} \quad$ stetig . $\qquad$ (6.2)

Der Ansatz (6.1) kann übersichtlich in **Matrizenform** dargestellt werden:

$$X_{ij}(u,v) = (1\ (u-u_i)\ (u-u_i)^2\ (u-u_i)^3) \begin{pmatrix} A_{ij00} & A_{ij01} & A_{ij02} & A_{ij03} \\ A_{ij10} & A_{ij11} & A_{ij12} & A_{ij13} \\ A_{ij20} & A_{ij21} & A_{ij22} & A_{ij23} \\ A_{ij30} & A_{ij31} & A_{ij32} & A_{ij33} \end{pmatrix} \begin{pmatrix} 1 \\ v-v_j \\ (v-v_j)^2 \\ (v-v_j)^3 \end{pmatrix} \qquad (6.3)$$

$$=: U^T\, A_{ij}\, V$$

mit U und V als entsprechende Vektoren $U(u,u_i)$ und $V(v,v_j)$.

Zur Berechnung der Koeffizienten A_{ijkl} führen wir analog zu Kap. 3 ein:

$$\frac{\partial}{\partial u}\, X_{ij}(u_i,v_j) =:\, p_{ij} \,;\; \frac{\partial}{\partial v}\, X_{ij}(u_i,v_j) =:\, q_{ij}$$

$$\frac{\partial^2}{\partial u \partial v}\, X_{ij}(u_i,v_j) =:\, r_{ij}\,. \qquad\qquad (6.4)$$

Damit sind die Koeffizienten in (6.1) bzw. (6.3) so darstellbar:

$$
\begin{aligned}
X_{ij}(u_i,v_j) \qquad\qquad &= P_{ij} \;= A_{ij00} \\
\frac{\partial}{\partial u} X_{ij}(u_i,v_j) \qquad &= p_{ij} \;= A_{ij10} \\
\frac{\partial}{\partial v} X_{ij}(u_i,v_j) \qquad &= q_{ij} \;= A_{ij01} \\
\frac{\partial^2}{\partial u \partial v} X_{ij}(u_i,v_j) \quad &= r_{ij} \;= A_{ij11}
\end{aligned}
\qquad (6.5a)
$$

Weiter folgt mit

$$\triangle u_i := u_{i+1} - u_i \quad , \quad \triangle v_j := v_{j+1} - v_j \quad ,$$

daß z. B. gilt

$$X_{ij}(u_{i+1},v_j) = P_{i+1,j} = (1\ \triangle u_i\ (\triangle u_i)^2\ (\triangle u_i)^3)\ A_{ij} \begin{pmatrix} 1 \\ 0 \\ 0 \\ 0 \end{pmatrix} \quad , \qquad (6.5b)$$

$$\frac{\partial}{\partial u} X_{ij}(u_{i+1}, v_j) = p_{i+1,j} = (0 \ 1 \ 2\triangle u_i \ 3(\triangle u_i)^2) \ A_{ij} \begin{pmatrix} 1 \\ 0 \\ 0 \\ 0 \end{pmatrix} \quad ,$$

$$\frac{\partial}{\partial v} X_{ij}(u_i, v_{j+1}) = q_{i,j+1} = (1 \ 0 \ 0 \ 0) \ A_{ij} \begin{pmatrix} 0 \\ 1 \\ 2\triangle v_j \\ 3(\triangle v_j)^2 \end{pmatrix} \quad .$$

Wird nun eingeführt

$$W_{ij} := \begin{pmatrix} P_{ij} & q_{ij} & P_{i,j+1} & q_{i,j+1} \\ p_{ij} & r_{ij} & p_{i,j+1} & r_{i,j+1} \\ P_{i+1,j} & q_{i+1,j} & P_{i+1,j+1} & q_{i+1,j+1} \\ p_{i+1,j} & r_{i+1,j} & p_{i+1,j+1} & r_{i+1,j+1} \end{pmatrix} \quad , \tag{6.6}$$

$$G(t_i) := \begin{pmatrix} 1 & 0 & 0 & 0 \\ 0 & 1 & 0 & 0 \\ 1 & \triangle t_i & (\triangle t_i)^2 & (\triangle t_i)^3 \\ 0 & 1 & 2\triangle t_i & 3(\triangle t_i)^2 \end{pmatrix} \quad ,$$

$$G^{-1}(t_i) = \begin{pmatrix} 1 & 0 & 0 & 0 \\ 0 & 1 & 0 & 0 \\ -\dfrac{3}{(\triangle t_i)^2} & -\dfrac{2}{\triangle t_i} & \dfrac{3}{(\triangle t_i)^2} & -\dfrac{1}{\triangle t_i} \\ \dfrac{2}{(\triangle t_i)^3} & \dfrac{1}{(\triangle t_i)^2} & -\dfrac{2}{(\triangle t_i)^3} & \dfrac{1}{(\triangle t_i)^2} \end{pmatrix} \quad ,$$

so gilt

$$W_{ij} = G(u_i) \ A_{ij} \ G^T(v_j) \tag{6.7a}$$

oder für die unbekannte Matrix A_{ij}

$$A_{ij} = G^{-1}(u_i) \ W_{ij} \ [G^T(v_j)]^{-1} \quad . \tag{6.7b}$$

Damit sind für **jedes Patch** die Splinekoeffizienten A_{ijkl} **berechenbar**, wenn die Koeffizienten der Matrix W_{ij} bekannt sind. Ziel unserer nächsten Überlegungen ist nun, die noch *unbekannten* Ableitungen p_{ij}, q_{ij}, r_{ij} in W_{ij} zu berechnen:

Wegen der Voraussetzung, daß die Parameterwerte ein Rechteckgitter bilden, sind die Linien $u = u_i = $ const. oder $v = v_j = $ const. *Parameterlinien*, die gemäß

Ansatz (6.1) als kubische Splinekurven interpretiert werden können, d. h. aber,
daß die Ableitungen p_{ij}, q_{ij}, r_{ij} ebenfalls über die Rekursion ermittelt werden
können, die auf die Koeffizienten der *kubischen Splinekurven* führt (s. (3.22)).
Bei der kubischen Splineinterpolation hatten wir festgestellt, daß an den
Rändern der Splinekurve je eine Randbedingung frei gewählt werden kann. Entsprechend gilt für bikubische Splineflächen, daß am **Rande** die **Ableitungen**

$$p_{ij} \quad \text{für} \quad i = 0,n \quad , \quad j = 0(1)\,m \quad ,$$

$$q_{ij} \quad \text{für} \quad i = 0(1)n \quad , \quad j = 0, m \quad , \qquad\qquad (*)$$

$$r_{ij} \quad \text{für} \quad i = 0,n \quad , \quad j = 0, m$$

frei gewählt werden können.

Es liegt nahe, diese Ableitungen in (*) über die Lage der Nachbarpunkte zu
ermitteln. Daher wird z. B. in [ENG 85] vorgeschlagen:

(1)   Man ermittle die *Randableitungen* durch natürliche kubische Splines

- durch die Randpunkte P_{ij} mit den Indizes i = 0,1,2 und i = n-2, n-1,
  n für j = 0(1) m, Ableitung nach u liefert dann die p_{ij} am Rande;

- durch die Randpunkte P_{ij} mit den Indizes j = 0,1,2 und j = m-2, m-1,
  m für i = 0(1) n, Ableitung nach v liefert dann die q_{ij} am Rande.

(2)   Berechne p_{ij} für i = 1(1)n-1, j = 0(1) m über

$$\triangle u_i\, p_{i-1,j} + 2p_{ij}(\triangle u_i + \triangle u_{i-1}) + \triangle u_{i-1}\, p_{i+1,j} \qquad\qquad (6.8a)$$

$$= 3\,\frac{\triangle u_{i-1}}{\triangle u_i}\,(P_{i+1,j} - P_{ij}) - 3\,\frac{\triangle u_i}{\triangle u_{i-1}}\,(P_{i-1,j} - P_{ij}) \ .$$

Sind die Randableitungen p_{ij} für i = 0,n , j = 0(1) m gegeben, so sind
die (m+1) linearen Systeme aus (6.8a) gemäß Kap. 3 lösbar.

(3)   Berechne q_{ij} für i = 0(1)n, j = 1(1) m-1 über

$$\triangle v_j\, q_{i,j-1} + 2q_{ij}(\triangle v_j + \triangle v_{j-1}) + \triangle v_{j-1}\, q_{i,j+1} \qquad\qquad (6.8b)$$

$$= 3\,\frac{\triangle v_{j-1}}{\triangle v_j}\,(P_{i,j+1} - P_{ij}) - 3\,\frac{\triangle v_j}{\triangle v_{j-1}}\,(P_{i,j-1} - P_{ij}) \ .$$

Sind die Randableitungen q_{ij} für i = 0(1) n und j = 0,m gegeben, so sind die
(n+1) linearen Systeme aus (6.8b) lösbar.

(4)   Berechne die 2. Ableitungen r_{ij} am Rande für i = 0,n bzw. j = 0,m durch
      kubische natürliche Splines. Dazu wähle man z. B. für j = 0,m die Punkte
      $q_{ij}(u_i,v_j)$ mit i = 0,1,2 und mit i = n-2,n-1,n. Ableitung dieser Interpola-
      tionskurven nach u liefert die gemischten 2. Ableitungen r_{ij} (q_{ij} sind Ablei-
      tungen nach v!). Es könnten auch die p_{ij} interpoliert werden und dann

nach v differenziert werden, was ebenfalls auf 2. gemichten Ableitungen führt. Die Ergebnisse dieser beiden Approximationsprozesse liefern unterschiedliche Resultate, da durch den Approximationsansatz i. a. gilt

$$\frac{\partial}{\partial u}(q_{ij}) \neq \frac{\partial}{\partial v}(p_{ij})$$

(5) Berechne r_{ij} für $i = 1(1)n{-}1$, $j = 0,m$ über

$$\triangle u_i\, r_{i-1,j} + 2r_{ij}(\triangle u_i + \triangle u_{i-1}) + \triangle u_{i-1}\, r_{i+1,j} \tag{6.8c}$$

$$= 3\,\frac{\triangle u_{i-1}}{\triangle u_i}\,(q_{i+1,j} - q_{ij}) - 3\,\frac{\triangle u_i}{\triangle u_{i-1}}\,(q_{i-1,j} - q_{ij})$$

Sind die Randableitungen r_{ij} für $i = 0,n$ und $j = 0,m$ gegeben, so sind die beiden linearen System aus (6.8c) lösbar.

(6) Berechne r_{ij} für $i = 0(1)n$, $j = 1(1)m{-}1$ über

$$\triangle v_j\, r_{i,j-1} + 2r_{ij}(\triangle v_j + \triangle v_{j-1}) + \triangle v_{j-1}\, r_{i,j+1} \tag{6.8d}$$

$$= 3\,\frac{\triangle v_{j-1}}{\triangle v_j}\,(p_{i,j+1} - p_{ij}) - 3\,\frac{\triangle v_j}{\triangle v_{j-1}}\,(p_{i,j-1} - p_{ij})$$

Die Randableitungen r_{ij} für $i = 0,n$, $j = 0,m$ sind über (4) ermittelt, die r_{ij} für $i = 1(1)n{-}1$, $j = 0,m$ folgen aus (5). Damit sind die (n+1) linearen Systeme aus (6.8d) lösbar.

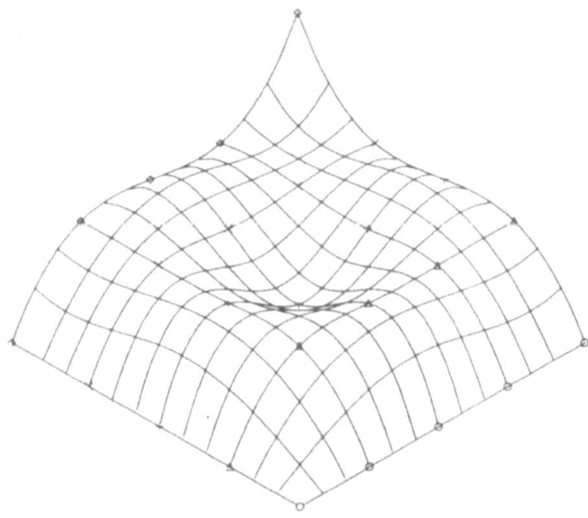

Fig. 6.2: Bikubische Splinefläche durch 5x5 Punkte (markiert).

(7)   Nun werden die so berechneten p_{ij}, q_{ij}, r_{ij} in (6.6) bzw. (6.7b) eingesetzt
und damit die Koeffizienten der Interpolationsfunktion (6.1) berechnet.

Fig. 6.2 zeigt ein Beispiel einer bikubischen Interpolationssplinefläche. Die vorgegebenen Punkte sind markiert.

6.2.2   Tensor-Produkt-Bézier-Flächen

Wir benutzen jetzt als Basisfunktionen *Bernstein-Polynome* $B_i^n(u)$, $B_k^m(v)$ und
erhalten als Parameterdarstellung der **Tensor-Produkt-Bézier-Flächen** vom
Grad (n,m) [BÖH 84]

$$X(u,v) = \sum_{i=o}^{n} \sum_{k=o}^{m} b_{ik} B_i^n(u) B_k^m(v) \tag{6.9}$$

mit $u,v \in [0,1] \times [0,1]$. Die Koeffizienten b_{ik} heißen **Bézier-Punkte**, die Menge der
Bézier-Punkte bildet das **Bézier-Polyeder** oder das **Bézier-Netz**, die Folgen der
Bézier-Punkte $\{b_{ik}\}$ des Bézier-Netzes mit i = const. oder mit k = const. sollen
als **Fäden** des Bézier-Netzes bezeichnet werden. Die Punkte $b_{00}, b_{no}, b_{0m}, b_{nm}$
sind Randpunkte der Bézier-Fläche, die Punktmengen $\{b_{0k}\}$, $\{b_{i0}\}$, $\{b_{nk}\}$, $\{b_{im}\}$
sind die Bézier-Punkte der Randkurven der Bézier-Fläche. Die Punkte

-     $\{ b_{00} , b_{10} , b_{0\,1} \}$ legen die *Tangentialebene* in b_{00} ,

-     $\{ b_{no} , b_{n-1,0} , b_{n1} \}$ legen die *Tangentialebene* in b_{no} ,

-     $\{ b_{0m} , b_{1m} , b_{0,m-1} \}$ legen die *Tangentialebene* in b_{0m},

-     $\{ b_{nm} , b_{n-1,m} , b_{n,m-1} \}$ legen die *Tangentialebene* in b_{nm} fest.

Fig. 6.3 zeigt eine Bézier-Fläche vom Grad (3,3) und das zugehörige Bézier-Netz.

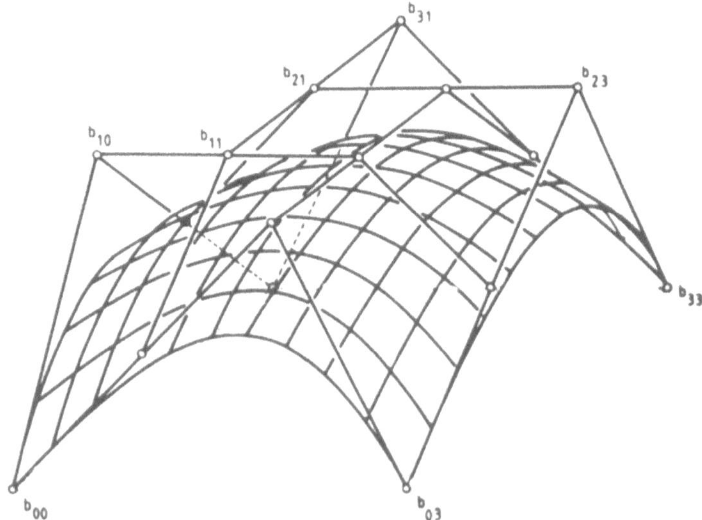

Fig. 6.3 : Bézier-Fläche vom Grad (3,3) und Bézier-Netz.

Die Bézier-Punkte b_{ik} können vektorwertig, aber auch als reelle Zahlen *(Bézier-Ordinaten)* gewählt werden. Werden Bézier-Ordinaten in (6.9) eingesetzt, entstehen eine Bézier-Fläche als *Funktion* z. B. über dem Einheitsquadrat als Träger. Die Bézier-Ordinaten b_{ik} sind dabei analog zu den Kurven über den Punkten mit den Parameterwerten $(\frac{i}{n}, \frac{k}{m})$ anzutragen. Fig. 6.4 veranschaulicht schematisch die Zuordnung von Bézier-Ordinaten und den Punkten der Trägerebene für eine Bézier-Funktion vom Grad (n,m).

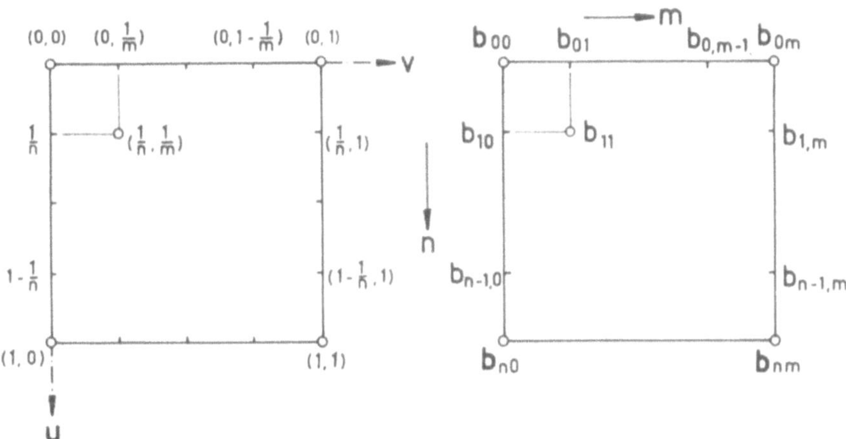

Fig. 6.4: Schematische Zuordnung von Parameterwerten und Bézier-Ordinaten

Die Parameterlinien $u = u_0$ = const. sind Bézier-Kurven mit den Bézier-Punkten

$$b_k = \sum_{i=0}^{n} b_{ik} B_i^n(u_0) \, . \tag{6.10a}$$

Auf den Linien u_0 = const. ist v variabel (v-Parameterlinien), sie besitzen wegen (6.9) die Darstellung

$$X(u_0,v) = \sum_{k=0}^{m} b_k B_k^m(v) \tag{6.10b}$$

In Fig. 6.3 sind zur Veranschaulichung geeignet gewählte Parameterlinien eingezeichnet.

Die erste partielle Ableitung *quer* zur Randkurve $u = 0$ berechnet sich zu

$$X_u(0,v) = \frac{n}{\triangle u} \sum_{k=0}^{m} (b_{1k} - b_{0k}) B_k^m(v) \tag{6.11}$$

mit $\triangle u$ als Länge des Parameterintervalles und hängt nur von dem Randfaden und dem ersten benachbarten Faden des Bézier-Netzes ab. Fig. 6.5 veranschaulicht die Vektoren $(b_{1k} - b_{0k})$, welche die erste Ableitung quer zum Rande $u = 0$ einer Bézier-Fläche bestimmen.

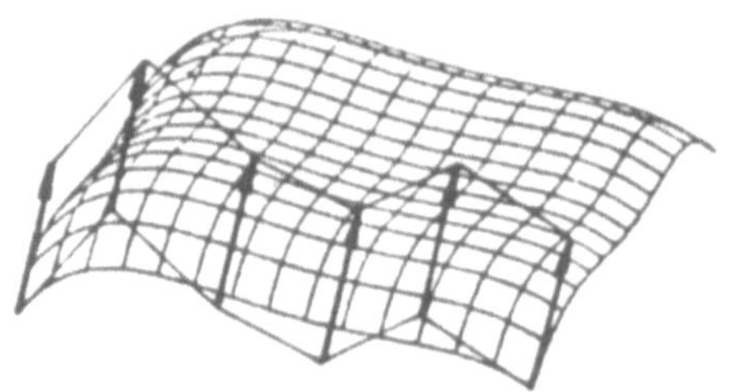

Fig. 6.5: Bézier-Punkte für erste Ableitung quer zum Rand.

Analog zu den Bézier-Kurven kann durch *Erhöhung* des Polynomgrades der Approximationsprozeß verbessert werden. Im Grenzfall (Approximationssatz von Weierstraß) konvergiert das Bézier-Netz gegen die Fläche.

Über Graderhöhung in u-Richtung von n auf n+1 folgen die (neuen) Bézier-Punkte (vgl. Kap. 4)

$$
\begin{aligned}
b^{*}_{0j} &= b_{0j}\,, \\
b^{*}_{ij} &= b_{ij} + \frac{i}{n+1}\,(b_{i-1,j} - b_{ij})\,, \qquad
\begin{cases}
i = 1\,(1)\,n \\
j = 0\,(1)\,m
\end{cases} \\
b^{*}_{n+1,j} &= b_{nj}\,.
\end{aligned}
$$

Analoges gilt für die Graderhöhung in v-Richtung von m auf m+1 . Fig. 6.6 veranschaulicht die Erhöhung von Grad 2 auf Grad 3 in u-Richtung und in v-Richtung.

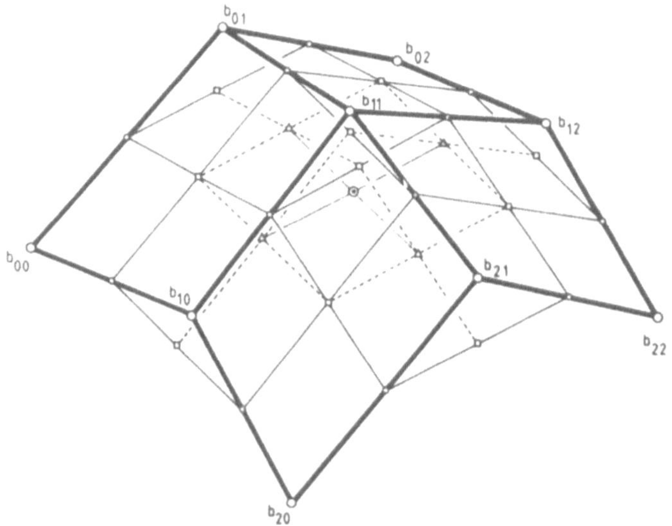

Fig. 6.6: Bézier-Punkte b_{ik} und b^{*}_{ik} vor und nach
der Graderhöhung von Grad 2 auf Grad 3.

Auch der *Casteljau-Algorithmus* kann auf Bézier-Flächen übertragen werden:
Man wendet z. B. den Algorithmus zunächst für $v = v_0$ an und berechnet die
Bézier-Punkte

$$b_i = \sum_{k=0}^{m} b_{ik} B_k^m (v_0) , \qquad (i = 0(1)n) ,$$

danach wird für $u = u_0$ auf diese Bézier-Punkte noch einmal der Casteljau-
Algorithmus angewandt, so daß wir den Flächenpunkt erhalten

$$X(u_0, v_0) = \sum_{i=0}^{n} b_i B_i^n(u_0) = \sum_{i=0}^{n} \sum_{k=0}^{m} b_{ik} B_i^n (u_0) B_k^m (v_0) .$$

Fig. 6.7 veranschaulicht die Arbeitsweise des Casteljau-Algorithmus an einer
Bézier-Fläche vom Grad (2,4). Natürlich kann der Casteljau-Algorithmus zu-
nächst auch mit $u = u_0$ und dann im 2. Schritt mit $v = v_0$ durchgeführt werden.
Analog zu den Bézier-Kurven liefern die vorletzten Elemente des Casteljau-
Schemas die Richtungen der *partiellen Ableitungen* X_u bzw. X_v .

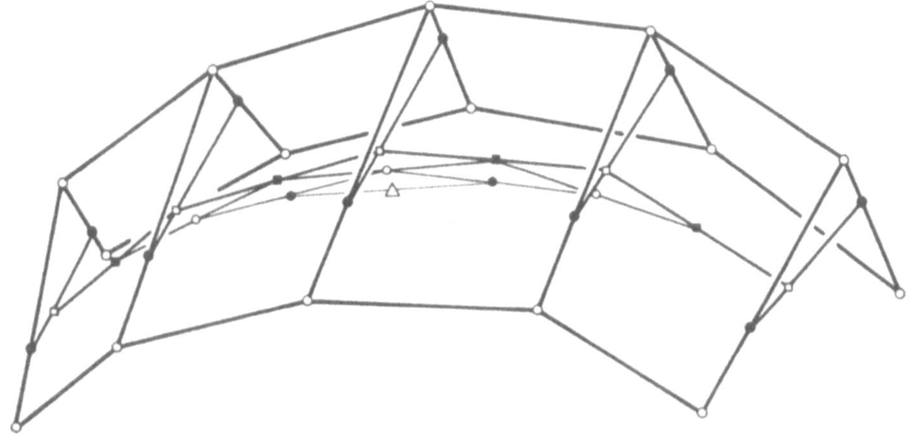

Fig. 6.7: 2 Stufen des Casteljau-Algorithmus.
(1. Stufe dicker eingezeichnet)

Aus dem Casteljau-Algorithmus folgt

Lemma 6.1: Eine Bézier-Fläche liegt ganz in der konvexen Hülle der
Bézier-Punkte.

Die **Konvexität** von Bézier-Flächen ist dagegen nicht so einfach entscheidbar
wie für Kurven. Dies hat seine Ursache darin, daß eine Fläche mit durchweg
konvexen Parameterlinien nicht konvex sein muß. So hat z. B. die Bézier-Fläche
in Fig. 6.3 durchweg konvexe Parameterlinien, ist aber dennoch nicht konvex. In
den Eckbereichen tritt negative Gaußsche-Krümmung auf.
Ein hinreichendes *Konvexitätskriterium* ist z. B. (s . [SCHEL 84])

Lemma 5.2 : Eine Tensor-Produkt-Bézier-Fläche vom Grade (n,m) ist konvex, wenn

- alle Bézier-Punkte Ecken der konvexen Hülle des Bézier-Netzes und alle Seiten $(b_{ij}, b_{i,j+1})$ und $(b_{ij}, b_{i+1,j})$ des Bézier-Netzes Kanten dieser konvexen Hülle sind, und

- je vier Bézier-Punkte b_{ij}, $b_{i+1,j}$, $b_{i,j+1}$, $b_{i+1,j+1}$ ein Parallelogramm bilden.

Ein Sonderfall gemäß Lemma 5.2 ist z. B. ein Bézier-Netz mit ebenen Facetten und ebenen, konvexen Fäden.

Bemerkungen: 1. Die Bézier-Punkte b_{ik} legen die Bézier-Fläche vollständig fest, sie sind sogar *affin-invariant* mit der Fläche verbunden.

2. Mit dem Casteljau-Algorithmus kann eine Bézier-Fläche in Bézier-Spline-flächenstücke (*Segmente* oder *Patches)* zerlegt werden (s. Fig. 6.8).

3. Bei fortgesetzter Zerlegung konvergiert das Bézier-Netz gegen die Bézier-Fläche. Das Bézier-Netz approximiert dann die Fläche selbst und kann zur Berechnung von Schnittkurven von Bézier-Flächen verwendet werden (s. [LAS 86]).

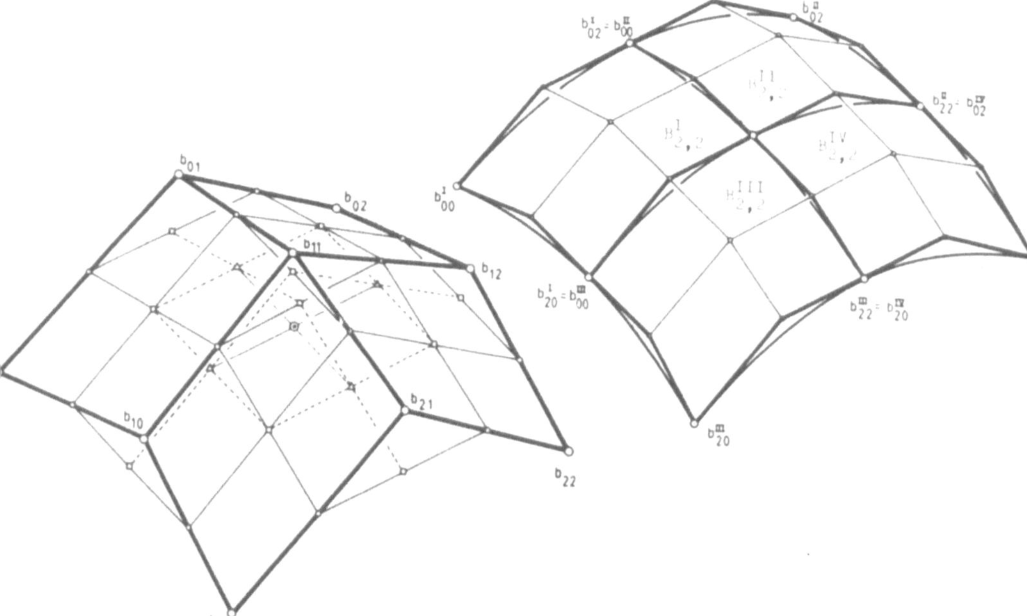

Fig. 6.8: Zerlegung einer Bézier-Fläche mit Casteljau-Algorithmus

Fig. 6.9 veranschaulicht die Approximation einer Bézier-Fläche durch ein fortgesetzt verfeinertes Bézier-Netz.

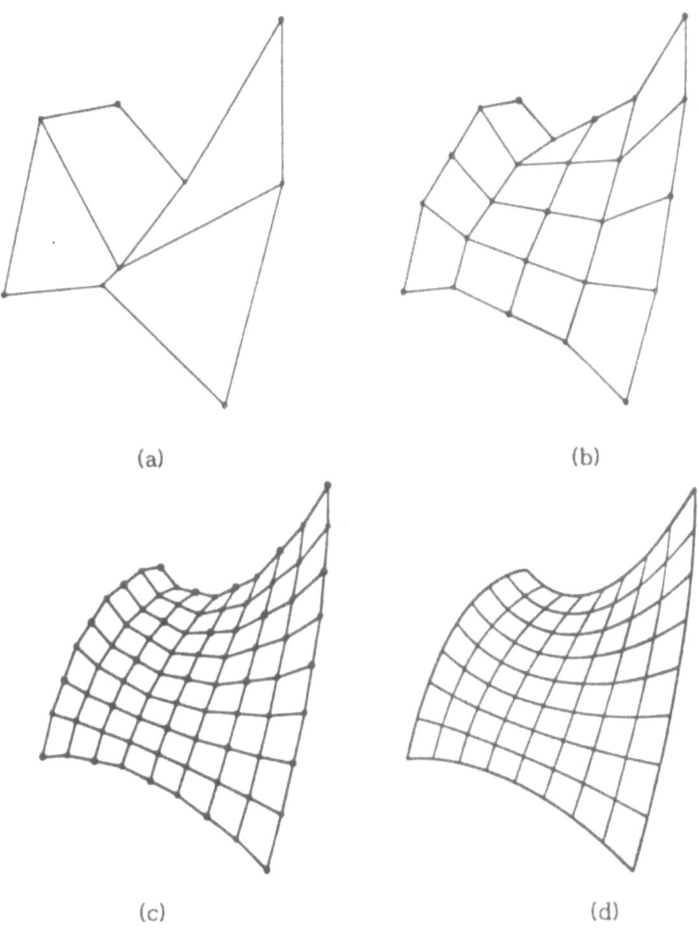

(a)   (b)

(c)   (d)

Fig. 6.9: Fortgesetzte Zerlegung des Bézier-Netzes (a)
liefert Approximationen (b), (c), (d) der Bézier-Fläche .

6.2.2.1 Übergangsbedingungen

Kann eine einzige Bézier-Fläche ein vorgegebenes Flächenstück nicht gut genug
approximieren, empfiehlt es sich, mehrere **Bézier-Flächen-Stücke (Segmente
oder Patches)** zu benutzen, die mit gewissen **Anschlußbedingungen** aneinander
angeschlossen werden müssen ([BÖH76], [BÖH 76a]). Im einfachsten Falle ergeben sich die Anschlußbedingungen analog zu den Kurven. Als Anschlußbedingung kann gefordert werden

- die ersten Ableitungen stimmen längs und quer der gemeinsamen Randkurve zweier Bézier-Patches überein (C^1-**Stetigkeit**),

- die ersten Ableitungen längs der gemeinsamen Randkurve stimmen überein und haben quer zur Randkurve gleiche Richtung (**visuelle C^1- Stetigkeit**),

- die beiden benachbarten Bézier-Patches haben längs der gemeinsamen Randkurve gemeinsame Tangentialebenen (**geometrische C^1-Stetigkeit**).

Zu vermerken ist, daß die geometrische C^1-Stetigkeit die (visuelle) C^1-Stetigkeit umfaßt. - Kriterien und Effekte, die durch die verschiedenen Stetigkeitsbegriffe erzielt werden können, sollen in Kap. 7 diskutiert werden. Hier wollen wir uns im wesentlichen auf die klassischen C^1-Übergangsbedingungen beschränken.

Um diese geometrischen Kriterien formalisieren zu können, greifen wir ein Patch X_{pq} vom Grad (n,m) heraus mit der Parameterdarstellung

$$X_{pq}(u,v) = \sum_{i=0}^{n} \sum_{k=0}^{m} b_{ikpq}\, B_i^n(u)\, B_k^m(v) . \tag{6.12}$$

Wir setzen allgemeine Parametrisierung voraus, so daß sich in der Parameterebene die in Fig. 6.10 beschriebene Situation für die benachbarten Bézier-Patches ergibt:

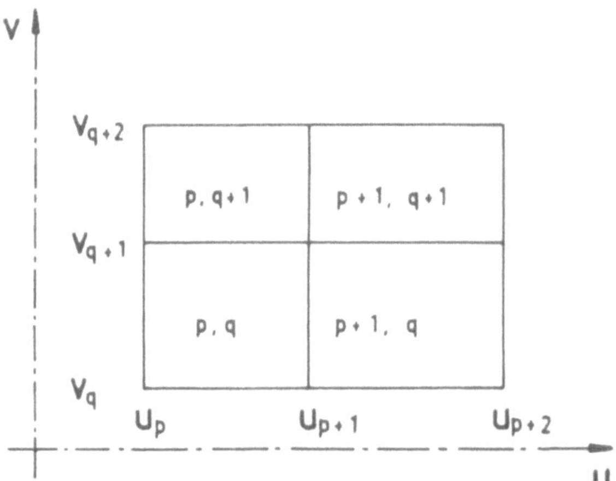

Fig. 6.10: Bezeichnung benachbarter Patches.

An dem gemeinsamen Rand zweier Patches stimmen trivialerweise die Randkurven überein, außerdem gilt für die C^1-Stetigkeit längs der Parameterlinie $u_{p+1} = $ const. :

$$\frac{\partial X_{pq}}{\partial u}(u_{p+1},v) = \frac{\partial X_{p+1,q}}{\partial u}(u_{p+1},v) , \tag{6.13}$$

längs der Parameterlinie $v_{q+1} = $ const. :

$$\frac{\partial X_{pq}}{\partial v}(u,v_{q+1}) = \frac{\partial X_{p,q+1}}{\partial v}(u,v_{q+1}) . \tag{6.14}$$

Wird (6.12) in (6.13), (6.14) eingesetzt, folgt mit

$$\Delta u_p := u_{p+1} - u_p \ , \ \Delta v_q := v_{q+1} - v_q$$

längs u_{p+1} = const. (mit k = 0(1)m)

$$\frac{n}{\Delta u_p}(b_{nk} - b_{n-1,k})_{pq} = \frac{n}{\Delta u_{p+1}}(b_{1k} - b_{0k})_{p+1,q} \ , \tag{6.15}$$

oder längs v_{q+1} = const. (mit i = 0(1)n)

$$\frac{m}{\Delta v_q}(b_{im} - b_{i,m-1})_{pq} = \frac{m}{\Delta v_{q+1}}(b_{i1} - b_{i0})_{p,q+1} \ .$$

Da wegen der gemeinsamen Randkurve gilt

$$b_{nkpq} = b_{0k,p+1,q} \quad \text{oder} \quad b_{impq} = b_{i0p,q+1}$$

folgen aus (6.15) als C^1-**Stetigkeitsbedingungen**

$$b_{nkpq}(\Delta u_{p+1} + \Delta u_p) = \Delta u_{p+1} \, b_{n-1,kpq} + \Delta u_p \, b_{1k,p+1,q}, \tag{6.16}$$

$$b_{impq}(\Delta v_{q+1} + \Delta v_q) = \Delta v_{q+1} \, b_{i,m-1,pq} + \Delta v_q \, b_{i1p,q+1} \ .$$

Übrigens besitzen die C^1-stetigen Bézier-Patches längs der gemeinsamen Randkurve auch gleiche gemischte 2. Ableitungen (**Twist-Vektoren**). Bilden wir z. B.

$$\frac{\partial^2 X_{pq}}{\partial u \partial v}(u_{p+1},v) = \frac{n\,m}{\Delta u_p \Delta v_q} \sum_{k=0}^{m-1} [(b_{n,k+1} - b_{n-1,k+1}) - (b_{n,k} - b_{n-1,k})]_{pq} B_k^{m-1}(v),$$

sowie

$$\tag{6.17}$$

$$\frac{\partial^2 X_{p+1,q}}{\partial u \partial v}(u_{p+1},v) = \frac{n\,m}{\Delta u_{p+1} \Delta v_q} \sum_{k=0}^{m-1} [(b_{1,k+1} - b_{0,k+1}) - (b_{1,k} - b_{0,k})]_{p+1,q} B_k^{m-1}(v)$$

so folgt aus (6.15) unmittelbar das Übereinstimmen dieser Ableitungen. Wir werden den Twist-Vektor später noch als wichtiges *Design-Element* kennenlernen.

Die Übergangsbedingungen können z. B. auch zur Konstruktion von C^1-stetigen *Verbindungsflächen (sweeping)* genutzt werden: Gegeben seien zwei Bézier-Flächenstücke F_0 und F_2, die durch eine Bézier-Fläche F_1 C^1-stetig verbunden werden sollen. Zur Demonstration eines Beispiels greifen wir den bikubischen Fall (Gad (3,3)) heraus und nehmen an, daß F_0 durch die Bézier-Punkte $\{b_{ik}\}$, F_2 durch die Bézier-Punkte $\{\tilde{b}_{ik}\}$ beschrieben werde. Die Fläche F_1 möge an die Randkurve von F_0 mit den Bézier-Punkten $\{b_{i3}\}$ und an die Randkurve von F_2 mit den Bézier-Punkten $\{\tilde{b}_{i0}\}$ anschließen. Für die Bézier-Punkte $\{a_{ik}\}$ von F_1 gilt daher zunächst

$$\{a_{i0}\} = \{b_{i3}\} \quad \text{und} \quad \{a_{i3}\} = \{\tilde{b}_{i0}\}$$

Aus (6.14b) folgt weiter

$$\triangle v_0 \mathbf{a}_{i1} = \mathbf{b}_{i3}(\triangle v_0 + \triangle v_1) - \triangle v_1 \mathbf{b}_{i2} \ ,$$
$$\triangle v_2 \mathbf{a}_{i2} = \tilde{\mathbf{b}}_{i0}(\triangle v_1 + \triangle v_2) - \triangle v_1 \tilde{\mathbf{b}}_{i1} \ ,$$

(6.18)

wobei mit $\triangle v_i$ die Länge der v-Parameterintervalle der Flächen F_i bezeichnet wurde. Die Verhältnisse der Längen der Parameterintervalle können als Design-Parameter für die Verbindungsfläche dienen (s. Fig. 6.11) .

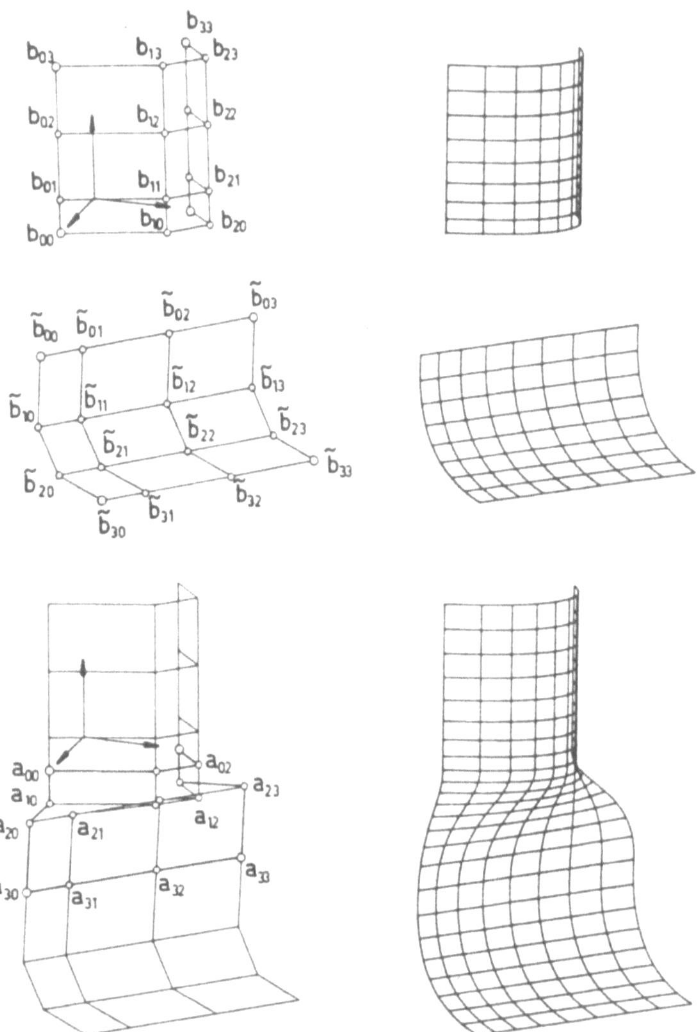

Fig. 6.11: C^1-stetige Verbindung zweier Bézier-Flächen.

Bei Übergängen *höherer Ordnung* folgt z. B. analog zu den Kurven (s. Kap. 4) für C^2-Stetigkeit in Ergänzung zu (6.16) die Existenz von **Gewichtspunkten** d_k gemäß

$$d_k = b_{n-1,kpq} \left(1 + \frac{\Delta u_{p+1}}{\Delta u_p}\right) - b_{n-2,kpq} \frac{\Delta u_{p+1}}{\Delta u_p}$$

$$= b_{1k,p+1,q} \left(1 + \frac{\Delta u_p}{\Delta u_{p+1}}\right) - b_{2k,p+1,q} \frac{\Delta u_p}{\Delta u_{p+1}} \ . \tag{6.19}$$

6.2.3 Bézier-Spline-Flächen

Wir gehen davon aus, daß gegeben sind $(L+1) \cdot (M+1)$ Punkte P_{ik} ($i = 0(1)L$, $k = 0(1)M$) sowie die zugehörigen Parameterwerte (u_i, v_k). Durch diese Punkte sollen interpolierende Splineflächen gelegt werden, wobei wir hier die Fälle betrachten wollen

- *biquadratische* Splineflächen mit Grad (2,2),
- *bikubische* Splineflächen mit Grad (3,3).

Wenn die **biquadratische Bézier-Spline-Fläche** wie folgt angesetzt wird

$$X_{ik}(u,v) = \sum_{j=0}^{2} \sum_{l=0}^{2} b_{2i+j,2k+l} \, B_j^2(u) \, B_l^2(v) \ , \tag{6.20}$$

werden die gegebenen Punkte zweckmäßigerweise mit den Segmenteckpunkten identifiziert. Dann gilt

$$b_{2i,2k} = P_{ik} \ . \tag{6.21}$$

Für biquadratische Bézier-Spline-Flächen sind nur tangentielle Übergänge möglich, d. h. es sind nur die Übergangsbedingungen (6.15) bzw. (6.16) zu berücksichtigen. Werden nun auf jeder Parameterlinie $u = u_i$ bzw. $v = v_k$ je ein weiterer Bézier-Punkt (z. B. $b_{2i,1}$ bzw. $b_{1,2k}$) gewählt, sind die weiteren Bézier-Punkte aus (6.16) rekursiv berechenbar.

Nun wenden wir uns **bikubischen Bézier-Spline-Flächen** zu und können jetzt die gegebenen Punkte interpolieren

a)   durch eine C^1-*stetige bikubische* Bézier-*Subspline-Fläche*,
b)   durch eine C^2-*stetige bikubische Bézier-Spline-Fläche* .

Die gesuchte Bézier-Spline-Fläche möge die Parameterdarstellung besitzen

$$X_{ik}(u,v) = \sum_{j=0}^{3} \sum_{l=0}^{3} b_{3i+j,3k+l} \, B_j^3(u) \, B_l^3(v) \ , \tag{6.22}$$

die gegebenen Punkte mögen wieder Segmenteckpunkte sein, d. h. es gilt

$$b_{3i,3k} = P_{ik} \ .$$

Wir beginnen mit dem Fall a), d. h. wir wollen C^1-**stetige** bikubische Bézier-Subspline-Flächen ermitteln. Die Berechnung der Bézier-Punkte kann in 2 Schritte strukturiert werden (s. a. Fig. 6.12).

1. Wir interpolieren die (L+1) Zeilen und (M+1) Spalten der gegebenen Punkte P_{ik} durch kubische Bézier-Spline-Kurven oder kubische Bézier-Subspline-Kurven gemäß Kap. 4 und erhalten so die Bézier-Punkte

$$b_{3i,3k+l} \quad \text{und} \quad b_{3i+l,3k} \; (l = 1,2) .$$

Dabei sind frei wählbar die Randpunkte $b_{1,3k}$ und $b_{3i,1}$ sowie $b_{3L-1,3k}$ und $b_{3i,3M-1}$.

2. Betrachten wir eine Ecke $b_{3i,3k}$, so ergibt sich die in Figur 6.12 dargestellte Situation:

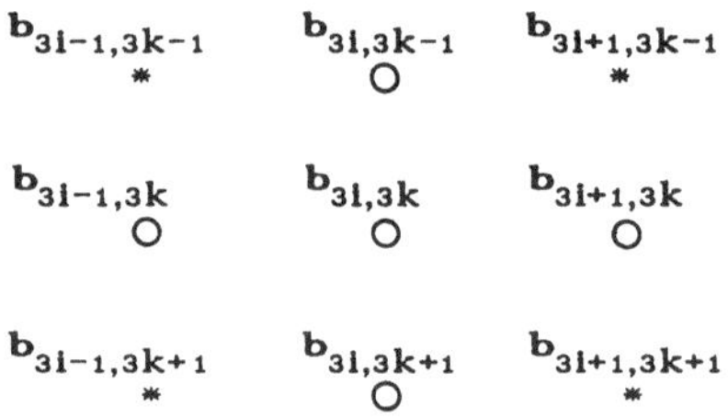

$$
\begin{array}{ccc}
b_{3i-1,3k-1} & b_{3i,3k-1} & b_{3i+1,3k-1} \\
* & \bigcirc & * \\[2mm]
b_{3i-1,3k} & b_{3i,3k} & b_{3i+1,3k} \\
\bigcirc & \bigcirc & \bigcirc \\[2mm]
b_{3i-1,3k+1} & b_{3i,3k+1} & b_{3i+1,3k+1} \\
* & \bigcirc & *
\end{array}
$$

Fig. 6.12 : Eckensituation im Splineverband.

Bekannt sind die mit Kreisen markierten Bézier-Punkte. Für die noch fehlenden, in Figur 6.12 mit Sternchen markierten Bézier-Punkte, muß wegen der geforderten C^1-Stetigkeit gemäß (6.16), gelten

$$
\begin{aligned}
\triangle u_i \, b_{3i+1,3k-1} + \triangle u_{i+1} \, b_{3i-1,3k-1} &= b_{3i,3k} \, (\triangle u_i + \triangle u_{i+1}) , \\
\triangle u_i \, b_{3i+1,3k+1} + \triangle u_{i+1} \, b_{3i-1,3k+1} &= b_{3i,3k+1}(\triangle u_i + \triangle u_{i+1}) , \\
\triangle v_k \, b_{3i-1,3k+1} + \triangle v_{k+1} \, b_{3i-1,3k-1} &= b_{3i-1,3k}(\triangle v_k + \triangle v_{k+1}) , \\
\triangle v_k \, b_{3i+1,3k+1} + \triangle v_{k+1} \, b_{3i+1,3k-1} &= b_{3i+1,3k}(\triangle v_k + \triangle v_{k+1}) .
\end{aligned}
\qquad (6.23)
$$

In (6.23) kann einer der unbekannten Bézier-Punkte frei gewählt werden, die anderen Bézier- Punkte sind dann durch das System (6.23) sukzessive berechenbar.

Die freie Wahl eines Bézier-Punktes entspricht geometrisch der Festlegung des Twist-Vektors: Wird z. B. ein Bézier-Punkt (z. B. $b_{3i+1,3k+1}$) in der Ebene gewählt, die von den (aus Schritt 1 bekannten) Bézier-Punkten $b_{3i,3k}$, $b_{3i,3k+1}$, $b_{3i-1,3k}$, $b_{3i+1,3k}$ festgelegt wird , d. h. es kann gelten

$$b_{3i+1,3k+1} = b_{3i,3k+1} + (b_{3i+1,3k} - b_{3i,3k}) ,$$

so verschwindet nach (6.17) die zweite gemischte Ableitung und damit auch der Twist-Vektor.

Nun wenden wir uns den C^2-**stetigen** bikubischen Bézier-Spline-Flächen zu: Gemäß (6.15) bzw. (6.16) lauten die C^1-Anschlußbedingungen

$$(\triangle u_i + \triangle u_{i-1})b_{3i,s} = \triangle u_{i-1}b_{3i-1,s} + \triangle u_i b_{3i+1,s} \quad ,$$

$$(\triangle v_k + \triangle v_{k-1})b_{r,3k} = \triangle v_{k-1}b_{r,3k-1} + \triangle v_k b_{r,3k+1} \quad . \tag{6.24}$$

Weiterhin folgen für C^2-Anschluß in u-Richtung die Bedingungen

$$(\triangle u_i + \triangle u_{i-1})b_{3i-1,s} - \triangle u_i b_{3i-2,s} \quad =: \triangle u_{i-1}f_{i,s}, \qquad i = 1(1)L$$

$$(\triangle u_i + \triangle u_{i-1})b_{3i+1,s} - \triangle u_{i-1}b_{3i+2,s} \quad =: \triangle u_i f_{i,s} \qquad i = 0(1)L-1 \tag{6.25}$$

und für C^2-Anschluß in v-Richtung die Bedingungen

$$(\triangle v_k + \triangle v_{k-1})b_{r,3k-1} - \triangle v_k b_{r,3k-2} \quad =: \triangle v_{k-1}g_{r,k} , \qquad k = 1(1)M$$

$$(\triangle v_k + \triangle v_{k-1})b_{r,3k+1} - \triangle v_{k-1}b_{r,3k+2} \quad =: \triangle v_k g_{r,k} , \qquad k = 0(1)M-1 \tag{6.26}$$

mit Hilfspunkten $f_{i,s}$, $s = 0,\ldots,3M$ und $g_{r,k}$, $r = 0,\ldots,3L$.
Unter Verwendung der durch

$$(\triangle u_i + \triangle u_{i-1})g_{3i-1,k} - \triangle u_i g_{3i-3,k} \quad =: \triangle u_{i-1}d_{i,k} ,$$

$$(\triangle u_i + \triangle u_{i-1})g_{3i+1,k} - \triangle u_{i-1}g_{3i+2,k} \quad =: \triangle u_i d_{i,k} , \tag{6.27}$$

$$(\triangle v_k + \triangle v_{k-1})f_{i,3k-1} - \triangle v_k f_{i,3k-2} \quad =: \triangle v_{k-1}d_{i,k} ,$$

$$(\triangle v_k + \triangle v_{k-1})f_{i,3k+1} - \triangle v_{k-1}f_{i,3k+2} \quad =: \triangle v_k d_{i,k} , \tag{6.28}$$

eingeführten *Flächengewichte* $d_{i,k}$ (s. z. B. [BÖH 77a], [LAS 85]) folgen die gleichwertigen Splinebedingungen

$$\beta_k^2 \alpha_i^2 b_{3i-2,3k-2} = \beta_k^1(\alpha_i^1 d_{i-1,k-1} + \alpha_{i-2}^0 d_{i,k-1}) + \tag{6.29}$$

$$+ \beta_{k-2}^0(\alpha_i^1 d_{i-1,k} + \alpha_{i-2}^0 d_{i,k}) \quad ,$$

$$\beta_k^2 \alpha_i^5 b_{3i,3k-2} = \beta_k^1(\alpha_i^3 d_{i-1,k-1} + \alpha_i^4 d_{i,k-1} + \alpha_{i-1}^3 d_{i+1,k-1}) + \tag{6.30}$$

$$+ \beta_{k-2}^0(\alpha_i^3 d_{i-1,k} + \alpha_i^4 d_{i,k} + \alpha_{i-1}^3 d_{i+1,k}) \quad ,$$

$$\beta_k^2 \alpha_{i+1}^2 b_{3i+2,3k-2} = \beta_k^1(\alpha_{i+1}^0 d_{i,k-1} + \alpha_i^1 d_{i+1,k-1}) + \tag{6.31}$$

$$+ \beta_{k-2}^0(\alpha_{i+1}^0 d_{i,k} + \alpha_i^1 d_{i+1,k})$$

und entsprechend für $b_{3i+j,3k}$ und $b_{3i+j,3k+2}$ mit $j = -2, 0, 2$.

Die $\alpha_i^0,\ldots,\alpha_i^5$ sind wie folgt definiert:

$$\alpha_i^0 \equiv \triangle u_i \, ,$$

$$\alpha_i^1 \equiv \triangle u_i + \triangle u_{i-1} \, ,$$

$$\alpha_i^2 \equiv \triangle u_i + \triangle u_{i-1} + \triangle u_{i-2} \, ,$$

$$\alpha_i^3 \equiv (\alpha_i^0)^2 \, \alpha_{i+1}^2 \, ,$$

$$\alpha_i^4 \equiv \alpha_i^0 \, \alpha_{i-1}^1 \, \alpha_{i+1}^2 + \alpha_{i+1}^0 \, \alpha_{i+1}^1 \, \alpha_i^2 \, ,$$

$$\alpha_i^5 \equiv \alpha_i^1 \, \alpha_i^2 \, \alpha_{i+1}^2 \, .$$

Die $\beta_k^0,\ldots,\beta_k^5$ sind in analoger Weise definiert, ausgehend von den Parameterinter-vallängen $\triangle v_k$.

Kennt man daher die $d_{i,k}$, so sind dadurch die Hilfspunkte $f_{i,s}$, $s \neq 0,3M$ und $g_{r,k}$, $r \neq 0,3L$ und damit die nicht an den Rändern gelegenen Bézier-Punkte eindeutig bestimmt. Das heißt, wird ein geeigneter Satz von (L+1) Bézier-Punkten – z. B. der in (6.32) – vorgegeben, so lassen sich die restlichen inneren Bézier-Punkte ausgehend von diesen Bézier-Punkten und den Splinebedingungen eindeutig bestimmen.

Die hierzu benötigten $d_{i,k}$ können über das aus den Splinebedingungen abgeleitete System linearer Gleichungen berechnen werden:

$$L \cdot (d_{i,k}) \cdot M = (b_{i,k}) \tag{6.32}$$

oder ausführlich geschrieben

$$
\begin{pmatrix}
\alpha_1^1 & \alpha_{-1}^0 & \cdots\cdots & 0 \\
\alpha_1^3 & \alpha_1^4 & \alpha_0^3 & \\
 & & \ddots & \\
 & & & \\
 & \alpha_{L-1}^3 & \alpha_{L-1}^4 & \alpha_{L-2}^3 \\
0\cdots & & \alpha_L^0 & \alpha_{L-2}^1
\end{pmatrix}
\begin{pmatrix}
d_{0,0} & \cdots & d_{0,M} \\
 & & \\
 & \ddots & \\
 & & \\
d_{L,0} & \cdots & d_{L,M}
\end{pmatrix}
\begin{pmatrix}
\beta_1^1 & \beta_1^3 & \cdots\cdots & 0 \\
\beta_{-1}^0 & \beta_1^4 & & \\
 & \beta_0^3 & & \\
 & & \ddots & \\
 & & & \beta_{M-1}^3 \\
 & & & \beta_{M-1}^4 \quad \beta_M^0 \\
0 & & & \beta_{M-2}^3 \quad \beta_{M-1}^1
\end{pmatrix}
=
$$

$$
=
\begin{pmatrix}
\alpha_1^2 \beta_1^2 \mathbf{b}_{1,1} & \alpha_1^2 \beta_1^5 \mathbf{b}_{1,3} & \cdots & \alpha_1^2 \beta_{M-1}^5 \mathbf{b}_{1,3M-3} & \alpha_1^2 \beta_M^2 \mathbf{b}_{1,3M-1} \\
\alpha_1^5 \beta_1^2 \mathbf{b}_{3,1} & \alpha_1^5 \beta_1^5 \mathbf{b}_{3,3} & \cdots & \alpha_1^5 \beta_{M-1}^5 \mathbf{b}_{3,3M-3} & \alpha_1^5 \beta_M^2 \mathbf{b}_{3,3M-1} \\
\vdots & \vdots & \cdots & \vdots & \vdots \\
\alpha_{L-1}^5 \beta_1^2 \mathbf{b}_{3L-3,1} & \alpha_{L-1}^5 \beta_1^5 \mathbf{b}_{3L-3,3} & \cdots & \alpha_{L-1}^5 \beta_{M-1}^5 \mathbf{b}_{3L-3,3M-3} & \alpha_{L-2}^5 \beta_M^2 \mathbf{b}_{3L-3,3M-1} \\
\alpha_L^2 \beta_1^2 \mathbf{b}_{3L-1,1} & \alpha_L^2 \beta_1^5 \mathbf{b}_{3L-1,3} & & \alpha_L^2 \beta_{M-1}^5 \mathbf{b}_{3L-1,3M-3} & \alpha_L^2 \beta_M^2 \mathbf{b}_{3L-1,3M-1}
\end{pmatrix}
$$

Für $d_{0,0}$, $d_{L,0}$, $d_{0,M}$, $d_{L,M}$ sind zusätzlich $\triangle u_i$, i = -1, L und $\triangle v_k$, k = -1, M anzugeben. Die Bézier-Punkte $b_{0,0}$, $b_{L,0}$, $b_{0,M}$ und $b_{L,M}$ hängen nicht von den Hilfspunkten $f_{i,s}$, $g_{r,k}$ und $d_{i,k}$ ab. Da die Randkurven der bikubischen Splinefläche kubische Splines mit den Kurvengewichten $f_{i,s}$, s = 0,3M bzw. $g_{r,k}$, r = 0,3M sind, können die inneren Randkurven-Bézier- Punkte durch Anwendung des kubischen Spline-Interpolationsverfahrens ermittel werden.

Ein kubischer Spline wird insgesamt durch (3L+1) (3M+1) Bézier-Punkte definiert. Die Anzahl vorzugebender Bézier-Punkte zur vollständigen Bestimmung der Splines beträgt (L+3) (M+3).
Hiervon werden (L+1) (M+1) Bézier-Punkte zur Bestimmung der $d_{i,k}$ benötigt.
Je L+1 innere Bézier-Punkte einer Kante v = 0, 1 werden zur Berechnung der je L+1 Hilfspunkte $f_{i,s}$ (s = 0,3M) benötigt. Mit ihnen können dann die $b_{r,0}$ und die $b_{r,3M}$ (r $\neq$ 0,3L) berechnet werden.

Je M+1 innere Bézier-Punkte einer Kante u = 0, 1 werden zur Berechnung der je M+1 Hilfspunkte $g_{r,k}$ (r = 0,3L) benötigt. Mit ihnen können dann die $b_{0,s}$ und die $b_{3L,s}$ (s $\neq$ 0,3M) berechnet werden. Die Gesamtzahl der mit den (L+3) (M+3) Flächen- und Kurvenhilfspunkten und den Splinebedingungen zu bestimmenden Bézier-Punkten beträgt 8(LM-1) [LAS 85]

6.2.4 Tensor-Produkt-B-Spline-Fläche

Analog zu den Bézier-Flächen werden die **Tensor-Produkt-B-Spline-Flächen** definiert über

$$X(u,v) = \sum_{i=0}^{m} \sum_{j=0}^{n} d_{ij}N_{ik}(u)N_{jl}(v) \tag{6.33}$$

mit den B-Spline-Basis-Funktionen der Ordnung k und l sowie den **De-Boor-Punkten** d_{ij}. Die Menge der Punkte $\{d_{ij}\}$ bildet das **De-Boor-Netz** (oder De-Boor-Polyeder). Es gelten alle Eigenschaften analog zu den B-Spline-Kurven, insbesondere die *convex-hull-property*. Kriterien für die *Konvexität* der B-Spline Flächen finden sich in [LOII 81]. Wichtig ist z. B. auch die *lokale Wirkung* der De-Boor-Punkte. So wird z. B. das Flächensegment uϵ [u_p,u_{p+1}], v ϵ [v_q,v_{q+1}] nur von den Punkten $d_{p-(k-1), q-(l-1)}, \ldots, d_{pq}$ beeinflußt, oder der De-Boor-Punkt d_{rs} hat nur Einfluß auf den Parameterbereich u ϵ [u_r,u_{r+k}], v ϵ [v_s,v_{s+l}]. Zur Berechnung von Flächenpunkten gemäß (6.33) kann wieder der *De-Boor-Algorithmus* eingesetzt werden. Dabei wird analog zu den Bézier-Flächen z. B. zunächst der Algorithmus für u = u_0 angewandt, d. h. es werden die De-Boor Punkte

$$d_j(u_0) = \sum_{i=0}^{m} d_{ij}N_{ik}(u_0)$$

berechnet. Danach wird der De-Boor-Algorithmus noch einmal mit v = v_0 und den Punkten $d_j(u_0)$ durchlaufen. Fig. 6.13 enthält eine Tensor-Produkt-B-Spline-Fläche und das zugehörige De-Boor-Netz.

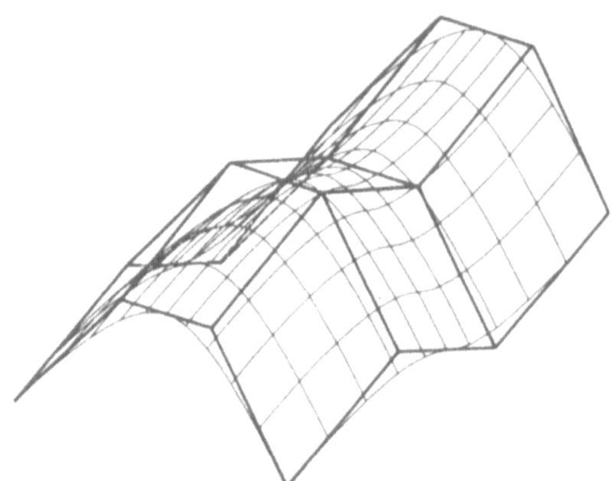

Fig. 6.13: B-Spline-Fläche der Ordnung k=4 und De-Boor-Netz.

Um die Interpolation bzw. Approximation mit B-Spline-Flächen zu diskutieren, betrachten wir ein offenes Flächenstück mit der Parameterdarstellung (6.33): Es seien gegeben die Punkte $\mathbf{P}_s$ (s = 0(1)N) mit den zugehörigen Parameterwerten (μ_s, ν_s) (zur Parameterermittlung s. Kap. 2.5).

Grundlage der Parameterdarstellung (6.33) sei das Trägergebiet

$$T = (u_0 = u_1 = \ldots = u_{k-1}, u_k, \ldots \qquad u_p, u_{p+1} = u_{p+2} = \ldots = u_{p+k}) \times$$
$$(v_0 = v_1 = \ldots = v_{k-1}, v_k, \ldots \qquad v_q, v_{q+1} = v_{q+2} = \ldots = v_{q+k}).$$

Wegen dieses Trägergebietes sind die Basisfunktionen in (6.33) *nicht periodisch*, d.h. es gilt wieder $N_{0k} = N_{0k}^{(k-1)}$, $N_{1k}^{(k-2)}$ usw. Wenn wir weiter voraussetzen, daß $u_0 = v_0 = 0$ und die Parametrisierung äquidistant (mit Intervallänge 1) ist, ergeben sich als *maximale Parameterwerte*

$$u_{p+1} = p-k+2, \qquad v_{q+1} = q-k+2 . \qquad\qquad (*)$$

Ein **Interpolationsproblem** liegt vor, wenn für die Anzahl (N+1) der gegebenen Punkte gilt N+1 = (p+1)(q+1).

Werden die Parameterwerte (μ_s, ν_s) der zu interpolierenden Punkte $\mathbf{P}_s$ in (6.33) eingesetzt, ergibt sich aus (6.33) das lineare Gleichungssystem (mit s = 0(1)N)

$$\mathbf{P}_s = \sum_{i=0}^{p} \sum_{j=0}^{q} d_{ij} N_{ik}(\mu_s) N_{jk}(\nu_s) \qquad\qquad (6.34)$$

mit $p,q \geq k-1$. Die Koeffizientenmatrix von (6.34) ist *nicht voll besetzt*, da die Basisfunktionen nur *lokal wirken*. Durch entsprechendes Umordnen kann Bandstruktur oder blockweise Bandstruktur erreicht werden (s. z.B. [SCHM 79], [SCHU 79]). Das System (6.34) ist lösbar, wenn in dem System keine Lücken entstehen. Lücken im System (6.34) können auftreten, wenn in einem Intervall

des Knotenvektors zu wenig Punkte vorgeben sind, dann müssen die Teilintervalle der Trägervektoren geeignet geändert werden, wobei die in (*) aufgeführte
obere Grenze unverändert bleiben kann.

Gilt dagegen N+1 > (p+1)(q+1) , liegt ein **Approximationsproblem** vor, das wieder
mit der *diskreten Fehlerquadratmethode* von Gauß gelöst werden kann
(s. Kap. 2). Analog zu (4.55) folgt aus (6.33) bzw. (6.34) die *Fehlergleichung*

$$D_s = P_s - \sum_{i=0}^{p} \sum_{j=0}^{q} d_{ij} N_{ik}(\mu_s) N_{jk}(\nu_s) \qquad (6.35)$$

mit s = 0(1)N . Analog zu (4.56) erhalten wir aus der Differentiation des Gesamt-
fehlers aus (6.35) das System der Normalgleichungen

$$\sum_{s=0}^{N} P_s N_{lk}(\mu_s) N_{mk}(\nu_s) = \sum_{s=0}^{N} \sum_{i=0}^{p} \sum_{j=0}^{q} d_{ij} N_{ik}(\mu_s) N_{jk}(\nu_s) N_{lk}(\mu_s) N_{mk}(\nu_s) \qquad (6.36)$$

mit l = 0(1)p, m = 0(1)q . Das System (6.36) kann z.B. über Householder-Trans-
formation (s. Kap. 2) gelöst werden, dabei gelten die obigen Bemerkungen über
die Bandstruktur und mögliche Lücken analog.

Natürlich sind die Fehlervektoren (6.35) nicht orthogonal zur Approximationsfläche, daher muß wieder iterative Parametertransformation eingesetzt werden
(s. Kap. 2.4), um optimale Approximationsflächen zu erhalten. Eine weitere
Verbesserung liefert zusätzliche Optimierung der Knotenpunkte des Trägergebietes.

Das aus (6.36) folgende Gleichungssystem zur Bestimmung der unbekannten de
Boor-Punkte d_{ij} kann recht groß werden. Hier hilft ein etwas modifiziertes Vorgehen: falls Punkte der Randkurven bekannt sind, empfiehlt es sich, diese zuerst
zu approximieren und dann in diese Randkurven die gesuchte Fläche einzuspan-
nen. Bei einem solchen Vorgehen bietet sich auch ein praktikabler Weg zur Parametrisierung der Flächenpunkte an: die Punkte der Randkurven werden chordal
parametrisiert, dann wird in die Randkurve eine (z. B. bilineare) COONS-Fläche
C eingespannt(s. Kap. 8). Die Parameterwerte der gegebenen Punkte P_s folgen
über die Parameterwerte der Lotfußpunkte von P_s auf die Hilfsfläche C . Die
Lotfußpunkte können über nichtlineare Optimierungsmethoden mit kürzestem
Abstand zwischen den gegebenen Punkten und C als Zielfunktion berechnet
werden.

6.3 Bézier-Flächen über dreieckigem Parametergebiet

Soll die Oberfläche eines vorgegebenen Objektes durch Bézier-Spline- oder
B-Spline-Flächen approximiert werden, kann es vorkommen, daß eine Flächenbeschreibung allein mit den viereckigen Patches der Tensor-Produkt-Flächen
nicht möglich ist. Es können sich z. B. *dreieckige* oder *fünfeckige (usw.) "Rest-
gebiete"* ergeben (s. Fig. 6.14) .

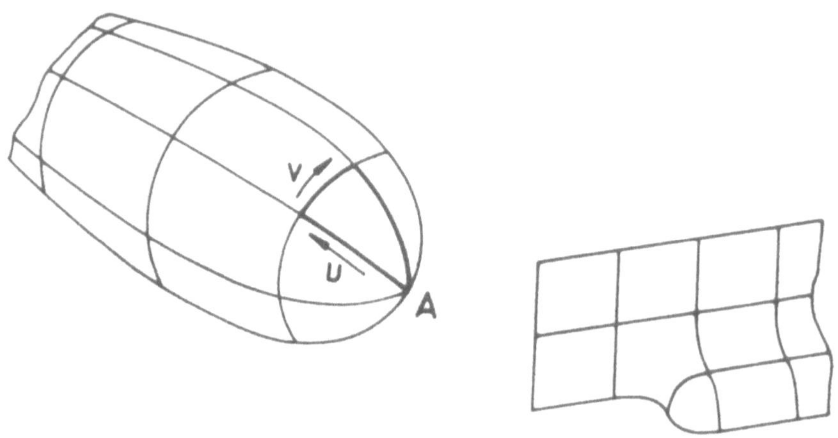

Fig. 6.14: Dreieckige und fünfeckige Patches.

Ein einfacher Ausweg ist nun, das *viereckige Parametergebiet* zu einem dreieckigen Gebiet *entarten* zu lassen, indem

- eine Viereckseite zu einem *Punkt schrumpft* (s. Fig. 6.15 a) oder
- zwei Viereckseiten in *Strecklage gebracht* werden, d. h. z. B., daß
  die Tangenten an die Patch-Randkurve im Punkt P_{00} einen Winkel von
  $180°$ einschließen (s. Fig. 6.15 b).

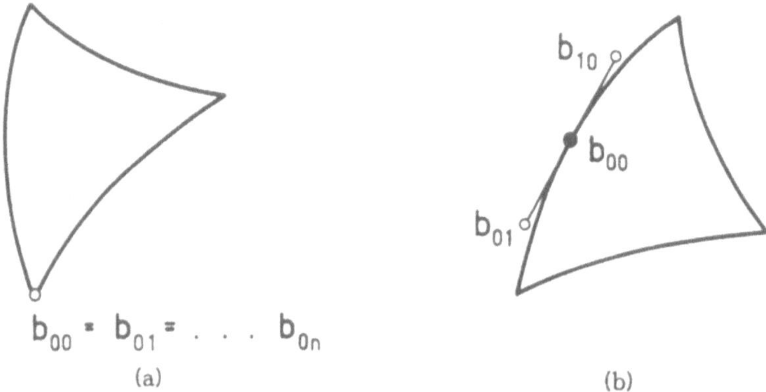

Fig. 6.15: Ausgeartete Tensorprodukt-Flächen.

Beide Lösungen werden auch in der Praxis eingesetzt (s. z. B. [FAU 81]), liefern
aber unbefriedigende Ergebnisse:

Wenn eine Viereckseite zu einem Punkt entartet, fallen alle Bézier-Punkte dieser (ehemaligen) Seite im Punkt b_{00} zusammen, d. h. aber, das so entstandene Dreieckspatch ist in b_{00} nicht differenzierbar, der **Normalenvektor** in b_{00} ist **nicht definiert** und kann eventuell nur über Grenzübergänge aus der Umgebung von b_{00} geschätzt werden.

Im zweiten Falle sind im (ausgearteten Punkt) b_{00} (s. Fig. 6.15b) die Tangentenrichtungen der Randkurven antiparallel. Da aber diese beiden Tangenten die Tangentialebene in b_{00} aufspannen, ist die **Tangentialebene** in b_{00} ebenfalls **unbestimmt**.

Diese unbefriedigende Situation kann beseitigt werden, wenn Flächen konstruiert werden, denen ein nichtausgeartetes dreieckiges Parametergebiet zugrunde liegt.

6.3.1 Baryzentrische Koordinaten

Baryzentrische Koordinaten sind ein bequemes Hilfsmittel, um die Punkte eines Dreiecks koordinatenmäßig zu erfassen:

Zur Einführung betrachten wir zunächst die Strecke I = [0,1]. Jeder Punkt P von I läßt sich durch Koordinaten (u,v) mit

$$\left. \begin{array}{l} u = t \\ v = 1\text{-}t \end{array} \right\} \quad u + v = 1 \qquad (t \in I) \, ,$$

beschreiben. Die Koordinaten (u,v) werden als **baryzentrische Koordinaten der Strecke I** mit der Nebenbedingung u + v = 1 bezeichnet. In diesen Koordinaten können die Bernstein-Polynome auch so beschrieben werden

$$B_i^n(t) =: B_{ij}^n(u,v) = \frac{n!}{i!j!} u^i v^j$$

mit

$$i + j = n \, ; \quad i,j \geq 0 \, , \quad u + v = 1 \, ; \quad u,v \geq 0$$

Die $B_{ij}^n(u,v)$ können dabei als Summanden von $(u+v)^n = 1$ gedeutet werden.

Dieses Prinzip läßt sich auf Dreiecke des $\mathbb{R}^2$ übertragen: Jeder Punkt P im Innern eines Dreiecks mit den Ecken U, V, W kann durch die **baryzentrischen Koordinaten** (u,v,w) mit der Nebenbedingung

$$u + v + w = 1 \, , \quad u, v, w, \geq 0$$

festlegt werden über

$$P(u,v,w) = uU + vV + wW \, . \tag{6.37}$$

Fig. 6.16 gibt eine geometrische Deutung der baryzentrischen Koordinaten:

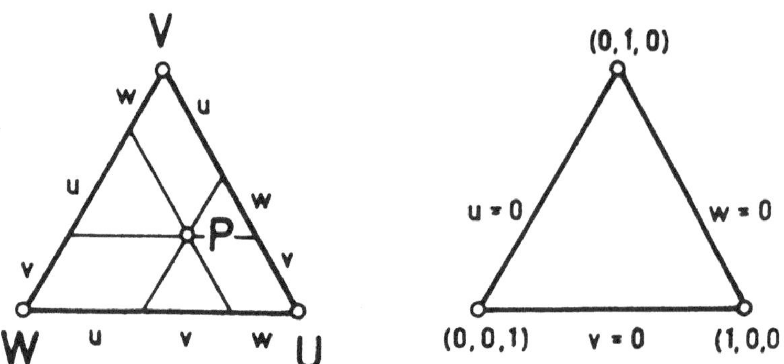

Fig. 6.16: Baryzentrische Koordinaten.

Der Eckpunkt **V** hat die Koordinaten (0,1,0), die Seite **UV** die Gleichung w = 0.
Ein beliebiger Punkt **P**(u,v,w) ergibt sich über (proportionale) Parallelverschiebung.

Das Dreieck **U, V, W** heißt *Grunddreieck* des baryzentrischen Koordinatensystems. Punkte innerhalb des Grunddreiecks haben durchweg positive Komponenten, Punkte außerhalb des Grunddreiecks haben mindestens eine negative Komponente. Die Komponenten selbst können über die Flächeninhalte gewisser (Teil-) Dreiecke gedeutet werden:
Wird z. B. mit

$\quad\quad |\triangle \mathbf{UVW}|$ der Flächeninhalt des Dreiecks (**U, V, W**)

oder mit

$\quad\quad |\triangle \mathbf{PVW}|$ der Flächeninhalt des Dreiecks (**P, V, W**)

bezeichnet, so zeigt elementare Rechnung, daß gilt

$$u = \left|\frac{\triangle \mathbf{PVW}}{\triangle \mathbf{UVW}}\right| \quad , \quad v = \left|\frac{\triangle \mathbf{PWU}}{\triangle \mathbf{UVW}}\right| \quad , \quad w = \left|\frac{\triangle \mathbf{PUV}}{\triangle \mathbf{UVW}}\right| \quad .$$

6.3.2   Verallgemeinerte Bernstein-Polynome und Dreiecks-Bézier-Flächen

Mit Hilfe der baryzentrischen Koordinaten lassen sich nun bequem Bernstein-Polynome über einem Grunddreieck definieren: Analog zu Kap. 4 wird die Identität

$$(u+v+w)^n = \sum_{\substack{i,j,k \geq 0 \\ i+j+k=n}} \frac{n!}{i!j!k!} \, u^i v^j w^k$$

ausgenutzt, wobei die elementaren Beziehungen

$$(u+[v+w])^n = \sum_{i=0}^{n} \binom{n}{i} u^i (v+w)^{n-i} \quad , \qquad (v+w)^{n-i} = \sum_{j=0}^{n-i} \binom{n-i}{j} v^j w^{n-i-j} \quad ,$$

sowie $\qquad \binom{n}{i} = \dfrac{n!}{i!(n-i)!}$

gültig sind. So folgen als **verallgemeinerte Bernstein-Polynome** vom Grad n

$$B^n_{ijk}(u,v,w) := \frac{n!}{i!j!k!}\, u^i v^j w^k \qquad\qquad (6.38)$$

mit

$$i+j+k = n,\ \ i,j,k\ \geq 0\ , \qquad\qquad u+v+w = 1,\ \ u,v,w \geq 0\ .$$

Zur besseren Übersicht kann noch gesetzt werden

$$I := (i,j,k)^T,\quad \mathbf{u} := (u,v,w)^T \qquad\qquad (6.39a)$$

sowie

$$|I| = i+j+k\ ,\ ,\quad |u| = u+v+w \qquad\qquad (6.39b)$$

Dann tritt an die Stelle von (6.38) die Definition

$$B^n_I(u) = \frac{n!}{i!j!k!}\, u^i v^j w^k \qquad\qquad (\text{mit } |u| = 1\,), \qquad\qquad (6.40)$$

weiter gilt die *Normierungsbedingung*

$$\sum_{|I|=n} B^n_I(u) = 1 \qquad\qquad (\text{wegen } |u| = 1)\,, \qquad\qquad (6.41)$$

wobei über alle möglichen Vektoren I zu summieren ist, welche die Bedingung $|I| = n$ und $I \geq 0$ erfüllen. Insgesamt ergeben sich $\binom{n+2}{2} = \frac{1}{2}\,(n+1)(n+2)$ Summanden.

Auf den Dreiecksrändern entarten die verallgemeinerten Bernstein-Polynome zu den gewöhnlichen Bernstein-Polynomen, da z. B. gilt

$$B^n_{0jk}(0,v,w) = B^n_j(v) = B^n_k(w)\ . \qquad\qquad (6.42)$$

Anschaulich kann jedes verallgemeinerte Bernstein-Polynom B^n_I als (polynomiale) Parameterdarstellung eines Flächenstücks (Funktion) über einem gleichseitigen Grunddreieck $\triangle$ interpretiert werden. Das Maximum dieser Funktion liegt bei $u = \frac{1}{n} I$ (s. Fig. 6.17).

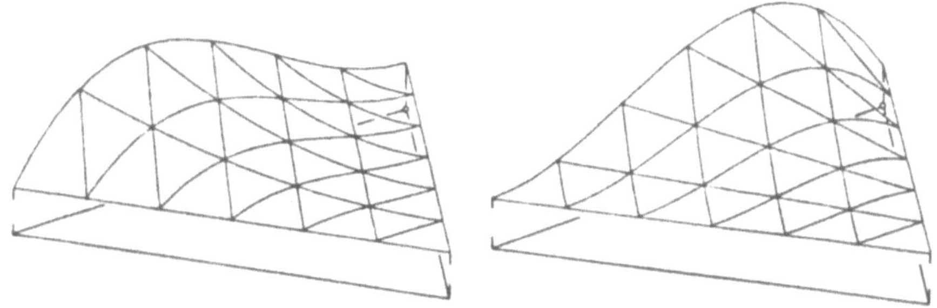

Fig. 6.17 : Basisfunktionen B^3_{012} und B^3_{021} über dem Grunddreieck.

Da die verallgemeinerten Bernstein-Polynome linear unabhängig sind, bilden sie eine *Basis* eines Unterraumes des Vektorraumes der Polynome vom Grad (n,n) mit der Dimension $\frac{1}{2}(n+1)(n+2)$. Jedes Element X des von den B_I^n aufgespannten linearen Raumes hat die eindeutige Darstellung

$$X(u) = \sum_{|I|=n} b_I\, B_I^n(u)\,. \tag{6.43}$$

$X(u)$ ist die **Parameterdarstellung einer Dreiecks-Bézier-Fläche** vom Grad n. Die Koeffizienten b_I von (6.43) werden **Bézier-Punkte** genannt, sie bilden das **Bézier-Netz** oder Bézier-Polyeder über einem dreieckigen Grundbereich (s. a. [BÖH 84], [FAR 79], [FAR 86]).

Aus der Gültigkeit des Casteljau-Algorithmus (s. (6.46)) folgt die *Konvexe-Hüllen-Eigenschaft* der Dreiecks-Bézier-Flächen. Die Eck-Bézier-Punkte b_{00n}, b_{0n0}, b_{n00} sind Flächenpunkte, die auf den Rändern liegenden Nachbarpunkte dieser Eckpunkte legen die Tangenten an die Randkurven fest, die beiden Rand-Nachbar-Punkte eines Eckpunktes bestimmen die Tangentialebene in dem jeweiligen Eckpunkt der Dreiecks-Bézier-Fläche.

Die Bézier-Punkte $b_I = b_{ijk}$ können wieder reelle Zahlen sein *(Bézier-Ordinaten)* oder *vektorwertig* sein $(\mathbb{R}^2, \mathbb{R}^3)$: Bézier-Ordinaten werden analog zu den Bézier-Kurven über den Punkten $\frac{I}{n}$ des Grunddreiecks gemäß dem folgenden Schema angetragen:

$$
\begin{array}{c}
b_{0n0} \\[4pt]
b_{0,n-1,1}\quad b_{1,n-1,0} \\[4pt]
b_{0,n-2,2}\quad b_{1,n-2,1}\quad b_{2,n-2,0} \\[4pt]
\vdots \\[4pt]
b_{00n}\quad \cdots \quad b_{n00}
\end{array}
$$

Bézier-Punkte

Z. B. für n = 3 lautet das vollständige Schema

$$
\begin{array}{ccccccc}
&&& b_{030} &&& \\[4pt]
&& b_{021} && b_{120} && \\[4pt]
& b_{012} && b_{111} && b_{210} & \\[4pt]
b_{003} && b_{102} && b_{201} && b_{300}
\end{array}
$$

Entsprechend gilt für die *Parameterwerte*

$$(0,1,0)$$

$$(0,1-\tfrac{1}{n},\tfrac{1}{n}) \qquad (\tfrac{1}{n},1-\tfrac{1}{n},0)$$

$$(0,1-\tfrac{2}{n},\tfrac{2}{n}) \qquad (\tfrac{1}{n},1-\tfrac{2}{n},\tfrac{1}{n}) \qquad (\tfrac{2}{n},1-\tfrac{2}{n},0)$$

$$(0,0,1) \qquad\qquad\qquad\qquad\qquad\qquad\qquad (1,0,0)$$

Analog folgen für n = 3 die *Parameterwerte*

$$(0,1,0)$$

$$(0,\tfrac{2}{3},\tfrac{1}{3}) \qquad (\tfrac{1}{3},\tfrac{2}{3},0)$$

$$(0,\tfrac{1}{3},\tfrac{2}{3}) \qquad (\tfrac{1}{3},\tfrac{1}{3},\tfrac{1}{3}) \qquad (\tfrac{2}{3},\tfrac{1}{3},0)$$

$$(0,0,1) \qquad (\tfrac{1}{3},0,\tfrac{2}{3}) \qquad (\tfrac{2}{3},0,\tfrac{1}{3}) \qquad (1,0,0)$$

Fig. 6.18 zeigt eine Dreieck-Bézier-Fläche vom Grad $n = 3$.

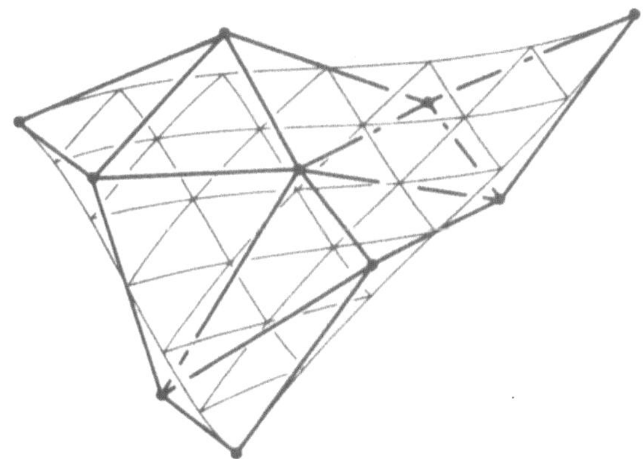

Fig. 6.18 : Dreieck-Bézier-Fläche vom Grad n=3 und Bézier-Netz.

Analog zu den Bézier-Kurven ist auch für Dreiecks-Bézier-Flächen eine **Grad-erhöhung** (Basistransformation vom Grad $n \to$ Grad n+1) durchführbar. Es gilt

Lemma 5.3: Sind b_{ijk} die Bézier-Punkte einer Dreiecks-Bézier-Fläche vom Grade n und b^*_{ijk} die Bézier-Punkte der gleichen Fläche nach Basistransformation vom Grade $n \rightarrow n+1$, so gilt

$$b^*_{ijk} = \frac{i}{n+1}\, b_{i-1,j,k} + \frac{j}{n+1}\, b_{i,j-1,k} + \frac{k}{n+1}\, b_{i,j,k-1} \tag{6.44}$$

Beweis: Es soll gelten

$$\sum_{|I|=n} b_I \frac{n!}{i!j!k!}\, u^i v^j w^k \;\hat{=}\; \sum_{|I|=n+1} b^*_I \frac{(n+1)!}{i!j!k!}\, u^i v^j w^k =$$

$$= \sum_{|I|=n} b_I \frac{n!}{i!j!k!}\, (u^{i+1} v^j w^k + u^i v^{j+1} w^k + u^i v^j w^{k+1})$$

da $u + v + w = 1$. Koeffizientenvergleich liefert

$$b^*_{ijk}\, \frac{(n+1)!}{i!j!k!} = b_{i-1,j,k}\, \frac{n!}{(i-1)!j!k!} + b_{i,j-1,k}\, \frac{n!}{i!(j-1)!k!} + b_{i,j,k-1}\, \frac{n!}{i!j!(k-1)!}$$

was über Division durch den Faktor der linken Seite auf die Behauptung führt.

Die Konstruktion der neuen Bézier-Punkte bei Graderhöhung von n = 2 auf n = 3 ist in Fig. 6.19 veranschaulicht.

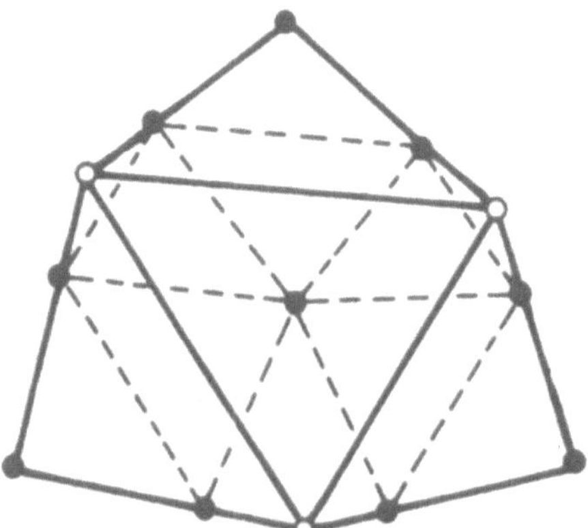

Fig. 6.19 : Graderhöhung von n = 2 auf n = 3 bei Dreiecks-Bézier-Flächen.

Auch der **Casteljau-Algorithmus** kann auf Dreiecks-Bézier-Flächen übertragen werden: Der klassische Casteljau-Algorithmus (s. Kap. 4) beruht auf folgender Zerlegung der Bernstein-Polynome

$$B^n_i(t) = (1-t)\, B^{n-1}_i(t) + t B^{n-1}_{i-1}(t) \; . \tag{$*$}$$

Da nun wegen $i+j+k = n$ gilt

$$\frac{n!}{i!\,j!\,k!} = \frac{(n-1)!}{(i-1)!\,j!\,k!} + \frac{(n-1)!}{i!\,(j-1)!\,k!} + \frac{(n-1)!}{i!\,j!\,(k-1)!}$$

ergibt sich analog zu (∗)

$$B_{ijk}^{n}(u) = u\,B_{i-1,j,k}^{n-1}(u) + v\,B_{i,j-1,k}^{n-1}(u) + w\,B_{i,j,k-1}^{n-1}(u)$$

oder mit

$$e_1 = (1,0,0)^T \;, \quad e_2 = (0,1,0)^T \;, \quad e_3 = (0,0,1)^T$$

$$B_I^n(u) = u\,B_{I-e_1}^{n-1}(u) + v\,B_{I-e_2}^{n-1}(u) + w\,B_{I-e_3}^{n-1}(u) \;. \tag{6.45}$$

Wegen der Grundidee des Algorithmus, den gesuchten Flächenpunkt $X(u)$ schrittweise durch Bernstein-Polynome niedrigeren Grades zu berechnen, können wir ansetzen

$$X(u) = \sum_{|I|=n-r} b_I^r(u)\, B_I^{n-r}(u) \qquad (r=0(1)n)$$

mit $b_I^r(u)$ als Polynomen über dem Grunddreieck und $B_I^{n-r}(u)$ als verallgemeinerte Bernstein-Polynome vom Grad $n-r$.

Auf der anderen Seite erhalten wir über (6.45)

$$X(u) = \sum_{|I|=n-r-1} \left(u\,b_{I+e_1}^r(u) + v\,b_{I+e_2}^r(u) + w\,b_{I+e_3}^r(u) \right) \cdot B_I^{n-r-1}(u) \;.$$

Koeffizientenvergleich liefert die **Casteljau-Rekursion**

$$b_I^{r+1}(u) = u\,b_{I+e_1}^r(u) + v\,b_{I+e_2}^r(u) + w\,b_{I+e_3}^r(u) \qquad \text{mit} \quad |I| = n-r-1 \tag{6.46}$$

Dabei ist für $r = 0$ zu setzen $b_I^0 = b_I$ und für $r = n-1$

$$b_I^n(u) = X(u).$$

Die Rekursionsformel (6.46) besagt geometrisch, daß der neue Koeffizient b_I^{r+1} aus den vorausgehenden 3 Koeffizienten $b_{I+e_1}^r$ ($i = 1,2,3$) über die baryzentrischen Koordinaten (u,v,w) bezogen auf das Dreieck $b_{I+e_1}^r, b_{I+e_2}^r, b_{I+e_3}^r$ berechnet wird (s. Fig. 6.20).

Zusammenfassend kann der **Casteljau-Algorithmus** so formuliert werden:

1) Geg.: Dreiecks-Bézier-Fläche $X(u)$ vom Grad n, Punkt $u_0 = (u_0, v_0, w_0)^T$

2) Für $r = 0,1,\ldots \quad n-1$, $|I| = n-r$ berechne

$$b_I^{r+1} = u_0\,b_{I+e_1}^r + v_0\,b_{I+e_2}^r + w_0\,b_{I+e_3}^r$$

3) $\quad X(u_0) = b_0^n$

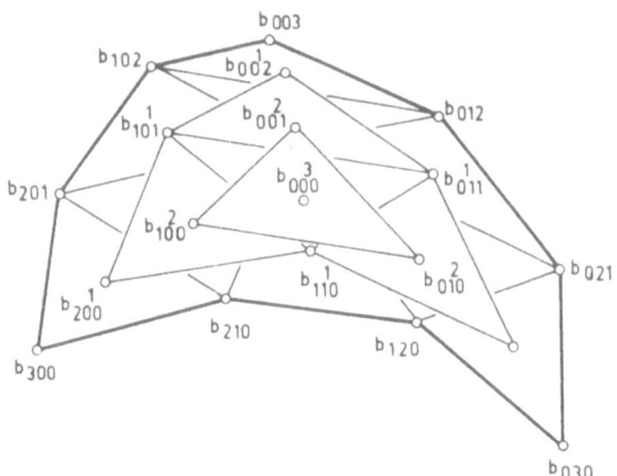

Fig. 6.20: Casteljau-Algorithmus bei Dreiecks-Bézier-Flächen.

Wegen der Gültigkeit der Casteljau-Algorithmus liegen die Dreiecks-Bézier-Flächen wieder in der konvexen Hülle der Bézier-Punkte, Aussagen über die Konvexität von Dreiecks-Flächen finden sich in [CHA 84, 84a, 85], [FAR 86] .

Analog zu den Tensor-Produkt-Flächen kann auch bei Dreiecks-Bézier-Flächen der **Casteljau-Algorithmus** eingesetzt werden, um ein Dreiecks-Flächenstück an einer Stelle (u_0, v_0, w_0) in drei Splinesegmente zu zerlegen (vergl. [FAR 79], [FAR 86]). In Fig. 6.21. sind für $n = 3$ die neuen Segmentgrenzen eingezeichnet, die Hilfspunkte des Casteljau-Algorithmus sind Fig. 6.20 entnommen.

Die Bézier-Punkte der 3 neuen Flächenstücke sind wieder Randpunkte des (jetzt als *Tetraeder räumlich deutbaren*) Casteljau-Schema:

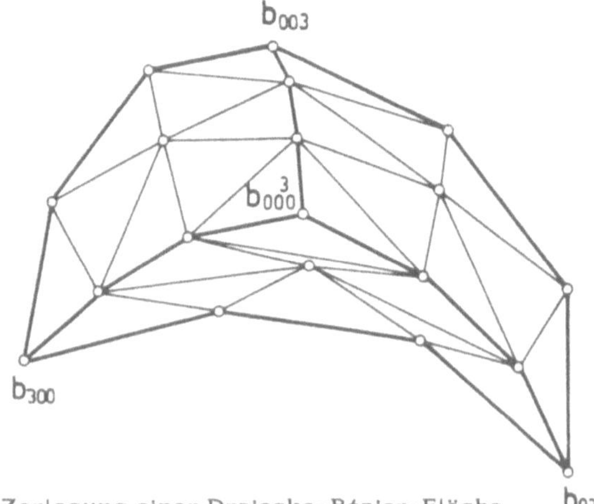

Fig. 6.21: Zerlegung einer Dreiecks-Bézier-Fläche
mit dem Casteljau-Algorithmus

Patch I $\quad$ hat die Bézier-Punkte $\mathbf{b}^r_{0jk}$ $\quad$ (Eckpunkte $\mathbf{b}^n_{000}$, $\mathbf{b}^0_{0no}$, $\mathbf{b}^0_{00n}$),

Patch II $\quad$ hat die Bézier-Punkte $\mathbf{b}^r_{i0k}$ $\quad$ (Eckpunkte $\mathbf{b}^n_{000}$, $\mathbf{b}^0_{no0}$, $\mathbf{b}^0_{00n}$),

Patch III $\quad$ hat die Bézier-Punkte $\mathbf{b}^r_{ij0}$ $\quad$ (Eckpunkte $\mathbf{b}^n_{000}$, $\mathbf{b}^0_{no0}$, $\mathbf{b}^0_{0no}$),

wobei jeweils gilt $\quad r + j + k = n$

Durch Kombination mehrer Schritte des Casteljau Algorithmus kann eine Dreiecks-Bézier-Fläche in beliebige Teildreiecke vom Grad n zerlegt werden (s. a. [GOL 83], [BÖH 84]). Die Teildreiecke konvergieren gegen die Fläche [FIL 86].

6.3.3 $\quad$ Anschlußbedingungen für Dreiecks-Bézier-Flächen

Sollen Dreiecks-Bézier-Flächen in einen Spline-Verband eingefügt werden, so werden **Anschlußbedingungen** benötigt. Es soll daher zunächst diskutiert werden der Anschluß von

- einer Dreiecks-Bézier-Fläche an eine weitere Dreiecks-Bézier-Fläche,
- einer Tensor-Produkt-Bézier-Fläche an eine Dreiecks-Bézier-Fläche,
- einer Dreiecks-Bézier-Fläche an eine Tensor-Produkt-Fläche.

Wegen der Nebenbedingungen $u + v + w = 1$ (mit $0 \le u, v, w \le 1$) stimmen die partiellen Ableitungen **nicht mit den Richtungsableitungen** längs der Parameterlinien überein. Im folgenden werden mit den Ableitungen D stets **Richtungsableitungen** verstanden. – Die Richtungsableitungen können vermieden werden, wenn z. B. die Nebenbedingung $w = 1 - u - v$ in die abzuleitende Funktion eingesetzt wird. Dann treten wieder nur die partiellen Ableitungen nach u und v auf, die Parameterlinien $w = $ const. gehen "verloren".

Für die Diskussion von Anschlußbedingungen benötigen wir die 1. und 2. Richtungsableitungen auf einem Dreiecks-Bézier-Flächenstück:
Analog zu Kap. 4 führen wir eine **Operatorschreibweise** ein über

$$X(u,v,w) = (E_1 u + E_2 v + E_3 w)^n \mathbf{b}_{000} = \sum_{|I|=n} \mathbf{b}_I B^n_I(u)$$

mit

$$I = (i,j,k)^T, \qquad u = (u,v,w)^T, \qquad u+v+w = 1$$

sowie

$$E_1 f_{ijk} = f_{i+1,j,k}, \quad E_2 f_{ijk} = f_{i,j+1,k}, \quad E_3 f_{ijk} = f_{ij,k+1} .$$

Für die 1. **Richtungsableitung** ergibt sich daraus (wegen $u+v+w = 1$)

$$\frac{DX}{du} = n(E_1 u + E_2 v + E_3 w)^{n-1}(E_1 - E_3)\mathbf{b}_{000} \tag{6.47a}$$

$$= n \sum_{i+j+k=n-1} (\mathbf{b}_{i+1,j,k} - \mathbf{b}_{i,j,k+1}) B^{n-1}_{i,j,k}(u,v,w) ,$$

wobei $w = 1 - u - v$ gesetzt wurde. Es könnte aber auch $v = 1 - u - w$ eliminiert werden, so daß die erste Richtungsableitung die Form annimmt

$$\frac{DX}{du} = n(E_1 u + E_2 v + E_3 w)^{n-1}(E_1 - E_2)\mathbf{b}_{000} \tag{6.47b}$$

$$= n \sum_{i+j+k=n-1} (\mathbf{b}_{i+1,j,k} - \mathbf{b}_{i,j+1,k})\, B_{ijk}^{n-1}(u,v,w) \; .$$

Analog gilt z. B.

$$\frac{DX}{dv} = n(E_1 u + E_2 v + E_3 w)^{n-1}(E_2 - E_3)\mathbf{b}_{000} \tag{6.47c}$$

$$= n \sum_{i+j+k=n-1} (\mathbf{b}_{i,j+1,k} - \mathbf{b}_{i,j,k+1})\, B_{ijk}^{n}(u,v,w) \; .$$

In Fig. 6.22 sind die Richtungsableitungen längs einer Randkurve (z. B. u = const) geometrisch veranschaulicht.

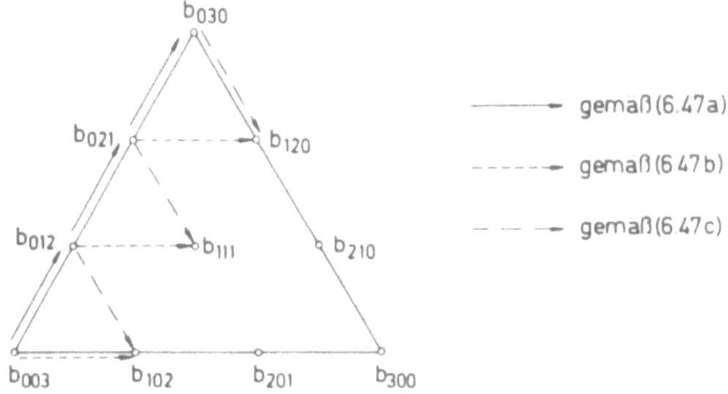

Fig. 6.22: Geometrische Interpretation der Richtungsableitungen

Betrachten wir diese Richtungsableitung in den **Eckpunkten** eines Dreieck-Patches, so folgt z. B.

$$\frac{DX}{du}(0,0,1) = n(\mathbf{b}_{1,0,n-1} - \mathbf{b}_{00n}) \; ,$$

$$\frac{DX}{dv}(0,0,1) = n(\mathbf{b}_{0,1,n-1} - \mathbf{b}_{00n}) \; ,$$

d. h. daß die **Tangentialebene** in einem Eckpunkt festgelegt wird von dem Eckpunkt und den beiden benachbarten Bézier-Punkten am Patchrand.

Die 2. **Richtungsableitungen** ergeben sich z. B. zu

$$\frac{D^2X}{du^2} = n(n-1)(E_1 u + E_2 v + E_3 w)^{n-2}(E_1 - E_3)^2 \mathbf{b}_{000}$$

$$= n(n-1) \sum_{i+j+k=n-2} (\mathbf{b}_{i+2,j,k} - 2\mathbf{b}_{i+1,j,k+1} + \mathbf{b}_{i,j,k+2})\, B_{ijk}^{n-2} \; ,$$

$$\frac{D^2X}{dv^2} = n(n-1)(E_1u + E_2v + E_3w)^{n-2}(E_2 - E_1)^2 b_{000} \tag{6.48}$$

$$= n(n-1) \sum_{i+j+k=n-2} (b_{i,j+2,k} - 2b_{i+1,j+1,k} + b_{i+2,j,k}) B_{ijk}^{n-2} \;,$$

$$\frac{D^2X}{dudv} = n(n-1)(E_1u + E_2v + E_3w)^{n-2}(E_1 - E_3)(E_2 - E_3) b_{000}$$

$$= n(n-1) \sum_{i+j+k=n-2} (b_{i+1,j+1,k} - b_{i+1,j,k+1} - b_{i,j+1,k+1} + b_{i,j,k+2}) B_{ijk}^{n-2} \;.$$

Wir wollen nun die **Übergangsbedingungen** längs der Randkurve u = 0 entwikkeln. Wir setzen als Dreiecks-Bézier-Flächen an

$$X_1(u,v,w) = \sum_{|I|=n} b_I^1 B_I^n(u) \;,$$

$$X_2(u,v,w) = \sum_{|I|=n} b_I^2 B_I^n(u) \;.$$

Zunächst müssen die beiden Flächen C^0-stetig sein, d. h. es gilt

$$X_1(0,v,w) = X_2(0,v,w)$$

oder

$$b_{0,n-k,k}^1 = b_{0,n-k,k}^2 \qquad (k = 0(1)n) \;. \tag{6.49}$$

Für **GC^1-Stetigkeit** müssen die Tangentialebenen der beiden Flächen längs der Randlinie übereinstimmen. Dies führt auf

$$\frac{DX_1}{du}(0,v,w) = \lambda_1 \frac{DX_2}{du}(0,v,w) + \lambda_2 \frac{DX_2}{dw}(0,v,w)$$

oder wegen Gleichheit der Bernsteinpolynome mit (6.47)

$$(b_{1,n-1-k,k}^1 - b_{0,n-1-k,k+1}^1) =$$

$$\lambda_1(b_{1,n-1-k,k}^2 - b_{0,n-1-k,k+1}^2) + \lambda_2(b_{0,n-k-1,k+1}^2 - b_{0,n-k,k}^2) \;,$$

woraus sich mit (6.49) und $\lambda := 1 - \lambda_1 + \lambda_2$ als **geometrische C^1-Übergangsbedingung** ergibt

$$b_{1,n-1-k,k}^1 = \lambda b_{0,n-1-k,k+1}^2 + \lambda_1 b_{1,n-1-k,k}^2 - \lambda_2 b_{0,n-k,k}^2 \;.$$

Der Sonderfall zusammenfallender Tangenten an die Parameterlinien folgt daraus für $\lambda_1 = -1$ und $\lambda_2 = -1$. Es gilt dann

$$b_{1,n-1-k,k}^1 - b_{0,n-k-1,k+1}^1 = b_{0,n-k,k}^2 - b_{1,n-1-k,k}^2 \tag{6.50}$$

d. h. aber, daß die Kanten des Bézier-Netzes paarweise parallel sind (**Rhombenbedingung**, s. Fig. 6.23 , [FAR 79]).

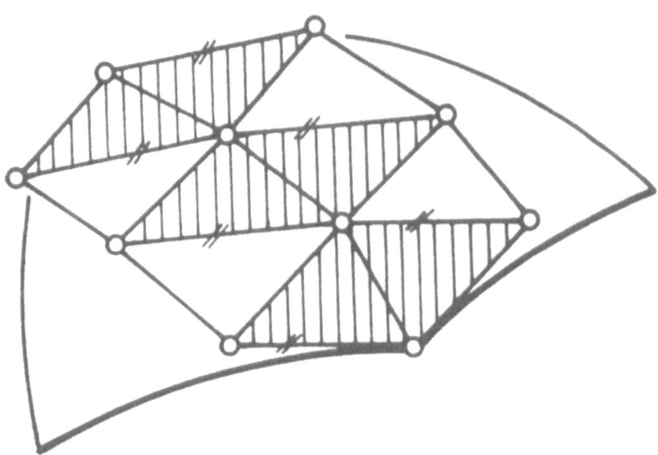

Fig. 6.23 : Rhombenbedingung für C^1-Übergang .
von Dreiecks-Bézier-Flächen

Für den C^2-**Übergang** wollen wir nur den einfachsten Fall betrachten, wenn z. B.
gilt

$$\frac{D^2X_1}{du^2}(0,v,w) = \frac{D^2X_2}{du^2}(0,v,w) .$$

Mit (6.48) erhalten wir daraus

$$b^1_{2,n-2-k,k} - 2b^1_{1,n-2-k,k+1} + b^1_{0,n-2-k,k+2} =$$

$$b^2_{0,n-k,k} - 2b^2_{1,n-1-k,k} + b^2_{2,n-2-k,k} .$$

Wird nun noch (6.47) eingesetzt, folgt als C^2-**Anschlußbedingung**

$$b^2_{2,n-2-k,k} = b^2_{1,n-1-k,k} + b^2_{1,n-2-k,k+1} - D_k \qquad (6.51)$$

mit dem *Gewichtsvektor*

$$D_k = b^1_{1,n-1-k,k} + b^1_{1,n-2-k,k+1} - b^1_{2,n-2-k,k} .$$

Bisher haben wir Anschlußbedingungen von Dreiecksflächen alleine diskutiert.
Nun wollen wir ein **Tensor-Produkt-Bézier-Flächenstück** vom Grad (n,n) an ein
Dreiecks-Bézier-Flächenstück vom Grad n anschließen (s. a. Fig. 6.25):

Als Dreiecks-Bézier-Fläche werden angesetzt

$$X_1(u,v,w) = \sum_{i+j+k=n} b_{ijk}B^n_{ijk}(u,v,w) \qquad (6.52a)$$

mit $0 \le u,v,w \le 1, \quad u+v+w = 1,$

die Tensor-Produkt-Bézier-Fläche habe die Darstellung

$$X_2(u,v) = \sum_{i=0}^{n} \sum_{j=0}^{n} a_{ij} B_i^n(u) B_j^n(v) \ . \tag{6.52b}$$

Wenn wir annehmen, daß die Flächen längs der Linie $u = 0$ zusammengesetzt werden, gilt zunächst

$$X_1(0,v,w) = X_2(0,v) \ ,$$

woraus mit (6.52) folgt

$$b_{0,k,n-k} = a_{0k} \quad \text{mit } k=0(1)n \ .$$

Für einen C^1-Übergang soll gefordert werden, daß die Tangenten an die Parameterlinien übereinstimmen, d. h. daß gilt

$$\frac{\partial X_2}{\partial u}(0,v) = - \frac{DX_1}{du}(0,v,w) \ . \tag{6.53}$$

Jetzt muß allerdings berücksichtigt werden, daß die beiden Ableitungen im allgemeinen *verschiedenen Grad besitzen:* die Ableitung von (6.52a) ist für $u=0$ vom Grad $(n-1)$ in v, die Ableitung von (6.52b) dagegen vom Grad n in v. Um Koeffizientenvergleich durchführen zu können, muß deshalb zunächst der Grad der Ableitung von (6.52a) mit (6.44) von $n-1$ auf n *erhöht* werden. Mit (6.47a) und (6.42) folgt

$$\frac{DX_1(0,v,w)}{du} = n \sum_{j+k=n-1} (b_{1jk} - b_{0,j,k+1}) \, B_{0jk}^{n-1}(o,v,1-v)$$

$$= n \sum_{j=0}^{n} \{(1 - \frac{j}{n}) (b_{1,j,n-1-j} - b_{0,j,n-j}) - \frac{j}{n}(b_{0,j-1,n+1-j} - b_{1,j-1,n-j})\} B_j^n(v).$$

Koeffizientenvergleich mit der Ableitung von (6.52b) an der Stelle $u = 0$ liefert wegen (6.53) und (6.11)

$$a_{1j} = 2[(1 - \frac{j}{2n}) b_{0,j,n-j} + \frac{j}{2n} b_{0,j-1,n+1-j}] - c_j \tag{6.54}$$

$$\text{mit} \quad c_j = (1 - \frac{j}{n}) b_{1,j,n-1-j} + \frac{j}{n} b_{1,j-1,n-j}$$

für $j = 0(1)n$. Fig. 6.24 veranschaulicht eine geometrische Interpretation dieser Bedingung, Fig. 6.25 enthält ein Beispiel.

Soll nun **an eine Tensor-Produkt-Fläche eine Dreiecks-Bézier-Fläche GC^1-stetig angeschlossen werden**, folgt durch Umstellung aus (6.54)

$$(1 - \frac{j}{n}) b_{1,j,n-1-j} + \frac{j}{n} b_{1,j-1,n-j} = - (a_{1j} - a_{0j}) + (1 - \frac{j}{n}) a_{0j} + \frac{j}{n} a_{0,j-1} \tag{6.55}$$

mit $j = 0(1)(n-1)$. Das Resultat (6.55) führt im ersten Schritt auf

$$b_{102} = a_{00} - (a_{10} - a_{00}) \ ,$$

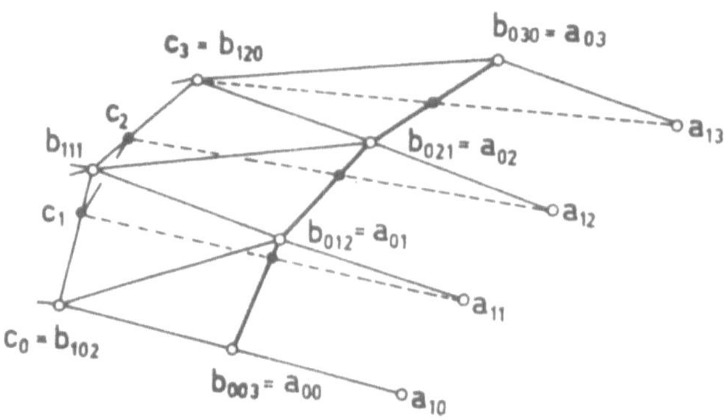

Fig. 6.24 : Deutung des GC^1-Anschlusses für Dreiecks-Fläche -
an Tensor-Produkt-Fläche.

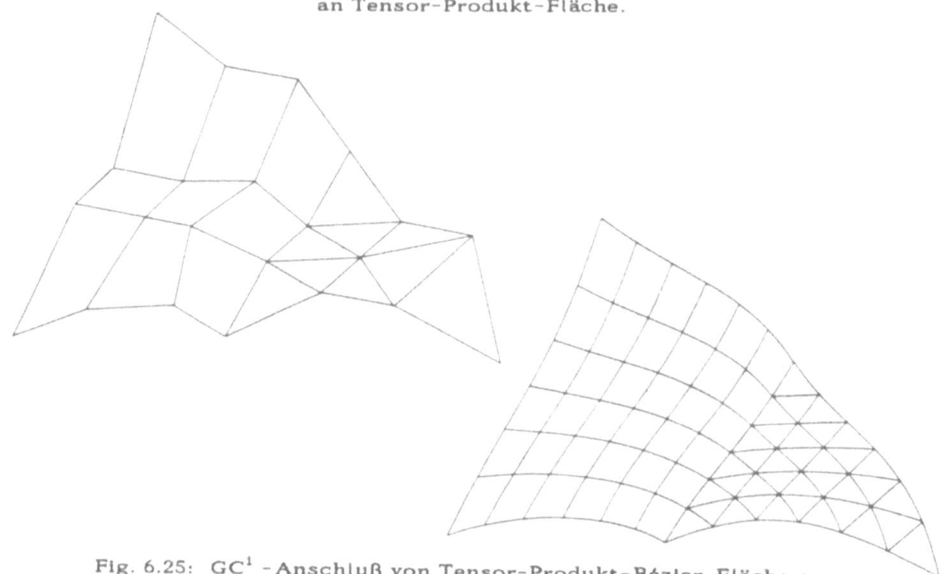

Fig. 6.25: GC^1-Anschluß von Tensor-Produkt-Bézier-Fläche an
Dreiecks-Bézier-Fläche ; Bézier-Netz und Parameterlinien.

die restlichen b_{1jk} können über (6.55) rekursiv direkt berechnet werden. Ein konstruktiver Weg ist die "Umkehr" der Konstruktion in Figur 6.24: jetzt wird mit den a_{1k} begonnen und über die entsprechenden Teilverhältnisse werden die Punkte $b_{1,k,n-k-1}$ berechnet. Verschiedene Lösungen diese Anschlußproblems finden sich auch in [BRE 82].

Die GC^1-Anschlußbedingungen zwischen Tensor-Produkt-Bézier-Flächen, TensorProdukt-Bézier-Flächen mit Dreiecks-Bézier-Flächen und Dreiecks-Bézier-Flächen mit Tensor-Produkt-Bézier-Flächen lassen sich formal einheitlich behandeln, so daß die hier sowie in Kapitel 6.2.2.1 entwickelten Bedingungen (sowie weitere GC^1-Übergangskriterien) aus einheitlichen Formeln gewonnen werden können (s. a. [FAR 82], [KAH 82], [LIU 89]).

6.3.4 Splines über Dreiecken

B-Splines über Dreiecken hat zuerst wohl SABIN [SAB 77] untersucht und durch
Faltungen erzeugt. Dabei ist wesentlich, daß eine reguläre Triangulierung der
Parameter-Ebene vorliegt.

Bereits in Kap. 4 wurde vermerkt, daß B-Spline-Funktionen auch durch Projek-
tionen von Simplizes oder über Bewegung eines Einheitsimpulses erzeugt werden können. Analog können die Gebiete aus Fig. 6.27 als *"Schatten"* von Parallel-
epipeden (Boxes) angesehen werden (s. Fig . 6.26), wobei durch verschiedene
Projektionsrichtungen verschiedene Knotengitter entstehen können. Solche
Splines werden **Box-Splines** genannt und wurden von DE-BOOR und HÖLLIG
[BOO 82] eingeführt und später ausführlich untersucht (s. z. B. [DAH 84],
[PRA 84], [PRA 85], [SABL85]). - Werden dagegen beliebige Polyeder proji-
ziert, entstehen als *"Schatten"* **multivariate Splines** [PRA 84] , [BOO 88].

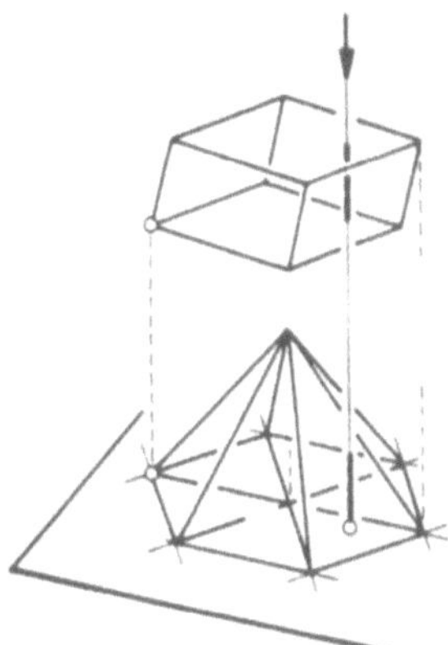

Fig. 26: Projektion eines Würfels liefert linearen Box-Spline

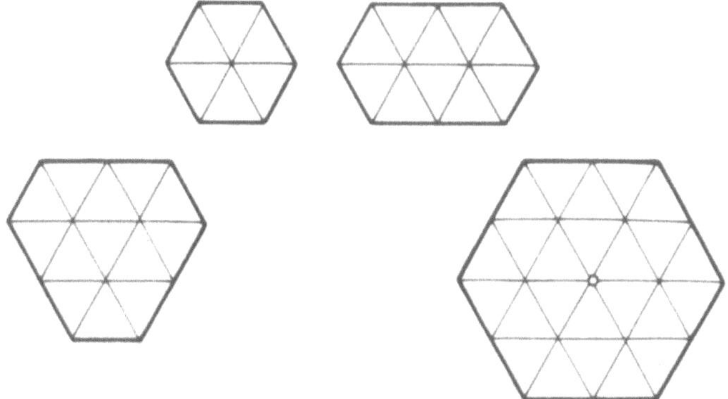

Fig. 6.27 : Träger für lineare, quadratische, kubische und quartische B-Splines

Eine Splinefläche über einer (regelmäßigen) Triangulieurng der (u, v)-Ebene kann so angesetzt werden

$$X(u,v) = \sum_j \mathbf{d}_j\, N_j^n(u,v)$$

mit B-Spline-Basis-Funktionen N_j^n, die über der gegebenen Triangulierung definiert sind und den de Boor-Punkten $\mathbf{d}_j$ zugeordnet werden. Leider liegen für B-Splines über dreieckigem Gitter keine so günstigen Bedingungen vor wie etwa im Falle der Tensor-Produkt-B-Spline-Flächen:

Die maximal mögliche Stetigkeitsordnung hängt von der Geometrie der Triangulierung ab. Im allgemeinen ist für eine reguläre Triangulierung nur ein C^r-Übergang für $3r < 2n-1$ möglich [FAR 79].

B-Spline-Funktionen über Dreiecken bilden keine lineare Basis, denn die kubischen B-Spline-Funktionen sind z. B. linear abhängig und quartische B-Spline-Funktionen spannen nicht den vollen Raum der C^2-stetigen quartischen Funktionen auf. – Die Dimensionierung des Funktionenraumes ist wie die maximal mögliche Stetigkeitsordnung von der Geometrie der Triangulierung abhängig (s. z. B. [SCHU 84], [ALF 87]).

Einen einfachen Zugang zu den Splines über Dreiecken liefert eine direkte Verallgemeinerung der Erzeugung der B-Spline-Basis-Funktionen über Durchschnitt mit dem Einheitsimpuls (s.a. [BÖH 87b]): in der Ebene seien baryzentrische Koordinaten über einen regelmäßigen Dreiecksgitter mit dem Grunddreieck T gegeben (s. Fig. 6.28), wobei mit

$$\mathbf{a} = (1,0,0), \qquad \mathbf{b} = (0,1,0), \qquad \mathbf{c} = (0,0,1)$$

die Ecken von T bezeichnet werden und über $\mathbf{I} = (i, j, k)$ mit der Nebenbedingung

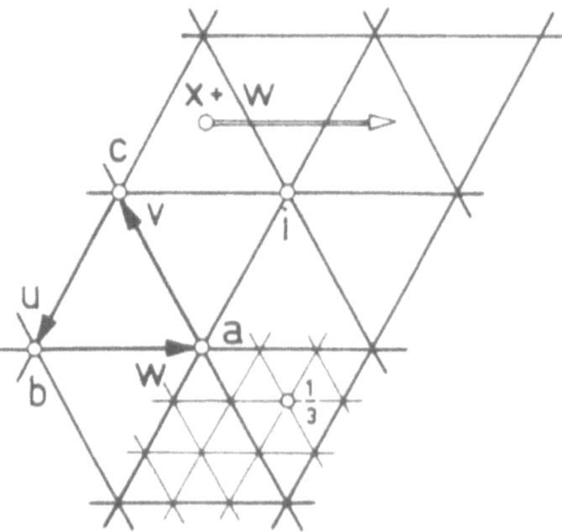

Fig. 6.27 : Baryzentrische Koordinaten und Verfeinerung
eines regulären Dreiecksgitters

i + j + k = 1 Gitterpunkte beschrieben werden können. Sei G die Menge aller dieser I, dann beschreibt $\frac{J}{s}$ (J ∈ G) einen Punkt einer *s-fachen Verfeinerung* des Gitters. Weiter seien

$$u = b - c, \qquad v = c - a, \qquad w = a - b$$

die drei Richtungen des Gitters .

Der Graph N_i eines stückweise linearen Box-Spline ist eine hexagonale Pyramide mit dem Mittelpunkt in i und Höhe 1. Nun sei N_i^p, mit $p = (p, q, r)$, ein Box-Spline konstruiert aus N_i durch $(p - 1, q - 1, r - 1)$-fache Überlagerung des Einheitsimpuls in den Richtungen u, v, w. In dieser Schreibweise kann dann die stückweise lineare Basisfunktion N_i auch als N_i^e mit e = (1,1,1) dargestellt werden. Fig. 6.29 zeigt zwei solche Überlagerungen.

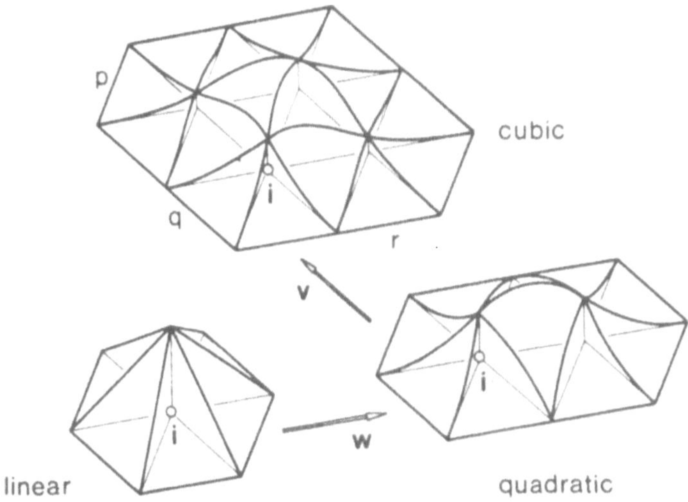

Fig. 6.29 : Erzeugung eines quadratischen bzw. kubischen Boxsplines durch Überlagerung des Einheitsimpulses mit dem stückweise linearen Box-Spline[*)]

Allgemein gilt dann z.B.

$$N_i^p(\cdot) = \int_{-1}^{0} N_i^{p-c}(\cdot + tw)\, dt \qquad (6.56)$$

mit p-c = (p, q, r -1) und dem Symbol (·) für die entsprechenden Argumente. p legt die *Seitenlänge* (Ordnung) des Definitionsbereiches fest, für jedes feste p sind die B-Splines $N_i^p(\cdot)$ und $N_i^p(\cdot + j)$ Translate voneinander, d.h. es gilt

$$N_i^p(\cdot) = N_{i+j}^p(\cdot + j).$$

[*)]Die Figur wurde freundlicherweise von Herrn W. Böhm zur Verfügung gestellt

Jede lineare Kombination solcher B-Spline-Funktionen $N^p_i(\cdot)$ der Ordnung p

$$X^p(\cdot) = \sum_{i \in G} c_i \, N^p_i(\cdot). \qquad (*)$$

liefert eine B-Spline-Fläche mit dem Kontrollpunkt c_i.

Da die direkte Berechnung der Funktionswerte der B-Spline-Funktionen über obige Konstruktion sehr aufwendig ist, wurde von verschiedenen Autoren vorgeschlagen, das Kontrollnetz der c_i in Bézier-Punkte zu transformieren, so daß dann mit Hilfe der Bernstein-Polynome (über einem Basisdreieck) die Funktionswerte der Basisfunktionen direkt berechnet werden können. Sabin [SAB 77] benutzt Bernstein-Polynome über Dreiecken mit n: = p + q + r -2 und verlangt für die B-Spline-Fläche $(*)$ eine Bézier-Darstellung, d.h. es soll gelten.

$$X^p(\cdot) = \sum_{j \in G} b^n_j \, B^n_j(\cdot) \, .$$

Nun fällt die stückweise lineare Funktion $B^1_i(\cdot)$ mit der Pyramide $N_i(\cdot)$ zusammen, so daß die Bézier-Punkte b^1_i mit den Kontrollpunkten c_i identisch sind, d.h. es gilt

$$\sum_{i \in G} c_i \, B^1_i(\cdot) = \sum_i c_i \, N^e_i(\cdot) = X(\cdot) \, .$$

Über die Formel zur Integration der Bernstein-Polynome (s .a. (4.38)) erhält man eine einfache Formel für die Überagerung von $B^m_j(\cdot)$ (m = 1,..., n-1) mit dem Einheitsimpuls in irgendeiner Netzrichtung. Für die rekursive Konstruktion der Bézier-Punkte b^m_j aus b^{m-1}_i wurden über *Netzverfeinerung (filling and averaging)* verschiedene Algorithmen vorgeschlagen (s. z. B. [SAB 77], [PRA 84], [BÖH 87b]). Sind die Bézier-Punkte bekannt, können mit dem Casteljau-Algorithmus Flächenpunkte der B-Spline-Flächen berechnet werden. – Auch für die direkte Berechnung der Flächenpunkte einer B-Spline-Fläche wurden Verfeinerungsalgorithmen für die Kontrollpunkte c_i entwickelt, wobei ausgenutzt wird, daß der Netzverfeinerung eine Verfeinerung der projizierten Boxes entspricht und die Kontrollpunkte der Verfeinerung gegen die gesucht Fläche konvergieren (s. z. B. [BÖH 83, 83a, 84a, 85], [PRA 85]).

6.4 Allgemeine Parametergebiete

Leider läßt sich das Prinzip der baryzentrischen Koordinaten nicht auf allgemeine Parametergebiete wie *Fünfeck-, Sechseckgebiete* übertragen, da dann im $\mathbb{R}^2$ die Darstellung eines Punktes nicht mehr eindeutig wird. Daher müssen für solche Parametergebiete andere Zugänge geschaffen werden. Es ist bisher von der mathematischen Grundlegung nicht gelungen, eine allgemein gültige Methode zu entwickeln, die Übergänge zwischen beliebigen Parametergebieten und beliebigem Grad der Nachbargebiete zuläßt. Wir müssen uns daher hier darauf beschränken, exemplarische Lösungen für spezielle Voraussetzungen vorzustellen.

SABIN [SAB83] hat dreieckige und fünfeckige Verbindungspatches für *"Kofferecken"* (s. Fig. 6.30) von Bézier-Spline- bzw. B-Spline-Flächen 2. Grades über geeignete symmetrisch aufgebaute Ansätze eingeführt. Zum besseren Verständnis des Fünfeck-Patch betrachten wir zunächst ein **Dreieck-Patch:**

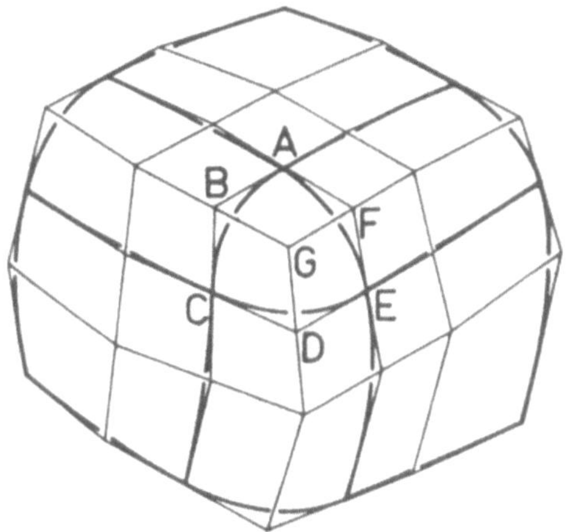

Fig. 6.30: Kontrollpunkte für dreieckiges Verbindungspatch.

Da die benachbarten Flächen quadratisch sein sollen, muß der Ansatz für die Verbindungsfläche so gestaltet werden, daß die Randkurven der Verbindungsfläche quadratische Bézier-Kurven sind, außerdem sollen die Bézier-Punkte dieser Randkurven sowie *ein weiterer mittlerer Kontrollpunkt* diese Fläche erzeugen. Sind die Punkte A, B, . . . , F die Bézier-Punkte der Randkurven (s. Fig. 6.30) und G der zusätzliche Kontrollpunkt, so lautet der Ansatz von SABIN

$$X(u,v,w) = A u^2 (1-2vw) + B 2uv(1-w) \qquad (6.57)$$

$$+ C v^2 (1-2wu) + D 2vw(1-u) + E w^2 (1-2uv)$$

$$+ F 2uw(1-v) + G 4uvw$$

mit der *Nebenbedingung*

$$u+v+w - 2uvw = 1, \qquad 0 \le u,v,w \le 1 .$$

Daß der Ansatz (6.57) die quadratischen Bézier-Kurven enthält, zeigt direktes Einsetzen: Die Eckpunkte ergeben sich über

$$X(1,0,0) = A, \qquad X(0,1,0) = C, \qquad X(0,0,1) = E .$$

Die Kurven über den Flächenrändern folgen aus (6.57) für u=0 oder v=0 oder w=0. Wird z. B. w=0 gesetzt, liefert (6.57)

$$X(u,v,0) = \mathbf{A}u^2 + \mathbf{B}\,2uv + \mathbf{C}v^2 \text{ mit } v = 1-u \,,$$

also gerade eine quadratische Bézier-Kurve.

Weiter schließt die Verbindungsfläche (6.57) $\mathbf{C^1}$-**stetig** an die benachbarten Bézier-Flächen an. Dies kann so gezeigt werden:

Wir greifen wieder die Randkurve w=0 heraus und berechnen die Tangentenrichtung einer Kurve u=u(t), v=v(t), w=w(t). Nach der Kettenregel gilt über die Nebenbedingung in (6.57) wegen w=0

$$\frac{du}{dt} + \frac{dv}{dt} + \frac{dw}{dt} - 2uv\,\frac{dw}{dt} = 0 \,.$$

Wählen wir t so, daß gilt $\frac{dw}{dt} = 1$, folgt daraus

$$\frac{du}{dt} + \frac{dv}{dt} = 2uv - 1. \tag{$*$}$$

Wegen $u + v = 1$ ist $(*)$ erfüllt für den Ansatz

$$\frac{du}{dt} := -u^2 \,, \quad \frac{dv}{dt} := -v^2 \,.$$

Damit berechnet sich die Ableitung

$$\frac{dX}{dt}(u,v,0) = 2u^2\,(\mathbf{F-A}) + 4uv\,(\mathbf{G-B}) + 2v^2\,(\mathbf{D-C}) \,,$$

was wegen $u = v - 1$ mit (6.11) gerade der Randableitung einer biquadratischen Bézier-Fläche entspricht!

Diese Methode kann über folgenden Ansatz auf **Fünfeck-Patches** übertragen werden (s. Fig. 6..31).

$$
\begin{aligned}
X(s,t,u,v,w) = {} & u^2v^2w^2(1-2vstuvw)\ \mathbf{A} \\
& + 2tu^2v^2w\ (1-2stuvw)\ \mathbf{B} + t^2u^2v^2(1-2ustuvw)\ \mathbf{C} \\
& + 2st^2u^2v\ (1-2stuvw)\ \mathbf{D} + s^2t^2u^2(1-2tstuvw)\ \mathbf{E} \\
& + 2ws^2t^2u\ (1-2stuvw)\ \mathbf{F} + w^2s^2t^2(1-2sstuvw)\ \mathbf{G} \\
& + 2vw^2s^2t\ (1-2stuvw)\ \mathbf{H} + v^2w^2s^2(1-2wstuvw)\ \mathbf{I} \\
& + 2uv^2w^2s\ (1-2stuvw)\ \mathbf{J} + 4stuvw(1-2stuvw)\ \mathbf{K}
\end{aligned}
\tag{6.58}
$$

mit den *Nebenbedingungen*

$$0 \le s,t,u,v,w \le 1; \quad s = 1-uv, \ t = 1-vw, \ u = 1-ws \tag{6.58a}$$
$$v = 1-st, \ w = 1-tu.$$

Entlang einer Randkurve gilt z. B.

$$s = 0 \text{ mit } t+w = 1, \ u = 1, \ v = 1,$$

was auf die Bézier-Kurve führt

$$X(0,t,1,1,w) = Aw^2 + B2tw + Ct^2 .$$

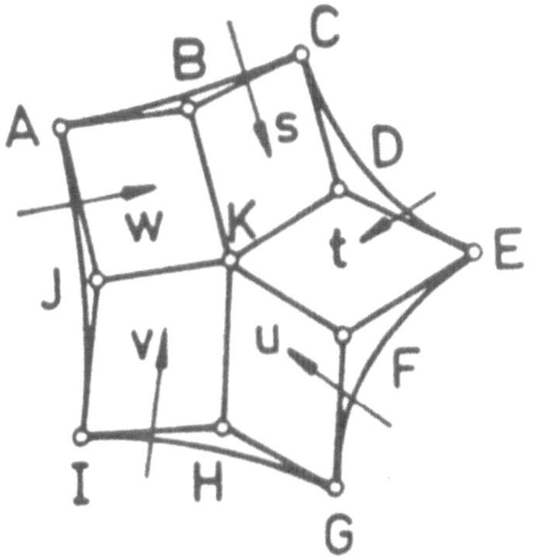

Fig. 6.31: Ansatz für Fünfeck-Patch.

Soll die Ableitung bezogen auf einen Parameter r z. B. längs der Randkurve s = 0 berechnet werden, liefern zunächst die Nebenbedingungen (6.58a)

$$t+w = 1+stw \qquad oder \ wegen \ s = 0$$

$$\frac{dt}{dr} + \frac{dw}{dr} = wt\frac{ds}{dr} \ , \qquad\qquad \frac{du}{dr} = -w\frac{ds}{dr}, \frac{dv}{dr} = -t\frac{ds}{dr} \ .$$

Wird nun noch gesetzt

$$\frac{ds}{dr} := 1, \quad \frac{dt}{dr} := t^2w, \frac{dw}{dr} := tw^2 ,$$

ergibt sich als Ableitung

$$\frac{dX}{dr}(0,t,1,1,w) = 2w^2(J-A) + 4tw(K-B) + 2t^2(D-C) ,$$

womit der C^1-Übergang gesichert ist.

HOSAKA-KIMURA haben auf ähnlichem Wege dreieckige und fünfeckige Verbindungsflächen für Polynomgrad n = 3 konstruiert, die dort weiter angegebenen Verbindungslächen sind jedoch nicht immer einwandfrei [HOSA 84], [SAB 85], [SAB 86]).

SARRAGA([SAR 87] , s. a. [SAR 89]) führt für ein kubisches Netz einen anderen, auf Bézier [BEZ 74] (s. a. [HOSA 78], [KAH 82], [BEE 86]) zurückgehenden Zugang zur Lösung des Problems *mehreckiger Höhlen* ein: Durch Aufteilung der Dreiecke oder Fünfecke mit Hilfe eines inneren Punktes C in rechteckige Patche, reduziert er das Problem darauf, daß sich 3 oder 5 Randkurven in einem Punkt C des Kurvennetzes treffen dürfen (s. Fig. 6.32). Die Netzkurven sollen in C eine gemeinsame Tangentialebene besitzen, so daß dort z.B. für zwei benachbarte Patches r_1, r_2 gilt

$$\frac{\partial r_1(0,u)}{\partial u_1} + a(u)\,\frac{\partial r_2}{\partial v_2}\,(u,0) + b(u)\,\frac{\partial r_2}{\partial u}\,(u,0) = 0 \qquad\qquad (6.59)$$

(eine ausführliche Darstellung dieser Methode findet sich in Kap. 7).

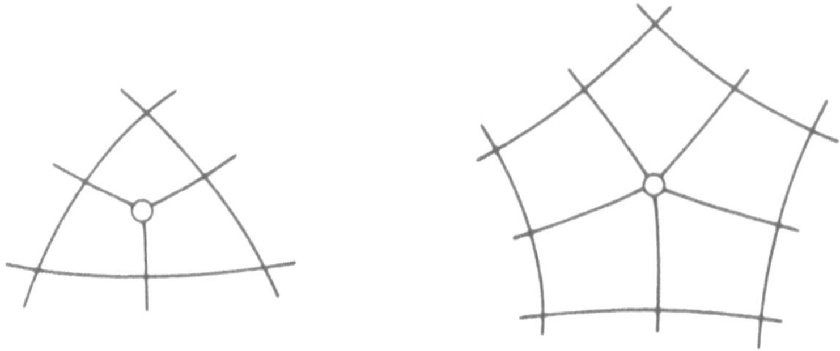

Fig. 6.32 : Aufteilung von zu füllenden Höhlen

mit u als Parmeter der gemeinsamen Kurve von r_1, r_2. Die Koeffizienten der Polynome a und b sowie Twistvektoren der Patches um **C** werden zur Berechnung der Rand-Bézier-Punkte der zu konstruierenden, durch das Kurvennetz bestimmten Patches benutzt. Der Polynomgrad der Funktionen a, b hängt von der Eckensituation ab, im allgemeinen werden für a kubische Funktionen und für b quartische Funktionen angesetzt, so daß (wegen des notwendigen Koeffizientenvergleichs in (6.59)) Tensor-Produkt-Flächen vom Grade (6,6) oder (3,6) zu konstruieren sind. Die Methode ist für rationale und nicht-rationale Flächen einsetzbar.

HAHN , GREGORY ([HAH 89] , [GRE 87], [GRE 86a] sowie [CHAR 84]) haben den Zugang von Sarraga auf beliebige n-Ecke ausgedehnt, ein Weg zum Füllen n-seitiger Höhlen mit Hilfe *funktioneller Splines* wird in [LI 90] vorgeschlagen.

In [ROSE 88b] werden n-seitige Flächensegmente - sog. **S-patches** der *Tiefe* d-bzgl. konvexer, n-seitig polygonaler Definitionsbereiche (n-Ecke) definiert, mittels einer Einbettung E des n-Ecks in den Definitionsbereich eines (n-1)-dimensionalen Bézier Simplex B vom Grade d, also durch die Verknüpfung

$S(u^P) = B \circ E(u^P)$ erzeugt. Dabei ist E definiert durch (s. Fig. 6.33)

i)   E bildet Kanten K_{ij}^P des n-Eck-Polygons auf Kanten K_{ij}^S des "Bézier-Gitters" des (n-1)-dim. Simplexes ab;

$$E:\quad K_{ij}^P \rightarrow K_{ij}^S \qquad\quad \text{für alle } i, j \quad \text{mit } i \neq j,$$

ii) E bildet Ecken E_i^P des n-Eck-Polygons auf Ecken E_i^S des "Bézier-Gitters" des (n-1)-dim. Simplexes ab:

$$E: E_i^P \rightarrow E_i^S \qquad \text{für alle i,}$$

iii) E bildet Punkte u^P des Inneren des n-Eck-Polygons auf Punkte u^S des Innern des Simplexes ab:

$$E: u^P \rightarrow u^S .$$

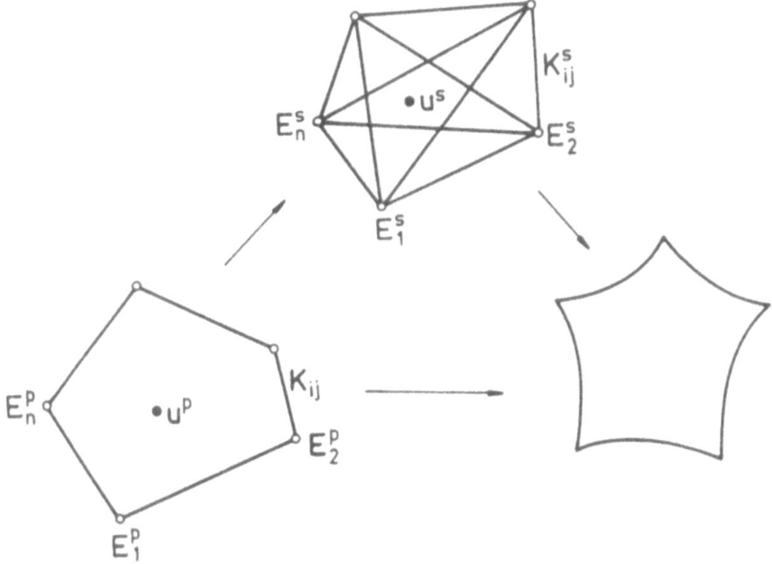

Fig. 6.33 : Abbildung eines Polyeders auf ein s-patch.

Als Beispiel einer solchen Abbildung E wird in [ROSE 88b] unter Zuhilfenahme von Ergebnissen aus [CHAR 84] eine rationale polynomiale Abbildung vom Grad n-2 angegeben, die sich für n = 3 sogar auf eine affine Abbildung reduziert.

Konsequenz der Definition von $S(u^P)$ ist, daß sich viele Eigenschaften eines S-patches unmittelbar aus den korrespondierenden Eigenschaften des Bézier Simplexes ergeben.

6.5   Rationale Tensor-Produkt-Flächen

Werden die Bézier-Punkte oder die De Boor-Punkte von Bézier-Flächen der B-Spline-Flächen als Punkte des $\mathbb{R}^4$ angesetzt und deren Komponenten als *homogene Koordinaten* des $\mathbb{R}^4$ interpretiert, erhalten wir im $\mathbb{R}^3$ *rationale Bézier-* oder *B-Spline-Flächen* (s. a. z. B. [PIE 86a,87a,87b], [TIL 83] , [VER 75]) .

Betrachten wir zunächst **rationale Bézier-Flächen**: Wir können als Bézier-Punkte
ansetzen

$$\mathbf{B}_{ij} = (h_{ij},\, h_{ij}\,\xi_{ij},\, h_{ij}\,\eta_{ij},\, h_{ij}\zeta_{ij}) \tag{6.60}$$

mit h_{ij} als *(homogenisierende) Gewichtsfaktoren*. Ist $h_{ij} \neq 0$, so haben diese
Bézier-Punkte die kartesischen Koordinaten

$$\mathbf{b}_{ij} = (\xi_{ij}, \eta_{ij}, \zeta_{ij})\ . \tag{6.60a}$$

Die in Kapitel 4.1.5 dargestellten Eigenschaften der rationalen Bézier-Kurven
gelten analog, d. h. z. B. der Casteljau-Algorithmus ist übertragbar, wenn die
Bézier-Punkte multipliziert mit den Gewichten und die Gewichte selbst in den
Algorithmus eingehen, es gilt die Konvexe-Hüllen-Eigenschaft, die Annäherung
der Fläche an das Bézier-Netz bei Erhöhung der Gewichte, es können über entsprechende Übergangsbedigungen auch rationale Spline-Flächen konstruiert
werden. In Fig. 6.36 wird die Auswirkung von Änderungen der Gewichte an

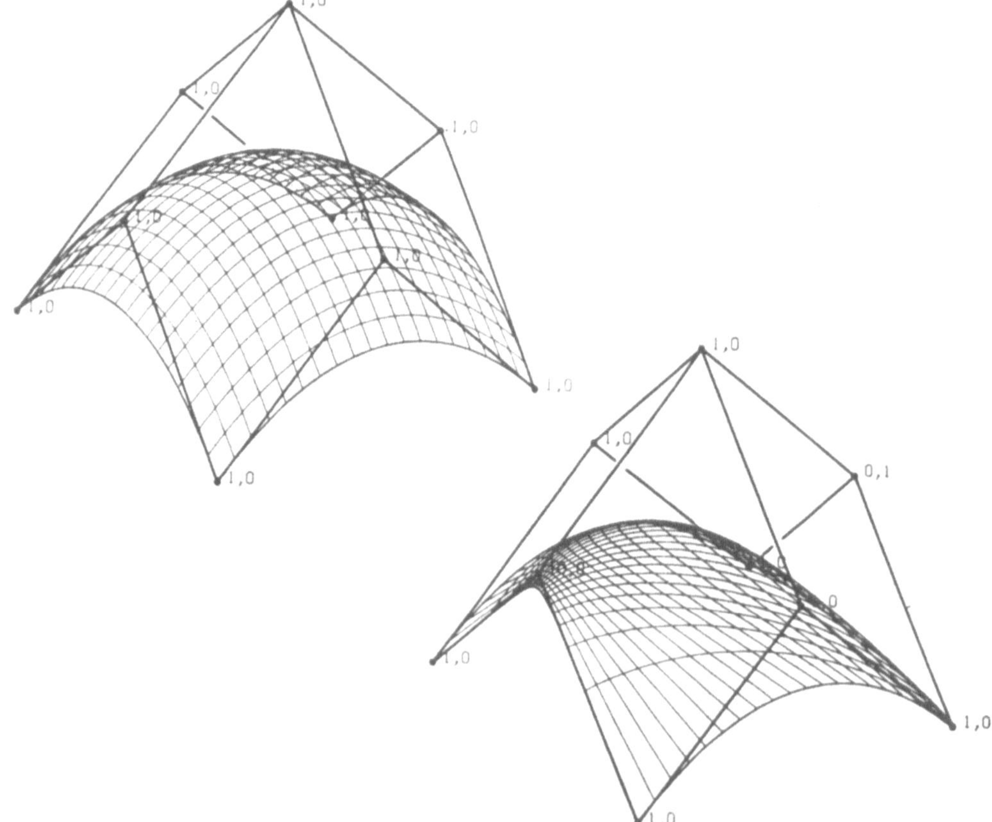

Fig. 6.34 a,b : Auswirkung der Gewichte bei rationalen Bézier-Flächen

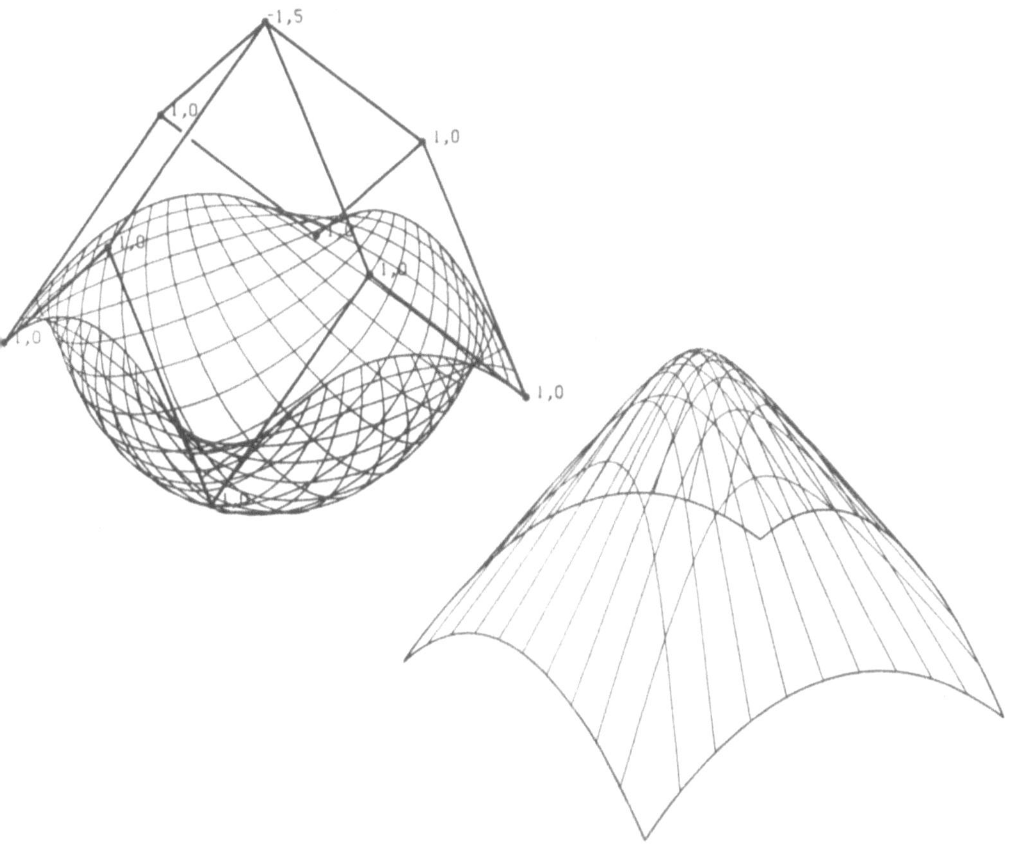

Fig. 6.34 c,d: Auswirkung der Gewichte bei rationalen Bézier-Flächen

einem Beispiel demonstriert: die erste Fläche (Fig. 6.36a) hat durchweg Gewichte
1, d. h. es liegt eine gewöhnliche biquadratische Bézier-Fläche vor, bei den nächsten Figuren werden unterschiedliche Gewichte gewählt: einmal an den linken
und rechten Rändern 10 und 0.1 (Fig. 6.34b), dann im mittleren Bézier-Punkt einmal -1.5 (Fig. 6.34c) und dann 10 (Fig. 6.34d) (die Gewichte sind in den Figuren
jeweils an den Bézier-Punkten angetragen). Man beachte auch die Änderung des
Verlaufs der Parameterlinien: es treten Häufungen in der Nähe hoher Gewichte
auf. Solche Phänomene können über gebrochen lineare Umparametrisierung (s.
Kap 4) abgeschwächt werden

Interessante Resultate lassen sich entwickeln, wenn einzelne h_{ij} verschwinden,
was geometrisch bedeutet, daß der zugehörige projizierten Punkt zu B_{ij} im Unendlichen liegt (**Fernpunkt**) in Richtung b_{ij} (s.a. [GRO 57]). Wir wollen für diese
Fernpunkte folgende Schreibweise einführen

$$B_{ij} = (0, 0\ u_{ij}, 0\ v_{ij}, 0\ w_{ij}) := \vec{b}_{ij} \stackrel{\wedge}{=} (u_{ij}, v_{ij}, w_{ij}) \tag{6.60b}$$

Mit (6.60a) hat im $\mathbb{R}^3$ eine **rationale Bézier-Fläche** vom Grade (n,m) die Parameterdarstellung

$$X(u,v) = \frac{\sum\limits_{i=0}^{n} \sum\limits_{k=0}^{m} h_{ik} b_{ik} B_i^n(u) B_k^m(v)}{\sum\limits_{i=0}^{n} \sum\limits_{k=0}^{m} h_{ik} B_i^n(u) B_k^m(v)} \; . \tag{6.61}$$

Ist ein Bézier-Punkt $\mathbf{B}_{rs}$ ein **Fernpunkt**, so geht (6.61) über in

$$X(u,v) = \frac{\sum\limits_{i=0}^{n} \sum\limits_{k=0}^{m}{}_{(i,k\neq r,s)} h_{ik} b_{ik} B_i^n(u) B_k^m(v)}{N} + \frac{\vec{b}_{rs} B_r^n(u) B_s^m(v)}{N} \tag{6.61a}$$

mit

$$N = \sum\limits_{i=0}^{n} \sum\limits_{k=0}^{m}{}_{(i,k\neq r,s)} h_{ik} B_i^n(u) B_k^m(v) \; .$$

Fig. 6.35 demonstriert die Auswirkung eines unendlich fernen Bézier-Punkt: bei dem Beispiel aus 6.34 wird der mittlere Bézier-Punkt der vorderen Randkurve als Fernpunkt gewählt:

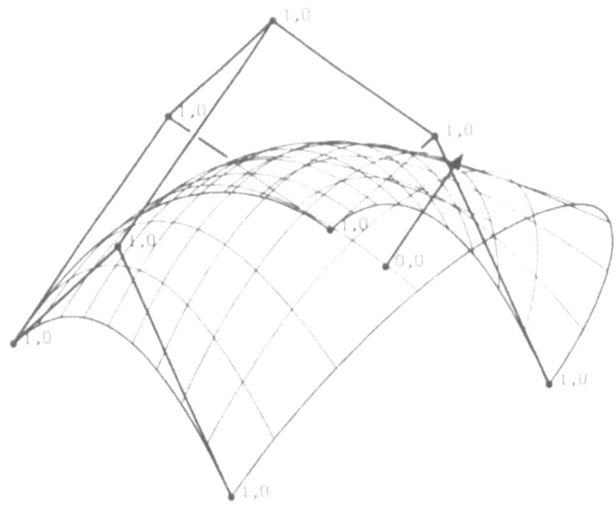

Fig. 6.35: Fläche aus Fig. 6.34 mit einem Fernpunkt

Bemerkung: Bei der Verwendung des Casteljau-Algorithmus zur Berechnung der Flächenpunkte dürfen die bei Fernpunkten verschwindenden Gewichte nicht einfach weggelassen weden, sondern müssen in der Rekursion mitgeführt werden

Betrachten wir nun speziell rationale **biquadratische Bézier-Flächen**: In dieser Flächenklasse sind die **Quadriken** enthalten, aber nicht alle quadratisch-rationale Bézier-Flächen sind Quadriken. Werden nämlich in (6.61) die Parameter (u,v) eliminiert, entstehen maximal Flächen 8. Grades in (x,y,z), die nur über Nebenbedingungen an die Koeffizienten von (6.61) zu Quadriken werden.

Es gelte also i. allg. (m,n) = (2,2) und als spezielle Gewichtsfaktoren werden gewählt (Normierung der Randkurven) $h_{00} = h_{20} = h_{02} = h_{22} = 1$. Sind dann alle (restlichen) $h_{ij} \geq 0$, liegt die Bézier-Fläche ganz innerhalb der konvexen Hülle der Bézier-Punkte. Sind dagegen alle (restlichen) $h_{ij} \leq 0$, so liegt die Bézier-Fläche ganz außerhalb der konvexen Hülle der Bézier-Punkte.

Im folgenden soll gezeigt werden, wie mit rationalen Bézier-Flächen und geeignet gewählten Fernpunkten ein *Kreiszylinder*, ein *Torus*, *Drehflächen*, eine *Kugel* exakt dargestellt werden können (s. a. [PIE 86a], [PIE 87]):

Um einen (halben) **Zylinder** als rationale Bézier-Fläche zu beschreiben, wählen wir als Polynomgrad (2,1) und gemäß Fig. 6.36 die Bézier-Punkte $\mathbf{B}_{10}$ und $\mathbf{B}_{11}$ als Fernpunkte (d. h. $h_{10} = h_{11} = 0$) mit den Richtungen $\vec{\mathbf{b}}_{10}$ und $\vec{\mathbf{b}}_{11}$.

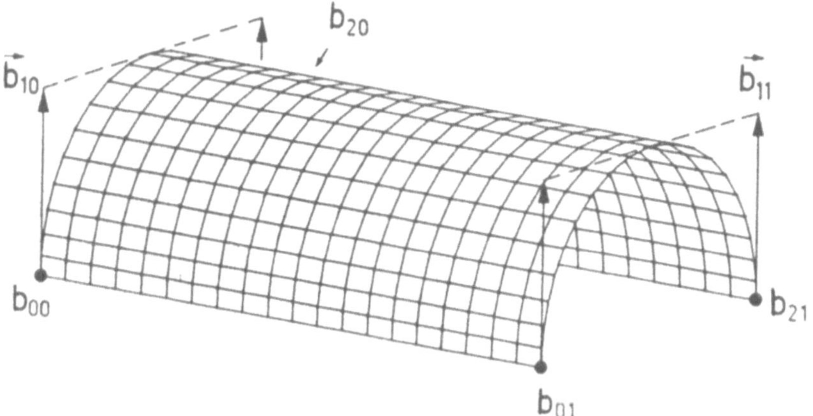

Fig. 6.36 : Halber Drehzylinder als rationale Bézier-Fläche. Die Richtung der Fernpunkte ist durch Pfeile gekennzeichnet.[*]

Die Parameterlinien v = const. sind Geraden, die Parameterlinien u = const. sind wegen der gewählten Fernpunkte i. allg. Ellipsen (s. a. Kap. 4). Der (halbe) Zylinder besitzt damit die Darstellung als rationale Bézier-Fläche (wenn alle nicht verschwindenden $h_{ij} = 1$)

$$X(u,v) = \frac{b_{00}B_0^2(u)B_0^1(v) + b_{20}B_2^2(u)B_0^1(v) + b_{01}B_0^2(u)B_1^1(v) + b_{21}B_2^2(u)B_1^1(v)}{N}$$

$$+ \frac{b_{10}B_1^2(u)B_0^1(v) + b_{11}B_1^2(u)B_1^1(v)}{N} , \tag{6.62}$$

[*] Die Fig. 6.36 - 6.39 wurden freundlicherweise von Herrn L. Piegl zur Verfügung gestellt.

mit $N = B_0^2(u)B_0^1(v)+B_2^2(u)B_0^1(v)+B_0^2(u)B_1^1(v)+B_2^2(u)B_1^1(v)$.

(6.62) stellt i. allg. einen elliptischen Zylinder dar, es folgt ein (halber) Kreiszylinder vom Radius r, wenn folgende Bézier-Punkte gewählt werden (s. a. Fig. 6.36).

$$b_{00} = (r,0,0)^T, \quad b_{10} = (r,0,h)^T, \quad b_{20} = (-r,0,0)^T ,$$
$$b_{01} = (-r,0,h)^T, \quad \vec{b}_{11} = (0,r,0)^T, \quad \vec{b}_{21} = (0,r,0)^T \quad .$$

(6.62a)

Werden diese Bézier-Punkte in (6.62) eingesetzt, ergibt sich die Parameterdarstellung eines halben Kreiszylinders

$$x = r\,\frac{(1-u)^2-u^2}{(1+u)^2+u^2}\,, \qquad\qquad y = r\,\frac{2u(1-u)}{(1+u)^2+u^2}\,,$$

$$z = hv \,. \qquad\qquad\qquad (\text{mit } u \in [0,1]\,,\ v \in [0,1]) \qquad (6.62b)$$

Wird in (6.62b) gewählt $\vec{b}_{10} = \vec{b}_{11} = (0,-r,0)^T$, so beschreibt (6.62) die zweite Hälfte des Zylinders, die außerhalb der konvexen Hülle der Bézier-Punkte gemäß (6.62a) liegt.

Um einen **Torus** darzustellen, wählen wir $(m,n) = (2,2)$ und als Fernpunkte die Punkte mit den Richtungen

$$\vec{b}_{10}, \vec{b}_{21}, \vec{b}_{11}, \vec{b}_{01}, \vec{b}_{12} \quad (\text{d. h. } h_{10} = h_{21} = h_{11} = h_{01} = h_{12} = 0)$$

und alle anderen $h_{ij} = 1$ (s. a. Fig. 6.37a). Damit genügt ein Flächenstück vom Typ des Torus der Gleichung

$$X(u,v) = \frac{b_{00}B_0^2(u)B_0^2(v)+b_{20}B_2^2(u)B_0^2(v)+b_{02}B_0^2(u)B_2^2(v)+b_{22}B_2^2(u)B_2^2(v)}{N}$$
$$+ \frac{\vec{b}_{10}B_1^2(u)B_0^2(v)+\vec{b}_{21}B_2^2(u)B_1^2(v)+\vec{b}_{11}B_1^2(u)B_1^2(v)+\vec{b}_{01}B_0^2(u)B_1^2(v)+\vec{b}_{12}B_1^2(u)B_2^2(v)}{N}$$

(6.63)

mit $N = B_0^2(u)B_0^2(v)+B_2^2(u)B_0^2(v)+B_0^2(u)B_2^2(v)+B_2^2(u)B_2^2(v)$.

Um nun aus (6.63) das in Figur 6.37b dargestellte Viertel eines Kreis-Torus zu erhalten, können folgende Bézier-Punkte und -Fernpunkte gewählt werden:

$$b_{00} = (0,-a,-r)^T, \quad b_{20} = (0,-a,r)^T, \quad b_{02} = (0,a,-r)^T$$
$$b_{22} = (0,a,r)^T \quad , \quad \vec{b}_{10} = (0,-r,0)^T, \quad \vec{b}_{21} = (a,0,0)^T$$
$$\vec{b}_{11} = (r,0,0)^T \quad , \quad \vec{b}_{01} = (a,0,0)^T \quad , \quad \vec{b}_{12} = (0,r,0)^T \,.$$

(6.63a)

Für $a > r$ entsteht ein reguläres Torusstück, für $a = 0$ eine **einfach überdeckte Kugel** (s. a. [PIE 87]).

Die Wahl der Bézier-Punkte gemäß (6.63a) liefert nur ein (äußeres) Viertel der Torusoberfläche (s. Fig. 6.37b).

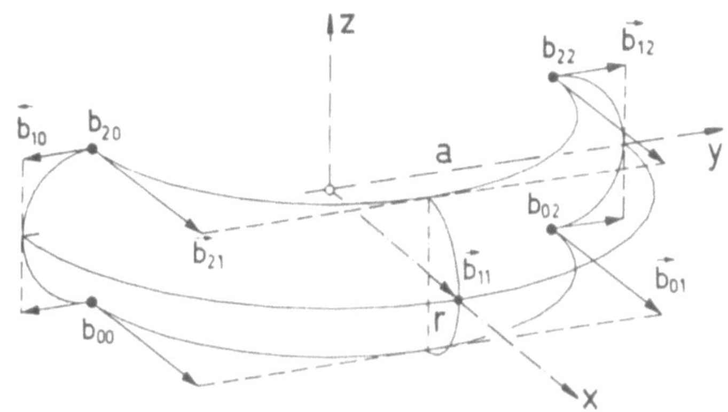

Fig. 6.37a: Bézier-Punkte und Bézier-Fernpunkte (Pfeile!)
für Erzeugung eines Torus.

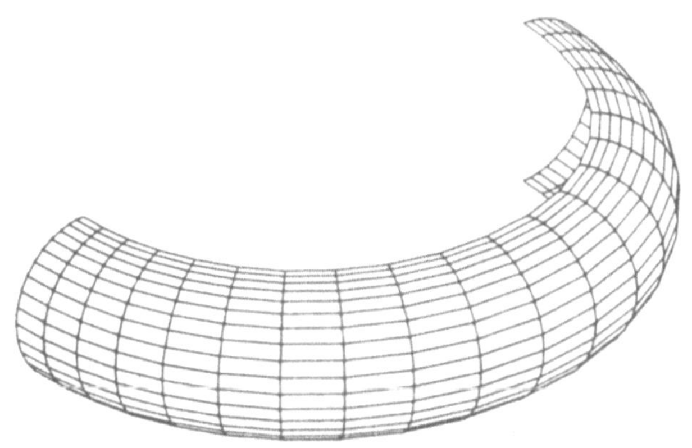

Fig. 6.37b: Torusstück erzeugt mit den Bézier-Punkten aus Fig. 6.37a

Werden die Richtungsvektoren $\vec{b}_{10}, \vec{b}_{11}, \vec{b}_{12}$ in (6.63) umorientiert, entsteht das zugehörige Innere der Torusoberfläche. Werden dagegen die Richtungsvektoren $\vec{b}_{21}$ und $\vec{b}_{01}$ umorientiert, entsteht entsprechend die hintere Hälfte des Torus. Die so erzeugten vier (C^2-stetigen) Bézier-Flächenstücke können bequem zu einer geschlossenen Darstellung mit Hilfe der *B-Spline-Basisfunktionen* zusammengefaßt werden (s. a. Kapitel 4.2 sowie [PIE 86a], [TIL 83]).

Wir wollen nun mit Hilfe der unendlich fernen Bézier-Punkte **Rotationsflächen** als rationale Bézier-Flächen darstellen. Dazu setzen wir voraus

- die z-Ache sei Rotationsachse,
- die Meridian-Kurve der Fläche sei in der (y,z)-Ebene gegeben,
- die Meridian-Kurve sei durch *quadratisch* rationale Bézier-Kurven-Segmente oder durch eine Bézier-Kurve höheren Grades gegeben.

Wir greifen ein quadratisches Segment heraus, das durch die Bézier-Punkte b_{00}, b_{10}, b_{20} festgelegt sei. Durch Vorzeichenumkehr der y-Komponente entstehen daraus die Bézier-Punkte b_{02}, b_{12}, b_{22} (s. a. Fig. 6.38).

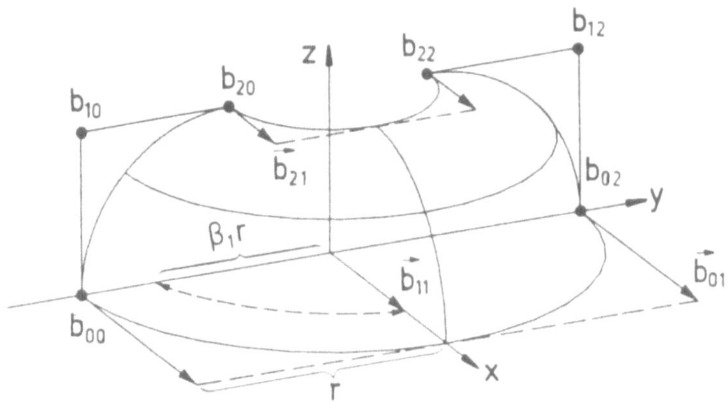

Fig. 6.38: Bézier-Punkte und Bézier-Fernpunkte (Pfeile) für Rotationsfläche.

Die Rotation der Punkte b_{00} und b_{20} wird durch die Fernpunkte mit Richtungen $\vec{b}_{01}$ und $\vec{b}_{21}$ erfaßt, wobei für die (vordere) Hälfte der Rotationsfläche gelte

$$\vec{b}_{01} = (\eta_{02},0,0)^T , \quad \vec{b}_{21} = (\eta_{22},0,0)^T \tag{6.64}$$

mit η_{02}, η_{22} als y-Komponente von b_{02}, b_{22}. (Werden in (6.64) die Vorzeichen umgekehrt, entsteht die hintere Hälfte der Rotationsfläche.) Nun ist noch der Bézier-Punkt b_{11} festzulegen, der so zu bestimmen ist, daß alle Punkte des Meridians *Kreise* beschreiben. Daher muß b_{11} ein Fernpunkt sein und besitzt analog zu (6.64) die Richtung

$$\vec{b}_{11} = (\lambda,0,0)^T , \tag{6.65}$$

wobei λ noch geeignet zu bestimmen ist. Um nun zu einem *möglichst allgemeinen* **Rotationsflächenstück** zu gelangen, wählen wir aus Symmetriegründen die Gewichte

$$h_{00} = h_{02} = 1, \qquad h_{10} = h_{12} =: \beta_1, \qquad h_{20} = h_{22} =: \beta_2 .$$

Weiter muß wegen der auftretenden Rotationskreise gelten $h_{01} = h_{21} = h_{11} = 0$.

Dann lautet die Parameterdarstellung eines solchen Rotationsflächenstückes

$$X(u,v) = \frac{b_{00}B_0^2(u)B_0^2(v)+\beta_1 b_{10}B_1^2(u)B_0^2(v)+\beta_2 b_{20}B_2^2(u)B_0^2(v)+b_{02}B_0^2(u)B_2^2(v)}{N}$$
$$+ \frac{\beta_1 b_{12}B_1^2(u)B_2^2(v)+\beta_2 b_{22}B_2^2(u)B_2^2(v)+\vec{b}_{01}B_0^2(u)B_1^2(v)+\vec{b}_{11}B_1^2(u)B_1^2(v)+\vec{b}_{21}B_2^2(u)B_1^2(v)}{N} \tag{6.66}$$

mit $\quad N = B_0^2(u)B_0^2(v)+B_0^2(u)B_2^2(v)+\beta_1 B_1^2(u)(B_0^2(v)+B_2^2(v))+\beta_2 B_2^2(u)(B_0^2(v)+B_2^2(v))$.

Nun muß $\vec{b}_{11}$ so bestimmt werden, daß jeder Punkt $u = u_0$ des Meridians einen Kreis beschreibt. Dazu versuchen wir, in (6.66) die Parameter u und v geeignet zu trennen: Wird der Nenner umgeformt, folgt zunächst

$$N(u_0) = [(1-u_0)^2 + 2\beta_1 u_0(1-u_0)+\beta_2 u_0^2]((1-v)^2+v^2) .$$

Insgesamt nimmt nach Trennung der Parameter (6.66) die Gestalt an

$$X(u_0,v) = \frac{(1-v)^2 A(u_0)+v^2 B(u_0)}{(1-v)^2 + v^2} + \vec{C}(u_0)\,\frac{2v(1-v)}{(1-v)^2+v^2} \tag{6.67}$$

mit

$$A(u_0,v) = \frac{b_{00}(1-u_0)^2+\beta_1 b_{10}2u_0(1-u_0)+\beta_2 b_{20}u_0^2}{(1-u_0)^2+\beta_1 2u_0(1-u_0)+\beta_2 u_0^2} ,$$

$$B(u_0) = \frac{b_{02}(1-u_0)^2+\beta_1 b_{12}2u_0(1-u_0)+\beta_2 b_{22}u_0^2}{(1-u_0)^2+\beta_1 2u_0(1-u_0)+\beta_2 u_0^2} ,$$

$$\vec{C}(u_0) = \frac{\vec{b}_{01}(1-u_0)^2+\vec{b}_{11}2u_0(1-u_0)+\vec{b}_{21}u_0^2}{(1-u_0)^2+\beta_1 2u_0(1-u_0)+\beta_2 u_0^2} .$$

Wegen des symmetrischen Ansatzes gilt für die Komponenten von A und B

$$(A)_x = (B)_x = 0, \quad (A)_y = -(B)_y, \quad (A)_z = (B)_z .$$

Soll daher (6.67) einen Kreis für jedes u_0 darstellen, muß ferner gefordert werden (s. (6.62b))

$$(B)_y = (\vec{C})_x .$$

Dann geht (6.67) in die Kreisgleichung (6.62b) über. Wegen des Ansatzes (6.65) für $\vec{b}_{11}$ folgt damit für λ mit den Komponenten der Bézier-Punkte gemäß Fig. 6.40

$$\lambda = \beta_1 r , \quad \beta_2 = 1 .$$

Zur besseren Übersicht haben wir als Meridiane der Rotationsflächen bisher nur quadratische Kurven zugelassen, ohne Einschränkung kann dieser Ansatz auch auf Bézier-Kurven höheren Grades übertragen werden.

Besteht eine Meridiankurve aus mehreren Bézier-Spline-Segmenten, so muß jedes Segment analog verarbeitet werden. Auch hier ist eine Zusammenfassung mehrerer Bézier-Segmente zu einer *B-Spline-Kurve* möglich (s. z. B. [PIE 86a]). Fig. 6.39 zeigt eine auf diesem Weg erzeugte Rotationsfläche sowie den zugehörigen Meridian.

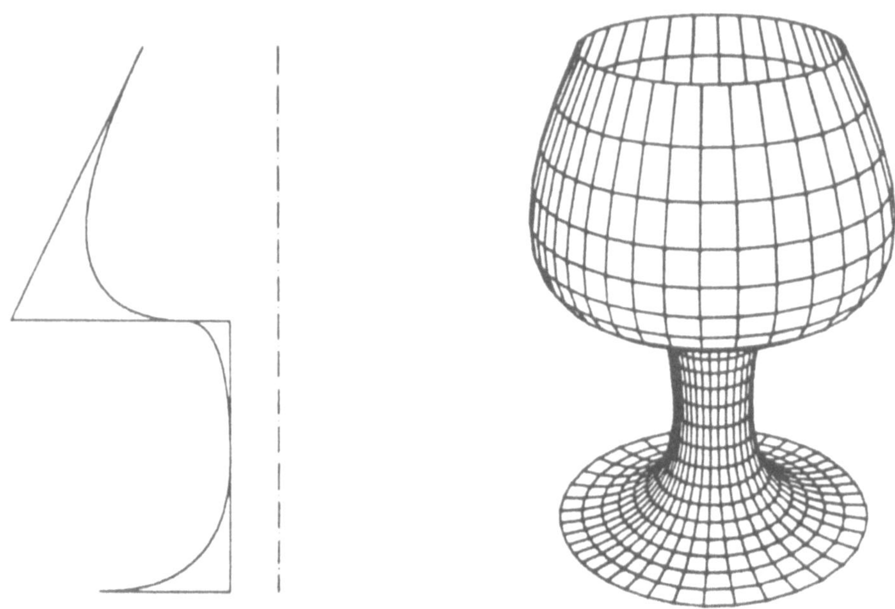

Fig. 6.39: Meridian und zugehörige Drehfläche.

Wie schon angedeutet, lassen sich natürlich auch rationale B-Spline-Flächen konstruieren. Die Algorithmen sind entsprechend zu übertragen, die Gewichte wirken analog zu den rationalen Bézier-Flächen. Für Anwendungen werden vor allem die nicht uniformen Tensor-Produkt-B-Spline-Flächen (NURBS) an Bedeutung gewinnen, da sie den Vorteil der B-Spline-Technik mit der Formenvielfalt der rationalen Flächen verbinden. Fig. 6.40 enthält Beispiele für rationale B-Spline-Flächen: Fig. 6.40a enthält eine Tensor-Produkt-B-Spline-Fläche der Ordnung (4,4), wobei zunächst alle Gewichte gleich eins gesetzt wurden. In Fig. 6.40b wurde die mittlere Reihe der de Boor-Punkte (wie angedeutet) mit den Gewichten 0.05 belegt, was eine deutliche Abflachung der Fläche bewirkt, in Fig. 6.40c wurden die beiden mittleren de Boor-Punkte der vorderen Randkurve als Fernpunkte gewählt, was zur Deformation des Randbereiches der Fläche führt.

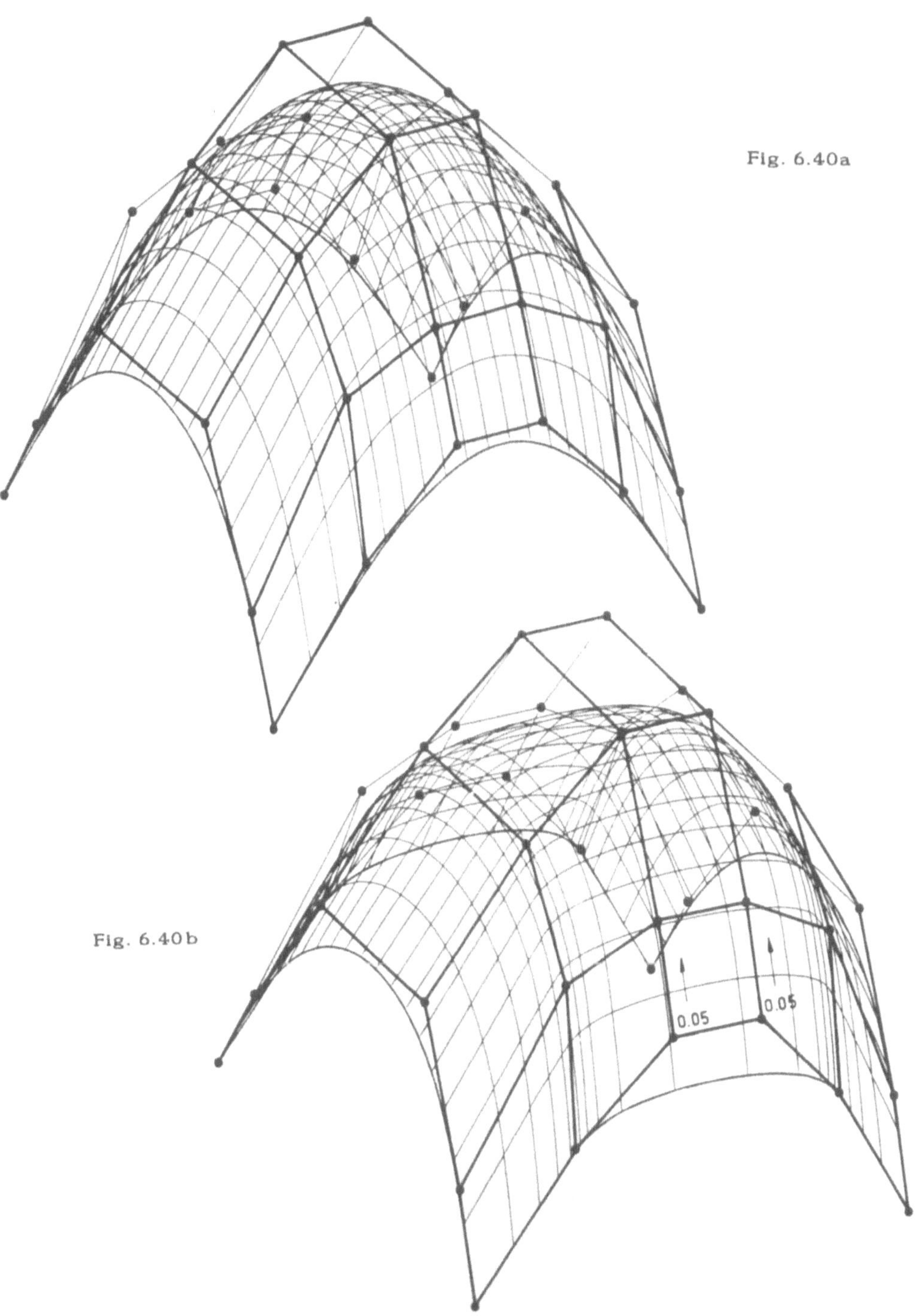

Fig. 6.40a

Fig. 6.40b

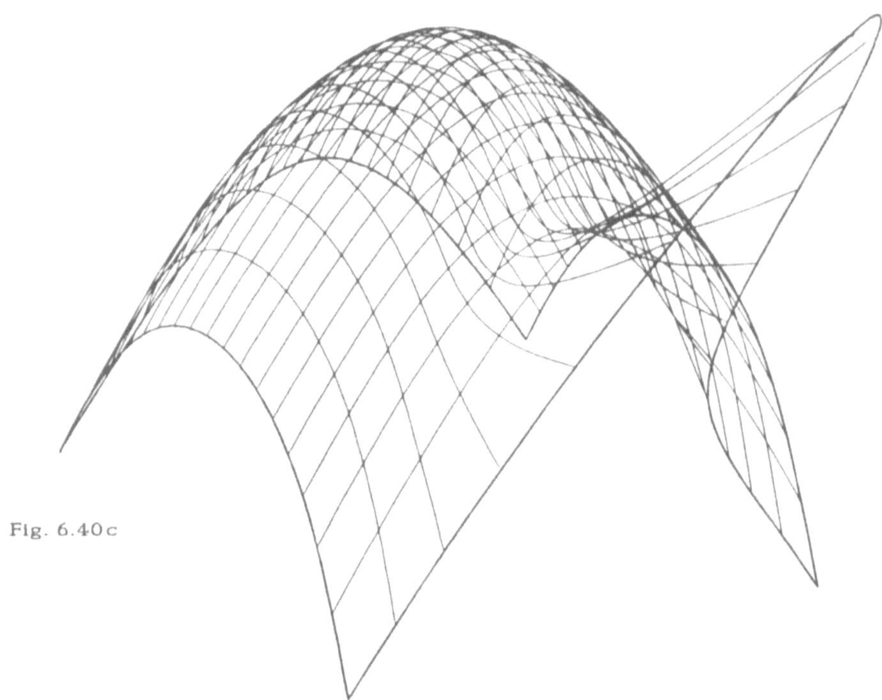

Fig. 6.40: Rationale B-Spline-Flächen

6.6   Rationale Dreiecksflächen

Unsere Überlegungen zu den rationalen Tensor-Produkt-Bézier-Flächen lassen
sich auf rationale Dreiecks-Bézier-Flächen ausdehnen. Entsprechend der Indizierung der Bézier-Punkte sind die Gewichte zu indizieren, d.h. an die Stelle von
(6.43) tritt als Parameterdarstellung einer **rationalen Dreiecks-Bézier-Fläche**

$$X(u,v,w) = \frac{\sum_{i+j+k=n} \beta_{ijk}\, b_{ijk}\, B^n_{ijk}(u,v,w)}{\sum_{i+j+k=n} \beta_{ijk}\, B_{ijk}(u,v,w)} \quad . \tag{6.68}$$

Der Casteljau-Algorithmus kann wieder verallgemeinert werden, indem der
Algorithmus auf die Gewichte sowie auf Bézier-Punkte multipliziert mit den
Gewichten angewandt wird. Sind die Gewichte β_{ijk} positiv, so können die
Eigenschaften der gewöhnlichen Dreiecks-Bézier-Flächen auf die rationalen
Flächen ausgedehnt werden (z.B. convex-hull-property). Natürlich können die
Gewichte auch negativ oder unendlich sein. In [FAR 87b] werden rationale Drei-
ecksflächen benutzt, um Kugeloktantent darzustellen.

7. Geometrische Splineflächen

Wir wollen nun die in Kap. 5 besprochenen geometrischen Übergänge für Kurven
auf bivariate Darstellungen übertragen. Die Notwendigkeit hierfür geben sternförmige Segmentkonfigurationen (s. Fig. 7.1) oder auch das aneinander Anschließen verschiedenartiger Segmenttypen (s. Fig. 7.2), die nicht immer C^r-stetig
realisierbar sind und daher allgemeine, mehr geometrische Übergangsbedingungen erfordern. Der geometrische Übergang wird gegenüber den C^r-Anschlüssen
vor allem aber auch dadurch ausgezeichnet, daß er invariant bzgl. Parametertransformationen ist, da seine Definition vom Begriff der Berührordnung ausgeht.

Fig. 7.1: Sternförmige Segmentkonfigurationen

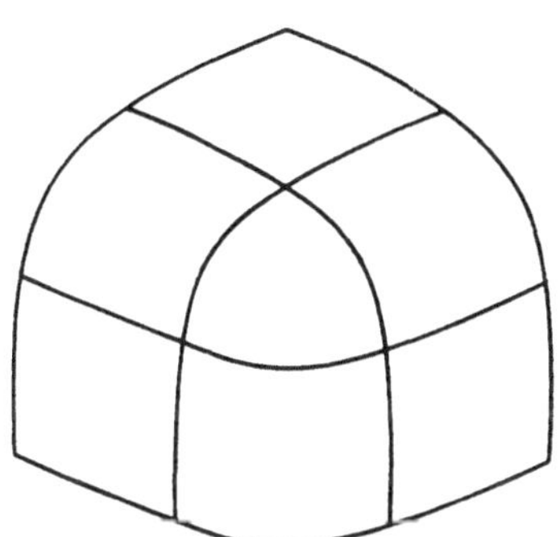

Fig. 7.2.a: Kofferecke

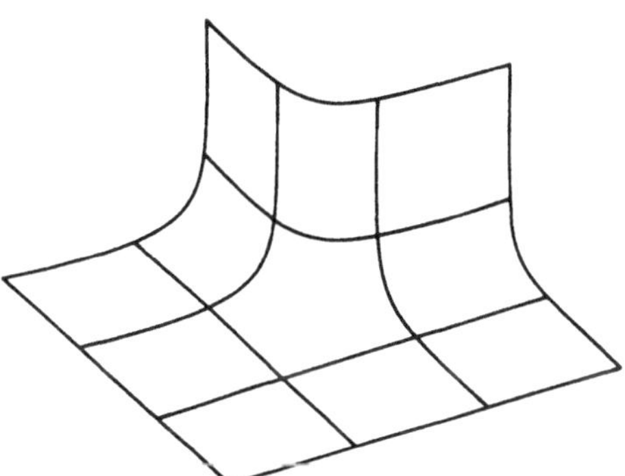

Fig. 7.2.b: Hausecke

In Verallgemeinerung zu Kap. 5 definieren wir für Flächen den GC^r-stetigen Übergang zunächst allgemein, um dann für in Bézier-Darstellung gegebene Flächen die GC^1- und GC^2-Übergangsbedingungen weiter zu konkretisieren. In Kap. 7.4 betrachten wir sternförmige Segmentkonfigurationen, [1] in Kap. 7.5 schließlich diskutieren wir B-Spline-Darstellungen.

7.1 GC^r-stetige Flächen

Der in Kap. 5 für Kurven eingeführte Begriff der Berührordnung läßt sich unmittelbar auf Flächen $X(u,v)$ und $Y(s,t)$ übertragen. Zum Zwecke der Herleitung der GC^r-Übergangsbedingungen wollen wir annehmen, daß sich die beiden Flächen in einem regulären Punkt [2] $P = X(\bar{u},\bar{v}) = Y(\bar{s},\bar{t})$ von der Ordnung r berühren sollen, d.h. $X(u,v)$ und $Y(s,t)$ sind im Berührpunkt P C^r-stetig nach Umparametrisierung auf gemeinsame Parameter durch eine zulässige, orientierungserhaltende Transformation, z.B. von $u \to u(s,t)$ mit $a_{00} \equiv u(\bar{s},\bar{t})$ und von $v \to v(s,t)$ mit $b_{00} \equiv v(\bar{s},\bar{t})$. Die GC^r-Übergangsbedingungen folgen sodann wieder - entsprechend zu Kap. 5.2 - durch einen Vergleich der Taylorreihenentwicklungsterme der beiden Flächen. Hierzu ist (vgl. mit Kap. 5.2) zunächst ein mehrfaches Anwenden der Kettenregel (für Ableitungen bei Funktionen mehrerer Variablen) erforderlich. Mit den Abkürzungen

$$a_{\mu\nu} = \frac{\partial^r}{\partial s^\mu \, \partial t^\nu} \, u(s,t)\Big|_{(s,t) = (\bar{s},\bar{t})} \qquad \text{mit } r = \mu + \nu, \qquad (7.1a)$$

$$b_{\mu\nu} = \frac{\partial^r}{\partial s^\mu \, \partial t^\nu} \, v(s,t)\Big|_{(s,t) = (\bar{s},\bar{t})} \qquad \text{mit } r = \mu + \nu, \qquad (7.1b)$$

ergibt sich, in Verallgemeinerung zu (5.6)ff, als **GC^r- Übergangsbedingungen**:

für $r = 1$:

$$\begin{bmatrix} Y_s \\ Y_t \end{bmatrix} = \begin{bmatrix} a_{10} & b_{10} \\ a_{01} & b_{01} \end{bmatrix} \cdot \begin{bmatrix} X_u \\ X_v \end{bmatrix} ; \qquad (7.2)$$

für $r = 2$ zusätzlich:

$$\begin{bmatrix} Y_{ss} \\ Y_{st} \\ Y_{tt} \end{bmatrix} = \begin{bmatrix} a_{20} & b_{20} \\ a_{11} & b_{11} \\ a_{02} & b_{02} \end{bmatrix} \cdot \begin{bmatrix} X_u \\ X_v \end{bmatrix} +$$

$$+ \begin{bmatrix} a_{10}^{\,2} & 2\,a_{10}\,b_{10} & b_{10}^{\,2} \\ a_{10}\,a_{01} & a_{10}\,b_{01} + a_{01}\,b_{10} & b_{10}\,b_{01} \\ a_{01}^{\,2} & 2\,a_{01}\,b_{01} & b_{01}^{\,2} \end{bmatrix} \cdot \begin{bmatrix} X_{uu} \\ X_{uv} \\ X_{vv} \end{bmatrix} \qquad (7.3)$$

[1] Der Anschluß verschiedenartiger Segmenttypen wurde bereits in Kap. 6.3.3 und 6.4 behandelt (s. a. [KAH 82], [FAR 82], [LIU 89]).

[2] D.h. in P soll gelten $X_u \times X_v \neq 0$, $Y_s \times Y_t \neq 0$.

für $r = 3$ zusätzlich:

$$\begin{bmatrix} Y_{sss} \\ Y_{sst} \\ Y_{stt} \\ Y_{ttt} \end{bmatrix} = \begin{bmatrix} a_{30} & b_{30} \\ a_{21} & b_{21} \\ a_{12} & b_{12} \\ a_{03} & b_{03} \end{bmatrix} \cdot \begin{bmatrix} X_u \\ X_v \end{bmatrix} + \qquad (7.4)$$

$$\begin{bmatrix} 3a_{10}a_{20} & 3(a_{20}b_{10}+a_{10}b_{20}) & 3b_{10}b_{20} \\ 2a_{10}a_{11}+a_{01}a_{20} & 2a_{10}b_{11}+2a_{11}b_{10}+a_{20}b_{01}+a_{01}b_{20} & 2b_{10}b_{11}+b_{01}b_{20} \\ 2a_{01}a_{11}+a_{10}a_{02} & 2a_{01}b_{11}+2a_{11}b_{01}+a_{02}b_{10}+a_{10}b_{02} & 2b_{01}b_{11}+b_{10}b_{02} \\ 3a_{01}a_{02} & 3(a_{02}b_{01}+a_{01}b_{02}) & 3b_{01}b_{02} \end{bmatrix} \cdot \begin{bmatrix} X_{uu} \\ X_{uv} \\ X_{vv} \end{bmatrix} +$$

$$\begin{bmatrix} a_{10}^3 & 3a_{10}^2 b_{10} & 3a_{10}b_{10}^2 & b_{10}^3 \\ a_{10}^2 a_{01} & a_{10}^2 b_{01}+2a_{10}a_{01}b_{10} & a_{01}b_{10}^2+2a_{10}b_{10}b_{01} & b_{10}^2 b_{01} \\ a_{10}a_{01}^2 & a_{01}^2 b_{10}+2a_{10}a_{01}b_{01} & a_{10}b_{01}^2+2a_{01}b_{10}b_{01} & b_{10}b_{01} \\ a_{01}^3 & 3a_{01}^2 b_{01} & 3a_{01}b_{01}^2 & b_{01}^3 \end{bmatrix} \cdot \begin{bmatrix} X_{uuu} \\ X_{uuv} \\ X_{uvv} \\ X_{vvv} \end{bmatrix}$$

usw. [COHE 82]. Als Folge der Regularitätsforderung muß hierbei gelten $a_{10} > 0$ und $b_{10} > 0$ und $a_{10}b_{01} - b_{10}a_{01} \neq 0$.

Eine Rekursionsformel wurde in [WAS 88] angegeben.

Andererseits: Lassen sich für zwei Flächen $X(u,v)$ und $Y(s,t)$ mit gemeinsamem Punkt $P = X(\bar{u},\bar{v}) = Y(\bar{s},\bar{t})$ reelle Zahlen $a_{\mu\nu}$ und $b_{\mu\nu}$ finden, so daß die Bedingungsgleichungen (7.1)ff erfüllt sind, so ließe sich eine Umparametrisierung auf gemeinsame Parameter durchführen derart, daß dann bzgl. dieser Parameter C^r-Stetigkeit zwischen $X(u,v)$ und $Y(s,t)$ in P gegeben wäre und damit GC^r- Stetigkeit. Die Parametertransformation wäre in diesem Falle derart zu bestimmen, daß die durch (7.1) gegebenen Bedingungen erfüllt sind, z.B. durch eine bivariate Taylor-Reihenentwicklung.

Mit der Bezeichnung

$$X^{(r)} = \left(X^{(r,0)}, X^{(r-1,1)}, \ldots, X^{(1,r-1)}, X^{(0,r)} \right)^{\top}$$

für den durch die partiellen Ableitungen von $X(u,v)$ gebildeten Hypervektor, entsprechend für Y, schreiben sich obige GC^r-Übergangsbedingungen auch kürzer, wie in Kap. 5.2, als

$$\begin{aligned} Y' &= \Omega_{11} X' \\ Y'' &= \Omega_{22} X'' + \Omega_{12} X' \qquad (7.5) \\ Y''' &= \Omega_{33} X''' + \Omega_{23} X'' + \Omega_{13} X' \end{aligned}$$

usw. mit Matrizen Ω_{ij} wie oben. Analog zu (5.6)ff läßt sich also im Berührpunkt P jede partielle Ableitung r-ter Ordnung von Y als Linearkombination
der partiellen Ableitungen bis zur Ordnung r von X ausdrücken.

In der symbolischen Schreibweise

$$\mathbf{Y} = \mathbf{A}\,\mathbf{X}$$

ist die connection matrix **A** als untere Dreiecks-Hypermatrix, als Block-
matrix mit Elementen Ω_{ij}, gegeben.

Die GC^r-Übergangsbedingungen (7.5) lassen sich geometrisch interpretieren:
beispielsweise besitzen Flächen mit Berührordnung 1 in einem gemeinsamen
Punkt P die gleiche Tangentialebene (oder äquivalent: gemeinsamen Normalenvektor) in P; Flächen mit Berührordnung 2 in einem gemeinsamen Punkt P
haben gleiche Tangentialebene und gleiche Dupinsche Indikatrix (oder äquivalent: gleiche Hauptkrümmungsrichtungen und -radien oder gleiche Normal-
krümmungen oder gleiche zweite Fundamentalformen oder gleiche Gauß Krümmung) in P (s. z.B. [VERO 76], [KAH 82], [COHE 82], [ROSE 85], [BEZ 86],
[HERR 87]).

Die Bedingungen für Berührung in einem gemeinsamen Punkt finden z.B. Anwendung beim patchweisen Aufbau eines **GC^r-stetigen Hermite-Interpolanten** -
der aber natürlich in Bézier-Darstellung gegeben sein kann - etwa im Zusammenhang mit Konversionsfragen (s. z.B. [HOS 88c, 89], [WAS 88]).

Ein Hermite-Interpolant (in Bézier-Darstellung, einfachheitshalber vom Grade
n in beiden Parametern angenommen) zu auf einem Rechteckgitter vorgegebenen
Daten kann unter Berücksichtigung obiger GC^r-Bedingungen in einem 2-stufi-
gen (eventuell 4-stufigen) Prozeß wie folgt konstruiert werden (s. Fig. 7.3):

— Erzeugung eines Kurvennetzes derart, daß die Kurvensegmente in den
  Stützpunkten GC^r-stetig sind (s. Fig. 7.3.a),

— Bestimmung innerer Bézier-Punkte *nahe der Patchecken* des Hermite-Interpolanten derart, daß die in den Stützpunkten zusammenlaufenden Segmente GC^r-stetig in den Patcheckpunkten sind (s. Fig,. 7.3.b),

und, falls für den Polynomgrad n der Segmente gilt $n > 2r + 1$,

— Bestimmung innerer Bézier-Punkte entlang der Segmentränder des Hermite-Interpolanten derart, daß aneinander anschließende Segmente GC^r-
  stetige Anschlüsse entlang der gemeinsamen Randkurven besitzen (s. Fig.
  7.3.c, s. a. Algorithmusstufe 4, Kap. 7.4.1),

— Bestimmung der restlichen inneren Bézier-Punkte des Interpolanten durch
  einen Optimierungs- oder auch einen Designprozeß (s. Fig. 7.3.d).

Stufe 3 beinhaltet den GC^r-stetigen Anschluß von Flächensegmenten entlang
einer gemeinsamen Randkurve und nicht nur die Berührung r-ter Ordnung in
einem einzelnen Punkt. Die gleiche Aufgabenstellung tritt auch auf beim seg-
mentweisen Aufbau einer Splinefläche, d.h. zu einem gegebenen Segment X

wird ein anschliessendes Segment **Y** unter Berücksichtigung der Glättebedingungen konstruiert, usw.

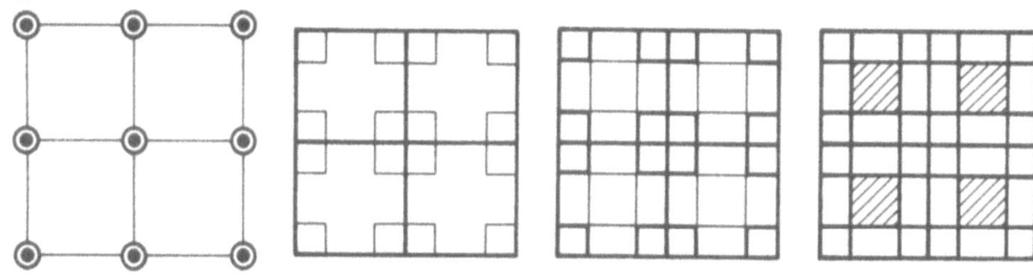

Fig. 7.3.a   Fig. 7.3.b   Fig. 7.3.c   Fig. 7.3.d

Fig. 7.3: Konstruktion eines GC^r-stetigen Hermite-Interpolanten

GC^r-Stetigkeit zweier Flächen $X(u,v)$ und $Y(s,t)$ entlang einer gemeinsamen Rand- bzw. Trennkurve ist gegeben, sofern GC^r-Stetigkeit in jedem Punkt der gemeinsamen Randkurve gegeben ist. Da die Koeffizienten $a_{\mu\nu}$ und $b_{\mu\nu}$ jedoch von Punkt zu Punkt variieren können, sind sie nun als Funktionen des Parameters der gemeinsamen Randkurve anzusetzen. Andererseits vereinfachen sich die Bedingungen (7.5), denn der Anschluß zweier Flächen entlang einer gemeinsamen Randkurve ist in gewisser Weise spezieller als die Berührung in nur einem Punkt. Liegt die gemeinsame Randkurve z.B. für beide Flächen in der gleichen Darstellung - etwa in Bézier-Darstellung - und Parametrisierung - d.h. $v = t$ in jedem Punkt der Randkurve - vor, was wir in Zukunft immer annehmen wollen, so folgt aus der Stetigkeitsbedingung

$$Y(0,t) \;=\; X(1,v) , \qquad v = t ,$$

unmittelbar die Gleichheit aller partiellen Ableitungen in Richtung der gemeinsamen Randkurve:

$$Y^{(0,\rho)}(0,t) \;=\; X^{(0,\rho)}(1,v) , \qquad v = t, \;\; \rho = 1, \dots , r.$$

Bedingung (7.2) für 1. **Berührordnung** (gemeinsame Tangentialebene) in jedem Punkt der Randkurve vereinfacht sich damit auf

$$Y_s(0,t) \;=\; b(v)\, X_u(1,v) \;+\; c(v)\, X_v(1,v) , \qquad v = t , \tag{7.6}$$

(s. z.B. [VERO 76], [SAB 77], [HOSA 78]) wobei wir $b(v) = a_{10}(v)$ mit $b(v) > 0$ und $c(v) = b_{10}(v)$ gesetzt haben. Die Koplanaritätsbedingung (7.6) wird häufig auch in der Form

$$\alpha(t)\, Y_s(0,t) \;+\; \beta(v)\, X_u(1,v) \;+\; \gamma(v)\, X_v(1,v) \;=\; 0 , \qquad v = t , \tag{7.7a}$$

mit $\alpha(t) \neq 0$, $\beta(v) \neq 0$ bzw. in der Form

$$\det\!\big(Y_s(0,t),\, X_u(1,v),\, X_v(1,v)\big) \;=\; 0 , \qquad v = t , \tag{7.7b}$$

angegeben.

Bedingung (7.2) für 2. **Berührordnung** vereinfacht sich ähnlich. Da die GC^2-Bedingung an die gemischte Ableitung Y_{st} unter der getroffenen Annahme automatisch durch die GC^1-Bedingung erfüllt wird – Differentiation der GC^1-Bedingung (7.6) nach t ergibt Y_{st} der GC^2-Bedingung (s. z.B. [VERO 76]) – reduziert sich (7.2) auf die Gleichung

$$Y_{ss}(0,t) = d(v)\, X_u(1,v) + e(v)\, X_v(1,v)$$
$$+ b(v)^2\, X_{uu}(1,v) + 2\,b(v)\,c(v)\, X_{uv}(1,v) + c(v)^2\, X_{vv}(1,v)\,, \tag{7.8}$$

$v = t$, [KAH 82, 83], [HÖL 86], [LAS 87]; dabei wurde gesetzt $d(v) = a_{20}(v)$ und $e(v) = b_{20}(v)$. (7.8) kann auch in einer zu (7.7) analogen Form angegeben werden [KAH 82, 83].

Für **Berührung höherer Ordnung** entlang einer gemeinsamen Randkurve folgt entsprechend eine Reduktion der Anzahl der GC^r-Bedingungsgleichungen auf jeweils nur eine Bedingungsgleichung für jedes r, und zwar auf eine Gleichung für die Ableitung $Y^{(r,0)}$; für 3. **Berührordnung** folgt z.B.

$$Y_{sss}(0,t) = f(v)\, X_u(1,v) + g(v)\, X_v(1,v)$$
$$+ 3\Big[b(v)\,d(v)\, X_{uu}(1,v) + (c(v)\,d(v) + b(v)\,e(v))\, X_{uv}(1,v) + c(v)\,e(v)\, X_{vv}(1,v)\Big]$$
$$+ b(v)^3\, X_{uuu}(1,v) + 3\,b(v)^2 c(v)\, X_{uuv}(1,v) + 3\,b(v)\,c(v)^2\, X_{uvv}(1,v) + c(v)^3\, X_{vvv}(1,v)$$

$v = t$, mit $f(v) = a_{30}(v)$ und $g(v) = b_{30}(v)$.

Nachfolgend wollen wir exemplarisch für in Bézier-Darstellung gegebene Flächen GC^1- und GC^2-stetige Übergänge besprechen.

7.2 GC^1-stetige Flächen

Einige frühe Arbeiten aus dem Bereich des CAGD in denen GC^1-stetige Übergänge zwischen zwei Flächensegmenten $X(u,v)$ und $Y(s,t)$ diskutiert werden, sind z.B. [BEZ 72], [VERO 76], [SAB 77], [HOSA 78] und [FAU 81]. Eine Interpretation in Form einer geometrischen Konstruktion der Bézier-Punkte der beiden Flächensegmente wurde in [FAR 82] und [KAH 82] angegeben. Wir wollen uns hier zunächst auf Rechtecksegmente $X(u,v)$ und $Y(s,t)$ beschränken, die $X(1,v) = Y(0,t)$, $v = t$, als gemeinsame Randkurve besitzen sollen (Fig. 7.4) und wählen nach [FAR 82] in Gleichung (7.7) $\alpha(v)$ und $\beta(v)$ konstant und $\gamma(v)$ linear in v, so daß Segmente gleichen Polynomgrades in v verbunden werden können und sich die GC^1-Übergangsbedingungen zwischen X und Y wieder durch Koeffizientenvergleich durch die Bézier-Punkte der beiden Flächensegmente ausdrücken lassen. Es seien also X und Y gegeben durch [3]

$$X(u,v) = \sum_{i=0}^{m} \sum_{j=0}^{n} b_{ij}\, B_i^m(u)\, B_j^n(v)\,, \qquad u,v \in [0,1]\,, \tag{7.9}$$

---

[3] Waren X und Y ursprünglich nicht vom gleichen Grad in v bzw. t gegeben, so nehmen wir an, daß sie durch Graderhöhung in v zunächst auf den gleichen Polynomgrad gebracht wurden (s. z.B. [LIU 89]).

$$Y(s,t) = \sum_{i=0}^{\bar{m}} \sum_{j=0}^{n} \bar{b}_{ij} \, B_i^{\bar{m}}(s) \, B_j^n(t) \, , \qquad s,t \in [0,1] \, , \tag{7.10}$$

und o.B.d.A. sei $\alpha(v) = -1$ und $\beta(v) = \beta$ gewählt mit $\beta > 0$, aus Regularitätsgründen und $\gamma(v) = (1-v)\gamma_0 + v\gamma_1$.

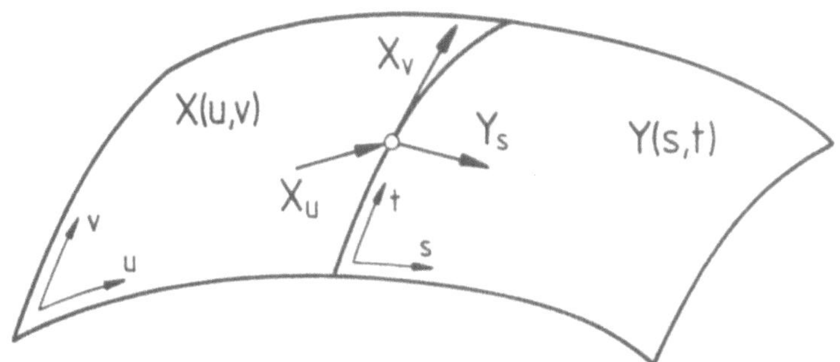

Fig. 7.4: entlang einer gemeinsamen Randkurve GC^1-stetig anschließende
Rechtecksegmente

Setzen wir nun die Darstellungen (7.9) und (7.10) in (7.7) ein, so folgt, bei Berücksichtigung der Identitäten

$$v \, B_j^{n-1}(v) = \frac{j+1}{n} \, B_{j+1}^n(v) \qquad (1-v) \, B_j^{n-1}(v) = \frac{n-j}{n} \, B_j^n(v)$$

und mit einer Indextransformation in j

$$\bar{m} \sum_{j=0}^{n} \Delta^{10} \bar{b}_{0j} \, B_j^n(v) =$$

$$m\beta \sum_{j=0}^{n} \Delta^{10} b_{m-1,j} \, B_j^n(v) + \gamma_0 \sum_{j=0}^{n} (n-j) \, \Delta^{01} b_{mj} B_j^n(v) + \gamma_1 \sum_{j=0}^{n} j \, \Delta^{01} b_{m,j-1} B_j^n(v) \, .$$

Koeffizientenvergleich ergibt für $j = 0,1,\ldots,n$:

$$\bar{m} \, \Delta^{10} \bar{b}_{0j} = m\beta \, \Delta^{10} b_{m-1,j} + (n-j) \, \gamma_0 \, \Delta^{01} b_{mj} + j \, \gamma_1 \, \Delta^{01} b_{m,j-1} \, , \tag{7.11a}$$

bzw. in einer auf FARIN (vgl. mit [FAR 82], dort für $\bar{m} = m$) zurückgehenden Form (s. a. [KAH 82, 83], für $\bar{m} = m$)

$$\bar{b}_{1j} = (1 - \tfrac{j}{n}) \cdot \left[(1 + \tfrac{m}{m}\beta - \tfrac{n}{m}\gamma_0) \, b_{mj} - \beta \, \tfrac{m}{m} \, b_{m-1,j} + \tfrac{n}{m} \gamma_0 \, b_{m,j+1} \right]$$
$$+ \tfrac{j}{n} \cdot \left[(1 + \tfrac{m}{m}\beta + \tfrac{n}{m}\gamma_1) \, b_{mj} - \beta \, \tfrac{m}{m} \, b_{m-1,j} - \tfrac{n}{m} \gamma_1 \, b_{m,j-1} \right] \, . \tag{7.11b}$$

Fig. 7.5.a zeigt eine geometrische Interpretation von Gleichung (7.11), Fig. 7.5.b eine alternative Interpretation nach [FAR 82].

Es sei angemerkt, daß die in einem Punkt der gemeinsamen Randkurve zusammentreffenden Parameterlinien beim geometrischen C^1-Anschluß i.a. nicht glatt ineinander übergehen, sondern einen Knick bilden.

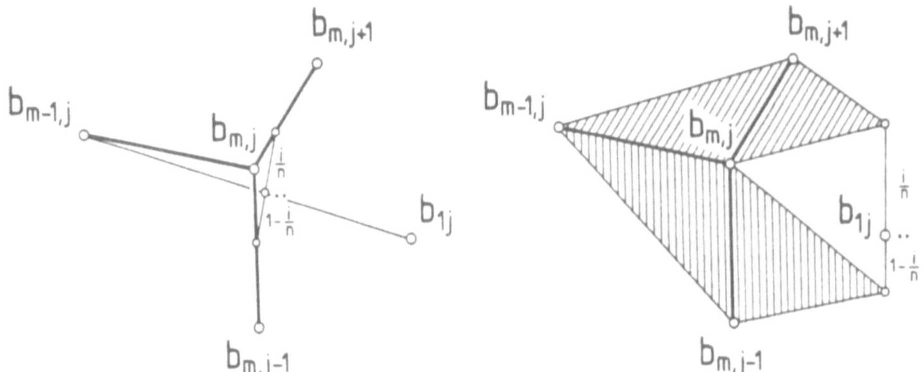

Fig. 7.5: Konstruktion der b_{1j} beim GC^1-Anschluß zweier Bézier-Flächen

Der GC^1-stetige Anschluß zweier Dreiecks-Bézier-Flächen bzw. einer Dreiecks und einer Rechteck-Bézier-Fläche ist analog zu behandeln. Zu beachten ist jedoch, daß für Dreiecks-Bézier-Flächen die partiellen Ableitungen durch Richtungsableitungen zu ersetzen sind (s. Kap. 6.3.3, s.a. [FAR 82], [KAH 82, 83], sowie die neueren Arbeiten [HERR 85], [HÖL 86], [PIP 87], [JEN 87], [LIU 89, 90]). Eine Beschreibung aller Anschlußkonstruktionen mit einheitlichen Formeln wurde in [FAR 82], ausführlicher in [LIU 89] gegeben.

Die zu (7.11) entsprechenden Konstruktionen für den geometrischen Anschluß zweier Dreiecks-Flächen läßt sich auch mit Hilfe einer Parametertransformation gleichbedeutend einer de Casteljauschen Extrapolation finden (vgl. mit [FAR 83a, 86] für den C^r-Anschluß und mit [LAS 87] für den C^r- und den GC^r-Anschluß trivariater Darstellungen).

Eine symmetrische, ebenfalls den de Casteljau Algorithmus verwendende Konstruktion zur Erzeugung eines GC^1-stetigen quartischen Hermite-Interpolanten wird in [PIP 87] (s. a. [FAR 86]) beschrieben. Quartische Dreieckselemente werden auch in [JEN 87] zum Aufbau eines GC^1-stetigen Clough-Tocher-Interpolanten verwendet.

Zur Auswertung von (7.7) durch rationale Darstellungen ist, insbesondere bei Verwendung homogener Koordinaten, entsprechend vorzugehen (s. z.B. [VIN 89], [LIU 90]).

Ein transfiniter, GC^1-stetiger Dreiecks-Interpolant wird in [NIE 87c] beschrieben.

Ein differentialgeometrischer Zugang, der auf die Theorie der Mannigfaltigkeiten zurückgreift, wird in [ROSE 85], [GRE 87, 89], [HAH 89] gegeben.

Die oben getroffene spezielle Wahl von $\alpha(v)$, $\beta(v)$ und $\gamma(v)$ gestattet ein direktes und einfaches aneinander Anschließen zweier Tensor-Produkt-Bézier-Flächen gleichen Grades. Sind jedoch die beiden Flächen in ihrer Form zu unterschiedlich - besitzen die ineinander übergehenden Randkurven der beiden Flächen z.B. zu unterschiedliche "Radien" (s. Fig. 7.6) - so kann die oben getroffene Wahl der Parameter $\alpha(v)$, $\beta(v)$ und $\gamma(v)$ zu restriktiv sein, um im Designprozeß ein befriedigendes Resultat erzielen zu können [SAR 87] (beachte [SAR 89]!). Wird $\beta(v)$ aber z.B. als kubisches Polynom angesetzt, so ist obiges Problem zufriedenstellend lösbar und zudem werden die Twistvektoren der Flächen in den Endpunkten der gemeinsamen Randkurve entkoppelt. Es erhöht sich durch ein kubisches $\beta(v)$ allerdings der Polynomgrad von Y in v auf $\bar{n} + 3$ [SAR 87, 89].

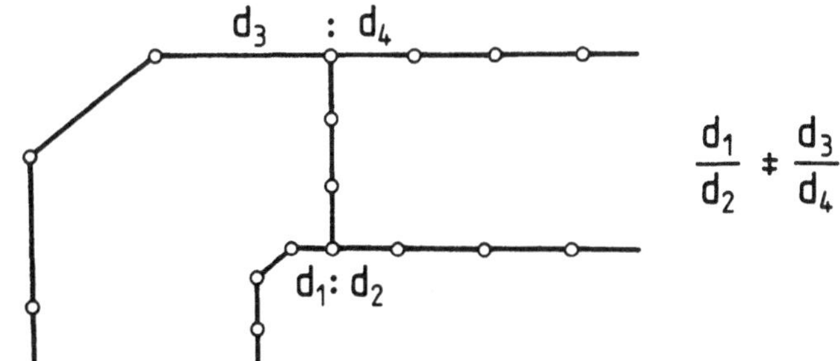

Fig. 7.6: sehr ungleiche Abstandsverhältnisse der Bézier-Punkte implizieren imkompatible Flächen

Der Fall zweier Tensor-Produkt-Bézier-Flächen beliebigen Grades, die GC^1-stetige Übergänge besitzen mit polynomialen, in Bézier-Darstellung gegebenen $\alpha(v)$, $\beta(v)$ und $\gamma(v)$ wurden in [LIU 86] betrachtet.

7.3 GC²- stetige Flächen

$X(u,v)$ und $Y(s,t)$ seien zwei gemäß (7.6) GC^1-stetig anschließende Rechtecksegmente, die in Bézier-Darstellung gegeben seien. Wie in Kap. 7.2 wollen wir wieder annehmen, daß $X(u,v)$ und $Y(s,t)$ gemäß (7.9) und (7.10), also mit gleichem polynomialen Grad in v bzw. t, gegeben seien (s. Fußnote auf S. 282). Damit sind dann $b(v)$ und $c(v)$ konstant bzw. linear in v anzusetzen (vgl. mit Kap. 7.2), d.h. in der Form $b(v) = b$, $c(v) = (1-v)c_0 + vc_1$, um eine Bestimmung der Bézier-Punkte $\bar{b}_{ij}$ durch Koeffizientenvergleich zu ermöglichen. Für einen GC^2-Anschluß von $X(u,v)$ und $Y(s,t)$ muß zusätzlich Gleichung (7.8) erfüllt werden. $d(v)$ und $e(v)$ sind deshalb konstant bzw. linear in v anzusetzen, d.h. in der Form $d(v) = d$, $e(v) = (1-v)e_0 + ve_1$, damit dann auch die GC^2-Bedingung durch Koeffizientenvergleich ausgewertet werden kann. Setzen wir nun die Darstellungen (7.9) und (7.10) in (7.8) ein, so folgt mit der gleichen Vorgehensweise wie im Falle des GC^1-Anschlusses

$$\bar{m}(\bar{m}-1)\,\Delta^{20}\bar{b}_{0j} = md\,\Delta^{10}b_{m-1,j} + (m-j)e_0\,\Delta^{01}b_{mj} + je_1\,\Delta^{01}b_{m,j-1}$$

$$+ m(m-1)b^2\,\Delta^{20}b_{m-2,j} + 2mb\left[(n-j)c_0\,\Delta^{11}b_{m-1,j} + jc_1\,\Delta^{11}b_{m-1,j-1}\right] \quad (7.12)$$

$$+ (n-j)(n-j-1)c_0^2\,\Delta^{02}b_{mj} + 2j(n-j)c_0c_1\,\Delta^{02}b_{m,j-1} + j(j-1)c_1^2\,\Delta^{02}b_{m,j-2} \; .$$

Die Komplexität von Gleichung (7.12) und die große Anzahl an in (7.12) enthaltenen Designparametern impliziert, daß eine praktische Anwendung der GC^2-Übergangsbedingungen i.a. nur mit hohem Aufwand möglich ist. Für $\overline{m} = m$ und $d(v) = 0$, $e(v) = 0$ (d.h. also $e_0 = e_1 = 0$) geht (7.12) in eine etwas einfachere, in [KAH 82, 83] angegebene Bedingung über. Da diese spezielle GC^2-Bedingung aber immer noch recht schwierig zu handhaben ist, werden in [KAH 82] auch für diesen Fall nur einige einfache Beispiele gegeben.

Der Fall $d(v) = 0$, $e(v) = 0$ wurde auch in [VERO 76] für in monomialer Darstellung gegebene Flächen behandelt, allerdings unter der zusätzlichen Einschränkung, daß sowohl $b(v)$ als auch $c(v)$ konstant sind.

Der GC^2-stetige Anschluß zweier Dreiecks-Bézier-Flächen bzw. einer Dreiecks und einer Rechteck-Bézier-Fläche kann wieder analog behandelt werden [KAH 82,83], wobei jedoch wieder zu beachten ist, daß für Dreiecks-Bézier-Flächen die partiellen Ableitungen durch Richtungsableitungen zu ersetzen sind.

Die zu [LIU 89] entsprechenden Betrachtungen für GC^2-stetige Flächenanschlüsse wurden in [WAS 89] durchgeführt.

Ein Krümmungsdaten interpolierender Dreiecks-Interpolant wird in [HAG 86a] beschrieben.

Zur Auswertung von (7.8) durch rationale Darstellungen ist entsprechend vorzugehen.

7.4 N-Eck und N-segmentige Ecken-Konfigurationen

Segmentierte Flächen werden sehr häufig in einem zweistufigen Prozeß aufgebaut: zuerst wird ein (möglichst reguläres, eventuell geglättetes) Rechteck-Kurvennetz erzeugt (s. z.B. [REE 83]), und dann die einzelnen Flächensegmente als Coons oder Bézier-Patches zwischen den Kurven des Kurvennetzes aufgespannt. Bei dieser Vergehensweise können jedoch

- N-seitige *Löcher, Höhlen* im Netzwerk, sowie
- N-segmentige Ecken-Konfigurationen

auftreten. Im folgenden wollen wir beide Problemstellungen gesondert betrachten.

7.4.1   N-Eck Konfigurationen

Typische N-Eck Konfigurationen innerhalb eines Rechtecksegmentverbandes sind z.B. durch die **Kofferecken (suitcase corner) Konfiguration** (s. Fig. 7.2a) gegeben, die ein 3-seitiges *"Loch"* im Rechtecknetz erzeugt, sowie durch die **Hausecken-Konfiguration** (s. Fig. 7.2.b), die ein 5-seitiges Loch erzeugt.

---

[4] Es ist auch eine Konstruktion ohne diese Streifenaufspaltung möglich (s. z.B. [HAH 89]), es schließen dann allerdings entlang der N-Eck Ränder jeweils zwei Rechtecksegmente des Inneren des N-Ecks an ein Rechtecksegment des Äußeren des N-Ecks an.

Das Problem des N-Ecks kann durch Verwenden n-seitiger Flächensegmente und geeignetes glattes Anschließen an die Rechtecksegmente gelöst werden. In diese Richtung gehende Ansätze wurden bereits in Kap. 6.3 (für Dreiecke) und Kap. 6.4 besprochen (s. a. [STO 89]). Viele Systeme verfügen jedoch nur über Rechteck-Flächendarstellungen, insbesondere über Tensor-Produkt Darstellungen. Ein auf BEZIER [BEZ 72, 74] (s. a. [BEZ 86]) zurückgehender Lösungsansatz sieht ein Auffüllen des N-Ecks durch N Rechtecksegmente vor, d.h. für diese N Rechtecksegmente müssen

- die äußeren Randkurven glatte Übergänge besitzen,
- je zwei der N Segmente längs ihrer gemeinsamen Randkurve glatt aneinander anschließen,
- alle N Segmente im Teilungspunkt P glatt aneinander anschließen, und
- natürlich sollen die das Dreieckssegment aufbauenden Rechtecksegmente glatt an die umliegenden Rechtecksegmente anschließen.

Während z.B. die erste der obigen drei Forderungen konstruktiv immer ohne Mühe erfüllt werden kann, geht aus der geometrischen Konstellation des N-Ecks unmittelbar hervor, daß der Ansatz auf Grund der zweiten und dritten Forderung keine Lösung zuläßt, falls nur C^r-stetige Übergänge zwischen den Segmenten zugelassen werden. Erlauben wir jedoch geometrische Übergänge, so sind die Anschlußbedingungen erfüllbar.

Für N = 3 und GC^1-stetigem Auffüllen wurde eine Lösung z.B. angegeben in [HOSA 78] (s. a. [KAH 82], und [LAS 87] für die entsprechende Aufgabenstellung bei trivariaten Darstellungen) und in [JON 88] für das GC^2-stetige Auffüllen bei beliebigem, ungeradem N. Wir wollen hier am Beispiel eines Dreiecks eine Vorgehensweise zur Konstruktion der das N-Eck GC^r-stetig auffüllenden N Rechtecksegmente (s. Fig. 7.7.a) skizzieren, die sich an der in [HAH 89] beschriebenen Konstruktion für beliebige N orientiert.

Ausgehend von den N das N-Eck umschließenden Rechtecksegmenten ist folgender Algorithmus schrittweise zu durchlaufen:

- Berechne alle durch die umliegenden N Rechtecksegmente gegebenen transversalen Ableitungen bis zur Ordnung 2r entlang der Ränder des N-Ecks (Fig. 7.7.b).
- Wähle den Teilungspunkt P,
  die Tangentialebene t in P,
  N in t liegende und von P ausgehende Vektoren V_i, die die Tangentenvektoren an die in P zusammenlaufenden N Randkurven der Rechtecksegmente definieren sollen,
  für eines der Segmente Ableitungen bis zur Ordnung 2r in P (Fig. 7.7.c).
- Berechne Ableitungen der anderen Segmente in P derart, daß GC^r-Stetigkeit aller Segmente in P gegeben ist (Fig. 7.7.d).
- Bestimme die Randkurven $K_i = X_i(0,v_i)$ sowie die transversalen Ableitungen der Segmente $X_i(u_i,v_i)$ entlang der Randkurven K_i als die Randdaten (Orts- und Ableitungsdaten) in P und Q_i interpolierende Kurven vom Grade $3r + 1 - j$, $j = 0,...,r$ (Fig. 7.7.e).

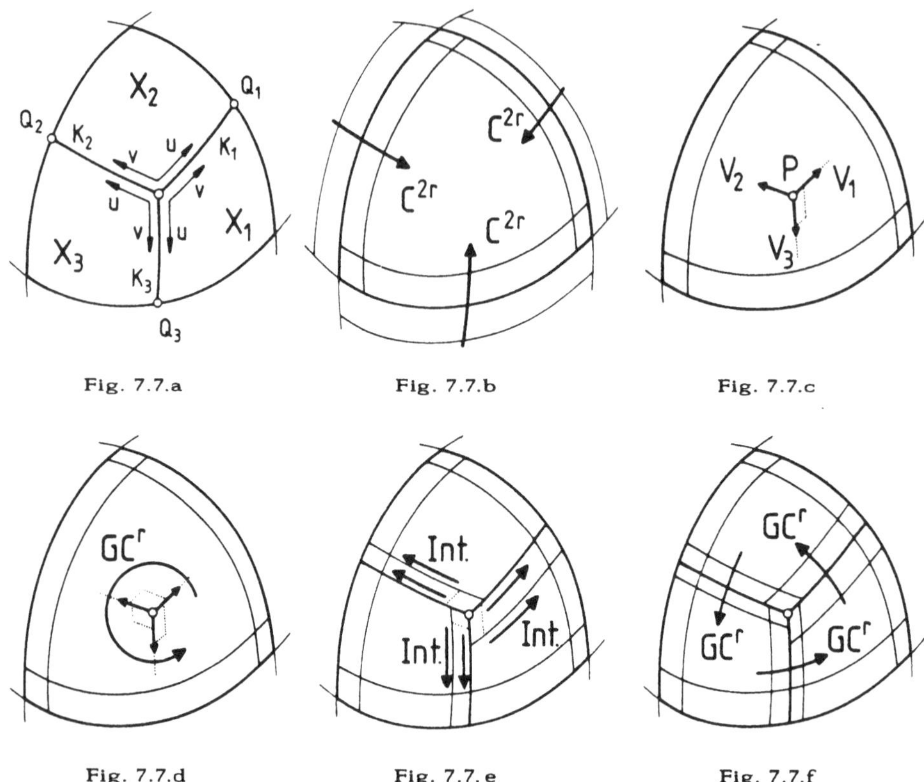

Fig. 7.7.a   Fig. 7.7.b   Fig. 7.7.c

Fig. 7.7.d   Fig. 7.7.e   Fig. 7.7.f

- Berechne die transversalen Ableitungen der Segmente $X_i(u_i,v_i)$ entlang der Randkurven $X_i(u_i,0)$ derart, daß GC^r-Stetigkeit gegeben ist (Fig. 7.7.f).
- Konstruiere die Flächensegmente $X_i(u_i,v_i)$ mit Hilfe der Ableitungsdaten entlang der Segmentränder, z.B. als Coons patch oder auch als Bézier patch, wobei freie Parameter, d.h. unbestimmte innere Bézier-Punkte, Design- oder Optimierungszwecken zur Verfügung stehen.

Ein die in Kap. 3.2 beschriebene Büschelmethode verallgemeinernder Ansatz zum GC^r-stetigen Füllen N-seitiger Löcher mit Hilfe funktioneller Splines wird in [LI 90] vorgeschlagen.

7.4.2   N-segmentige Eckenkonfigurationen

Während bei der N-Eck Konfiguration Randkurven und -ableitungen vorgegeben sind, Teilungspunkt P, Tangentialebene t in P und die in P einlaufenden Randkurven K_i der N Rechtecksegmente jedoch frei gewählt werden können,

was die Existenz einer Lösung sichert, sind bei der N-segmentigen Eckenkonfiguration **P** und die in **P** einlaufenden Kurven **K**$_i$ auf Grund der Aufgabenstellung fest vorgegeben. Dadurch ist das Problem der N-segmentigen Eckenkonfiguration sehr viel schwieriger zu bearbeiten. Bereits im Falle eines GC^1-
stetigen Überganges der N Rechtecksegmente, auf den wir uns im folgenden
beschränken wollen, kann es nicht-lösbar sein. Teillösungen wurden in [BEZ 72,
86], [HOSA 78], [SAR 87] (beachte [SAR 89]!) und [BEE 86] (s. a. [HÖL 86]) angegeben. Nach VAN WIJK [WIJ 86] (s. a. [WATK 88a], [DU 88]) ist prinzipiell
zwischen zwei Fällen, N = 2k und N = 2k + 1 mit k $\in$ IN , zu unterscheiden. Die
Ursache hierfür liegt in den Twistvektoren, die nicht immer so bestimmt werden können, daß die GC^1-Übergangsbedingungen in **P** erfüllt sind: liegen alle
Tangentenvektoren der in **P** zusammenlaufenden Kurven **K**$_i$ in einer Ebene,
der Tangentialebene in **P** , so lassen sich die Twistvektoren bei ungeradem N
immer geeignet bestimmen, bei geradem N aber nicht immer. Dies soll näher
erläutert werden (vgl. mit [WATK 88a]). Dazu betrachten wir die N-segmentige
Eckenkonfiguration aus Fig. 7.8 und wählen als GC^1-Übergangsbedingung zwischen $\mathbf{X}_i(u_i,v_i)$ und $\mathbf{X}_{i+1}(u_{i+1},v_{i+1})$

$$\left.\frac{\partial \mathbf{X}_{i+1}}{\partial v_{i+1}}\right|_{v_{i+1}=0} = \beta_i(v_i)\frac{\partial \mathbf{X}_i}{\partial u_i} + \gamma_i(v_i)\left.\frac{\partial \mathbf{X}_i}{\partial v_i}\right|_{u_i=0}$$

mit $\beta_i(v_i) < 0$, aus Regularitätsgründen.

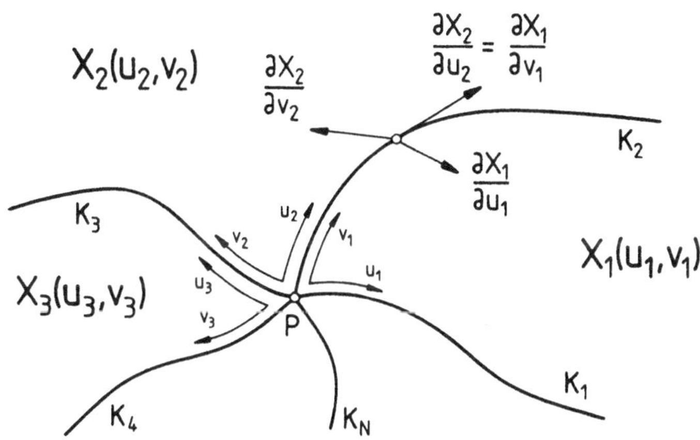

Fig. 7.8: zur GC^1-Stetigkeit bei der N-segmentigen Eckenkonfiguration

Durch Differentiation in Richtung der gemeinsamen Randkurve von $\mathbf{X}_i$ und $\mathbf{X}_{i+1}$,
d.h. aus

$$\left.\frac{\partial}{\partial u_{i+1}}\left(\frac{\partial \mathbf{X}_{i+1}}{\partial v_{i+1}}\right)\right|_{v_{i+1}=0} = \left.\frac{\partial}{\partial v_i}\left(\beta_i(v_i)\frac{\partial \mathbf{X}_i}{\partial u_i} + \gamma_i(v_i)\frac{\partial \mathbf{X}_i}{\partial v_i}\right)\right|_{u_i=0} ,$$

folgt [4)]

[4)] Hierbei wurde angenommen, daß $\mathbf{X}_i(u_i,v_i)$ als C^2-stetige Flächendarstellung -
z.B. als Bézier-Fläche - gegeben ist.

$$\frac{\partial^2 \mathbf{X}_{i+1}}{\partial u_{i+1} \,\partial v_{i+1}} = \frac{\partial \beta_i(v_i)}{\partial v_i}\frac{\partial \mathbf{X}_i}{\partial u_i} + \beta_i(v_i)\frac{\partial^2 \mathbf{X}_i}{\partial u_i \,\partial v_i} + \frac{\partial \gamma_i(v_i)}{\partial v_i}\frac{\partial \mathbf{X}_i}{\partial v_i} + \gamma_i(v_i)\frac{\partial^2 \mathbf{X}_i}{\partial v_i^2}$$

Setzen wir für den Twistvektor von $\mathbf{X}_i(u_i,v_i)$ in $\mathbf{X}_i(0,0)$ abkürzend $\mathbf{T}_i$, β_i bzw. γ_i für $\beta_i(0)$ bzw. $\gamma_i(0)$ und β_i' bzw. γ_i' für die Ableitungswerte von $\beta_i(v_i)$ bzw. $\gamma_i(v_i)$ für $v_i = 0$, so geht obige Gleichung über in

$$- \beta_i \mathbf{T}_i + \mathbf{T}_{i+1} = \mathbf{R}_i \tag{7.13a}$$

mit

$$\mathbf{R}_i = \beta_i'\frac{\partial \mathbf{X}_i}{\partial u_i} + \gamma_i'\frac{\partial \mathbf{X}_i}{\partial v_i} + \gamma_i\frac{\partial^2 \mathbf{X}_i}{\partial v_i^2}\bigg|_{(u_i,v_i)=(0,0)}\;.$$

Dies sind N vektorwertige Gleichungen für die N unbekannten Twistvektoren $\mathbf{T}_i$. Schreiben wir (7.13a) in Matrixform

$$\begin{bmatrix} -\beta_1 & 1 & & & & \\ & -\beta_2 & 1 & & & \\ & & \cdot & \cdot & & \\ & & & \cdot & \cdot & \\ & & & & \cdot & 1 \\ 1 & & & & & -\beta_N \end{bmatrix} \cdot \begin{bmatrix} \mathbf{T}_1 \\ \mathbf{T}_2 \\ \cdot \\ \cdot \\ \cdot \\ \mathbf{T}_N \end{bmatrix} = \begin{bmatrix} \mathbf{R}_1 \\ \mathbf{R}_2 \\ \cdot \\ \cdot \\ \cdot \\ \mathbf{R}_N \end{bmatrix} \tag{7.13b}$$

so ist zu erkennen, daß gilt

$$\det \mathbf{B} = (-1)^N\left[\prod_{i=1}^{N}\beta_i - 1\right]\;,$$

mit $\mathbf{B}$ als Koeffizientenmatrix in (7.13). Wegen $\beta_i < 0$ folgt daher, daß für $N = 2k + 1$, $k \in \mathbb{N}$, immer eine eindeutige Lösung existiert, da dann $\det \mathbf{B} \neq 0$ ist, während die Koeffizientendeterminante für $N = 2k$, $k \in \mathbb{N}$, identisch Null werden kann. In diesem Falle existiert nur unter zusätzlichen Bedingungen an die $\mathbf{R}_i$ eine Lösung.

Zur weiteren Konkretisierung gehen wir von in Bézier-Darstellung gegebenen Flächensegmenten, die vom Grade (m,m) angenommen seien, aus. Die durch den GC^1-Anschluß betroffenen Bézier-Punkte seien zur Aufstellung der GC^1-Übergangsbedingungen wie folgt umbenannt: $\mathbf{P}$ bezeichne den gemeinsamen Eckpunkt der Flächensegmente, $\mathbf{C}_i$ bzw. $\mathbf{D}_i$ den durch die erste bzw. zweite Ableitung in Richtung der Randkurve $\mathbf{K}_i$ definierten Bézier-Punkt der Randkurve und $\mathbf{T}_i$ den durch den Twistvektor von $\mathbf{X}_i$ in $\mathbf{P}$ definierten Bézier-Punkt von $\mathbf{X}_i$ (vgl. mit Fig. 7.9).

Auf Grund der Geometrie des Problems sind die beiden ersten Gleichungen (für $j = 0, 1$) der GC^1-Bedingung (7.11) miteinander gekoppelt: der Bézier-Punkt $\mathbf{C}_i$ ($i = 1,\dots, N$) von $\mathbf{K}_i$ geht (für $j = 0$) in die GC^1-Bedingungen entlang $\mathbf{K}_{i-1}$, $\mathbf{K}_i$ und $\mathbf{K}_{i+1}$ ein, und der Bézier-Punkt $\mathbf{T}_i$ ($i = 1,\dots, N$) von $\mathbf{X}_i$ geht (für $j = 1$) in die GC^1-Bedingungen entlang $\mathbf{K}_i$ und $\mathbf{K}_{i+1}$ ein, d.h. unter Verwendung der neuen Bezeichnungen folgt aus (7.11) für $j = 0$ das Gleichungssystem ([DU 88])

$$(C_2 - P) + \beta_1(C_N - P) - \gamma_1^0(C_1 - P) = 0 \qquad (7.14.1)$$

$$(C_{i+1} - P) + \beta_i(C_{i-1} - P) - \gamma_i^0(C_i - P) = 0 \qquad (7.14.i)$$

$$(C_1 - P) + \beta_N(C_{N-1} - P) - \gamma_N^0(C_N - P) = 0 \qquad (7.14.N)$$

und für $j = 1$ das Gleichungssystem

$$(T_1 - C_1) + \beta_1(D_N - C_1) - \gamma_1^0 \frac{1}{m-1}(D_1 - C_1) + \gamma_1^1 \frac{1}{m}(P - C_1) = 0 \qquad (7.15.1)$$

$$(T_i - C_i) + \beta_i(D_{i-1} - C_i) - \gamma_i^0 \frac{1}{m-1}(D_i - C_i) + \gamma_i^1 \frac{1}{m}(P - C_i) = 0 \qquad (7.15.i)$$

$$(T_N - C_N) + \beta_N(D_{N-1} - C_N) - \gamma_N^0 \frac{1}{m-1}(D_N - C_N) + \gamma_N^1 \frac{1}{m}(P - C_N) = 0 \qquad (7.15.N)$$

Dies bedeutet, daß, falls sich durch die Vorgabe der Randkurven K_i die Bézier-Punkte P, C_i, D_i und T_i nicht in einer mit (7.14) und (7.15) verträglichen Art definieren lassen, im Eckenbereich P dann kein glatter (GC^1-stetiger) Flächenverband erzeugt werden kann.

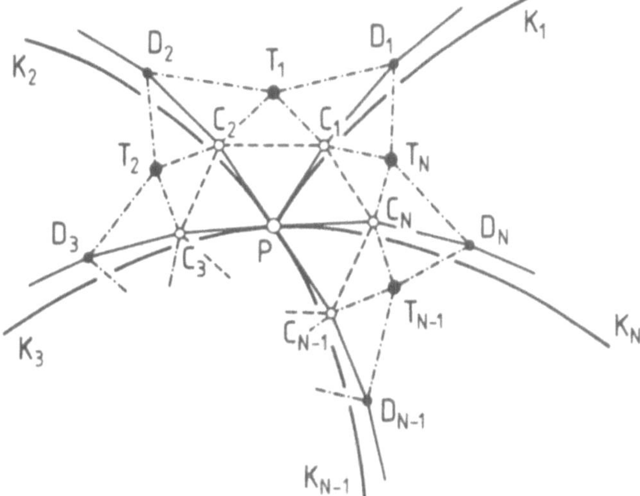

Fig. 7.9: N in einem Punkt P zusammentreffende Bézier-Flächen

Zunächst ist P durch Vorgabe der Randkurven K_i eindeutig vorgegeben. Aus (7.14) folgt dann sofort, daß die N Kontrollpunkte C_i und P Koplanar sein müssen, und zwar müssen sie in der Tangentialebene des Flächenverbandes im Eckpunkt P liegen. Weiter sei bemerkt, werden zwei aufeinander folgende Punkte C_i und C_{i+1} festgelegt, so folgen alle restlichen C_j ($j \neq i$, $i+1$) sukzessive aus Gleichungssystem (7.14). Die hierin enthaltenen Designparameter β_i und γ_i^0 können auf Grund der Eckensituation allerdings nicht mehr beliebig und unabhängig voneinander gewählt werden. Sie unterliegen vielmehr gewissen Einschränkungen, denn die Konstruktion muß sich ja nach einem *Umlauf um* P wieder schließen:

Wird die Konstruktion z.B. mit C_1 und C_2 begonnen, so wird durch (7.14) zunächst C_3-P, dann C_4-P, usw., jeweils als Linearkombination der Vektoren C_1-P und C_2-P bestimmt. Die *Schließungsbedingungen* folgen aus dem abschließendem Überqueren von K_N und K_1, wodurch die Vektoren C_1-P und C_2-P durch (7.14.N) und (7.14.1) neu, als Folge des sukzessiven Vorgehens, ebenfalls als Linearkombinationen von C_1-P und C_2-P, definiert werden. Die Schließungsbedingungen lauten damit [DU 88]

$$(C_1 - P) = F_1(\beta_i, \gamma_i^0)(C_1 - P) + G_1(\beta_i, \gamma_i^0)(C_2 - P) \qquad (7.16.a)$$

$$(C_2 - P) = F_2(\beta_i, \gamma_i^0)(C_1 - P) + G_2(\beta_i, \gamma_i^0)(C_2 - P) \qquad (7.16.b)$$

wobei die Vorfaktoren in (7.16) im allgemeinen Falle, bei dem P, C_1 und C_2 nicht kolinear sind, die in den β_i und den γ_i^0 linearen Bedingungen

$$F_1(\beta_i, \gamma_i^0) = 1, \quad F_2(\beta_i, \gamma_i^0) = 0, \quad G_1(\beta_i, \gamma_i^0) = 0, \quad G_2(\beta_i, \gamma_i^0) = 1 \qquad (7.17)$$

erfüllen müssen.

Aus (7.17) folgt eine Beziehung zwischen den β_i, die für die Bestimmung der T_i von Bedeutung ist:

Bezeichnet N_i den Normalenvektor der Tangentialebene in P, so folgt aus dem Vektorprodukt von (7.14.i) mit C_i-P, anschließendem Skalarprodukt mit N und Elimination von β_i die Gleichung

$$\beta_i = \frac{[(C_{i+1} - P) \times (C_i - P)] \cdot N}{[(C_i - P) \times (C_{i-1} - P)] \cdot N} \quad ,$$

so daß für das Produkt der β_i gilt

$$\prod_{i=1}^{N} \beta_i = \prod_{i=1}^{N} \frac{[(C_{i+1} - P) \times (C_i - P)] \cdot N}{[(C_i - P) \times (C_{i-1} - P)] \cdot N} = 1 \quad . \qquad (7.18)$$

Wurden die C_i, β_i und γ_i^0 bestimmt, so können nun, zur Erfüllung der Bedingungen (7.15), z.B. zuerst alle D_i festgelegt werden und dann die T_i im Anschluß, unter Berücksichtigung von (7.15).

Wird (7.15) in Matrixform geschrieben,

$$\begin{bmatrix} 1 & 0 & . & . & . & 0 & \beta_1 \\ \beta_2 & 1 & . & . & . & 0 & 0 \\ 0 & \beta_3 & 1 & . & . & 0 & 0 \\ . & . & . & . & . & . & . \\ . & . & . & . & . & . & . \\ . & . & . & . & . & . & . \\ 0 & 0 & . & . & \beta_{N-1} & 1 & 0 \\ 0 & 0 & . & . & . & \beta_N & 1 \end{bmatrix} \cdot \begin{bmatrix} T_1 \\ T_2 \\ T_3 \\ . \\ . \\ . \\ T_{N-1} \\ T_N \end{bmatrix} = \begin{bmatrix} R_1 \\ R_2 \\ R_3 \\ . \\ . \\ . \\ R_{N-1} \\ R_N \end{bmatrix} \qquad (7.19)$$

mit

$$R_i = (1 + \beta_i)C_i - \gamma_i^0 \frac{m-1}{m}(C_i - D_i) + \gamma_i^1 \frac{1}{m}(C_i - P) \quad ,$$

so ist zu erkennen, daß das System für ungerade N immer eindeutig lösbar ist, denn die Koeffizientendeterminante des Systems (7.19) hat wegen (7.18) für ungerade N den Wert 2. Für gerade N jedoch verschwindet die Koeffizientendeterminante wegen (7.18). In diesem Falle besitzt das System nur dann eine Lösung, falls die R_i die zusätzliche Bedingung [DU 88]

$$\sum_{i=1}^{N} (-1)^{i-1} \left[\prod_{k=1}^{i} \beta_k \right]^{-1} R_i = 0 \tag{7.20}$$

erfüllen, die der linearen Abhängigkeit der Zeilen der Koeffizientenmatrix entspricht.

Damit der Einfluß der GC^1-Bedingungen in jedem Falle lokaler Art ist, sind wenigstens biquintische Tensor-Produkt-Flächen zu verwenden. Bei biquartischen Flächensegmenten kann eine Kopplung der GC^1-Bedingungen in P mit den GC^1-Bedingungen der umliegenden Ecken stattfinden; bei bikubischen Flächensegmenten besteht in der Regel immer eine Kopplung, was die Lösung des Problems sehr erschwert. Im Falle einer 4-Patch Ecke P können allerdings alle γ_i^0 und γ_i^1 Null gesetzt werden, dadurch bleiben die GC^1-Bedingungen in P auch für bikubische Segmente lokal (s. z.B. [BEZ 72], [BEE 86], [HOSA 78]).

7.5 B-Spline-Darstellungen

Die zu erfüllenden (geometrischen) Übergangsbedingungen stellen eine große Anzahl an Restriktionen (an die Bézier-Punkte) dar, die nicht immer leicht zu berücksichtigen und zu verwalten sind. Geometrische B-Splines hingegen besitzen das Attribut der GC^r-Stetigkeit als intrinsische Eigenschaft, so daß die Segmente von mit geometrischen B-Splines erzeugte Spline-Flächen automatisch die GC^r-Übergangsbedingungen erfüllen.

Geometrische Spline-Flächen in B-Spline-Darstellung können z.B. über das Tensor-Produkt geometrischer B-Splines $G_i^m(u)$ und $G_j^n(v)$ (s. Kap. 5) definiert bzgl. möglicherweise unterschiedlicher Knotenvektoren und Designparametern in u und in v , also durch

$$X(u,v) = \sum_i \sum_j d_{ij} \, G_i^m(u) \, G_j^n(v) \quad , \tag{7.21}$$

definiert werden. Konsequenz dieser Definition ist, daß jede Parameterlinie konstanten u-Wertes die durch die $G_j^n(v)$ und jede Parameterlinie konstanten v-Wertes die durch die $G_i^m(u)$ induzierten geometrischen Spline Eigenschaften, also z.B. Tangenten-, Krümmungs-, Torsions- oder GC^3-Stetigkeit besitzt. Weiter läßt sich zeigen, daß - bei Verwendung der entsprechenden Basisfunktionen - auch jeder ebene Schnitt[5] diese Eigenschaften besitzt [BÖH 85a, 87], [POT 88]. Konsequenz ist aber auch, daß ein Designparameter nicht einem einzelnen Kontrollpunkt "zugeordnet" ist, sondern einer ganzen Knotenkurve des Kurvennetzes, was einen wesentlichen Nachteil darstellt.

$X(u,v)$ gemäß Definition (7.21) kann prinzipiell mit allen in Kap. 5 besprochenen Kurven und Kurvendarstellungen gebildet werden. Als Beispiele führen wir an: [BARS 81] β-Spline-Flächen, [BÖH 85a] γ-Spline-Flächen (s. a. [BÖH 87]), [NIE 86] ν-Spline-Flächen, [BÖH 87a] rationale geometrische Spline-Flächen, [POT 88] GC^3-Spline-Flächen, [BARS 88] rationale β-Spline-Flächen.

---

[5] Jeder ebene Schnitt, d.h. jede ebene Kurve ist torsionsstetig, weil alle ebenen Kurven torsionsfrei sind.

8. Gordon-Coons-Flächen

Wir haben bisher Flächen des $\mathbb{R}^3$ beschrieben über
-   geeignet gewählte Basisfunktionen
sowie mit Hilfe von
-   Tensorproduktbildungen für viereckige Parametergebiete,
-   speziellen Überlegungen für dreieckige oder mehreckige Parametergebiete.

Bei diesen Verfahren bleiben im allgemeinen nur die Eckpunkte der Flächenstücke fest, während die Randkurven approximiert werden.

Bei technischen Anwendungen können jedoch die Randkurven eines Flächenstückes vorgegeben sein, und es kann erwünscht sein, daß diese Randkurven unverändert in die Flächendarstellung eingehen, d.h. daß in diese Randkurven *geeignet* ein Flächenstück eingespannt wird. Von den Randkurven werde noch vorausgesetzt, daß sie (nicht überschlagene) Vierecke, Dreiecke, Fünfecke usw. sind. Evtl. sind für die Randkurven noch weitere Informationen bekannt; so können z.B. von einem benachbarten Flächenstück die Randtangentialebenen (d.h. die 1. Ableitungen am Rande), aber auch höhere Ableitungen am Rande übernommen werden.

Das Verbinden der Randkurven erfolgt durch geeignete **Bindefunktionen (blending functions)**, die so konstruiert werden müssen, daß sie die Randvorgaben interpolieren. Diese Konstruktion von Flächen mit Hilfe von Bindefunktionen hat in neuerer Zeit COONS [COO 64, 67, 77], [BARN 76, 77, 82, 83] entwickelt, während GORDON [GOR 69, 71] die mathematischen Grundlagen solcher Verbindungskonstruktionen diskutiert hat und mit algebraischen Hilfsmitteln gedeutet hat. Vom Standpunkt der klassischen Numerik können diese **GORDON-COONS-Flächen** auch als **Hermite-Interpolations-Flächen** aufgefaßt werden.

In der Literatur werden Gordon-Coons-Flächen oft auch als **transfinite Interpolanten** bezeichnet, um anzudeuten, daß diese Art Interpolant ein Kontinuum von Daten, d. h. alle Punkte der vorgegebenen Randkurven interpoliert. Im Gegensatz hierzu interpolieren die meisten anderen Interpolationsschemata nur eine *diskrete Anzahl von Daten.*

Die Wirkung der Bindefunktionen läßt sich schon im $\mathbb{R}^2$ veranschaulichen: Vorgegeben seien die Funktionswerte $F(0)$ und $F(1)$. Diese Funktionswerte können nun linear interpoliert werden, was für $x \in [0,1]$ auf die Kurvendarstellung

$$F(x) = (1 - x)\, F(0) + x\, F(1) \tag{8.1}$$

führt. Dabei sind

$$f_0(x) := 1 - x \ , \quad f_1(x) := x \qquad\qquad x \in [0,1] \ , \tag{8.2}$$

die benutzten Bindefunktionen. Damit solche Bindefunktionen die Randwerte einhalten, müssen sie den Bedingungen genügen

$$f_i(k) = \delta_{ik} = \begin{cases} 1 & \text{für } i = k \\ 0 & \text{für } i \neq k \end{cases} \ . \tag{8.3}$$

In (8.1) werden die vorgegebenen Funktionswerte durch lineare Bindefunktionen verbunden. Es könnten aber z.B. auch kubische Bindefunktionen verwandt werden, wenn wir statt (8.2) die Hermite-Polynome (s. z. B. (3.12)) benutzen. Natürlich werden dann auch die Verbindungskurven der Funktionswerte F(0) und F(1) unterschiedliche Gestalt haben, wie in Fig. 8.1 dargestellt.

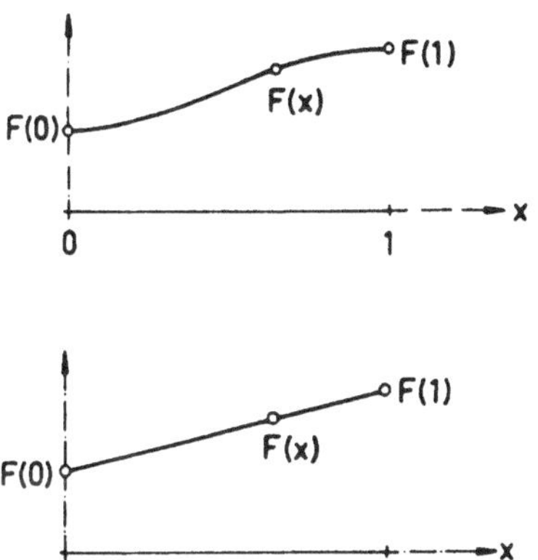

Fig. 8.1: Lineare und kubische Hermite-Interpolation von F(0), F(1).

8.1 Gordon-Coons-Flächen über Vierecken

8.1.1 C^0-stetige Pflaster

Im folgenden wollen wir uns zunächst damit beschäftigen, wie in ein von Raumkurven gebildetes, nicht überschlagenes Viereck ein Flächenstück (**Pflaster**) eingespannt werden kann. Dabei soll keine Information von einem Nachbarflächenstück einfließen, so daß an den Rändern nur Stetigkeit vorliegt.

Zur Demonstration der Konstruktion solcher Flächenstücke beschränken wir
uns zunächst einmal auf ein relativ einfach überschaubares Beispiel: Die Randkurven seien Geraden, die durch die Funktionswerte F(i,k) (i,k = 0,1) in den Eckpunkten des betrachteten Gebietes festgelegt sind, so daß die Randgeraden in
den Ebenen x = 0, x = 1, y = 0, y = 1 liegen (s. Fig. 8.2). Als Bindefunktionen
werden die linearen Bindefunktionen (8.2) über dem Parametergebiet
$[0,1] \times [0,1]$ gewählt.

Da in diesem Beispiel nur die Eckpunkte des zu interpolierenden Flächenstückes
vorgegeben sind, müssen wir zunächst über (8.1) die Randgeraden durch lineare
Interpolation dieser Eckpunkte beschreiben. Wir können z.B. in den Ebenen
y = const. beginnen und erhalten (s. a. Fig. 8.2)

$$\mathbf{P}_1 = (1 - x)\,F(0,0) + x\,F(1,0) \quad , \quad \tilde{\mathbf{P}}_1 = (1 - x)\,F(0,1) + x\,F(1,1) \quad . \quad (8.4)$$

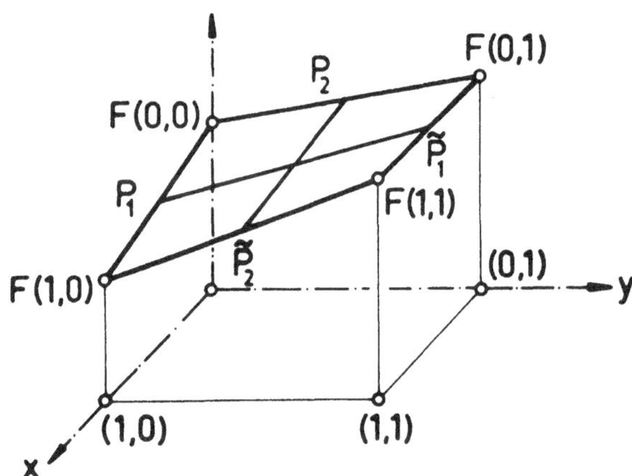

Fig. 8.2: Lineare Interpolation eines räumlichen Vierecks

Nun werden diese Punkte in y-Richtung linear interpoliert, was auf die Flächengleichung führt

$$\mathbf{Q}_1 = (1 - y)[(1 - x)\,F(0,0) + x\,F(1,0)] + y[(1 - x)\,F(0,1) + x\,F(1,1)] \quad . \quad (8.5)$$

Wir hätten natürlich auch zuerst die Ränder x = const. erzeugen können über

$$\mathbf{P}_2 = (1 - y)\,F(0,0) + y\,F(0,1) \quad , \quad \tilde{\mathbf{P}}_2 = (1 - y)\,F(1,0) + y\,F(1,1) \quad (8.4a)$$

und dann diese Geraden in x-Richtung linear interpolieren können.

Wir hätten dann erhalten

$$\mathbf{Q}_2 = (1 - x)[(1 - y)\,F(0,0) + y\,F(0,1)] + x[(1 - y)\,F(1,0) + y\,F(1,1)] \quad . \quad (8.5a)$$

Wenn diese Konstruktion sinnvoll sein soll, müßte sie unabhängig von der

Reihenfolge der Konstruktionsschritte sein, was durch direkten Vergleich von (8.5) und (8.5a) überprüft werden kann und liefert

$$Q_1 = Q_2 \ .$$

Das Problem wird schwieriger, wenn die Ränder keine Geraden sondern Kurven sind (s. Fig. 8.3). Werden analog zu (8.5) die Punkte der Ränder $y = $ const. linear verbunden, folgt die Interpolationsformel

$$P_1 F(x,y) = (1 - y)\, F(x,0) + y\, F(x,1) \ , \tag{8.6}$$

entsprechend ergibt sich beim Verbinden der Ränder $x = $ const.

$$P_2 F(x,y) = (1 - x)\, F(0,y) + x\, F(1,y) \ . \tag{8.6a}$$

Zum Unterschied von (8.5) bzw. (8.5a) beschreiben jetzt aber (8.6) bzw. (8.6a) unterschiedliche Flächen, da sich die Verbindungsgeraden im allgemeinen nicht schneiden. Ziel ist natürlich, eine einzige Flächendarstellung zu erreichen, daher müssen (8.6) bzw. (8.6a) noch geeignet korrigiert werden. Dazu betrachten wir den auftretenden Fehler z.B. von (8.6) am Rande $x = 0$ oder $x = 1$ (s. Fig. 8.4).

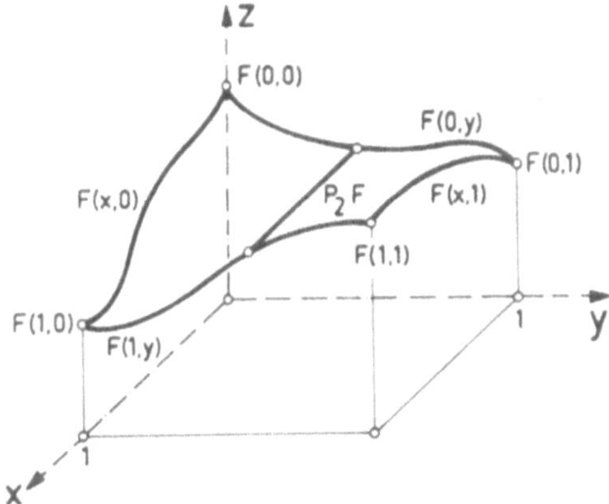

Fig. 8.3: Lineare Interpolation eines räumlichen Vierecks berandet
von Raumkurven

In der Ebene $x = 0$ muß $P_1 F$ korrigiert werden um (s. Fig. 8.4)

$$F(0,y) - [(1 - y)\, F(0,0) - y\, F(0,1)] \ , \tag{8.7a}$$

in der Ebene $x = 1$ um

$$F(1,y) - [(1 - y)\, F(1,0) - y\, F(1,1)] \ . \tag{8.7b}$$

Diese Korrektur kann symbolisch geschrieben werden in der Form

$$F - P_1 F \ . \tag{8.8a}$$

Nun muß diese Korrektur aber nicht nur an den Rändern, sondern längs aller durch $P_2 F$ festgelegter Geraden erfolgen, was symbolisch so erfaßt werden kann

$$P_2(F - P_1 F) = P_2 F - P_2 P_1 F \ . \tag{8.8a}$$

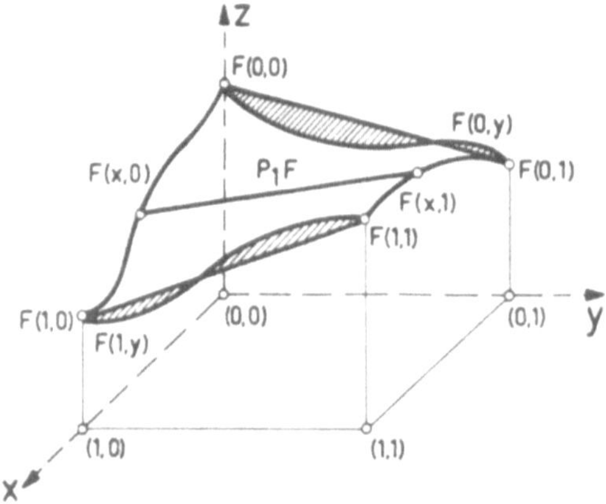

Fig. 8.4: Zur Konstruktion des Korrekturgliedes bei linearer Interpolation

In dieser Symbolik lautet daher die Darstellung der Interpolationsfläche

$$Q = P_1 F + P_2 F - P_2 P_1 F \; . \tag{8.9}$$

Auch hier könnten wir wieder mit der Korrektur in den Ebenen $y = 0$ und $y = 1$ beginnen und erhielten als Korrekturglieder in der Ebene $y = 0$:

$$F(x,0) \; - \; [(1 - x) \, F(0,0) \; + \; x \, F(1,0)] \; , \tag{8.10a}$$

in der Ebene $y = 1$:

$$F(x,1) \; - \; [(1 - x) \, F(0,1) \; + \; x \, F(1,1)] \tag{8.10b}$$

oder mit der eingeführten Symbolik

$$F \; - \; P_2 F \; . \tag{8.11a}$$

Soll diese Korrektur längs der durch P_1 festgelegten Geraden wirken, ergibt sich analog

$$P_1 (F \; - \; P_2 F) \; = \; P_1 F \; - \; P_1 P_2 F \; , \tag{8.11b}$$

oder als formale Beschreibung der Interpolationsfläche (*Interpolant*)

$$Q \; = \; P_2 F \; + \; P_1 F \; - \; P_1 P_2 F \; . \tag{8.12}$$

Sollen (8.9) und (8.12) die gleiche Fläche beschreiben, muß unsere Symbolik kommutativ sein, d.h. es muß gelten

$$P_2 P_1 F \; = \; P_1 P_2 F \; .$$

Die Darstellung der Korrekturglieder können für $x = 0$ bzw. $x = 1$ aus (8.7), für $y = 0$, $y = 1$ aus (8.10) entnommen werden. Werden diese Randwerte zu einem (kommutativen) Korrekturglied kombiniert, ergibt sich mit (8.6) und (8.9) bzw. (8.12) als ausführliche Darstellung der Interpolationsfläche

$$Q(x,y) \; = \; (1 - y) \, F(x,0) \; + \; y \, F(x,1) \; + \; (1 - x) \, F(0,y) \; + \; x \, F(1,y)$$

$$- \; \{(1 - x)[(1 - y) \, F(0,0) \; + \; y \, F(0,1)] \; + \; x[(1 - y) \, F(1,0) \; + \; y \, F(1,1)]\} \; . \tag{8.13}$$

Der in (8.13) in die geschweifte Klammer eingeschlossene Teil des Interpolanten ist gerade das gesuchte Korrekturglied. Führen wir analog zu (8.2) Bindefunktionen f_0 und f_1 ein, so kann (8.13) übersichtlich in Matrixschreibweise so geschrieben werden

$$Q(x,y) = (F(x,0) \quad F(x,1)) \begin{pmatrix} f_0(y) \\ f_1(y) \end{pmatrix} + (f_0(x) \quad f_1(x)) \begin{pmatrix} F(0,y) \\ F(1,y) \end{pmatrix}$$

$$- (f_0(x) \quad f_1(x)) \begin{pmatrix} F(0,0) & F(0,1) \\ F(1,0) & F(1,1) \end{pmatrix} \begin{pmatrix} f_0(y) \\ f_1(y) \end{pmatrix} \qquad (8.13a)$$

wobei natürlich für die Bindefunktionen f_i auch Funktionen vom Typ (3.12) gesetzt werden können.

Hier erkennen wir auch einen gewissen *Nachteil* der Coons-Darstellung: sind die Bindefunktionen gewählt, so besteht keine Möglichkeit eines weiteren Flächendesigns zu vorgegebenen Randkurven!

Wir können (8.13a) sofort auf *parametrisierte Randkurven* übertragen: Wir ersetzen x bzw. y durch u bzw. v (u,v ϵ [0,1]) und setzen voraus, daß die Randkurven als parametrisierte Raumkurven vorgegeben sind. Dann tritt an die Stelle von (8.13a) die Parameterdarstellung der Interpolationsfläche

$$Q(u,v) = (P(u,0) \quad P(u,1)) \begin{pmatrix} f_0(v) \\ f_1(v) \end{pmatrix} + (f_0(u) \quad f_1(u)) \begin{pmatrix} P(0,v) \\ P(1,v) \end{pmatrix}$$

$$- (f_0(u) \quad f_1(u)) \begin{pmatrix} P(0,0) & P(0,1) \\ P(1,0) & P(1,1) \end{pmatrix} \begin{pmatrix} f_0(v) \\ f_1(v) \end{pmatrix} \qquad (8.13b)$$

mit $P(i,v)$ bzw. $P(u,i)$ mit $i = 0,1$ als Parameterdarstellungen der Randkurven.

Die Darstellung $Q(x,y)$ bzw. $Q(u,v)$ der die gegebenen Randkurven interpolierenden Fläche wird oft **Pflaster** genannt, das von den Randkurven festgelegt worden ist. Da keine Voraussetzungen über die Ableitungen der Bindefunktionen getroffen wurde, kann das mit (8.13) beschriebene Pflaster im allgemeinen nur stetig an benachbarte Flächenstücke anschließen, d.h. zwischen zwei benachbarten Flächenstücken ist die Randkurve gemeinsam, aber im allgemeinen nicht mehr die Tangentialebene.

Bemerkung: Vom *algebraischen* Standpunkt kann (8.12) auch als *Boolesche Summe* [GOR 69] interpretiert werden. Formal gilt für die Boolesche Summe (s. a. Kap. 9.4)

$$(P_1 \oplus P_2)F := P_1F + P_2F - P_1P_2F .$$

8.1.2 C^1 - stetige Pflaster

Die bisher behandelten C^0-stetigen Coons-Flächen waren durch Bindefunktionen mit den Nebenbedingungen (8.3) festgelegt worden. Sollen C^1-stetige Übergänge erreicht werden, dürfen die Ableitungen der Bindefunktionen am Rande keinen Einfluß auf die Ableitungen des Pflasters haben (s. a. [GRE 80]), d.h. aber, es muß für die Ableitungen der Bindefunktionen zusätzlich gelten

$$f_i{}'(k) = 0 \qquad\qquad (i,k = 0,1) \; . \qquad\qquad (8.14)$$

Wenn wir eine Bindefunktion, z.B. f_0 herausgreifen, muß mit (8.3) und (8.14) gelten

$$f_0(0) = 1 \, , \quad f_0(1) = 0 \, , \quad f_0{}'(0) = 0 \, , \quad f_0{}'(1) = 0 \, . \qquad (*)$$

Es liegen also vier Randbedingungen für die zu bestimmende Funktion vor. Wird angenommen, daß f_0 kubisch ist, folgt als Lösung von (*)

$$f_0(t) = 1 - 3t^2 + 2t^3 \; ,$$

und entsprechend

$$f_1(t) = 3t^2 - 2t^3 \; ,$$

d.h. die Randbedingungen (8.14) führen auf Hermite-Polynome (s. a. Kap. 3).

Wir berechnen nun die Randableitungen des Pflasters (8.13b) unter Berücksichtigung von (8.14) und erhalten (mit $i = 0,1$)

$$\begin{aligned}
Q_u(i,v) &= \mathbf{P}_u(i,0)\, f_0(v) + \mathbf{P}_u(i,1)\, f_1(v) \; , \\
Q_v(u,i) &= \mathbf{P}_v(0,i)\, f_0(u) + \mathbf{P}_v(1,i)\, f_1(u) \; .
\end{aligned} \qquad (8.15)$$

Dies heißt aber, daß der Tangentenvektor z.B. an die Kurve $Q(u_l,v)$ mit $u_l = $ const. im Punkt $Q(u_l,0)$ nur von den Tangentenvektoren $\mathbf{P}_v(0,0)$ und $\mathbf{P}_v(1,0)$ in den Endpunkten $P(0,0)$, $P(1,0)$ abhängt. Analoges gilt für die anderen Randkurven (s. a, Fig. 8.5).

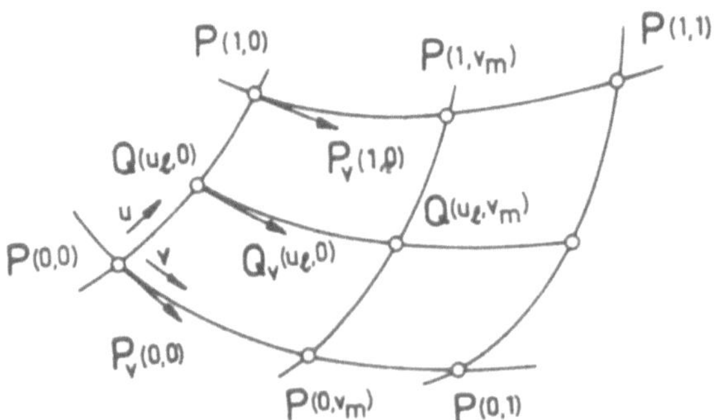

Fig. 8.5 : **Randableitungen quer zum Patchrand**

Mit (8.15) ist ein Zusammenfügen zweier Pflaster mit gemeinsamen Tangenten an den Parameterlinien möglich: Wir bezeichnen die beiden Interpolationsflächen mit I und II und wollen voraussetzen, daß die beiden Pflaster in den Kurven $P_I(1,v)$ und $P_{II}(0,v)$ zusammengefügt werden, d.h. daß zunächst gilt

$$P_I(1,v) = P_{II}(0,v) \ .$$

Aus (8.15) folgt für die Tangenten quer zu dieser gemeinsamen Randkurve

$$Q_{Iu}(1,v) = P_{Iu}(1,0) \ f_0(v) + P_{Iu}(1,1) \ f_1(v) \ ,$$

$$Q_{IIu}(0,v) = P_{IIu}(0,0) \ f_0(v) + P_{IIu}(0,1) \ f_1(v) \ .$$

Diese Tangenten haben gleiche Richtung, wenn in den Randpunkten $v = 0$, $v = 1$ gilt

$$P_{Iu}(1,i) = c\,P_{IIu}(0,i) \qquad \text{mit} \qquad c > 0 \ , \ i = 0,1 \ , \tag{8.16}$$

d. h. die Randkurven $v = 0$ und $v = 1$ die gleichen Tangentenrichtungen besitzen.

Die über (8.16) C^1-stetig gekoppelten Pflaster sind ohne Vorgabe von Ableitungen längs der Randkurve konstruiert worden. Nun können aber auch längs der Randkurve die Werte der Ableitungen bekannt sein. Wir wollen hier zunächst den Fall diskutieren, daß längs der Randkurven die 1. Ableitungen gegeben sind, d.h. aber, daß jetzt nicht nur die Randkurven durch Bindefunktionen zu koppeln sind, sondern auch die 1. Ableitungen! Für Bindefunktionen, welche die 1. Ableitungen koppeln können, muß gelten
- sie verschwinden für die Randwerte,
- ihre Ableitungen reproduzieren die vorgegebenen Ableitungen.

Dies leisten Funktionen mit folgenden Randbedingungen

$$\left.\begin{array}{l} g_i\,(k) = 0 \\[2mm] g_i{}'(k) = \delta_{ik} \end{array}\right\} \quad i,k = 0,1 \ . \tag{8.17}$$

Sollen diese Bindefunktionen durch kubische Polynome beschrieben werden, erhalten wir über einen entsprechenden Ansatz aus (8.17)

$$g_0(t) = t - 2t^2 + t^3 \ , \qquad g_1(t) = -\,t^2 + t^3 \ . \tag{8.18}$$

Wenn wir die Randvorgaben wie in Fig. 8.6 bezeichnen, können wir analog (8.6) bzw. (8.6a) für einen Interpolanten ansetzen

$$P_1F(u,v) = f_0(v) \ P(u,0) + f_1(v) \ P(u,1) + g_0(v) \ P_v(u,0) + g_1(v) \ P_v(u,1) \ ,$$

$$P_2F(u,v) = f_0(u) \ P(0,v) + f_1(u) \ P(1,v) + g_0(u) \ P_u(0,v) + g_1(u) \ P_u(1,v) \ .$$

Auch jetzt muß entsprechend zu (8.12) ein Korrekturglied P_1P_2F bzw. P_2P_1F konstruiert werden, was wieder analog zu (8.13a) in der Tensorproduktform angesetzt werden kann:

$$P_1P_2F := (f_0(u) \ f_1(u) \ g_0(u) \ g_1(u)) \ \mathbf{B} \begin{pmatrix} f_0(v) \\ f_1(v) \\ g_0(v) \\ g_1(v) \end{pmatrix} \ . \tag{8.19}$$

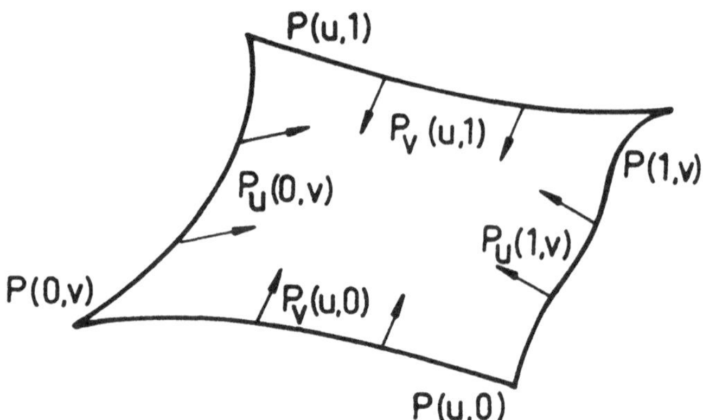

Fig. 8.6: Randvorgaben quer zu den Patchrändern

B muß eine 4×4 Matrix sein, die zunächst die Randwerte analog zum Interpolanten (8.13b) korrigieren muß, d.h. die linke obere 2×2 Matrix hat die (8.13b)
entsprechende Darstellung. Die Korrektur der Randableitungen nach u bzw. v
erfolgt analog, was die rechte obere und die linke untere 2×2 Matrix festlegt.
Nun bleibt noch die untere rechte 2×2 Matrix, die – wie direktes Berechnen der
1. Ableitungen zeigt – die gemischten 2. Ableitungen in den Randpunkten enthalten muß. Daher hat die Matrix **B** die Gestalt

$$
\mathbf{B} = \begin{pmatrix}
P(0,0) & P(0,1) & P_v(0,0) & P_v(0,1) \\
P(1,0) & P(1,1) & P_v(1,0) & P_v(1,1) \\
P_u(0,0) & P_u(0,1) & \dfrac{\partial}{\partial u} P_v(0,0) & \dfrac{\partial}{\partial u} P_v(0,1) \\
P_u(1,0) & P_u(1,1) & \dfrac{\partial}{\partial u} P_v(1,0) & \dfrac{\partial}{\partial u} P_v(1,1)
\end{pmatrix}, \tag{8.19a}
$$

so daß der C^1-Interpolant insgesamt folgende Form annimmt

$$
Q(u,v) = (1\ f_0(u)\ f_1(u)\ g_0(u)\ g_1(u))\ \bar{\mathbf{B}}
\begin{pmatrix}
1 \\
f_0(v) \\
f_1(v) \\
g_0(v) \\
g_1(v)
\end{pmatrix} \tag{8.20}
$$

mit

$$
\bar{\mathbf{B}} = \left(
\begin{array}{c|cccc}
0 & P(u,0) & P(u,1) & P_v(u,0) & P_v(u,1) \\
\hline
P(0,v) & & & & \\
P(1,v) & & -\,\mathbf{B} & & \\
P_u(0,v) & & & & \\
P_u(1,v) & & & &
\end{array}
\right).
$$

Die über (8.19) eingeführte Korrektur ist kommutativ, wenn die Reihenfolge der gemischten Ableitungen in der Matrix **B** vertauschbar ist, d.h. wenn gilt (mit i,j = 0,1)

$$\frac{\partial P_v(u,j)}{\partial u}\bigg|_{u=i} = \frac{\partial P_u(i,v)}{\partial v}\bigg|_{v=j} = \frac{\partial^2 P(u,v)}{\partial u\,\partial v}\bigg|_{\substack{u=i\\v=j}} = \frac{\partial^2 P(u,v)}{\partial v\,\partial u}\bigg|_{\substack{u=i\\v=j}} . \qquad (*)$$

Diese Forderung ist theoretisch für C^2-Flächen trivialerweise erfüllt. Da aber in unserem Falle die gemischten Ableitungen in den Eckpunkten nicht bekannt sind, sondern geschätzt werden müssen, ist der Interpolant (8.20) im allg. *nicht kommutativ*. So wie der Interpolant in (8.20) angesetzt worden ist, interpoliert er nicht mehr die partiellen Ableitungen nach v auf v = 0 und v = 1 .

Die Elemente der rechten unteren 2×2 Matrix in **B** gemäß (8.19) werden auch **twist-Vektoren** genannt. Die Komponenten der twist-Vektoren müssen i. allg. geschätzt werden bzw. können über geeignete Ansätze berechnet werden. In der Literatur liegen sehr viele Vorschläge zur Ermittlung der twist-Vektoren vor [BARN 78], [BRUN 85], [BARN 88]:

Ein pragmatisches Vorgehen ist etwa folgendes: Man setzt zunächst alle Komponenten des twist-Vektors gleich 0 und ändert dann diese Komponenten interaktiv solange "geeignet", bis eine gewünschte Flächenform erreicht worden ist.

Es ist aber auch möglich, aus den Randvorgaben die Komponenten des twist-Vektors approximativ zu berechnen:

Sind z. B. nur die Randkurven einer Coons-Fläche gegeben, so bietet sich an, diese Randkurven *bilinear* gemäß (8.13b) zu interpolieren und von diesem Interpolanten in den Ecken die gemischten Ableitungen zu berechnen (*ADINI-twist*, [BARN 78]): Legen wir als globale Koordinaten für die Parameter u bzw. v die Parameterintervalle { u_k, k = 0 (1)n} bzw. { v_j, j = 0 (1) m} zugrunde, so lassen sich lokale Koordinaten

$$r = \frac{u - u_k}{\Delta u_k} \qquad , \quad s = \frac{v - v_k}{\Delta v_k} \qquad (r, s \in [0,1])$$

einführen (mit $\Delta u_k = u_{k+1} - u_k$). Einsetzen in (8.13b) und Berücksichtigung der Kettenregel liefert schließlich als **ADINI-twist** z. B. für die Ecke (u_k, v_j)

$$\frac{\partial^2 Q}{\partial u \partial v}(u_k,v_j) = (-\frac{\partial Q}{\partial v}(u_k,v_j) + \frac{\partial Q}{\partial v}(u_k,v_j))\frac{1}{\Delta v_j}$$

$$+ (-\frac{\partial Q}{\partial u}(u_k,v_j) + \frac{\partial Q}{\partial u}(u_k,v_j))\frac{1}{\Delta u_k}$$

$$- (Q(u_k,v_j) + Q(u_{k+1},v_{j+1}) - Q(u_k,v_{j+1}) - Q(u_{k+1},v_j))\frac{1}{\Delta u_k \Delta v_j} .$$

Ein anderer Weg ist z. B., die Umgebung eines Eckpunktes einer Coons-Fläche mit Hilfe geeigneter Nachbarpunkte zu approximieren. In Fig. 8.7 sind eine solche Ecke P_{11} = P(1,1) und umliegende Punkte dargestellt:

Diese neun Punkte werden nun biquadratisch interpoliert, wobei den Punkten P_{ik} die Parameterwerte zugeordnet werden

$$P_{ik} : u_i = \frac{i-1}{3} , \quad v_k = \frac{k-1}{3} \qquad (i,k = 0,1,2) .$$

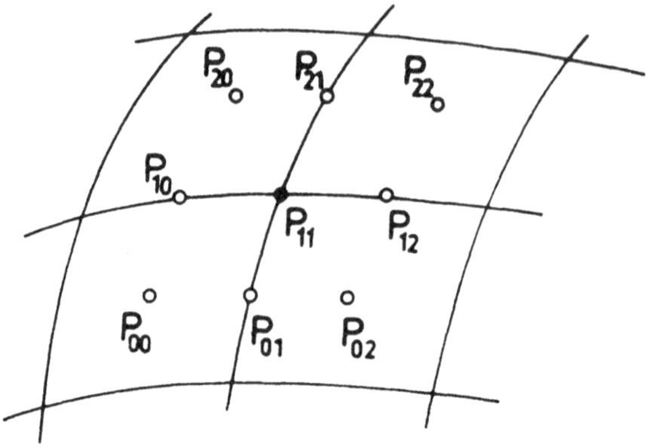

Fig. 8.7: Umgebung eines Eckpunktes zur Approximation des twist-Vektors

Dann wird als Interpolationsfläche angesetzt

$$Q = (u^2 \ u \ 1) \ \mathbf{A} \begin{pmatrix} v^2 \\ v \\ 1 \end{pmatrix} . \qquad (*)$$

Werden in (*) die Punkte P_{ik} eingesetzt, folgt

$$\mathbf{P} = \{P_{ik}\} = \begin{pmatrix} \frac{1}{9} & -\frac{1}{3} & 1 \\ 0 & 0 & 1 \\ \frac{1}{9} & \frac{1}{3} & 1 \end{pmatrix} \mathbf{A} \begin{pmatrix} \frac{1}{9} & 0 & \frac{1}{9} \\ -\frac{1}{3} & 0 & \frac{1}{3} \\ 1 & 1 & 1 \end{pmatrix} =: \mathbf{N}^T \mathbf{A} \mathbf{M} .$$

Daraus kann $\mathbf{A}$ berechnet werden zu

$$\mathbf{A} = (\mathbf{N}^T)^{-1} \mathbf{P} \ \mathbf{M}^{-1} ,$$

so daß die Interpolationsfläche die Parameterdarstellung besitzt

$$Q = (u^2 \ u \ 1) \begin{pmatrix} \frac{9}{2} & -9 & \frac{9}{2} \\ -\frac{3}{2} & 0 & \frac{3}{2} \\ 0 & 1 & 0 \end{pmatrix} \begin{pmatrix} P_{00} & P_{01} & P_{02} \\ P_{10} & P_{11} & P_{12} \\ P_{20} & P_{21} & P_{22} \end{pmatrix} \begin{pmatrix} \frac{9}{2} & -\frac{3}{2} & 0 \\ -9 & 0 & 1 \\ \frac{9}{2} & \frac{3}{2} & 0 \end{pmatrix} \begin{pmatrix} v^2 \\ v \\ 1 \end{pmatrix} .$$

Daraus folgt dann z.B.

$$Q(0,0) = P_{11} ,$$

$$Q_u(0,0) = \frac{3}{2} (P_{21} - P_{01}) , \quad Q_v(0,0) = \frac{3}{2} (P_{12} - P_{10}) ,$$

$$Q_{uv}(0,0) = \frac{9}{2} (P_{22} - P_{02} - P_{20} + P_{00}) .$$

Das Verfahren kann verfeinert werden, wenn statt der für eine quadratische Interpolation notwendigen neun Punkte aus der Umgebung der betrachteten Ecke einer Coons-Fläche insgesamt sechzehn Punkte herausgegriffen werden und dann der twist-Vektor über eine bikubische Interpolationsfläche berechnet wird (s. a. [BÖH 71]).

Kommutative twist-Vektoren können über verschiedene Ansätze erreicht werden. So wurde z. B. gesetzt (GREGORY Square s. [BARN 78], [GRE 74])

$$\begin{pmatrix} \dfrac{u\,\dfrac{\partial^2 P}{\partial v\,\partial u}(0,0)\; +\; v\,\dfrac{\partial^2 P}{\partial u\,\partial v}(0,0)}{u + v} & \dfrac{-u\,\dfrac{\partial P}{\partial v\,\partial u}(0,1)\; +\; (v-1)\,\dfrac{\partial P}{\partial u\,\partial v}(0,1)}{-u + v - 1} \\[4ex] \dfrac{(1-u)\,\dfrac{\partial^2 P}{\partial v\,\partial u}(1,0)\; +\; v\,\dfrac{\partial^2 P}{\partial u\,\partial v}(1,0)}{1 - u + v} & \dfrac{(u-1)\,\dfrac{\partial^2 P}{\partial v\,\partial u}(1,1)\; +\; (v-1)\,\dfrac{\partial^2 P}{\partial u\,\partial v}(1,1)}{u + v - 2} \end{pmatrix}.$$

Ein anderer, ebenfalls auf GREGORY [GRE 83] zurückgehender Ansatz für die twist-Vektoren lautet

$$\begin{pmatrix} \alpha P_{uv}(0,0)\; +\; \beta P_{vu}(0,0) & \alpha P_{uv}(0,1)\; +\; \beta P_{vu}(0,1) \\[1ex] \alpha P_{uv}(1,0)\; +\; \beta P_{vu}(1,0) & \alpha P_{uv}(1,1)\; +\; \beta P_{vu}(1,1) \end{pmatrix}$$

mit

$$\alpha(u,v)\; =\; \frac{v(1-v)}{u(1-u)\; +\; v(1-v)}\; , \qquad \beta(u,v)\; =\; \alpha(v,u)\; .$$

Bemerkung: Analog zum Interpolanten (8.20) können auch C^2-stetige Pflaster konstruiert werden. Dann sind als weitere Bindefunktionen notwendig

$$h_i(k)\; =\; h_i{}'(k)\; =\; 0\; , \qquad h_i{}''(k)\; =\; \delta_{ik} \qquad (i,k = 0,1)\; .$$

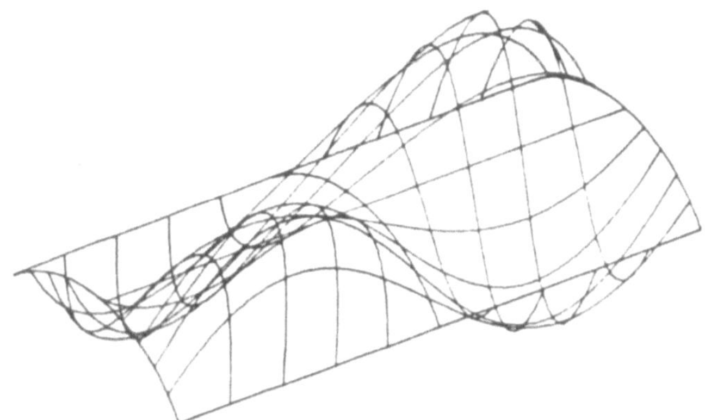

Fig. 8.8 a: Wirkung unterschiedlicher twist-Vektoren

Fig. 8.8a, b zeigt die Wirkung unterschiedlicher Wahl des twist-Vektors: Dabei wurden jeweils gesetzt T: = $P_{uv}(0,0) = P_{uv}(0,1) = P_{uv}(1,0) = P_{uv}(1,1)$ und dann gewählt: in Fig. 8.8a T = (0,0,-100) und in Fig. 8.8b T = (100,100,100) . Der Rand des Flächenstückes setzt sich aus Geraden- und Kreisstücken zusammen.

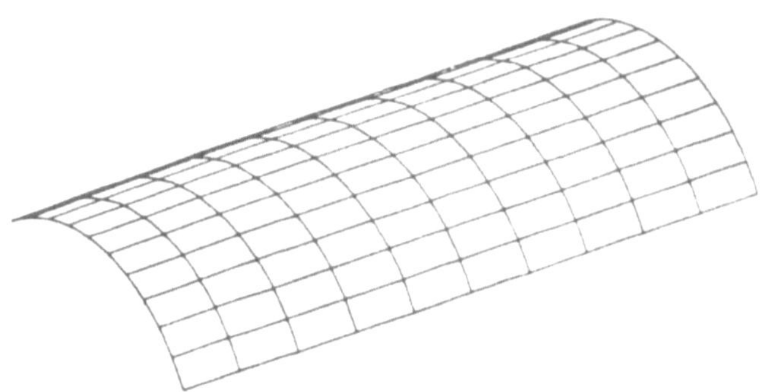

Fig. 8.8 a,b: Wirkung unterschiedlicher twist-Vektoren

8.1.3   Bikubische Pflaster

Ein häufig angewandter Sonderfall des Interpolanten (8.20) mit den kubischen Bindefunktionen (3.12) und (8.18) entsteht durch folgende Voraussetzung: Es wird angenommen, daß von dem zu konstruierenden Interpolanten die Werte in den Eckpunkten sowie die Tangenten in diesen Eckpunkten gegeben sind (diskreter Interpolant). Aus diesen Werten werden mit Hilfe der Bindefunktionen die Randkurven approximiert und aus den so approximierten Randkurven und dem Plaster (8.20) entsteht als vereinfachter Interpolant das bikubische Pflaster : Wir erzeugen also die Randkurven gemäß

$$P(u,i) := (f_0(u)\ f_1(u)\ g_0(u)\ g_1(u)) \begin{pmatrix} P(0,i) \\ P(1,i) \\ P_u(0,i) \\ P_u(1,i) \end{pmatrix} \quad (\text{mit } i = 0,1)$$

sowie

$$P(i,v) := (P(i,0)\ P(i,1)\ P_v(i,0)\ P_v(i,1)) \begin{pmatrix} f_0(v) \\ f_1(v) \\ g_0(v) \\ g_1(v) \end{pmatrix} \ .$$

Werden diese Ansätze in (8.20) eingesetzt, vereinfacht sich dieser Interpolant zu dem **bikubischen Pflaster**

$$Q^*(u,v) = (f_0(u)\; f_1(u)\; g_0(u)\; g_1(u)) \begin{pmatrix} P(0,0) & P(0,1) & P_v(0,0) & P_v(0,1) \\ P(1,0) & P(1,1) & P_v(1,0) & P_v(1,1) \\ P_u(0,0) & P_u(0,1) & P_{uv}(0,0) & P_{uv}(0,1) \\ P_u(1,0) & P_u(1,1) & P_{uv}(1,0) & P_{uv}(1,1) \end{pmatrix} \begin{pmatrix} f_0(v) \\ f_1(v) \\ g_0(v) \\ g_1(v) \end{pmatrix}$$

$$:= \; F(u)^T \; P \; F(v) \quad . \tag{8.22}$$

Werden nun weiter noch die Bindefunktionen in Matrixschreibweise dargestellt, erhalten wir z.B. mit (3.12) und (8.18)

$$(f_0(u)\; f_1(u)\; g_0(u)\; g_1(u)) = (u^3\; u^2\; u\; 1) \begin{pmatrix} 2 & 2 & 1 & 1 \\ -3 & 3 & -2 & -1 \\ 0 & 0 & 1 & 0 \\ 1 & 0 & 0 & 0 \end{pmatrix} =: \; u^T K \quad ,$$

so daß sich insgesamt für Q^* ergibt

$$Q^* = u^T \, K \, P \, K^T \, v \quad . \tag{8.23}$$

Bemerkung: Am bikubischen Pflaster läßt sich leicht die Transformation von Coons-Flächen in Bézier-Flächen demonstrieren: Wenn eine Fläche Q^* als bikubische Tensorprodukt-Bézier-Fläche gegeben ist, kann Q^* über die Darstellung der Bernstein-Polynome auch so geschrieben werden

$$Q^* = \sum_{k=0}^{3} \sum_{i=0}^{3} b_{ik} \, B_i^3(u) \, B_k^3(v) = u^T \, L \, B \, L^T \, v \tag{*}$$

mit $B = \{b_{ik}\}$, d.h. die Matrix der Bézier-Punkte und

$$L := \begin{pmatrix} -1 & 3 & -3 & 1 \\ 3 & -6 & 3 & 0 \\ -3 & 3 & 0 & 0 \\ 1 & 0 & 0 & 0 \end{pmatrix} \quad .$$

Vergleich von (8.23) mit (*) liefert

$$P = K^{-1} \, L \, B \, L^T \, (K^T)^{-1} \quad .$$

8.1.4   Gordon-Flächen

Die Ausdehnung der Konstruktion von Coons auf Systeme von Flächen führt auf die sog. **Gordon-Flächen** [GOR 69], [GOR 71]: es sei gegeben ein Kurvennetz mit den Kurven

$$f(u_i, v) \quad \text{mit } i = 0(1)\,n \qquad\qquad \text{und} \qquad f(u, v_k) \quad \text{mit } k = 0(1)\,m.$$

Eine Gordon-Fläche interpoliert nun dieses Netz mit Hilfe eines Systems von
Bindefunktionen $g_i(u)$ und $h_k(v)$ mit Hilfe der Interpolatoren

$$P_1 f = \sum_{i=0}^{n} f(u_i,v)\, g_i(u) \quad , \quad P_2 f = \sum_{k=0}^{m} f(u,v_k)\, h_k(v)$$

und der Booleschen Summe

$$(P_1 \oplus P_2)f \ = \ P_1 f + P_2 f - P_1 P_2 f$$

wobei das Produkt $P_1 P_2 f$ wieder nur die Werte in den Schnittpunkten des Kurvennetzes interpoliert. Für n = m = 1 gehen die Gordon-Flächen in die Coons-
Flächen über.

NIELSON [NIE 86] hat das Konzept der Gordon-Flächen auf *v-Spline-Flächen*
(rectangular v-Splines, s. a. Kap. 3) ausgedehnt: dabei werden die Netzlinien als
v-Spline-Kurven aufgefaßt mit den Netzschnittpunkten als Knotenpunkte.

8.2   Gordon-Coons-Flächen über Dreiecken

Die Gordon-Coons Methode kann auch auf *dreieckige* oder *fünfeckige Para-
meterbereiche* ausgedehnt werden, womit auch für Gordon-Coons-Flächen das
"Eckenproblem" (s. Kap. 6, 7) gelöst werden kann (s. a. [BARN 73, 75 , 81],
[GRE 75]) .

Wir beginnen unsere Konstruktion über einem Einheitsdreieck (s. Fig. 8.9a) mit
den Ecken (1,0) , (0,1) , (0,0) und interpolieren zunächst parallel zur x-Achse
mit dem Interpolator (s. Fig. 8.9a)

$$P_1 F \ = \ \frac{(1-x-y)}{(1-y)} \ F(0,y) \ + \ \frac{x}{1-y} \ F(1-y,y) \ . \tag{8.24a}$$

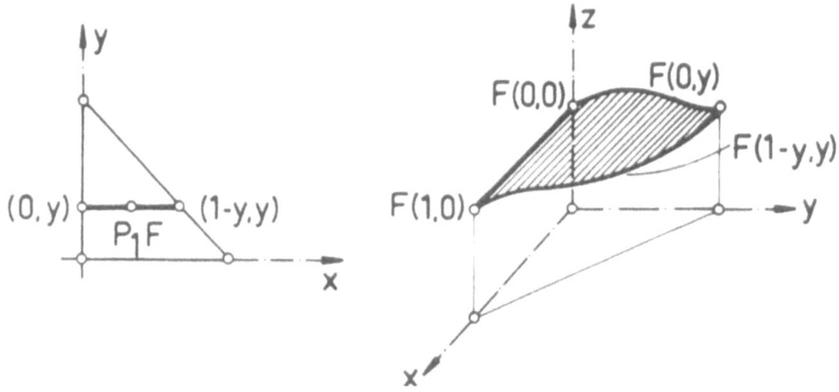

Fig. 8.9a: Interpolation parallel zur x-Achse

An den Rändern gilt

für $x = 0$ $\quad$ $P_1F = F(0,y)$, für $y = 0$ $\quad$ $P_1F = (1 - x)\,F(0,0) + x\,F(1,0)$,

d.h. der Rand des Interpolators liefert eine Gerade.

Analog betrachten wir die Interpolation parallel zur y-Achse (s. Fig. 8.9b). Es gilt

$$P_2F = \frac{(1-x-y)}{(1-x)}\,F(x,0) + \frac{y}{1-x}\,F(x,1-x) \quad , \tag{8.24b}$$

wobei sich jetzt an den Rändern ergibt

$$\text{für } y = 0 \qquad P_2F = F(x,0) \quad ,$$
$$\text{für } x = 0 \qquad P_2F = (1 - y)\,F(0,0) + y\,F(0,1) \quad .$$

Wird nun die Boolesche Summe gebildet, so folgt

$$(P_1 \oplus P_2)\,F = \frac{1-x-y}{1-y}\,F(0,y) + \frac{x}{1-y}\,F(1-y,y) +$$
$$+ \frac{1-x-y}{1-x}\,F(x,0) + \frac{y}{1-x}\,F(x,1-x) - P_1P_2F \quad .$$

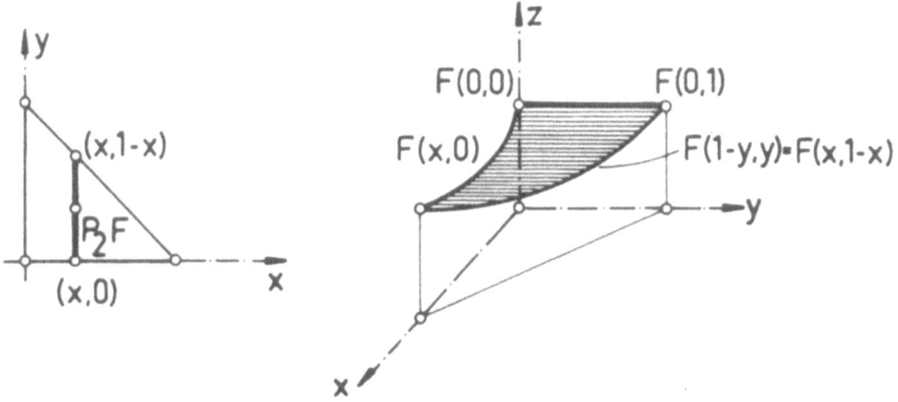

Fig. 8.9b: Interpolation parallel zur y-Achse

Um eine Vorstellung über das Korrekturglied zu erhalten, betrachten wir wieder die Ränder:

$$(P_1 \oplus P_2)\,F\big|_{x=0} = F(0,y) + (1-y)\,F(0,0) + y\,F(0,1) - P_1P_2F \quad ,$$

d.h. es muß gelten

$$P_1P_2F\big|_{x=0} = (1-y)\,F(0,0) + y\,F(0,1) \quad ;$$

weiter ergibt sich

$$(P_1 \oplus P_2)\,F\big|_{y=0} = (1-x)\,F(0,0) + x\,F(1,0) + F(x,0) - P_1P_2F \quad ,$$

was auf das Korrekturglied führt

$$\mathbf{P_1P_2F}\Big|_{y=0} = (1-x)\ F(0,0) + x\ F(1,0) \ .$$

Schließlich erhalten wir aus

$$(\mathbf{P_1} \oplus \mathbf{P_2})\ \mathbf{F}\Big|_{x=1-y} = F(1-y,y) + F(x,1-x) - \mathbf{P_1P_2F}$$

für das Korrekturglied entweder

$$\mathbf{P_1P_2F}\Big|_{x=1-y} = F(1-y,y) \qquad \text{oder} \qquad \mathbf{P_1P_2F}\Big|_{x=1-y} = F(x,1-x) \ ,$$

was bedeutet, daß das Korrekturglied nicht eindeutig bestimmbar ist. Um diese
Asymmetrie zu beseitigen, wird nun noch parallel zur Geraden $y = 1-x$ interpoliert. Dies führt auf (s. Fig. 8.9c)

$$\mathbf{P_3F} = \frac{x}{x+y}\ F(x+y,0) + \frac{y}{x+y}\ F(0,x+y) \ . \tag{8.24c}$$

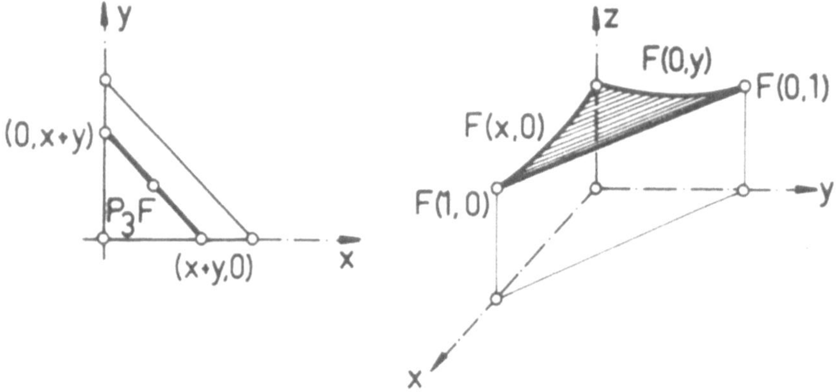

Fig. 8.9c: Interpolation parallel zur Geraden $x + y = 1$

Wir bilden mit diesen Teilinterpolatoren den Gesamtinterpolator

$$Q(x,y) = \tfrac{1}{2}\ (\mathbf{P_1F} + \mathbf{P_2F} + \mathbf{P_3F} - \mathbf{L\,F}) \ , \tag{8.25}$$

der an den Rändern folgende Werte annimmt:

$$\mathbf{L\,F}\Big|_{x=0} = (1-y)\ F(0,0) + y\ F(0,1) \ , \qquad \mathbf{L\,F}\Big|_{y=0} = (1-x)\ F(0,0) + x\ F(1,0) \ ,$$

$$\mathbf{L\,F}\Big|_{x=1-y} = x\ F(1,0) + y\ F(0,1) \ ,$$

so daß gilt

$$\mathbf{L\,F} = (1-x-y)\ F(0,0) + x\ F(1,0) + y\ F(0,1)$$

oder zusammengefaßt

$$Q(x,y) = \tfrac{1}{2}\{(\tfrac{1-x-y}{1-y})\,F(0,y) + \tfrac{x}{1-y}\,F(1-y,y) + \tfrac{1-x-y}{1-x}\,F(x,0) + \tfrac{y}{1-x}\,F(x,1-x)$$

$$+ \tfrac{x}{x+y}\,F(x+y,0) + \tfrac{y}{x+y}\,F(0,x+y) - [x\,F(1,0) + y\,F(0,1) + (1-x-y)\,F(0,0)]\}.$$

Analoge Interpolatoren können über *radiale* Interpolationsrichtungen berechnet werden (s. [BARN 75]). In [BARN 83] wird eine Interpolation eines *beliebigen* Dreiecks entwickelt: Grundlage sind die baryzentrischen Koordinaten (s. a. Kap. 4) eines Dreiecks, außerdem müssen die Richtungsableitungen längs der Dreiecksseiten geschätzt werden (s. a. [LIT 83]).

GREGORY hat in [GRE 78] mit Hilfe von *Konvexkombinationen* eine andere Erzeugung von dreieckigen Interpolanten angegeben, die auch auf *fünfeckige* Gebiete ausgedehnt werden kann (s. [GRE 85]).

Analog zu den Flächendarstellungen mit Hilfe von Bindefunktionen lassen sich auch Volumendarstellungen konstruieren, wobei dann die Randkurven eines z B. würfelförmigen Gebietes vorzugeben sind (s. a. Kap. 11 oder [GOR 69]).

9. Scattered Data Interpolation und Approximation

Bei Anwendungen z.B. in der Geologie, Meteorologie, Kartographie aber auch beim Digitalisieren von Modelloberflächen können unregelmäßig verteilte Daten (**scattered data**) auftreten, die durch eine Fläche interpoliert oder approximiert werden sollen. Das zu lösende **Interpolationsproblem** lautet also: gegeben sind $N+1$ Abszissen $x_i = (x_i, y_i) \in \mathbb{R}^2$, $i = 0\,(1)\,N$, mit zugehörigen Ordinaten (z.B. Meßwerten) z_i, gesucht ist eine Funktion $f(x) = f(x, y)$ derart, daß $z_i = f(x_i, y_i)$ gilt. Das **Approximationsproblem** kann als (**weighted** oder auch als **moving**) **least square Problem** $I(f) = \sum \omega_i(x)(f(x_i, y_i) - z_i)^2 \rightarrow$ Min. behandelt werden, oder, was in jüngster Zeit immer häufiger geschieht, als **smoothing Problem** $I(f) = \sum \omega_i(x)(f(x_i, y_i) - z_i)^2 + \lambda\, J(f) \rightarrow$ Min., mit Glättungsparameter λ und *"physikalischem Term"* $J(f)$, z.B. der Biegeenergie einer eingespannten, elastischen dünnen Platte, etc. Wobei bei der scattered data Interpolation bzw. Approximation jedoch, im Gegensatz zur Aufgabenstellung der vorausgehenden Kapitel, keine speziellen Forderungen an die Datenpunkte (x_i, y_i, z_i), insbesondere in Bezug auf Verteilungsanordnung und -dichte, gestellt werden. Wir wollen uns hier auf das Interpolationsproblem beschränken. Das Approximationsproblem wurde bereits in den Kap. 2.4, 2.5 und 4.4 angesprochen. Weiterhin sei auch verwiesen auf [DIE 81], [FARW 86], [FOL 87c], [FRA 87], [HAY 74], [HU 86], [MCLA 74, 76], [MCM 87], [LAN 79, 86], [SCHM 79, 83, 85], [SCHU 76], sowie auf die Literaturliste [FRA 87a]; zum Smoothing s. a. Kap. 13.

So vielfälltig wie die Anwendungsgebiete der scattered data Interpolation und Approximation sind, sind die angewandten Lösungsmethoden, und dementsprechend gibt es auch keine Methode, die allen Problemstellungen gerecht wird, gerecht werden kann. D.h. die Entscheidung für oder gegen eine Methode, die ein Anwender im konkreten Fall zu treffen hat, hängt ganz wesentlich von der gegebenen Problemstellung ab, aber auch von Randbedingungen wie etwa der vorhandenen Hardware, da die Methoden im Hinblick auf Speicherplatzbedarf und Rechenzeiten recht unterschiedlich sind. Ursache hierfür können die Lokalitätseigenschaften einer Methode (s. z.B. [SCHU 76]) sein.

Bei einer **globalen Methode** hängt der Interpolant bzw. Approximant von allen Datenpunkten ab in dem Sinne, daß die Änderung, Hinzu- oder Wegnahme eines Datenpunktes ein neues Lösen des Systems erfordert, das meist aus $N+1$ Gleichungen besteht, wobei N bei realen scattered data Problemen leicht in den Bereich von einigen Zehntausend bis zu einigen Millionen kommt. Das System ist zudem häufig vollbesetzt und meist auch nicht sehr gut konditioniert.

Bei einer **lokalen Methode** beeinflußt die Änderung, Hinzu- oder Wegnahme eines Datenpunktes den Interpolanten bzw. Approximanten nur lokal, d.h. in einem bestimmten Bereich. Dieser eindeutige Vorteil wird jedoch dadurch in der Praxis wieder abgeschwächt, daß für reale scattered data, die als "zufällig verteilt" angenommen werden müssen, strenggenommen zunächst alle Datenpunkte gegeneinander verglichen werden müssen, um entscheiden zu können, welche Punkte auf welchen Teil des Interpolanten bzw. Approximanten Einfluß haben. Außerdem führen die besseren der globalen Methoden oft zu "gefälligeren" Flächen als die lokalen Methoden, insbesondere in den Randbereichen der Datensätze [FRA 82].

Für sehr große Datensets werden häufig lokale und globale Methoden miteinander gekoppelt. D.h. auf geeigneten Teilmengen werden globale Methoden ausgeführt, deren Resultate dann mit Hilfe von lokalen Methoden zu einem lokal definierten globalen Interpolanten bzw. Approximanten verschmolzen werden.

Als weitere mögliche Beurteilungs- und Vergleichskriterien seien noch genannt: Problematik der Implementierung, Genauigkeit und optische Wirkung des Resultates, Sensitivität auf Steuerparameteränderungen [FRA 82].

Überblicksartikel zum Thema scattered data Interpolation sind gegeben durch [SCHU 76], [BARN 77] und [FRA 82, 87]; s. a. [LAN 86], [ALF 89].

9.1   Shepard-Methoden

Der wohl bekannteste Lösungsansatz zu dem oben beschriebenen Interpolationsproblem wurde von SHEPARD [SHE 68] gegeben, der in der Folge vielfach weiterentwickelt wurde. SHEPARD setzt als interpolierende Funktion f(x) an

$$f(x) = \sum_{i=0}^{N} \omega_i(x) \, f_i \;,$$

(9.1)

mit Gewichtsfunktionen

$$\omega_i(x) = \frac{\sigma_i(x)}{\sum_{j=0}^{N} \sigma_j(x)}$$

(9.2)

und

$$\sigma_i(x) = \frac{1}{d_i(x)^{\mu_i}} = \frac{1}{\left[(x-x_i)^2 + (y-y_i)^2\right]^{\frac{\mu_i}{2}}}$$

(9.3)

mit euklidischem Abstand $d_j(x) = \|x - x_j\|$.

Die $\omega_i(x)$ besitzen die Eigenschaften
-        $\omega_i(x) \; \epsilon \; C^0$
-        $\omega_i(x) \; \geq \; 0$
-        $\omega_i(x_i) \; = \; 1$
-        $\sum \omega_i(x) \; = \; 1$ (Normierung) .

Für die Shepard-Funktion läßt sich durch direkte Differentiation zeigen, daß an einer Stelle $x_i = (x_i, y_i)$ mit Exponent μ_i gilt

- für $0 < \mu_i < 1$ hat die Shepard-Funktion an den Stellen $x_i = (x_i, y_i)$ Spitzen,
- für $\mu_i = 1$ hat die Shepard-Funktion an den Stellen $x_i = (x_i, y_i)$ Ecken,
- für $\mu_i \geq 1$ ist die Tangentialebene an der Stelle $x_i = (x_i, y_i)$ horizontal, d.h. parallel zur (x,y)-Ebene ($\rightarrow$ Flachpunkte).

Neben diesen offenbaren Schwächen des Shepard-Ansatzes [SHE 68] müssen außerdem sämtliche $\omega_i(x)$ neu berechnet werden, falls nur ein einziger Datenpunkt verändert oder der Datenmenge neu hinzugefügt bzw. entnommen wird: Shepards Interpolationsmethode ist eine globale Methode (s. a. [FARW 86a]).

Es bestehen mehrere Möglichkeiten, die Nachteile des Shepard'schen Ansatzes - Ableitungsunstetigkeiten bzw. Flachpunkte in den Interpolationspunkten, sowie globaler Charakter - zu beseitigen.

Lokalisiert werden kann Shepards Schema z.B.

i) durch Multiplikation der Gewichtsfunktion $\omega_i(x)$ mit einer "Dämpfungsfunktion" (**mollifying function**) $\lambda_i(x)$ mit $\lambda_i(x_i) = 1$ und $\lambda_i(x) \geq 0$ innerhalb eines bestimmten Bereiches B_i um x_i, z.B. einer Kreisscheibe mit Radius R_i, und $\lambda_i(x) = 0$ für Punke außerhalb von B_i, z.B. Punkte x mit Abstand $d_i > R_i$. Ein Beispiel einer solchen mollifying function ist gegeben durch die **Franke-Little Gewichte** [BARN 84b], [ALF 89], [FRA 82]

$$\lambda_i(x) = g(x)_+^\mu = \left(1 - \frac{d_i}{R_i}\right)_+^\mu$$

mit

$$g(x)_+^\mu = \begin{cases} g(x)^\mu & \text{falls} \quad g(x) > 0 \\ 0 & \text{falls} \quad g(x) \leq 0, \end{cases}$$

ein ähnliches Beispiel wird auch in [SCHU 76] gegeben, exponentielle Gewichte werden in [MCLA 74] untersucht.

ii) durch Verwendung von Gewichtsfunktionen, die, wie die B-Splines, lokale-Träger-Eigenschaften besitzen, und

iii) über eine Rekursionsformel, so daß die Hinzunahme eines weiteren Datenpunktes zur Datenmenge nicht die erneute Berechnung aller $\omega_i(x)$ erfordert, sondern nur zur Addition eines weiteren Termes führt, vergleichbar dem rekursiven Aufbau der Newton-Interpolation (die aus der globalen Lagrange-Interpolation herleitbar ist, s. Kap. 2). Beschreibt $f_{n-1}(x)$ eine Shepard-Interpolation der Daten $(x_i, y_i, z_i = f_i)$, $i = 0 (1)$ $n-1$, zu denen ein weiterer Datenpunkt hinzugefügt werden soll, so lautet die **Rekursionsformel** zur Ermittlung von $f_n(x)$ [BARN 83b]

$$f_n(x) = f_{n-1}(x) + E_n(x) F_n$$

mit

$$E(x) = 1$$

$$E_k(x) = \frac{\prod\limits_{i=1}^{k-1} d_i^{\,\mu}}{\sum\limits_{i=1}^{k} \prod\limits_{\substack{i=1 \\ i\neq j}}^{k} d_i^{\,\mu}}$$

und

$$F_1 = f_1$$

$$F_2 = f_2 - E_1(x_2) F_1$$

$$F_k = f_k - \sum_{j=1}^{k-1} E_j(x_k) F_j = f_k - f_{k-1}(x_k) \ .$$

Die wegen (9.3) auftretenden Ableitungsunstetigkeiten bzw. Flachpunkte können beseitigt werden z.B.

i)   durch Verwendung anderer Gewichtsfunktionen, etwa $\omega_i(x)$ definiert unter Verwendung von $\sigma_i(x)$ mit

$$\sigma_i(x) = \frac{1}{d_i(x)^{\mu_i} + c_i} = \frac{1}{\left[(x-x_i)^2 + (y-y_i)^2\right]^{\frac{\mu_j}{2}} + c_i} \qquad \text{mit } c_i \neq 0 \qquad (9.4)$$

bzw.

$$\sigma_i(x) = \frac{1}{\exp\left[c_i(x-x_i)^2 + c_i(y-y_i)^2\right]} \qquad (9.5)$$

bzw.

$$\sigma_i(x) = \frac{1}{\cosh\left(c_i(x-x_i)\right) + \sinh\left(c_i(y-y_i)\right)} \ , \qquad (9.6)$$

ii)   durch Interpolation der ersten n Taylorreihenterme $T_i^n(x)$ von $f(x)$ in in x_i anstatt nur der Funktionswerte f_i von $f(x)$ in x_i. Z.B. interpoliert das Schema

$$f(x) = \sum_{i=0}^{N} \omega_i(x) \left[f(x_i) + \frac{\partial f}{\partial x}\Big|_{x_i}(x-x_i) + \frac{\partial f}{\partial y}\Big|_{x_i}(y-y_i) \right] \qquad (9.7)$$

sowohl die Funktionswerte $f(x_i)$ als auch die ersten partiellen Ableitungen in $f(x_i)$, somit die Tangentialebenen in den Datenpunkten. Einerseits werden hierdurch zwar die Flachpunkte beseitigt und die Approximationsgüte besser, andererseits sind die hierfür benötigten Ableitungswerte aber a priori nicht gegeben, müssen also erst auf geeignete Art und Weise aus den Datenvorgaben erzeugt werden.

Die *"Reproduktion"* von Flachpunkten kann jedoch unter Umständen auch erwünscht sein. So eignet sich ein 1- bzw. 2-dimensionaler Shepard-Ansatz unter Verwendung großer μ_i-Werte z.B. ausgezeichnet zur Erzeugung von **Histogrammen** (s. z.B. [GOR 78]), da (9.1) für große μ_i-Werte eine stückweise konstante Funktion nachahmt (vgl. mit Fig. 9.1.a, $\mu_4 = 15$).

Beste Ergebnisse im Rahmen der allgemeinen Interpolationsaufgabe und ein relativ geringer Rechenaufwand folgen mit dem **modifizierten Shepard-Ansatz**

$$f(x) = \sum_{i=0}^{N} \omega_i(x)\, L_i(x)$$

wobei $L_i(x)$ ein lokaler Approximant von $f(x)$ ist derart, daß gilt $L_i(x_k) = f(x_k)$ (für den **quadratischen Fall** s. [FRA 80]). Er liefert unter Verwendung der Franke-Little Gewichte als mollifying functions gute Ergebnisse, benötigt nicht zu viel Speicherplatz und Rechenzeit und ist einfach zu implementieren [FRA 82].

Der oben besprochene Shepard-Ansatz läßt sich verallgemeinern durch Verwendung einer beliebigen Metrik des $\mathbb{R}^2$ anstelle der euklidischen Metrik [GOR 78] (in der Tat ist dies bereits in (9.4) bis (9.6) geschehen). Die oben aufgelisteten Eigenschaften der Gewichtsfunktionen bleiben hierdurch unberührt; ebenso die wichtige **Positivitäts-Eigenschaft** des Interpolanten:

$$\text{falls } f_i \geq 0 \quad \text{für alle } i \quad \Rightarrow \quad f(x) \geq 0 ,$$

als auch das **Maximum-Minimum Prinzip** des Interpolanten: [1]

$$\text{mit} \quad m \equiv \min_i \{\, f_i\, \}, \quad M \equiv \max_i \{\, f_i\, \} \quad \Rightarrow \quad m \leq f(x) \leq M$$

In Fig. 9.1 werden die Wirkungen der Ansätze (9.3) bis (9.5) auf eine ebene Kurve (d.h. $y = 0$, $y_i = 0$) dargestellt: Fig. 9.1a zeigt die Wirkung des Shepard-Ansatzes (9.3) bzw. (9.4) mit $c_i = 0$ bei verschiedenen μ_i, Fig. 9.1b enthält den verallgemeinerten Shepard-Ansatz (9.4) mit $\mu_i = 1$ und verschiedenen c_i, Fig. 9.1c demonstriert den Ansatz (9.5) ebenfalls mit verschiedenen c_i. Fig. 9.12c illustriert (9.3), Fig. 9.12d Ansatz (9.3) mit $\mu_i > 1$ und Fig 9.12e den modifizierten quadratischen Ansatz nach [FRA 80].

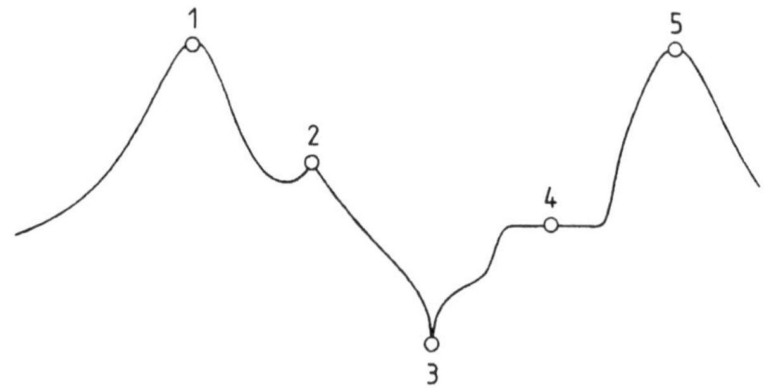

Fig. 9.1.a: $\mu_1 = 2$, $\mu_2 = 1$, $\mu_3 = 0.5$, $\mu_4 = 15$, $\mu_5 = 2$

[1] bei der Interpolation von Taylorreihentermen gemäß Gleichung (9.7) ergibt sich ein modifiziertes Maximum-Minimum Prinzip [BARN 84b]

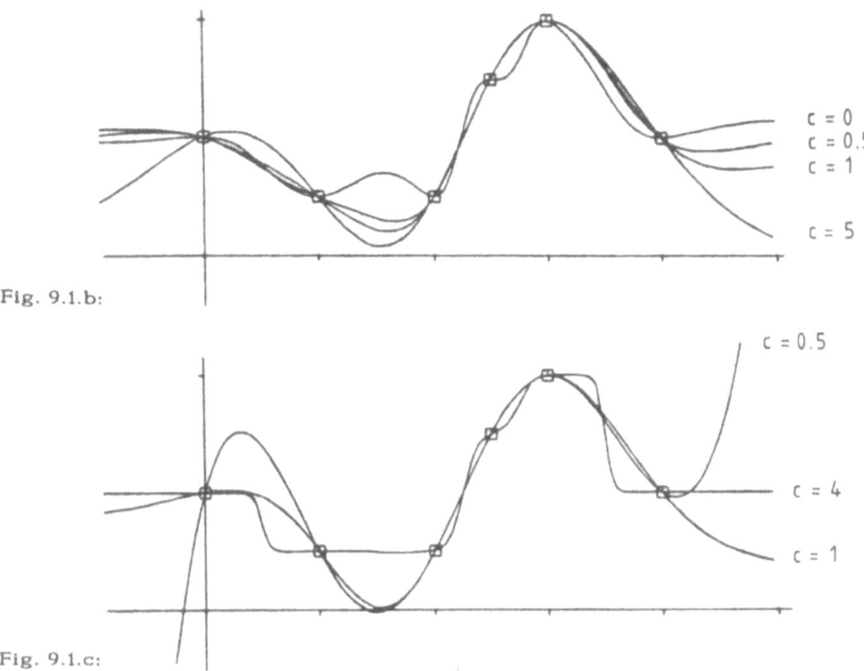

Fig. 9.1.b:

Fig. 9.1.c:

9.2   Radiale Basisfunktions-Methoden

Die Lösung des scattered data Interpolationsproblems mit Hilfe radialer Basisfunktionen besteht darin, einen Interpolanten der Gestalt

$$f(x) = \sum_{i=0}^{N} \alpha_i \, R(d_i(x)) + p_m(x) \qquad\qquad (9.8)$$

zu finden, wobei die univariaten Basisfunktionen $R(d_i(x))$ radiale positive
Funktionen sind, d.h. Funktionen des Abstandes $d_i(x)$ des Punktes $x = (x,y)$
zum Interpolationspunkt $x_i = (x_i, y_i)$ im Parameterraum, und $p_m(x) \in \mathbb{P}_m(x)$,
d.h. ein Polynom vom Grad kleiner m ist. Die unbekannten Koeffizienten in (9.8)
ergeben sich aus der Interpolationsforderung $f(x_i) = f_i$ zusammen mit der
zusätzlichen Forderung

$$\sum_{i=0}^{N} \alpha_i \, q(x_i) = 0 \qquad\qquad \text{mit} \quad q(x) \in \mathbb{P}_m(x) \; ,$$

die physikalisch als Gleichgewichtsbedingung (Summe aller Kräfte bzw. aller
Momente gleich Null) gedeutet werden kann [FRA 85] bzw. die (eventuell
benötigte) Reproduzierbarkeit einer gewissen **polynomialen Genauigkeit (Präzision)** sichert, denn falls es ein $p(x) \in \mathbb{P}_m(x)$ mit $p(x_i) = f_i$ gibt, so sind die
obigen Forderungen mit $\alpha_i = 0$, $i = 0(1)N$, bereits erfüllt, d.h. mit $p_m(x) = p(x)$
reproduziert das Schema Elemente aus $\mathbb{P}_m(x)$ exakt [DYN 87a], [ALF 89].

Das Gleichungssystem zur Bestimmung der unbekannten Koeffizienten wird für
Datensätze von mehr als 100 Interpolationspunkten schnell sehr schlecht
konditioniert [FRA 82], so daß spezielle Techniken erforderlich sind [DYN 86].
Eine theoretische Fundierung, d.h. Existenz und Eindeutigkeit der Lösung des
Interpolationsproblems durch radiale Basisfunktionen, konnte erst kürzlich von
MICCHELLI [MIC 86] unter Verwendung des Kalküls positiv definiter Funk-
tionen gezeigt werden (s. a. [DYN 87a], [FRA 87]).

Nachfolgend beschreiben wir drei Vertreter der Klasse der radialen Basisfunktionen

9.2.1 Hardy's Multiquadrik

Multiquadriken (MQ) zählen zu den erfolgreichsten und verbreitesten
scattered data Interpolanten. Sie sind einfach zu implementieren und für nicht
zu große Datenmengen gut lösbar. $f(x)$ sieht meist gefällig aus und ist sehr
glatt ($f(x)$ ist von der Klasse $C^\infty(\mathbb{R}^2)$). Die rotationssymmetrischen Basisfunktionen $R(d_i(x))$ der Hardy'schen MQ-Methode [HARD 71] sind in der allgemein-
sten Form gegeben durch

$$R(r_i) = \left(r_i^2 + t_i^2\right)^{\frac{\mu_i}{2}} \qquad \text{mit} \quad \mu_i \neq 0, \qquad (9.9)$$

ferner ist in (9.8) $m = 0$ zu setzen, d.h. MQ's besitzen keine polynomiale Präzision. r_i und t_i sind vom Benutzer zu bestimmende Parameter. Beste Ergebnisse [FRA 82], [DYN 87a] folgen für die Wahl $r_i = r(d_i) = d_i(x)$, $t_i = t$ (für ein
Beispiel s. Fig. 9.12f) wodurch neben der Rotationsinvarianz noch die Translationsinvarianz der Basisfunktionen folgt. HARDY selbst wählte $\mu_i = \mu = 1$ was
den oberen Teil eines Rotationshyperboloids erzeugt. $\mu_i = \mu = -1$ liefert die
reziproke MQ-Methode, die annähernd gleich gute Ergebnisse gibt. Die Wahl
von t ist (vor allem im Falle $\mu = -1$) jedoch etwas kritisch, da zu kleine t-
Werte leicht Spitzen und Senken in den Interpolationspunkten erzeugen, denn
(9.9) ähnelt für kleine t-Werte immer stärker einem Rotationskegel (s. a. [LAN
86], [ALF 89], [FRA 82]).

9.2.2 Duchon's Thin Plate Splines

Diese scattered data Interpolanten wurden ursprünglich eingeführt als die Datenpunkte bzgl. eines speziellen Funktionenraumes interpolierende Extremalen
des Funktionals

$$I[f] = \iint\limits_{\mathbb{R}^2} \left[\left(\frac{\partial^2 f}{\partial x^2}\right)^2 + 2\left(\frac{\partial^2 f}{\partial x \partial y}\right)^2 + \left(\frac{\partial^2 f}{\partial y^2}\right)^2\right] dx\, dy \qquad (9.10)$$

[DUC 77, 79], [MEI 79, 79a] (s. a. [SCHU 76], [DYN 87a], [ALF 89], [FRA 82]).

$I[f]$ gemäß (9.10) mißt die Biegeenergie einer dünnen, unendlich ausgedehnten
elastischen Platte, die in den Interpolationspunkten befestigt ist - *"aufliegt"* -

worin auch die Bezeichnung **thin plate splines** (TPS) ihren Ursprung hat. Die radialen Basisfunktionen der Lösung des Variationsproblems sind die Fundamentallösungen der Laplace Dgl.

$$\triangle^2 R \;=\; c\,\delta \;, \tag{9.11}$$

und ergeben sich zu

$$R(r_i) \;=\; r_i^2 \cdot \log r_i \qquad \text{mit } r_i = d_i(x) \;. \tag{9.12}$$

Da interpolierende Funktionen der Form (9.8) mit m = 2 und $R(d_i(x))$ gemäß (9.12) eine Verallgemeinerung der natürlichen Splinekurven sind, werden sie in der Literatur gelegentlich auch als **Flächen-Splines (surface splines)** bezeichnet. DUCHON's TPS [DUC 77, 79] besitzen lineare Präzision, d.h. liegen die scattered data auf einer Ebene, so wird diese durch DUCHON s TPS exakt reproduziert. Ein Beispiel eines TPS-Interpolanten gibt Fig. 9.12g.

9.2.3 Franke's Thin Plate Splines in Tension

Thin plate splines in Tension (TPST) sind die zweidimensionalen Verallgemeinerungen von Splines in Tension, d.h. die radialen Basisfunktionen

$$R(r_i) \;=\; \int\limits_0^{\sqrt{r_i}} \rho \int\limits_0^{\rho} \eta\, K_0(\alpha\eta)\, d\eta \; d\rho \;, \tag{9.13}$$

wo K_0 die Besselsche Funktion zweiter Art (die Macdonaldsche Funktion) bezeichnet, ergeben sich nun als Fundamentallösungen der Dgl.

$$\triangle^2 R \,-\, \alpha^2\, \triangle R \;=\; c\,\delta \tag{9.14}$$

mit einem Tension Parameter α [FRA 85, 85a] (s. a. [DYN 87a]). Das Funktional I[f] des korrespondierenden Variationsproblems lautet somit

$$I[f] \;=\; \iint\limits_{\mathbb{R}^2} \Big[\big(\tfrac{\partial^2 f}{\partial x^2}\big)^2 + \big(\tfrac{\partial^2 f}{\partial x \partial y}\big)^2 + \big(\tfrac{\partial^2 f}{\partial y^2}\big)^2 + \alpha^2 \big(\tfrac{\partial f}{\partial x}\big)^2 + \alpha^2 \big(\tfrac{\partial f}{\partial y}\big)^2 \Big]\, dx\, dy$$

Die Lösungen des scattered data Interpolationsproblems wird mit $R(r_i)$ gemäß (9.13) und m = 1 in (9.8) aufgebaut. Zu bemerken ist, daß (9.14) für $\alpha \to 0$ zwar gegen (9.11) läuft, Franke's TPST für $\alpha \to 0$ jedoch nicht in DUCHON's TPS übergehen, da TPS die linearen Terme in (9.8) beinhalten, TPST aber nur einen konstanten Term.

9.3 FEM-Methoden

Ein zu den bisher beschriebenen Methode sehr unterschiedlicher Lösungsansatz zum scattered data Problem sieht in einem ersten Arbeitsgang die Triangulierung der konvexen Hülle der Abszissen $x_i = (x_i, y_i) \in \mathbb{R}^2$, i = 1(1)N der scattered data vor derart, daß die Dreiecksecken P_i der Triangulierung zusammenfallen mit den x_i. In einem zweiten Arbeitsgang wird dann, im Sinne der FEM-Methode (**Finite Element Methode**), über jedem Dreieck der Triangu-

lierung ein, die im allgemeinen in den Ecken P_i gegebenen Daten (Funktionswerte und evtl. Ableitungen) interpolierendes Dreiecksflächensegment aufgebaut. Im einfachsten Falle entsteht so eine polygonale Fläche, d.h. eine C^0-
stetige, nur Funktionswerte interpolierende Fläche bestehend aus ebenen
Dreieckssegmenten. Meist sind aber höherpolynomiale Segmente und C^r-
Übergänge mit $r \geq 1$ zwischen den einzelnen Segmenten erforderlich, zu deren
Konstruktion Ableitungsdaten benötigt werden, die, falls nicht gegeben, in
einem zusätzlichen Arbeitsgang ermittelt werden müssen. Für alle Arbeitsgänge
– der Triangulierungs- und der Flächenerzeugung als auch der Abschätzung der
Ableitungsdaten – bestehen zahlreiche Ausführungsmöglichkeiten, die im
Prinzip beliebig miteinander kombiniert werden können, und von denen wir im
folgenden einige näher betrachten wollen.

9.3.1 Triangulierung von Punktmengen

9.3.1.1 Triangulierungsmethoden

Es bezeichne $\mathbf{P} = \{P_i = (x_i, y_i),\ i = 1(1)N\}$ eine Menge von N Punkten P_i der
x-y-Ebene und Ω die konvexe Hülle von $\mathbf{P}$.

Definition 9.1: Eine Menge $\mathbf{T} = \{(\alpha_j, \beta_j, \gamma_j):\ \alpha_j, \beta_j, \gamma_j \in \{1,...,N\}\}$ bestehend aus M
Integertripeln $(\alpha_j, \beta_j, \gamma_j)$ bildet eine **Triangulierung** von $\mathbf{P}$ genau dann, falls
gilt

i) die Punkte P_{α_j}, P_{β_j}, P_{γ_j} bilden für jedes $j = 1(1)M$ die Ecken eines
    Dreiecks T_j ,

ii) jedes Dreieck wird durch exakt 3 Punkte von $\mathbf{T}$ definiert, die die Ecken
     des Dreiecks bilden,

iii) der Durchschnitt des Inneren zweier Dreiecke T_j , T_k mit $j \neq k$ ist leer,

iv) die Vereinigung aller Dreiecke ergibt die konvexe Hülle von $\mathbf{P}$.

Da es bereits für nur 4 Punkte mehr als eine Triangulierung gibt, (Fig. 9.2), ist
bereits für diesen einfachen Fall eine Technik zur Auswahl der *"besseren"* der
beiden Triangulierungen notwendig.

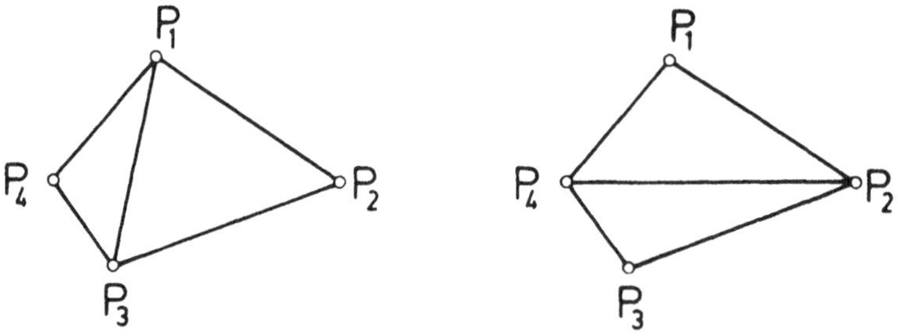

Fig. 9.2: Mögliche Triangulierungen von vier Punkten

Ein einfaches Kriterium, um zwischen zwei Triangulierungen T und $\widetilde{T}$ zu entscheiden, ist gegeben durch ([SCHU 87], [WAT 84]).

Definition 9.2: (Kriterium der kürzeren Diagonalen) T ist eine bessere Triangulierung als $\widetilde{T}$ (bzgl. des Kriteriums der kürzeren Diagonalen) genau dann, wenn gilt $d < \tilde{d}$, wobei d die Länge der Diagonalen $P_1 P_2$ der Triangulierung T und $\tilde{d}$ die Länge der Diagonalen $P_2 P_4$ der Triangulierung $\widetilde{T}$ bezeichnet.

Einerseits zwar einfach zu implementieren, vermeidet dieses Kriterium jedoch andererseits nicht die Erzeugung langer dünner Dreiecke, die vom Standpunkt der Approximationstheorie nicht wünschenswert sind, da der kleinste Dreieckswinkel durch Terme der Art $1/\sin^n\alpha$ in die Fehlerabschätzung eingeht [BARN 85]. Optimal im Sinne der Vermeidung kleiner Winkel ist das folgende Kriterium von LAWSON [LAW 77], [SIB 78], [LEWI 78].

Definition 9.3: (Max-Min Winkelkriterium) T ist eine bessere Triangulierung als $\widetilde{T}$ (bzgl. des Max-Min Winkelkriteriums) genau dann, wenn gilt $a(T) > a(\widetilde{T})$, mit $a(T) = \min\{a(T_j): T_j \in T\}$ wobei $a(T_j)$ den kleinsten Winkel im Dreieck T_j bezeichnet und entsprechend für $a(\widetilde{T})$.

GREGORY hat gezeigt [GRE 75], daß sich über den größten Winkel eines Dreiecks eine schärfere Fehlerabschätzung als über den kleinsten Winkel ergibt: Anstatt daß der kleinste Winkel möglichst stark von Null abzuweichen hat, hätte dann also der größte Winkel im Dreieck möglichst stark von π zu differieren. BARNHILL und LITTLE [BARN 84] führten daher folgendes Kriterium ein (s. a. [NIE 83]):

Definition 9.4: (Min-Max Winkelkriterium) T ist eine bessere Triangulierung als $\widetilde{T}$ (bzgl. des Min-Max Winkelkriteriums) genau dann, wenn gilt $a(T) < a(\widetilde{T})$, mit $a(T) = \max\{a(T_j): T_j \in T\}$ wobei $a(T_j)$ den größten Winkel im Dreieck T_j bezeichnet und entsprechend für $a(\widetilde{T})$.

Weitere mögliche Entscheidungskriterien sind z.B. gegeben durch:

Max-Min Radiuskriterium: Zu wählen ist die Triangulierung, die den kleinsten Radius der in die beiden Dreiecke einbeschriebenen Kreise maximiert.

Min-Max Radiuskriterium: Zu wählen ist die Triangulierung, die den größten Radius der in die beiden Dreiecke einbeschriebenen Kreise minimiert.

Max-Min Flächenkriterium: Zu wählen ist die Triangulierung, die den kleinsten Flächeninhalt der beiden Dreiecke maximiert.

Max-Min Höhenkriterium: Zu wählen ist die Triangulierung, die die kleinste Höhe der beiden Dreiecke maximiert.

Für weitere Kriterien s. z.B. [[MCLA 76], [WAT 84], [PREP 85].

Alle aufgeführten Kriterien sind zwar voneinander verschieden, können aber im speziellen Falle zur gleichen Triangulierung von vier Punkten führen.

9.3.1.2   Optimale Triangulierungen

Mit Hilfe der für Vierecke eingeführten Entscheidungskriterien können auch größere Punktmengen trianguliert werden, z.B. indem mit einem Viereck beginnend, durch Hinzunahme jeweils eines (z.B. zu einer der Seiten nächstgelegenen) Punktes eine *optimale* Triangulierung erzeugt wird. Auf Grund der aus den Kriterien folgenden nur lokalen Änderungen stellt sich die wichtige Frage, welches der Kriterien durch lokale Änderungen ein globales Optimum erzeugen kann. Dazu definieren wir zunächst [SCHU 87]:

Definition 9.5: Eine Triangulierung T heißt **lokal optimal** bzgl. eines Kriteriums K genau dann, wenn jedes Viereck, definiert durch je zwei entlang einer gemeinsamen Kante aneinander anschließender Dreiecke von T optimal trianguliert ist bzgl. K.

Eine Punktmenge kann natürlich mehrere lokal optimale Triangulierungen besitzen; z.B. sind beide Triangulierungen aus Fig. 9.3 lokal optimal bzgl. des Min-Max Winkeltests.

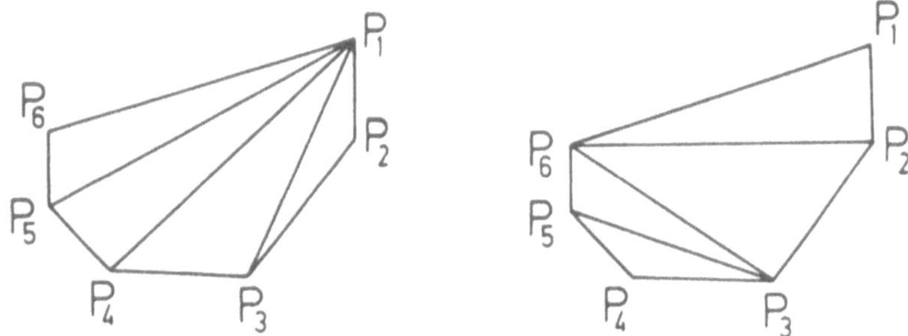

Fig. 9.3: Zwei bzgl. des Min-Max Winkelkriteriums lokal optimale
Triangulierungen (nach [SCHU 87])

Ein globales Kriterium läßt sich durch Vergleich *lexikographisch* sortierter M-Tupel gewinnen, die aus einer der lokalen Entscheidungskriterien folgen:

Ist $a(T_j)$ ein Maß (z.B. eine der Größen der oben zitierten Kriterien) für die *numerische Güte* eines Dreiecks T_j (lang und dünn oder gleichseitig), so kann für jede Triangulierung T der Punktmenge P der Vektor $a(T) = (a_1,...,a_M)$ mit der Größe nach sortierten Komponenten $a_i = a_i(T_j)$ definiert werden.

Zwei Triangulierungen T und $\widetilde{T}$ können jetzt, durch lexikographischen Vergleich der Vektoren $a(T)$ und $a(\widetilde{T})$, miteinander verglichen werden, d.h. es gilt z.B. $a(T) < a(\widetilde{T})$ genau dann, wenn es ein $k \in \mathbb{N}$ gibt, so daß gilt $a_i = \tilde{a}_i$ für $i = 1,...,k-1$ und $a_k < \tilde{a}_k$. Damit wird nun definiert [SCHU 87]:

Definition 9.6: Eine Triangulierung T einer Punktmenge P heißt **global optimal** bzgl. eines Kriteriums K genau dann, wenn mit dem obigen Vektormaß $a(T)$ gilt: $a(T) \geq a(\widetilde{T})$ (bzw. $\leq$) für jede Triangulierung $\widetilde{T}$ von P.

Eine global optimale Triangulierung $\mathbf{T}$ ist natürlich auch lokal optimal und ist bis auf Änderungen, die das Maß $\mathbf{a}(\mathbf{T})$ konstant halten (neutrale Fälle), eindeutig. Allerdings ist das Max-Min Winkelkriterium das einzige bekannte Kriterium, für das lokale Optima auch globale Optima im Sinne von Definition 9.6 sind.

Das folgende Beispiel wurde der Arbeit [NIE 87a] entnommen.

Beispiel: Fig. 9.4 zeigt alle 10 möglichen Triangulierungen $\mathbf{T}^i$, $i = 1,..., M = 10$, der 6 Punkte

$$\mathbf{P}_1 = (5, 9) \qquad \mathbf{P}_3 = (4, 2) \qquad \mathbf{P}_5 = (8.5, 4)$$

$$\mathbf{P}_2 = (2, 5) \qquad \mathbf{P}_4 = (7, 1.5) \qquad \mathbf{P}_6 = (5, 8) .$$

Die Vektoren der Triangulierungen $\mathbf{T}^i$ lauten für das

Max-Min Winkelkriterium	**Min-Max Winkelkriterium**
$\mathbf{a}(\mathbf{T}^1) = (0.04, 0.14, 0.35, 0.46, 0.62)$	$\mathbf{A}(\mathbf{T}^1) = (2.84, 2.36, 1.99, 1.77, 1.57)$
$\mathbf{a}(\mathbf{T}^2) = (0.02, 0.04, 0.35, 0.46, 0.50)$	$\mathbf{A}(\mathbf{T}^2) = (2.98, 2.84, 1.99, 1.91, 1.57)$
$\mathbf{a}(\mathbf{T}^3) = (0.02, 0.11, 0.42, 0.46, 0.50)$	$\mathbf{A}(\mathbf{T}^3) = (2.98, 2.42, 1.91, 1.88, 1.57)$
$\mathbf{a}(\mathbf{T}^4) = (0.04, 0.14, 0.35, 0.37, 0.66)$	$\mathbf{A}(\mathbf{T}^4) = (2.84, 2.36, 2.32, 1.99, 1.40)$
$\mathbf{a}(\mathbf{T}^5) = (0.11, 0.14, 0.42, 0.46, 0.62)$	$\mathbf{A}(\mathbf{T}^5) = (2.42, 2.36, 1.88, 1,77, 1.57)$
$\mathbf{a}(\mathbf{T}^6) = (0.02, 0.11, 0.50, 0.58, 0.88)$	$\mathbf{A}(\mathbf{T}^6) = (2.98, 2.42, 1.95, 1.91, 1.27)$
$\mathbf{a}(\mathbf{T}^7) = (0.11, 0.14, 0.37, 0.42, 0.66)$	$\mathbf{A}(\mathbf{T}^7) = (2.42, 2.36, 2.32, 1.88, 1.40)$
$\mathbf{a}(\mathbf{T}^8) = (0.11, 0.14, 0.37, 0.46, 0.70)$	$\mathbf{A}(\mathbf{T}^8) = (2.42, 2.36, 2.32, 1.50, 1.50)$
$\mathbf{a}(\mathbf{T}^9) = (0.11, 0.14, 0.57, 0.58, 0.70)$	$\mathbf{A}(\mathbf{T}^9) = (2.42, 2.36, 1.95, 1.74, 1.50)$
$\mathbf{a}(\mathbf{T}^{10}) = (0.11, 0.14, 0.58, 0.62, 0.88)$	$\mathbf{A}(\mathbf{T}^{10}) = (2.42, 2.36, 1.95, 1.77, 1.27)$

Durch lexikographischen Vergleich der $\mathbf{a}(\mathbf{T}^i)$ führt das Max-Min Winkelkriterium auf die Ordnung

$$\ldots < \mathbf{a}(\mathbf{T}^6) < \mathbf{a}(\mathbf{T}^4) < \mathbf{a}(\mathbf{T}^1) < \mathbf{a}(\mathbf{T}^7) < \mathbf{a}(\mathbf{T}^8) < \mathbf{a}(\mathbf{T}^5) < \mathbf{a}(\mathbf{T}^9) < \mathbf{a}(\mathbf{T}^{10}) ,$$

findet also das globale Optimum $\mathbf{T}^{10}$ unabhängig von der Vorgehensweise (vgl. mit Fig. 9.4).

Das Min-Max Winkelkriterium ergibt die Ordnung

$$\mathbf{A}(\mathbf{T}^5) < \mathbf{A}(\mathbf{T}^9) < \mathbf{A}(\mathbf{T}^{10}) < \mathbf{A}(\mathbf{T}^8) < \mathbf{A}(\mathbf{T}^7) < \mathbf{A}(\mathbf{T}^1) < \mathbf{A}(\mathbf{T}^4) < \mathbf{A}(\mathbf{T}^3) < \ldots$$

d.h. (vgl. mit Fig. 9.4), es besteht die Möglichkeit, in das lokale Optimum $\mathbf{T}^9$ hineinzulaufen, so daß es unmöglich ist, davon ausgehend das globale Optimum (bzgl. des Min-Max Winkelkriteriums) $\mathbf{T}^5$ zu finden, da sowohl $\mathbf{T}^{10}$ als auch $\mathbf{T}^8$, die von $\mathbf{T}^9$ wegführen, in der Ordnung des Min-Max Winkelkriteriums tiefer stehen als $\mathbf{T}^9$.

Die im Beispiel eintretende Situation kann für alle oben beschriebenen Kriterien mit Ausnahme des Max-Min Kriteriums eintreten. Sehr häufig führen jedoch gerade das Max-Min und das Min-Max Winkelkriterium zur gleichen Triangulierung. Vergleichende Tests mit Zufallszahlen [NIE 83] zeigten z.B., daß meist

nur einige wenige Dreiecke der beiden Triangulierungen voneinander verschieden
sind. Der Prozentsatz der Abweichungen liegt bei ca. 10%. Fig. 9.5 (aus [NIE 83])
zeigt ein typisches Beispiel.

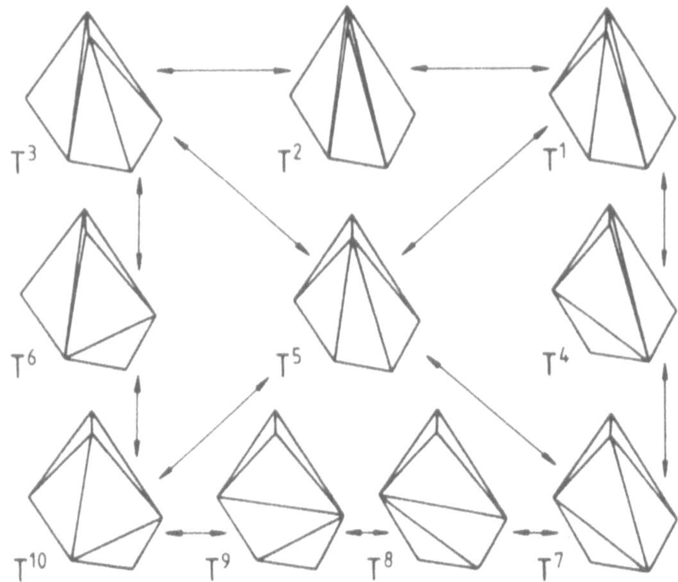

Fig. 9.4: Die 10 möglichen Triangulierungen von 6 Punkten (nach [NIE 87]) *

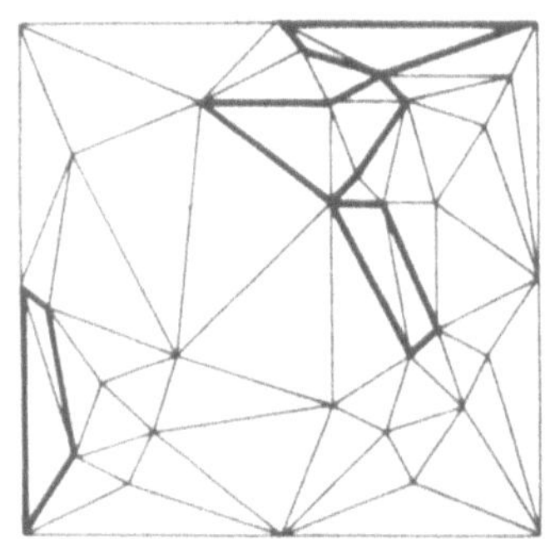

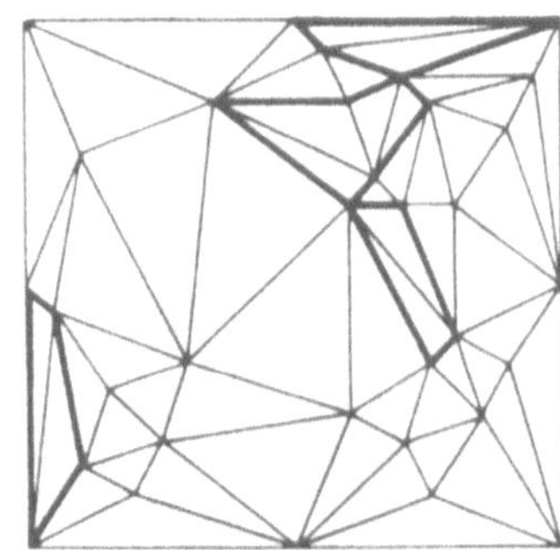

Fig. 9.5 a: Max-MinTriangulierung *   Fig. 9.5 b: Min—Max-Triangulierung *

LAWSON's lokale Methode erzeugt ein globales Optimum weil die mit dem
Max-Min Winkelkriterium konstruierte Triangulierung äquivalent zur **Delaunay
Triangulierung** von P ist ([SIB 78], [LAW 72]), die sich aus der **Dirichlet
Parkettierung (tessellation)** der Ebene durch die Punktmenge $P = \{P_i\}$ ergibt,
und die ein globales Optimum erzeugt, da die Definition der Dirichlet Parket-
tierung alle P_i erfaßt.

* Die Figuren 9.4 und 9.5 wurden freundlicherweise von Herrn G. Nielson zur
  Verfügung gestellt.

Die mit den P_i assoziierten *Fließen* F_i der Dirichlet Parkettierung, die oft auch Thiessen oder **Voronoi Parkettierung** genannt wird, sind definiert durch

$$F_i = \{x \in \mathbb{R}^2 : d(x, P_i) \leq d(x, P_j) \quad \text{für alle} \quad j \neq i\}$$

mit euklidischem Abstand $d(x, P_k)$, d.h. F_i ist ein Polygon und besteht aus den Punkten $x \in \mathbb{R}^2$, die von P_i einen kleineren Abstand haben als zu allen anderen P_j mit $j \neq i$. Die F_i sind paarweise disjunkt und überdecken den $\mathbb{R}^2$ vollständig [PREP 85].

Eine Dirichlet Parkettierung zu gegebenen P_i läßt sich durch Errichten der Mittelsenkrechten der Verbindungsgeraden der P_i erzeugen (vgl. mit Fig. 9.6, ein hiervon ausgehender rekursiv arbeitender Algorithmus zur Erzeugung einer Dirichlet Parkettierung wurde z.B. in [GREE 78] gegeben). Die Delaunay Triangulierung der P_i ergibt sich sodann als *duale Struktur* der Dirichlet Parkettierung, d.h. Punkte P_i und P_j werden mit einander verbunden, falls die Fliesen F_i und F_j der zugehörigen Dirichlet Parkettierung eine gemeinsame Kante besitzen (Fig. 9.6).

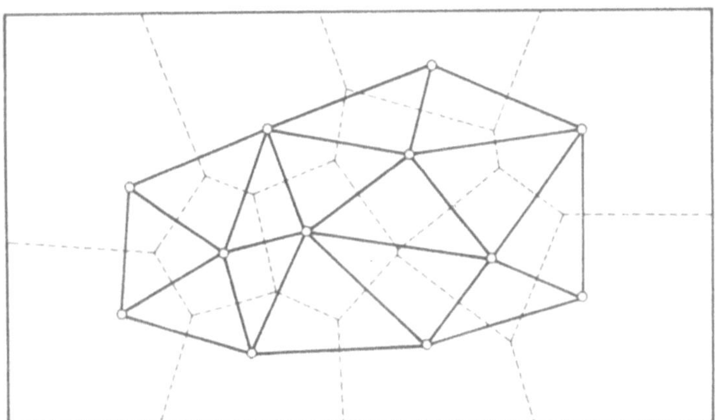

Fig. 9.6: Dirichlet Parkettierung und zugehörige Delaunay Triangulierung

Nach LAWSON [LAW 77], [SIB 78] kann eine Delaunay Triangulierung auch mit Hilfe eines *"Kreiskriterium"* erzeugt werden: Das **lokale Umkreiskriterium** (s. a. [CLI 84]) besagt, daß der Umkreis eines Dreiecks T_{ijk} mit Ecken P_i, P_j, P_k nicht die *"gegenüberliegende"* Ecke P_l eines entlang der Seite P_jP_k anschliessenden Dreiecks T_{jkl} mit Ecken P_j, P_k, P_l beinhalten darf (s. Fig. 9.7).

Das lokale Umkreiskriterium impliziert das *"stärkere"* globale **Umkreiskriterium**, nach dem für sämtliche Dreiecke der Triangulierung gelten muß, daß ihr jeweiliger Umkreis keine Datenpunkte außer den, den Umkreis definierenden Datenpunkten - den Ecken des jeweiligen Dreiecks - beinhalten darf [LAW 77] (s. a. [LAW 86], [ALF 89]).

Da die mit dem globalen Umkreiskriterium erzeugte Triangulierung dual zur Dirichtet Parkettierung und damit äquivalent zur Delaunay Triangulierung ist [LAW 77], [SIB 78] erzeugt das lokale Umkreiskriterium durch lokale Änderungen - wie auch das Max-Min Winkelkriterium - ein globales Optimum.

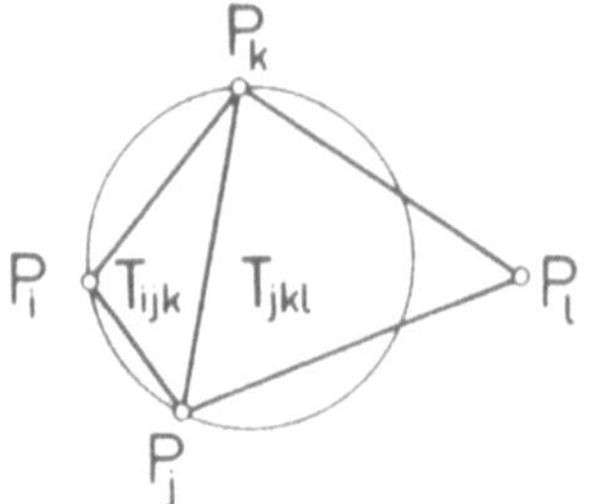

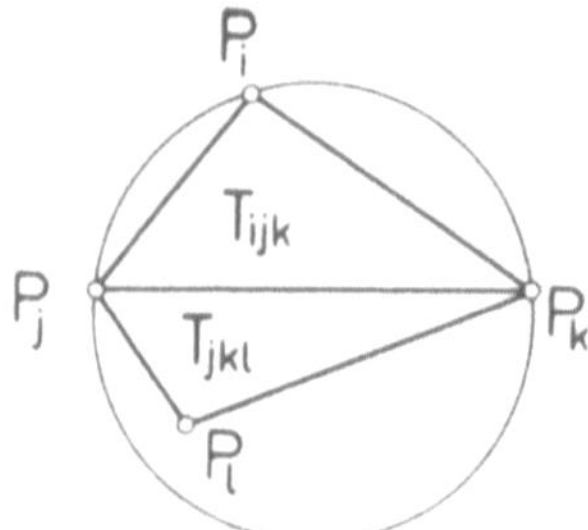

<table>
<tr><td>Fig. 9.7.a: lokales Umkreiskriterium
erfüllt</td><td>Fig. 9.7.b: lokales Umkreiskriterium
nicht erfüllt</td></tr>
</table>

Bei der Erzeugung von Triangulierungen kann zwischen drei verschiedenen Algorithmentypen unterschieden werden (s. a. [PREP 85]):

— **Nachoptimierende Algorithmen** konstruieren zunächst eine Initialtriangulierung, die dann, unter Verwendung eines lokalen Kriteriums optimiert wird (s. z.B. [LAW 72], [LEWI 78], [MIR 82]).

— **Iterativ (rekursiv) aufbauende Algorithmen** konstruieren die Triangulierung ausgehend von einer Initialdreiecksseite und schrittweiser Addition je eines zusätzlichen Punktes derart, daß zu jedem Zeitpunkt eine lokal optimale Triangulierung gegeben ist (s. z.B. [BOW 81], [BOI 84]).

— **Divide-and-Conquer Algorithmen** unterteilen den Datensatz **P** in Teilmengen, konstruieren für jede Teilmenge eine lokal optimale Triangulierung, die in einem dritten Arbeitsgang miteinander verschmolzen werden (s. z.B. [JOE 86], [GUI 85]).

Ein Vergleich verschiedener Triangulierungsmethoden hinsichtlich Speicherplatzbedarf und Rechenzeit wurde in [CLI 84] durchgeführt.

Resümee: Ein guter Algorithmus erzeugt immer eine global optimale Triangulierung, d.h. also eine Delaunay Triangulierung. Auf Grund des oben gesagten sollten lokale Änderungen zur Erzeugung der Triangulierung immer auf der Entscheidungsgrundlage des Max-Min-Winkel-Kriteriums bzw. des Umkreiskriteriums getroffen werden, die zueinander äquivalent sind.

Bemerkungen:
1. Die nach den obigen Kriterien erzeugten Triangulierungen sind nicht affin invariant. Die Erzeugung (lokal und global optimaler) affin invarianter Triangulierungen (s. [NIE 89]) wird in Kap. 9.6 besprochen.

2. Die Triangulierung gekrümmter Flächen in gekrümmte Dreiecke, etwa der Kugel, z.B. in sphärische Dreiecke, zum Zwecke der Interpolation von auf der Fläche ungleichmäßig verteilter Daten [LAW 84], [REN 84a], [WAH 84], [NIE 87b], kann ähnlich durchgeführt werden (s. a. [BARN 87b]).

3. Algorithmen zur Triangulierung nicht-konvexer Bereiche, von Bereichen mit Löchern und Bereichen mit fest vorgegebenen *Barrieren* im Inneren lassen sich unter Verwendung der obigen Kriterien bzw. Algorithmen konstruieren (s. z.B. [LEWI 78], [NIE 83], [BARN 85]).

4. Triangulierungen, die nicht nur von der Verteilung der Abzissen $x_i = (x_i, y_i)$ der Datenpunkte, sondern auch von den in den x_i gegebenen Funktionswerten f_i abhängen, werden in [CHO 88] und in [DYN 88] betrachtet. Speziell in [DYN 88] wird gezeigt, daß die Berücksichtigung auch der Funktionswerte bei der Erzeugung der Triangulierung zu einer ganz wesentlichen Verbesserung der Approximationseigenschaften führen kann. Insbesondere erweist sich bei dieser Vorgehensweise in einigen Fällen die Verwendung langer-dünner Dreiecke als sehr vorteilhaft, z.B. bei sehr unterschiedlicher Änderung des Normalenvektors für verschiedene Richtungen.

9.3.2 Dreiecks - Interpolanten

9.3.2.1 9-Parameter Interpolant

In jedem Datenpunkt (jeder Dreiecksecke) werden der Funktionswert und die ersten Ableitungen vorgegeben. Durch univariate kubische Hermite Interpolation für jede Randkurve eines Dreiecksegmentes können die Bézier-Punkte der Randkurven einer Bézier-Darstellung ermittelt werden (vgl. mit Abschnitt 4.1.4). b_{111} wird durch die Datenvorgabe nicht bestimmt und kann daher beliebig gewählt werden. Für

$$b_{111} = E = \tfrac{1}{3} (b_{300} + b_{030} + b_{003}) \tag{9.15}$$

z.B. besitzt der Interpolant lineare Präzision, d.h. wurden die 9 Daten einer linearen Fläche (Ebene) entnommen, so reproduziert der 9-Parameter Interpolant mit b_{111} gemäß (9.15) die lineare Fläche exakt, wogegen die Wahl von

$$b_{111} = \tfrac{3}{2} Q - \tfrac{1}{2} E$$

mit

$$Q = \tfrac{1}{6} (b_{201} + b_{102} + b_{021} + b_{012} + b_{210} + b_{120})$$

sogar quadratische Präzision ergibt, wobei der Terminus quadratische (kubische, usw.) Präzision in Analogie zum Terminus lineare Präzision zu verstehen ist.

Nachteil des 9-Parameter Interpolanten ist, daß zwar C^1-Daten (Funktionswert und Ableitungen) benötigt werden, der erzeugte Interpolant aber nur C^0-stetig ist, denn b_{111} hängt nicht nur von den Daten entlang einer Randkurve ab, sondern von den Daten ringsum (s. z.B. [STRA 73], [ZIE 77], [FAR 83a, 86]).

9.3.2.2 C^r - stetige Hermite Interpolanten

Am Beispiel $r = 3$ (s Fig. 9.8) wollen wir den folgenden allgemeinen Sachverhalt veranschaulichen:

Satz 9.1: Ein stückweise polynomialer Interpolant, der in den Triangulierungspunkten P_i Funktionswerte und Ableitungen bis zur Ordnung r interpoliert und global von der Klasse C^r ist, muß vom Grad $n \geq 4r + 1$ sein.

Beweis: Der Interpolant werde in Bézier-Darstellung ermittelt. Dann bestimmen sich aus der Interpolationsforderung in den Ecken unmittelbar Bézier-Punkt Teilnetze vom Grad r. Für globale C^r-Stetigkeit, d.h. C^r-Stetigkeit auch quer zu den Randkurven aneinander anschließender Patches und nicht nur in den gemeinsamen Ecken, müssen zusätzlich $r + 1$ Reihen von Bézier-Punkten parallel zu den Rändern bestimmt werden (vgl. mit Abschnitt 6.3.3). Hieraus folgt jedoch, daß, damit die Bézier-Punkte des grau untermalten Bereiches in Fig. 9.8 eindeutig bestimmt werden können, in den Ecken Ableitungen bis zur Ordnung $2r$ vorgegeben werden müssen. Dies hat wiederum zur Konsequenz, daß der polynomische Grad des Interpolanten wenigstens $n = 4r + 1$ sein muß, da anderweitig die Randkurven überbestimmt wären.

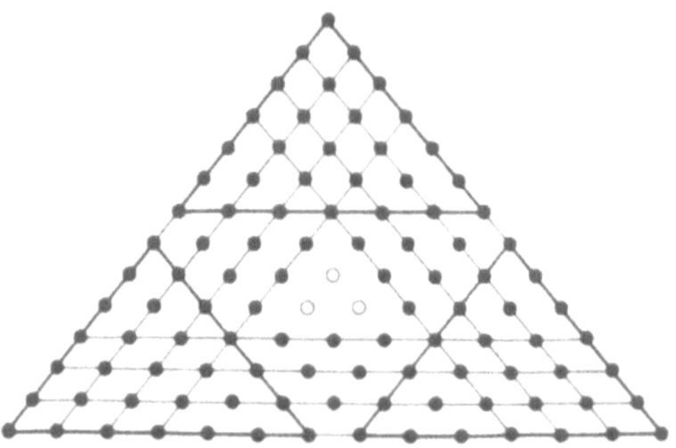

Fig. 9.8: zum Beweis von Satz 9.1

Wie bereits im Falle des 9-Parameter-Interpolanten ist der Interpolant durch die Punkt- und Ableitungsvorgabe in den Triangulierungspunkten und quer zu den Segmenträndern auch jetzt im allgemeinen nicht eindeutig gegeben. Vielmehr bleiben $r(r - 1)/2$ Bézier-Ordinaten im Inneren des Bézier-Netzes unbestimmt (vgl. mit Fig. 9.8), die, falls keine weitere Information gegeben ist, z.B. derart festgelegt werden können, daß die polynomiale Präzision des Interpolanten möglichst hoch ist.

Im Falle, daß nicht genügend Ableitungswerte quer zu den Randkurven zur Verfügung stehen, kann eine **Kondensation der Parameter** durchgeführt werden: Die p-te Ableitung quer zu den Rändern einer Dreiecks-Bézier-Fläche vom Grad n entlang der Ränder läßt sich als univariates Bézier-Polynom vom Grad $n-p$ darstellen. Fordert man von dieser Ableitung jedoch den Polynomgrad $n-p-q$ statt $n-p$, so erhält man hierdurch zusätzliche Bedingungen zur Bestimmung der Bézier-Ordinaten in den Reihen des Bézier-Netzes parallel zu den Randpolygonen.

Nachteil der C^r-stetigen Hermite Interpolanten ist, daß für einen C^r-Interpolanten C^{2r}-Daten benötigt werden, sowie der hohe polynomiale Grad

n ≥ 4r + 1 eines Flächensegmentes: für C^1-stetige quintische Dreieckspatches s.
[BARN 81], [FAR 86], ein Algorithmus wurde in [AKI 78] gegeben (für ein Beispiel s. Fig. 9.12h), für C^2-stetige nonische Dreieckspatches s. [WHE 86] (s. a.
[SABL 85a], [ZEN 70], [STRA 73], [ZIE 77]). Eine Reduktion des benötigten
polynomialen Grades eines Segmentes wie auch der Ordnung der erforderlichen
Ableitungen auf r läßt sich durch Unterteilung eines Dreiecks der Triangulierung (eines **Makro-Dreiecks**) in mehrere Teildreiecke (in **Mikro-Dreiecke**) erreichen oder auch durch Verwendung rationaler Darstellungen (s. z.B. [BIR 74],
[MANS 74]). [2] Wir betrachten zunächst die beiden gängigen Unterteilungsstrategien, die durch das Clough-Tocher und das Powell-Sabin Schema gegeben
sind, deren Interpolanten polynomial und daher einfacher als rationale Interpolanten zu berechnen und zu verarbeiten sind. Dabei verwenden wir wieder
Bézier-Darstellungen, wodurch eine Konstruktion der Interpolanten technisch
ganz wesentlich vereinfacht wird.

9.3.2.3 Clough-Tocher Interpolanten

Für einen C^1-stetigen kubischen Clough-Tocher Interpolanten wird jedes
Makro-Dreieck durch Verbinden eines im Inneren gelegenen Punktes - aus
Symmetriegründen meist der Schwerpunkt - mit den Dreiecksecken in 3 Mikro-
Dreiecke unterteilt. In jedem Triangulierungspunkt sind C^1-Daten, d.h. Funktionswerte und erste Ableitungen vorgegeben, sowie erste Ableitungen quer zu
den Dreiecksseiten. Damit stehen 12 Daten pro Makro-Dreieck zur Verfügung,
mit deren Hilfe ein global C^1-stetiger, stückweise, über jedem Mikro-Dreieck
kubischer Interpolant eindeutig konstruiert werden kann (s. z.B. [STRA 73],
[PERC 76], [ZIE 77], [LAN 86]). Die Bézier-Ordinaten der Mikro-Dreiecks-
segmente lassen sich aus den gegebenen Daten und unter Verwendung der
C^1-Übergangsbedingungen für Dreiecks-Bézier-Flächen in einem 4-stufigen
Prozeß (s. Fig. 9.9) ermitteln [ALF 84a], [FAR 86].

Es sei angemerkt, daß der C^1-stetige kubische Clough-Tocher Interpolant
im Segmenttrennpunkt des Makro-Dreiecks sogar C^2-stetig ist [ALF 84a],
[FAR 86]. Ein Algorithmus wurde in [LAW 77] gegeben. Ein Beispiel zeigt Fig.
9.12i.

Stehen keine Ableitungen quer zu den Rändern zur Verfügung, so kann wieder
eine Kondensation der Parameter durchgeführt werden. Andere Vorgehens-
weisen bestimmen die fehlenden Ableitungen derart, daß sie möglichst wenig
von denen des 9 Parameter Interpolanten abweichen [FAR 83a] bzw. derart, daß
die Sprünge in den zweiten Ableitungen möglichst klein sind [FAR 85a].

Zur Erzeugung C^2-stetiger Clough-Tocher Interpolanten werden wenigstens
C^3-Daten und ein Polynomgrad 7 (statt C^2-Daten und einen Polynomgrad 5)
benötigt [SABL 85a, 87], [FAR 86], oder aber es muß mindestens eine Dreiteilung

---

[2] Eine weitere Möglichkeit besteht in der Abschwächung der C^r- auf GC^r-Über-
gangsbedingungen (s. Kap. 7). So wird z.B. zum Aufbau eines GC^1-stetigen
Hermite Interpolanten nur ein Polynomgrad 4 statt 5 benötigt [PIP 87].

des Winkels in den Makro-Dreiecksecken stattfinden. In [ALF 84] wird eine Konstruktion ausgehend von C^2-Daten, n = 5 und einer Vierteilung der Eckenwinkel des Makro-Dreiecks gegeben.

Ein GC^1-stetiger (s. Kap. 7) quartischer Clough-Tocher Interpolant wird in [JEN 87] beschrieben.

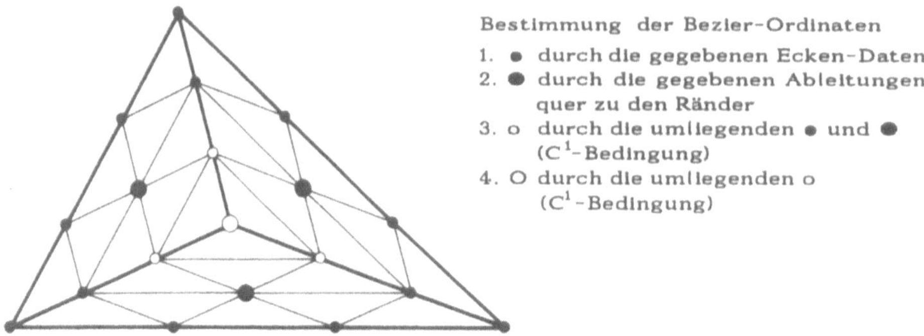

Fig. 9.9: Clough-Tocher Interpolant (Draufsicht)

9.3.2.4 Powell-Sabin Interpolanten

erzeugen einen global C^1-stetigen, stückweise quadratischen Interpolanten zu vorgegebenen C^1-Daten in den Triangulierungspunkten. Der nur quadratische polynomiale Grad muß allerdings mit einer größeren Anzahl von Mikro-Dreiecken *bezahlt werden*. Ist der größte Innenwinkel eines Makro-Dreiecks kleiner als (der mehr heuristisch gewählte Winkelwert von) 75 Grad, so wird in 6, andernfalls in 12 Mikro-Dreiecke unterteilt. Im ersten Fall geschieht dies durch Verbinden eines im Inneren gelegenen Punktes (in [POW 77] der Umkreismittelpunkt) mit den Dreiecksecken und den Seitenmitten, im zweiten durch Verbinden eines im Inneren gelegenen Punktes (z.B. des Schwerpunktes) mit den Dreiecksecken und den Seitenmitten, sowie der Seitenmitten untereinander. Da der Umkreismittelpunkt eines Dreiecks außerhalb oder dicht an einer Seite eines Dreiecks liegen kann, was sehr dünne lange Dreiecke erzeugen würde, ist obige Fallunterscheidung notwendig. Günstiger ist es, den Inkreismittelpunkt als Trennpunkt zu verwenden, damit läßt sich auch die Fallunterscheidung vermeiden.

Die Bézier-Ordinaten einer Bézier-Darstellung des über jedem Mikro-Dreieck quadratischen Interpolanten werden durch einen 3- bzw. 4-stufigen Prozeß aus den gegebenen Daten, unter Verwendung der C^1-Übergangsbedingungen für Dreiecks-Bézier-Flächen und derart, daß die Ableitungen quer zu den Dreiecksseiten linear statt stückweise linear sind (im ersten Fall ist dies automatisch, durch die spezielle Art der Unterteilung, gesichert), ermittelt (s. Fig. 9.10 und 9.11). Ein auf der Idee der Sechsteilung eines Makro-Dreiecks basierender Algorithmus wurde in [CEN 87] gegeben.

C^k-stetige Powell-Sabin Interpolanten mit $k > 1$ wurden in [SABL 85a] in einer allgemeinen Art und der Fall $k = 2$ in [SABL 87] konstruktiv behandelt.

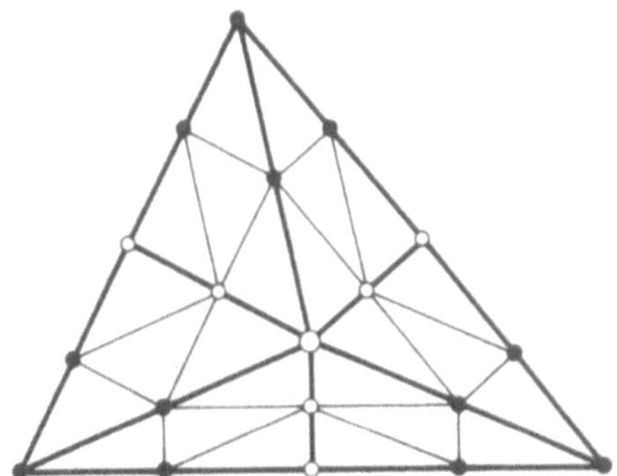

Fig. 9.10: 6 Dreiecks Powell-Sabin Interpolant (Draufsicht).

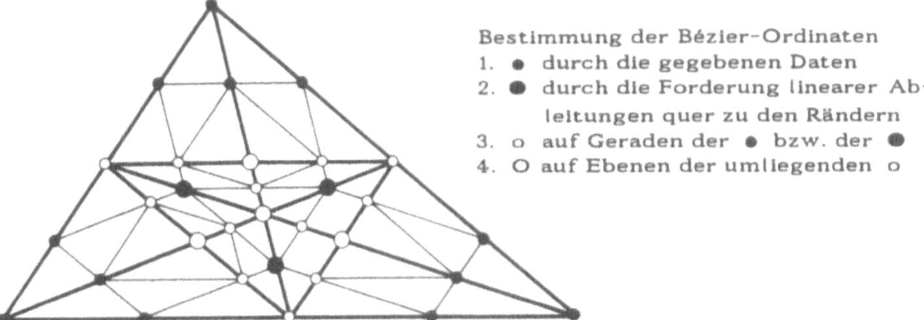

Fig. 9.11: 12 Dreiecks Powell-Sabin Interpolant (Draufsicht).

9.3.2.5 Rationale Interpolanten

Rationale Interpolanten ähneln im Aufbau häufig dem Shepard Ansatz (9.1), (9.2) mit dem Unterschied, daß $f(x)$ segmentweise, d.h. bzgl. der einzelnen Dreiecke T_{ijk} definiert durch die Punkte x_i, x_j und x_k der Triangulierung, aufgebaut wird,

$$f_{ijk}(x) = \omega_i(x)\, Q_i(x) + \omega_j(x)\, Q_j(x) + \omega_k(x)\, Q_k(x) \quad ,$$

so daß die Gewichtsfunktionen $\omega_i(x_k) = \delta_{ik}$ erfüllen müssen, während die $Q_i(x)$ die Interpolationsanforderungen $Q_i(x_i) = z_i$ sichern (s. z.B. [FRA 82], [LIT 83]).

Rationale Dreiecks-Interpolanten wie z.B. auch NIELSON's Minimum Norm Network Interpolant [NIE 83a, 84a], [FRA 80, 82] (s. Fig. 9.12j) lassen sich häufig durch Diskretisierung eines transfiniten Dreiecks-Interpolanten (s. Abschnitt 8) gewinnen (s. z.B. [BARN 77, 84a], [ALF 84b, 89], [NIE 87c]).

9.3.2.6 Transfinite Interpolanten

Transfinite Interpolanten können prinzipiell auch zum Aufbau einer nach der FEM-Methode konstruierten Interpolationsfläche verwendet werden, führen aber auf das Problem, das nun nicht nur diskrete Daten zur Erzeugung der Dreiecks-Interpolanten benötigt werden, sondern Funktions- und Ableitungswerte entlang des gesamten Randes. Transfinite Methoden wurden bereits in Abschnitt 8 ausführlich behandelt.

9.3.3 Konstruktion von Ableitungsdaten

Da Ableitungsdaten ganz wesentlich in die Konstruktion der Dreiecks-Interpolanten eingehen, hängt deren Güte hinsichtlich optischer Gefälligkeit, Glätte, Genauigkeit, usw. ganz entscheidend von der *"Zuverlässigkeit"* der Ableitungsdaten ab. Da wir uns mit der Problematik bereits in Abschnitt 8. beschäftigt haben, wollen wir uns hier kurz fassen bzw. nur ergänzen.

9.3.3.1 Gewichtete Mittelwertbildung

Die ersten partiellen Ableitungen f_x und f_y in einem Datenpunkt $V_i = (x_i, z_i)$ können über eine gewichtete Mittelwertbildung (Konvexkombination) der Steigungen $E_x(i,j,k)$ und $E_y(i,j,k)$ der Ebenen E_{ijk} durch den Datenpunkt V_i und je zwei benachbarter Punkte V_j und V_k abgeschätzt werden, d.h. durch

$$f_x(V_i) = \sum \omega_{ijk}\, E_x(i,j,k) \,, \qquad f_y(V_i) = \sum \omega_{ijk}\, E_y(i,j,k)$$

mit Gewichten

$$\omega_{ijk} = \frac{\sigma_{ijk}}{\sum \sigma_{ijk}} \,,$$

wobei die Summen eine vorzugebende Anzahl von *Nachbarpunkten* berücksichtigt, die nach einem vorzugebendem Kriterium - z.B. der Abstand zu V_i - zu bestimmen sind, d.h. die Summen laufen über $N_i = \{(i,j,k): j \neq k,\ V_j,\ V_k$ erfüllen ein *"Auswahlkriterium"*$\}$. Für σ_{ijk} kann z.B. gewählt werden

$$\sigma_{ijk} = 1 \qquad\qquad\qquad\qquad \text{(arithmetisches Mittel)},$$

$$\sigma_{ijk} = \frac{1}{d_i(x_j)^2\, d_i(x_k)^2} \qquad\qquad \text{[LIT 83]},$$

$$\sigma_{ijk} = \cos \gamma_{ijk} \cdot \text{area}\, \{V_i,\ V_j,\ V_k\} \qquad \text{[AKI 78, 84]},$$

wobei γ_{ijk} den Winkel zwischen z-Achse und der Normalen der Ebene E_{ijk} und area$\{V_i, V_j, V_k\}$ die Fläche des durch V_i, V_j und V_k definierten Dreiecks bezeichnen.

Zweite Ableitungen lassen sich durch wiederholte Anwendung auf die so gewonnenen (Abschätzungen der) ersten Ableitungen konstruieren.

9.3.3.2 Lokale Interpolation bzw. Approximation

Eine andere Möglichkeit ist, die benötigten partiellen Ableitungen im Datenpunkt V_i durch die partiellen Ableitungen eines lokalen Interpolanten oder Approximanten abzuschätzen [NIE 83], [ALF 89]. In [STE 84] wurden, neben der oben bereits angesprochenen Methode von LITTLE, z.B. getestet

- Shepard's Interpolant,
- Hardy's Multiquadrik Interpolant,
- lineare gewichtete least square Approximanten,
- quadratische gewichtete least square Approximanten
  [LAW 77], [NIE 83], [REN 84].

Zur Lokalisierung der Methoden werden jeweils nur eine bestimmte, vorzugebende Anzahl von Nachbarpunkten berücksichtigt, die wieder, wie oben, nach einem bestimmten Kriterium zu bestimmen sind. In STEAD's Tests [STE 84] ergibt Hardy's Multiquadrik Interpolant die besten Resultate.

Noch bessere Abschätzungen der Ableitungen lassen sich durch Verwendung globaler Methoden, insbesondere unter Einbeziehung eines Minimierungsprozesses gewinnen. Wir stellen im folgenden zwei Methoden vor.

9.3.3.3 Nielson's Minimum Norm Network

Es bezeichne s_{ij} die durch x_i und x_j definierte Dreiecksseite einer Triangulierung des Datensets und $\alpha_{ij} > 0$ den s_{ij} zugeordneten tension Parameter. Dann sind die C^1-stetigen Lösungen des Minimierungsproblems

$$\sum \int_{s_{ij}} \left[\frac{\partial^2 f}{\partial s_{ij}^2} + \alpha_{ij}^2 \frac{\partial f}{\partial s_{ij}} \right] d s_{ij} \rightarrow \text{Min.}$$

wobei die Summe über alle s_{ij} läuft, stückweise, d.h. über den s_{ij} definierte, Linearkombinationen der Basisfunktionen 1, s, $\exp(\alpha_{ij} s)$ und $\exp(-\alpha_{ij} s)$. Dabei bezeichnet s den euklidischen Abstand entlang s_{ij}.

Das Minimierungsproblem führt auf ein schwach besetztes lineares Gleichungssystem, das schnell und einfach mit einer iterativen Methode gelöst werden kann. Die Lösungskurven bilden ein über den Kanten der Triangulierung liegendes Kurvennetz (**Minimum norm network**) mit dessen Hilfe ein FEM-Interpolant aufgebaut werden kann [NIE 83, 83a, 84a, 87b], [FRA 82, 87] (s.a. [REN 84]) Fig. 9.12j.

Die benötigten partiellen Ableitungen werden mit Hilfe der Kurven des generierten Kurvennetzes gewonnen. Die Methode liefert sehr gute Ergebnisse!

Eine Verallgemeinerung des Minimierungsproblems zur zusätzlichen Berücksichtigung und Ermittlung der Ableitungen transversal zu den Kurven des Kurvennetzes wird in [POT 90a] durchgeführt

9.3.3.4 Ahlfeld's Funktional-Minimierung

Für einen frei wählbaren Interpolanten Q der ein Dreieck definierenden Daten-
punkte V_i, V_j und V_k - in [ALF 85] exemplarisch ein kondensierter quintischer
Hermite-Interpolant in Bézier-Darstellung - wird ein ebenfalls frei wählbares
Funktional

$$F^k(Q) = \sum_i \int_{T_i} D^k Q$$

mit D^k als Ableitungsoperator, minimiert. Dabei sind die den Interpolanten
definierenden Ableitungsgrößen Minimierungsvariablen, also bei einer Bézier-
Darstellung die Bézier-Punkte. Interpolant und Funktional können der jeweiligen Aufgabe entsprechend angemessen gewählt werden.

Die benötigten partiellen Ableitungen können durch die partiellen Ableitungen
des globalen Interpolanten geschätzt werden. Dieser kann aber auch für sich
genommen als Interpolant der scattered data, dessen Konstruktion nur Funktionswerte benötigt, verwendet werden [ALF 85, 89] (vgl. mit [REN 84]).

9.3.3.5 Konstruktion von Krümmungsdaten

Einige Dreiecks-Interpolanten (s. z.B. [HAG 86a]) erfordern die Vorgabe *"geometrischer Daten"*, z.B. Krümmungswerte. Diese lassen sich entweder über die
Ableitungsdaten ermitteln, falls alle hierzu benötigten Ableitungsdaten gegeben sind, oder durch die Krümmungswerte lokaler Interpolanten oder Approximation oder auch direkt, z.B. mit einem Verfahren wie in [HOS 77], [TOD 86]
beschrieben, abschätzen.

Beim Verfahren von TODD und MCLEOD wird in jedem Datenpunkt $V_i = (x_i, z_i)$
unter Berücksichtigung von 8 Nachbarpunkten, mit denen in V_i 4 Ebenen definiert werden, durch Minimierung von

$$\sum_{j=1}^{4} [A\,\overline{x}_j{}^2 + 2C\,\overline{x}_j\,\overline{y}_j + B\,\overline{y}_j{}^2 - \operatorname{sgn}(x_{nj})] ,$$

d.h. Bestimmung von A, B und C , eine least square Approximation der **Dupin-
schen Indikatrix** berechnet. Dabei sind $\overline{x}_j$ und $\overline{y}_j$ gewichtete Komponenten von
Richtungsvektoren T_j , die in V_i Ebenen aufspannen, welche die Tangentiale-
bene der Fläche in V_i approximieren, und $\operatorname{sgn}(x_{nj})$ bezeichnet das Vorzeichen
der Normalkrümmung in V_i in Richtung T_j. Hauptkrümmungen und Hauptkrümmungsrichtungen folgen dann als Eigenwerte und Eigenvektoren einer
durch A, B und C definierten 2x2 Matrix.

9.4   Multistage Methoden

Für viele scattered data Ansätze sind Rechen- und Speicheraufwand recht groß.
Die Darstellung einer Fläche z.B. erfordert jedoch die Berechnung vieler, in der

Regel über einem regulären Gitter liegender Funktionswerte. Für eine Fläche mit zu Grunde liegender Tensor-Produkt Struktur wäre dies sehr effizient durchführbar. Globale Methoden haben meist auch gar keine oder zumindest keine allzu hohe polynomiale Präzision, die eventuell aber von Bedeutung sein kann.

Um die Eigenschaften mehrerer, unter Umständen ganz unterschiedlicher Ansätze in einem Verfahren zu vereinen, werden mehrstufige Methoden (**multistage methods**) angewandt [SCHU 76] (s.a. [SCHU 79], [BARN 84b], [FOL 84, 86, 87c], [FRA 82]). Als erstes Beispiel eines zweistufigen Verfahrens haben wir in Teil 8 bereits die **Boolesche Summe**

$$P \oplus Q = P + Q - PQ$$

zweier gemäß Definition auf dem selben Datensatz wirkenden Operatoren P und Q kennengelernt. Nach BARNHILL und GREGORY [BARN 75] (s. a. [BARN 84a]) hat die Boolesche Summe $P \oplus Q$ wenigstens die Interpolationseigenschaften von P und die Präzisionseigenschaften von Q. Die Differentiationsklasse von $P \oplus Q$ ist jedoch nur $C^{\min\{p,q\}}$, sofern $P \in C^p$ und $Q \in C^q$ waren. Ein Verfahren, das sowohl Interpolationseigenschaften als auch hohe polynomiale Präzision hat, läßt sich also z.B. durch die Boolesche Summe einer Interpolationsmethode P, die keine polynomiale Präzision zu besitzen braucht, mit einer Methode Q, die eine hohe polynomiale Präzision besitzt, jedoch keine Interpolationseigenschaft zu haben braucht, als zweistufiges Schema aufbauen.

Da ein *"echter"* scattered data Ansatz und ein Tensor-Produkt Ansatz (d.h. ein Gitterdaten-Ansatz) auf verschiedenen Datensätzen wirken, kann aber z.B. nicht die Boolesche Summe dieser beiden Methoden gebildet werden (es ist zumindest nicht sehr sinnvoll), um sowohl die scattered data Interpolationseigenschaften als auch die leichte Auswertbarkeit des Tensor-Produkt Ansatzes in einer Methode zu vereinen. [3]

Als zweites Beispiel einer mehrstufigen Methode wollen wir daher die **Delta Summe**

$$P \triangle Q = QP + P(I - QP)$$

mit I als Identität, die ein Beispiel eines dreistufigen Verfahrens ist, betrachten, mit der dies möglich ist. Im Sinne obiger *"Problemstellung"* interpoliert die Delta Summe in der ersten Stufe die scattered data durch einen der oben besprochenen scattered data Interpolanten P, mit dessen Hilfe so dann ein Gitterdatensatz erzeugt wird, so daß in einer zweiten Stufe eine Tensor-Produkt Darstellung Q konstruiert werden kann. Da diese jedoch nicht mehr die Interpolationseigenschaften des ursprünglichen Interpolanten besitzt, ist in einer dritten Stufe eine Korrektur $P(I - QP)$ durchzuführen.

---

[3] Eine Tensorprodukt Darstellung kann bereits als "einfachstes Beispiel" einer mehrstufigen Darstellung angesehen werden, als Hintereinanderschaltung mehrerer "Kurvenschemata".

Da nun gilt

$$P \triangle Q = P \oplus QP$$

folgt nach [BARN 75a] sofort, daß $P \triangle Q$ die Interpolationseigenschaften von P , die Funktionspräzision von QP , welche sich als Durchschnitt derjenigen von P und Q ergibt, und die kleinere der beiden Differentiationsklassen von P und Q als Glätteeigenschaften besitzt.

Prinzipiell können beliebig viele Methoden miteinander kombiniert werden. In [BARN 84b] wird eine Tabelle zu den Interpolations- und Glätteeigenschaften, sowie der polynomialen Präzision mehrerer Kombinationsmöglichkeiten angegeben. Multistage Algorithmen werden z.B. in [FOL 84, 86, 87c] beschrieben.

9.5   Ein Beispiel

Zum Vergleich verschiedener scattered data Interpolanten (s. Fig. 9.12c bis 9.12j) wählen wir einen Datensatz von 33 ungleichmäßig und mit unterschiedlicher Dichte verteilter Punkte (s. Fig. 9.12b), die der Testfunktion

$$f(x,y) = \tfrac{3}{4} \cdot e^{-\tfrac{1}{4}[(9x-2)^2 + (9y-2)^2]} + \tfrac{3}{4} \cdot e^{-[\tfrac{1}{49}(9x+1)^2 + \tfrac{1}{10}(9y+1)]}$$

$$-\tfrac{1}{5} \cdot e^{-[(9x-4)^2 + (9y-7)^2]} + \tfrac{1}{2} \cdot e^{-\tfrac{1}{4}[(9x-7)^2 + (9y-3)^2]}$$

(s. Fig. 9.12a) entnommen wurden [FRA 80]. Die Darstellungen wurden freundlicherweise von Herrn R. Franke zur Verfügung gestellt.

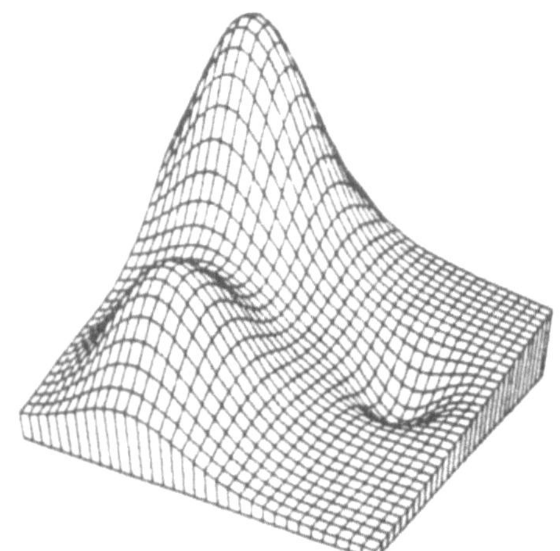

Fig. 9.12.a: Testfunktion

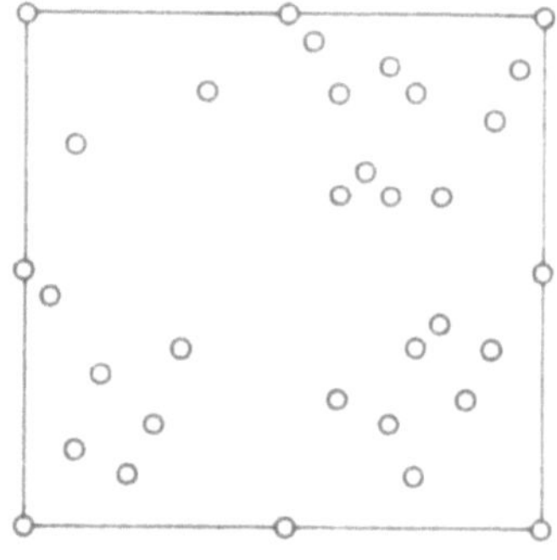

Fig. 9.12.b: Datensatz

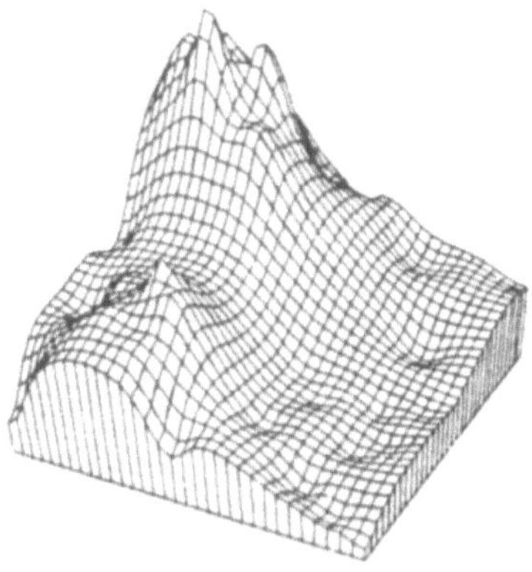

Fig. 9.12.c: Shepard-Interpolant

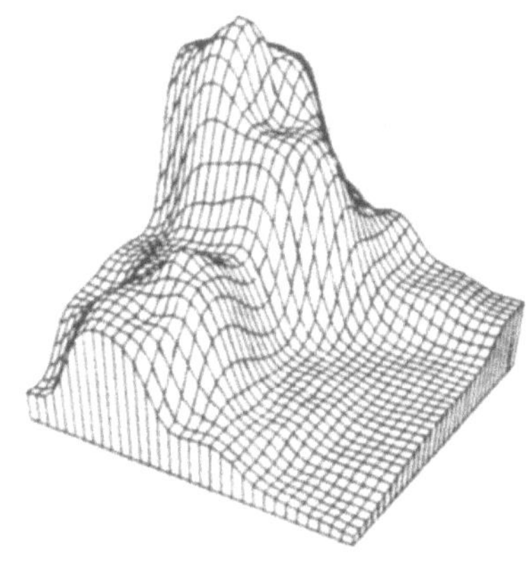

Fig. 9.12.d: mod. Shepard-Interpolant

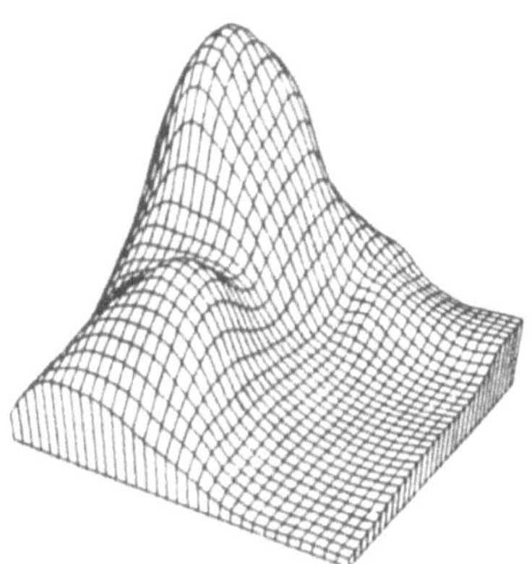

Fig. 9.12.e: mod. quadr. Shepard
Interpolant [FRA 80]

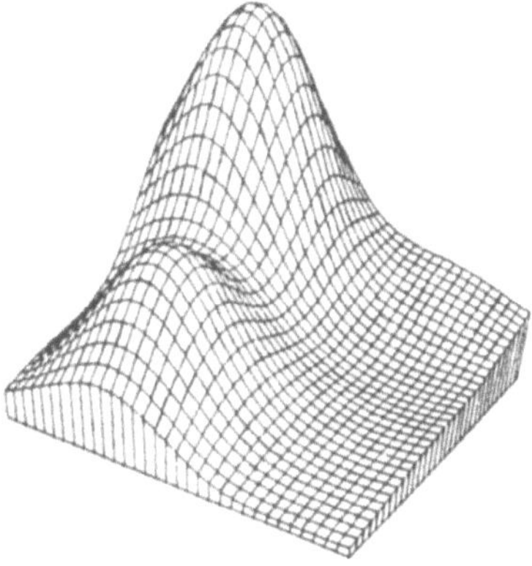

Fig. 9.12.f: Hardy's MQ

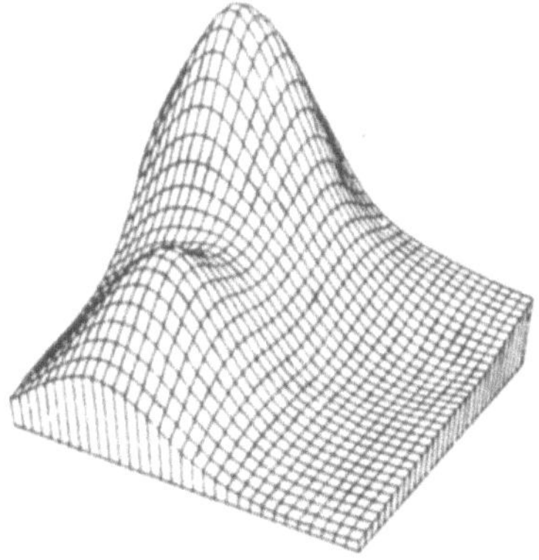

Fig. 9.12.g: Duchon's TPS

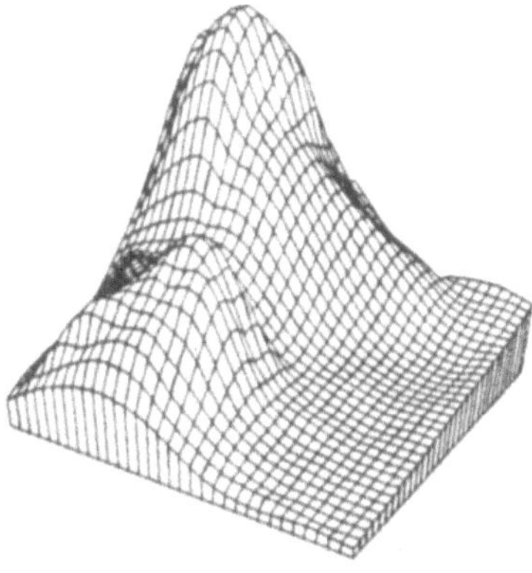

Fig. 9.12.h: Akima's Interpolant

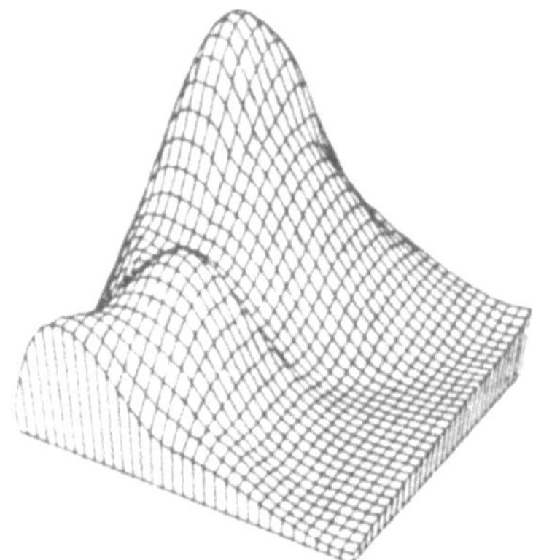

Fig. 9.12.i: Lawson's Interpolant   Fig. 9.12.j: Nielson's MNN-Interpolant

9.6   Affine Invarianz

Die Daten einer scattered data Interpolation sind meist realen Ursprungs und
daher, da durch einen Meßprozeß erzeugt, mit Maßeinheiten versehen. Es ist
klar, daß die Wahl der Maßeinheiten (z.B. cm, m, inch etc.) und auch die Festlegung des Koordinatenursprungs und der -achsen das Ergebnis des Interpola-
tionsprozesses nicht beeinflussen sollte, da diese Wahl an und für sich beliebig
getroffen werden kann. Nun zeigt sich aber [NIE 87], daß die meisten scattered
data Methoden Basisfunktionen verwenden, die von den Abszissen $x_i = (x_i, y_i) \in \mathbb{R}^2$
abhängen, und zwar in einer Art, daß der Raum der Basisfunktionen nicht abgeschlossen ist bzgl. affiner Transformationen; konsequenterweise ist der
Interpolant dann nicht affin invariant.

Klassifizieren wir scattered data Interpolanten nach dem Kriterium der affinen
Invarianz, so ergibt sich z.B. folgende Typenzuordnung (s. Fig. 9.13):

> Typ 1: Hardy's Multiquadrik Methode [HARD 71],
> Typ 2: Delta Summen Methode [FOLE 80],
> Typ 3: Franke's lokale Thin plate splines [FRA 82a],
> Typ 4: Shepard's Methode [SHE 68],
>   Duchon's Thin plate splines [DUC 77, 79],
>   McLain's Methode [MCLA 76].

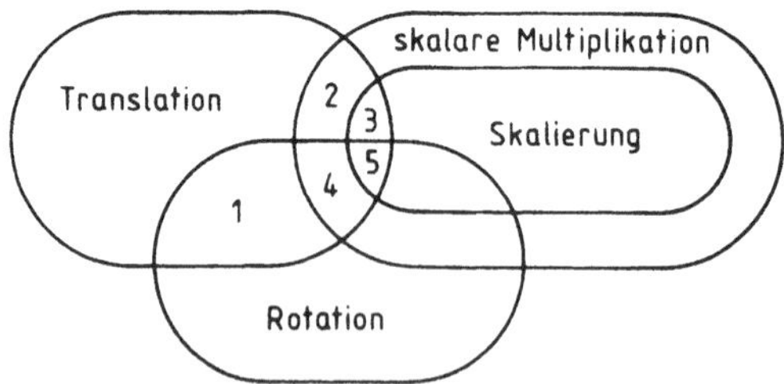

Fig. 9.13: Invarianzeigenschaften verschiedener scattered data Methoden

In [NIE 87,89] wird eine Methode vorgestellt, mit deren Hilfe sich zahlreiche scattered data Methoden derart modifizieren lassen, daß sie affin invariant sind: Alle Methoden, die auf der Berechnung des euklidischen Abstandes, oder allgemeiner, auf der Auswertung einer Metrik beruhen, lassen sich durch Verwenden einer **affin invarianten Metrik** statt der (euklidischen) Metrik in eine affin invariante Form überführen. Die affin invariante Metrik wird durch einen der gegebenen Punktmenge zugeordneten Ausgleichs-Kegelschnitt (s.a. Kap. 2.5) definiert. Figur 9.14 zeigt zwei affin äquivalente Datensätze mit zugehöriger, durch Linien gleichen Abstandes angedeuteter Metrik.

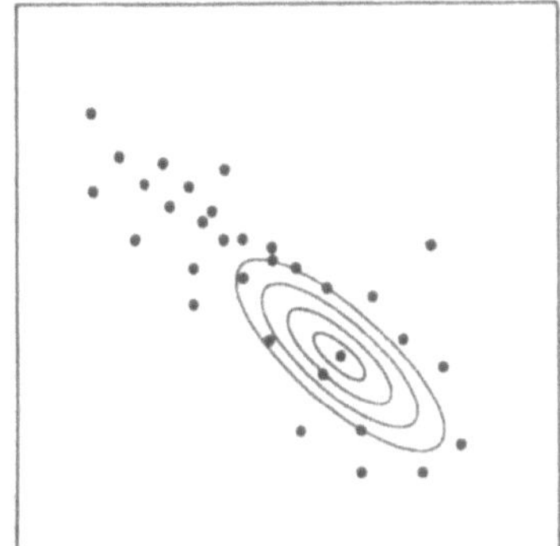 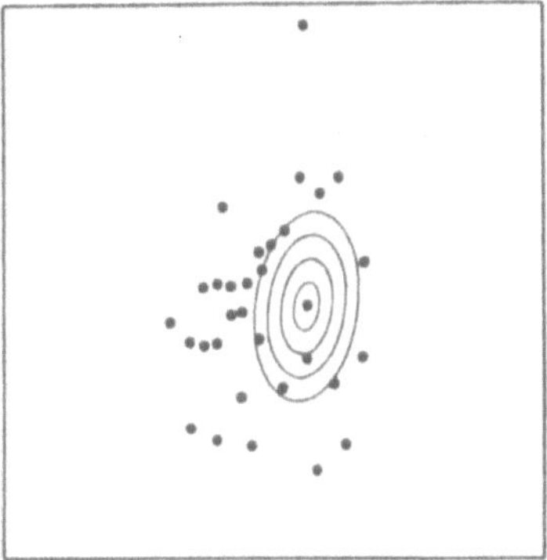

Fig. 9.14: affin äquivalente Datensätze mit zugehöriger Norm*

Affin invariante Interpolanten können, im Falle sehr unterschiedlich skalierter x- und y-Abszissenwerte der Interpolationspunkte, ein bedeutend besseres Fehlerverhalten besitzen als die ursprünglichen, nicht-modifizierten Interpolanten; ansonsten sind die Fehler beider Methoden vergleichbar [NIE 87,89].

FEM-Methoden können durch Verwenden einer **affin invarianten Triangulierung** in eine affin invariante Form gebracht werden, sofern der Interpolant selbst in einer affin invarianten Form (z.B. in Bézier-Darstellung) vorliegt. Da die global optimale Delaunay Triangulierung als duale Struktur der Dirichlet Parkettierung entsteht, die über die euklidische Metrik definiert wird, kann eine affin invariante Triangulierung eines Datensatzes als duale Struktur einer affin invarianten Dirichlet Parkettierung, gewonnen durch Verwenden einer affin invarianten Metrik statt der euklidischen Metrik, erzeugt werden. LAWSON's lokales Umkreiskriterium (s. Kap. 9.3.1.2, Fig. 9.7), das äquivalent ist zum Max-Min Winkelkriterium und durch lokale Änderungen ein globales Optimum erzeugt, läßt sich bei Verwendung der Ausgleichskegelschnitte statt Kreise unmittelbar auf den affin invarianten Fall übertragen. Figur 9.15 zeigt die mit der affin invarianten Metrik erzeugten Dirichlet Parkettierungen der beiden Datensätze aus Fig. 9.14, Fig. 9.16 die zugehörigen Triangulierungen, zum Vergleich zeigt Fig. 9.17 die mit Hilfe der euklidischen Norm erzeugten Triangulierungen der Daten.

---

* Die Figuren 9.14 bis 9.17 wurden freundlicherweise von Herrn G. Nielson zur Verfügung gestellt

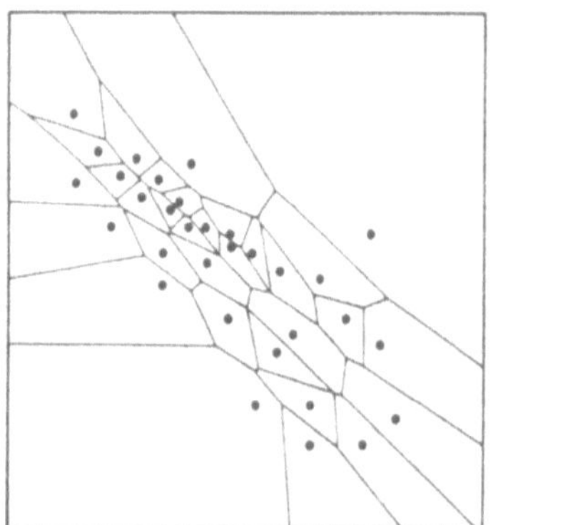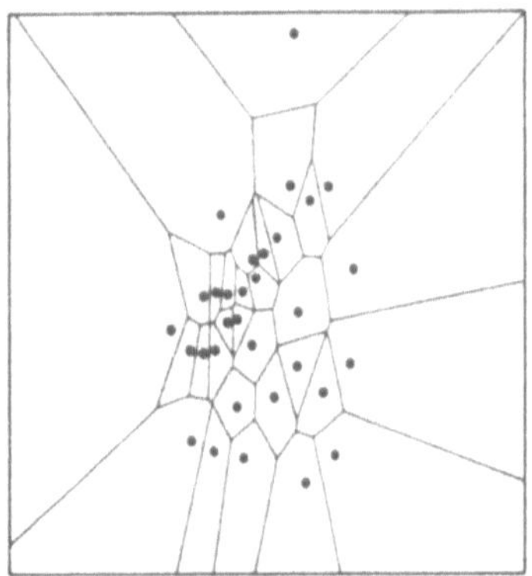

Fig. 9.15: mit der affin invarianten Norm erzeugte Dirichlet Parkettierung
der Datensätze aus Fig. 9.14

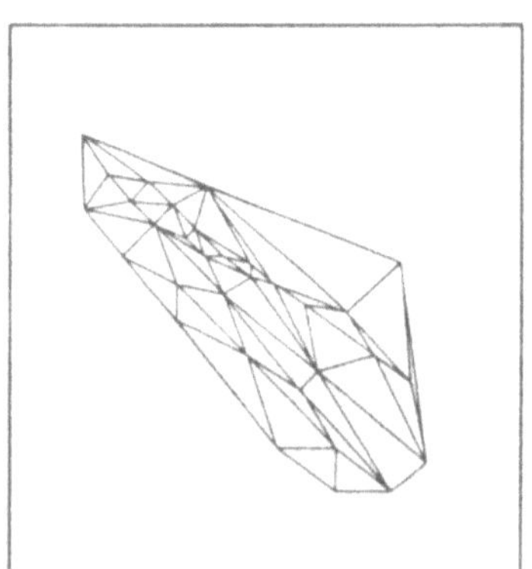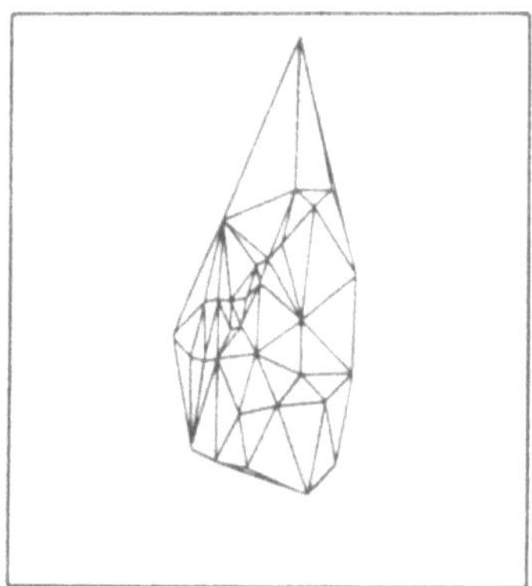

Fig. 9.16: zu den Dirichlet Parkettierungen aus Fig. 9.15 duale Triangulierungen

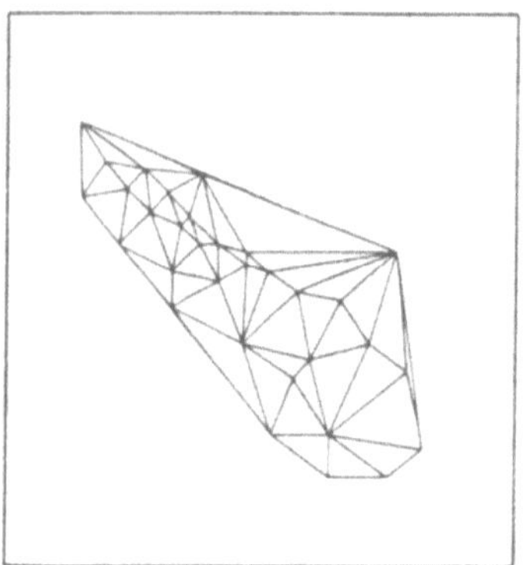

Fig. 9.17: mit Hilfe der euklidischen Norm erzeugte Triangulierungen der
beiden Datensätze aus Fig. 9.14

10. Basistransformationen für Kurven- und Flächendarstellungen

In den verschiedenen Modelliersystemen des Computer-aided design werden unterschiedliche Methoden zur mathematischen Beschreibung von Freiformkurven und Freiformflächen eingesetzt. So finden z.B. Monome (gewöhnliche Polynome) vom Grade 3, 5 bis zum Grade 19 Verwendung, aber auch Bernstein-Polynome unterschiedlichen Polynomgrades und B-Spline-Basisfunktionen unterschiedlicher Ordnung [BÖH 84]. Es werden oft aber auch Gordon-Coons-Flächen oder nichtlineare Basisfunktionen eingesetzt. Müssen nun zwischen verschiedenen Modelliersystemen Daten ausgetauscht werden, weil z.B. ein Zulieferer bestimmte im System des Herstellers generierte Teile mit seinem eigenen System bearbeiten muß, ist eine Konversion oder Transformation der Kurven- und Flächendarstellung notwendig. Dabei muß entweder auf unterschiedliche Polynomgrade oder aber von einer Darstellungsmethode (beschrieben durch einen bestimmten Typ von Basisfunktionen) in eine andere transformiert werden. Leider sind diese Transformationen im allgemeinen nicht exakt möglich, daher muß auf approximative Methoden zurückgegriffen werden. Damit entsteht ein zusätzliches Problem: Zu einem vorgegebenen Approximationsfehler soll eine gegebene Anzahl von Splineflächen nach der Transformation mit einer möglichst geringen Anzahl von Flächensegmenten (Patches) dargestellt werden, d.h. die gegebenen Flächenstücke müssen entweder zu neuen Flächensegmenten verschmolzen oder zusätzlich segmentiert werden.

Verschmelzen von Flächensegmenten kann auch innerhalb eines Modelliersystems von Interesse sein: Beim Entwickeln von Produkten werden von den Konstrukteuren in komplizierteren Bereichen oft fortgesetzt verkleinerte Flächensegmente eingesetzt. Ist der Entwicklungsprozeß abgeschlossen, kann versucht werden, die vielen "kleinen" Patches unter Vorgabe eines zulässigen Approximationsfehlers zu weniger "größeren Patches" zu verschmelzen, da dann die Datenverwaltung nicht so aufwendig ist.

10.1   Exakte Basistransformation

Die Umwandlung von Kurven- und Flächendarstellungen ist natürlich am einfachsten, wenn sie exakt möglich ist. Mathematisch gesehen ist die Frage nach der Transformation von Flächendarstellungen ein Problem der Transformation der zugehörigen Basisfunktionen, welche die jeweilige Darstellung beschreiben:

So sind Grundlage der (gewöhnlichen) Polynomdarstellung die Monome, Grundlage der Bézierflächen die Bernstein-Polynome, Grundlage der B-Spline-Flächen die B-Spline-Basisfunktionen. Grundlage der Gordon-Coons-Darstellung sind die eingesetzten Methoden zur Beschreibung der Randvorgaben und der Typ der Bindefunktionen.

Exakte Basistransformationen sind z.B. im allgemeinen möglich bei

-   Graderhöhung innerhalb der Monom- , der Bézier- , der B-Spline-Darstellungen;

-   gleichem Polynomgrad, Transformation zwischen Monomen, Bernstein-Polynomen und B-Spline-Basisfunktionen.

Unterteilungen von Flächensegmenten sind im allgemeinen exakt möglich, wenn der Polynomgrad und die Darstellungsweise unverändert bleiben. Als Algorithmen sind hierfür zu nennen: der *Casteljau-Algorithmus* für Bézier-Kurven bzw. Bézier-Flächen und der *de Boor-Algorithmus* für B-Spline-Kurven bzw. B-Spline-Flächen (s. auch Kap. 4).

10.1.1   Basistransformationen von Monomen und Bernsteinpolynomen

Gegeben sei über dem gleichen Parameterintervall $t \in [0,1]$ die Bézier-Kurve

$$\mathbf{X}(t) = \sum_{l=0}^{n} \mathbf{b}_l \, B_l^n(t) \tag{10.1}$$

und die polynomiale Kurve

$$\bar{\mathbf{X}}(t) = \sum_{i=0}^{n} \mathbf{a}_i \, t^i \; . \tag{10.2}$$

Durch Umordnung der Koeffizienten können die Bernstein-Polynome auch so dargestellt werden (s. a. [CHA 82])

$$B_l^n(t) = \sum_{k=0}^{n-l} (-1)^k \binom{n}{l} \binom{n-l}{k} t^{l+k} \; . \tag{10.3}$$

Einsetzen von (10.1), Umbenennen der Exponenten über $i := l + k$ sowie Umordnen der Summanden führt (10.1) mit (10.3) über in

$$\mathbf{X}(t) = \sum_{i=0}^{n} \sum_{l=0}^{i} (-1)^{i-l} \binom{n}{i} \binom{i}{l} \mathbf{b}_l \, t^i \; . $$

Koeffizientenvergleich mit (10.2) liefert schließlich

$$\mathbf{a}_i = \sum_{l=0}^{i} (-1)^{i-l} \binom{n}{i} \binom{i}{l} \mathbf{b}_l \; , \tag{10.4}$$

d.h. die zugehörige Transformationsmatrix **C** ist eine obere Dreiecksmatrix mit den Elementen

$$c_{il} = \begin{cases} (-1)^{i-l} \binom{n}{i} \binom{i}{l} & i \leq l \\ 0 & \text{sonst} \end{cases} \qquad (10.5)$$

Für die Umkehrung, d.h. Berechnung der Bézier-Punkte bei gegebenen Polynomkoeffizienten folgt (s. a. [WAT 88], [YAM 88])

$$\overline{c}_{il} = \begin{cases} \dfrac{\binom{l}{k}}{\binom{n}{k}} & \text{für} \qquad k \geq l \\ 0 & \text{sonst} \end{cases} ,$$

was am leichtesten über folgende Identität hergeleitet werden kann

$$\sum_{k=0}^{n} a_k t^k = \sum_{k=0}^{n} \sum_{i=0}^{n-k} \binom{n-k}{i} t^{i+k} (1-t)^{n-(i+k)} a_k$$

und Umwandlung der rechten Seite in Bernstein-Polynome.

10.1.2 Basistransformation von B-Spline-Segmenten und Bézier-Segmenten

Wir haben hier zunächst die Aufgabe, für ein vorgegebenes B-Spline-Segment die zugehörige Bézier-Darstellung zu entwickeln. Wir wollen uns der Einfachheit halber auf Kurven beschränken, aber zwei Wege zur Transformation aufzeigen: einmal den direkten Weg über Koeffizientenvergleich in den Monom-Koeffizienten oder mit Hilfe des *de Boor-Algorithmus*. Der Nachteil des direkten Weges ist, daß jeweils ein fester Polynomgrad vorausgesetzt werden muß, um die Transformationsmatrizen zu berechnen. Wir betrachten zunächst zwei Beispiele :

Wir wählen zunächst $k = 3$, d.h. quadratische Basisfunktionen. Für eine geschlossene B-Spline-Kurve folgt aus (4.42) z.B. für das 4. Segment

$$X(t) = (d_1 \, d_2 \, d_3) \begin{pmatrix} \frac{1}{2} & -1 & \frac{1}{2} \\ \frac{1}{2} & 1 & -1 \\ 0 & 0 & \frac{1}{2} \end{pmatrix} \begin{pmatrix} 1 \\ w \\ w^2 \end{pmatrix} \qquad (w \in [0,1]) .$$

Entsprechend lautet der Ansatz für eine Bézier-Kurve für $n = 2$ mit (4.4)

$$X(t) = (b_0 \, b_1 \, b_2) \begin{pmatrix} 1 & -2 & 1 \\ 0 & 2 & -2 \\ 0 & 0 & 1 \end{pmatrix} \begin{pmatrix} 1 \\ t \\ t^2 \end{pmatrix} \qquad (t \in [0,1]) .$$

Die beiden Darstellungen sollen für alle Parameterwerte $t_0 = w_0$ gleich sein, d.h. es gilt

$$(d_1\,d_2\,d_3)\begin{pmatrix}\tfrac{1}{2} & -1 & \tfrac{1}{2}\\[4pt] \tfrac{1}{2} & 1 & -1\\[4pt] 0 & 0 & \tfrac{1}{2}\end{pmatrix} = (b_0\,b_1\,b_2)\begin{pmatrix}1 & -2 & 1\\ 0 & 2 & -2\\ 0 & 0 & 1\end{pmatrix}$$

Inversion der rechten Koeffizientenmatrix und Multiplikation mit dieser Inversen liefert als Darstellung der Bézier-Punkte in Abhängigkeit von den de Boor-Punkten

$$(b_0\,b_1\,b_2) = (d_1\,d_2\,d_3)\begin{pmatrix}\tfrac{1}{2} & -1 & \tfrac{1}{2}\\[4pt] \tfrac{1}{2} & 1 & -1\\[4pt] 0 & 0 & \tfrac{1}{2}\end{pmatrix}\begin{pmatrix}1 & 1 & 1\\[4pt] 0 & \tfrac{1}{2} & 1\\[4pt] 0 & 0 & 1\end{pmatrix} =$$

$$= \left(\frac{d_1 + d_2}{2},\ d_2,\ \frac{d_2 + d_3}{2}\right). \tag{10.6}$$

Dies bedeutet, daß die Bézier-Punkte b_0 bzw. b_2 in der Mitte der Seiten des de Boor-Polygons $d_1 \cup d_2$ bzw. $d_2 \cup d_3$ liegen und weiter gilt $b_1 = d_2$.

Nun betrachten wir ein Beispiel für $k = 4$: Aus (4.36c) ergibt sich als Parameterdarstellung eines Kurvensegmentes einer geschlossenen B-Spline-Kurve

$$X(w) = (d_{|-3}\ d_{|-2}\ d_{|-1}\ d_{|})\begin{pmatrix}\tfrac{1}{6} & -\tfrac{1}{2} & \tfrac{1}{2} & -\tfrac{1}{6}\\[4pt] \tfrac{2}{3} & 0 & -1 & \tfrac{1}{2}\\[4pt] \tfrac{1}{6} & \tfrac{1}{2} & \tfrac{1}{2} & -\tfrac{1}{2}\\[4pt] 0 & 0 & 0 & \tfrac{1}{6}\end{pmatrix}\begin{pmatrix}1\\ w\\ w^2\\ w^3\end{pmatrix}$$

Für ein entsprechendes Bézier-Segment vom Grade 3 kann angesetzt werden über (4.4)

$$X(t) = (b_0\ b_1\ b_2\ b_3)\begin{pmatrix}1 & -3 & 3 & -1\\ 0 & 3 & -6 & 3\\ 0 & 0 & 3 & -3\\ 0 & 0 & 0 & 1\end{pmatrix}\begin{pmatrix}1\\ t\\ t^2\\ t^3\end{pmatrix}$$

Gleichsetzen dieser Beziehungen und Inversion der zweiten Koeffizientenmatrix liefert folgende Darstellung der Bézier-Punkte b_i in Abhängigkeit von den de Boor-Punkten d_j

$$(b_0\,b_1\,b_2\,b_3) = (d_{|-3}\ d_{|-2}\ d_{|-1}\ d_{|})\begin{pmatrix}\tfrac{1}{6} & -\tfrac{1}{2} & \tfrac{1}{2} & -\tfrac{1}{6}\\[4pt] \tfrac{2}{3} & 0 & -1 & \tfrac{1}{2}\\[4pt] \tfrac{1}{6} & \tfrac{1}{2} & \tfrac{1}{2} & -\tfrac{1}{2}\\[4pt] 0 & 0 & 0 & \tfrac{1}{6}\end{pmatrix}\begin{pmatrix}1 & 1 & 1 & 1\\[4pt] 0 & \tfrac{1}{3} & \tfrac{2}{3} & 1\\[4pt] 0 & 0 & \tfrac{1}{3} & 1\\[4pt] 0 & 0 & 0 & 1\end{pmatrix} =$$

$$= (\mathbf{d}_{l-3}\ \mathbf{d}_{l-2}\ \mathbf{d}_{l-1}\ \mathbf{d}_{l}) \begin{pmatrix} \frac{1}{6} & 0 & 0 & 0 \\ \frac{2}{3} & \frac{2}{3} & \frac{1}{3} & \frac{1}{6} \\ \frac{1}{6} & \frac{1}{3} & \frac{2}{3} & \frac{2}{3} \\ 0 & 0 & 0 & \frac{1}{6} \end{pmatrix} \qquad (10.7)$$

Fig. 10.1a enthält eine geometrische Interpretation der Formel (10.7), dabei wurde bereits nichtuniforme Parametrisierung vorausgesetzt, während in (10.7) uniforme Parameter vorausgesetzt sind. Die (10.7) entsprechende Transformationsformel für nichtuniforme Parametrisierung kann aus Fig. 10.1a direkt abgelesen werden. Die geometrische Situation in Fig. 10.1a entspricht der Übergangskonstruktion aus Fig. 4.12a, den dort eingeführten Gewichten entsprechen jetzt die de Boor-Punkte! - Sind nun umgekehrt die Bézier-Punkte vorgegeben, so folgen aus Fig. 10.1a unmittelbar die de Boor-Punkte. Die so entwickelten Transformationsformeln entsprechen der Formel (4.19),

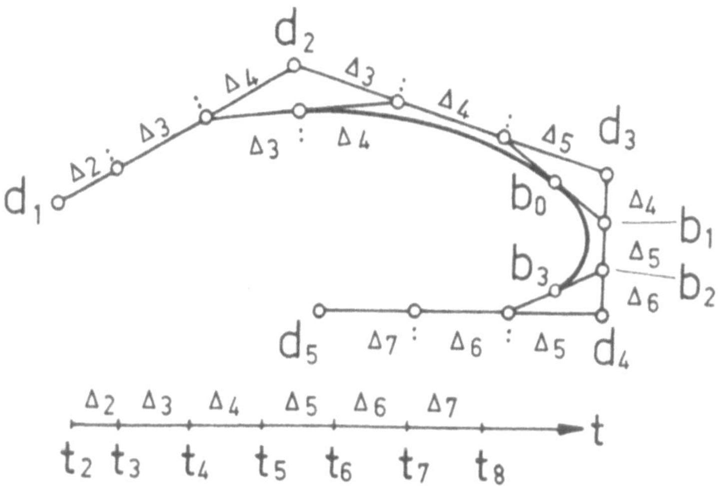

Figur 10.1a: De Boor-Punkte $\mathbf{d}_l$ und Bézier-Punkte $\mathbf{b}_l$ einer kubischen B-Spline-Kurve (k = 4)

Entsprechende Figuren ergeben sich für $k = 5$ (s. Fig. 10.1 b,c): In Fig. 10.1b wurden nur Einfachknoten gewählt, Fig. 10.1c enthält einen Mehrfachknoten ($\Delta_l = 0$). Die entsprechenden Transformationsformeln folgen unmittelbar aus der Geometrie. Ein Vergleich von Fig. 10.1b mit Fig. 4.12b zeigt die analoge Situation bei den Bézier-Kurven.

Fig. 10.2 zeigt eine Anwendung der bisher entwickelten Transformationsformeln: Eine Kurve vom Grade 4 wird mit ihrem Bézier- und ihrem de Boor-Polygon dargestellt.

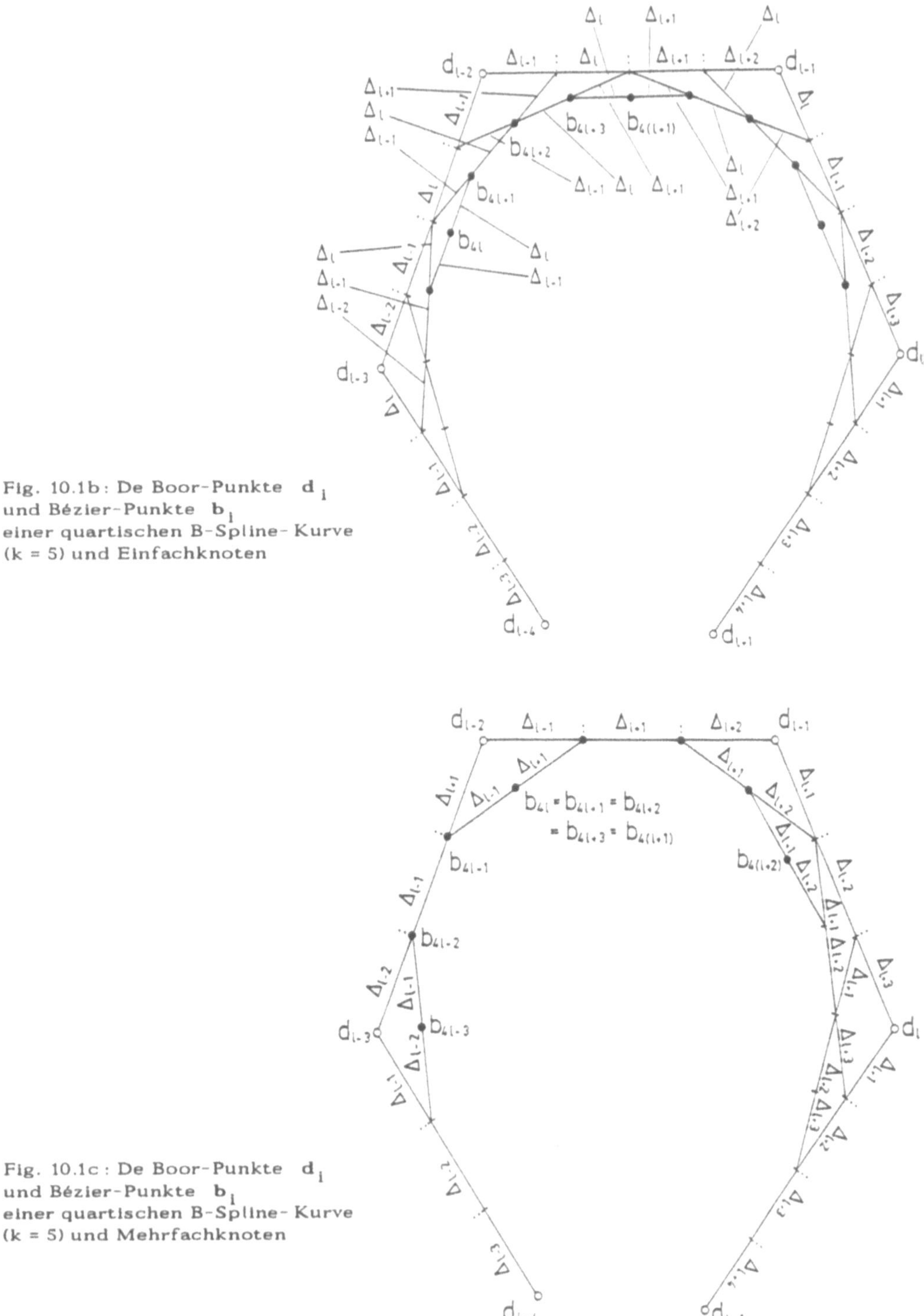

Fig. 10.1b: De Boor-Punkte d_i
und Bézier-Punkte b_i
einer quartischen B-Spline- Kurve
(k = 5) und Einfachknoten

Fig. 10.1c : De Boor-Punkte d_i
und Bézier-Punkte b_i
einer quartischen B-Spline- Kurve
(k = 5) und Mehrfachknoten

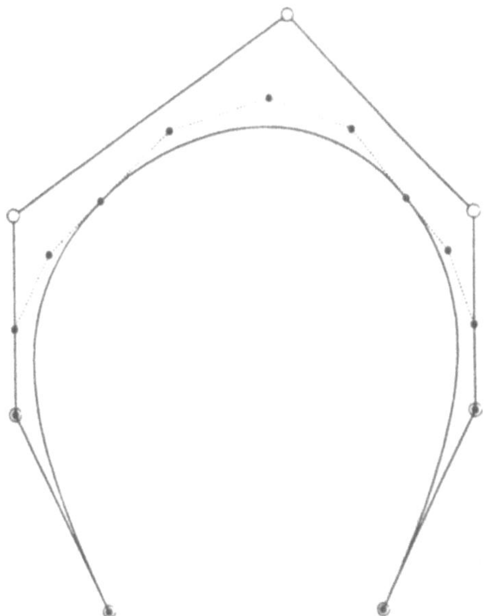

Fig. 10.2: Quartische B-Spline-Kurve (k = 5) mit Bézier- und de Boor-Polygon

Analog zu (10.5) läßt sich eine allgemeine Transformationsformel für die Transformation uniformer B-Spline-Kurven auf die Monom-Basis angeben: Wir setzen an:

$$X(t) = (\ N_{0,n+1}(t)\ N_{1,n+1}(t)\ \ldots\ldots\ N_{n,n+1}(t)\ ) \begin{pmatrix} d_0 \\ d_1 \\ \cdot \\ \cdot \\ \cdot \\ d_n \end{pmatrix} =$$

$$(t^n\ t^{n-1}\ \ldots\ 1\ )\ C \begin{pmatrix} d_0 \\ d_1 \\ \cdot \\ \cdot \\ \cdot \\ d_n \end{pmatrix} \tag{10.8a}$$

Die Elemente der Matrix C ergeben sich zu (s. a. [YAM 88])

$$c_{ij} = \frac{1}{n!} \binom{n}{i} \sum_{k=j}^{n} (n-k)^i\ (-1)^{k-j} \binom{n+1}{k-j} \qquad (i,j = 0\ (1)\ n\ ) \tag{10.8b}$$

Algorithmisch kann die Transformation von B-Spline-Kurvensegmenten auf Bézier-Kurven übersichtlich mit einer von BÖHM [BÖH 81] angegebenen Erweiterung des de Boor-Algorithmus erfolgen: Dabei werden die Parameterwerte t_l, t_{l+1} des Trägervektors T einer B-Spline-Kurve jeweils mit der Vielfachheit $(k-1)$ belegt. Dadurch sind die einzigen B-Spline-Funktionen der Ordnung k über $[t_l, t_{l+1}]$, die nicht verschwinden, gerade die Bernstein-Polynome vom Grade $(k-1)$, definiert über $[t_l, t_{l+1}]$ (s. a. *Lemma 4.6*). Der de Boor-Algorithmus geht dann in den Casteljau-Algorithmus über.

Um den Hintergrund des Algorithmus von BÖHM zu erleuchten, betrachten wir zunächst einmal die Transformation für niedrige Ordnung k: Mit $k = 4$ z. B. liefert das de Boor-Schema für $t = t_l$

$$
\begin{array}{llll}
\mathbf{d}_{l-3} & & & \\
\mathbf{d}_{l-2} & \boxed{D^1_{l-2}} & & \\
\mathbf{d}_{l-1} & D^1_{l-1} & D^2_{l-1} & \\
\mathbf{d}_l & \mathbf{d}_{l-1} & D^1_{l-1} & D^2_{l-1} \quad .
\end{array}
$$

Ein Vergleich mit Fig. 10.1a bzw. Fig. 4.12a zeigt, daß die eingerahmten Punkte gerade die gesuchten Bézier-Punkte sind (vgl. a. Fig. 10.3).

Berechnen wir nun das de Boor-Schema für $t = t_{l+1}$, ergibt sich

$$
\begin{array}{llll}
\mathbf{d}_{l-2} & & & \\
\mathbf{d}_{l-1} & \boxed{D^{*1}_{l-1}} & & \\
\mathbf{d}_l & D^{*1}_l & D^{*2}_l & \\
\mathbf{d}_{l+1} & \mathbf{d}_l & D^{*1}_l & D^{*2}_l \quad .
\end{array}
$$

Wieder sind die gesuchten Bézier-Punkte eingerahmt.

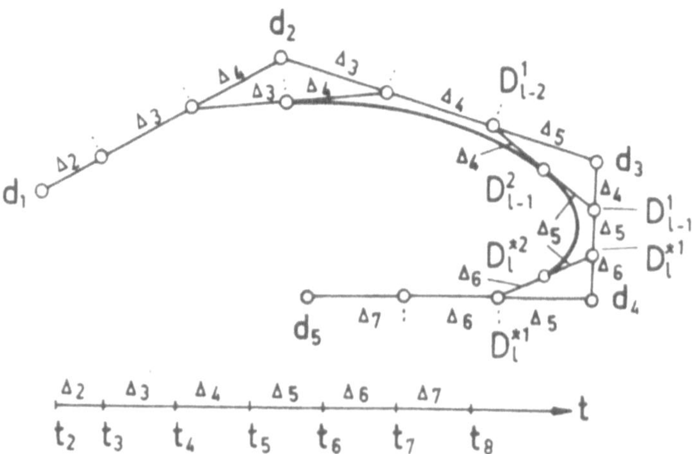

Fig. 10.3: Berechnung der Bézier-Punkte einer B-Spline-Kurve
mit Hilfe des de Boor-Algorithmus

Diese neuen (eingerahmten) Bézier-Punkte haben die natürliche Folge

$$D^1_{l-2} \qquad D^2_{l-1} \qquad D^1_{l-1} \qquad D^{*1}_{l-1} \qquad D^{*2}_l \qquad D^{*1}_l \; .$$

Die Punkte D^2_{l-1} und D^{*2}_l sind Kurvenpunkte und damit Randpunkte des zugehörigen Bézier-Polygons (s. a. Fig. 10.3 im Vergleich mit Fig. 10.1a).

Wir wählen nun $k = 5$ und erhalten analog an der Stelle $t = t_l$

$$
\begin{array}{llll}
d_{l-4} & & & \\
d_{l-3} & D^1_{l-3} & & \\
d_{l-2} & D^1_{l-2} & D^2_{l-2} & \\
d_{l-1} & D^1_{l-1} & D^2_{l-1} & \boxed{D^3_{l-1}} \\
d_l & d_{l-1} & D^1_{l-1} & \boxed{D^2_{l-1}} \quad D^3_{l-1}
\end{array}
$$

und an der Stelle $t = t_{l+1}$

$$
\begin{array}{llll}
d_{l-3} & & & \\
d_{l-2} & D^{*1}_{l-2} & & \\
d_{l-1} & D^{*1}_{l-1} & D^{*2}_{l-1} & \\
d_l & D^{*1}_l & D^{*2}_l & \boxed{D^{*3}_l} \\
d_{l+1} & d_l & D^{*1}_l & \boxed{D^{*2}_l} \quad D^{*3}_l \; .
\end{array}
$$

Die eingerahmten Punkte $D^3_{l-1}, D^2_{l-1}, D^{*2}_{l-1}, D^{*3}_l$ sind Bézier-Punkte (vgl. Fig. 10.1b mit Fig. 10.4). Es fehlt noch ein Punkt, der zwischen D^2_{l-1} und D^{*2}_{l-1} liegt.

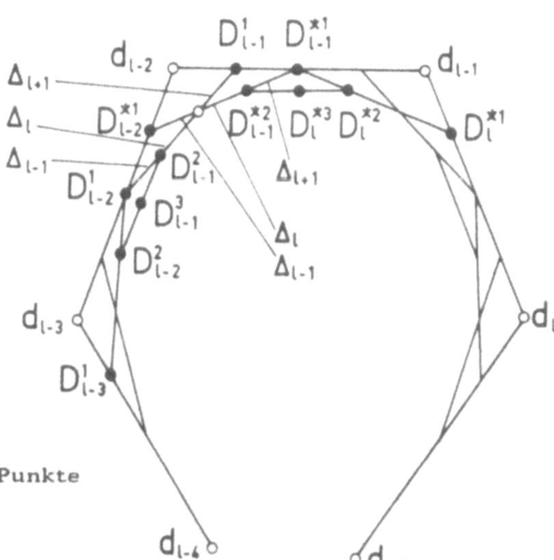

Fig. 10.4 : Bézier- und de Boor-Punkte
für k = 5 (vgl. mit Fig. 10.1b)

Dieser berechnet sich nach Fig. 10.4 über

$$b_{4l+2} = (1 - \frac{\Delta_l + \Delta_{l+1}}{\Delta_{l-1} + \Delta_l + \Delta_{l+1}}) D_{l-1}^{*1} + \frac{\Delta_l + \Delta_{l+1}}{\Delta_{l-1} + \Delta_l + \Delta_{l+1}} D_{l-2}^{*1} \quad \text{für} \quad t = t_{l+1}$$

bzw.

$$b_{4l+2} = (1 - \frac{\Delta_l + \Delta_{l-1}}{\Delta_{l-1} + \Delta_l + \Delta_{l+1}}) D_{l-2}^{1} + \frac{\Delta_l + \Delta_{l-1}}{\Delta_{l-1} + \Delta_l + \Delta_{l+1}} D_{l-1}^{1} \quad \text{für} \quad t = t_l$$

Die so berechneten Bézier-Punkte werden anlog zur Rechenvorschrift des de Boor-Algorithmus ermittelt (s. z. B. das Ablaufdiagramm Seite 171 bzw. Fig. 4.28). Man erkennt, daß offenbar durch erneute Anwendung des de Boor-Algorithmus auf Punkte in dem de Boor-Schema die gesuchten Bézier-Punkte berechnet werden können. Diese Beobachtung wurde von BÖHM [BÖH 81] algorithmisiert:

Algorithmus von BÖHM

Gegeben:	de Boor-Punkte $d_0, ..., d_m$, Ordnung $k-1$, Knotenvektor $t_{k-1}, ... , t_{m+1}$.
Für	$t_l < t_{l+1} = t_{k-1}, ..., t_l < t_{l+1} = t_{m+1}$,
wenn	t_{l+1} die Vielfachheit $s < k-1$ hat, dann
berechne	$D_l^p(t_{l+1})$ mit dem de Boor-Algorithmus, wobei gilt $p = k-1-s$;
erhöhe	m und für $j > l$ den Index von d_j und t_j um p;
für ersetze	$i = 1, ..., p$ t_{l+i} durch t_{l+1}, d_{l-p+i} durch D_{l-p+i}^{i}, d_{l+i} durch D_l^{p-i}

Der Algorithmus kann leicht auf Flächen ausgedehnt werden, indem z.B. zuerst in u-Richtung und anschließend in v-Richtung transformiert wird. Fig. 10.5 zeigt das de Boor-Netz und das Bézier-Netz einer bikubischen Tensorproduktfläche:

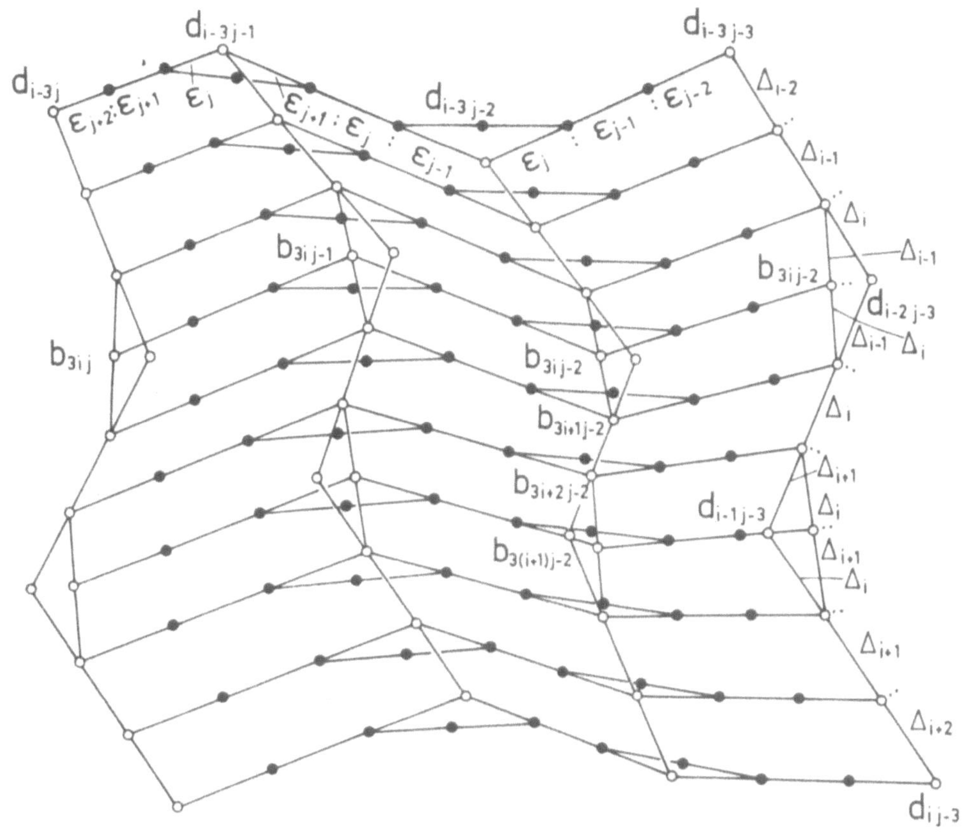

Fig. 10.5 : Bézier-Netz und de Boor-Netz einer bikubischen Fläche

10.2 Approximative Basistransformation

Sind exakte Basistransformationen nicht möglich, was z. B. der Fall ist für
- Gradreduktion,
- Graderhöhung mit zusätzlichem Verschmelzen mehrerer Patches

müssen approximative Verfahren eingesetzt werden.

So wurde z. B. in der Bundesrepublik die VDA-Konversions-Software von DANNENBERG-NOWACKI [DAN 85] implementiert: Grundlage ist ein Verfahren von HÖLZLE [HÖLZ 83] zum Auffinden neuer Segmentgrenzen, sodaß jedes Segment höchstens einen vorgegebenen mittleren Fehler besitzt. Dann wird über Hermite-Vorgaben als Randbedingungen das folgende Fehlerintegral minimiert

$$Q = \int\limits_{\tilde{u}=0}^{1} \int\limits_{\tilde{v}=0}^{1} (\triangle \mathbf{p})^2 \, d\tilde{u} \, d\tilde{v} \rightarrow \min \tag{10.9}$$

mit $\triangle p(\tilde{u},\tilde{v}) = p(u(\tilde{u}), v(\tilde{v})) - r(\tilde{u},\tilde{v})$ und p als gegebene Fläche, r als gesuchte
Fläche, u,v als lokale Koordinaten der gegebenen Fläche, $\tilde{u}$, $\tilde{v}$ als lokale Koordinaten der gesuchten Fläche. Als Flächenbeschreibung werden dabei Monomdarstellungen vom Grade (n,m) vorausgesetzt:

$$p(u,v) = \sum_{j=0}^{n} \sum_{k=0}^{m} a_{jk}\, u^j\, v^k .$$

Beim Einsatz dieser Methode ergeben sich bei Reduktion des Polynomgrades oft eine größere Anzahl von neuen Flächenstücken (s.auch [DAN 85]) .

In [LAC 88] werden zur Lösung des Konversionsproblems für Flächen Tschebyscheff-Polynome herangezogen, während in [KAL 87], [WAT 88] Bézier-Kurven und in [PAT 89] B-Spline-Kurven transformiert werden. Die Methode aus [PAT 89] wird in [BAR 89] auf B-Spline-Flächen ausgedehnt.

Die Anzahl der entstehenden Patches liegt bei all diesen Verfahren in der gleicher Größenordnung wie beim Ansatz von DANNENBERG - NOWACKI.

10.2.1 Approximative Basistransformation für Kurven

Da die bisher angeführten Verfahren oft zu einer hohen Segmentanzahl führen, wurde in [HOS 87] eine neue Methode für Kurven vorgeschlagen, das in [HOS 89] auf Flächen erweitert werden konnte.

Bei dieser Methode wird die Parametertransformation (s. a. Kap. 3) als zentrales Mittel eingesetzt, um eine geringere Anzahl von transformierten Kurvensegmenten zu erhalten.

Will man die Parametrisierung als Optimierungswerkzeug benutzen, so ist es notwendig, *parameterinvariante Übergangsbedingungen* zu benutzen. Solche parameterinvarianten Übergangsbedingungen liefert die *Berührordnung* (s. a.Kap.5).

Wir wollen hier die Reduktion auf kubische Kurven diskutieren und verwenden dazu die Bedingung (5.6), außerdem setzen wir die Bézier-Technik voraus, d.h. es ist gegeben die Bézier-Kurve vom Grade n

$$X = \sum_{i=0}^{n} V_i\, B_i^n\,(t) \tag{10.10a}$$

mit den Bernstein-Polynomen $B_i^n(t)$ und V_i als gegebenen Bézier-Punkten. Die gesuchte Kurve Y möge die Parameterdarstellung haben

$$Y = \sum_{i=0}^{3} W_i\, B_i^m\,(t) \tag{10.10b}$$

mit den unbekannten Bézier-Punkten W_i . Die *erste Berührordnung* liefert für (10.10a, b) folgende Randbedingungen

$$W_0 = V_0 \, , \quad W_1 = V_0 + \lambda_1 (V_1 - V_0) \, ,$$
$$W_m = V_n \, , \quad W_{m-1} = V_n + \lambda_2 (V_{n-1} - V_n) \ . \tag{10.11}$$

Die neuen Bézier-Punkte sind bestimmt über
- die Parameter λ_1, λ_2 ,
- die Parametrisierung des Bézier-Segmentes Y .

Um optimale λ_1, λ_2 zu berechnen, wählen wir auf der gegebenen Kurve X wenigstens $n+1$ Punkte P_i mit den (z.B. chordalen) Parameterwerten t_i und fordern für Y als approximierender Kurve dieser Punkte

$$P_i = \sum_{j=0}^{3} W_j \, B_j^3 (t_i) + \delta_i \tag{10.12}$$

mit δ_i als Fehlervektor. Wird (10.11) in (10.12) eingesetzt, kann diese Gleichung so umgeschrieben werden

$$D_i = \lambda_1 (V_1 - V_0) \, B_1^3 (t_i) + \lambda_2 (V_{n-1} - V_n) \, B_2^3 (t_i) + \delta_i \tag{10.13}$$

mit dem bekannten Vektor

$$D_i := P_i - V_0 \, B_0^3 (t_i) - V_0 \, B_1^3 (t_i) - V_n \, B_2^3 (t_i) - V_n \, B_3^3 (t_i) \ .$$

Als absoluter Betrag der Fehlervektoren in (10.13) folgt

$$\delta := \sum_{i=0}^{n} |\delta_i|^2 = \sum_{i=0}^{n} (D_i - \lambda_1 (V_1 - V_0) \, B_1^3 (t_i) - \lambda_2 (V_{n-1} - V_n) \, B_2^3 (t_i))^2 \ .$$

Das Minimum von δ wird über die diskrete Ausgleichsmethode von Gauß festgelegt über die Bedingungen

$$\frac{\partial \delta}{\partial \lambda_1} = 0 \, , \qquad \frac{\partial \delta}{\partial \lambda_2} = 0 \, , \tag{10.14}$$

die zu einem linearen System für λ_1 und λ_2 führen – aber das Ergebnis hängt von der Parametrisierung der Punkte P_i ab. Daher wird jetzt gemäß Kap. 3 eine Parametertransformation durchgeführt und anschließend das System (10.14) erneut gelöst. Dieser iterative Durchlauf wird mehrmals wiederholt, bis nahezu alle Fehlervektoren orthogonal sind. Im allgemeinen reichen 3 - 4 iterative Schritte aus.

Diese Methode kann auf höhere Berührordnungen und damit auch auf höheren Polynomgrad ausgedehnt und auf rationale Bézier-Kurven übertragen werden (s. z.B. [HOS 87, 88a, 88b])Dabei muß allerdings vermerkt werden, daß für höhere Polynomgrade die Fehlerminimierung auf nichtlineare Gleichungssysteme führt, die mit nichtlinearen Optimierungsmethoden zu lösen sind. Fig. 10.6 zeigt eine Reduktion einer Bézier-Kurve vom Grad 19 auf eine Bézier-Spline-Kurve mit 3 Segmenten vom Grade 5 und Berührordnung 2. Die gegebene Kurve ist durchgezogen, die approximierende Kurve gestrichelt gezeichnet. Das gegebene Bézier-Polygon ist gestrichelt, die Bézier-Polygone der approximierenden Kurven sind durchgezogen gezeichnet.

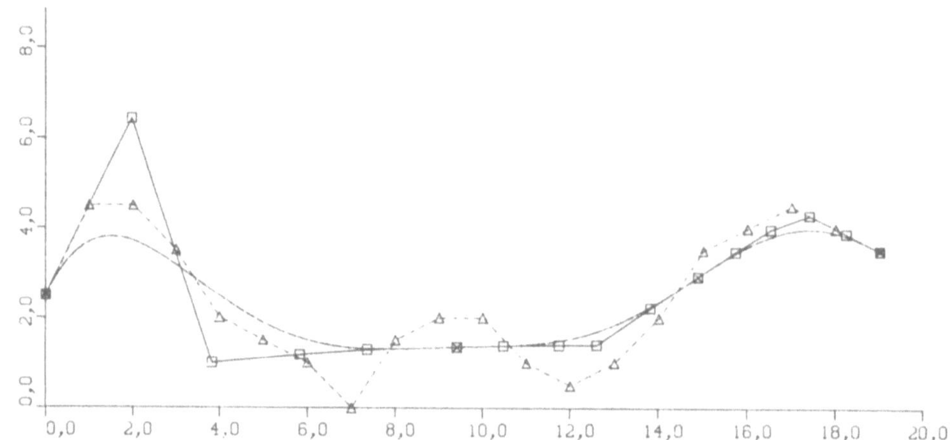

**Fig. 10.6 : Approximation einer Bézier-Kurve vom Grade 19
durch drei quintische Bézier-Spline-Kurven-Segmente**

Ebenso kann dieses Verfahren zum **Verschmelzen** von mehreren Bézier-Kurven
zu einer einzigen Bézier-Kurve eingesetzt werden (s. a. [HOS 87]).

10.2.2   Approximative Basistransformation für Flächen

Da auch bei der Basistransformation von Flächen wesentlich die Parametertransformation benutzt wird, müssen als Übergangsbedingungen wieder die Berührordnung gewählt werden. Es bietet sich an, Berührordnung 1 oder 2 zu wählen.
Zwei Flächen haben Berührordnung 1 in einem gemeinsamen Punkt **P**, wenn sie
gemeinsame Tangentialebene in **P** besitzen, zwei Flächen haben Berührordnung
2 in einem Punkt **P**, wenn sie gemeinsame Dupinsche Indikatrix in **P** besitzen
(s. a. Kap. 7).

Die gegebene Fläche **X** vom Grad (n,m) möge folgende Parameterdarstellung
besitzen

$$X(u,v) = \sum_{i=0}^{n} \sum_{k=0}^{m} V_{ik}\, B_i^n(u)\, B_k^m(v) \quad (u,v \in [0,1]) \; , \tag{10.15}$$

wobei wieder die V_{ik} gegebene Bézier-Punkte sind. Wir wollen uns wieder auf
den Fall (3,3) beschränken und bezeichnen mit W_{jl} die unbekannten Bézier-
Punkte der gesuchten Fläche **Y**(u,v). Der Approximationsprozeß durchläuft im
bikubischen Falle zwei Stufen:

I : Es werden die Randkurven des gegebenen Flächensegmentes **X** gemäß
Kap. 10.2.1 approximiert.

II : Danach wird das Innere der Fläche **X** approximiert.

Wir nehmen zuerst an, daß die beiden Flächen **X** und **Y** die gleichen Eckpunkte besitzen

$$X(0,0) = Y(0,0) , \qquad X(1,0) = Y(1,0)$$
$$X(0,1) = Y(0,1) , \qquad X(1,1) = Y(1,1) , \tag{10.16}$$

d.h. daß die Eckpunkte in der Bézier-Darstellung der beiden Flächen zusammenfallen.

Nach der Approximation der Randkurven sind die Bézier-Punkte W_{0k}, W_{i0}, W_{3k} . W_{i3} (i,k = 1,2) über die Skalarparameter λ_i bestimmt (s. Fig. 10.7)

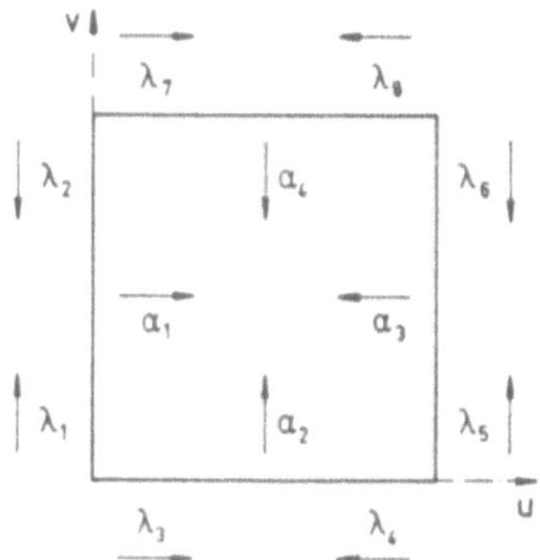

Fig. 10.7 : Wirkung der Approximationsparameter

Um die unbekannten inneren Bézier-Punkte W_{11} , W_{12} , W_{21} , W_{22} zu ermitteln, setzen wir weiter voraus, daß folgende Bedingungen für die Querableitungen auf den Randkurven gelten

$$
\begin{aligned}
\text{Rand 1:} \quad & Y_u\,(0,v) = \alpha_1(v)\,X_u\,(0,v) , \\
\text{Rand 2:} \quad & Y_v\,(u,0) = \alpha_2(u)\,X_v\,(u,0) , \\
\text{Rand 3:} \quad & Y_u\,(1,v) = \alpha_3(v)\,X_u\,(1,v) , \\
\text{Rand 4:} \quad & Y_v\,(u,1) = \alpha_4(u)\,X_v\,(u,1) ,
\end{aligned}
\tag{10.17}
$$

wobei die angesetzten unbekannten Funktionen α_i durch die Parameter λ_k auf den Randkurven festgelegt sind. Wir können daher die α_i durch folgende quadratische Funktionen ansetzen

$$
\begin{aligned}
\alpha_1(v) &= \tfrac{3}{n}\,\lambda_3\,B_0^2(v) + \omega_1\,B_1^2(v) + \tfrac{3}{n}\,\lambda_7\,B_2^2(v) , \\
\alpha_2(u) &= \tfrac{3}{m}\,\lambda_1\,B_0^2(u) + \omega_2\,B_1^2(u) + \tfrac{3}{m}\,\lambda_5\,B_2^2(u) , \\
\alpha_3(v) &= \tfrac{3}{n}\,\lambda_4\,B_0^2(v) + \omega_3\,B_1^2(v) + \tfrac{3}{n}\,\lambda_8\,B_2^2(v) , \\
\alpha_4(u) &= \tfrac{3}{m}\,\lambda_2\,B_0^2(u) + \omega_4\,B_1^2(u) + \tfrac{3}{m}\,\lambda_6\,B_2^2(u) ,
\end{aligned}
\tag{10.18}
$$

wobei die neuen unbekannten Parameter zur Optimierung benutzt werden sollen. Wenn (10.18) in die Ansätze (10.17) eingesetzt wird, erhalten wir folgendes vektorwertiges lineares System für die unbekannten Bézier-Punkte W_{11}, W_{12}, W_{21}, W_{22}

$$\begin{pmatrix} B_1^3(v) & B_2^3(v) & 0 & 0 \\ B_1^3(u) & 0 & B_2^3(u) & 0 \\ 0 & 0 & B_1^3(v) & B_2^3(v) \\ 0 & B_1^3(u) & 0 & B_2^3(u) \end{pmatrix} \begin{pmatrix} W_{11} \\ W_{12} \\ W_{21} \\ W_{22} \end{pmatrix} = \begin{pmatrix} \frac{n}{3}\,\omega_1\,N_1(v) + Q_1(v) \\ \frac{m}{3}\,\omega_2\,N_2(u) + Q_2(u) \\ \frac{n}{3}\,\omega_3\,N_3(v) + Q_3(v) \\ \frac{m}{3}\,\omega_4\,N_4(u) + Q_4(u) \end{pmatrix} \qquad (10.19)$$

wobei N_i, Q_i Abkürzungen für bekannte Größen sind. Das System kann an einer (geeigneten) Stelle (u_0,v_0) ausgewertet werden, es hat den Rang 3, so daß unser Problem über eine der verschwindenden Determinanten auf 4 Unbekannte, z.B. auf ω_1 und die 3 Komponenten von W_{11} reduziert werden kann. Der Gesamtfehler d hängt von diesen 4 Variablen ab, so daß über die diskrete Fehlerquadratmethode von Gauß folgende Bedingungen folgen

$$\frac{\partial d}{\partial W_{11}} = 0 \qquad \frac{\partial d}{\partial \omega_1} = 0 \quad . \qquad\qquad (10.20)$$

Diese Bedingungen liefern ein lineares System in ω_1 und den Komponenten von W_{11}. Lösung dieses Systems und iterative Korrektur des Parameters liefert eine optimale Approximationsfläche vom Grad $(3,3)$. Diese Methode kann auf höhere Polynomgrade ausgedehnt werden, was wiederum zu nichtlinearen Gleichungssystemen führt (s. auch [HOS 89], [WAS 88]).
Fig. 10.8 zeigt die Approximation einer Bézier-Fläche vom Grade $(15,15)$ durch eine Bézier-Fläche vom Grade $(3,3)$, gleichzeitig wird die Wirkung der Parametertransformation demonstriert: Fig. 10.8a zeigt die Approximation ohne Parametertransformation, Fig. 10.8b nach erfolgter iterativer Parametertransformation. Die Parameterlinien der Approximationsfläche sind wieder gestrichelt.

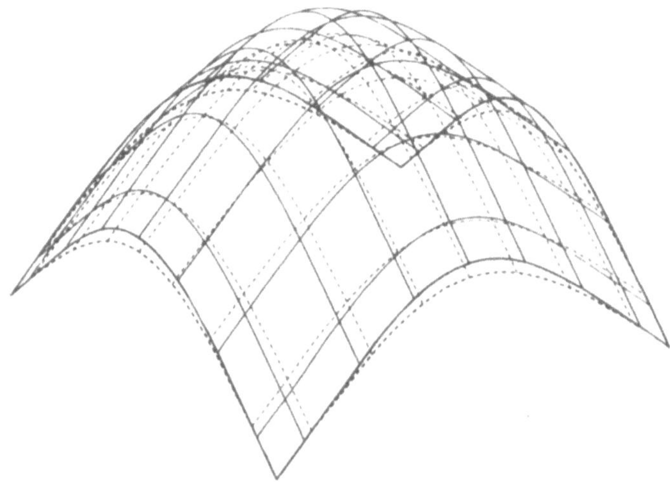

Fig. 10.8a: Approximation einer (15,15) Bézier-Fläche durch eine bikubische Bézier-Fläche *ohne Parametertransformation*

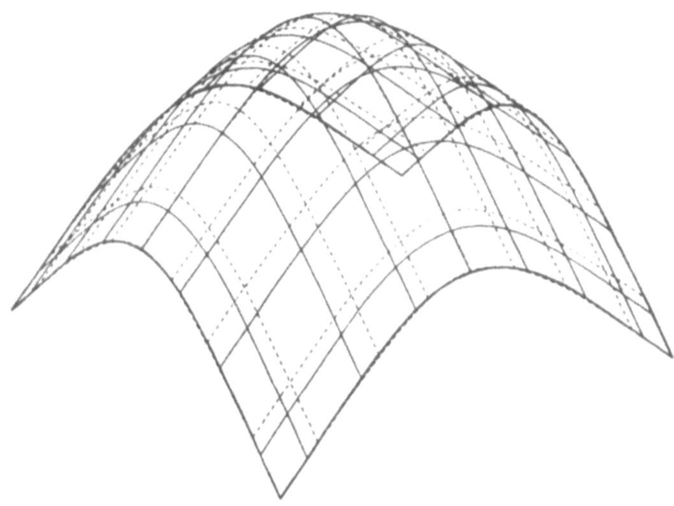

Fig. 10.8b: Approximation einer (15,15) Bézier-Fläche durch eine bikubische
Bézier-Fläche *mit Parametertransformation*

10.3 Basistransformation für Dreieckspatches

Die bisher beschriebenen Verfahren zur Flächenkonversion beschäftigen sich nur
mit der Umwandlung von Tensor-Produkt-Flächen. Das Verfahren aus Kap.
10.2.2 läßt sich analog auf Bézier-Dreiecks-Patches ausdehnen, allerdings treten
hier gewisse zusätzliche Probleme auf: einmal Schließungsbedingungen beim
Umlauf um ein Dreieck, sowie eine Reduktion der Unbekannten, wegen der gerin-
geren Zahl an Bézier-Punkten. Dies bedeutet, daß weniger geometrische Information zwischen Ausgangs- und Approximations-Patch übertragen werden kann.

Die exakte Transformation zwischen Monomen und Dreiecks-Bézier-Flächen
finden sich in [WAG 86].

Ein anderer Typ der Basistransformation bei Dreiecks-Patches ist die Umwandlung von Dreiecks- in Vierecks-Patches. Eine Möglichkeit die Bézier-Punkte
eines Dreiecks-Patch in Bézier-Punkte eines Vierecks-Patch (exakt) zu transformieren wird in [BRÜ 80] aufgezeigt, während die (exakte) Zerlegung eines Vierecks-Patch in 2 Dreiecks-Patches in [GOL 87] entwickelt wird. Dazu ist allerdings eine zusätzliche Graderhöhung notwendig, d. h. ein (n,m) Tensor-Produkt-
Patch wird in zwei Dreiecks-Patches vom Grad n+m umgewandelt.

Auch für Box-Splines lassen sich die Kontrollpunkte in Bézier-Punkte umrech-
nen, wie bereits in Kap. 6.3.4 vermerkt (s. a. [BÖH 83, 83a, 84a, 85], [PRA 85]).

11.   Multivariate Darstellungen

Während sich das Interesse im Bereich des CAGD in der Vergangenheit hauptsächlich auf die Kurven- und Flächenbeschreibung und die Kurven- und Flächenverarbeitung beschränkte, gewinnen in jüngster Zeit auch höherdimensionale, multivariable Objekte wie Volumina und Hyperfläches des $\mathbb{R}^n$ (n > 3) immer mehr an Bedeutung. Anwendungsbeispiele multivariabler Objekte sind z.B. gegeben durch

-   die Beschreibung von skalaren oder vektorwertigen physikalisch bedeutungsvollen Feldern (Temperatur, Druck, Gravitations-, elektromagnetisches Feld, etc.) als Funktion mehrerer Variabler, z.B. der drei Ortskoordinaten, der Zeit, etc.,

-   die Beschreibung der räumlich-zeitlichen Bewegung bzw. Veränderung einer Fläche durch einen geschlossenen Ausdruck,

-   die Beschreibung inhomogener Materialien, oder auch

-   die Erzeugung und Veränderung von homogenen Körpern (solid models) definierenden (geschlossenen) Flächen, etwa innerhalb eines Designprozesses, mit Hilfe geometrischer Operationen oder auch als höherdimensionale "Niveaulinien" resp. "Parameterlinien" von Hyperflächen des $\mathbb{R}^n$,

(für weitere Details und Beispiele siehe [ALF 89], [CASA 85], [FARO 85a], [SED 85b, 86a]).

Die in den Teilen 6 bis 9 beschriebenen Flächendarstellungen lassen sich fast durchweg auf höherdimensionale Objekte verallgemeinern. n-variate Darstellungen mit n > 3 sind der Anschauung allerdings nur schwer zugänglich. Deshalb werden wir uns häufig auf die Betrachtung trivariater Darstellungen beschränken.

Die Erweiterung des Konzepts der Flächengenerierung durch Dreiecks- und Viereckssegmenten führt im dreidimensionalen Bereich zu den Formen Tetraeder, Hexaeder und Pentaeder, die innerhalb der FEM-Methoden (s. z.B. [ZIE 77], [ZEN 73], [GRIE 85,87], [SABO 87]) schon seit längerem bekannt sind und dort wie auch in frühen Arbeiten aus dem Bereich des CAGD (s. z.B. [FER 64], [BOO 62,77]) meist durch Monome, Lagrange oder Hermite Basisfunktionen aufgebaut werden.

Wir wollen hier jedoch wie bereits in den vorausgehenden Kapiteln den Schwerpunkt wieder in den Bereich der Bézier-Darstellungen legen, die durch Bézier's Arbeiten initiiert wurden. Bei dieser Gelegenheit soll eine weitere Symolik, neben der in Kapitel 4 und 5 zur Herleitung der Relationen zwischen Kontrollpunkten und Kurve bzw. Fläche gebrauchten, angegeben werden, die in der Literatur ebenfalls weit verbreitet ist.

11.1 Bézier-Darstellungen

11.1.1 Tensor-Produkt-Bézier-Volumina

Ein **Tensor-Produkt-Bézier-Volumensegment** - kurz **TPB-Volumensegment** - vom Grad (l,m,n) ist definiert durch

$$X(u) = \sum_{i=0}^{l} \sum_{j=0}^{m} \sum_{k=0}^{n} b_{ijk}\, B_i^l(u)\, B_j^m(v)\, B_k^n(w) \tag{11.1}$$

mit **u** = (u,v,w) und den nach Gleichung (4.2) definierten **gewöhnlichen Bernstein-Polynomen** als Basisfunktionen [BEZ 74], [CASA 85], [FARO 85a], [SED 86a], [LAS 85, 85a, 87].

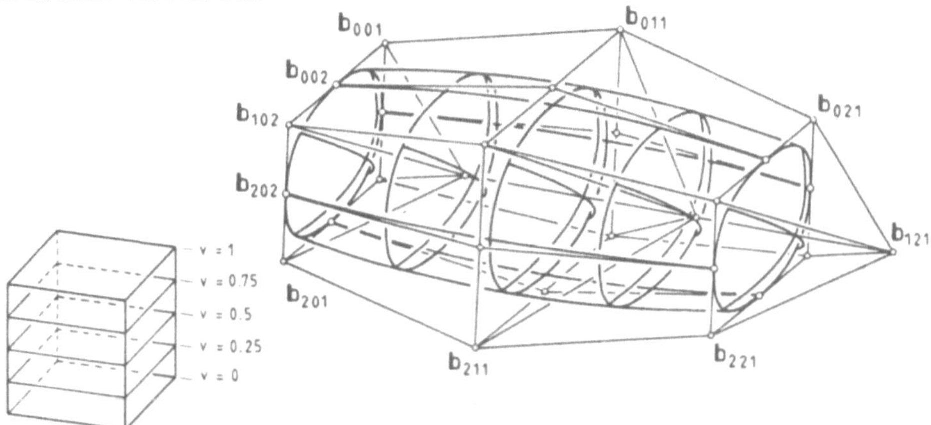

Fig. 11.1: Triquadratisches TPB-Volumensegment sowie zugehörige Bézier-Punkte und Gitter. Gezeichnet sind die Randflächen des TPB Volumensegmentes und einige Parameterflächen konstanten v-Wertes (v = $0,\frac{1}{4},\frac{1}{2},\frac{3}{4},1$), links das abbildende Parameterraumgebiet.

Neben der vektorwertigen, parametrisierten Darstellung (11.1) mit **Bézier-Punkten** $b_{ijk} \in \mathbb{R}^3$, die in ihrer natürlichen Anordnung durch Kanten verbunden das **Bézier-Gitter** bilden (Figur 11.1), läßt sich auch eine funktionswertige, nichtparametrisierte Darstellung mit $b_{ijk} \in \mathbb{R}$ betrachten. Die b_{ijk} werden dabei als Ordinaten über den Abszissen $(\frac{i}{l},\frac{j}{m},\frac{k}{n}) \in I^3$ aufgetragen. Das im $\mathbb{R}^4$ gelegene **Bézier-Gitter** wird durch die Punkte $B_{ijk} = (\frac{i}{l},\frac{j}{m},\frac{k}{n},b_{ijk}) \in \mathbb{R}^4$ definiert. Werden die durch (11.2) mit $b_{ijk} \in \mathbb{R}$ definierten Funktionswerte über den Abszissen $(u,v,w) \in I^3$ aufgetragen, entsteht eine **Hyperfläche** des $\mathbb{R}^4$.

Alle nachfolgenden Resultate lassen sich in entsprechender Abwandlung auf die funktionswertige Darstellung übertragen.

Definition (11.1) kann in der gleichen Art wie Bézier Kurven und Tensor-Produkt-Bézier-Flächen auf **rationale Darstellungen** erweitert werden.

Definition (11.1) impliziert, daß sich viele Relationen zwischen Bézier-Gitter und TPB-Volumensegment von dem zugrunde liegenden Bézier-Kurvenschema (s. Teil 4) ableiten lassen, bzw. daß Konstruktionen in u , in v und in w , wie z.B. die Graderhöhungs oder die de Casteljausche Konstruktion und davon abgeleitete Konstruktionen wie etwa die Segmentierung kommutieren. So ergibt sich z.B. (vgl. mit Kap. 4 und Kap. 6, s. a. [LAS 87]).

- **convex hull property:** Alle Punkte des durch (11.1) beschriebenen räumlichen Bereiches liegen innerhalb der konvexen Hülle der Bézier-Punkte.

- **Parameterflächen:** Die Parameterflächen u = konst. sind TPB-Flächensegmente vom Grad (m,n) und entsprechend die v bzw. w = konst. Parameterflächen.

- **Parameterlinien:** Die Parameterlinien u,v = konst. sind Bézier-Kurven vom Grad n und entsprechend die u,w = konst. und die v,w = konst. Parameterlinien.

- **Randflächen:** Die Randflächen eines TPB-Volumensegmentes sind TPB-Flächensegemente. Ihre Bézier-Netze sind durch die *Randnetze* des Bézier-Gitters gegeben.

- **Randkurven:** Die Randkurven eines TPB-Volumensegmente sind Bézier-Kurvensegmente. Ihre Bézier-Polygone sind durch die *Kantenpolygone* des Bézier-Gitters gegeben.

- **Eckpunkte:** Die Eckpunkte eines TPB-Volumensegmentes fallen mit den Eckpunkten des Bézier-Gitters zusammen.

- **Ableitungen:** Für die partielle Ableitung der Ordnung (p,q,r) eines TPB-Volumensegmentes vom Grad (l,m,n) an der Stelle **u** gilt (s. a. (4.7b))

$$\frac{\partial^{p+q+r}}{\partial u^p \, \partial v^q \, \partial w^r} X(u) = \tag{11.2}$$

$$= \frac{l!}{(l-p)!} \frac{m!}{(m-q)!} \frac{n!}{(n-r)!} \sum_{i=0}^{l-p} \sum_{j=0}^{m-q} \sum_{k=0}^{n-r} \Delta^{pqr} b_{ijk} B_i^{l-p}(u) B_j^{m-q}(v) B_k^{n-r}(w)$$

mit

$$\Delta^{000} b_{ijk} = b_{ijk}$$

$$\Delta^{pqr} b_{ijk} = \Delta^{p00} [\Delta^{0q0} (\Delta^{00r} b_{ijk})]$$

$$= \Delta^{p-1,0,0} \ [\Delta^{0q0} (\Delta^{00r} b_{i+1,j,k})] - \Delta^{p-1,0,0} \ [\Delta^{0q0} (\Delta^{00r} b_{ijk})]$$

$$= \Delta^{p00} [\Delta^{0,q-1,0} (\Delta^{00r} b_{i,j+1,k}) - \Delta^{0,q-1,0} (\Delta^{00r} b_{ijk})]$$

$$= \Delta^{p00} [\Delta^{0q0} (\Delta^{0,0,r-1} b_{i,j,k+1} - \Delta^{0,0,r-1} b_{ijk})] \ .$$

- **Graderhöhung:** Für die Bézier-Punkte $\bar{b}_{iJk}^{\mu}$ der Darstellung vom Grad $(l,m+\mu,n)$ eines TPB-Volumensegmentes vom Grad (l,m,n) gemäß (11.1) gilt (s. a. Gleichung (4.14a))

$$J = 0,...,m+\mu \qquad \bigwedge_{i,k} \qquad \bar{b}_{iJk}^{\mu} = \sum_{j=J}^{J-\mu} b_{ijk} \frac{\binom{J}{j} \binom{m+\mu-J}{m-j}}{\binom{m+\mu}{m}} \qquad (11.3)$$

und entsprechend für eine Graderhöhung in u und w.

Im Grenzübergang $\lim_{l,m,n \to \infty}$ konvergiert die Folge der Bézier-Gitter, die durch Graderhöhung in u, v und w auseinander hervorgehen, gegen das durch sie definierte TPB-Volumensegment. Die Konvergenzrate ist linear [COH 85].

- **Gradreduktion:** Sei $X(u)$ ein TPB-Volumensegment vom Grad (l,m,n) mit $m = \bar{m} + \mu$. Notwendig und hinreichend dafür, daß $X(u)$ identisch ist mit einem TPB-Volumensegment vom Grad $(l,\bar{m},n)$, ist die Gültigkeit von (vgl. mit Gleichung (4.15))

$$q = \bar{m}+1,...,m : j = 0,...,m-q : \qquad \bigwedge_{i,k} \qquad \Delta^{0q0} b_{ijk} = 0$$

und entsprechend für eine Gradreduktion in u und w .

Ist nach obigem Statement gesichert, daß eine Gradreduktion durchgeführt werden kann, so kann dies durch Umkehrung der Graderhöhungsvorschrift (11.3) geschehen, denn man kann sich das TPB-Volumensegment als aus einer Graderhöhung entstanden denken. Es gilt also z.B.

Sei $X(u)$ ein TPB-Volumensegement vom Grad (l,m,n), für das $\bigwedge_{i,k} \Delta^{0m0} b_{iok} = 0$ erfüllt ist und dessen Polynomgrad in v deshalb auf m-1 erniedrigt werden kann. Für die Bézier-Punkte $\bar{b}_{ijk}$ der Darstellung vom Grad $(l,m-1,n)$ gilt

$$j = 0,...,m-1 : \qquad \bigwedge_{i,k} \qquad \bar{b}_{ijk} = \frac{1}{m-j} (m \, b_{ijk} - j \, \bar{b}_{i,j-1,k}) \ . \qquad (11.4)$$

- **Punkt- und Ableitungskonstruktion:** Ein Punkt $X(u_0)$ eines Volumensegmentes $X(u)$ kann durch fortgesetzte lineare Interpolation (de **Casteljau** **Konstruktion**), also z.B. für die u-Richtung durch

$$b_{i,j,k}^{l+1,j,k} = (1 - u_0) \, b_{ijk}^{ijk} + u_0 \, b_{i+1,j,k}^{l+1,j,k}$$

und entsprechend für v und w, mit $b_{ijk}^{ijk} = b_{ijk}$ und $X(u_0) = b_{000}^{lmn}$, ermittelt werden. Definition (11.1) sichert hierbei die Kommutativität von de Casteljau Schritten für verschiedene Parameterrichtungen.

Die Ableitung der Ordnung (p,q,r) eines TPB-Volumensegmentes vom Grad (l,m,n) an der Stelle **u** läßt sich ebenfalls mit Hilfe der de Casteljau Konstruktion bestimmen, und zwar durch

$$\frac{\partial^{p+q+r}}{\partial u^p \, \partial v^q \, \partial w^r} \, X(u) = \frac{l!}{(l-p)!} \, \frac{m!}{(m-q)!} \, \frac{n!}{(n-r)!} \, \triangle^{pqr} \, b_{0,0,0}^{l-p,m-q,n-r} \tag{11.5}$$

mit entsprechend zu (11.2) definierten, jedoch auf oberen und unteren Index wirkenden Vorwärtsdifferenzen $\triangle^{pqr} b_{\alpha\gamma\varepsilon}^{\beta\delta\zeta}$.

- **Segmentierung:** Ein TPB-Volumensegment vom Grad (l,m,n) läßt sich durch Anwendung des Casteljau Algorithmus für $u = u_0$ auf alle i = konst. Zeilen des Bézier-Gitters längs der Parameterfläche $u = u_0$ in zwei in u-Richtung C^l-stetig aneinander anschließende TPB-Volumensegmente gleichen Grades zerlegen.

Die Bézier-Punkte b_{0jk}^{ljk} und b_{ljk}^{ljk} der beiden Teilsegmente sind dem de Casteljau Schema entnehmbar. Durch $\bar{u} = \frac{u}{u_0}$ mit $u \in [0,u_0]$ bzw. durch $\bar{u} = \frac{u-u_0}{1-u_0}$ mit $u \in [u_0,1]$ können die beiden Teilsegmente auf das Einheitsintervall I bezogen werden; entsprechendes gilt für eine Zerlegung in v- bzw. in w-Richtung. Definition (11.1) garantiert hierbei wieder die Kommutativität der Zerlegungsschritte in verschiedene Parameterrichtungen. Bei geeigneter wiederholter Unterteilung, d.h. wenn die Menge der Unterteilungspunkte $u_0 = (u_0,v_0,w_0)$ dicht liegt im Definitionsgebiet, konvergiert die Folge der Bézier-Gitter gegen das Bézier-Volumen [PRA 84] (s. a. [LAN 80] für $u_0 = v_0 = w_0 = 0.5$). Die Konvergenzrate ist quadratisch (vgl. mit [COH 85], [DAH 86]).

Definition (11.1) kann durch d-fache Tensor-Produkt-Bildung des univariaten Schemas auf **d-variate Darstellungen** verallgemeinert werden. Implikation dieser Definition ist, daß sich, wie bereits im bi- und trivariaten Fall, viele Probleme auf den univariaten Fall zurückführen lassen - die oben aufgelisteten Ergebnisse übertragen sich z.B. durch geeignete Abwandlung auf den d-variaten Fall - wodurch ganz erhebliche Vereinfachungen resultieren, der Aufwand des Interpolationsproblems reduziert sich dadurch z.B. von $O((\prod_k n_k)^d)$ auf $O(\sum_k n_k^d)$ (s. z.B. [BOO 77,78], [ALF 89], s. a. [LAS 85, 87]; in [LAS 87] wird auch das Approximationsproblem behandelt.

11.1.2   Tetraeder-Bézier-Volumina

Ein **Tetraeder-Bézier-Volumensegment** - kurz **TB-Volumensegment** - vom Grad n ist definiert durch

$$X(u) = \sum_{|i|=n} b_i \, B_i^n(u) \tag{11.6}$$

wobei $\sum_{|i|=n}$ die Bedeutung hat, daß über alle $i = (i,j,k,l)$, die die Bedingungen $|i| = i + j + k + l = n$ und $i,j,k,l \geq 0$ erfüllen, zu summieren ist, und mit den **verallgemeinerten Bernstein-Polynomen** (vgl. mit Gleichung (6.38))

$$B_i^n(u) = \frac{n!}{i!\,j!\,k!\,l!}\; u^i\, v^j\, w^k\, t^l$$

als Basisfunktion. $u = (u,v,w,t)$ mit $|u| = u + v + w + t = 1$ und $u,v,w,t \geq 0$ bezeichnet **baryzentrische Koordination** des $\mathbb{R}^3$, die bzgl. eines (nicht-entarteten) Tetraeders T des Parameterraumes definiert sind [MÖB 67], [FAR 86]. Die Koeffizienten $b_i \in \mathbb{R}^3$ heißen **Bézier-Punkte** und bilden, in ihrer natürlichen Anordnung durch Kanten verbunden, das **Bézier-Gitter** (s. Fig. 11.2).

Gleichung (11.6) mit $b_i \in \mathbb{R}$ ergibt eine funktionswertige Darstellung. Die b_i als *Ordinaten* über den *Abszissen* $\frac{i}{n} \in T$ aufgetragen definieren die **Bézier-Punkte** $B_i = (\frac{i}{n}, b_i) \in \mathbb{R}^4$, die, durch Kanten verbunden, das im $\mathbb{R}^4$ gelegene **Bézier-Gitter** bilden. Die durch (11.6) mit $b_i \in \mathbb{R}$ gegebenen Funktionswerte als Ordinaten über den Abszissen $u \in T$ aufgetragen formen eine **Hyperfläche** des $\mathbb{R}^4$.
Alle nachfolgenden Resultate lassen sich auf diese funktionswertige Darstellung übertragen. Einige spezielle Aspekte von TB-Hyperflächen wurden z.B. untersucht von [GOL 82, 83], [ALF 84a], [SED 85b], [ROSE 88a] (s. a. [FAR 86]).

Definition (11.6) kann in der gleichen Art wie Dreiecks-Bézier-Flächen auf **rationale Darstellungen** erweitert werden.

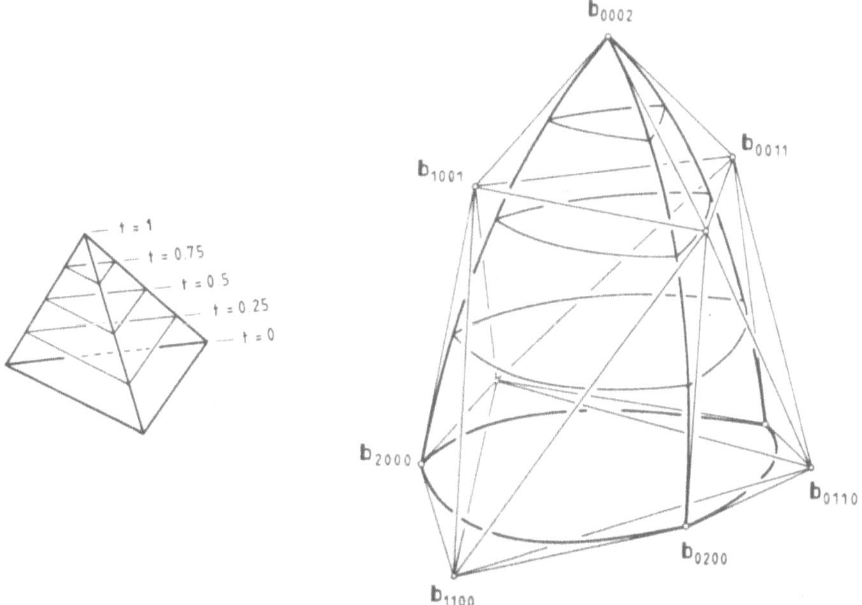

Fig. 11.2: TB-Volumensegment vom Grad 2 sowie zugehörige Bézier-Punkte und -Gitter. Gezeichnet sind die Randflächen des TB-Volumensegmentes und einige Parameterflächen konstanten t-Wertes $(t = 0, \frac{1}{4}, \frac{1}{2}, \frac{3}{4})$. Links das abbildende Parameterraumgebiet.

Zwischen Bézier-Gitter und TB-Volumensegment bestehen Relationen, die denen zwischen Bézier-Netz und zugehöriger Dreiecks-Bézier-Fläche (s. **Kap. 6**, vgl. a. mit [BÖH 84]) entsprechen (s. z.B. [FAR 86], [BOO 87a], [LAS 87]).

So folgen z.B. die Eigenschaft der affinen Invarianz, convex hull property, Parameterflächen und -linien, Randflächen und -kurven, als auch die Eckpunkt-Eigenschaft. Mehr im Detail wollen wir hier auflisten:

- **Ableitungen:** Wegen der linearen Abhängigkeit der baryzentrischen Koordinaten besitzen die partiellen Ableitungen eines TB-Volumensegmentes keine unmittelbare geometrische Deutung: die partiellen Ableitungen nach u,v,w und t stimmen nicht mit den Ableitungen längs Parameterlinien überein. Statt mit partiellen Ableitungen muß daher mit **Richtungsableitungen** gerechnet werden.

  Bezeichnet σ den Parameter einer Geraden $\mathbf{u}(\sigma)$ des dreidimensionalen Parameterraumes, so legt $\dot{\mathbf{u}} = \frac{d}{d\sigma}\mathbf{u}(\sigma)$ eine Richtung im Parameterraum fest, und es gilt dann für die Ableitung der Ordnung α in Richtung $\dot{\mathbf{u}}$ eines TB-Volumensegmentes (s. a. Gleichung (6.47))

$$
D_{\dot{\mathbf{u}}}^{\alpha} X(\mathbf{u}) = [\lambda D_{\dot{\mathbf{u}}_\lambda} + \mu D_{\dot{\mathbf{u}}_\mu} + \nu D_{\dot{\mathbf{u}}_\nu}]^{\alpha} X(\mathbf{u})
$$

$$
= \frac{n!}{(n-\alpha)!} \sum_{|i|=n-\alpha} [\lambda \triangle_{\dot{\mathbf{u}}_\lambda} + \mu \triangle_{\dot{\mathbf{u}}_\mu} + \nu \triangle_{\dot{\mathbf{u}}_\nu}]^{\alpha} \mathbf{b}_{\mathbf{i}} B_{\mathbf{i}}^{n-\alpha}(\mathbf{u})
\tag{11.8}
$$

  mit der Zerlegung $\dot{\mathbf{u}} = \lambda\dot{\mathbf{u}}_\lambda + \mu\dot{\mathbf{u}}_\mu + \nu\dot{\mathbf{u}}_\nu$, wo $\dot{\mathbf{u}}_\lambda, \dot{\mathbf{u}}_\mu, \dot{\mathbf{u}}_\nu$ drei linear unabhängige **spezielle**, d.h. durch die Kanten von T definierte **Richtungen** bezeichnet und mit [1]

$$
\triangle_{\dot{\mathbf{u}}}^{0}\, \mathbf{b}_{\mathbf{i}} = \mathbf{b}_{\mathbf{i}}
$$

$$
\triangle_{\dot{\mathbf{u}}}^{\alpha}\mathbf{b}_{\mathbf{i}} = \triangle_{\dot{\mathbf{u}}}^{\alpha-1} [\dot{u}\,\mathbf{b}_{\mathbf{i}+e_1} + \dot{v}\,\mathbf{b}_{\mathbf{i}+e_2} + \dot{w}\,\mathbf{b}_{\mathbf{i}+e_3} + \dot{t}\,\mathbf{b}_{\mathbf{i}+e_4}] .
$$

- **Graderhöhung:** Die Bézier-Punkte $\bar{\mathbf{b}}_{\mathbf{I}}^{\nu}$ der Darstellung vom Grad $n+\nu$ eines TB-Volumensegmentes vom Grad n berechnen sich durch

$$
\bar{\mathbf{b}}_{\mathbf{I}}^{\nu} = \sum_{|i|=n} \mathbf{b}_{\mathbf{i}}\, \frac{\binom{I}{i}\binom{J}{j}\binom{K}{k}\binom{L}{l}}{\binom{n+\nu}{n}} .
\tag{11.9}
$$

  Für wachsende n konvergiert die Folge der Bézier-Gitter gegen das durch sie definierte TB-Volumensegment.

- **Gradreduktion:** Sei $X(\mathbf{u})$ ein TB-Volumensegment von Grad n mit $n = \bar{n}+\nu$. Notwendig und hinreichend dafür, daß $X(\mathbf{u})$ identisch ist mit einem TB-Volumensegment vom Grad $\bar{n}$ ist die Gültigkeit von

$$
\alpha = \bar{n}+1,...,n: \quad \bigwedge_{|i|=n-\alpha}\ \bigwedge_{\beta+\gamma+\delta=\alpha}\ \triangle_{\dot{\mathbf{u}}_\lambda}^{\beta}\, \triangle_{\dot{\mathbf{u}}_\mu}^{\gamma}\, \triangle_{\dot{\mathbf{u}}_\nu}^{\delta}\, \mathbf{b}_{\mathbf{i}} = 0 .
$$

---

[1] Es bezeichne $e_1 = (1,0,0,0)$, $e_2 = (0,1,0,0)$, etc.

Hierbei sind $\dot{u}_\lambda$, $\dot{u}_\mu$, $\dot{u}_\nu$ drei linear unabhängige spezielle Richtungen.

Kann nach obigem Kriterium eine Gradreduktion durchgeführt werden, so geschieht dies durch Umkehrung von (11.9). Es gilt dann z.B.:

Sei $X(u)$ ein TB-Volumensegment vom Grad n, für das

$$\triangle_{\dot{u}_\lambda}^\beta \, \triangle_{\dot{u}_\mu}^\gamma \, \triangle_{\dot{u}_\nu}^\delta \, b_0 = 0 \qquad \text{mit } \beta + \gamma + \delta = n$$

erfüllt ist und dessen Polynomgrad deshalb auf $n-1$ erniedrigt werden kann. Für die Bézier-Punkte $\bar{b}_i$ der Darstellung vom Grad $n-1$ gilt

$$\bigwedge_{\substack{|i|=n \\ i \neq 0}} \qquad \bar{b}_{i-e_1} = \frac{n}{i}\, b_i - \frac{j}{i}\, \bar{b}_{i-e_2} - \frac{k}{i}\, \bar{b}_{i-e_3} - \frac{l}{i}\, \bar{b}_{i-e_4} \; . \tag{11.10}$$

- **Punkt- und Ableitungskonstruktion:** Ein Volumenpunkt $X(u_0)$ kann durch fortgesetzte baryzentrische lineare Interpolation (**de Casteljau Konstruktion**), also durch (vgl. mit Gleichung (6.46))

$$\bigwedge_{|i|=n-\alpha-1} \qquad b_i^{\alpha+1} = u_0\, b_{i+e_1}^\alpha + v_0\, b_{i+e_2}^\alpha + w_0\, b_{i+e_3}^\alpha + t_0\, b_{i+e_4}^\alpha$$

mit $b_i^0 = b_i$ und $X(u_0) = b_0^n$, berechnet werden.

Die de Casteljau Kontruktion berechnet auch die Ableitungen: Für die Ableitung der Ordnung α in Richtung $\dot{u}$ eines TB-Volumensegmentes gilt

$$D_{\dot{u}}^\alpha X(u) = \frac{n!}{(n-\alpha)!} \, [\lambda \triangle_{\dot{u}_\lambda} + \mu \triangle_{\dot{u}_\mu} + \nu \triangle_{\dot{u}_\nu}]^\alpha \, b_0^n \, , \tag{11.11}$$

mit der Zerlegung $\dot{u} = \lambda\, \dot{u}_\lambda + \mu\, \dot{u}_\mu + \nu\, \dot{u}_\nu$, wo $\dot{u}_\lambda$, $\dot{u}_\mu$, $\dot{u}_\nu$ drei linear unabhängige spezielle Richtungen bezeichnet und mit

$$\triangle_{\dot{u}}^0\, b_i^m = b_i^m$$

$$\triangle_{\dot{u}}^\alpha\, b_i^m = \triangle_{\dot{u}}^{\alpha-1}\, [\dot{u}\, b_{i+e_1}^{m-1} + \dot{v}\, b_{i+e_2}^{m-1} + \dot{w}\, b_{i+e_3}^{m-1} + \dot{t}\, b_{i+e_4}^{m-1}] \, .$$

Alternative, sehr effiziente Berechnungsalgorithmen, die von einer modifizierten Darstellung eines TB-Volumensegmentes ausgehen, wurden in [SCHU 86] angegeben.

- **Segmentierung:** Ein TB-Volumensegment vom Grad n kann durch Kombination mehrerer de Casteljau Algorithmen in beliebige als TB-Volumensegmente vom Grad n darstellbare Teilsegmente zerlegt werden, ähnlich wie auch Dreiecks-Bézier-Flächen ([GOL 83]) [2]:

---

[2] Verallgemeinerungen auf höherdimensionale Simplizes hat PRAUTZSCH in [PRA 84] angegeben.

Sind u_k, $k \leq 3$, voneinander verschiedene Punkte des Parameterraumtetraeders und bezeichnet $a = (a_0,a_1,a_2,a_3)$ und $\alpha = |a| = a_0 + a_1 + a_2 + a_3$, so lauten die de Casteljauschen Rekursionsformeln zur Durchführung der Zerlegung

$$j = 0,...,k \qquad b_i^{a+e_j} = u_j\, b_{i+e_1}^a + v_j\, b_{i+e_2}^a + w_j\, b_{i+e_3}^a + t_j\, b_{i+e_4}^a \qquad (11.12)$$

mit $|i| = n - \alpha - 1$ und $b_i^0 = b_i$. Die Bézier-Punkte der Teilsegmente sind den untereinander kommutierenden Konstruktionen (11.12) entnehmbar, und jedes Teilsegment kann mittels einer linearen Transformation $u \to \bar{u}$ wieder auf T bezogen werden. So hat z.B. das Teilsegment $\bar{X}(\bar{u})$ von $X(u)$ mit $u_0 = (1,0,0,0)$, $u_1 = (0,1,0,0)$, u_2, u_3 beliebig, die Darstellung

$$\bar{X}(\bar{u}) = \sum_{\alpha=0}^{n} \sum_{\substack{|a|=\alpha \\ i+j=n-\alpha}} b_{ij00}^a\, B_{ij\,a_2 a_3}^n (\bar{u}) \, ,$$

d.h. die Bézier-Punkte von $\bar{X}(\bar{u})$ sind gegeben durch b_{ij00}^a mit $a = (0,0,a_2 a_3)$, $i + j + a_2 + a_3 = n$, und die Parametertransformation ist gegeben durch

$$u = \begin{pmatrix} 1 & 0 & u_2 & u_3 \\ 0 & 1 & v_2 & v_3 \\ 0 & 0 & w_2 & w_3 \\ 0 & 0 & t_2 & t_3 \end{pmatrix} \bar{u} \quad .$$

Figur 11.3a zeigt den durch die u_k definierten Teiltetraeder des Parameterraumtetraeders T , der durch affine Abbildung auf alle *"aufrecht stehenden"* Teiltetraeder eines Bézier-Gitters übertragen wird und dadurch das nächstfolgende Bézier-Gitter der Folge von Bézier-Gittern erzeugt. Figur 11.3b zeigt $\bar{X}(\bar{u})$ als Teilsegment von $X(u)$.

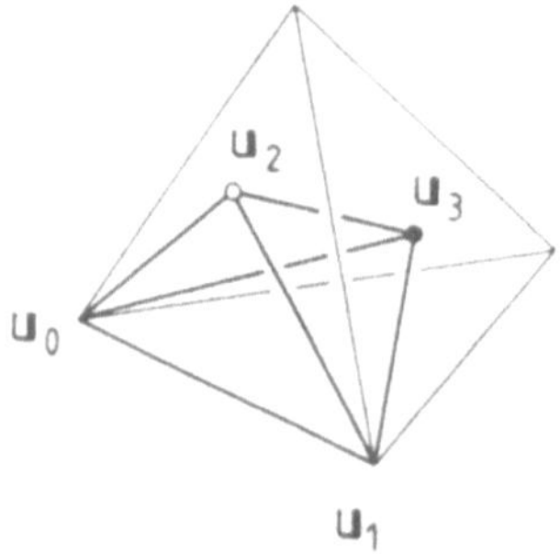

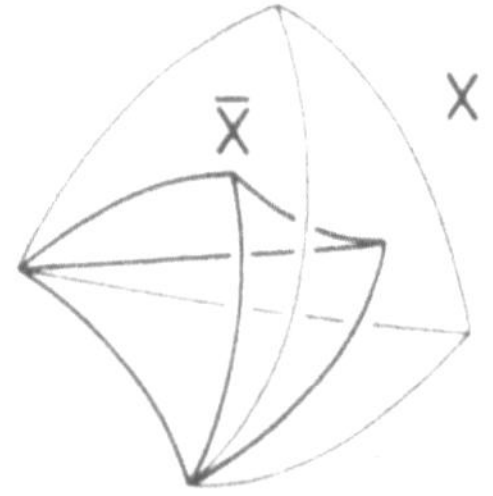

Fig. 11.3a: Parameterraum   Fig. 11.3b: Koordinatenraum

Figur 11.3c zeigt - am Beispiel $n = 2$ - die Konstruktion der das Teilsegment $\bar{X}(\bar{u})$ von $X(u)$ mit $u_0 = (1,0,0,0)$, $u_1 = (0,1,0,0)$, u_2, u_3 beliebig definierenden Bézier-Punkte b_{ij00}^a durch obigen Unterteilungsalgorithmus. Durch einen Tetraeder angedeutet ist das das TB-Volumensegment definierende Bézier-

Gitter, sowie - ebenfalls durch Tetraeder angedeutet - die Folge der Bézier-Gitter, die bei Ausführung des Unterteilungsalgorithmus entsteht. Markiert sind jeweils nur diejenigen Bézier-Punkte der Gitter, die das betrachtete Teilsegment $\overline{X}(\overline{u})$ definieren, also die durch das jeweils links unten liegende *"Kantenpolygon"* der einzelnen Bézier-Gitter gegebenen Punkte b_{ij00}^a (die durch die b_{ij00} definierte Randkurve von $X(u)$ ist die Randkurve, die $\overline{X}(u)$ mit $X(u)$ gemeinsam hat).

Weitere Beispiele werden in [LAS 87] gegeben.

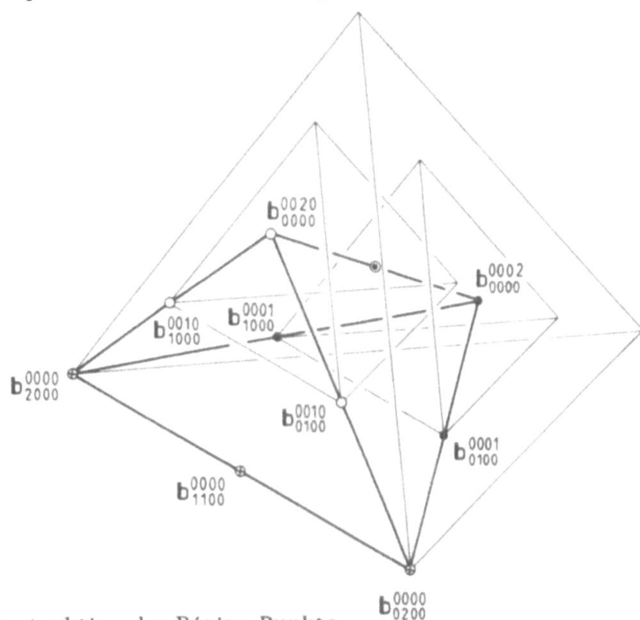

Fig. 11.3c: Konstruktion der Bézier-Punkte

Definition (11.6) kann unter Verwendung verallgemeinerter Bernstein-Polynome definiert bzgl. baryzentrischer Koordinaten des $\mathbb{R}^d$ auf **d-variate Darstellungen** verallgemeinert werden. Formal geschieht dies durch Erweiterung des Index $i = (i,j,k,l)$ aus Definition (11.6) auf den Multiindex $i = (i_1, i_2, ..., i_{d+1})$ mit $|i| = \sum_k i_k = d+1$ und $i_k \geq 0$ (alle k) sowie von $u = (u,v,w,t)$ auf $u = (u_1, u_2, ..., u_{d+1})$ mit $|u| = \sum_k u_k = 1$ und $u_k \geq 0$ (alle k) (s. z.B. [GOL 83], [FAR 86], [BOO 87a]).

11.1.3 Pentaeder-Bézier-Volumina

Ein **Pentaeder-Bézier-Volumensegment** - kurz **PB-Volumensegment** - vom Grad (m;n) ist definiert durch [LAS 87]

$$X(u;t) = \sum_{|i|=m} \sum_{l=0}^{n} b_{i;l} B_i^m(u) B_l^n(t) , \tag{11.13}$$

wobei $\sum_{|i|=m}$ die Bedeutung hat, daß über alle $i = (i,j,k)$, die die Bedingungen $|i| = i + j + k = m$ und $i,j,k \geq 0$ erfüllen, zu summieren ist, und mit den **verallgemeinerten Bernstein-Polynomen** $B_i^m(u)$ gemäß Gleichung (6.38), wo $u = (u,v,w)$ mit $|u| = u + v + w = 1$, $u,v,w \geq 0$ **baryzentrische Koordinaten** des $\mathbb{R}^2$ bezeichnet und mit den **gewöhnlichen Bernstein-Polynomen** $B_l^n(t)$ gemäß Gleichung (4.2), für die dritte Parameterraumrichtung des (nicht-entarteten) Pentaeders P des Parameterraumes als Basisfunktionen.

Die Koeffizienten können wieder vektorwertig sein, d.h. $b_{i;l} \in \mathbb{R}^3$ oder auch reellwertig, $b_{i;l} \in \mathbb{R}$, dann als Ordinaten über den Abszissen $(\frac{i}{m};\frac{l}{n}) \in P$ aufzutragen sein. Die **Bézier-Punkte** $b_{i;l} \in \mathbb{R}^3$ bzw. $B_{i;l} = (\frac{i}{m};\frac{l}{n}, b_{i;l}) \in \mathbb{R}^4$ im Falle reellwertiger Koeffizienten $b_{i;l} \in \mathbb{R}$ formen das im $\mathbb{R}^3$ bzw. $\mathbb{R}^4$ gelegene **Bézier-Gitter** (s. Fig. 11.4).

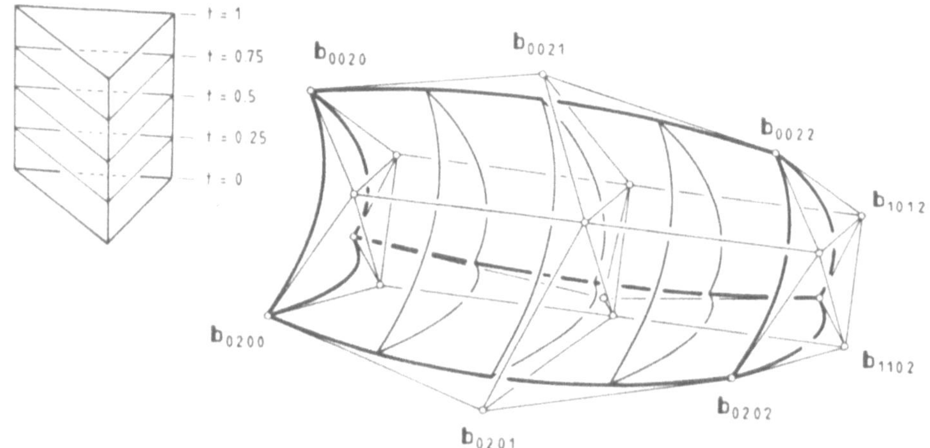

Fig. 11.4: PB-Volumensegment vom Grad (2;2) sowie zugehörige Bézier-Punkte und Gitter. Gezeichnet sind die Randflächen des PTB-Volumensegmentes und einige Parameterflächen konstanten t-Wertes ($t = 0\,\frac{1}{4}, \frac{1}{2}, \frac{3}{4}, 1$). Links das abbildende Parameterraumgebiet.

Definition (11.13) läßt sich auf **rationale Darstellungen** erweitern.

Aus Definition (11.13) folgt, daß sich die Kalküle für Dreiecks-Bézier-Flächen und für Bézier-Kurven auf PB-Volumina übertragen lassen, so daß zwischen Bézier-Gitter und Volumensegment Relationen analog zu denen zwischen Bézier-Netz bzw. Polygon und Dreiecks-Bézier-Fläche bzw. Kurve bestehen. Also z.B. die affine Invarianz und die convex hull property, die Eigenschaften der Parameterflächen und -linien, Randflächen, -kurven und der Eckpunkte (vgl. mit Kap. 11.1.1 oder auch mit Kap. 4.1, 6.1 und 6.3, s. a. [LAS 87])

- **Ableitungen:** Definition (11.13), d.h. die Verwendung baryzentrischer Koordinaten, impliziert die Verwendung von **Richtungsableitungen.** Bezeichnet σ den Parameter einer Geraden $\dot{g}(\sigma)$ des 3-dimensionalen Parameterraumes, so daß $\dot{g} = \frac{d}{d\sigma} g(\sigma)$ eine Richtung im Parameterraum festlegt, so gilt für die Ableitung der Ordnung α in Richtung $\dot{g} = (\dot{u}; \dot{t})$ eines PB-Volumensegmentes vom Grad (m;n)

$$D_{\dot{g}}^{\alpha} X(g) = [\lambda D_{\dot{g}_{\lambda}} + \mu D_{\dot{g}_{\mu}} + \nu D_{\dot{g}_{\nu}}]^{\alpha} X(g) \tag{11.14}$$

mit der Zerlegung $\dot{g} = \lambda \dot{g}_{\lambda} + \mu \dot{g}_{\mu} + \nu \dot{g}_{\nu}$, wo $\dot{g}_{\lambda}, \dot{g}_{\mu}, \dot{g}_{\nu}$ drei linear unabhängige **spezielle,** d.h. durch die Kanten von P definierte **Richtungen** bezeichnet und mit

$$D_{\dot{g}}^{\alpha} X(g) = \frac{n!}{(n-\alpha)!} \sum_{|i|=m} \sum_{l=0}^{n-\alpha} \Delta^{\alpha} b_{i;l} B_{i}^{m}(u) B_{l}^{n-\alpha}(t)$$

für die spezielle Richtung $\dot{g} = (0;1)$ – dies entspricht der partiellen Ableitung nach t (vgl. mit Gleichung (4.7)) – und

$$D_{\dot{g}}^{\alpha} X(g) = \frac{m!}{(m-\alpha)!} \sum_{|i|=m-\alpha} \sum_{l=0}^{n} \Delta_{\dot{u}}^{\alpha} b_{i;l}(u) B_{i}^{m-\alpha}(u) B_{l}^{n}(t)$$

für eine spezielle Richtung mit t = konst. (vgl. mit Gleichung (6.47)), Δ^{α} wirkt auf l und ist entsprechend zu (11.2), $\Delta_{\dot{u}}^{\alpha}$ wirkt auf i und ist entsprechend zu (11.8) definiert.

- **Graderhöhung:** Für eine Graderhöhung in t ergibt sich eine zu (11.4) und für eine Graderhöhung in u eine zu (11.9) analoge Vorschrift zur Ermittlung der Bézier-Punkte der Darstellung höheren Grades. Auch für PB-Volumensegmente besteht wieder für wachsende m und n die Konvergenzeigenschaft der Bézier-Gitter.

- **Gradreduktion:** Für eine Gradreduktion von $n = \bar{n} + \nu$ auf $\bar{n}$ in t gilt (vgl. mit Lemma 4 aus Kap. 4.1.1)

$$\alpha = \bar{n} + 1,...,n: \quad l = 0,..., n - \alpha: \quad \bigwedge_{|i|=m} \Delta^{\alpha} b_{i;l} = 0 ,$$

während für eine Reduktion von $m = \bar{m} + \mu$ auf $\bar{m}$ in u gilt (vgl. mit Kap. 11.1.2 oder auch mit [FAR 79])

$$\alpha = \bar{m} + 1,...,m: \quad \bigwedge_{|i|=m-\alpha} \bigwedge_{\beta+\gamma=\alpha} \Delta_{\dot{g}_{\mu}}^{\beta} \Delta_{\dot{g}_{\nu}}^{\gamma} b_{i;l} = 0 ,$$

wobei $\dot{g}_{\mu}, \dot{g}_{\nu}$ zwei linear unabhängige spezielle Richtungen mit t = konst. sind. Eine eventuell durchführbare Gradreduktion kann wieder durch Umkehrung der Graderhöhungsvorschrift geschehen (vgl. mit (11.4) und mit (11.10)).

- **Punkt- und Ableitungskonstruktion:** Ein Volumenpunkt $X(u_0;t_0)$ berechnet sich durch untereinander kommutierende fortgesetzte lineare Interpolation in u und in t (**de Casteljau Konstruktionen**), also durch

$$b_{i;l}^{\gamma;l+1} = (1 - t_0)\, b_{i;l}^{\gamma;l} + t_0\, b_{i;l+1}^{\gamma;l+1}$$

$$b_{i;l}^{\gamma+1;l} = u_0\, b_{i+e_1;l}^{\gamma;l} + v_0\, b_{i+e_2;l}^{\gamma;l} + w_0\, b_{i+e_3;l}^{\gamma;l}$$

mit $b_{i;l}^{0;l} = b_{i;l}$ und $X(u_0;t_0) = b_{0;0}^{m;n}$.

Die Ableitung der Ordnung α in Richtung $\dot{g}$ eines PB-Volumensegmentes vom Grad $(m;n)$ ist mit der de Casteljau Konstruktion bestimmbar:

Für die spezielle Richtung $\dot{g} = (0;1)$ folgt

$$D_{\dot{g}}^{\alpha} X(u;t) = \frac{n!}{(n-\alpha)!}\, \triangle^{\alpha}\, b_{0;0}^{m;n-\alpha}(u;t)\,, \tag{11.15}$$

für eine spezielle Richtung mit $t = \text{konst.}$ folgt

$$D_{\dot{g}}^{\alpha} X(u;t) = \frac{m!}{(m-\alpha)!}\, \triangle_u^{\alpha}\, b_{0;0}^{m;n}(u;t)\,, \tag{11.16}$$

hierbei ist $\triangle^{\alpha}$ entsprechend zu (11.6) und $\triangle_u^{\alpha}$ entsprechend zu (11.11) definiert.

Gleichung (11.14) entsprechend läßt sich somit gemäß (11.15) und (11.16) die Richtungsableitung für eine alllgemeine, nicht-spezielle Richtung mit dem de Casteljau Algorithmus ermitteln.

- **Segmentierung:** Eine Unterteilung bzgl. des t-Parameters kann mit Hilfe des auf den Parameter t bezogenen de Casteljau Algorithmus (vgl. mit Kap. 11.1.1) geschehen, eine Segmentierung bzgl. u mit Hilfe von auf u bezogenen de Casteljau Algorithmen (vgl. mit Kap. 11.1.2, s.a. [GOL83]). (11.13) impliziert die Kommutativität beider Algorithmen. Bei geeigneter wiederholter Unterteilung konvergiert die Folge der Gitter gegen das Bézier-Volumen.

11.1.4 Anschlußkonstruktionen

Analog zu den Kurven und Flächen lassen sich Spline-Volumina aus Bézier-Volumensegmenten zusammensetzen. Die Übergangsbedingungen aneinander anschließender Volumensegmente folgen durch Verallgemeinerung der Kurven- und Flächenübergangskonstruktionen (s. z.B. Kap. 6.2.2.1, Kap. 6.3.3 oder a. [STÄ 76], [FAR 79]) auf Volumina.

Zwischen zwei entlang einer gemeinsamen Rand- bzw. Trennfläche $Y_0 = X_0$ aneinander anschließender Bézier-Volumensegmenten X und Y besteht ein C^r-Übergang genau dann, wenn ihre Richtungsableitungen $D_{\dot{x}}^{\rho}$ der Ordnung $\rho = 1,\dots,r$ bzgl. einer quer zu $Y_0 = X_0$ verlaufenden Richtung $\dot{x}$ übereinstimmen, d.h. wenn gilt

$$\rho = 1,\dots,r: \qquad D^{\rho}_{\overset{\cdot}{x}}\, Y_0 = D^{\rho}_{\overset{\cdot}{x}}\, X_0 \ . \tag{11.17}$$

Es ist sinnvoll, $\dot{x}$ als Normalenrichtung zu wählen [ALF 84a], da sich daraus eine einheitliche Behandlung aller Volumensegmente ergibt. Unter Umständen kann diese spezielle Wahl von $\dot{x}$ sogar notwendig sein, etwa bei der Erzeugung lokaler Schemata, wofür $\dot{x}$ in aneinander anschließenden Segmenten einheitlich, jedoch ohne Kenntnis der speziellen geometrischen Konfiguration des jeweiligen Nachbarsegmentes, gewählt werden muß.

$\dot{x}$ kann nach den durch die Kanten der Parameterraumdefinitionsgebiete definierten speziellen **Richtungen** $\dot{x}_\lambda$, $\overset{\cdot}{\bar{x}}_\lambda$, $\dot{x}_\mu$, etc. entwickelt werden,

$$\dot{x} = \lambda \dot{x}_\lambda + \mu \dot{x}_\mu + \nu \dot{x}_\nu \ , \qquad \dot{x} = \overline{\lambda}\,\overset{\cdot}{\bar{x}}_\lambda + \overline{\mu}\,\overset{\cdot}{\bar{x}}_\mu + \overline{\nu}\,\overset{\cdot}{\bar{x}}_\nu \ ,$$

wobei die (eventuell funktionswertigen) Koeffizienten $\lambda, \mu, \nu, \overline{\lambda}, \overline{\mu}, \overline{\nu}$, der Linearkombinationen durch die zugrunde liegenden Parameterraumgebiete definiert sind und kann insbesondere auch in lokalen Koordinaten angegeben werden (s. a. [ALF 84a]).

Mit der Linearität des Richtungsableitungsoperators folgt daher für (11.17)

$$[\overline{\lambda}\, D_{\overset{\cdot}{\bar{x}}_\lambda} + \overline{\mu}\, D_{\overset{\cdot}{\bar{x}}_\mu} + \overline{\nu}\, D_{\overset{\cdot}{\bar{x}}_\nu}]^{\rho}\, Y_0 = [\lambda\, D_{\dot{x}_\lambda} + \mu\, D_{\dot{x}_\mu} + \nu\, D_{\dot{x}_\nu}]^{\rho}\, X_0 \ ,$$

und dies ist wegen $Y_0 = X_0$, d.h. die Richtungsvektoren $\overset{\cdot}{\bar{x}}_\mu$ und $\dot{x}_\mu$ sowie $\overset{\cdot}{\bar{x}}_\nu$ und $\dot{x}_\nu$ sind identisch, äquivalent zu

$$\overline{\lambda}^{\rho} D^{\rho}_{\overset{\cdot}{\bar{x}}}\, Y_0 = [\lambda\, D_{\dot{x}_\lambda} + \alpha\, D_{\dot{x}_\mu} + \beta\, D_{\dot{x}_\nu}]^{\rho}\, X_0 \ . \tag{11.18}$$

Die C^r-Stetigkeitsbedingungen vereinfachen sich häufig. [3] Im Falle zweier TPB-Volumensegmente $X(x)$ mit $x \in [x_a, x_e]$, $y \in [y_a, y_0]$, $z \in [z_a, z_e]$ und $Y(x)$ mit $x \in [x_a, x_e]$, $y \in [y_0, y_e]$, $z \in [z_a, z_e]$, die in y-Richtung aneinander anschließen, z.B. auf

$$\rho = 1,\dots,r: \quad \underset{\substack{\overline{u}=u \\ \overline{w}=w}}{\bigwedge}\ \frac{1}{(\triangle y_e)^{\rho}}\ \frac{\partial^{\rho}}{\partial \overline{v}^{\rho}}\, Y(\overline{u})\Big|_{\overline{v}=0} = \frac{1}{(\triangle y_a)^{\rho}}\ \frac{\partial^{\rho}}{\partial v^{\rho}}\, X(u)\Big|_{v=1} \ .$$

Dabei ist $\triangle y_a = y_0 - y_a$, $\triangle y_e = y_e - y_0$, wobei $u = (u,v,w)$ mit $u,v,w \in [0,1]$ bzw. $\overline{u} = (\overline{u},\overline{v},\overline{w})$ mit $\overline{u},\overline{v},\overline{w} \in [0,1]$ lokale Koordinaten im Sinne von Definition (11.1) sind. Im Falle zweier bzgl. regulärer Tetraeder definierter TB-Volumensegmente X und Y deren lokale (baryzentrische) Koordinaten im Sinne von Definition (11.6) derart eingeführt wurden, daß die gemeinsame Rand- bzw. Trennfläche durch $u = \overline{u} = 0$ gegeben ist, reduziert sich (11.18) auf

$$\underset{u=\overline{u}}{\bigwedge}\ D^{\rho}_{\overset{\cdot}{\bar{x}}}\, Y\big|_{\overline{u}=0} = [D_{\dot{u}_\lambda} + \tfrac{2}{3} D_{\dot{u}_\mu} + \tfrac{2}{3} D_{\dot{u}_\nu}]^{\rho}\, X\big|_{u=0} \ .$$

---

[3] Für eine detaillierte Behandlung der Anschlußkonstruktionen aller möglichen Segmentkonfigurationen siehe [LAS 87].

Für die praktische Auswertung sind die C^r-Übergangsbedingungen durch die Bézier-Punkte der beiden Volumensegmente auszudrücken. Hierzu sind die entsprechenden Bézier-Darstellungen in die C^r-Übergangsbedingungen einzusetzen. So folgt z.B. im Falle der beiden TPB-Volumensegmente aus Beispiel 1:

X und Y haben genau dann einen C^1-Übergang, wenn gilt [4]

$$\bigwedge_{i,k} \quad \overline{b}_{i1k} = \left(\frac{m}{\overline{m}} \, \frac{\Delta y_e}{\Delta y_a} + 1 \right) b_{imk} - \frac{m}{\overline{m}} \, \frac{\Delta y_e}{\Delta y_a} \, b_{i,m-1,k} \; ,$$

X und Y haben genau dann einen C^2-Übergang, wenn zusätzlich gilt

$$\bigwedge_{i,k} \quad \overline{b}_{i2k} = \frac{\dfrac{m(m-1)}{\overline{m}(\overline{m}-1)} \left(\dfrac{\Delta y_e}{\Delta y_a} \right)^2 + 2 \, \dfrac{m}{\overline{m}} \, \dfrac{\Delta y_e}{\Delta y_a} + 1}{\dfrac{m}{\overline{m}} \, \dfrac{\Delta y_e}{\Delta y_a} + 1} \; \overline{b}_{i1k} - \frac{m}{\overline{m}} \, \frac{\Delta y_e}{\Delta y_a} - d_{ik}$$

mit

$$d_{ik} = \frac{\dfrac{m(m-1)}{\overline{m}(\overline{m}-1)} \left(\dfrac{\Delta y_e}{\Delta y_a} \right)^2 + 2 \, \dfrac{m-1}{\overline{m}-1} \, \dfrac{\Delta y_e}{\Delta y_a} + 1}{\dfrac{m}{\overline{m}} \, \dfrac{\Delta y_e}{\Delta y_a} + 1} \; b_{i,m-1,k} - \frac{m-1}{\overline{m}-1} \, \frac{\Delta y_e}{\Delta y_a} \, b_{i,m-2,k}$$

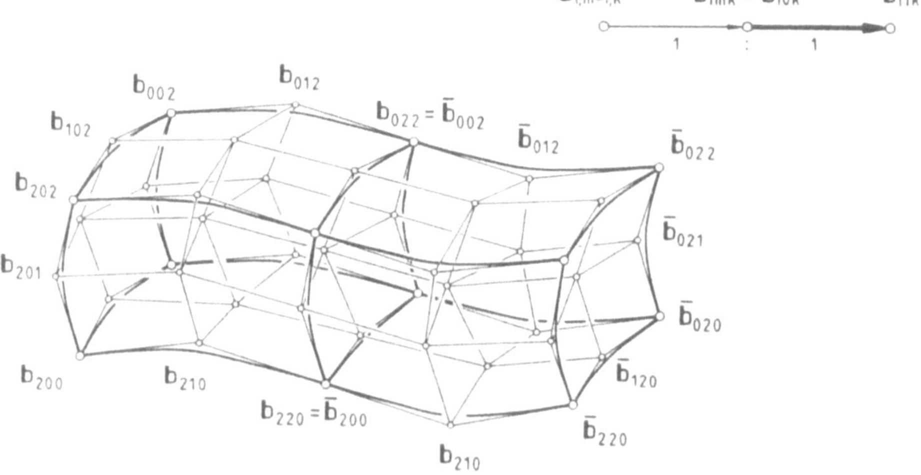

Fig. 11.5: Bzgl. des Einheitswürfels definierte, C^1-stetige triquadratische TPB-Volumensegmente

[4] Die Stetigkeitsbedingung $Y_0 = X_0$ führt auf: $\bigwedge_{ik} \; \overline{b}_{i0k} = b_{imk}$.

Im Falle der beiden TB-Volumensegmente aus Beispiel 2 folgt:

X und Y haben genau dann einen C^1-Übergang, wenn gilt [5]

$$\bigwedge_{j+k+l=n-1} b_{1jkl} = 2\,s_{0jkl} - \bar{b}_{1jkl} \,,$$

X und Y haben genau dann einen C^2-Übergang, wenn zusätzlich gilt

$$\bigwedge_{j+k+l=n-2} \bar{b}_{2jkl} = 2\,\bar{s}_{1jkl} - d_{jkl} \,,$$

mit

$$d_{jkl} = 2\,s_{1jkl} - b_{2jkl} \,,$$

hierbei sind die baryzentrisch gewichteten **Schwerpunkte** s_{ijkl} definiert durch

$$s_{ijkl} = \frac{b_{i,j+1,k,l} + b_{i,j,k+1,l} + b_{i,j,k,l+1}}{3}$$

und entsprechend für $\bar{s}_{ijkl}$.

Beim C^r-Übergang von Volumensegmenten liegen für Parameterflächen und -linien, Randflächen und -kurven im allgemeinen keine C^r-Anschlüsse vor (ein Beispiel hierzu gibt Figur 11.6), und es bestehen auch - bei fest vorgegebenen Parametergebieten - keine Designmöglichkeiten, da die in die C^r-Übergangsbedingungen eingehenden unbekannten Bézier-Punkte durch die Übergangsbedingungen eindeutig bestimmt sind.

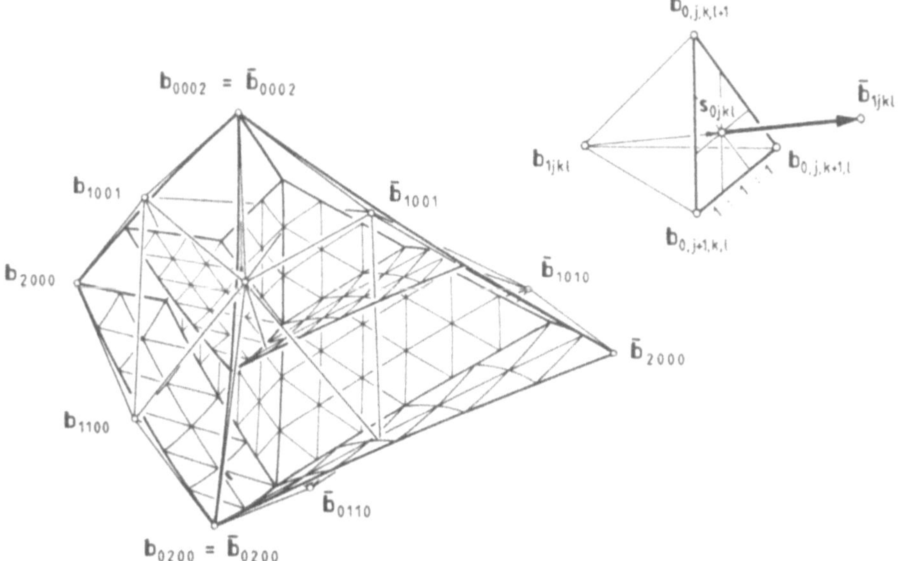

Fig. 11.6: C^1-Anschluß zweier bzgl. regulärer Tetraeder definierter, quadratischer TB-Volumensegmente

[5] Die Stetigkeitsbedingung $Y_0 = X_0$ führt auf: $\bigwedge_{j+k+l=n} \bar{b}_{0jkl} = b_{0jkl} \,.$

In Verallgemeinerung zu (11.18) wird der **geometrische C^1-Übergang** (kurz: **GC^1-Übergang**) ausgehend von der Forderung der Gleichheit der ersten Terme der Taylorreihenentwicklungen in der gemeinsamen Rand- bzw. Trennfläche (vgl. mit Kap. 7, vgl. a. mit [GEI 62]) definiert durch

$$\overline{\lambda}\, D^{\pm}_{\dot{x}_\lambda}\, Y_0 = [\lambda\, D_{\dot{x}_\lambda} + \alpha\, D_{\dot{x}_\mu} + \beta\, D_{\dot{x}_\nu}]\, X_0 , \tag{11.19}$$

wobei die (evtl. funktionswertigen) Koeffizienten $\overline{\lambda}, \lambda, \alpha, \beta$ nun nicht mehr durch das jeweils zugrunde liegende Parameterraumgebiet fest vorgegeben sind, sondern als *Designparameter* frei wählbar sind. Hierdurch sind die beiden oben aufgeführten *Nachteile* des C^1-Überganges in der Regel behebbar.

Zur Auswertung von (11.19) durch Koeffizientenvergleich sind die Koeffizienten in (11.19) gegebenenfalls als Polynome anzusetzen (wegen des polynomialen Charakters der Bézier-Volumina). Ausführung der Differentiation, Berücksichtigung von Identitäten der Art

$$(1 - v)^\rho\, B^{m-\rho}_j(v) = \frac{\binom{m-\rho}{j}}{\binom{m}{j}}\, B^m_j(v) , \qquad v^\rho\, B^{m-\rho}_j(v) = \frac{\binom{m-\rho}{j}}{\binom{m}{j+\rho}}\, B^m_{j+\rho}(v) ,$$

$$v^\rho\, B^{m-\rho}_{ijk}(u) = \frac{\binom{m-\rho}{j}}{\binom{m}{j+\rho}}\, B^m_{i,j+\rho,k}(u) , \qquad v^\rho\, B^{m-\rho}_{ijkl}(u) = \frac{\binom{m-\rho}{j}}{\binom{m}{j+\rho}}\, B^m_{i,j+\rho,k,l}(u),$$

die sich bei Verwendung der Definition der Binomialkoeffizienten und der (verallgemeinerten) Bernstein-Polynome zeigen lassen [LAS 87], Indextransformationen und anschließender Koeffizientenvergleich ergeben dann die Bestimmungsgleichungen der durch die GC^1-Stetigkeitsbedingung bestimmten unbekannten Bézier-Punkte.

Im Falle der beiden TB-Volumensegmente aus Beispiel 2 (Fig. 11.6) erhalten wir z.B.

$$\bigwedge_{u=\overline{u}}\ D_{\dot{\overline{u}}_\lambda}\, \overline{B}_{|\overline{u}=0} = [\lambda\, D_{\dot{u}_\lambda} + \alpha\, D_{\dot{u}_\mu} + \beta\, D_{\dot{u}_\nu}]\, B_{|u=0}$$

mit konstanten Koeffizienten α, β und $\lambda > 0$. Als Bestimmungsgleichungen der $\overline{b}_{1jkl}$ folgt

$$\overline{b}_{1jkl} = (1 + \lambda)\, s_{0jkl} - \lambda\, b_{1jkl}$$

mit den baryzentrisch gewichteten Schwerpunkten

$$s_{0jkl} = \left(1 - \frac{\alpha}{1+\lambda} - \frac{\beta}{1+\lambda}\right) b_{0,j+1,k,l} + \frac{\alpha}{1+\lambda}\, b_{0,j,k+1,l} + \frac{\beta}{1+\lambda}\, b_{0,j,k,l+1}$$

Durch geeignete Belegung der Formparameter des GC^1-Überganges läßt sich erreichen, daß bestimmte Parameterflächen- oder Parameterlinienscharen C^1- oder GC^1-Übergänge besitzen. Figur 11.7 gibt hierzu ein Beispiel.

Es sei noch angemerkt, daß sich die *Aussage von STÄRK* bzgl. des Zusammen-

hanges zwischen de Casteljau und Anschlußkonstruktion [STÄ 78], [FAR 83a]
auf Bézier-Volumina übertragen läßt, d.h. die durch die Übergangsbedingungen
bestimmten Bézier-Punkte des Segmentes $\overline{B}$ können auch durch de Casteljausche Extrapolation ermittelt werden [LAS 87].

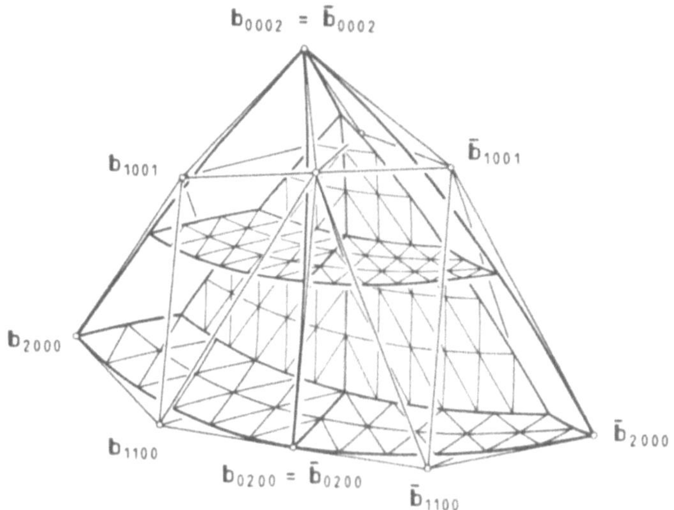

Fig. 11.7: GC^1-Übergang mit $\alpha = \beta = 0$, $\lambda = 1$

11.2 Transfinite Methoden

Analog zu den Flächendarstellungen mit Hilfe von Bindefunktionen lassen sich
auch multivariate Darstellungen konstruieren. Wir betrachten Definitionen bzgl.
(Hyper)-Würfel und Simplizes.

11.2.1 Transfinite Würfelsegmente

In Verallgemeinerung zu Abschnitt 8.1.1 lassen sich mittels d-facher **Boolescher
Summe** transfinite Darstellungen bzgl. eines d-dimensionalen Hyperwürfels
erzeugen [COO 64]. Für d = 3 also durch

$$Q = (P_1 \oplus P_2 \oplus P_3) F = P_1F + P_2F + P_3F - P_1P_2F - P_1P_3F - P_2P_3F + P_1P_2P_3F \ .$$

$$P_1F = (1 - x) F(0,y,t) + x F(1,y,t)$$

usw., interpoliert Seiten $F(0,y,t)$, $F(1,y,t)$, usw.,

$$P_1P_2F = (1-x)[(1-y) F(0,0,t) + y F(0,1,t)] + x[(1-y) F(1,0,t) + y F(1,1,t)]$$

usw., interpoliert Kanten $F(0,0,t)$, $F(0,1,t)$, usw. und

$$P_1P_2P_3F = [1-x \ \ x] \begin{bmatrix} (1-t) F(0,0,0) + t F(0,0,1) & (1-t) F(0,1,0) + t F(0,1,1) \\ (1-t) F(1,0,0) + t F(1,0,1) & (1-t) F(1,1,0) + t F(1,1,1) \end{bmatrix} \begin{bmatrix} 1-y \\ y \end{bmatrix}$$

interpoliert Ecken F(0,0,0), F(0,0,1), usw. eines würfelförmigen Gebietes.

Wie bereits im bivariaten Fall treten auch jetzt wieder **Twist-Inkompabilitäten** auf, d.h. Probleme mit der Nichtvertauschbarkeit gemischter höherer Ableitungen, die jedes Schema, das durch Komposition mehrerer univariater Schemata entsteht, die erste Ableitungen induzieren, beinhaltet. Ein korrigiertes Coon'sches C^1-Hyperpatch wird in [BARN 84c] induktiv aufgebaut und ein C^2-Hyperpatch in [WOR 85].

11.2.2   Transfinite Tetraedersegmente

Durch Einführung baryzentrischer Koordinaten lassen sich *sehr einfach* transfinite simpliziale Darstellungen, als Verallgemeinerungen der in Teil 8 besprochenen Schemata, angeben. So wurden z.B. in [BARN 84a] durch Boolesche Summenbildung von **BBG-Projektoren**, das sind kubische Hermite-Projektoren entlang Parallelen der Seiten, transfinite Tetraeder Darstellungen erzeugt, und mit Hilfe von **radialen Projektoren**, d.h. kubischen Hermite-Projektoren entlang Radien, die eine Ecke mit Punkten der gegenüberliegenden Seite verbinden, transfinite d-dimensionale simpliziale Darstellungen. Da das Bilden Boolescher Summen immer zu **Twist-Inkompabilitäten** führt, ist das größte Problem auch hier wieder geeignete Korrekturen durchzuführen.

Da das Problem der Twist-Inkompabilitäten nicht bei der Definition durch **Konvexkombinationen** auftritt, generieren ALFELD [ALF 84c] und GREGORY [GRE 85] simpliziale Interpolationsschemata durch Konvexkombinationen.

In [ALF 84c] geschieht dies durch

$$QF = \alpha_{12} \, P_{12} F + \alpha_{34} \, P_{34} F$$

mit

$$\alpha_{12} = \frac{u_3^2 \, u_4^2}{u_1^2 u_2^2 + u_3^2 u_4^2} \qquad \text{und} \qquad \alpha_{34} = 1 - \alpha_{12},$$

wobei P_{12} Funktionswerte und erste Ableitungen der mit 1 und 2 bezeichneten Randflächen des Tetraedersegmentes interpoliert und P_{34} entsprechend für die mit 3 und 4 bezeichneten Randflächen (u_k bezeichne baryzentrische Koordinaten).

In [GRE 85] wird die in [GRE 78] beschriebene symmetrische Methode zur Erzeugung eines transfiniten Dreiecks-Interpolanten durch Konvexkombination Boolescher Summen von Taylor-Operatoren auf den $\mathbb{R}^d$ verallgemeinert.

11.3   Scattered Data Methoden

11.3.1   Shepard-Methoden

definieren **abstandsgewichtete (distance-weighted) Interpolanten**, d.h. daß die Interpolationsdaten mit einer Funktion $\omega_i(x)$, die vom (euklidischen) Abstand des Aufpunktes zu dem Datenpunkt x_i abhängt, gewichtet werden. Aus diesem Grunde lassen sich sämtliche Shepard-Interpolanten einfach auf den $\mathbb{R}^d$ verallgemeinern (s. z.B. [BARN 84b, 87a], [ALF 89]).

11.3.2 Radiale Basisfunktions-Methoden

sind per Definition **abstandsgewichtete Interpolanten** und lassen sich daher ebenfalls *mühelos* auf den $\mathbb{R}^d$ verallgemeinern, gebräuchlich sind bisher jedoch nur d-dimensionale Multiquadriken (s. z.B. [BARN 84b, 87a], [FOL 87c] für d = 3, sowie [DYN 87a], [ALF 89]).

11.3.3 FEM-Methoden

Die tri- und multivariate scattered data Interpolation durch FEM-Methoden erfordert, wie bereits im bivariaten Fall, einen dreistufigen Prozeß [BARN 84a, 85, 87a] bestehend aus:

i)   der Triangulierung der scattered data,
ii) der Abschätzung erforderlicher Ableitungsdaten,
iii) der Konstruktion des FEM-Interpolanten.

11.3.3.1 d-dimensionale Triangulierungen

Eine Triangulierung eines Datensatzes bestehend aus N Punkten mit d-dimensionalen Abszissen, d.h. $x_i \in \mathbb{R}^d$, wird entsprechend zu Definition 9.1 gegeben. Trotzdem bestehen einige ganz wesentliche Unterschiede zwischen Triangulierungen in der Ebene und im $\mathbb{R}^d$ [ALF 89], z.B.:

i)   In der Ebene bestimmen **P** und Ω die Anzahl M der Dreiecke der Triangulierung eindeutig. Durch Induktion läßt sich zeigen: M = 2N - E - 2 , wobei E die Anzahl der Ecken der konvexen Hülle Ω des Datensatzes **P** bezeichnet [SCHU 87]. Im höherdimensionalen gilt dies nicht mehr. Bereits für einen nur fünfpunktigen Datensatz des $\mathbb{R}^3$ läßt sich ein Gegenbeispiel angeben (s. Fig. 11.8, nach [BARN 84a], s.a. [LAW 86]).

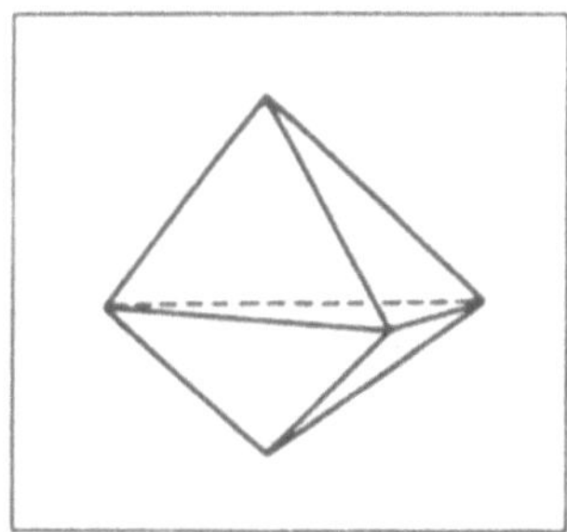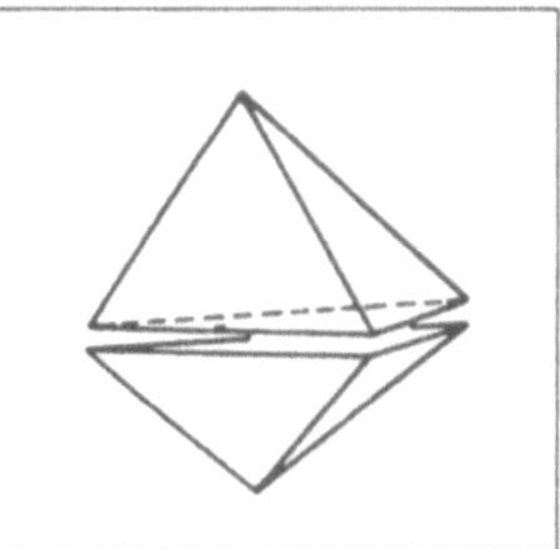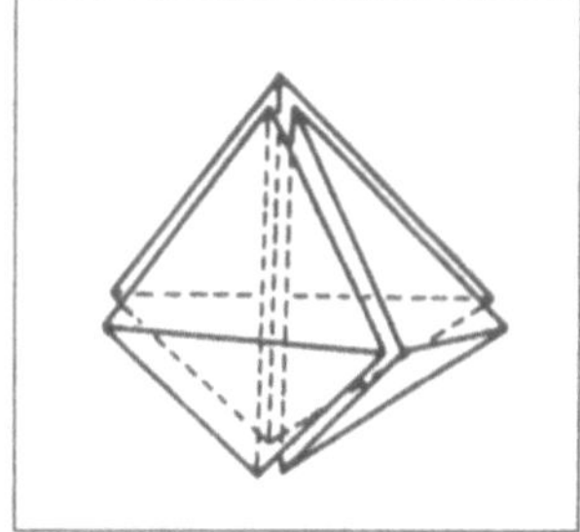

Fig. 11.8: Mögliche Triangulierungen von 5 Punkten des $\mathbb{R}^3$

ii) Im $\mathbb{R}^d$ mit d > 3 lassen sich Triangulierungen nicht unbedingt auf Grund
     der Information, welche Datenpunkte miteinander verbunden sind, unter-
     scheiden [LAW 86].

iii) Ein iteratives Aufbauen der Triangulierung (s. Abschnitt 9.3.1.2) d-dimen-
     sionaler Datensätze ist für d > 2 nicht immer möglich [RUD 58], [RUS 73],
     [ALF 89].

Nicht alle der in 9.3.1.1 beschriebenen Entscheidungskriterien zur Konstruktion
einer ebenen Triangulierung lassen sich ins d-Dimensionale verallgemeinern. In
[BARN 84a] werden eine Verallgemeinerung des **Max-Min Höhenkriteriums** sowie ein **Min-Max Radienquotientenkriterium** betrachtet. Letzteres minimiert den
maximalen Quotienten der Radien der d-dimensionalen In- und Umkugeln über
alle möglichen Triangulierungen.

Die Notwendigkeit der Erzeugung global optimaler Triangulierungen führt auch
jetzt wieder zur Konstruktion von (d-dimensionalen) **Delaunay Triangulierungen**. Sie ergeben sich entsprechend zu Abschnitt 9.3.1.2 als duale Struktur einer
Dirichlet Parkettierung, die analog zum ebenen Fall definiert werden kann (s. z.
B. [BOW 81], [WAT 81], [BARN 84a], [LAW 86]).

Während das Max-Min Winkelkriterium zur Erzeugung einer Delaunay Triangulierung nicht ohne weiteres auf den $\mathbb{R}^d$ übertragbar ist, ist dies für das **Umkreiskriterium** durch Verwendung von (Hyper-)Sphären direkt durchführbar
[LAW 86].

11.3.3.2 Interpolanten

C^0-stetige kubische Interpolanten (verallgemeinerte 9-Parameter Interpolanten) erfordern die Vorgabe von Funktionswerten und ersten Ableitungen in den
Datenpunkten. Da kubische simpliziale Bézier-Segmente keine inneren Kontrollpunkte besitzen [FAR 86], sind sie bereits durch Konstruktion der 9-Para-
meter Interpolanten der Randflächen bestimmt, sofern diese konstruiert werden können.

Zur Erzeugung C^r-stetiger multivariater **Hermite Interpolanten** sind sehr hohe
polynomische Grade n erforderlich. Bereits für **trivariate Darstellungen** ist
z.B. für r = 1 mindestens n = 9 und für r = 2 mindestens n = 17 notwendig
[ZEN 73]. Hierdurch werden die Konstruktionen immer aufwendiger und vor allem die Ordnung der erforderlichen Ableitungen immer höher. Im trivariaten
Fall sind z.B. für r = 1 schon Ableitungsdaten vierter Ordnung in den Ecken,
sowie Funktionswerte und Ableitungsdaten im Schwerpunkt und an mehreren
Stellen der Randflächen des Tetraeders erforderlich, um die 220 (!) Koeffizienten des Interpolanten zu bestimmen [ZEN 73], [RES 87]. Deshalb ist es im mul-
tivariaten Fall mehr noch als schon im bivariaten Fall (s. Abschnitt 9.3.2) besonders sinnvoll, eine Zerlegung in Teilsegmente durchzuführen und den Interpolanten über jedem Simplex segmentweise aufzubauen, da sich dadurch der erfor-

derliche polynomiale Grad und die Ordnung der erforderlichen Ableitungen
erheblich reduzieren lassen. Wir betrachten wieder Clough-Tocher und Powell-Sabin Interpolanten.

Ein C^1-stetiger trivariater Clough-Tocher Interpolant in Bézier-Darstellung
wurde in [ALF 84a, 89] beschrieben. Jeder Makro-Tetraeder wird aus je 4 quintischen Mikro-Tetraedern aufgebaut (s. Fig. 11.9). Um die Bézier-Punkte mit Hilfe der C^1-Übergangsbedingungen (s. Abschnitt 11.1.4) aus den vorgegebenen
Funktionswerten und Ableitungen bis zur zweiten Ordnung eindeutig bestimmen zu können, ist allerdings eine Kondensation des Interpolanten erforderlich
(vgl. mit Abschnitt 9.3.2). Trotz der quintischen Segmente reduziert sich deswegen die polynomiale Präzision auf 3.

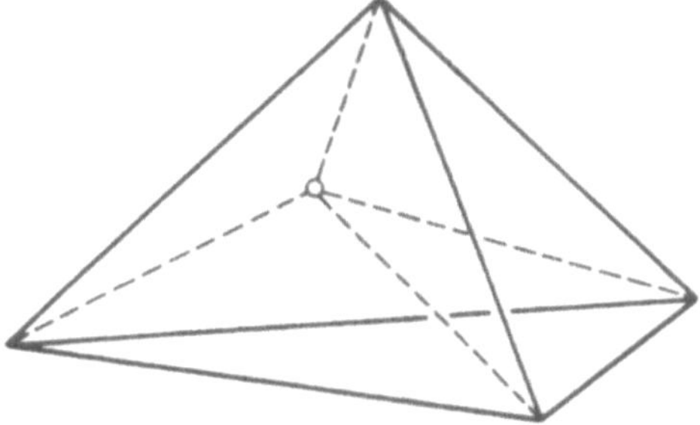

Fig. 11.9: Clough-Tocher Unterteilung eines Tetraeders in 4 Mikro-Tetraeder

Ein d-dimensionaler C^1-stetiger Clough-Tocher Interpolant mit ebenfalls kubischer Genauigkeit wurde in [FAR 86], [WOR 87] angegeben. Jeder Makro-Sim-
plex des Interpolanten ist nun zwar in $\dfrac{(d+1)!}{2}$ Mikro-Simplizes zu zerlegen,
deren erforderlicher polynomialer Grad ist dafür aber nur kubisch; zudem erfordert die Konstruktion des Interpolanten auch nur Funktionswerte und erste
Ableitungen (s.a. [ALF 89]).

Die Verwendung besonders schnell und einfach berechenbarer quadratischer
Segmente führt auf die Powell-Sabin Interpolanten (vgl. mit Abschnitt 9.3.2),
die allerdings - als Folge des kleinen polynomialen Grades - bereits im trivariaten Fall und für $r = 1$ 24 Mikro-Tetraeder zum Aufbau eines Makro-Tetraeders
benötigen (s. Fig. 11.10). Zudem muß die Triangulierung bestimmte Eigenschaften besitzen, damit ein multivariater C^1-stetiger Powell-Sabin Interpolant
überhaupt konstruiert werden kann [WOR 88] (s.a. [ALF 89]).

Tri- und multivariate rationale FEM-Interpolanten lassen sich als Verallgemeinerungen bivariater Interpolanten und meist als diskretisierte Form transfiniter
Interpolanten angeben, so z.B. in [BARN 84a] als Boolesche Summe von
BBG-Projektoren - was Twist-Kompabilitätsbedingungen zur Folge hat - und in
[ALF 84a, 89] bzw. in [ALF 85a, 89] als Konvexkombination von BBG-Projektoren bzw. von Orthogonalprojektoren, d.h. von Projektoren entlang der Senk-
rechten zu den "Randflächen" der Simplizes.

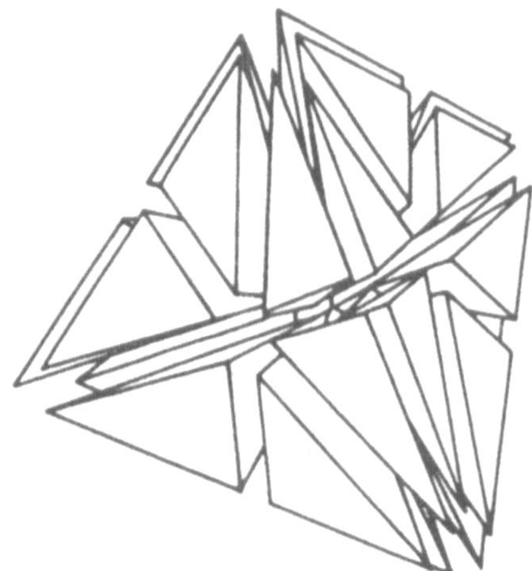

Fig. 11.10: Powell-Sabin Unterteilung eines Tetraeders in
24 Mikro-Tetraeders (nach [FAR 86], [WOR 88])

Prinzipiell können natürlich auch wieder **transfinite Interpolanten** (s. Abschnitt
11.2.2) als FEM-Interpolanten verwendet werden.

11.3.3.3 Konstruktion von Ableitungsdaten

Die meisten der in Abschnitt 9.3.3 beschriebenen Methoden, wie z.B. die
Methode der gewichteten Mittelwertbildung, der lokalen Interpolation bzw.
Approximation oder auch ALFELD's Funktional-Minimierungsmethode, lassen
sich unmittelbar auf höhere Dimensionen verallgemeinern.

11.3.4   Multistage Methoden

Multivariate multistage Schemata können unter Verwendung multivariater
Methoden in der gleichen Weise wie bivariate multistage Schemata aufgebaut
werden, also z.B. mit Hilfe der Booleschen oder auch der Delta Summe (s. Abschnitt 9.4). Beispiele werden in [BARN 84b] und in [FOL 84, 87c] besprochen.

11.4   Visualisierung multivariater Darstellungen

Trivariate vektorwertige Darstellungen, d.h. Abbildungen eines z.B. würfelförmigen Definitionsgebietes in den $\mathbb{R}^3$, repräsentieren Körper im herkömmlichen
Sinne. Für einfache Segmentkonfigurationen und/oder kleine polynomiale Grade
kann eine graphische Darstellung durch Visualisierung einiger Parameterflächen
(**Isoparameterflächen**) des Körpers geschehen. So zeigt z.B. Fig. 11.11.b eine Darstellung einiger Parameterflächen konstanten w-Wertes des triquadratischen
TPB-Volumensegmentes aus Fig. 11.11.a. (s. a. die Fig. aus Kap. 11.1). Auf Grund

der räumlichen Ausdehnung aber nur 2-dimensionalen Darstellung können die Bilder jedoch, vor allem bei Segmenten höheren Grades und auch bei Splinevolumina, unübersichtlich und unanschaulich werden. In diesem Falle bilden **Schnitte** - also z.B. Längsschnitte, Querschnitte oder auch Folgen derartiger Schnitte - eine alternative Darstellungsmöglichkeit. Schnitterzeugungen können allerdings auch - zusätzlich zu Parameterflächendarstellungen - von Interesse sein: etwa dann, wenn neben anschaulichen, axonometrischen auch noch maßgerechte Abbildungen benötigt werden. Ein Algorithmus zur Erzeugung derartiger Körperschnitte wurde in [LAS 87] angegeben. Er erzeugt Schnittbilder durch verschneiden der Randflächen sowie einer vorgebbaren Anzahl von Parameterflächen des Volumens mit der frei wählbaren Schnittebene. Fig. 11.11.c,d zeigen einen Quersowie einen Längsschnitt des Volumens aus Fig. 11.11.a. Der Algorithmus kann auch gekrümmte Schnitte erzeugen.

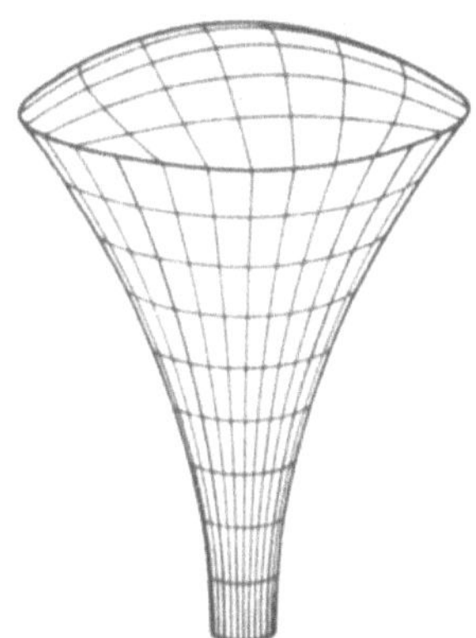

Fig. 11.11.a: Triquadratisches
TPB-Volumensegment

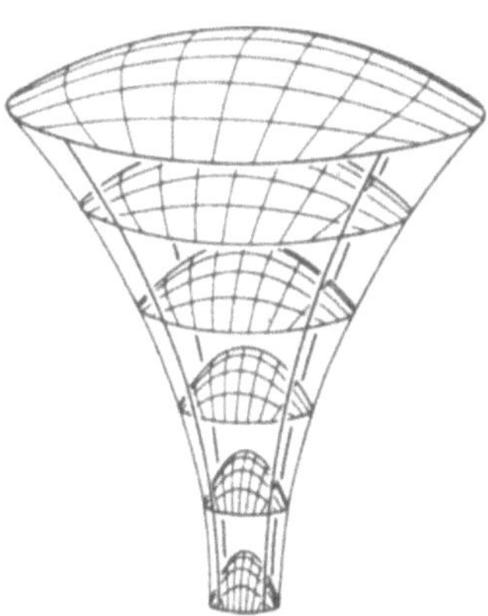

Fig. 11.11.b: Darstellung von
Parameterflächen

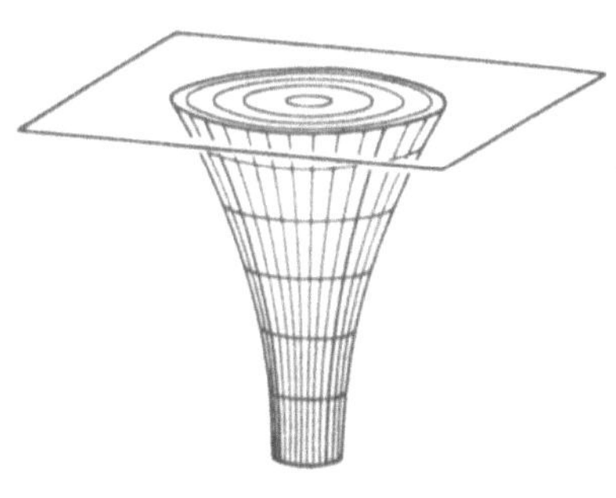

Fig. 11.11.c: Querschnitt

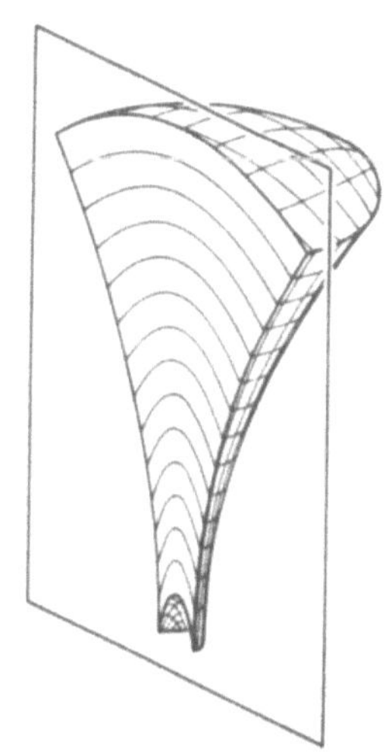

Fig. 11.11.d: Längsschnitt

Trivariate funktionswertige Darstellungen beschreiben Hyperflächen des $\mathbb{R}^4$, die sich unserem direkten Anschauungs- und Darstellungsvermögen entziehen. Als Alternativen bieten sich jedoch die Visualisierung durch zeichnen einiger Flächen konstanten Parameterwertes (**Isoparameterflächen**) wie auch die Erzeugung von **Niveauflächenbildern**, also von Flächen eines bestimmten, konstanten Funktionswertes an. Ersteres entspricht dem Zeichnen einer Punkt- bzw. Kurvenschar im Falle von uni- (Kurven-) bzw. bivariaten (Flächen-) Darstellungen. Letzteres den aus der Kartographie bekannten Niveauliniendarstellungen der Erdoberfläche. Flächen konstanten Parameterwertes wurden z.B. in [FOL 87c] und Niveauflächenbilder in [BAR 84b, 85, 87a] zur Visualisierung trivariater scattered data Interpolanten verwendet. Die Niveauflächenermittlung von stückweise über Tetraedern definierten Polynomen wurden in [PET 87] in Verallgemeinerung zu [PET 84] beschrieben und in [SEW 88] für gleichmäßig auf einem regulären Gitter verteilte Funktionswerte.
Niveauflächen von Hyperflächen des $\mathbb{R}^4$ finden auch im Flächendesign Anwendung. So werden z.B. in [SED 85b, 87] algebraische Flächen in impliziter Form durch Niveauflächen mit Niveau Null definiert.
Prinzipiell können natürlich auch anderweitig charakterisierte Teilmengen zur Veranschaulichung einer Hyperfläche des $\mathbb{R}^4$ verwendet werden. In [RAT 88] werden z.B. **Isophotenflächen**, in Verallgemeinerung der Isophotenlinien (Linien gleicher Helligkeit) einer Fläche des $\mathbb{R}^3$, betrachtet.
Es sei noch angemerkt, daß Farbdarstellungen zu einer ganz wesentlichen Erhöhung der Anschaulichkeit führen können (s. z.B. [BAR 84b, 87a]).

12. Schneiden von Kurven und Flächen

Bei vielen Anwendungen müssen die Schnittpunkte von (ebenen) Kurven oder auch Schnittkurven von Flächen ermittelt werden, etwa

- bei der Erzeugung von Niveaulinienbildern zur graphischen Darstellung von vorgegebenen Flächen und Hyperflächen,
- beim Berechnen von Umrißlinien zur Verbesserung graphischer Darstellungen von Flächen,
- beim booleschen Verknüpfen von Körpern,
- beim Konstruieren glatter Übergangskurven bzw. -flächen zur Abrundung von durch Verschneidung entstandenen Ecken und Kanten zwischen zwei Kurven bzw. Flächen oder auch
- beim Bestimmen von Offsetkurven bzw. -flächen, z.B. zur NC-Erzeugung, aus den theoretisch berechneten Offsets, die, wie in Abschnitt 2.2 gesehen, Selbstdurchdringungen besitzen können.

Ein guter (Flächen-)Verschneidungsalgorithmus ist gekennzeichnet durch die Begriffe

- **Genauigkeit**, im herkömmlichen numerischen Sinne,
- **Zuverlässigkeit**, im Sinne, daß die Durchdringung vollständig und richtig, auch bei Zerfall in mehrere Teile ermittelt wird,
- **Schnelligkeit**, insbesondere im Hinblick auf das interaktive Arbeiten und
- **Selbständigkeit**, im Sinne, daß die Durchdringung ohne interaktiven Eingriff des Benutzers ermittelt wird.

Den verschiedenen Kurven- bzw. Flächendarstellungsmöglichkeiten (implizite, explizite, parametrisierte Darstellungen, s. Abschnitt 2.1) entsprechend, sind mit dem Verschneidungsproblem ganz unterschiedliche Algorithmen sowie Schwierigkeitsgrade verbunden. So kann das Schnittproblem z.B. elementar gelöst werden, wenn beide Kurven bzw. Flächen als Funktion gegeben sind: Hat die Kurve k_1 die Darstellung $y = f_1(x)$ und k_2 die Darstellung $y = f_2(x)$, so sind die Schnittpunkte gegeben durch die Nullstellen der Gleichung

$$f_1(x) - f_2(x) = 0 \ .$$

Diese Nullstellen können entweder direkt oder über entsprechende numerische Verfahren ermittelt werden.
Gilt für zwei Flächen $z = f_1(x,y)$ und $z = f_2(x,y)$, so ist die Projektion der Schnittkurve in die (x,y)-Ebene durch

$$f_1(x,y) - f_2(x,y) = 0$$

gegeben. Soll die Projektion der Schnittkurve in einer anderen Koordinatenebene
ermittelt werden, muß die entsprechende Koordinate eliminiert werden. Die
Schnittkurve selbst kann dann als Raumkurve über eine Parameterdarstellung
aus den beiden Projektionen explizit angegeben werden. Betrachten wir das
folgende

Beispiel 1: Gegeben seien der Drehzylinder bzw. die Kugel

$$(x + \tfrac{r}{2})^2 + y^2 = b^2 \qquad \text{bzw.} \qquad x^2 + y^2 + z^2 = r^2 \qquad \text{(mit } b > r) \ .$$

Die Projektion der Schnittkurve in die (x,z)-Ebene folgt durch Elimination von y
aus den beiden Flächengleichungen. Sie hat die Gleichung

$$z^2 - r\,x = \tfrac{5}{4} r^2 - b^2 \qquad \text{(Parabel)} \ .$$

Die Projektion der Schnittkurve in die (y,z)-Ebene ergibt sich zu

$$r^2 (b^2 - y^2) = (\tfrac{3}{4} r^2 - b^2 - z^2)^2 \ .$$

Eine Parameterdarstellung der Schnittkurve lautet (s. a. Fig. 12.1)

$$x = r\,\cos u\,\cos v\ , \qquad y = r\,\sin u\,\cos v\ , \qquad z = r\,\sin v$$

$$\text{mit} \qquad \cos v = -\frac{\cos u}{2} + \sqrt{\frac{\cos^2 u}{4} + \left(\frac{b^2}{r^2} - \frac{1}{4}\right)} \ .$$

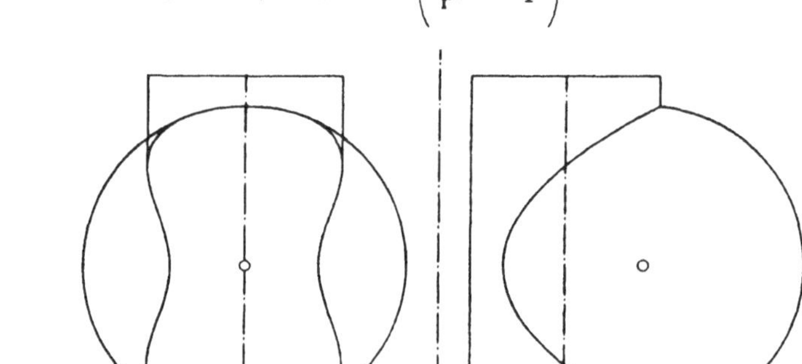

Fig. 12.1: **Schnittkurve von Zylinder und Kugel in zwei Projektionen**

Sind beide Kurven bzw. Flächen als (nicht auflösbare) Relationen $f_1(x,y)$ und
$f_2(x,y)$ bzw. $f_1(x,y,z)$ und $f_2(x,y,z)$ gegeben, so müssen die Schnittpunkte
bzw. Schnittkurven über numerische Lösung des zugehörigen nichtlinearen
Gleichungssystems $f_1(x,y) = 0$ und $f_2(x,y) = 0$ bzw. $f_1(x,y,z) = 0$ und
$f_2(x,y,z) = 0$ ermittelt werden. Methodisch kann dann z.B. das Newton-Raphson
Verfahren eingesetzt werden (s. z.B. [FAU 81], [TÖR 79]). Ein zweistufiger Algorithmus, der geometrische und analytische Ideen miteinander kombiniert,
wird in [OWE 87] beschrieben (s. a. Kap. 12.2.5); differentialgeometrische Methoden liegen der Arbeit [AST 88] zu Grunde.

Ebenfalls *einfach* ist das Schnittproblem zu lösen, wenn eine ebene Kurve (Fläche) als Funktion oder Relation $f(x,y) = 0$ $(f(x,y,z) = 0)$ und die andere ebene Kurve (Fläche) in Parameterdarstellung gegeben ist. Dann wird die Parameterdarstellung in die Funktion bzw. Relation eingesetzt, und es werden dann numerisch, z.B. über ein Newton Verfahren, die Nullstellen der so entstehenden (nichtlinearen) Gleichung berechnet. In diesen Sonderfällen kann also so verfahren werden:

a.) Kurve $k_1 \cap$ Kurve k_2

$$k_1: f(x,y) = 0 , \qquad k_2: x = x(t), \quad y = y(t)$$

eingesetzt in die Kurvengleichung ergibt $f(x(t), y(t)) = 0$.

Die Nullstellen $t = t_i$ liefern die Schnittpunkte $P_i = (x(t_i), y(t_i))$.

b.) Fläche $\Phi_1 \cap$ Fläche Φ_2

$$\Phi_1: f(x,y,z) = 0 . \quad \Phi_2 : X = (x(u,v), y(u,v), z(u,v))$$

eingesetzt in die Flächengleichung ergibt $f(x(u,v), y(u,v), z(u,v)) = 0$.

Nun wird z.B. $u = u_0$ gesetzt, und es werden dann die Nullstellen $v = v_i$ berechnet; anschließend wird u durch den ganzen Definitionsbereich variiert. So ergeben sich Schnittpunkte $X(u_k,v_i)$, deren Verbindung die Schnittkurven von Φ_1 und Φ_2 darstellen.

In [FARO 87a] wird eine Kombination aus algebraischen und analytischen Methoden zur Berechnung der Schnittkurve einer implizit und einer in Parameterdarstellung gegebenen Fläche verwendet (s. a. Kap. 12.2.4).

Diese *vereinfachten* Situationen kommen in der Praxis jedoch nicht immer vor. Vielmehr sind beide Kurven bzw. Flächen häufig in Parameterdarstellung gegeben. Daher wollen wir uns im folgenden hauptsächlich mit Schnittalgorithmen für in Parameterdarstellung gegebene ebene Kurven und Flächen beschäftigen und einige der Techniken zur Ermittlung der Durchdringung zweier derart gegebener Kurven bzw. Flächen beschreiben. Wir betrachten zunächst

12.1 Schnittalgorithmen für ebene Kurven

Im folgenden seien

$$X_1(t) = (x(t), y(t)) \qquad \text{und} \qquad X_2 = (\xi(\tau), \eta(\tau))$$

zwei in Parameterdarstellung gegebene ebene Kurven.

12.1.1 Numerische Methoden

Die geometrische Interpretation des Newton Verfahrens aufgreifend wurde in [HOS 85] folgende Modifikation des klassischen Newton Algorithmus zur

Ermittlung der Schnittpunkte zweier ebener in Parameterdarstellung gegebener Kurven $X_1(t)$ und $X_2(\tau)$ beschrieben:

1.) Man wähle ein geeignetes $t = t_0$ und berechne die Tangentengleichung im Punkt $P_0 = X_1(t_0)$

$$T_1: \frac{x - x(t_0)}{y - y(t_0)} = \frac{\dot{x}(t_0)}{\dot{y}(t_0)} \qquad \text{oder}$$

$$x\,\dot{y}(t_0) - y\,\dot{x}(t_0) - (x(t_0)\,\dot{y}(t_0) - y(t_0)\,\dot{x}(t_0)) = 0 \ . \qquad (*)$$

2.) Man berechne $T_1 \cap X_2$ durch Einsetzen in $(*)$ und ermittle die Nullstelle $\tau = \tau_1$ von

$$\xi(\tau)\,\dot{y}(t_0) - \eta(\tau)\,\dot{x}(t_0) - (x(t_0)\,\dot{y}(t_0) - y(t_0)\,\dot{x}(t_0)) = 0 \ .$$

$\tau = \tau_1$ legt den Punkt $P_1 = X_2(\tau_1)$ fest (s. Fig. 12.2).

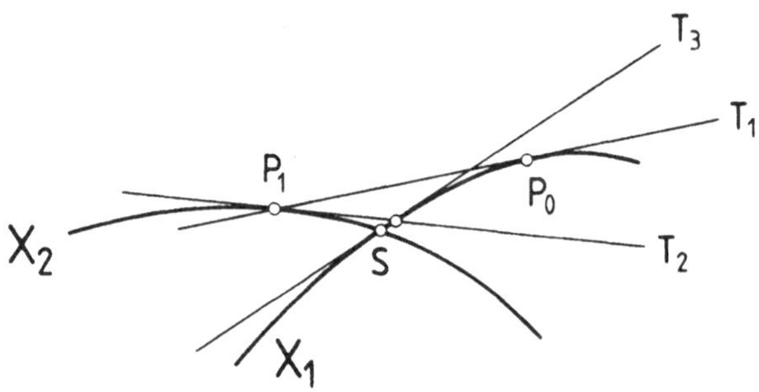

Fig. 12.2: Schnittalgorithmus für ebene Kurven

3.) Man berechne die Tangente T_2 in $P_1 = X_2(\tau_1)$, ermittle $P_2 = T_2 \cap X_1(t)$ und wiederhole das Verfahren solange, bis

$$|P_i - P_{i+1}| < \varepsilon \ ,$$

womit der Schnittpunkt $P_i = X_1(t_i) \approx S \approx X_2(\tau_i) = P_{i+1}$ gefunden ist (s. Fig. 12.2).

Das Verfahren konvergiert, wenn die Geradenschnittpunkte existieren, d.h. wenn der Startpunkt $P_0 \in X_1(t)$ z.B. dem in Figur 12.3 gestrichelten Teil von $X_1(t)$ entnommen wird.

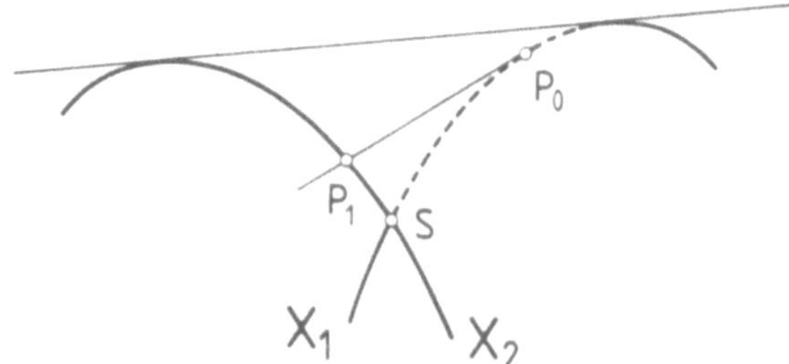

Fig. 12.3: Zulässige Lagen für Startwerte des Schnittalgorithmus

12.1.2 Algebraische Methoden

Wie wir bereits oben gesehen haben, ist die mathematische Natur des Durchdringungsproblems *"sehr einfach"*, falls eine Kurve bzw. Fläche implizit und die andere in Parameterdarstellung gegeben ist. Es liegt daher nahe, die Parameterdarstellung einer der beiden Kurven bzw. Flächen in eine implizite Darstellung zu konvertieren. In der Literatur [SED 83, 84a, 85a, 87], [GOL 85, 87a] wird dieser aus der algebraischen Geometrie (s. z.B. [SAL 85], [WALK 50]) bekannte Vorgang als **Implizition** bezeichnet, d.h. unter Implizition versteht man die Bestimmung der impliziten polynomialen Darstellung $f(x,y)=0$ einer Kurve bzw. $f(x,y,z)=0$ im Falle einer Fläche, durch Elimination des Parameters der gegebenen rationalen polynomialen Parameterdarstellung

$$x = \frac{x(t)}{w(t)} \ , \quad y = \frac{y(t)}{w(t)} \ ,$$

der Kurve bzw.

$$x = \frac{x(s,t)}{w(s,t)} \ , \quad y = \frac{y(s,t)}{w(s,t)} \ , \quad z = \frac{z(s,t)}{w(s,t)} \ ,$$

im Falle einer Fläche. Die Implizition ist immer durchführbar, d.h. zu jeder in rational polynomialer Parameterdarstellung gegebenen Kurve bzw. Fläche gibt es eine implizite polynomiale Darstellung (s. z.B. [SED 84])[1]. Ist z. B. eine rationale Kurve $X(t) = (x(t), y(t))$ durch

$$x(t) = \frac{\sum\limits_{i=0}^{n} a_i \, t^i}{\sum\limits_{i=0}^{n} c_i \, t^i} \ , \qquad y(t) = \frac{\sum\limits_{i=0}^{n} b_i \, t^i}{\sum\limits_{i=0}^{n} c_i \, t^i} \ .$$

gegeben, so folgt die implizite Darstellung aus

$$f(x,y) = \begin{vmatrix} L_{n-1,n-1}(x,y) & \cdots & L_{0,n-1}(x,y) \\ \cdot & \cdots & \cdot \\ \cdot & \cdots & \cdot \\ \cdot & \cdots & \cdot \\ L_{n-1,0}(x,y) & \cdots & L_{0,0}(x,y) \end{vmatrix} = 0 \qquad (12.1)$$

mit

[1] Die Umkehrung dieser Aussage ist nicht wahr: Eine implizit gegebene Kurve bzw. Fläche läßt sich im allg. nicht exakt durch eine rational polynomiale Parameterdarstellung beschreiben. Die exakte Konversion ist z.B. nur für lineare und quadratische Kurven und Flächen immer möglich, für höhere polynomiale Grade aber nur in sehr speziellen Fällen; für Kurven etwa, wenn sie vom Geschlecht Null sind (das Geschlecht einer algebraischen Kurve berechnet sich aus ihrem Grad n und der Anzahl und Multiplizität ihrer singulären Punkte (s. z.B. [ABH 88], [KAT 88])). Mit Fragen der exakten und approximativen Parametrisierung algebraischer Kurven haben sich z.B. beschäftigt [ABH 87, 87a, 88], [SED 89], [WAG 89].

$$L_{ij}(x,y) \;=\; \alpha_{i,j}\, x \;+\; \beta_{i,j}\, y \;+\; \gamma_{i,j} \tag{12.2}$$

$$= \sum_{\substack{l \le \min(i,j) \\ l+m=i+j+1}} (b_m\, c_l - c_m\, b_l)\, x \;+\; (a_l\, c_m - a_m\, c_l)\, y \;+\; (a_m\, b_l - a_l\, b_m)\ .$$

$f(x,y)$ gemäß (12.1), (12.2) wird (**Bezout**)-**Resultante** genannt (vgl. a. mit Kap. 13). (12.2) entnimmt man, daß die implizite Darstellung der Kurve den gleichen polynomialen Grad besitzt wie die Parameterdarstellung.

Beispiel 2: Für die Parabel $x = t^2 - 1$, $y = t^2 - 2t + 2$ folgt die implizite Darstellung

$$f(x,y) \;=\; \begin{vmatrix} -2 & x-y+3 \\ x-y+3 & -2x-2 \end{vmatrix} \;=\; -x^2 + 2xy - y^2 - 2x + 6y - 5\ .$$

Beispiel 3: Für die rationale kubische Parabel

$$x \;=\; \frac{2t^3 - 18t^2 + 18t + 4}{-3t^2 + 3t + 1}\ , \qquad\qquad y \;=\; \frac{39t^3 - 69t^2 + 33t + 1}{-3t^2 + 3t + 1}$$

folgt die implizite Darstellung

$$f(x,y) \;=\; \begin{vmatrix} -117x + 69y + 564 & 117x - 6y - 636 & 39x - 2y - 154 \\ 117x - 6y - 636 & -69x - 2y + 494 & -66x + 6y + 258 \\ 39x - 2y - 154 & -66x - 6y + 258 & 30x - 6y - 114 \end{vmatrix}$$

$$= -156195x^3 + 60426x^2 y - 7056xy^2 + 224y^3 + 2188998x^2$$

$$- 562500xy + 33168y^2 - 10175796x + 1322088y + 15631624\ .$$

Die Implizition von in Parameterdarstellung gegebenen Flächen kann entsprechend durchgeführt werden [SED 85a]. Eine Dreiecksfläche vom Grade n hat allerdings eine implizite Darstellung vom Grade n^2 und eine Tensorprodukt Fläche vom Grade (m,n) hat eine implizite Darstellung vom Grade $2mn$. Ein bikubisches Flächensegment wird also bereits durch eine Gleichung 18-ten Grades, die 1330 Terme besitzt, beschrieben! Wegen der hierdurch bedingten algebraischen Komplexität der Rechnungen der Parameterelimination für Flächen ist die Implizition für Flächen in der Regel nur mit einem Formelmanipulator (z.B. MACSYMA, REDUCE) durchführbar.

Meist ist die Kenntnis nicht nur der Koordinaten-, sondern mehr noch der Parameterdarstellung der Durchdringung zweier Kurven bzw. Flächen erforderlich. Deshalb ist es häufig notwendig eine **Inversion**, d.h. die Berechnung der (des) Parameterwerte(s) eines auf einer Fläche (Kurve) gelegenen Punktes durchzuführen, sofern die Durchdringung ursprünglich im Koordinatenraum ermittelt wurde.

Für einen auf einer ebenen Kurve $\mathbf{X}(t)$ gelegenen Punkt $\mathbf{P}_0$ mit Koordinaten (x_0, y_0) folgt der Parameterwert $t = t_0$ mit $\mathbf{X}(t_0) = \mathbf{P}_0$ aus der Lösung des linearen Gleichungssystems (s. z.B. [SED 87])

$$f(x,y) = \begin{bmatrix} L_{0,0}(x,y) & \cdots & L_{0,n-1}(x,y) \\ \cdot & \cdots & \cdot \\ \cdot & \cdots & \cdot \\ \cdot & \cdots & \cdot \\ L_{n-1,0}(x,y) & \cdots & L_{n-1,n-1}(x,y) \end{bmatrix} \cdot \begin{bmatrix} t^{n-1} \\ t^{n-2} \\ \cdot \\ \cdot \\ \cdot \\ t \\ 1 \end{bmatrix} = 0 \qquad (12.3)$$

Beispiel 4: Für die Parabel aus Beispiel 2 folgt aus

$$\begin{bmatrix} -2 & x-y+3 \\ x-y+3 & -2x-2 \end{bmatrix} \begin{bmatrix} t \\ 1 \end{bmatrix} = 0 \;,$$

$$t = \frac{x-y+3}{2} \qquad \text{bzw.} \qquad t = \frac{2x+2}{x-y+3} \;\; .$$

Beide Bestimmungsgleichungen erzeugen für auf der Kurve gelegene Punkte den gleichen Parameterwert.

Beispiel 5: Für die kubische, rationale Parabel aus Beispiel 3 folgt

$$t = \frac{\begin{vmatrix} 117x - 6y - 636 & 39x - 2y - 154 \\ -69x - 2y + 494 & -66x + 6y + 258 \end{vmatrix}}{\begin{vmatrix} -117x + 69y + 564 & 39x - 2y - 154 \\ 117x - 6y - 636 & -66x + 6y + 258 \end{vmatrix}} \;\; .$$

Die Inversionsaufgabe für Flächen kann entsprechend gelöst werden.

Ein **Algorithmus** zur Berechnung der Schnittpunkte zweier ebener, rational polynomialer Kurven in Parameterdarstellung

$$X_1(t) = X_1(x(t),y(t)): \qquad x(t) = \frac{x_1(t)}{w_1(t)} \qquad y(t) = \frac{y_1(t)}{w_1(t)} \qquad \text{mit } 0 \le t \le 1$$

und

$$X_2(\tau) = X_2(\xi(\tau),\eta(\tau)): \qquad \xi(\tau) = \frac{\xi_2(\tau)}{\omega_2(\tau)} \qquad \eta(\tau) = \frac{\eta_2(\tau)}{\omega_2(\tau)} \qquad \text{mit } 0 \le \tau \le 1$$

vom Grade n_1 und n_2 setzt sich nun wie folgt zusammen:

- Berechne von $X_1(t)$ die implizite Darstellung, die am besten, durch Einführen der homogenen Koordinate $w(t)$, als homogenes Polynom $f_1(x,y,w) = 0$ angegeben wird.
- Setze die Parameterdarstellung von $X_2(\tau)$ in die implizite Darstellung von $X_1(t)$ ein, um $f_1(\xi(\tau),\eta(\tau),\omega(\tau)) = 0$ zu erhalten. $f_1(\xi(\tau),\eta(\tau),\omega(\tau))$ hat den Polynomgrad $n_1 n_2$.
- Berechne die reellen Lösungen des Polynoms $f_1(\xi(\tau),\eta(\tau),\omega(\tau))$ im Bereich $0 \le \tau \le 1$.

- Berechne mit der Parameterdarstellung $X_2(\tau)$ und den oben ermittelten Parameterwerten τ_i der Schnittpunkte $S_i = X_2(\tau_i)$ die (x,y)-Koordinaten der Schnittpunkte.

- Berechne durch Inversion von $X_1(t)$ die korrespondierenden Parameterwerte t_i mit $X_1(t_i) = S_i$. Nur Punkte mit $0 \le t \le 1$ gehören zur Lösungsmenge.

Obwohl sich die Determinantenentwicklung in (12.1) und die Inversionsrechnung (12.3) wesentlich vereinfachen lassen, durch Erzeugen von Nullen in der ersten Spalte und ersten Zeile der Determinante (12.1) (mit Ausnahme von L_{00}, L_{01} und L_{10}) innerhalb eines Preprozesses [SED 86], steigt die algebraische Komplexität der Rechnungen der Determinantenentwicklung doch schnell stark an. Auch führt die algebraische Methode für höhere Polynomgrade auf große numerische Probleme: Die Entwicklung der Determinante (12.1) für eine Kurve vom Grad n führt auf eine Gleichung vom Grad n^2, deren Nullstellen zu ermitteln sind. Während der Algorithmus für $n = 2$ und $n = 3$ noch äußerst effektiv läuft, ist bereits für $n > 3$ für die Determinantenentwicklung aus Gründen der numerischen Stabilität, selbst bei doppeltgenauer Rechnung die Zuhilfenahme der Bézier-Technik, d.h. Entwicklung der L_{ij} nach Bernstein-Polynomen (wegen deren besonderen numerischen Stabilität), erforderlich. Für $n > 5$ liegen für den Algorithmus wegen der immer größer werdenden Probleme der numerischen Stabilität bis jetzt noch keine Resultate vor.

Obiger Algorithmus kann auch zur Berechnung der Schnittpunkte von Kurven des $\mathbb{R}^3$ angewandt werden [GOL 85]. Dazu sind in einem Preprozeß beide Kurven in die x-y-Ebene zu projizieren. Die ebenen Projektionen sind sodann mit Hilfe des beschriebenen Algorithmus zu verschneiden. Da die projizierten Kurven mehr Schnittpunkte besitzen können als die Raumkurven, sind dann noch innerhalb eines Postprozesses – z.B. durch Vergleich der z-Koordinaten – die *Pseudo-Schnittpunkte* aus der Liste der Durchdringungspunkte zu löschen (s. a. [GOL 87a]). Da dieser Algorithmus allerdings unnötigerweise fast immer zusätzliche Pseudo-Schnittpunkte berechnet, wird in [GOL 87a] ein alternatives Vorgehen unter Verwendung von **Resolventen** vorgeschlagen, bei dem Pseudo-Schnittpunkte schon zeitig erkannt werden können.

Das Verschneidungsproblem von Kurven und Flächen wird mit sehr ähnlichen Mitteln auch in [CHAN 87] behandelt.

12.1.3   Unterteilungsmethoden

Unterteilungsalgorithmen linearisieren das Problem der Schnittpunktermittlung nach dem Prinzip der sukzessiven Abschätzung und Verkleinerung der Bereiche möglicher Durchdringungen bis die beiden Kurven in den ermittelnden Bereichen linearisiert werden können, so daß Schnittpunkte der Kurven als Schnittpunkte von Geraden approximiert werden können [LANE 80], [COH 80].

Für jede Kurve wird eine **Umgebung (bounding, sounding box)** definiert, welche

die jeweilige Kurve ganz beinhaltet, sodann werden die Umgebungen der beiden
Kurven auf Durchschnitt überprüft (**Separabilitätstest**). Bei leerem Durchschnitt
existiert kein Schnittpunkt, das Programm stopt, bei nichtleerem Durchschnitt
werden beide Kurven unterteilt und für jedes Teil erneut eine das Teilsegment
ganz beinhaltende Umgebung definiert. Es wird nun getestet, welche dieser
Umgebungen der einen Kurve nichtleeren Durchschnitt haben mit Umgebungen
der zweiten Kurve. Fällt dieser Separationstest für zwei Umgebungen negativ
aus, d.h. die Umgebungen sind nicht separierbar, so werden die zugehörigen
Kurvensegmente dieser beiden Umgebungen oder auch die Umgebungen selbst
mit einem gemeinsamen Index versehen und als ein Paar abgespeichert. Diejenigen Kurvensegment- bzw. Umgebungspaare mit positivem Ausgang des Separa-
tionstestes sind für die Ermittlung der Schnittpunkte nicht von Bedeutung und
brauchen deshalb auch nicht weiter verarbeitet, insbesondere gespeichert zu
werden. Dieser Prozeß des sukzessiven Verfeinerns der Struktur und *"Löschens"*
von separierbaren Segmenten auf der Grundlage des Abschätzens der Segmentumgebungen (**devide-and-conquer Prinzip**) wird nun für Segmente mit gemeinsamem Index solange wiederholt und dadurch Bereiche eventueller Durchdringung immer weiter eingegrenzt, bis, innerhalb einer Toleranzgrenze, die Schnittpunkte der Kurven als Schnittpunkte von durch die Kurvensegmente bzw. den
Segmentumgebungen definierten Geraden ermittelt werden können.

Ein nach dem devide-and-conquer Prinzip konstruierter Algorithmus hat daher
den in Fig. 12.4 gezeigten prinzipiellen Aufbau.

Fig.12.4: **Prinzipieller Aufbau eines
devide-and-conquer Algorithmus**

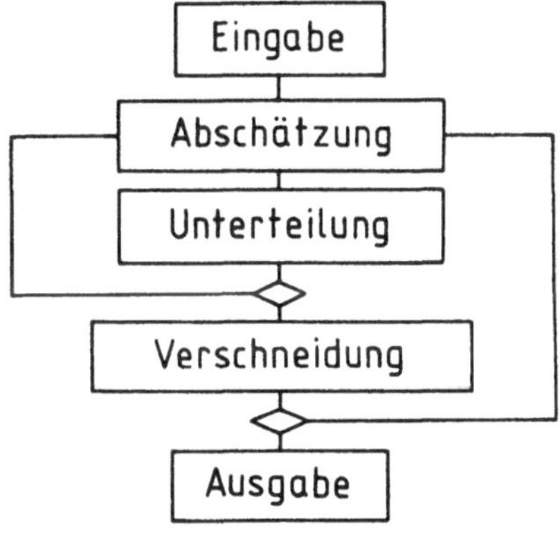

Wie ein Unterteilungsalgorithmus konkret zu programmieren ist und welche
Laufeigenschaften er besitzt, hängt ganz wesentlich von der zu Grunde liegenden Kurvendarstellung ab. Verschiedene Kurvendarstellungen bieten die Möglichkeit verschiedener Unterteilungsstrategien und Umgebungsdefinitionen, die
wiederum ganz unterschiedliche Eigenschaften hinsichtlich der Erzeugung, der
Schnittüberprüfung und der Konvergenzgeschwindigkeit besitzen können. Wir
wollen im folgenden unterscheiden zwischen parametrisierten Kurven, die durch
ein Kontrollpolygon mit Eigenschaften analog zu denen des Bézier-Polygons
definiert sind und solchen ohne derartiges Kontrollpolygon und in beiden

Fällen Umgebungserzeugung, Separabilitätstest und Konvergenzrate des Segmentierungsprozesses näher untersuchen. Im ersten Fall wollen wir exemplarisch Bézier-Kurven betrachten.

Für **Kurven** $X(t)$ **in Parameterdarstellung** kann nach KOPARKAR und MUDUR [KOP 83] folgender Unterteilungsalgorithmus formuliert werden: In einem *Preprocessing* werden Kurvenpunkte $X(t_i)$ mit horizontaler bzw. vertikaler Tangente - falls vorhanden - ermittelt, und die Kurve durch diese Punkte segmentiert. Einzelne Segmente besitzen somit horizontale bzw. vertikale Tangenten nur in den Endpunkten, falls überhaupt. Kurvensegmentumgebungen in Form von **Min-Max-Rechtecken (min-max-box)** können nun einfach definiert werden durch die x- und y-Koordinatenwerte der Endpunkte $X(t_i)$ der Kurvensegmente, also durch die horizontalen und vertikalen Tangenten (s. Fig. 12.5). Eine Verfeinerung der Umgebungsstruktur kann durch Parameterintervallhalbierung, also Berechnung des Kurvenpunktes mit Parameterwert $t_H = \frac{1}{2}(t_i + t_{i+1})$ und Definition der beiden neuen Min-Max-Rechtecke unter Berücksichtigung des neuen Teilungspunktes $X(t_H)$ stattfinden.

Fig. 12.6 zeigt die beiden ersten Schritte eines divide-and-conquer Algorithmus nach KOPARKAR und MUDUR.

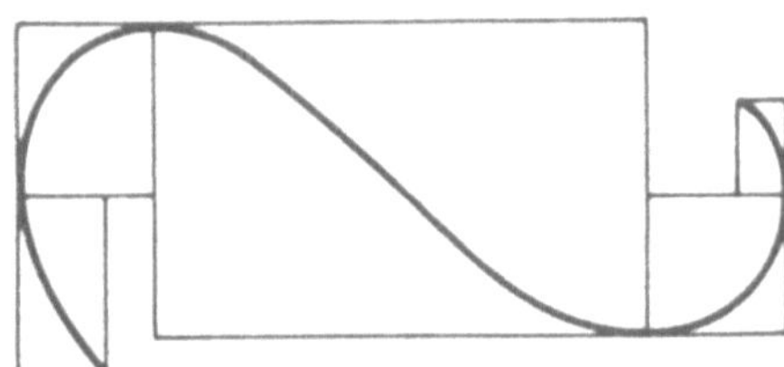

Fig. 12.5: Intervall Preprocessing für den Koparkar-Muder Algorithmus

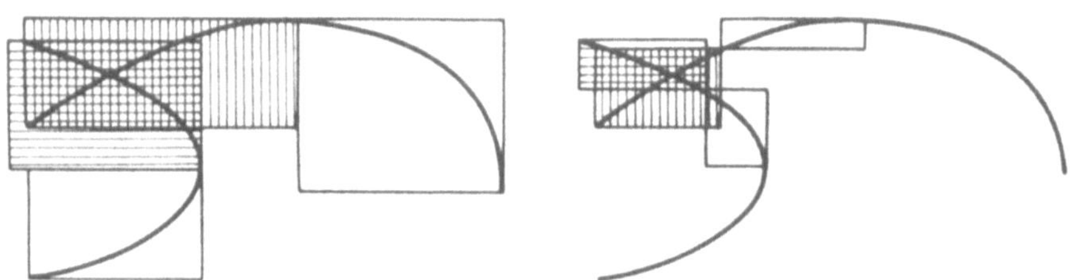

Fig. 12.6: Zwei Schritte des Koparkar-Mudur divide-and-conquer Algorithmus

Für **Bézier-Kurven** sind verschiedene Umgebungsdefinitionen gebräuchlich: die konvexe Hülle der Bézier-Punkte, sowie durch die Bézier-Punkte definierte Min-Max-Rechtecke, Rechteckstreifen und Kreisringbögen.

Der Begriff der **konvexen Hülle** (der Bézier-Punkte einer Bézier-Kurve) wurde bereits in Kap. 4.1.1 in Zusammenhang mit der für Bézier-Kurven fundamentalen convex hull property eingeführt (s. Fig. 4.6). Algorithmen zur Erzeugung der konvexen Hülle eines Punktesatzes finden sich z.B. in [PREP 85]. Auf Grund der Komplexität, insbesondere des Separabilitätstestes zweier konvexer Hüllen, werden die konvexen Hüllen aber kaum als Umgebungen für einen Unterteilungsalgorithmus verwandt.

Wohl am weitesten verbreitet ist die Verwendung von **Min-Max-Rechtecken** als Umgebungen. Für eine Bézier-Kurve kann ein Min-Max-Rechteck (**min-max-box**) definiert werden als kleinstes, die konvexe Hülle umschreibendes, achsenparalleles Rechteck (s. Fig. 12.7). Dadurch wird die Abschätzung zwar etwas schwächer als mit der konvexen Hülle, dafür sind Min-Max-Rechtecke aber extrem einfach zu implementieren, und Konstruktion und Schnittüberprüfung sind besonders schnell durchführbar.

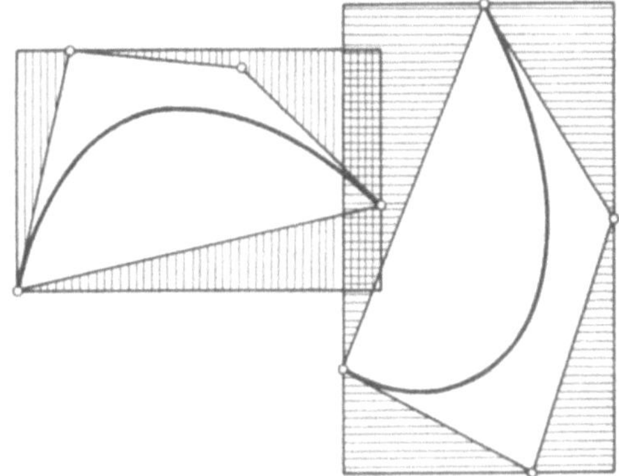

Fig. 12.7: Definition von Min-Max-Rechtecken (Beispiel Bézier-Kurven)

Ein **Rechteckstreifen (strip)**, definiert als kleinstes, die konvexe Hülle der Bézier-Punkte umschließendes, parallel zur Verbindungslinie $b_0 b_n$ liegendes Rechteck, kann als durch Rotation und Verzerrung der speziellen Lage der Bézier-Kurve angepaßtes *"orientiertes"* Min-Max-Rechteck gesehen werden (s. Fig. 12.8) [BAL 81] (s. a. [SED 88a]). Rechteckstreifen liefern in der Regel eine bessere Abschätzung als Min-Max-Rechtecke, insbesondere auch deshalb, da ein Rechteckstreifen im kubischen Fall mit geringem Aufwand noch etwas verkleinert werden kann (s. Fig. 12.9). In allem ist die Konstruktion und vor allem der Separabilitätstest von Rechteckstreifen aber – verglichen mit Min-Max-Rechtecken – aufwendig.

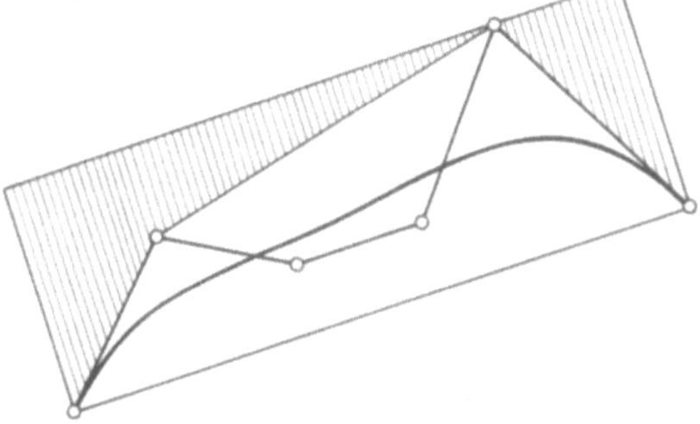

Fig. 12.8: Definition von Rechteckstreifen (Beispiel Bézier-Kurve)

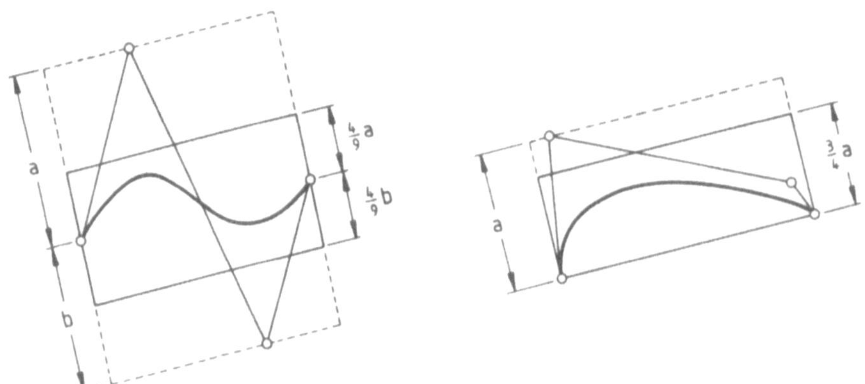

Fig. 12.9: Verkleinerter Rechteckstreifen (kubische Bézier-Kurve)

Kreisringbögen (fat arcs) sind, im Vergleich zu Min-Max-Rechtecken, sehr aufwendig zu konstruieren und relativ aufwendig miteinander zu vergleichen, haben allerdings eine sehr hohe Konvergenzrate. Fat arcs sind definiert durch einen mittleren Kreis mit Mittelpunkt $\mathbf{M}_m$ und Radius ρ_m, der Breite $\delta = \rho_{max} - \rho_{min}$ und des Bogenwinkels φ (s. Fig. 12.10).

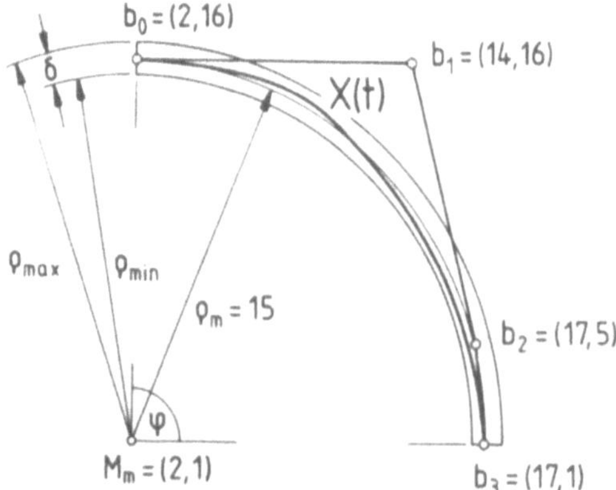

Fig. 12.10: Definition eines Kreisringbogens für eine kubische Bézier-Kurve

Für Bézier-Kurven bestimmt SEDERBERG [SED 88] $\mathbf{M}_m$ und ρ_m durch den die Punkte $\mathbf{X}(0)$, $\mathbf{X}(\frac{1}{2})$ und $\mathbf{X}(1)$ interpolierenden Kreis. Fallen zwei dieser Punkte zusammen, so wird die Bézier-Kurve zuerst segmentiert. Äußerer und innerer Radius können über den Bereich, den

$$d(t) = \|\mathbf{X}(t) - \mathbf{M}_m\| \qquad \text{für } t \in [0,1]$$

durchläuft, bestimmt werden. Ist $\mathbf{X}(t)$ eine Bézier-Kurve vom Grad n, so folgt

$$d(t)^2 = \sum_{k=0}^{2n} c_k \binom{2n}{k} (1-t)^{2n-k} t^k \ .$$

Da

$$\max\{d(t)\} = \sqrt{\max\{d(t)^2\}}, \qquad \min\{d(t)\} = \sqrt{\min\{\max\{d(t)^2, 0\}\}}$$

für $t \in [0,1]$, folgt ferner, wegen $0 \leq B_k^{2n}(t) \leq 1$,

$$\rho_{max}^2 = \max\{d(t)^2\} \leq \max\{c_k\}, \quad \rho_{min}^2 = \min\{d(t)^2\} \geq \min\{c_k\} \qquad k = 0,\ldots,2n.$$

Zur Berechnung von ρ_{max} und ρ_{min} empfiehlt sich, die Kurve derart zu verschieben, so daß M_m mit dem Koordinatenursprung zusammenfällt. Der Bogenwinkel φ ist definiert durch die Linien $M_m b_0$ und $M_m b_n$, falls sich die Tangente von $X(t)$ für $t \in [0,1]$ weniger als $90°$ ändert, was sich z.B. mit der Ableitungskurve $X'(t)$ (dem **Hodographen** von $X(t)$, s. z.B. [FOR 72], [BEZ 86], [SED 88]) überprüfen läßt, andernfalls ist $X(t)$ zuerst zu segmentieren.

Alle oben beschriebenen Umgebungsdefinitionen können prinzipiell, durch geeignete Modifikation, auch in den $\mathbb{R}^3$ - also für Raumkurven - übertragen werden. Für Min-Max-Rechtecke geschieht dies mit Abstand am einfachsten, durch Hinzunahme der z-Koordinaten, wodurch Min-Max-Quader gebildet werden.

Ein Vergleich dieser vier Umgebungsdefinitionen wurde in [SED 88] für kubische Bézier-Kurven durchgeführt. Dabei zeigte sich, daß Kreisringbögen zwar eindeutig im Bereich *"Konvergenzrate"* dominieren - im Grenzwert reduziert sich die Kreisbogenfläche mit jedem Unterteilungsschritt um einen Faktor 8, für die konvexe Hülle und Rechteckstreifen folgt hingegen ein Faktor 4 und für Min-Max-Rechtecke nur ein Faktor 2 - daß sie aber aufwendiger zu berechnen und zu verschneiden sind. Andererseits haben Min-Max-Rechtecke zwar die schlechteste Konvergenzrate, sind aber extrem einfach zu berechnen und miteinander zu vergleichen (s. Tabelle 12.1, nach [SED 88]). Zu bemerken ist auch die ganz wesentliche Tatsache, daß der Arbeitsaufwand für Kurven vom Grad $n > 3$ für Min-Max-Rechtecke und Rechteckstreifen nur linear, für Kreisringbögen und der konvexen Hülle jedoch stärker anwächst, wodurch die Verwendung von Min-Max-Rechtecken, zumindest für Algorithmen mit flexiblem n, letztendlich wohl zu favorisieren ist.

	Kreisring- bögen	Min-Max Rechteck	konvexe Hülle	Rechteck- streifen
Berechnung	$(54,42,10)$	$(0,0,12)$	$(12,30,3)$	$(15,10,4)$
Verschneidung	$(8,18,8)$	$(0,0,4)$	aufwendig	$(16,24,16)$
Konvergenz	$O(n^3)$	$O(n)$	$O(n^2)$	$O(n^2)$

Tabelle 12.1: Vergleich der vier Umgebungsdefinitionen
Die Zahlenwerte geben die Anzahl der $(*/; +-; <>)$ Operationen an, die zur Berechnung (Erzeugung) und Verschneidung (Separabilitätstest) der verschiedenen Umgebungen für eine ebene kubische Bézier-Kurve erforderlich sind, sowie die Konvergenzrate der jeweiligen Umgebungen bei fortgesetzter Unterteilung

Ein Vergleich zweier min-max-Box divide-and-conquer Algorithmen ausgehend
von der Parameterdarstellung einerseits und der Bézier-Darstellung andererseits
zeigt, daß der Intervallhalbierungsalgorithmus nach KOPARKAR & MUDUR für
Polynomgrade $n \leq 5$ effektiver arbeitet als ein Bézier-Algorithmus nach LANE &
RIESENFELD, für größer werdende n auf Grund des aufwendigen Prozesses der
Bestimmung der horizontalen und vertikalen Tangenten jedoch immer uneffek-
tiver wird im Vergleich zum Bézier-Algorithmus.

Ein Vergleich der algebraischen Methode mit Unterteilungsmethoden zeigt
[SED 86], daß algebraische Methoden zwar für $n \leq 4$ schneller aber bereits für
$n = 5$ langsamer sind als Unterteilungsmethoden und für $n > 5$ wohl uneffizient sind, falls überhaupt durchführbar (s. a. [GOL 87a]). Der "min-max-Box
de Casteljau Unterteilungs divide-and-conquer Algorithmus" auf Bézier-Basis
ist auf Grund der außergewöhnlichen numerischen Eigenschaften der Bernstein-
Polynome [FARO 87, 88, 88a] der stabilste Algorithmus, liefert die größte Genauigkeit der Ergebnisse und ist für größere n $(n > 5)$ auch der schnellste Algorithmus, trotz des rechenintensiven de Casteljau Unterteilungsalgorithmus.
Zudem ist er, unabhängig vom Polynomgrad n (!), für nicht-rationale gleichwohl
wie für rationale Darstellungen, sehr einfach zu implementieren. Fig. 12.11 gibt
ein Beispiel einer Kurvenverschneidung.

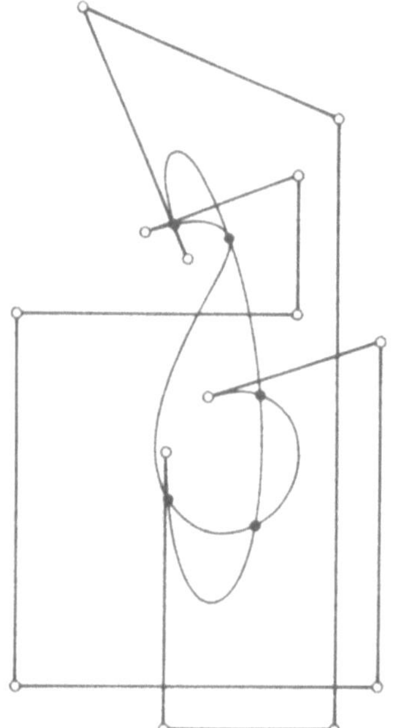

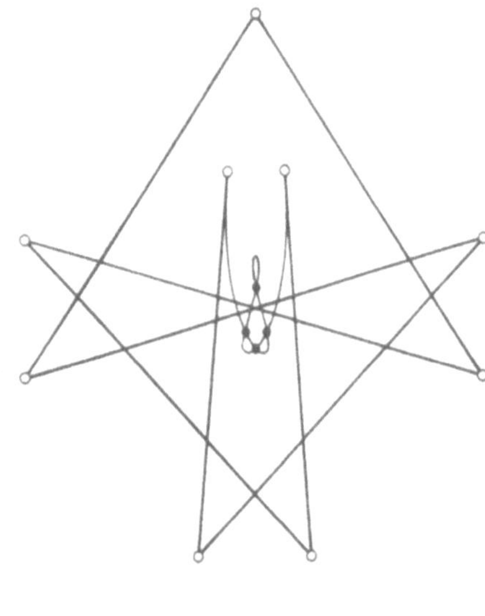

Fig. 12.11: Verschneidung zweier
Bézier-Kurven durch einen devide-
and-conquer Algorithmus bei Verwendung von Min-Max-Rechtek-
ken als Umgebungen

Fig. 12.12: Selbstdurchdringungen
einer Bézier-Kurve

Es sei noch angemerkt, daß sich dieser Algorithmus unter Hinzunahme eines weiteren *"Winkelkriteriums"*, das die Änderung der Tangente X'(t) bei durchlaufendem Parameterwert t berücksichtigt, auch mühelos zur Ermittlung der Selbstdurchdringungspunkte einer parametrisierten Kurve (in Bézier-Darstellung) verwenden läßt [LAS 89] (s. Fig. 12.12).

12.2 Schnittalgorithmen für Flächen

Im folgenden seien

$$X_1(u,v) = (x(u,v), y(u,v), z(u,v)) \quad und \quad X_2(\mu,\nu) = (\xi(\mu,\nu), \eta(\mu,\nu), \zeta(\mu,\nu))$$

zwei in Parameterdarstellung gegebene Flächen. Da nach Abschnitt 12.1.2 eine Tensor-Produkt-Fläche vom Grade (m,n) eine implizite Darstellung vom Grade $2mn$ besitzt und sich zwei algebraische Flächen vom Grade N_1 und N_2 im allgemeinen in einer algebraischen Kurve vom Grade $N_1 N_2$ durchdringen, ist die Durchdringungskurve zweier Tensor-Produkt-Flächen vom Grade (m_1, n_1) und (m_2, n_2) im allgemeinen eine algebraische Kurve vom Grade $4m_1 m_2 n_1 n_2$; für zwei bikubische Flächen also im allgemeinen eine algebraische Kurve vom Grade 324 ! Eine Kurve derart hohen Grades kann in *"beliebig viele"* Teile zerfallen - Fig. 12.13 veranschaulicht, daß bereits der ebene Schnitt einer bikubischen Fläche aus 8 Teilen bestehen kann. Neben dieser **globalen Komplexität** des Problems kann jedoch noch eine **lokale Komplexität** auftreten, in Form von Selbstdurchdringungen der Schnittkurve (*nodes*) und anderweitig auftretenden Singularitäten, etwa Spitzen (*cusps*) oder tangentiale Berührungen (*tacnodes*), Fig. 12.14 (s. z.B. [PRAT 86], [BAJ 88]).

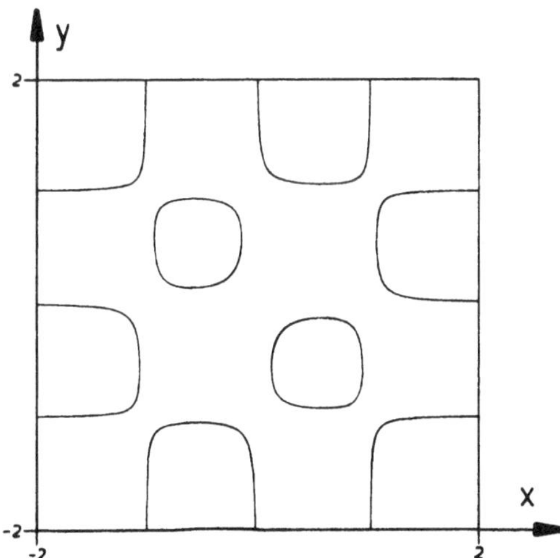

Fig. 12.13: Niveaulinien z = 0 einer bikubischen Fläche gegeben durch die implizite Darstellung z = (x-1)x(x+1)(y-1)y(y+1) + 0.05 (nach [PRAT 86])

Die Konstruktion eines im Sinne der vier eingangs genannten Kriterien optimalen Flächenverschneidungsalgorithmus wird damit zu einer der schwierigsten

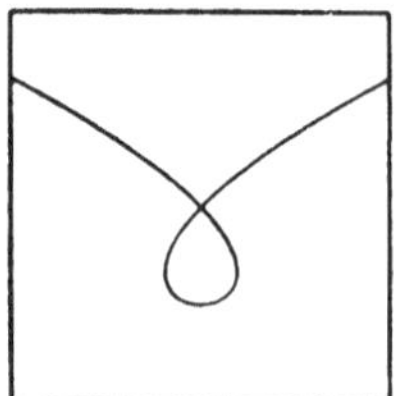 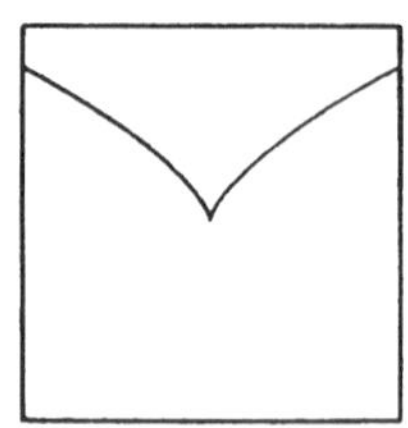 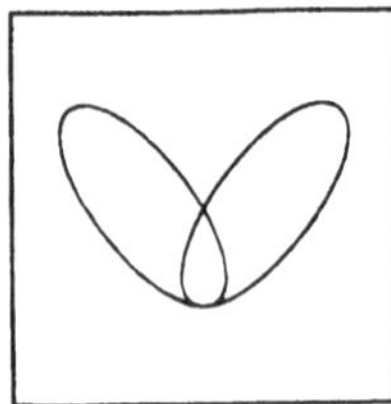

Fig. 12.14: Beispiele lokaler Komplexität der Schnittkurve zweier Flächen

Aufgaben aus dem Bereich des CAGD. Bis dato ist auch noch kein Algorithmus verfügbar, der optimal im Sinne aller vier Charakteristiken ist. Das Verschneidungsproblem wird mit zum Teil ganz unterschiedlichen Techniken angegangen, z.B. mit numerischen, analytischen, geometrischen, algebraischen Methoden, mit Unterteilungs- (*divide-and-conquer*), Verfolgungs- (*marching*), Diskretisierungsmethoden, etc. Während die klassischen Algorithmen der ersten und nachfolgenden Generation meist reine Vertreter eines Verfahrens waren, und damit alle Vorteile, vor allem aber auch alle Nachteile einer Methode beinhalteten, ist die gegenwärtige Tendenz, zwei oder mehr Methoden zu einem mehrstufigen Verfahren zu kombinieren derart, daß der resultierende Algorithmus die Vorteile aller anteiligen Techniken besitzt, jedoch nicht die spezifischen Nachteile der einzelnen Komponenten.

Nachfolgend beschreiben wir einige der Techniken, die bei der Bearbeitung des Durchdringungsproblems Anwendung finden.

12.2.1 Einbettungsmethoden

Einbettungsmethoden sind Verfahren zur Bestimmung aller (auch mehrfacher) Lösungen eines Systems

$$F(X) = 0 \tag{12.4}$$

N polynomialer Gleichungen in N Variablen. Die Idee der Methode ist, die Lösungen von (12.4) ausgehend von den bekannten oder zumindest leicht und vollständig ermittelbaren Lösungen X_i eines einfacheren Systems

$$G(X) = 0 \tag{12.5}$$

zu bestimmen. Hierzu werden $F(X)$ und $G(X)$ durch

$$H(Z) = t\,F(X) + (1-t)\,G(X) \;, \qquad \text{mit } Z \equiv (X,t)\,, \quad t \in [0,1] \tag{12.6}$$

miteinander verknüpft, d.h. die Gleichungssysteme (12.4) und (12.5) werden in eine Schar von Systemen, gegeben durch (12.6), *"eingebettet"*. Bezeichnet $DH(Z)$ die Matrix der partiellen Ableitungen von $H(Z)$, so wird durch sukzessives Lösen des Anfangswertproblems

$$DH(Z)\,\frac{dZ}{dt} = 0 \qquad \text{mit } Z(t) \equiv (X,t)\,, \qquad Z_i(0) = (X_i,0)$$

für jede Lösung X_i des einfachen Systems (12.5), in einer bestimmten Anzahl von Schritten, ein **Homotopieweg**, *"Pfad"* oder auch *"Fluß"* genannt, von den Lösungen X_i von (12.5) zu den gesuchten Lösungen $\overline{X}_i$ von (12.4), gegeben durch $Z(1) = (\overline{X}_i, 1)$, erzeugt [DRE 77], [GAR 79], [MORG 83].

Einbettungsmethoden sind auch bekannt unter den englischen Bezeichnungen **embedding, homotopy, continuation** und **incremental loading methods** [GAR 79], [MORG 83], [WRI 85]. Sie eignen sich zur Berechnung der Durchdringung implizit definierter Flächen, sind diesbzgl. allerdings noch mehr in einem Entwicklungsstadium und wurden bisher innerhalb des CAGD nur auf Quadriken angewandt (s. a. [PRAT 86]).

12.2.2 Algebraische Methoden

Da lineare (Ebenen) und quadratische (Quadriken) Flächen und auch der Torus sehr oft Bestandteil eines Designprozesses sind, muß ein CAGD-System in der Lage sein, diese speziellen Flächen schnell und exakt zu verschneiden. Während die Verschneidung zweier Ebenen bzw. einer Ebene und einer Quadrik eine Gerade bzw. Kegelschnitte ergibt und direkt ausgeführt werden kann, kann z.B. die Durchdringungskurve zweier Quadriken bereits eine polynomiale Kurve vierten Grades und damit topologisch gesehen recht komplex sein. Meist wird ein numerisches Verfahren der Cardanischen Formel vorgezogen. Wegen der besonderen Bedeutung der Quadriken und des Torus innerhalb des Designprozesses wurde das Problem der (algorithmischen) Ermittlung der Quadriken- und Torus-Verschneidungskurven in der Vergangenheit mehrfach [SAB 76], [LEV 76, 79], [SAR 83] und in jüngster Zeit erneut durch [PFE 85], [MIL 87], [PIE 89] behandelt. Dabei wird meist durch geschicktes algebraisches Umformen versucht, das Problem in eine für die (numerische) Behandlung günstigere Form überzuführen. Möglich ist dies z.B. immer dann, wenn sich die Flächen in speziellen Lagen zueinander befinden, etwa bei zusammenfallenden, parallelen, zueinander orthogonalen oder sich schneidenden Quadrikachsen, wenn Symmetrien vorliegen [PFE 85] (vgl. a. mit Konstruktionen wie dem Hilfsebenen- oder dem Hilfskugelverfahren der Konstruktiven Geometrie, s. z.B. [GIE 79], [REH 69], [SCHÖ 77], vgl. a. mit [HART 88], [ADA 88]). In einigen Fällen läßt sich die Verschneidungskurve dann sogar direkt in einer geschlossenen Form angeben (vgl. mit Beispiel 1).

Für in Parameterdarstellung gegebene Quadriken und Tori, insbesondere aber auch für allgemeinere in Parameterdarstellung gegebene Flächen kann, wie anfangs bemerkt, mit den in Kap. 12.1.2 angesprochenen algebraischen Methoden, die sich auf Flächen verallgemeinern lassen (s. z.B. [SED 84]), eine Parameterelimination durchgeführt werden. So wird mit einer auf Sylvester zurückgehenden Form der Resultanten in [WOON 71] die ebene Schnittkurve zweier Quadriken und in [WEI 66] die Durchdringung zweier Quadriken ermittelt. Die Schnittkurve allgemeiner, in Parameterdarstellung gegebener Flächen berechnet ein in [HOS 87a] beschriebener Algorithmus. Dabei wird ausgegangen von zwei parametrisierten Flächen Φ_1, Φ_2, wobei Φ_1 in beliebiger Parameterdarstellung (s. oben) gegeben sein soll, während von Φ_2 vorausgesetzt wird, daß die Fläche als Tensor-Produkt-Fläche vom Grade (m,n) in *Monombasis* dargestellt ist, d.h. die Parameterdarstellung von Φ_2 soll lauten

$$X_2(\mu,\nu) = \sum_{i=0}^{m} \sum_{k=0}^{n} A_{ik}\, \mu^i\, \nu^k \qquad\qquad \mu,\nu \in [0,1]\,.$$

Die Komponenten der (vektorwertigen) Koeffizienten A_{ik} werden mit (a_{ik}, b_{ik}, c_{ik}) bezeichnet. Weiter werden die Abkürzungen

$$\alpha_{1k}(\mu) = \sum_{i=0}^{m} a_{ik}\, \mu^i\,, \qquad \alpha_{2k}(\mu) = \sum_{i=0}^{m} b_{ik}\, \mu^i\,, \qquad \alpha_{3k}(\mu) = \sum_{i=0}^{m} c_{ik}\, \mu^i$$

eingeführt. Dann ist die Schnittkurve $\Phi_1 \cap \Phi_2$ durch folgende Bedingungen festgelegt

$$x(u,v) - \sum_{k=0}^{n} \alpha_{1k}\, \nu^k = 0\,, \quad y(u,v) - \sum_{k=0}^{n} \alpha_{2k}\, \nu^k = 0\,, \quad z(u,v) - \sum_{k=0}^{n} \alpha_{3k}\, \nu^k = 0\,. \tag{12.7}$$

Werden weiter noch die Vektoren

$$B_0 = \begin{pmatrix} \alpha_{10}(\mu) - x(u,v) \\ \alpha_{20}(\mu) - y(u,v) \end{pmatrix}\,, \qquad B_k = \begin{pmatrix} \alpha_{1k}(\mu) \\ \alpha_{2k}(\mu) \end{pmatrix}\,,$$

$$C_0 = \begin{pmatrix} \alpha_{20}(\mu) - y(u,v) \\ \alpha_{30}(\mu) - z(u,v) \end{pmatrix}\,, \qquad C_k = \begin{pmatrix} \alpha_{2k}(\mu) \\ \alpha_{3k}(\mu) \end{pmatrix}\,,$$

mit $k = 1(1)n$, eingeführt, so nimmt die Schnittbedingung (12.7) die Form

$$P = B_0 - \sum_{k=1}^{n} B_k\, \nu^k = 0\,, \qquad Q = C_0 - \sum_{k=1}^{n} C_k\, \nu^k = 0 \tag{12.7a}$$

an. Die Punkte der Schnittkurve $\Phi_1 \cap \Phi_2$ sind durch die gemeinsamen Nullstellen von (12.7a) bestimmt. Über *Bezout-Elimination* kann nun aus den beiden Gleichungen in (12.7a) jeweils der Parameter ν eliminiert werden. Die Berechnung der zugehörigen Determinanten liefert zwei (reelle) Polynome P, Q von maximalem Grad $(2mn)$ in μ. Die gemeinsamen Nullstellen der Polynome P, Q folgen z.B. über nochmalige Parameterelimination oder, numerisch weniger aufwändig, mit Hilfe eines in [HOS 87a] beschriebenen alternativen Vorgehens.

In [GARR 89] werden algebraische Flächen über den *Umweg* des komplexen projektiven Raumes dargestellt und die Schnittkurve zweier algebraischer Flächen wird durch eine ebene Projektion repräsentiert. Ein Problem ist, die Projektionsrichtung und -ebene so zu wählen, daß die Abbildung (fast überall) eineindeutig ist.

12.2.3 Diskretisierungsmethoden

Das Flächendurchdringungsproblem führt unabhängig von der Art der Flächendarstellung im allgemeinen auf ein unterbestimmtes nichtlineares Gleichungssystem. Zu dessen Lösung reduzieren Diskretisierungsmethoden die Anzahl der Freiheitsgrade durch Diskretisierung der Flächendarstellungen. Dies kann auf verschiedene Arten geschehen.

Bei der **Gittermethode** wird (für beide Flächen) zunächst eine *"Matrix"* von Punkten P_{ij} - meist Flächenpunkte $X(u_i, v_j)$ - bestimmt und mit je drei bzw. vier der eine *"Zelle"* definierenden Punkte eine lokale, lineare bzw. bilineare Näherung der Fläche definiert (s. z.B. [SCHU 76], [HART 83]). Die Güte der Näherung und die Güte der mit der Näherung ermittelten Durchdringungskurve hängen natürlich von der Rastergröße des Gitters und der Art der Punkte ab.

Während Gittermethoden häufig als Pre- oder Postprozess Anteil mehrstufiger Flächendurchdringungsalgorithmen sind, finden sich reine Gittermethoden-Algorithmen fast ausschließlich bei der Berechnung von **Niveaulinien (contours)** von funktionswertig gegebenen Flächen, meist im Zusammenhang mit **terrain modelling Problemen** (s. z.B. [MIR 82], [EVA 87], [PETR 87]) und **scattered data Flächen** (s. z.B. [MCLA 74], [SAB 80]).

Algorithmen für reguläre Viereckgitter und reguläre bzw. nicht-reguläre (scattered data-) Dreieckgitter funktionswertig gegebener Flächen arbeiten ähnlich. Prinzipiell liegt ihnen folgende Struktur zu Grunde (s. z.B. [SCHU 76], [SUT 80], [PETR 87]):

Soll die Niveaulinie $f(x,y) = z = z_0$ gezeichnet werden, so muß z_0 von den gegebenen Funktionswerten in den Endpunkten einer Kante einer Zelle eingeschlossen werden, falls ein Schnittpunkt vorliegt. Ist eine Kante derart bestimmt worden, so kann der Schnittpunkt der Höhenlinie $z = z_0$ mit dieser Kante durch **inverse Interpolation** berechnet werden (s. z.B. [SCHU 76]).

Ein alternatives Vorgehen sieht ein Interpolieren der Gitterpunkte durch ein (auf der Fläche liegendes) Kurvennetz $X(u_i, v)$ und $X(u, v_j)$ vor. Schnittpunkte einer Höhenlinie $z = z_0$ z.B. mit einer Kurve $X(u_i, v)$ können sodann als Lösungen der Gleichung $X(u_i, v) = z_0$ ermittelt werden [MCLA 74].

Da eine Höhenlinie, die in eine Zelle entlang einer der Kanten *"eintritt"*, diese auch wieder entlang einer der (anderen) Kanten *"verlassen"* muß, kann der Austrittspunkt der Höhenlinie aus der Zelle durch Betrachten nur der restlichen, die Zelle definierenden Kanten bestimmt werden. Der Austrittspunkt definiert dann auch zugleich den Eintrittspunkt für die entlang der gemeinsamen Kante anschließende Nachbarzelle. Ein Abschnitt der Höhenlinie wird am einfachsten durch Verbinden des Eintritts- und des Austrittspunktes gezeichnet (Fig. 12.15) [PRAT 86], [PETR 87] (Ein entsprechendes Vorgehen wird in [PUE 87] zur Berechnung der Umrißlinie bikubischer Flächen angewandt.). Bessere Resultate lassen sich durch ein geeignetes *Vorwärtsmarschieren* innerhalb einer Zelle, vom Eintritts- bis hin zum Austrittspunkt, erzielen (s. Kap. 12.2.4, s. a. [MCLA 74] für eine besonders einfache Marschtaktik, beachte [SUT 76]!).

Probleme können auftreten, falls das Gitter zu grob gewählt wurde bzw. gegeben ist, so daß geschlossene Schleifen ganz innerhalb einer Zelle liegen können

und somit *"übersehen"* werden können, oder falls Ein- und Austrittspunkt einer
Höhenlinie auf der gleichen Kante einer Zelle liegen, und, speziell bei Vierecks-
zellen, falls eine Höhenlinie alle vier Kanten quert (s. z.B. [SCHU 76], [PRAT
86], [PETR 87]). Zum **Glätten** der Niveaulinien kann das Gitter verfeinert werden. Eine ander Möglichkeit ist, die ermittelten Punkte durch einen Spline geeignet zu interpolieren bzw. zu approximieren.

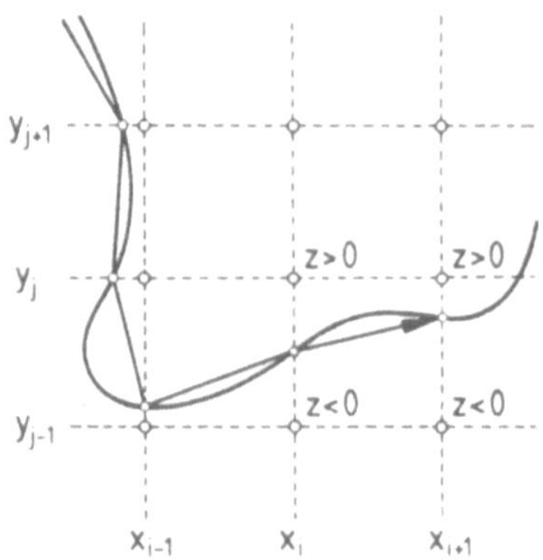

Fig. 12.15: Zur Niveaulinienberechnung

Einen guten Überblick über verschiedene Methoden zur Erzeugung von Niveaulinienbildern gibt [SAB 85a] (s. a. [SCHU 76]), zahlreiche contouring Software
Pakete werden in [PETR 87] vorgestellt.

Niveaulinien von Dreiecks-Bézier-Flächen und Tetraeder-Bézier-Volumina werden in [PET 84, 87] und für B-Spline-Flächen in [SAT 85] berechnet.

Bei der **Parameterwertdiskretisierung** wird für einen der vier Flächenparameter –
für u oder v bzw. für μ oder ν – eine bestimmte Anzahl fester Werte gewählt, wodurch auf einer der beiden Flächen eine diskrete Anzahl an Parameterkurven definiert wird. Diese werden sodann mit der zweiten Fläche zum
Schnitt gebracht (falls ein Schnitt existiert). Das Problem ist damit auf ein Problem in 3 Unbekannten und 3 Gleichungen zurückgeführt. Bevor eine Parameterdarstellung der Schnittkurve **S** durch Interpolation oder Approximation der
Schnittpunkte S_i erzeugt werden kann, sind die mit der Diskretisierung ermittelten Schnittpunkte jedoch zunächst zu sortieren.

Werden z.B. durch $\nu = \nu_j$ eine bestimmte Anzahl diskreter Parameterwerte, d.h.
Parameterlinien $\nu = \nu_j$ = konst. auf Fläche $X_2(\mu,\nu)$ gewählt, so können die
Durchstoßpunkte dieser Raumkurven z.B. mit einem geeignet modifizierten
Algorithmus aus Kap. 12.1.1 ermittelt werden. Der Durchstoßpunkt der Tangente
der Parameterlinie ν_j = konst. im Punkte P_{i0} ($\mu = \mu_{i0}$) kann z.B. mit Hilfe von
Newtons Methode berechnet werden, indem die durch die Tangente definierte
Gerade als Durchschnitt zweier (möglichst zueinander orthogonaler) Ebenen
definiert wird, und der Durchstoßpunkt als Schnittpunkt der beiden Ebenen und
der Fläche als Lösung der beiden zugehörigen nichtlinearen Gleichungen mit
Newtons Iteration bestimmt wird (s. z.B. [SCHER 78]).

Der Schnittpunkt S_i der Parameterlinie v_i = konst. kann auch durch **iterative Lotfußpunktbestimmung** berechnet werden. D.h. für P_{i0} $(\mu = \mu_{i0})$ wird das Lot von P_{i0} auf Fläche $X_1(u,v)$ ($\rightarrow$ Lotfußpunkt P_{i1}) gebildet. Von P_{i1} wird nun das Lot auf $X_2(\mu,v)$ ($\rightarrow$ Lotfußpunkt P_{i2}) berechnet, usw. Bei geeigneter Wahl von P_{i0} konvergiert die Folge der Lote gegen den Schnittpunkt S_i der Parameterlinie $v = v_i$ mit der Fläche $X_1(u,v)$ (s. Fig. 12.16).

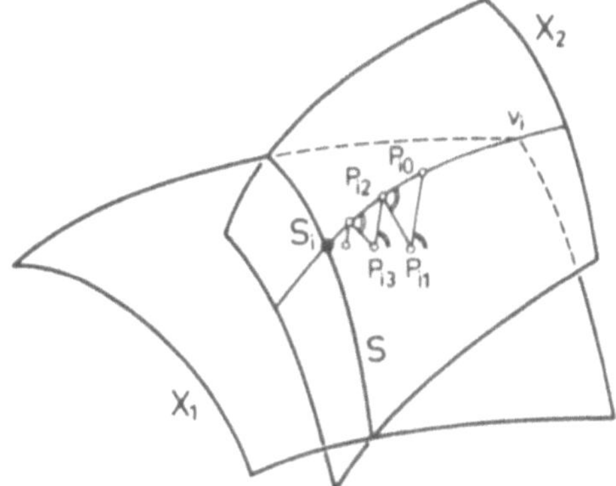

Fig. 12.16: Iterative Schnittpunktbestimmung einer Parameterlinie v_i von $X_2(\mu,v)$ mit $X_1(u,v)$ nach der Lotfußpunktmethode

Die Berechnung des Lotes von P_{i0} auf $X_1(u,v)$ kann durch folgendes Optimierungsproblem beschrieben werden: Minimiere die Zielfunktion

$$f \equiv |P_{i0} - X_1(u,v)| \quad \rightarrow \quad \text{min.} \qquad \text{für } (u,v) \in G.$$

Ein solches Optimierungsproblem läßt sich z.B. mit einer der bekannten (nicht-linearen) Optimierungsmethoden lösen (s. z.B. [HORS 79]).

Zur numerischen Behandlung des Problems der Ermittlung des Durchstoßpunktes einer Kurve durch eine Fläche s. a. [FAU 81], [MOR 85] und [CHE 88].

12.2.4 Verfolgungsmethoden

Dikretisierungsalgorithmen sind häufig Teil eines Preprocessings für Verfolgungsalgorithmen. So beschreibt z.B. TIMMER [TIM 77] (s. a. [MOR 85]) einen Flächenverschneidungsalgorithmus der aus einer Suchphase (hunting phase), einer **Verfolgungsphase (tracing, marching phase)** und einer Sortierphase (sorting phase) besteht. Die Suchphase dient dem Ermitteln von Startwerten für die Verfolgungsphase und besteht aus einem Diskretisierungsalgorithmus, die Verfolgungsphase berechnet Abschnitte der Durchdringungskurve in Form von Punktsequenzen, und die Sortierphase ordnet die Abschnitte, d.h. die Punktsequenzen und unterteilt sie in disjunkte Kurvenabschnitte und -schleifen.

Die **Diskretisierung**, die im Rahmen des ersten Algorithmenabschnittes stattfindet, besteht aus der Festlegung einer bestimmten Anzahl von Werten für beide Flächenparameter einer der beiden Flächen - z.B. für $X_1(u,v)$ - wodurch eine dis-

krete Anzahl an Parameterkurven definiert wird, die ein auf der Fläche gelege-
nes Kurvennetz bilden (s. a. [CHE 88]). Dieses muß so engmaschig sein, daß
möglichst keine Teile der Durchdringung übersehen werden können. Die durch
das Kurvennetz erzeugten Flächensegmente werden durchnummeriert (s. das
Beispiel aus Fig. 12.18). Die Parameterlinien von $X_1(u,v)$ werden sodann mit der
zweiten Fläche $X_2(\mu,v)$ verschnitten, z.B. - nach steigendem Parameterwert -
zuerst alleLinien u = konst. und dann alle Linien v = konst. Dadurch werden
Durchdringungspunkte in einer sequentiellen Weise gefunden (s. Fig. 12.18).
Die eigentliche Berechnung der Durchdringungspunkte kann z.B. mit einer der
weiter oben unter dem Stichwort Parameterwertdiskretisierung beschriebenen
Methoden erfolgen.

In [FARO 87a] werden spezielle Punkte (Randpunkte, Wendepunkte und singu-
läre Punkte) der Schnittkurve, die diese in monotone Abschnitte unterteilt und
die mit Hilfe algebraischer Eliminationsmethoden (s. Kap. 12.1.2 und Kap. 12.2.2)
gefunden werden, als Startwerte für die anschließende Verfolgungsphase verwendet.

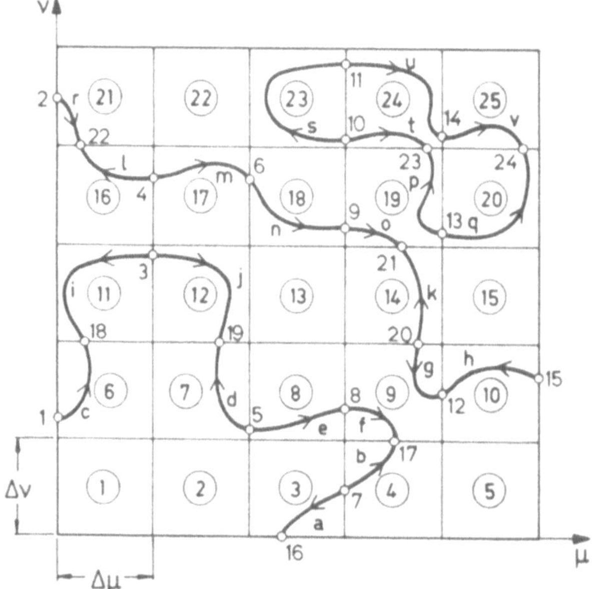

Fig. 12.18: Parameterraumdarstellung des $X_1(u,v)$ Kurvennetzes, der
Schnittpunkte 1,...,24 der Isoparameterlinien von $X_1(u,v)$ mit $X_2(\mu,v)$
als Ergebnis der Suchphase, sowie der aus den Abschnitten a,...,v zu-
sammengesetzten Durchdringungskurve von X_1 und X_2

In der **Verfolgungsphase** wird die Durchdringungskurve abschnittsweise, ausgehend von den in der Suchphase gefundenen Schnittpunkten, berechnet. Dazu
werden beim TIMMER-Algorithmus [TIM 77] (s. a. [MOR 85]) alle zu Beginn
erzeugten Flächensegmente schrittweise betrachtet. Die auf den Rändern eines
Flächensegmentes gelegenen Schnittpunkte (falls vorhanden) werden dem In-

dexwert entsprechend, d.h. in der Reihenfolge in der sie gefunden wurden, geordnet. Für Segment 9 aus Fig. 12.18 folgt z.B. die Punktliste 8, 17, 20 und 22. Beim Schnittpunkt mit dem kleinsten Index beginnend – im Beispiel also Punkt 8 – wird nun die Schnittkurve der beiden Flächen bis hin zum Austrittspunkt der Schnittkurve aus diesem Flächensegment der Fläche $X_1(u,v)$ berechnet, im Beispiel also Kurvenabschnitt f, der beginnend bei Punkt 8 bis hin zu Punkt 17 verläuft. Anschließend wird mit den restlichen Punkten der Punktliste eines Flächensegmentes gleich verfahren. Damit ein Teil der Durchdringungskurve nicht mehrfach berechnet wird, sind jedoch Anfangs- und Endpunkt in der Punktliste des Flächensegmentes zu löschen, bevor der nächste Kurvenabschnitt berechnet wird. Im Beispiel sind also Punkt 8 und Punkt 17 in der Liste zu löschen, Punkt 20 und 22 verbleiben in der Liste; als nächstes wird beginnend bei Punkt 20 bis hin zum Austrittspunkt 22 Abschnitt g berechnet; damit ist dann die Verarbeitung von Flächensegment g innerhalb des tracing Abschnittes abgeschlossen; der Algorithmus fährt fort mit Flächensegment h, usw.

Beginnend beim Anfangspunkt bis hin zum Endpunkt eines Kurvenabschnittes erzeugen Verfolgungsalgorithmen eine Folge von Punkten (nahe) der Durchdringungskurve, indem sie vom zuletzt gefundenen Schnittpunkt um einen bestimmten Betrag in Richtung der Schnittkurve weitermarschieren und so einen neuen Startpunkt für eine iterative Berechnung des nächsten Schnittpunktes liefern. Betrag und Richtung dieses Marschierens kann durch die lokale Differentialgeometrie der beiden Flächen festgelegt werden.

Ist etwa der Punkt S_0 gefunden (mit $X_1(u_0,v_0) = X_2(\mu_0,\nu_0)$), so kann ein neuer guter Startpunkt S_{S1} über die Tangente T_0 an die gesuchte Schnittkurve s gefunden werden. Die Tangente T_0 an die Schnittkurve s steht senkrecht auf den Flächennormalen N_1, N_2 der Flächen X_1, X_2 im Punkt S_0. Die Tangente T_0 an s hat also die Richtung (s. Fig. 12.19)

$$T_0 = N_1(u_0,v_0) \times N_2(\mu_0,\nu_0) \quad .$$

Gemäß der einführenden Bemerkungen zu Kap. 12 ist das Durchdringungsproblem im allgemeinen unterbestimmt, besitzt einen Freiheitsgrad zu viel. Dieser kann mit Hilfe einer zusätzlichen, beliebigen Bedingung belegt werden, also z.B. auch der Festlegung der Schrittweite dienen. Die zu wählende Bedingung kann als zusätzliche Kurve bzw. dritte Fläche X_3 interpretiert werden, welche die Schnittkurve in einem bestimmten Abstand d vom zuletzt gefundenen Schnittpunkt durchstößt. Eine gute Wahl für X_3 wäre z.B. ein Kreis bzw. eine Kugel k mit Mittelpunkt im zuletzt gefundenen Schnittpunkt S_0 und mit über die Krümmung der Schnittkurve definierten Radius (s. z.B. [FAU 81], [MOR 85], [CHE 88], [AST 88]). Häufig wird jedoch wegen der resultierenden rechnerischen Vereinfachungen eine zur Tangente T_0 orthogonale Gerade (Ebene) g im durch die Krümmung von s gesteuerten Abstand d von S_0 verwendet [FAU 81], [LUK 89] (s. Fig 12.20). Ausführlich behandelt wird das Problem der Schrittweitenbestimmung in [FAU 81] und in [MOR 85] (s. a. [PRAT 86]).

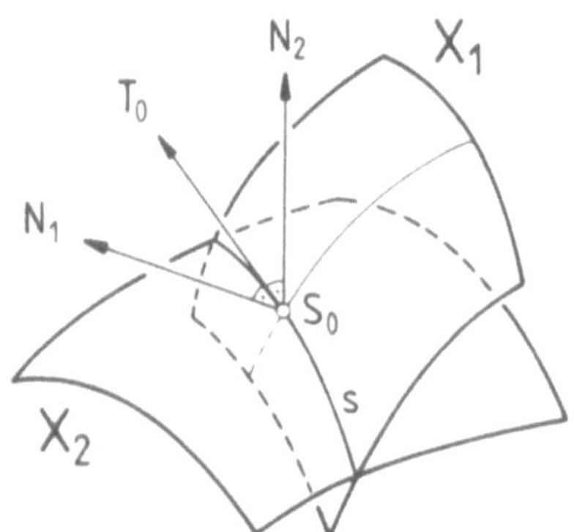

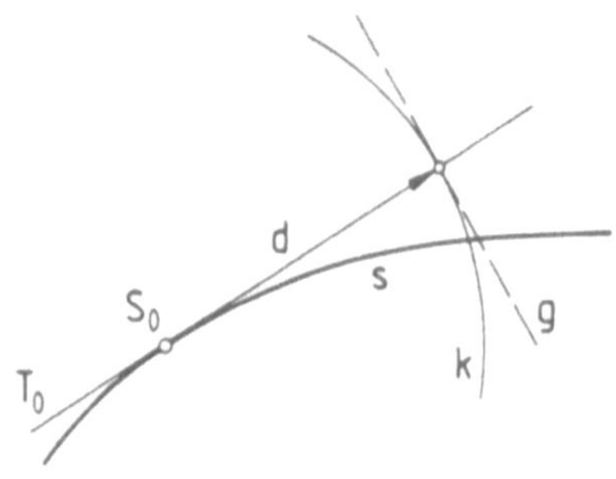

Fig. 12.19: Konstruktion der   **Fig. 12.20: Vereinfachte marching**
Tangente an die Schnittkurve   **Methode**

FAROUKI's Algorithmus [FARO 87a] unterteilt die Schnittkurve in Abschnitte monotonen Verhaltens, die durch spezielle Kurvenpunkte begrenzt werden (s. oben), und marschiert entlang eines Kurvenabschnittes - wie auch [BAJ 88] - durch Aufstellen der Taylorreihe im zuletzt gefundenen Kurvenpunkt. Der *Satz für implizite Funktionen* bildet die mathematische Fundierung dieses Vorgehens, das ein vergleichsweise sicheres Handhaben von Singularitäten gestattet.

Eine weitere Klasse von Verfolgungsalgorithmen behandelt das Problem der Schnittkurvenermittlung als **Minimierungsproblem**. Sind etwa die beiden Flächen Φ_1 und Φ_2 sowie die zusätzlich gewählte dritte Fläche gegeben durch die Gleichungen

$$f(x,y,z) \;=\; 0\,, \qquad g(x,y,z) \;=\; 0\,, \qquad h(x,y,z) \;=\; 0\,,$$

so läßt sich die Schnittkurve von Φ_1 und Φ_2 durch Minimierung der Funktion

$$F \;=\; f^2 + g^2 + h^2$$

berechnen, die entlang der Schnittkurve identisch Null ist, sonst aber positiv [POW 72], [FAU 81] (s. a. [PRAT 85]).

Eine Umformulierung des Schnittkurvenproblems derart, daß die Durchdringungskurve der beiden (implizit) gegebenen Flächen als Lösungskurven eines **Systems gewöhnlicher Differentialgleichungen** folgen, wird in [PHI 84] und in [PFE 85] beschrieben.

Allen Verfolgungsalgorithmen gemeinsam sind die **Probleme** des *guten* Startpunktes, des Auffindens aller Äste der Durchdringungskurve - (kleine) innere, geschlossene Schleifen dürfen nicht übersehen werden - des nicht mehrfachen

Berechnens eines Abschnittes der Durchdringungskurve, der *richtigen* Wahl der Richtung des Vorwärtsmarschierens und im speziellen der Schrittweite, damit z.B. bei verschiedenen, sich nahekommenden Abschnitten der Durchdringungskurve kein Überwechseln von einem Abschnitt zum anderen Abschnitt stattfindet, des automatischen Stoppens, beim Annähern an den Startpunkt, wenn eine geschlossene Schleife durchlaufen wird und beim Annähern an den Rand der Fläche, des *richtigen* Weiterlaufens bei Selbstdurchdringungen und Spitzen der Durchdringungskurve, der großen Sensitivität bzgl. lokaler Singularitäten.

Diese *Problemliste* erschwert das *Feinabstimmen* eines Verfolgungsalgorithmus erheblich. Auch sind noch nicht alle Probleme voll zufriedenstellend gelöst, sondern sind zum Teil noch Gegenstand der aktuellen Forschung; interessante Ansätze zur Startpunktfrage mittels Hodographen wurden z.B. jüngst in [SED 88] gegeben, wärend in [CHAN 87] Eliminationsmethoden (vgl. mit Kap. 12.1.2) zur Ermittlung von Startwerten vorgeschlagen werden.

Da sich die in Kap. 12.2.1 beschriebenen Einbettungsmethoden noch in den Anfängen der Entwicklung befinden und die in Kap 12.2.2 beschriebenen algebraischen Methoden für Flächen höheren Grades auf Grund der entstehenden numerischen Probleme uneffizient werden, besitzen Verfolgungsmethoden (in Kombination mit Diskretisierungsmethoden) dennoch große praktische Bedeutung. Insbesondere durch zusätzliche Kombination mit Unterteilungsalgorithmen, wie z.B. in [BARN 87] geschehen, lassen sich sehr leistungsstarke Algorithmen formulieren, die z.B. auch zur Ermittlung der Selbstdurchdringungen einer Fläche verwendet werden können. Weiterer Vorteil der Verfolgungsalgorithmen ist ihre allgemeine Anwendbarkeit auf jede beliebige Flächendarstellung.

12.2.5 Unterteilungsmethoden

Auch für das Schneiden von Flächen werden oft - analog zu den Kurven - Unterteilungsalgorithmen entwickelt. Allerdings sind, mehr noch als schon für Kurven, reine Unterteilungsalgorithmen sehr zeitaufwendig und benötigen viel Speicherplatz [GRIF 75], sind daher also uneffizient. Durch Hinzunahme eines Kriteriums zur Abschätzung des möglichen Durchdringungsbereiches läßt sich jedoch auch jetzt wieder eine erhebliche Beschleunigung und Verringerung des Speicherplatzbedarfs erreichen; d. h. ein devide-and-conquer Algorithmus für Flächen zerlegt die Umgebung jeder Fläche in geeignete Segmente, eliminiert dann die Segmente mit leerem Durchschnitt, während die restlichen Segmente verfeinert werden; sodann werden von den verfeinerten Segmente diejenigen ohne gemeinsamen Durchschnitt eliminiert, die restlichen weiter verfeinert usw., bis schließlich, nur noch im Rahmen einer Toleranzvorgabe, Segmente übrig bleiben, die genau genug die Schnittkurve beschreiben.

Unterteilungsalgorithmen können nicht nur zur Berechnung der Durchdringung zweier Flächen verwendet werden, sondern auch z.B. zur Berechnung der Selbstdurchdringung einer Fläche [LAS 88c], zur Ermittlung der Umrißlinie einer Fläche [KOP 86], zur Erzeugung von Niveaulinienbildern [PET 84, 87], innerhalb eines Hidden-line- [GRIF 75], [LI 88], eines Ray-tracing- [KAY 86], eines Solid-modeling-Algorithmus [MIL 86], [CASA 87] oder auch einfach innerhalb eines Darstellungs-Algorithmus.

Sie lassen sich sehr *benutzerfreundlich* programmieren, da für Unterteilungs-algorithmen z.B. das Startpunktproblem nicht existiert, und sie, auf Grund der devide-and-conquer Strategie, immer, im Rahmen der vorgegebenen Genauigkeit, alle Teile der Durchdringungskurve ohne jeglichen interaktiven Eingriff des Benutzers finden. Zerfallende Schnittkurven sind für Unterteilungsalgorithmen kein Problem.

Zur Verfeinerung wird bei Rechteckflächen meist eine Intervallhalbierung und bei Dreiecksflächen eine Halbierung der längsten Dreiecksseite oder eine Halbierung durch den Schwerpunkt ausgeführt. Für B-Spline-Flächen entspricht die Intervallhalbierung einem Knoteneinfügen [COH 80], [BÖH 80, 81], für Bézier-Flächen einer Segmentierung mit de Casteljau [LANE 80] und generell einem Auswerten der Flächendarstellung.

Zur Abschätzung sind gebräuchlich Min-Max-Quader und auch orientierte Min-Max-Quader. Für Darstellungen wie die Bézier und die B-Spline Darstellungen, die eine convex hull Eigenschaft besitzen, liese sich auch die konvexe Hülle zum Abschätzen verwenden, doch ist die konvexe Hülle für Flächen ein unregelmäss-iges Polyeder und der Aufwand für die Konstruktion und vor allem für den Separabilitätstest zweier unregelmäßiger Polyeder ist zu hoch gegenüber den Min-Max-Quadern, die eine Fläche zwar weniger eng einschließen, aber sehr viel schneller erzeugt und verschnitten werden können. Für Flächen in einer Dar-stellung, die keine Eigenschaft vergleichbar der convex hull Eigenschaft der Bézier-Darstellungen bereitstellt, besteht das Problem, die Umgebungen derart zu wählen, daß die Fläche bzw. ein Flächensegment mit Garantie ganz innerhalb der zugehörigen Umgebung liegt. In [HAN 83] wie auch in [HOU 85] wird dieses Problem noch mehr heuristisch, durch einen vom Benutzer festzulegenden *Sicherheitsfaktor*, mit dem die (orientierten) Min-Max-Quader vergrößert werden, gelöst. Analytisch fundiert, über eine *Lipschitz-Bedingung*, wird in [HERZ 87] für Kurven und für Flächen eine **Ellipsoid-Umgebung** konstruiert, die die Kurve bzw. Fläche mit Sicherheit ganz umschließt. Das Ellipsoid läßt sich natürlich von einem (orientierten) Min-Max-Quader umschließen

Devide-and-conquer Algorithmen können für jede Flächendarstellung formu-liert werden. In [HAN 83] wird z.B. ein Algorithmus für Rotationsflächen, für Translationsflächen und für Verbindungsflächen auf Spline-Basis formuliert und in [OWE 87] ein Algorithmus für implizit gegebene Flächen. In [PET 84, 87] wird ein Algorithmus für Dreiecks-Bézier-Flächen bzw. Tetraeder-Bézier-Volu-mina und in [LAS 86, 87, 88c] ein Algorithmus für Tensor-Produkt-Bézier-Flä-chen bzw. Volumina beschrieben. In [PEN 84] und in [DOK 85] werden Algo-rithmen für Tensor-Produkt-B-SplineFlächen angegeben und in [HOU 85] ein Algorithmus für parametrisierte Flächen, der an keine spezielle Darstellung gebunden ist.

13.   Glätten von Kurven und Flächen

Beim Interpolieren oder Approximieren von Kurven und Flächen mit Splinekurven oder Splineflächen können sich unerwünschte Kurven- oder Flächenbereiche einstellen. So kann z.B. in bestimmten Situationen ein konvexes Kurven-
oder Flächenstück gefordert werden (z.B. Automobildach, Schiffsrumpf), durch
die Interpolations- oder Approximationsdaten treten aber (u.U. nur leichte)
"Welligkeiten" auf, die nach Durchlaufen des Interpolations- oder Approximationsprozesses noch nachträglich beseitigt werden müssen. Diese Beseitigung
unerwünschter Krümmungsbereiche in Kurven- oder Flächendarstellungen wird
als **Glätten** bezeichnet. Argumente für das Erfüllen gewisser Glattheitsforde-
rungen an Kurven oder Flächen sind z.B.

- ästhetischer Natur (ein Autodach sollte keine Beulen haben),
- strömungstechnischer Natur (die Luft- oder Wasserströmung sollte wegen
  Beulen nicht abreißen),
- technologischer Natur (beim Fräsen von Werkzeugteilen zum Herstellen entsprechender Flächen sollten keine Steuerungsprobleme entstehen).

Diese Kriterien können auch formalisiert werden, so daß das Glätten als *Approximationsproblem mit Nebenbedingungen* gedeutet werden kann:

> Gegeben ist eine geordnete Menge von Punkten, man finde eine Kurven-
> oder Flächendarstellung, so daß gewisse Glattheitskriterien erfüllt sind.

Für Kurven sind uns solche Kriterien zum Teil schon bekannt:

$$\text{minimale Biegung [REI 67]} \qquad \int_a^b \left| f''(x) \right| \, dx \to \min \qquad \text{(s. (3.2))},$$

$$\text{minimale Biegeenergie [MEH 64]} \qquad E = \int_a^b x^2 \, ds \to \min \qquad \text{(s. (3.53))},$$

$$\text{minimaler Ruck [MEI 87]} \qquad R = \int_a^b \left| \dddot{X}(t) \right| \, dt \to \min,$$

minimale Spannung [SCHW 66]

$$\sigma = \int_a^b \left| f''(t) \right|^2 \, dt + \alpha^2 \int_a^b \left| f'(t) \right|^2 \, dt \to \min \qquad \text{(s. (3.37))},$$

diskretisierte minimale Spannung [NIE 74]

$$\sigma = \int_a^b \left| f''(t) \right|^2 \, dt + \sum_{i=1}^{n-1} \nu_i \left| f'(t_i) \right|^2 \qquad \text{(s. (3.46))},$$

oder [HAG 85]

$$\sigma = \int_a^b \left| f'''(t) \right|^2 \, dt + \sum_{i=1}^{n-1} \nu_i \left| f'(t_i) \right|^2 + \sum_{i=1}^{n-1} \eta_i \left| f''(t_i) \right|^2 \qquad \text{(s. a.(3.50))}.$$

Für Flächen sind z.B. vorgeschlagen worden

— minimale Biegeenergie einer Platte [WAL 71], [REI 71]

$$U = \int_a^b\int_a^b [(f_{xx} + f_{yy})^2 - 2(1 - \nu)(f_{xx}f_{yy} - f_{xy}^2)]\,dxdy \to min \ ,$$

— eine Näherung der Biegeenergie einer Platte [REE 83], [HAG 87]

$$U = \int_a^b\int_a^b (x_1^2 + x_2^2)\,dudv \to min \quad mit \ \ x_1\,x_2 \ \ als \ Hauptkrümmungen;$$

- elastische Oberflächen

$$F = (X_u \cdot X_u) + (X_v \cdot X_v) \to min \ .$$

Sind diese Verfahren lokal nicht ganz erfolgreich oder werden andere Methoden zur Kurven- bzw. Flächenerzeugung eingesetzt, ist evtl. eine weitere Glättung der unerwünschten Bereiche notwendig. Dieser Glättungsprozeß zerfällt im wesentlichen in zwei Teile

a)   Erkennen von unerwünschten Bereichen,
b)   Beseitigen unerwünschter Bereiche.

Für beide Schritte des Glättungsprozesses sind verschiedene Methoden entwik-kelt worden. Im folgenden sollen einige Verfahren diskutiert werden:

Um das Glätten von Splinekurven oder Splineflächen zu vereinfachen oder gar zu vermeiden, wurde in [RENZ 82] eine *Vorglättung* der digitalisierten Daten vor-geschlagen. Dabei werden zu erwartende Oszillationen über den Vergleich der ersten und zweiten Differenzen der Daten aufgedeckt. Durch einen formalen In-tegrationsprozeß werden die Daten so verändert, daß die ersten und zweiten di-vidierten Differenzen der Datenmenge keine Unregelmäßigkeiten mehr aufweisen. Vorglätten empfiehlt sich immer, wenn unter den Daten einzelne stark mit Feh-lern behaftete Punkte auftreten können, da diese "schlechten" Punkte das Inter-polations- oder Approximationsergebnis erheblich beeinflussen! Eine ähnliche Methode findet sich in [LANGR 84], wo die Bi-Laplace-Gleichung zur Daten-glättung benutzt wird.

In [HOSA 69] wird ein Vermischen der formalen Kriterien und eine Änderung der Daten vorgeschlagen. Es wird verlangt, daß folgende Funktional minimiert wird

$$U = \frac{1}{2}\,EI\,\int_a^b x^2(s)\,ds + \frac{1}{2}\,\sum_{i=0}^n c_i\,(P_i - P_i^*)^2 \to min$$

mit E als Elastizitätsmodul, I als Trägheitsmoment, c_i als Steifigkeitskoeffizien-ten, P_i als Vektor der gegebenen Punkte, P_i^* als Ortsvektor der korrigierten Punkte. Ähnlich wirkt auch ein in [KJE 83], [KJE 83a] vorgeschlagenes Verfah-ren: Die Biegeenergie einer kubischen Splinekurve bzw. einer kubischen Spline-fläche wird reduziert, wenn die Sprünge in den dritten Ableitungen verschwin-den oder reduziert werden. Daher wird an geeigneten Stellen gefordert, daß der jeweilige Segmenttrennpunkt des Interpolationssplines so verschoben wird, daß der Sprung in der dritten Ableitung verschwindet. - Glättung von B-Spline-Kurven mit geeigneter Verlagerung der de Boor-Punkte findet sich in [FAR 87a].

Bemerkung: 1. Die in Kap. 2 eingeführte Umparametrisierung hat glättenden Charakter.

2. Direkte Ansätze um über Nebenbedigungen glatte Flächen zu erhalten, finden sich z. B in [BRUN 85], [HAG 87], [MEI 87], [NOW 83, 89], [STAN 88].

13.1 Unerwünschte Kurven- und Flächenbereiche

Zunächst wollen wir festlegen, wann ein Kurven- oder Flächenstück **unerwünschte Bereiche** enthält, so daß es geglättet werden muß. Diese Frage läßt sich mit dem *erwarteten Krümmungsverhalten eines Kurven- oder Flächenbereiches* beantworten:

Eine Kurve enthält einen unerwünschten Bereich,

- wenn sie von den Randvorgaben konvex sein sollte, aber Wendepunkte auftreten (s. Fig 13.1a) oder
- wenn sie von den Randvorgaben höchstens einen Wendepunkt besitzen sollte, aber mehr als ein Wendepunkt auftritt (s. Fig. 13.1 b).

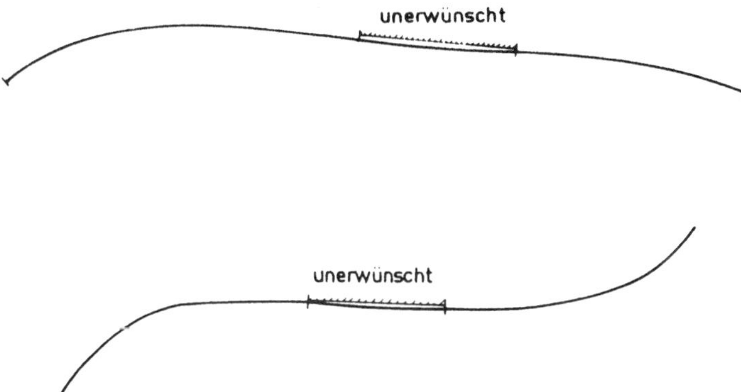

Fig. 13.1a,b: Unerwünschte Bereiche einer Kurve

Ein Flächenstück enthält z.B. einen unerwünschten Bereich,

- wenn es konvex sein sollte (Gaußsche Krümmung positiv), die Gaußsche Krümmung aber ihr Vorzeichen wechselt oder
- wenn das Flächenstück negative Gaußsche Krümmung haben sollte, die Gaußsche Krümmung aber das Vorzeichen wechselt oder
- wenn ein Flächenstück höchstens einen Übergang von negativer zu positiver Gaußscher Krümmung besitzen sollte, aber mehrere Vorzeichenwechsel der Gaußschen Krümmung auftreten .

Ein ganz anderer Typus von unerwünschtem Bereich tritt auf, wenn *Fehler bei der Erzeugung einer Splinefläche* gemacht wurden: So kann z.B. von einer Splinefläche gefordert werden, daß sie C^1-stetig oder C^2-stetig ist, durch Unachtsamkeiten beim Erzeugen der Splinefläche gibt es aber Übergänge, die nur C^0-stetig oder C^1-stetig sind. Dieser Fall soll mit Hilfe von Isophoten in Kap. 13.4 untersucht werden.

13.2 Erkennen unerwünschter Kurven- und Flächenbereiche

Für das Erkennen unerwünschter Kurven- und Flächenbereiche sollen hier drei Methoden vorgestellt werden:

- die *Isolinienmethode*, wobei Unregelmäßigkeiten über Netze von Kurven mit gleicher geometrischer Eigenschaft (konstante Höhe, konstanter Anstiegswinkel, konstante Gaußsche Krümmung, konstante mittlere Krümmung usw.) aufgedeckt werden,

- die *Reflexionslinienmethode*, die Unregelmäßigkeiten in dem Reflexionslinienbild paralleler Lichtgeraden nutzt,

- die *Abbildungsmethode*, die über Singularitäten eines speziellen Bildes der zu diskutierenden Kurve oder Fläche die unerwünschten Bereiche erkennen läßt.

Die **Isolinienmethode** ist numerisch sehr aufwendig, da praktisch immer transzendente Gleichungssysteme gelöst werden müssen. Höhenlinien, Linien gleicher Gaußscher Krümmung usw. werden immer durch Funktionen der Flächenparameter (u,v) beschrieben, deren Nullstellen für konstante Werte der jeweiligen Größe zu ermitteln sind. Die Ermittlung der Isolinien kann vereinfacht werden, wenn die ganze Fläche in genügend kleine Rasterfelder unterteilt wird, jedem Rasterfeld wird dann der Funktionswert der zu diskutierenden Funktion zugeordnet ([HAR 83], [REE 83]).

Bei der **Reflexionslinienmethode** (s. a. [KLA 80]) gehen wir aus von einer (wenigstens einmal stetig differenzierbaren) Fläche X mit der Parameterdarstellung $X = X(u,v)$, den Parametern $u,v \in [0,1]$ und dem Normalenvektor

$$N = \frac{X_u \times X_v}{|X_u \times X_v|} \ . \tag{13.1}$$

Weiter sei gegeben eine Gerade L und ein fester Beobachtungspunkt A. Als *Reflexionslinie* wird nun das Bild der Geraden L auf der Fläche X bezeichnet, das vom Augpunkt A beobachtet wird, wenn die Lichtlinie L in dem Spiegel X (Fläche) gespiegelt wird (s. a. Fig. 12.2).

Zur Begutachtung eines Flächenstückes werden nun Reflexionslinien einer Schar von Lichtgeraden ermittelt. Unregelmäßigkeiten im Verlauf der Reflexionslinien

deuten unerwünschte Bereiche an. Fig. 13.3 zeigt ein Reflexionslinienbild einer
Schar paralleler Lichtgeraden mit deutlichen Unregelmäßigkeiten im mittleren
Bereich.

Das Reflexionslinienverfahren ist eine mathematische Nachbildung der in der
Autoindustrie üblichen Gütebeurteilung einer Karosserieoberfläche in einem
Lichtkäfig: dabei werden vom Designer auf einem Karosserierohmodell die Re-
flexionslinien der Neonröhren des Lichtkäfigs beobachtet, und aufgrund dieser

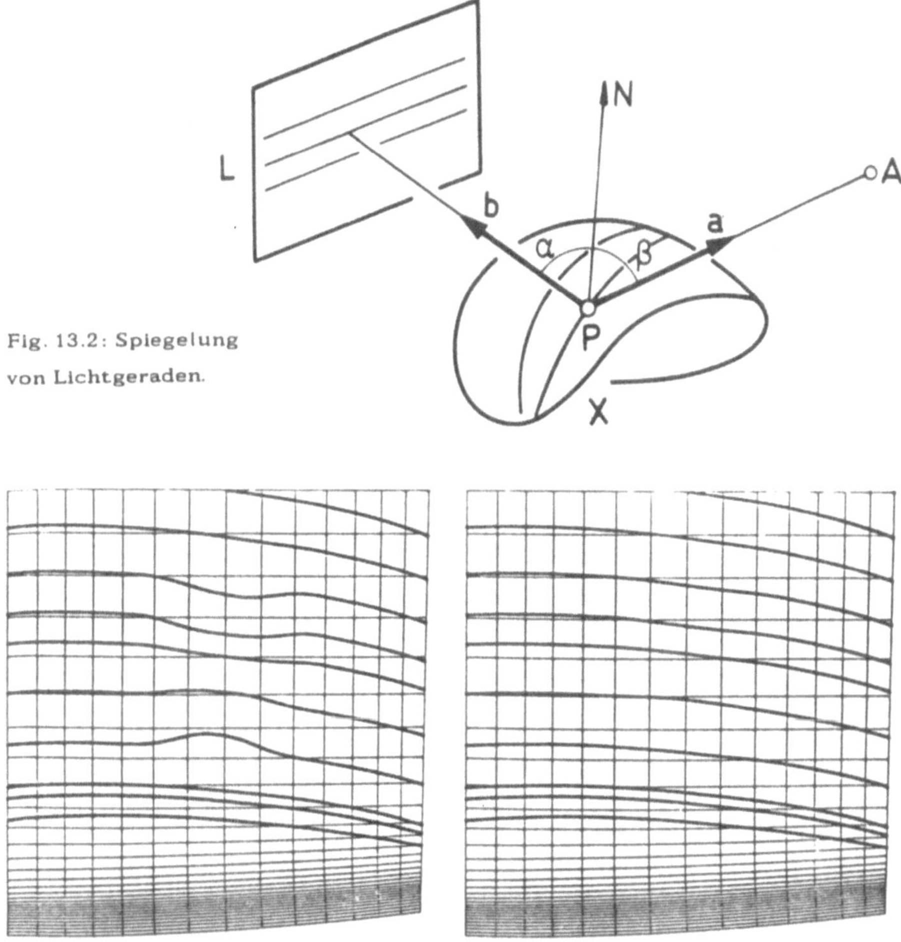

Fig. 13.2: Spiegelung
von Lichtgeraden.

Figure 5. Surface with reflection lines seen from above

Figure 7. Corrected surface with reflection lines

Fig. 13.3: Reflexionslinienbild mit Irregularitäten.*

*) s. [KLA 80], Das Bild wurde freundlicherweise von der Redaktion
von **computer-aided design** zur Verfügung gestellt.

Beobachtung werden dann Korrekturen vorgenommen. Jeder von uns kann mit dieser Methode etwa an Spiegelbildern eines Mastes einer Straßenlaterne oder den Spiegelbildern der Kanten und Fenster eines Hochhauses die Güte der Oberfläche von Autokarosserien selbst beurteilen.

Eine einfach zu handhabende *Modifikation der Reflexionslinienmethode* wurde neuerdings entwickelt [KAU 88] und ist sehr empfindlich für Flächenirregularitäten: Man greift auf der Fläche eine Kurvenschar heraus (z.B. ebene Parameterlinien oder Schnittkurven mit einer Schar von Ebenen), gibt eine Lichtrichtung a und Reflexionswinkel α_i (i ϵ I) vor und ermittelt auf der Kurvenschar die Punkte P_j, deren Tangenten mit der Lichtrichtung a den Winkel α_l (l ϵ I) bilden.

Einen anderen Zugang zum Erkennen unerwünschter Krümmungsbereiche liefern die aus der Optik oder Katastrophentheorie bekannten **k-orthotomics** [BRU 84], die in der deutschen Literatur auch als k-fach verlängerte Fußpunktskurven oder Fußpunktsflächen bezeichnet werden [HOS 85a]. Auf eine weitere Möglichkeit des Erkennens unerwünschter Flächenbereiche mit Hilfe gewisser Polaritäten wurde in [HOS 84] hingewiesen.

Wir wollen die Konstruktion der k-orthotomics zunächst für ebene Kurven angeben: Wir gehen aus von einer ebenen Kurve $X(t)$, weiter sei gegeben ein Punkt P, der nicht auf $X(t)$ liegt und den (nach Möglichkeit) keine Tangente von $X(t)$ trifft. Wird P an einer Tangente von $X(t)$ im Punkt $X(t_0)$ gespiegelt, erhalten wir den Punkt Y_2 (s. Fig. 13.4).

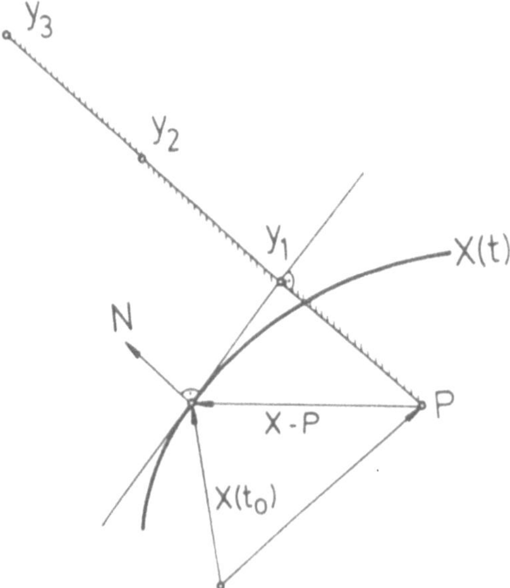

Fig. 13.4 : Spiegelung des Punktes P an Tangente der Kurve X(t) liefert Y_2. Verdoppelung des Abstandes führt auf Y_3.

Durchläuft $X(t)$ den Parameterbereich der Kurve, so beschreibt Y_2 eine Kurve $Y_2(t)$, die *2-Orthotomic* von $X(t)$ bezogen auf P genannt wird. Die 2-Orthotomic kann auch als *reflektierte Wellenfront* zu P als Lichtquelle oder als *scheinbares Bild* von P im Spiegel $X(t)$ bezeichnet werden. Als Parameterdarstellung der 2-Orthotomic folgt aus Figur 13.4

$$Y_2(t) = P + 2 \left[(X(t) - P) \cdot N(t) \right] N(t) \tag{12.2}$$

mit $N(t)$ als Einheitsnormalenvektor der Kurve $X(t)$. Wird der Faktor 2 durch k ersetzt, geht (13.2) in die Gleichung der k-Orthotomic über. Für die k-Orthotomic gilt [HOS 85a]:

Satz 13.1: Sei $X(t)$ eine reguläre Parameterdarstellung einer ebenen Kurve der Klasse C^3 und P ein Punkt, der nicht auf der Kurve liegt und von keiner Kurventangente getroffen wird. Dann hat die k-Orthotomic bezogen auf den Punkt P genau dann eine Singularität *(Spitze)* in $t = t_0$, wenn $X(t)$ in $t = t_0$ einen Wendepunkt hat.

Bemerkung: Falls eine Tangente von $X(t)$ P trifft, so folgt aus (13.2), daß die k-Orthotomic dann durch P verläuft und in P eine Singularität besitzt.

Wir wollen die Wirkung dieses Abbildungsprinzips an einem Beispiel demonstrieren: Zunächst betrachten wir eine Schar von Bézier-Kurven der Ordnung 4 mit den Bézier-Punkten

$$b_0(-12,0), \quad b_1(-6,6), \quad b_2(0,p), \quad b_3(6,3), \quad b_4(12,0)$$

mit p als Parameter und verändern p zwischen -1,5 und 2,5 . Dann erhalten wir eine Kurvenschar (s. Fig. 13.5 a), deren oberste Kurve sicher konvex, deren unterste Kurve sicher nicht konvex ist. Die zugehörigen 10-Orthotomics enthält Fig. 13.5 b: es ist klar zu erkennen, daß die beiden unteren Kurven in Fig. 13.5 a nicht konvex sind.

Fig. 13.5a: Bézier-Kurvenschar.

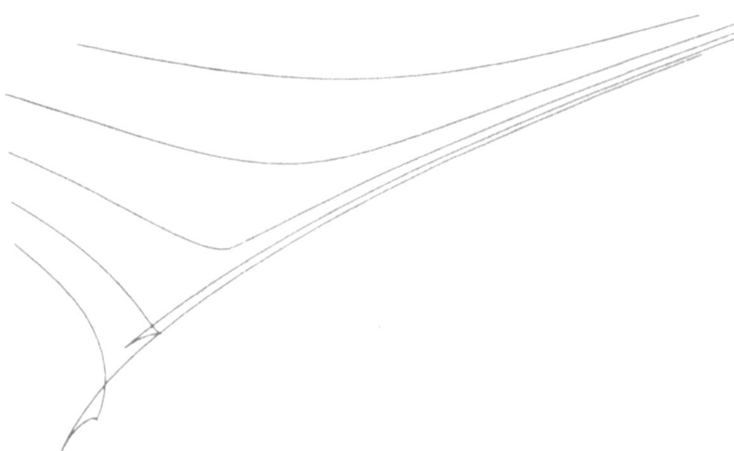

Fig. 13.5 b: Orthotomics zu den Kurven in Fig. 13.5a

Das Prinzip der k-Orthotomics läßt sich auf Flächen ausdehnen: Wir wählen eine Fläche $X(u,v)$, einen Punkt P und spiegeln P an der Tangentialebene von X . Auch hier kann die gespiegelte Strecke k-fach verlängert werden, so daß wir als Gleichung der k-Orthotomic erhalten

$$Y(u,v) = P + k[(X(u,v) - P) \cdot N(u,v)] N(u,v) .\qquad (13.3)$$

Für die k-Orthotomic-Fläche gilt:

Satz 13.2: Sei $X(u,v)$ eine regulär parametrisierte Fläche der Klasse C^3 und P ein Punkt, der nicht auf der Fläche X liegt und auch nicht von den Tangentialebenen von X getroffen wird. Die k-Orthotomic Y von X bezogen auf den Punkt P hat genau dann eine Singularität an der Stelle (u_0,v_0), wenn die Gaußkrümmung von X verschwindet oder ihr Vorzeichen wechselt.

Für ein Beispiel wählen wir eine (3,3) Bézierfläche mit den Bézierpunkten (s. Fig. 13.6)

$$\begin{array}{llll}
b_{00}(0;0;0), & b_{01}(0;1;2), & b_{02}(0;2;1), & b_{03}(0;3;0), \\
b_{10}(1;0;1), & b_{11}(1;1;2), & b_{12}(1;2;2), & b_{13}(1;3;2), \\
b_{20}(2;0;2), & b_{21}(2;1;2), & b_{22}(2;2;2), & b_{23}(2;3;1), \\
b_{30}(3;0;0), & b_{31}(3;1;1), & b_{32}(3;2;2), & b_{33}(3;3;0).
\end{array}$$

Diese Bézierfläche besitzt durchweg konvexe Parameterlinien, trotzdem ist die Fläche nicht konvex. In den Randbereichen wechselt die Gaußkrümmung ihr Vorzeichen, wie Figur 13.7 zeigt.

In Figur 13.7 ist die Lage der unerwünschten Flächenbereiche leicht erkennbar, Im allgemeinen sind jedoch keine Rückschlüsse auf die Lage der zu glättenden Bereiche möglich.

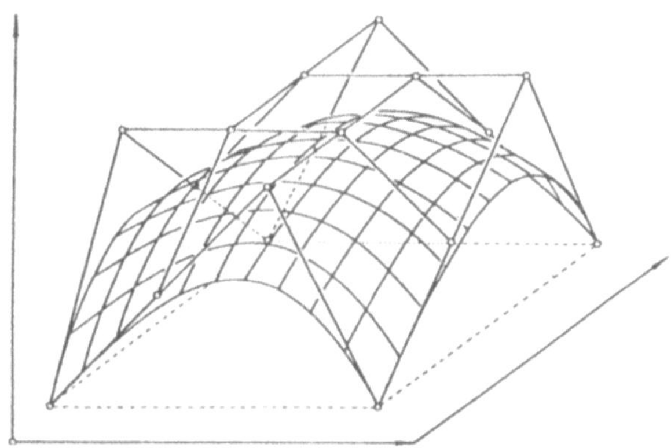

Fig. 13.6 : Bézierfläche mit durchweg konvexen Parameterlinien.

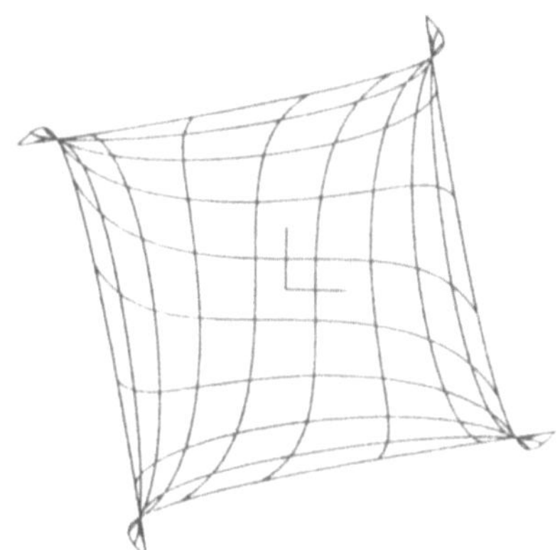

Fig. 13.7 : Orthotomic-Bild der Fläche aus Figur 13.6 .

Um diesen Mangel zu beseitigen, können die Singularitäten der Orthotomic-Fläche auf die Ausgangsfläche zurückprojiziert werden: in den Singularitäten der Orthotomic-Fläche $\mathbf{Y}$ verschwindet der Normalenvektor von $\mathbf{Y}$, d.h. es gilt dort

$$\mathbf{Y}_u \times \mathbf{Y}_v = 0 . \tag{13.4}$$

Um nun die explizite Berechnung der Ableitungen zu vermeiden, diskretisieren wir das Parametergebiet z.B. über äquidistante Intervalle Δ und ersetzen die Ableitungen in (13.4) durch Differenzvektoren, so daß als Approximation der Ableitungen gilt

$$N_u(u_i, v_k) \approx N(u_i, v_k) - N(u_i + \Delta , v_k) ,$$

$$N_v(u_i, v_k) \approx N(u_i, v_k) - N(u_i , v_k + \Delta) ,$$

und markieren jene Punkte P_{ij} auf der Ausgangsfläche X, für die gilt

$$\left| N_u \times N_v \right| < \varepsilon .$$

(13.5)

Bei dieser Diskretisierung können natürlich Mißweisungen auftreten, wenn z.B. die Gaußkrümmung nahe bei Null liegt! In Fig. 13.8 ist an einem Beispiel die Rückprojektion der Singularitäten der Orthotomic wiedergegeben.

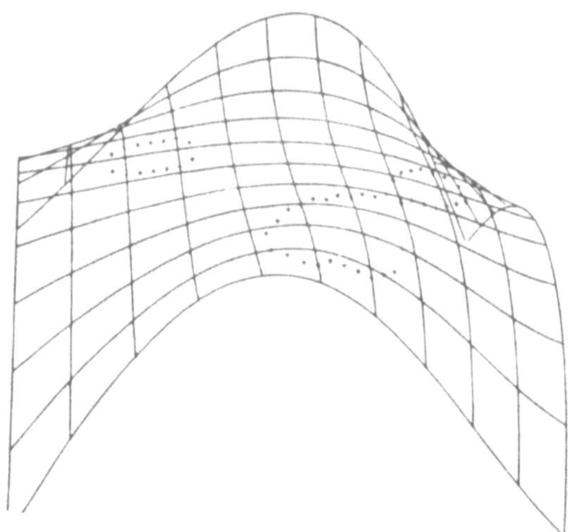

Fig. 13.8 : Flächenstück mit markiertem Vorzeichenwechsel
der Gaußkrümmung.

13.3   Beseitigung unerwünschter Kurven- und Flächenbereiche

Die Methoden zum Beseitigen unerwünschter Kurven- und Flächenbereiche sind im allgemeinen schwieriger zu handhaben als die Methoden zum Erkennen unerwünschter Bereiche. Außerdem sollten diese Verfahren nur lokal wirken, d.h. nur in der Umgebung des beanstandeten Bereiches Änderungen ausführen, die restliche Kurve oder Fläche aber unverändert lassen. Hier hilft unter Umständen nur zusätzliche Segmentierung mit Hilfe des Casteljau-Algorithmus oder des de Boor-Algorithmus, wodurch neue kleinere Flächenbereiche erzeugt werden, die dann unter Berücksichtigung der geforderten Übergangsbedingungen geglättet werden können.

13.3.1   Beseitigung unerwünschter Kurvenbereiche

In einfachsten Fällen können **interaktiv** durch gezieltes Verändern der Kontroll-punkte unerwünschte Bereiche beseitigt werden: Liegt z.B. der unerwünschte Bereich in der Mitte der Kurve, empfiehlt es sich, die Randbereiche mit dem

Casteljau-Algorithmus abzuspalten und dann im mittleren Bereich einen Bézier-Punkt so zu verändern, bis der unerwünschte Wendepunkt verschwunden ist (s. a. [HOS 84,85a]).

Das interaktive Arbeiten ist im allgemeinen nur in übersichtlichen Situationen einfach möglich. Wir wollen daher im folgenden **algorithmische Verfahren** entwickeln, die ein formal ablaufendes Glätten erlauben.

Zunächst betrachten wir wieder den Fall der **Glättung von Kurven**:

Auf *algebraischem Weg* können unerwünschte Kurvenbereiche über *Elimination des Parameters t* beseitigt werden. Dahinter steht die Beobachtung, daß bei Bézier-Kurven bzw. Bézier-Flächen der Kurvenverlauf bzw. Flächenverlauf allein von den Bézier-Punkten abhängt, der Parameter nur dazu dient, einzelne Kurven- bzw. Flächenpunkte zu berechnen, nicht aber, um über den Verlauf der Kurve bzw. Fläche zu entscheiden. Zur Parameterelimination greifen wir zurück auf das **Verfahren der Bézout-Elimination** (s. a. Kap. 12), das in den älteren Büchern über Algebra noch dargestellt wird (s. [SAL 85] sowie [GOL 85], [SED 84a]).

Um die Beseitigung unerwünschter Bereiche zu algebraisieren, benötigen wir zunächst ein *hinreichendes Kriterium* für eine glatte *ebene* Kurve. Wir fordern, daß die Kurve an Stellen unerwünschter Wendepunkte so transformiert wird, daß zwei unerwünschte Wendepunkte wenigstens in einen Punkt mit stationärer Kurvenkrümmung überführt werden.

Soll ein Kurvenpunkt die Krümmung $\varkappa = 0$ besitzen, wobei dieser Punkt gleichzeitig ein Extremwert von $\varkappa$ ist, so gilt zusätzlich $\varkappa' = 0$ (s. Fig. 13.9).

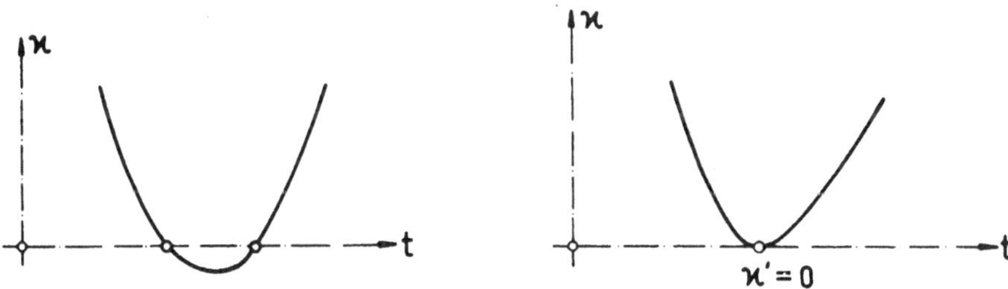

Fig. 13.9 : Krümmungsdiagramm und stationärer Punkt mit x' = 0.

Damit folgt als Kriterium für einen sogenannten *stationären Flachpunkt* über Differentiation der Formel zur Berechnung der Kurvenkrümmung $\varkappa$ (s. Kapitel 2), daß folgende Vektorprodukte verschwinden (s. auch [HOS 84]):

$$\mathbf{X}' \times \mathbf{X}'' = 0 , \qquad \mathbf{X}' \times \mathbf{X}''' = 0 . \tag{13.6}$$

Nach Kap. 4 lassen sich die Ableitungen einer Bézier-Kurve so darstellen

$$X' = \frac{n!}{(n-1)!} \sum_{i=0}^{n-1} B_i^{n-1}(t)\, \Delta^1 b_i \quad , \quad X'' = \frac{n!}{(n-2)!} \sum_{i=0}^{n-2} B_i^{n-2}(t)\, \Delta^2 b_i \quad ,$$

$$X''' = \frac{n!}{(n-3)!} \sum_{i=0}^{n-3} B_i^{n-3}(t)\, \Delta^3 b_i \quad , \tag{*}$$

mit $\Delta^1, \Delta^2, \Delta^3$ als erste, zweite oder dritte Differenzen. Nun transformieren wir die Bernstein-Basis in t in eine *Standard-Basis* in w über Division durch $(1-t)^n$ und Substitution $\quad w = \frac{t}{1-t}$.
Damit erhalten wir

$$\frac{B_k^n(t)}{(1-t)^n} = \binom{n}{k} w^k \qquad (\, w \in \mathbb{R}^+) \, , \tag{13.7}$$

womit (*) transformiert wird in

$$X' \,\hat{=}\, \sum_{k=0}^{n-1} C_k\, w^k \quad \text{mit} \quad C_k := \binom{n-1}{k} \Delta^1 b_k \quad ,$$

$$X'' \,\hat{=}\, \sum_{k=0}^{n-2} D_k\, w^k \quad \text{mit} \quad D_k := \binom{n-2}{k} \Delta^2 b_k \quad , \tag{13.8}$$

$$X''' \,\hat{=}\, \sum_{k=0}^{n-3} E_k\, w^k \quad \text{mit} \quad E_k := \binom{n-3}{k} \Delta^3 b_k \quad ,$$

wobei wir unwesentliche Faktoren vernachlässigt haben. Wenn wir (*) in (13.6) einsetzen, erhalten wir die folgenden Polynome auf Monombasis

$$X' \times X'' := \sum_{k=0}^{2n-3} A_k\, w^k \quad , \quad X' \times X''' := \sum_{k=0}^{2n-4} B_k\, w^k \tag{13.9}$$

mit den Koeffizienten

$$A_k = \sum_m (C_m \times D_l) \quad \text{mit} \begin{cases} m + l = k, & m, l > 0, \\ m < n - 1, & l < n - 2, \end{cases}$$

und $\tag{13.10}$

$$B_k = \sum_m (C_m \times E_l) \quad \text{mit} \begin{cases} m + l = k, & m, l > 0, \\ m < n - 1, & l < n - 3. \end{cases}$$

Um die Vektortechnik benutzen zu können, führen wir ein

$$M_k := (A_k, B_k) \quad .$$

Damit können die beiden Gleichungen in (13.9) zu einem vektorwertigen Polynom zusammengefaßt werden:

$$P(w) := \sum_{k=0}^{N} M_k\, w^k = 0 \quad \text{mit} \quad N := 2n - 3 \quad . \tag{13.11}$$

Um den Parameter w zu eliminieren, können wir so weiterverfahren: Wir splitten $P(w)$ in zwei Summanden, indem wir schreiben

$$P(t) = w^{N-k}(M_N w^k + M_{N-1} w^{k-1} + \ldots + M_{N-k}) +$$

$$+ (M_{N-k-1} w^{N-k-1} + \ldots + M_0) \ .$$

Werden nun gesetzt

$$Q_k(w) := M_N w^k + M_{N-1} w^{k-1} + \ldots + M_{N-k} \ , \tag{13.12}$$

so werden die Vektorprodukte $Q_k(w) \times P(w), \ldots, Q_{N-1}(w) \times P(w)$ N skalare Polynome vom Grad $N-1$ in w (P, Q_k sind Vektoren der Dimension zwei):

$$
\begin{aligned}
Q_0 \times P &= R_{00} w^{N-1} &+ \ldots + R_{0,N-2} w &+ R_{0,N-1} \ , \\
Q_1 \times P &= R_{10} w^{N-1} &+ \ldots + R_{1,N-2} w &+ R_{1,N-1} \ , \\
&\quad\ \ \cdot & \cdot &\quad\ \cdot \\
&\quad\ \ \cdot & \cdot &\quad\ \cdot \\
&\quad\ \ \cdot & \cdot &\quad\ \cdot \\
Q_{N-1} \times P &= R_{N-1,0} w^{N-1} &+ \ldots + R_{N-1,N-2} w &+ R_{N-1,N-1}
\end{aligned}
\tag{13.13}
$$

mit

$$R_{ik} = \sum_p (M_p \times M_q) \tag{13.14}$$

und

$$p + q = 2N - i - k - 1 \ , \quad p \geq \max(N-i, N-k) \ , \quad p \leq N \ .$$

Die skalaren Koeffizienten in (13.3) hängen allein von den Bézier-Punkten ab. Diese Polynome verschwinden nur dann, wenn das Vektorpolynom $P(w)$ verschwindet. Das Verschwinden des Vektorpolynoms $P(w)$ führt auf die Bedingung (13.6) für Punkte mit stationärer Kurvenkrümmung. Damit haben wir das gewünschte Kriterium für die Glättung von Bézier-Kurven gefunden, das nur noch allein von Bézier-Punkten abhängt:

$$\det |R_{ik}| = 0 \ . \tag{13.15}$$

Diese Determinante der Ordnung N wird *Bézout-Determinante* genannt.

Um diese Bézout-Determinante für das Glätten von Bézier-Kurven anzuwenden, greifen wir einen Bézier-Punkt b_k heraus und führen den Parameter p so ein, daß z. B. gilt $b_k = (x_k, p)$, wobei x_k die gegebene Abszisse von b_k ist. Wenn wir den Bézier-Punkt b_k in die Bézout-Determinante (13.15) einsetzen, erhalten wir eine Funktion für den Parameter p. Nun ändern wir den Parameter p solange, bis $\det |R_{ik}(p)|$ verschwindet. Dieser spezielle Wert p_0 bestimmt einen Flachpunkt der zugehörigen Bézier-Kurve.

Diese algebraischen Umformungen können übersichtlich mit *Formelmanipulatoren* durchgeführt werden (s. z. B. MUMATH., REDUCE, MACSYMA usw.).

Wir haben in Kap. 3 gesehen, daß die *Länge des Parameterintervalls* einen starken Einfluß auf die Kurvengestalt hat. Das von SCHELSKE [SCHE 84] entwickelte Glättungsverfahren nutzt die Parameteränderung zur Beseitigung unerwünschter Kurven- bzw. Flächenbereiche aus. Die beiden folgenden Hilfssätze sind methodische Grundlage des Glättungsprozesses: Einmal müssen bei Änderung des Parameterintervalls die Randableitungen in den Splinekurvensegmenten erhalten bleiben, was garantiert wird durch

Satz 13.3: Sei $X(t)$ eine über $[a,b]$ definierte Bézier-Kurve vom Grade n mit $n > 2j+1$. Werden bei einer Streckung des Parameterintervalls $[a,b]$ mit dem Faktor $x := \dfrac{\tilde{b}-a}{b-a}$ die ersten und die letzten $(j+1)$ Bézier-Punkte von $X(t)$ nach der Vorschrift

$$\tilde{\mathbf{b}}_k(x) = \sum_{l=0}^{k} \binom{k}{l} \mathbf{b}_l (1-x)^{k-l} x^l \quad , \quad \tilde{\mathbf{b}}_{n-k}(x) = \sum_{l=0}^{k} \binom{k}{l} \mathbf{b}_{n-l}(1-x)^{k-l} x^l$$

für $0 \le k \le j$ transformiert, so stimmen auf den Rändern die ersten j Ableitungen von $X(t)$ und $\tilde{X}(\tilde{t})$ überein.

Weiter gilt

Satz 13.4: Sei $X(t)$ eine Bézier-Kurve vom Grade $n = 2q+1$ und B der Vektor mit den Bézier-Punkten $\mathbf{b}_0,...,\mathbf{b}_n$ von X als Komponenten und $\tilde{B}$ der Vektor der transformierten Bézier-Punkte $\tilde{\mathbf{b}}_0,...,\tilde{\mathbf{b}}_n$, dann ist die Transformation

$$\tilde{B} = X_q B \tag{13.16}$$

mit der $(n+1) \times (n+1)$ – Transformationsmatrix

$$X_q = \begin{pmatrix} 1 & 0 & \cdot & & & \cdot & 0 \\ (1-x) & x & & & & & \cdot \\ \cdot & & \cdot & & & & \cdot \\ \cdot & & & \cdot & & & \cdot \\ (1-x)^q & \cdots\cdots & x^q & 0 & & & 0 \\ 0 & & 0 & x^q & \cdots\cdots & (1-x)^q \\ \cdot & & & & \cdot & & \cdot \\ \cdot & & & & \cdot & & \cdot \\ \cdot & & & & & x & (1-x) \\ 0 & \cdot & & & & \cdot & 0 & 1 \end{pmatrix}$$

variationsreduzierend für $x \in [0,1]$.

Bemerkungen: 1. Eine Funktion $f = f(x_1,x_2, . . . ,x_n)$ heißt *variationsreduzierend* , wenn für die Anzahl der Vorzeichenwechsel $V(f)$ der Funktion f gilt

$$V(f) \le V(x_1,x_2, . . ,x_n)$$

mit $V(x_1,x_2, . . . ,x_n)$ als Vorzeichenwechsel der Folge $x_1,x_2, . . . ,x_n$.

2. Zum *Beweis* wird ein Satz von LANE [LANE 77] herangezogen, der für Abbildungen vom Typ (13.16) Kriterien für die Reduktion der Variation angibt.

Wird $x > 1$ gewählt, so ist die Abbildung (13.16) *variationserhöhend*. Fig. 13.10 demonstriert die Wirksamkeit des Verfahrens von SCHELSKE, wobei zur Veranschaulichung auch x-Werte größer 1 verwandt werden.

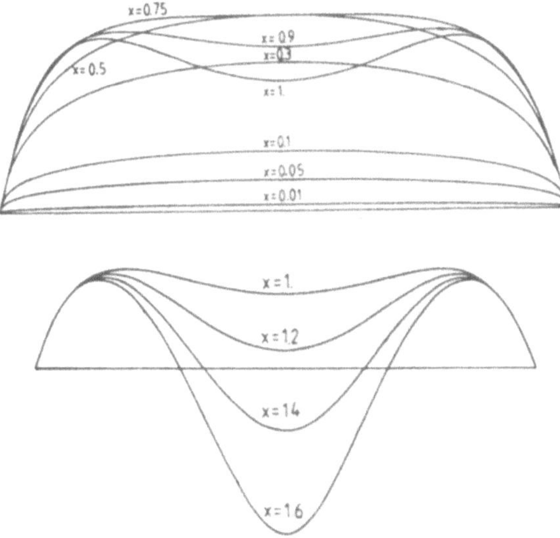

Fig. 13.10: Glättende Wirkung der Parametertransformation nach [SCHE 84] (x = 1 stellt die Anfangskurve dar.)

13.3.2 Beseitigung unerwünschter Flächenbereiche

Die meisten Glättungsverfahren für Flächen arbeiten formelmäßig, verbunden mit interaktiv zu wählenden Startwerten.

Wir betrachten zunächst ein interaktives Verfahren mit Sichtkontrolle über die Abbildungsmethode: Es wird zunächst auf der Fläche der Bereich markiert, der geglättet werden soll (z. B. über Rückprojektion der Singularitäten der k-orthotomics). Dann wird z.B. in der Mitte dieses Bereiches ein Flächenpunkt P herausgegriffen und dieser Punkt in eine geeignete Richtung verändert. Entsprechend dieser Änderung werden die neuen Kontrollpunkte der Fläche (z.B. Bézier-Punkte) berechnet und über das Orthotomic-Bild kontrolliert, ob der unerwünschte Bereich verschwunden ist. Dieses Verfahren kann mit entsprechender Software (s. z. B. [HAU 88]) direkt am Bildschirm durchgeführt werden: zunächst wird iterativ der Parameterwert (u,v) des gewählten Flächenpunktes P ermittelt, dann im $\mathbb{R}^3$ die wahre Lage des verschobenen Punktes $\overline{P} = P + d$ (d Verschiebungsvektor) berechnet. Nun werden gewisse vorher ausgewählte

innere Kontrollpunkte der Fläche (z.B. des Bézier-Netzes) in Richtung **d** solange verändert, bis $\overline{P}$ auf der neuen Fläche liegt. Die Berechnung der neuen
Bézier-Punkte ist recht einfach mit Hilfe von Formelmanipulatoren möglich.

Werden Flächenirregularitäten über *Reflexionslinien* erkannt, lassen sich die
Reflexionslinien selbst zur Korrektur der Fläche verwenden: Dazu wird eine
Änderung der Fläche $X(u,v)$ in eine Fläche $\overline{X}(u,v)$ wie folgt angesetzt

$$\overline{X}(u,v) = X(u + d_1, v + d_2) + n(u + d_1, v + d_2) N(u + d_1, v + d_2) \qquad (13.17)$$

mit Änderungen d_i. Bei der Änderung von $X(u,v) \to \overline{X}(u,v)$ werden alle Punkte
P einer Reflexionslinie **r** in die Punkte $\overline{P}$ einer (infinitesimal benachbarten)
Reflexionslinie $\overline{r}$ transformiert, wobei ein Punkt $P \in r$ in verschiedene Punkte
$\overline{P} \in \overline{r}$ übergeführt werden kann, was bedeutet, daß die Änderungen d_i nicht
eindeutig sind. - KLASS [KLA 80] fordert daher, daß die Änderung eines Punktes
$P \in r$ senkrecht zu **r** erfolgen soll. Weiter muß gesichert werden, daß **P** auf
der Fläche **X** gemäß (13.17) liegt. Dazu wird (13.17) mit Hilfe von Reihenentwicklungen in ein System partieller Differentialgleichungen für die d_i transformiert. Dieses System ist dann im Glättungsprozeß numerisch zu lösen.

Für *Reflexionslinien gleicher Steigung* vereinfacht sich der Glättungsprozeß
erheblich (s. [KAU 88]).

Strategien zum Glätten durch optimales Ändern der Twist-Vektoren unter Berücksichtigung minimaler Biegeenergien wurden in [REE 83] oder [HAG 86a] vorgeschlagen und mit Erfolg eingesetzt.

Auch das Verfahren der *Parameteränderung* von SCHELSKE kann auf Flächen
ausgedehnt werden: Jetzt können die Parameterintervalle in u- und v-Richtung
verändert werden, allerdings müssen dabei die Parameterintervalle des *ganzen*
Splineverbandes in u- bzw. v-Richtung mitverändert werden, was eine globale
Auswirkung des Verfahrens mit sich bringt.

Um das algebraische Verfahren zur Kurvenglättung über die Bézout-Elimination
auf Flächen auszudehnen, wird jetzt gefordert, daß der unerwünschte Flächen-
bereich, in dem ein Vorzeichenwechsel der Gaußkrümmung auftritt, so verändert wird, daß ein *stationärer Punkt* mit Gaußkrümmung $K = 0$ angenommen
wird. Dies liefert die Kriterien für die Gaußkrümmung

$$K = 0 \; , \quad \frac{\partial K}{\partial u} = 0 \; , \quad \frac{\partial K}{\partial v} = 0 \; , \qquad (13.18)$$

oder über (2.9c) umgeformt

$$(N, N_u, N_v) = 0 \; ,$$
$$(N, N_{uu}, N_v) + (N, N_u, N_{uv}) = 0 \; , \qquad (13.19)$$
$$(N, N_{uv}, N_v) + (N, N_u, N_{vv}) = 0 \; .$$

Nun kann zunächst aus den beiden ersten und den beiden letzten Gleichungen über Bézout-Elimination gemäß (13.6) bis (13.15) der Parameter u eliminiert werden. Aus den so entstehenden Polynomen in v kann dann anschließend der Parameter v eliminiert werden. Es entsteht damit eine Gleichung, die allein von den Bézier-Punkten b_{ik} einer Bézier-Fläche abhängt: Durch geeignete Änderung einzelner Bézierpunkte kann dann eine Nullstelle dieser Gleichung gefunden werden. Diese Elimination ist nur in den einfachsten Fällen "von Hand" möglich und läßt sich effektiv nur mit *Formelmanipulatoren* bewältigen. Allerdings scheitert der Eliminationsprozeß für Flächen ohne Symmetrien und Polynomgrad > 3 oft an der Speicherkapazität der eingesetzten Anlagen.

13.4 Aufdecken fehlerhafter Übergänge bei Splineflächen

Bei der Konstruktion von C^k-stetigen Splineflächen können sich bei nicht sorgfältiger Arbeitsweise Fehler einschleichen, so daß einzelne Segmentübergänge nicht mehr C^k-stetig sind. Solche Unregelmäßigkeiten in den Splineübergängen müssen aufgedeckt werden, da sie bei späteren Arbeitsprozessen, wie z.B. fräsergesteuerter Erzeugung von Formteilen zur mechanischen Herstellung solcher Flächen in Pressen, sehr störend wirken. Ein Hilfsmittel zum Erkennen solcher unerwünschter Segmentübergänge sind die aus der Beleuchtungstheorie bekannten **Isophoten** oder Linien gleicher Helligkeit [RÖS 37]: Ist L die Richtung des einfallenden Lichtes und N der Normalenvektor einer gegebenen Fläche, so gilt für die Isophoten (s. a. Kap. 1.6)

$$N \cdot L = c \tag{13.20}$$

mit c als reeller Konstanten. c = 0 führt auf die Umrißlinien oder Eigenschattengrenzen der betrachteten Flächen (s. Kap. 1). Für Isophoten gilt (s. [PÖS 84])

Satz 13.5: Stoßen längs einer Kurve X zwei Flächenstücke C^k-stetig aneinander, so sind die Isophoten längs X nur C^{k-1}-stetig.

Diese Eigenschaft der Eigenschattengrenzen (c = 0!) ist in der Konstruktiven Geometrie wohlbekannt: In Fig. 13.11 sind die Eigenschattengrenzen bei zwei Modellkörpern dargestellt: Der erste Modellkörper besteht aus einem Zylinder und aufgesetzter Halbkugel. An der Trennlinie sind die Tangentialebenen beider Flächen gleich, d.h. die Flächen sind C^1-stetig, die Eigenschattengrenze hat daher einen Knick (C^0-stetig); der zweite Modellkörper besteht aus einem Zylinder und aufgesetztem Kegel. Die beiden Flächen sind nur C^0-stetig aneinandergesetzt; die Eigenschattengrenze ist daher C^{-1}stetig, d.h. die Eigenschattengrenze hat einen Sprung.

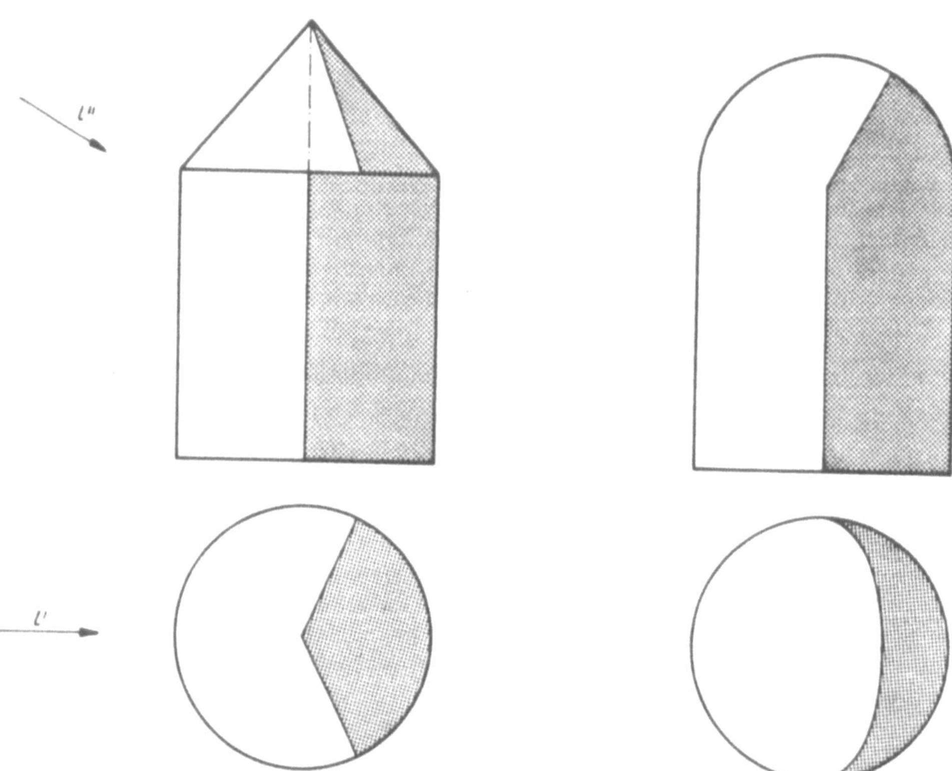

Fig. 13.11: Eigenschattengrenzen auf Modellkörpern bei
Parallelbeleuchtung in Richtung l .

In Fig. 13.12 a,b sind Splineflächenstücke dargestellt, die anscheinend keine
sichtbaren Unregelmäßigkeiten enthalten. Fig. 13.12 a demonstriert aber mit
Hilfe der Isophoten (Knicke), daß die erste Splinefläche nur C^1-stetig ist;
Fig. 13.12 b zeigt Sprünge in den Isophoten als Hinweis auf C^0-Stetigkeit
der Fläche.

Die Isophoten wurden gemäß (13.20) konstruiert, wobei für c verschiedene
Werte gewählt wurden und dann die aus (13.20) entstehende transzendente Glei-
chung numerisch gelöst wurde. Durch ungünstige Blickrichtung des Beobachters
kann der Defekt der Isophoten evtl. nicht klar erkennbar sein, dann müßte die
Fläche entsprechend gedreht oder das Auge des Beobachters verlagert werden.
Eine Verfeinerung der Isophotenmethode wurde in [POT 88] vorgeschlagen.

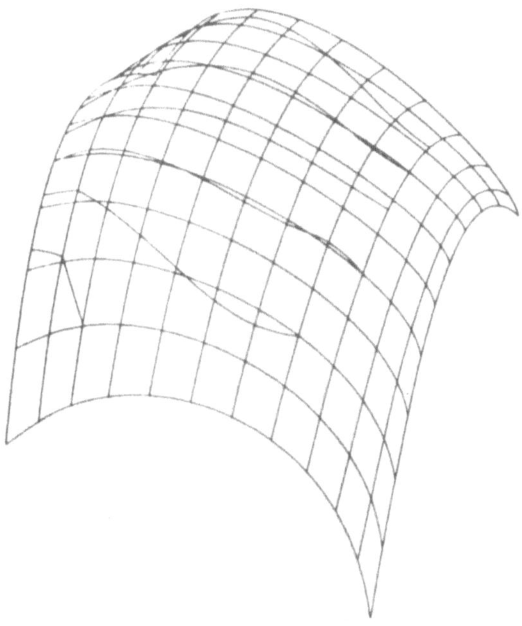

Fig. 13.12a: Knick in den Isophoten weist auf C^1-Stetigkeit
der Splinefläche hin

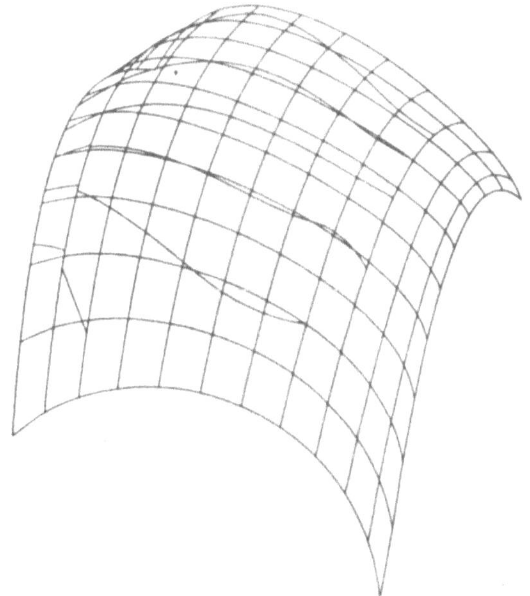

Fig. 13.12b: Sprung in den Isophoten weist auf C^0-Stetigkeit
der Splinefläche hin

14.   Literaturverzeichnis

14.1   Lehrbücher

[ADA 88]   Adams, J.A.; Billow, L.M.: Descriptive Geometry and Geometric Modeling. A Basis for Design. Holt, Rinehart and Winston, Inc. 1988.

[AHL 67]   Ahlberg, J.H.; Nilson, E.N.; Walsh, J.L.: The Theory of Splines and
Their Applications. Academic Press 1967.

[ANG 83]   Angell, O.: Graphische Datenverarbeitung. Hanser 1983.

[BARN 74]   Barnhill, R. E.; Riesenfeld, R. F.: Computer Aided Geometric Design.
Academic Press 1974.

[BARN 83a] Barnhill, R. E.; Böhm, W.: Surfaces in Computer Aided Geometric
Design. North-Holland 1983.

[BARN 85]   Barnhill, R.E.; Böhm, W.: Surfaces in CAGD '84. North Holland 1985.

[BARS 88b] Barsky, B.A.: Computer Graphics and Geometric Modeling Using
Beta-Splines. Springer 1988.

[BART 87]   Bartels, R.H.; Beatty, J.C.; Barsky, B.A.: An Introduction to Splines
for Use in Computer Graphics & Geometric Modeling. Morgan
Kaufmann Publishers 1987.

[BER 70]   Berisin, I. S.; Shidkow, N. P.: Numerische Methoden I. VEB-Verlag
der Wissenschaften 1970.

[BEZ 72]   Bézier, P.: Numerical Control, Mathematics and Applications. Wiley
1972.

[BEZ 86]   Bézier, P.: The mathematical basis of the UNISURF CAD system.
Butterworth & Co Ltd 1986.

[BÖH 85b]   Böhm, W.; Gose, G.; Kahmann, J.: Methoden der Numerischen Mathematik. 2. Aufl. Vieweg 1985.

[BÖHM 74] Böhmer, K.: Splinefunktionen. Teubner 1974.

[BOO 78]   Boor de, C.: A Practical Guide to Splines. Springer 1978.

[BRA 77]   Brauner, H.; Kickinger, W.: Baugeometrie I. Bauverlag Wiesbaden
1977.

[BRA 86]   Brauner, H.: Lehrbuch der Konstruktiven Geometrie. Springer 1986.

[BRO 80]   Brodlie, K.: Mathematical Methods in Computer Graphics and Design. Academic Press 1980.

[CAR 76]   Carmo do, M.: Differential Geometry of Curves and Surfaces.
Prentice Hall 1976.

[CAS 86]   Casteljau de, P.: Shape Mathematics and CAD. Kogan Page, London
1986

[CHAS 78]   Chasen, S.H.: Geometric Principles and Procedures for Computer
Graphic Applications. Prentice-Hall 1978.

[CHU 87]   Chui, C.K.; Schumaker, L.L.; Utreras, F.I.: Topics in Multivariate
Approximation. Academic Press 1987.

[CONT 72]   Conte, S. D.; de Boor, C.: Elementary Numerical Analysis. Mc Graw-
Hill 1972.

[DAV 75]   Davis, P.: Interpolation and Approximation. Dover 1975.

[EARN 85] Earnshaw, R.A.: Fundamental Algorithms for Computer Graphics. Springer 1985.

[EHR 64] Ehrenfeucht, A.: The cube made interesting. Pergamon Press 1964.

[ELS 70] Elsgolc, L. E.: Variationsrechnung. Bibl. Inst. 1970.

[ENC 75] Encarnacao, J. L.: Computer-Graphics. Oldenburg 1975.

[ENC 86] Encarnacao, J. L.; Straßer, W.: Computer Graphics. 2. Aufl. Oldenburg 1986.

[ENG 85] Engeln-Müllges, G.; Reutter, E.: Numerische Mathematik für Ingenieure. 4. Aufl. Bibl. Inst. 1985.

[FAR 87] Farin, G.: Geometric Modeling: Algorithms and New Trends. SIAM 1987.

[FAR 88] Farin, G.: Curves and Surfaces for Computer Aided Geometric Design. A Practical Guide. Academic Press 1988.

[FAU 81] Faux, I. D.; Pratt, M. J.: Computational Geometry for Design and Manufacture. Ellis Horwood 1981.

[FEL 88] Fellner, W.D.: Computer Graphik. Bibl. Institut 1988.

[FIN 77] v. Finckenstein, F.: Einführung in die Numerische Mathematik I. Hanser 1977.

[FOLE 82] Foley, J. D.; Van Dam, A.: Fundamentals of Interactive Computer Graphics. Addison-Wesley 1982.

[GAN 85] Gander, W.: Computer Mathematik. Birkhäuser 1985.

[GIE 79] Giering, O.; Seybold, H.: Konstruktive Ingenieurgeometrie. 2. Aufl. Hanser 1979.

[GRIE 87] Grieger, I.: Graphische Datenverarbeitung. Mathematische Methoden. Springer Hochschultext, Springer 1987.

[GRO 57] Grosche, G.: Projektive Geometrie I, II. Teubner 1957.

[HART 88] Hartmann, E.: Computerunterstützte Darstellende Geometrie. Teubner 1988.

[HORS 79] Horst, R.: Nichtlineare Optimierung. Hanser 1979.

[HOS 87b] Hoschek, J.; Lasser, D.: CAGD-Grundlagen der geometrischen Datenverarbeitung. Lehrbriefe der Fernuniversität Hagen 1–6, 1987.

[LAN 86] Lancaster, P.; Salkauskas, K.: Curve and Surface Fitting. Academic Press 1986.

[LAU 68] Laugwitz, D.: Differentialgeometrie. 2. Aufl. Stuttgart: Teubner 1968.

[LIM 44] Limig, R. A.: Practical Analytical Geometry with Applications to Aircraft. Macmillen 1944.

[LOC 84] Locher, F. u.a.: Numerische Mathematik I. Kursmaterial der Fernuniversität Hagen 1984.

[LORE 53] Lorentz, G.: Bernstein Polynomials. Toronto Press 1953.

[LOR 11] Loria, G.: Spezielle algebraische und transzendente ebene Kurve. Theorie und Geschichte II. Teubner 1911.

[LYC 89] Lyche, T.; Schumaker, L.L.: Mathematical Methods in Computer Aided Geometric Design. Academic Press 1989.

[MOR 85] Mortenson, M. E.: Geometric Modeling. John Wiley 1985.

[MÜL 80] Müller, G.: Rechnerorientierte Darstellung beliebig geformter Bauteile. Hanser 1980.

[MYE 83] Myers, R. E.: Mikrocomputer Grafik. Pandasoft 1983.

[NEW 79]   Newman, W. M.; Sproull, R. F.: Principles of Interactive Computer Graphics. McGraw-Hill 1979.

[NOW 83]   Nowacki, H.; Gnatz, R. (ed.): Geometrisches Modellieren. Informatik-Fachberichte 65, Springer 1983.

[NUT 88]   Nutbourne, A.W.; Martin, R.R.: Differential Geometry applied to curve and surface design. Vol. 1: Foundations. Ellis Horwood 1988.

[PRE 75]   Prenter, P. M.: Splines and Variational Methods. Wiley & Sons 1975.

[PREP 85]   Preparata, F.P.; Shamos, M.I.: Computational Geometry, an Introduction. Springer 1985.

[REH 69]   Rehbock, F.: Darstellende Geometrie. Springer 1969.

[REH 80]   Rehbock, F.: Geometrische Perspektive. Springer 1980.

[REQ 82]   Requicha, A.A.G.; Voelcker, H.B.: Solid Modelling: A Historical Summary & Contemporary Assessment. IEEE Computer Graphics & Applications 2 (1982) 9-24.

[ROG 76]   Rogers, D.F.; Adams, J.A.: Mathematical Elements for Computer Graphics. Mc Graw-Hill 1976.

[ROG 85]   Rogers, D.F.: Procedural elements for computer graphics. McGraw-Hill 1985.

[RUS 73]   Rushing, T.B.: Topological Embeddings. Academic Press 1973.

[SABO 87]   Sabonnadiere, J.C.; Coulomb, J.L.: Finite Element Methods in CAD: Electrical and Magnetic Fields. Springer 1987.

[SAL 85]   Salmon, G.: Lessons Introducing to the Modern Higher Algebra. New York: Reprinted by Chelsea 1885.

[SCHEF 01] Scheffers, G.: Anwendungen der Differential- und Integralrechnung auf Geometrie. Bd. I: Einführung in die Theorie der Kurven in der Ebene und im Raume. von Veit 1901.

[SCHÖ 77]   Schörner, E.: Darstellende Geometrie. Hanser 1977.

[SCHU 81]   Schumaker, L. L.: Spline Functions: Basic Theory. Wiley 1981.

[SCHUL 87] Schulz, C.; Bielig-Schulz, G.: 3D-Grafik in PASCAL. Teubner 1987.

[SCHW 80]   Schwarz, H.R.: Methode der finiten Elemente. Teubner 1980.

[SCHW 76]   Schwidefsky, K.; Ackermann, F.: Photogrammetrie. Teubner 1976.

[SPÄ 83]   Späth, H.: Spline Algorithmen zur Konstruktion glatter Kurven und Flächen. 3. Aufl. Oldenburg 1983.

[SPI 79]   Spivak, M.: A comprehensive introduction to differential geometry 2. Publish or Perish, 1979.

[STRA 73]   Strang, G.; Fix, G.: An Analysis of the Finite Element Method. Prentice-Hall 1973.

[STR 58]   Strubecker, K.: Differentialgeometrie II, III. Sammlung Göschen 1958.

[STR 64]   Strubecker, K.: Differentialgeometrie I. Sammlung Göschen 1964.

[STU 71]   Stummel, E.; Hainer, K.: Praktische Mathematik. Teubner 1971.

[SU 89]   Su Buchin; Liu Dingyuan: Computational Geometry. Academic Press 1989.

[THO 85]   Thompson, J.F.; Warsi, Z.U.; Mastin, C.W.: Numerical Grid Generation, Foundations and Applications. North-Holland 1985.

[TIM 56]   Timoshenko, S.: Strength of Materials II. 3. Aufl. Van Nostrand 1956.

[TÖR 79]   Törnig, W.: Numerische Mathematik für Ingenieure und Physiker I. Springer 1979.

[WALK 50] Walker, R.J.: Algebraic Curves. Princeton University Press 1950.

[WER 79a] Werner, H.; Schaback, R.: Praktische Mathematik II, 2. Aufl., Springer 1979.

[WUN 76] Wunderlich, W.: Darstellende Geometrie II. Bibl. Inst. 1976.

[YAM 88] Yamaguchi, F.: Curves and Surfaces in Computer Aided Geometric Design. Springer 1988.

[ZIE 77] Zienkiewicz, O.C.: The Finite Element Method. 3. Aufl. McGraw-Hill 1977.

14.2   Abhandlungen in Zeitschriften

[ABH 87] Abhyankar, S.S.; Bajaj, C.: Automatic parametrization of rational curves and surfaces I: Conics and conicoids. Computer-aided design 19 (1987) 11-14.

[ABH 87a] Abhyankar, S.S.; Bajaj, C.: Automatic parametrization of rational curves and surfaces II: Cubics and cubicoids. Computer-aided design 19 (1987) 499-502.

[ABH 88] Abhyankar, S.S.; Bajaj, C.: Automatic parametrization of rational curves and surfaces III: Algebraic plane curves. Computer Aided Geometric Design 5 (1988) 309-321.

[ADA 75] Adams, J.A.: The intrinsic method for curve definition. Computer-aided design 7 (1975) 243-249.

[AKI 78] Akima, H.: A method of bivariate interpolation and smooth surface fitting for irregulary distributed data prints, Algorithm 526: ACM Transaction Math. Software 4 (1978) 148-159, 160-164.

[AKI 84] Akima, H.: On Estimating Partial Derivatives For Bivariate Interpolation Of Scattered Data. Rocky Mountain Journal of Mathematics 14 (1984) 41-52.

[ALF 84] Alfeld, P.: A bivariate C^2 Clough-tocher scheme. Computer Aided Geometric Design 1 (1984) 257-267.

[ALF 84a] Alfeld, P.: A trivariate Clough-tocher scheme for tetrahedral data. Computer Aided Geometric Design 1 (1984) 169-181.

[ALF 84b] Alfeld, P.; Barnhill, R.E.: A Transfinite C^2-Interpolant over Triangles. Rocky Mountain Journal of Mathematics 14 (1984) 17-39.

[ALF 84c] Alfeld, P.: A Discrete C^1-Interpolant for Tetrahedral Data. Rocky Mountain Journal of Mathematics 14 (1984) 5-16.

[ALF 85] Alfeld, P.: Derivative generation from multivariate scattered data by functional minimization. Computer Aided Geometric Design 2 (1985) 281-296.

[ALF 85a] Alfeld, P.: Multivariate Perpendicular Interpolation. SIAM Journal on Numerical Analysis 22 (1985) 95-106.

[ALF 87] Alfeld, P.; Piper, B.; Schumaker, L.L.: Minimally supported bases for spaces of bivariate piecewise polynomials of smoothness r and degree d ≥ 4r + 1. Computer Aided Geometric Design 4 (1987) 105-123.

[ALF 89] Alfeld, P.: Scattered Data Interpolation in Three or More Variables. In Schumaker, L.L.; Lyche, T. (ed.): Mathematical Methods in Computer Aided Geometric Design. Academic Press 1989.

[ARN 86] Arnold, R.: Quadratische und Kubische Offset-Bézierkurven. Diss. Dortmund 1986.

[AST 88] Asteasu, C.: Intersection of arbitrary surfaces. Computer-aided design 20 (1988) 533-538.

[BAL 81]   Ballard, D.H.: Strip trees: a hierarchical representation for curves. CACM **24** (1981) 310-321.

[BAJ 88]   Bajaj, C.L.; Hoffmann, C.M.; Lynch, R.E.; Hopcroft, J.E.H.: Tracing surface intersections. Computer Aided Geometric Design 5 (1988) 285-307.

[BÄR 77]   Bär, G.: Parametrische Interpolation empirischer Raumkurven. ZAMM 57 (1977) 305-314.

[BAR 89]   Bardis, L.; Patrikalakis, N.M.: Approximate Conversion of Rational B-Spline Patches. Computer Aided Geometric Design 1989.

[BARN 73]   Barnhill, R.E.; Birkhoff, G.; Gordon, W.J.: Smooth interpolation in triangles. Journal of Approximation Theory 8 (1973) 114-128.

[BARN 75]   Barnhill, R.E.; Gregory, J.A.: Polynomial Interpolation to Boundary Data on Triangles. Mathematics of Computation **29** (1975) 726-735.

[BARN 76]   Barnhill, R.E.: Blending function interpolation: A survey and some new results. In Collatz, L.; Werner, H.; Meinardus, G. (ed.): Numerische Methoden der Approximationstheorie. Birkhäuser (1976) 43-89.

[BARN 77]   Barnhill, R.E.: Representation and approximation of Surfaces. In Rice, J.D. (ed.): Mathematical Software III. Academic Press (1977) 69-120.

[BARN 78]   Barnhill, R.E.; Brown, J.H.; Klucewicz, I.M.: A New Twist in Computer Aided Geometrtic Design. Comp. Graph. Im. Proces. 8 (1978) 78-91.

[BARN 81]   Barnhill, R.E.; Farin, G.: C^1 quintic interpolation over triangles: two explicit representations. International Journal for Numerical Methods in Engineering 17 (1981) 1763-1778.

[BARN 82]   Barnhill, R.E.: Coons' Patches. Computers in Industry 3 (1982) 37-43.

[BARN 83]   Barnhill, R.E.: Computer aided surface representation and design. In Barnhill, R.E.; Böhm, W. (ed.): Surfaces in Computer Aided Geometric Design. North-Holland (1983) 1-24.

[BARN 83b] Barnhill, R.E.; Dube, R.P.; Little, F.F.: Properties of Shepard's surfaces. Rocky Mountain Journal of Mathematics **13** (1983) 365-382.

[BARN 84]   Barnhill, R.E.; Whelan, T.: A geometric interpretation of convexity conditions for surfaces. Computer Aided Geometric Design 1 (1984) 285-287.

[BARN 84a] Barnhill, R.E.; Little, F.F.: Three and Four-Dimensional Surfaces. Rocky Mountain Journal of Mathematics 14 (1984) 77-102.

[BARN 84b] Barnhill, R.E.; Stead, S.: Multistage trivariate surfaces. Rocky Mountain Journal of Mathematics 14 (1984) 103-118.

[BARN 84c] Barnhill, R.E.; Worsey, A.J.: Smooth interpolation over hypercubes. Computer Aided Geometric Design 1 (1984) 101-113.

[BARN 85]   Barnhill, R.E.: Surfaces in computer-aided geometric design: a survey with new results. Computer Aided Geometric Design 2 (1985) 1-17.

[BARN 87]   Barnhill, R. E.; Farin, G.; Jordan, M.; Piper, B. R.: Surface/surface intersection. Computer Aided Geometric Design 4 (1987) 3-16.

[BARN 87a] Barnhill, R.E.; Makatura, G.T.; Stead, S.E.: A New Look at Higher Dimensional Surfaces through Computer Graphics. In Farin, G. (ed.): Geometric Modeling, Algorithms and New Trends, SIAM (1987) 123-129.

[BARN 87b] Barnhill, R.E.; Piper, B.R.; Rescorla, K.L.: Interpolation to Arbitrary Data on a Surface. in Farin, G. (ed.): Geometric Modeling, Algorithms and New Trends, SIAM (1987) 281-289.

[BARN 88] Barnhill, R.E.; Farin, G.; Fayard, L.; Hagen, H.: Twists, curvatures and surface interrogation. Computer-aided design 20 (1988) 341-346.

[BARR 86] Barry, P.J.: Delauny Triangular Meshes in Convex Polygons. SIAM Journal Sci. Stat. Comput. 7 (1986) 514-539.

[BARR 88] Barry, P.J.; Goldman, R.N.: De Casteljau-type subdivision is peculiar to Bézier curves. Computer-aided design 20 (1988) 114-116.

[BARS 81] Barsky, B. A.: The beta-spline: A local representation based on shape parameters and fundamental geometric measures. Thesis Univ. Salt Lake City 1981.

[BARS 81b] Barsky, B.A.; Thomas, Sp.W.: TRANSPLINE – A system for representing curves using transformations among four spline formulations. The Computer Journal 24 (1981) 271-277.

[BARS 82] Barsky, B.A.: End conditions and boundary conditions for uniform B-spline curve and surface representations. Computers in Industry 3 (1982) 17-29.

[BARS 83] Barsky, B.A.; Beatty, J.C.: Local Control of Bias and Tension in Beta-splines. ACM Transactions on Graphics 2 (1983) 109-134.

[BARS 84] Barsky, B.A.: Exponential and Polynomial Methods for Applying Tension to an Interpolating Spline Curve. Computer Vision, Graphics, and Image Processing 27 (1984) 1-18.

[BARS 84a] Barsky, B.A.; Rose de, T.D.: Geometric Continuity of Parametric Curves. University of California, Berkeley, Computer Science Division (EECS), Technical Report UCB/CSD 84/205, 1984.

[BARS 88] Barsky, B.A.: Introducing the Rational Beta-Spline. Proceedings of the Third International Conference on Engineering Graphics and Descriptive Geometry 1. Wien (1988) 16-27.

[BARS 88a] Barsky, B.A.; Rose de, T.D.: Three characterizations of geometric continuity for parametric curves. University of California, Berkeley, Computer Science Division (EECS), Technical Report UCB/CSD 88/417, 1988.

[BART 83] Bartel, W.; Volkmer, R.; Haubitz, I.: Thomsensche Minimalfläche – analytisch anschaulich. Result. d. Math. 3 (1983) 129-154.

[BART 84] Bartels, R.H.; Beatty, J.C.: Beta-Splines with a Difference. Technical Report CS-83-40 Computer Science Department, University of Waterloo 1984.

[BEE 86] Beeker, E.: Smoothing of shapes designed with free-form surfaces. Computer-aided design 18 (1986) 224-232.

[BEZ 74] Bézier, P.: Mathematical and practical possibilities of UNISURF. in Barnhill, R.E.; Riesenfeld, R. (ed.): Computer Aided Geometric Design. Academic Press (1974) 127-152.

[BEZ 78] Bézier, P.: General distortion of an ensemble of biparametric surfaces. Computer-aided design 10 (1978) 116-120.

[BIR 74] Birkhoff, G.; Mansfield, L.: Compatible Triangular Finite Elements. Journal of Mathematical Analysis and Applications 47 (1974) 531-553.

[BLO 89] Bloor, M.I.G.; Wilson, M.J.: Generating blend surfaces using partial differential equations. Computer-aided design 21 (1989) 165-171.

[BÖH 76]   Böhm, W.: Darstellung und Korrektur symmetrischer Kurven und Flächen auf EDV-Anlagen. Computing **17** (1976) 79-85.

[BÖH 76a] Böhm, W.: Parameterdarstellung kubischer und bikubischer Splines. Computing **17** (1976) 87-92.

[BÖH 77]   Böhm, W.: Über die Konstruktion von B-Spline Kurven. Computing **18** (1977) 161-166.

[BÖH 77a] Böhm, W.: Cubic B-Spline-Curves and Surfaces in ComputerAided Geometric Design. Computing **19** (1977) 29-34.

[BÖH 80]   Böhm, W.: Inserting new knots into B-spline curves. Computer-aided design **12** (1980) 199-201.

[BÖH 81]   Böhm, W.: Generating the Bézier Points of B-Spline Curves and Surfaces. Computer-aided design **13** (1981) 365-366.

[BÖH 82]   Böhm, W.: On cubics, a survey. Computer Graphics and Image Processing **19** (1982) 201-226.

[BÖH 83]   Böhm, W.: The de Boor Algorithm for triangular splines. In Barnhill, R.E.; Böhm, W. (ed.): Surfaces in Computer Aided Geometric Design, North-Holland 1983.

[BÖH 83a] Böhm, W.: Subdividing multivariate splines. Computer-aided design **15** (1983) 345-352.

[BÖH 84]   Böhm, W.; Farin, G.; Kahmann, J.: A survey of curve and surface methods in CAGD. Computer Aided Geometric Design **1** (1984) 1-60.

[BÖH 84a] Böhm, W.: Efficient evaluation of splines. Computing **33** (1984) 171-177.

[BÖH 85]   Böhm, W.: Triangular spline algorithm. Computer Aided Geometric Design **2** (1985) 61-67.

[BÖH 85a] Böhm, W.: Curvature continuous curves and surfaces. Computer Aided Geometric Design **2** (1985) 313-323.

[BÖH 86]   Böhm, W.: Multivariate spline methods in CAGD. Computer-aided design **18** (1986) 102-104.

[BÖH 86a] Böhm, W.: Multivariate spline algorithms. In Gregory, J.A. (ed.): The mathematics of surfaces. Clarendon Press (1986) 197-215.

[BÖH 87]   Böhm, W.: Smooth curves and surfaces. In: Farin, G.E. (ed): Geometric Modeling, Algorithms and new Trends. SIAM (1987) 175-184.

[BÖH 87a] Böhm, W.: Rational geometric splines. Computer Aided Geometric Design **4** (1987) 67-77.

[BÖH 87b] Böhm, W.; Prautzsch, H.; Arner, P.: On Triangular Splines. Constructive Approximation **3** (1987) 157-167.

[BÖH 88]   Böhm, W.: On de Boor-like algorithms blossoming. Computer Aided Geometric Design **5** (1988) 71-79.

[BÖH 88a] Böhm, W.: On the definition of geometric continuity. Letter to the Editor. Computer-aided design **20** (1988) 370-372.

[BÖH 88b] Böhm, W.: Visual Continuity. Computer-aided design **20** (1988) 307-311.

[BOI 84]   Boissonnet, J.D.: Geometric Structures for Three-Dimensional Shape Representation. ACM Transactions on Graphics **3** (1984) 266-286.

[BON 86]   Bonfigliolo, L.: An algorithm for silhouette of curved surfaces based on graphical relations. Computer-aided design **18** (1986) 95-101.

[BONI 76] Bonitz, P.: Ein Beitrag zur Theorie des Entwurfes doppelt gekrümmter Flächen und differentialgeometrischen technischen Aspekten. Diss. Dresden 1976.

[BOO 62]   Boor de, C.: Bicubic spline interpolation. Journal of Mathematics and Physics 41 (1962) 212-218

[BOO 66]   Boor de, C.; Lynch, R.E.: On Splines and Their Minimum Properties. Journal of Mathematics and Mechanics 15 (1966) 953-968.

[BOO 72]   Boor de, C.: On calculating with B-Splines. J. Approx. Theory 6 (1972) 50-62.

[BOO 77]   Boor de, C.: Efficient Computer Manipulation of Tensor Products. MRC-TSR 1810, 1977.

[BOO 82]   Boor de, C.; Höllig, K.: B-splines from parallelepipeds. J. d'Analyse Math. 42 (1982) 99-115.

[BOO 87]   Boor de, C.; Höllig, K.; Sabin, M.: High accuracy geometric Hermite interpolation. Computer Aided Geometric Design 4 (1987) 269-278.

[BOO 87a] Boor de, C.: B-form Basics. In Farin, G. (ed.): Geometric Modeling, Algorithms and new Trends, SIAM (1987) 131-148.

[BOO 88]   Boor, de, C.: What is a Multivariate Spline. ICIAM 87: Proceedings of the First International Conference on Industrial and Applied Mathematics. SIAM (1988) 90-101.

[BOW 81]   Bowyer, A.: Computing Dirichlet tessellations. The Computer Journal 24 (1981) 162-166.

[BRE 82]   Breden, D.: Die Verwendung von bikubischen Splineflächen zur Darstellung von Tragflügeln und Propellern. Diss. Braunschweig 1982.

[BRU 84]   Bruce, J.W.; Giblin, P.J.; Gibson, C.G. : Caustics through the looking glass. Math. Intelligencer 6 (1984) 47-58.

[BRÜ 80]   Brückner, I.: Construction of Bézier points of quadrilaterals from those of triangles. Computer-aided design 12 (1980) 21-24.

[BRUN 85] Brunet, P.: Increasing the smoothness of bicubic spline surfaces. Computer Aided Geometric Design 2 (1985) 157-164.

[BUTL 79] Butland, J.: Surface drawing made simple. Computer-aided design 11 (1979) 19-22.

[BUT 88]   Butzer, P.L.; Schmidt, M.; Stark, E.L.: Observations on the History of Central B-Splines. Archive for History of Exact Science 39 (1988) 137-156.

[CASA 85] Casale, M.S.; Stanton, E.L.: An overview of analytic solid modeling. IEEE Computer Graphics & Applications 5 (1985) 45-56.

[CASA 87] Casale, M.S.: Free-form solid modeling with trimmed surface patches. IEEE Computer Graphics & Applications 7 (1987) 33-43.

[CAS 59]   Casteljau de, P.: Outillage méthodes calcul. Paris: André Citroen Automobiles SA 1959.

[CEN 87]   Cendes, Z.J.; Wong, St.H.: C^1 quadratic interpolation over arbitrary point sets. IEEE Computer Graphics & Applications 7 (1987) 8-16.

[CHAI 74] Chaikin, G.M.: An Algorithm for High-Speed Curve Generation. Computer Graphics and Image Processing 3 (1974) 346-349.

[CHAN 87] Chandru, V; Kochar, B. S.: Analytic Techniques for Geometric Intersection Problems. In Farin (ed.): Geometric Modeling: Algorithms and New Trends. SIAM (1987) 305-318.

[CHA 82]   Chang, G.: Matrix formulations of Bézier technique. Computer-aided design 14 (1982) 345-350.

[CHA 84]   Chang, G.; Davis, Ph.J.: The convexity of Bernstein polynomials over triangles. Journal of Approximation Theory 40 (1984) 11-28.

[CHA 84a] Chang, G.; Feng, Y.: An improved condition for the convexity of Bernstein-Bézier surfaces over triangles. Computer Aided Geometric Design 1 (1984) 279-283.

[CHA 85]   Chang, G.; Hoschek, J.: Convexity and variation diminishing property of Bernstein polynomials over triangles. In Schempp, W.; Zeller, K. (ed.): Multivariate Approximation Theory III, Birkhäuser (1985) 61-70.

[CHAR 84] Charrot, P.; Gregory, J.A.: A pentagonal surface patch for computer aided geometric design. Computer Aided Geometric Design 1 (1984) 87-94.

[CHE 88]   Chen, J.J.; Ozsoy, T.M.: Predictor-corrector type of intersection algorithm for C^2 parametric surfaces. Computer-aided design 20 (1988) 347-352.

[CHO 88]   Choi, B.K.; Shin, H.Y.; Yoon, Y.I.; Lee, J.W.: Triangulation of scattered data in 3D space. Computer-aided design 20 (1988) 239-248.

[CLI 74]   Cline, A.K.: Scalar- and Planar-Valued Curve Fitting Using Splines under Tension. Communications of the ACM 17 (1974) 218-220.

[CLI 84]   Cline, A.K.; Renka, R.L.: A storage-efficient method for construction of a Thiessen triangulation. Rocky Mountain Journal of Mathematics 14 (1984) 119-139.

[COH 80]   Cohen, E.; Lyche, T; Riesenfeld, R. F.: Discrete B-Splines and subdivision techniques in computer-aided geometric design and computer graphics. Computer Graphics and Image Processing 14 (1980) 87-111.

[COH 82]   Cohen, E.; Riesenfeld, R.F.: General matrix representations for Bézier- and B-spline curves. Computers in Industry 3 (1982) 9-15.

[COH 85]   Cohen, E.; Schumaker, L. L.: Rates of convergence of control polygons. Computer Aided Geometric Design 2 (1985) 229-235.

[COH 85a] Cohen, E.; Lyche, T.; Schumaker, L.L.: Algorithms for Degree-Raising of Splines. ACM Transactions on Graphics 4 (1985) 171-181.

[COH 87]   Cohen, E.: A new local basis for designing with tensioned splines. ACM Transactions on Graphics 6 (1987) 81-122.

[COH 89]   Cohen, E.: An Approach to Parametric Data Fitting for Spline Curves. In Schumaker, L.L.; Lyche, T. (ed.): Mathematical Methods in Computer Aided Geometric Design. Academic Press 1989.

[COHE 82] Cohen, S.: Ein Beitrag zur steuerbaren Interpolation von Kurven und Flächen. Diss. TU Dresden 1982.

[CON 88]   Constantin, P.: An algorithm for computing shape-preserving interpolating splines of arbitrary degree. Journal of Computational and Applied Mathematics 22 (1988) 89-136.

[COOK 81] Cook, R. L.; Torrance, K. E.: A Reflectance Model for Computer Graphics. ACM Siggraph. Computer Graphics 15 (1981).

[COO 64]   Coons, S.A.: Surfaces for Computer Aided Design. Design Division, Mechan. Engin. Dept. MIT 1964.

[COO 67]   Coons, S. A.: Surfaces for computer aided design of space forms. MIT Project MAC-TR-41 1967.

[COO 77]   Coons, S.A.: Modification of the shape of piecewise curves. Computer-aided design 9 (1977) 178-180.

[COQ 87]   Coquillart, S.: Computing offsets of B-spline curves. Computer-aided design 19 (1987) 305-309.

[COX 71] Cox, M. G.: The numerical evaluation of B-splines. Nat. Phys. Lab. England: Teddington 1971.

[DAH 84] Dahmen, W.; Micchelli, C. A.: Subdivision algorithm for the generation of box spline surface. Computer Aided Geometric Design 1 (1984) 115-129.

[DAH 86] Dahmen, W.: Subdivision algorithms converge quadratically. Journal of Computational and Applied Mathematics 16 (1986) 145-158.

[DAN 85] Dannenberg, L.; Nowacki, H.: Approximate conversion of surface representations with polynomial bases. Computer Aided Geometric Design 2 (1985) 123-132.

[DEG 88] Degen, W.: Some remarks on Bézier curves. Computer Aided Geometric Design 5 (1988) 259-268.

[DIE 81] Dierckx, P.: An Algorithm for Surface-Fitting with Spline Functions. IMA Journal of Numerical Analysis 1 (1981) 267-283.

[DOK 85] Dokken, T.: Finding intersections of B-spline represented geometries using recursive subdivision techniques. Computer Aided Geometric Design 2 (1985) 189-195.

[DOO 78] Doo, D.W.H.; Sabin, M.A.: Behaviour of Recursive Division Surfaces Near Extraordinary Points. Computer-aided design 10 (1978) 356-360.

[DRE 77] Drexler, F.J.: Eine Methode zur Berechnung sämtlicher Lösungen von Polynomgleichungssystemen. Numerische Mathematik 29 (1977) 45-58.

[DU 88] Du, W.H.; Schmitt, F.J.M.: New Results for the smooth connection between Tensor Product Bézier Patches. in Magnenat-Thalmann, N.; Thalmann, D. (ed.): New Trends in Computer Graphics. Proceedings of CG International '88. Springer (1988) 351-363.

[DUC 77] Duchon, J.: Splines minimizing rotation invariant semi-norms in Sobolev spaces. in Schempp, W.; Zeller, K. (ed.): Constructive Theory of Functions of several Variables. Lecture Notes in Mathematics Vol. 571, Springer (1977) 85-100.

[DUC 79] Duchon, J.: Splines minimizing rotation invariant semi-norms in Sobolev spaces. in Schempp, W.; Zeller, K. (ed.): Multivariate Approximation Theory. Birkhäuser (1979) 85-100.

[DYN 85] Dyn, N.; Micchelli, Ch.A.: Piecewise polynomial spaces and geometric continuity of curves. IBM Thomas J. Watson Research Center, Yorktown Heights, New York 1985.

[DYN 85a] Dyn, N.; Edelman, A.; Micchelli, Ch.A.: On locally supported basis functions for the representation of geometrically continuous curves. IBM Thomas Watson Research Center, Yorktown Heights, New York 1985.

[DYN 86] Dyn, N.; Levin, D.; Rippa, S.: Numerical Procedures for surface fitting of scattered data by radial functions. SIAM Jour. Sci. Stat. Comput. 7 (1986) 639-659.

[DYN 87] Dyn, N.; Edelman, A.; Micchelli, Ch.A.: On locally supported basis functions for the representation of geometrically continuous curves. Analysis 7 (1987) 313-341.

[DYN 87a] Dyn, N.: Interpolation of Scattered Data by Radial Functions. in Chui, C.K.; Schumaker, L.L.; Utreras, F.I. (ed.): Topics in Multivariate Approximation. Academic Press (1987) 47-61.

[DYN 88] Dyn, N.; Levin, D.; Rippa, S.: Data dependent triangulations for piecewise linear interpolation. School of Mathematical Science. Tel-Aviv University 1988.

[ECK 87]   Eck, M.: Allgemeine Konzepte geometrischer Bézier- und B-Spline-kurven. Diplomarbeit Fachbereich Mathematik TH Darmstadt 1987.

[ECK 89]   Eck, M.; **Lasser, D.**: B-Spline-Bézier Representation of Geometric Spline Curves. Quartics and Quintics. Preprint 1234 Fachbereich Mathematik, Technische Hochschule Darmstadt 1989.

[EPS 76]   Epstein, M.P.: On the influence of parametrization in parametric interpolation. SIAM Jour. Numer. Anal. 13 (1976) 261-268.

[EVA 87]   Evans, B.M.: View from practice. Computer-aided design 19 (1987) 203-211.

[FAR 79]   Farin, G.: Subsplines über Dreiecken. Diss. Braunschweig 1979.

[FAR 82]   Farin, G.: A Construction for Visual C^1 Continuity of Polynomial Surface Patches. Computer Graphics and Image Procession 20 (1982) 272-282.

[FAR 82a]   Farin, G.: Visually C^2 cubic splines. Computer-aided design 14 (1982) 137-139.

[FAR 83]   Farin, G.: Algorithms for rational Bézier curves. Computer-aided design 15 (1983) 73-77.

[FAR 83a]   Farin, G.: Smooth Interpolation to Scattered 3D Data. In Barnhill, R.E.; Böhm, W. (ed.): Surfaces in Computer Aided Geometric Design. North-Holland (1983) 43-63.

[FAR 85]   Farin, G.: Some remarks on V^2splines. Computer Aided Geometric Design 2 (1985) 325-328.

[FAR 85a]   Farin, G.: A modified Clough-Tocher interpolant. Computer Aided Geometric Design 2 (1985) 19-27.

[FAR 86]   Farin, G.: Triangular Bernstein-Bézier patches. Computer Aided Geometric Design 3 (1986) 83-127.

[FAR 87a]   Farin, G.; Rein, G.; Sapidis, N.; Worsey, A.J.: Fairing cubic B-spline curves. Computer Aided Geometric Design 4 (1987) 91-103.

[FAR 87b]   Farin, G.; Piper, B.; Worsey, A.J.: The octant of a sphere as a non-degenerate triangular Bézier patch. Short Communication, Computer Aided Geometric Design 4 (1987) 329-332.

[FAR 87c]   Farin, G.: Piecewise rational quadratics. Technical Report TR-87-008, Department of Computer Science, Arizona State University, Tempe 1987.

[FARO 85]   Farouki, R. T.: Exact offset procedures for simple solids. Computer Aided Geometric Design 2 (1985) 257-279.

[FARO 85a] Farouki, R.T.; Hinds, J.K.: A hierarchy of geometric forms. IEEE Computer Graphics & Applications 5 (1985) 51-78.

[FARO 87]   Farouki, R. T.; Rajan, V. T.: On the numerical condition of polynomials in Bernstein form. Computer Aided Geometric Design 4 (1987). 191-216.

[FARO 87a] Farouki, R.T.: Direct surface section evaluation. In Farin, G. (ed.): Geometric Modeling, Algorithms and new Trends. SIAM (1987) 319-334.

[FARO 88]   Farouki, R.T.; Rajan, V.T.: Algorithms for polynomials in Bernstein form. Computer Aided Geometric Design 5 (1988) 1-26.

[FARO 88a] Farouki, R.T.; Rajan, V.T.: On the numerical conditions of algebraic curves and surfaces, 1. Implicit equations. Computer Aided Geometric Design 5 (1988) 215-252.

[FARW 86]   Farwig, R.: Multivariate interpolation of arbitrarily spaced data by moving least squares methods. Journal of Computational and Applied Mathematics 16 (1986) 79-93.

[FARW 86a] Farwig, R.: Rate of Convergence of Shepard's Global Interpolation Formula. Mathematics of Computation 46 (1986) 577-590.

[FAU] 86   Fauzy, T.; Schumaker, L.L.: A Piecewise Polynomial Lacunary Interpolation Method. Journal of Approximation Theory 48 (1986) 407-426.

[FER 64]   Ferguson, J.C.: Multivariable curve interpolation. Jour. Assoc. Comput. Mach. 11 (1964) 221-228.

[FIL 86]   Filip, D.J.: Adaptive subdivision algorithms for a set of Bézier triangles. Computer-aided design 18 (1986) 74-78.

[FOL 80]   Foley, Th.A.; Nielson, G.: Multivariate interpolation to scattered data using delta iteration. In Cheney, E.W. (ed.): Multivariate Approximation Theory III. Academic Press (1980) 419-424.

[FOL 84]   Foley, Th.A.: Three-stage Interpolation to Scattered Data. Rocky Mountain Journal of Mathematics 14 (1984) 141-149.

[FOL 86]   Foley, Th.A.: Scattered data interpolation and approximation with error bound. Computer Aided Geometric Design 3 (1986) 163-177.

[FOL 87]   Foley, Th.A.: Local control of interval tension using weighted splines. Computer Aided Geometric Design 4 (1987) 281-294.

[FOL 87a] Foley, Th.A.: Interpolation with Interval and Point Tension Controls Using Cubic Weighted ν-Splines. ACM Transaction on Mathematical Software 13 (1987) 68-96.

[FOL 87b] Foley, Th.A.: Weighted bicubic spline interpolation to rapidly varying data. ACM Transactions on Graphics 6 (1987) 1-18.

[FOL 87c] Foley, Th.A.: Interpolation and approximation of 3-D and 4-D scattered data. Comput. Math. Applic. 13 (1987) 711-740.

[FOL 88]   Foley, Th.A.: A shape preserving interpolant with tension controls. Computer Aided Geometric Design 5 (1988) 105-118.

[FOL 89]   Foley, Th.A.: A Knot Selection Method for Parametric Splines. In Schumaker, L.L.; Lyche, T. (ed.): Mathematical Methods in Computer Aided Geometric Design. Academic Press 1989.

[FOR 72]   Forrest, A. R.: Interactive interpolation and approximation by Bézier polynomials. Computer Journal 15 (1972) 71-79.

[FOR 72a] Forrest, A. R.: On Coons and other Methods for the Representation of Curved Surfaces. Computer Graphics and Image Processing 1 (1972) 341-359.

[FOW 66]   Fowler, A.H.; Wilson, C.W.: Cubic spline, a curve fitting routine, Y-12 Plant Report Y-1400 (Revision 1), Union Carbide Corporation, Oak Ridge, TN 1966.

[FRA 80]   Franke, R.; Nielson, G.: Smooth interpolation of large sets of scattered data. International Journal for Numerical Methods in Engineering 15 (1980) 1691-1704.

[FRA 82]   Franke, R.: Scattered data interpolation: Tests of some methods. Mathematics of Computation 38 (1982) 181-200.

[FRA 82a] Franke, R.: Smooth interpolation of scattered data by local thin plate splines. Comp. Maths. Appls. 8 (1982) 273-281.

[FRA 85]   Franke, R.: Thin plate splines with tension. In Barnhill, R.E.; Böhm, W. (ed.): Surfaces in CAGD '84. North Holland (1985) 87-95.

[FRA 85a]   Franke, R.: Scattered Data Interpolation using Thin Plate Splines with Tension. Technical Report NPS-53-85-0005, Naval Post-graduate School, Monterey 1985.

[FRA 87]   Franke, R.: Recent advances in the approximation of surfaces from scattered data. In Chui, C.K.; Schumaker, L.L.; Utreras, F.I. (ed.): Topics in Multivariate Approximation, Academic Press (1987) 79-97.

[FRA 87a]   Franke, R.; Schumaker, L. L.: A Bibliography of Multivariate Approximation. In Chui, C.K.; Schumaker, L.L.; Utreras, F.I. (ed.): Topics in Multivariate Approximation. Academic Press (1987) 275-335.

[FRI 86]   Fritsch, F.N.: The Wilson-Fowler Spline is a ν Spline. Computer Aided Geometric Design 3 (1986) 155-162.

[FRI 86a]   Fritsch, F.N.: History of the Wilson-Fowler Spline. Preprint UCID-20746, Lawrence Livermore National Laboratory 1986.

[FRI 87]   Fritsch, F.N.: Energy Comparison of Wilson-Fowler Splines with other Interpolating Splines. In Farin, G. (ed.): Geometric Modeling: Algorithms and New Trends. SIAM (1987) 185-201.

[GAR 79]   Garcia, C.B.; Zangwill, W.I.: Finding all Solutions to Polynomial Systems and other Systems of Equations. Mathematical Programming 16 (1979) 159-176.

[GARR 89]   Garrity, T.; Warren, J.: On computing the intersection of a pair of algebraic surfaces. Computer Aided Geometric Design 6 (1989) 137-154.

[GEI 62]   Geise, G.: Über berührende Kegelschnitte einer ebenen Kurve. Zeitsch. Angew. Math. Mech. 42 (1962) 297-304.

[GLA 88]   Glaeser, G.: Problemangepaßte schnelle Algorithmen zur Bestimmung spezieller Flächenkurven. CAD und Computergraphik 11 (1988) 119-127.

[GOL 82]   Goldman, R.N.: Using degenerate Bézier triangles and tetrahedra to subdivide Bézier curves. Computer-aided design 14 (1982) 307-311.

[GOL 83]   Goldman, R. N.: Subdivision algorithms for Bézier triangles. Computer-aided design 15 (1983) 159-166.

[GOL 84]   Goldman, R.N.: Linear subdivision is strictly a polynomial phenomenon. Computer Aided Geometric Design 1 (1984) 269-278.

[GOL 85]   Goldman, R.N.: The method of resolvents. A technique for the implicitization, inversion and intersection of non-planar, parametric, rational cubic curves. Computer Aided Geometric Design 2 (1985) 237-256.

[GOL 86]   Goldman, R.N.; Rose de, T.D.: Recursive subdivision without the convex hull property. Computer Aided Geometric Design 3 (1986) 247-265.

[GOL 87]   Goldman, R.N.; Filip, D.J.: Conversion from Bézier rectangles to Bézier triangles. Computer-aided design 19 (1987) 25-27.

[GOL 87a]   Goldman, R.N.; Sederberg, Th.W.: Analytic approach to intersection of all piecewise parametric rational cubic curves. Computer-aided design 19 (1987) 282-292.

[GOL 88]   Goldman, R.N.: Urn Models and B-splines. Constructive Approximation 4, Springer Verlag (1988) 265-288.

[GOL 88a]   Goldman, R.N.: Urn Models, Approximations, and Splines. Journal of Approximation Theory 54 (1988) 1-66.

[GON 83] Gonska, H.; Meier, J.: A bibliography on approximation of functions by Bernstein type operators. In Schumaker, L.L.; Chui, C.K. (ed.): Approximation theory IV. Academic Press (1983) 739-785.

[GOO 85] Goodman, T.N.T.; Unsworth, K.: Generation of β spline curves using a recurrence relation. In Earnshaw, R.A. (ed.): Fundamental Algorithms for Computer Graphics. Springer (1985) 325-357.

[GOO 85a] Goodman, T.N.T.: Properties of beta Splines. Journal of Approximation Theory **44** (1985) 132-153.

[GOO 86] Goodman, T.N.T.; Unsworth, K.: Manipulating Shape and Producing Geometric Continuity in β spline Curves. IEEE Computer Graphics & Applications 6 (1986) 50-56.

[GOO 88] Goodman, T.N.T.; Unsworth, K.: Shape preserving interpolation by curvature continuous parametric curves. Computer Aided Geometric Design 5 (1988) 323-340.

[GOR 69] Gordon, W.J.: Distributive lattices and the approximation of multivariate functions. In Schoenberg, I.J. (ed.): Approximation with Special Emphasis on Spline Functions. Academic Press (1969) 223-277.

[GOR 71] Gordon, W.J.: Blending function methods of bivariate and multivariate interpolation and approximation. SIAM J. Numer. Anal 8 (1971) 158-177.

[GOR 74] Gordon, W. J.; Riesenfeld, R. F.: Bernstein-Bézier Methods for Computer Aided Design of Free-Form Curves and Surfaces. Jour. of Assoc. for Computing Machinery 21 (1974) 293-310.

[GOR 74a] Gordon, W. J.; Riesenfeld, R. F.: B-Spline Curves and Surfaces. In Barnhill R.E.; Riesenfeld, R.F. (ed.): Computer Aided Geometric Design, Academic Press (1974) 95-126.

[GOR 78] Gordon, W.J.; Wixom, J.A.: Shepard's method of "metric interpolation" to bivariate and multivariate interpolation. Mathematics of Computation 32 (1978) 253-264.

[GREE 78] Greene, P.J.; Gibson, R.: Computing Dirichlet tesselations in the plane. Computer Journal 21 (1978) 168-173.

[GRE 74] Gregory, J.A.: Smooth interpolation without twist constraints. In Barnhill, R.E.; Riesenfeld, R.F. (ed.): Computer Aided Geometric Design, Academic Press (1974) 71-87.

[GRE 75] Gregory, J.A.: Error bounds for linear interpolation on triangles. In Whiteman, J. (ed.): The Mathematics of Finite Elements and Application II. Academic Press (1975) 163-170.

[GRE 78] Gregory, J.A.: A blending function interpolant for triangles. In D.G. Handscomb (ed.): Multivariate Approximation, Academic Press (1978) 279-287.

[GRE 80] Gregory, J. A.; Charrot, P.: A C^1-triangular interpolation patch for computer-aided geometric design. Computer Graphics and Image Processing 13 (1980) 80-87.

[GRE 83] Gregory, J.A.: C^1-Rectangular and non-rectangular surface patches. In Barnhill, R.E.; Böhm, W. (ed.): Surfaces in Computer Aided Geometric Design, North-Holland (1983) 25-33.

[GRE 85] Gregory, J.A.: Interpolation to boundary data on the simplex. In Barnhill, R.E.; Böhm, W. (ed.): Surfaces in CAGD '84. North-Holland (1985) 43-52.

[GRE 86]   Gregory, J.A.: Shape preserving spline interpolation. Computer-aided design 18 (1986) 53-57.

[GRE 86a]   Gregory, J.A.: N-sided surface patches. In Gregory, J.A. (ed.): The mathematics of surfaces. Clarendon Press (1986) 217-232.

[GRE 87]   Gregory, J.A.; Hahn, J.: Geometric Continuity and Convex Combination Patches. Computer Aided Geometric Design 4 (1987) 79-89.

[GRE 89]   Gregory, J.A.: Geometric Continuity. In Schumaker, L.L.; Lyche, T. (ed.): Mathematical Methods in Computer Aided Geometric Design. Academic Press 1989.

[GRIE 85]   Grieger, I.: Geometry cells and surface definition by finite elements. Computer Aided Geometric Design 2 (1985) 213-222.

[GRIF 75]   Griffiths, J. G.: A data structure for the elimination of hidden surfaces by patch subdivision. Computer-aided design 7 (1975) 171-178.

[GRIF 78]   Griffiths, J.G.: Bibliography of hidden-line and hidden-surface algorithms. Computer-aided design 10 (1978) 203-206.

[GRIF 79]   Griffiths, J.G.: Eliminating hidden edges in line drawings. Computer-aided design 11 (1979) 71-78.

[GRIF 81]   Griffiths, J.G.: Tape-oriented hidden-line algorithm. Computer-aided design 13 (1981) 19-26.

[GUI 85]   Guibas, L.; Stolfi, J.: Primitives for the Manipulation of General Subdivisions and the Computation of Voronoi Diagrams. ACM Transactions on Graphics 4 (1985) 74-123.

[HAG 85]   Hagen, H.: Geometric spline curves. Computer Aided Geometric Design 2 (1985) 223-227. Ausführliche Version: Technical Report TR-85-011, Department of Computer Science, Arizona State University, Tempe 1985.

[HAG 86]   Hagen, H.: Bézier-curves with curvature and torsion continuity. Rocky Mountain Jour. of Math. 16 (1986) 629-638.

[HAG 86a]   Hagen, H.: Geometric surface patches without twist constraints. Computer Aided Geometric Design 3 (1986) 179-184.

[HAG 87]   Hagen, H.; Schulze, G.: Automatic smoothing with geometric surface patches. Computer Aided Geometric Design 4 (1987) 231-236.

[HAH 89]   Hahn, J.: Filling polygonal holes with rectangular patches. In Strasser, W. (ed.): Theory and Practice of Geometric Modeling. Springer 1989.

[HAN 83]   Hanna, S. L.; Abel, J. F.; Greenberg, D. P.: Intersection of parametric surfaces by means of look-up tables. Computer Graphics & Applications 3 (1983) 39-48.

[HARA 82]   Harada, K.; Nakamae, E.: Application of the Bézier curve to data interpolation. Computer-aided design 14 (1982) 55-59.

[HARA 84]   Harada, K.; Kaneda, K.; Nakamae, E.: A further investigation of segmented Bézier interpolants. Computer-aided design 16 (1984) 186-190.

[HARD 71]   Hardy, R.L.: Multiquadric equations of topography and other irregular surfaces. Journal Geophys. Research 76 (1971) 1905-1915.

[HARTL 80] Hartley, P.J.; Judd, C.J.: Parametrization and shape of B-spline curves for CAD. Computer-aided design 12 (1980) 235-238.

[HAR 83]   Hartwig, R.; Nowacki, H.: Isolinien und Schnitte in Coonsschen Flächen. In Nowacki, H.; Gnatz, R. (ed.): Geometrisches Modellieren. Informatik-Fachberichte 65. Springer (1983) 239-344.

[HAU 77]   Haubitz, I.: Programm zum Zeichnen von allgemeinen Flächen-
            stücken. Computing 18 (1977) 295-315.

[HAUC 88]   Hauck, R.: Glätten von Bézierflächen über Variation von Flächen-
            punkten. Diplomarbeit Fachbereich Mathematik, TH Darmstadt
            1988.

[HAY 74]   Hayes, J.G.; Halliday, J.: The least-squares fitting of cubic spline
            surfaces to general data sets. J. Inst. Maths. Applics. 14 (1974)
            89-103.

[HEI 86]   Heidemann, U.: Linearer Ausgleich mit Exponentialsplines bei auto-
            matischer Bestimmung der Intervallteilungspunkte. Computing 36
            (1986) 217-227.

[HEL 88]   Held, M.: Computational Geometry for Pocket Machining. Procee-
            dings of the Third International Conference on Engineering
            Graphics and Descriptive Geometry 1. Wien (1988) 224-231.

[HER 83]   Hering, L.: Closed (C^2 and C^3) continuous Bézier- and B-spline
            curves with given tangent polygons. Computer-aided design 15 (1983)
            3-6.

[HERR 85]   Herron, G.: Smooth closed surfaces with discrete triangular inter-
            polants. Computer Aided Geometric Design 2 (1985) 297-306.

[HERR 87]   Herron, G.: Techniques for Visual Continuity. In Farin, G. (ed.):
            Geometric Modeling: Algorithms and New Trends. SIAM (1987)
            163-174.

[HERZ 87]   Herzen, B. von; Barr, A.H.: Accurate Triangulations of Deformed,
            Intersecting Surfaces. ACM Computer Graphics 21 (1987) 103-110.

[HEß 86]   Heß, W.; Schmidt, J.W.: Convexity Preserving Interpolation with
            Exponential Splines. Computing 36 (1986) 335-342.

[HÖLL 86]   Höllig, K.: Geometric Continuity of Spline Curves and Surfaces.
            University of Wisconsin, Madison, Computer Science Technical
            Report # 645, erhältlich in SIGGRAPH 86, Course 5: Extension of
            B-spline Curve Algorithms to Surfaces (1986).

[HÖLZ 83]   Hölzle, G.E.: Knot placement for piecewise polynomial approxima-
            tion of curves. Computer-aided design 15 (1983) 295-296.

[HOFF 85]   Hoffmann, Ch.; Hopcroft, J.: Automatic surface generation in com-
            puter aided design. Visual Computer 1 (1985) 92-100.

[HOFF 87]   Hoffmann, Ch.; Hopscroft, J.: The potential method for blending
            surfaces and corners. In Farin, G. (ed.): Geometric Modeling, Algo-
            rithms and new Trends. SIAM (1987) 347-365.

[HOL 87]   Holström, I.: Piecewise quadratic blending of implicity defined
            surfaces. Computer Aided Geometric Design 4 (1987) 171-189.

[HORN 85]   Hornung C.; Lellek, W.; Rehwald, P.; Strasser, W.: An area-oriented
            analytical visibility method for displaying parametrically defined
            tensor-product surfaces. Computer Aided Geometric Design 2 (1985)
            197-206.

[HOSA 69]   Hosaka, M.: Theory of curves and surface synthesis and their
            smooth fitting. Information Processing in Japan 9 (1969) 60-68.

[HOSA 78]   Hosaka, M.; Kimura, F.: Synthesis methods of curves and surfaces in
            interactive CAD. Proceedings: Interactive Techniques in Computer-
            aided design, Bologna (1978) 151-156.

[HOSA 84]   Hosaka, M.; Kimura, F.: Non-four-sided patch expressions with
            control points. Computer Aided Geometric Design 1 (1984) 75-86.

[HOS 77]   Hoschek, J.: Zur Berechnung der Hauptkrümmungen und Haupt-
           krümmungsrichtungen bei empirisch vorgegebenen Flächenstücken.
           Abhandl. Braunschw. Wiss. Gesellschaft 28 (1977) 107-116.

[HOS 83]   Hoschek, J.: Dual Bézier-Curves and Surfaces. In Barnhill, R.E.;
           Böhm, W. (ed.): Surfaces in Computer Aided Geometric Design,
           North-Holland (1983) 147-156.

[HOS 84]   Hoschek, J.: Detecting regions with undesirable curvature. Compu-
           ter Aided Geometric Design 1 (1984) 183-192.

[HOS 85]   Hoschek, J.: Offset curves in the plane. Computer-aided design 17
           (1985) 77-82.

[HOS 85a] Hoschek, J.: Smoothing of curves and surfaces. In Barnhill, R.E.;
           Böhm, W. (ed.): Surfaces in CAGD '84. North-Holland (1985) 97-105.

[HOS 87]   Hoschek, J.: Approximate conversion of spline curves. Computer
           Aided Geometric Design 4 (1987) 59-66.

[HOS 87a] Hoschek, J.: Algebraische Methoden zum Glätten und Schneiden von
           Splineflächen. Results in Mathematics 12 (1987) 119-133.

[HOS 88]   Hoschek, J.: Intrinsic parametrization for approximation. Computer
           Aided Geometric Design 5 (1988) 27-31.

[HOS 88a] Hoschek, J.: Spline approximation of offset curves. Computer Aided
           Geometric Design 5 (1988) 33-40.

[HOS 88b] Hoschek, J.; Wissel, N.: Optimal approximate conversion of spline
           curves and spline approximation of offset curves. Computer-aided
           design 20 (1988) 475-483.

[HOS 88c] Hoschek, J.; Wassum, P.; Schneider, F.-J.: Optimal approximate
           conversion of spline curves and spline surfaces, spline approxi-
           mation of offset curves. Proceedings of the Third International
           Conference on Engineering Graphics and Descriptive Geometry 1.
           Wien (1988) 246-249.

[HOS 89]   Hoschek, J.; Schneider, F.J.; Wassum, P.: Optimal Approximate
           Conversion of Spline Surfaces. Computer Aided Geometric Design
           1989.

[HOU 85]   Houghton, E. G.; Emnett, R. F.; Factor, J. D.; Sabharwal, C. L.: Im-
           plementation of a divide-and-conquer method for intersection of
           parametric surfaces. Computer Aided Geometric Design 2 (1985)
           173-183.

[HU 86]   Hu, Ch.L.; Schumaker, L.L.: Complete Spline Smoothing. Numeri-
           sche Mathematik 49 (1986) 1-10.

[JEN 87]   Jensen, Th.: Assembling Triangular and Rectangular Patches and
           Multivariate Splines. In Farin, G. (ed.): Geometric Modeling, Algo-
           rithms and New Trends, SIAM (1987) 203-220.

[JOE 86]   Joe, B.: Delaunay triangular meshes in convex polygons. SIAM J. Sci.
           Stat. Comput. 7 (1986) 514-539.

[JOE 87]   Joe, B.: Discrete Beta-Splines. SIGGRAPH 87, ACM Computer
           Graphics 21 (1987) 137-144.

[JON 88]   Jones, A.K.: Nonrectangular surface patches with curvature conti-
           nuity. Computer-aided design 20 (1988) 325-335.

[JOR 84]   Jordan, M.C.; Schindler, F.: Curves under Tension. Computer Aided
           Geometric Design 1 (1984) 291-300.

[KAH 82]   Kahmann, J.: Krümmungsübergänge zusammengesetzter Kurven und
           Flächen. Diss. Braunschweig 1982.

[KAH 83]   Kahmann, J.: Continuity of Curvature between Adjacent Bézier Patches. In Barnhill, R.E.; Böhm, W. (ed.): Surfaces in Computer Aided Geometric Design. North Holland (1983) 65-75.

[KAJ 82]   Kajiya, J.: Ray tracing parametric patches. Computer Graphics 16 (1982) 245-254.

[KAL 87]   Kallay, M.: Approximating a composite cubic curve by one with fewer pieces. Computer-aided design 19 (1987) 539-543.

[KAT 88]   Katz, Sh.: Genus of the intersection curve of two rational surface patches. Computer Aided Geometric Design 5 (1988) 253-258.

[KAU 88]   Kaufmann, E.; Klass, R.: Smoothing surfaces using reflection lines for families of splines. Computer-aided design 20 (1988) 312-316.

[KAUF 88] Kaufmann, A.: Parallelization of the subdivision algorithm for Bézier curves intersection. Rapport Technique 43, IMAG, Universite Joseph Fourier, Grenoble, 1988.

[KAY 86]   Kay, T.; Kajiya, J.: Ray Tracing Complex Scenes. Computer Graphics 20 (1986) 269 ff.

[KJE 83]   Kjellander, J. A. P.: Smoothing of cubic parametric splines. Computer-aided design 15 (1983) 175-178.

[KJE 83a] Kjellander, J. A. P.: Smoothing of bicubic parametric surfaces. Computer-aided design 15 (1983) 288-293.

[KLA 80]   Klass, R.: Correction of local surface irregularities using reflection lines. Computer-aided design 12 (1980) 73-77.

[KLA 83]   Klass, R.: An offset spline approximation for plane cubic splines. Computer-aided design 15 (1983) 297-299.

[KOP 83]   Koparkar, P. A.; Mudur, S. P.: A new class of algorithms for the processing of parametric curves. Computer-aided design 15 (1983) 41-45.

[KOP 86]   Koparkar, P. A.; Mudur, S. P.: Generation of continuous smooth curves resulting from operations on parametric surface patches. Computer-aided design 18 (1986) 193-206.

[KOZ 86]   Kozak, J.: Shape Preserving Approximation. Computers in Industry 7 (1986) 435-440.

[KRE 72]   Kreiling, W.: Ein neuer Stereobetrachter. Bildmessung und Luftbildwesen **40** (1972) 206.

[KRI 85]   Kripac, J.: Classification of edges and its application in determining visibility. Computer-aided design 17 (1985) 30-36.

[LAC 88]   Lachance, M.A.: Chebyshew economization for parametric surfaces. Computer Aided Geometric Design 5 (1988) 195-208.

[LAN 79]   Lancaster, P.: Moving weighted least-squares methods. In Sahney, B.N. (ed.): Polynomial and Spline Approximation. Reidel Publishing Company (1979) 103-120.

[LANE 77] Lane, J.M.: Shape Operators for Computer Aided Geometric Design. Diss. University of Utah 1977.

[LANE 80] Lane, J. M.; Riesenfeld, R. F.: A theoretical development for the computer generation of piecewise polynomial surfaces. IEEE Transaction on Pattern Analysis and Machine Intelligence PAMI 2 (1980) 35-45.

[LANE 83] Lane, J.M.; Riesenfeld, R.F.: A geometric proof for the variation diminishing property of B-spline approximation. Journal of Approximation Theory 37 (1983) 1-4.

[LANG 84]   Lang, J.: Zur Konstruktion von Isophoten im Computer-aided design. CAD-Computergraphik und Konstruktion, Heft **34** (1984) 1-7.

[LANGR 84]   Langridge, D.J.: Detection of Discontinuities in the first derivatives of surfaces. Comp. Vis. Graph. Im. Process. **27** (1984) 291-308.

[LAS 85]   Lasser, D.: Das Interpolations- und Spline-Interpolationsproblem in drei Variablen. Preprint 948 Fachbereich Mathematik, Technische Hochschule Darmstadt 1985.

[LAS 85a]   Lasser, D.: Bernstein-Bézier Representation of Volumes. Computer Aided Geometric Design 2 (1985) 145-150.

[LAS 86]   Lasser, D.: Intersection of parametric surfaces in the Bernstein Bézier representation. Computer-aided design 18 (1986) 186-192.

[LAS 87]   Lasser, D.: Bernstein-Bézier-Darstellung trivialer Splines. Diss. Darmstadt 1987.

[LAS 88]   Lasser, D.: B-Spline-Bézier Representation of Tau-Splines. Technical Report NPS-53-88-006, Naval Postgraduate School, Monterey 1988.

[LAS 88a]   Lasser, D.: B-Spline-Bezier-Representation of VC^3 and of VC^4 continuous Spline Curves. Technical Report NPS-53-88-005, Naval Postgraduate School, Monterey 1988.

[LAS 88b]   Lasser, D.; Eck, M.: Bézier Representation of Geometric Spline Curves. A general concept and the quintic case. Technical Report NPS 53-88-004, Naval Postgraduate School, Monterey 1988.

[LAS 88c]   Lasser, D.: Self-Intersections of Parametric Surfaces. Proceedings of the Third International Conference on Engineering Graphics and Descriptive Geometry 1. Wien (1988) 322-331.

[LAS 89]   Lasser, D.: Calculating the Self-Intersections of Bézier Curves. Computers in Industry 1989.

[LAW 72]   Lawson, C.L.: Generation of a triangular grid with application to contour plotting. JPL 299, 1972.

[LAW 77]   Lawson, C.L.: Software for C^1 surface interpolation. In Rice, J.R. (ed.): Software III, Academic Press (1977) 159-192.

[LAW 84]   Lawson, C.L.: C^1 surface interpolation for scattered data on a sphere. Rocky Mountain Journal of Mathematics **14** (1984) 177-202.

[LAW 86]   Lawson, C.L.: Properties of n-dimensional triangulations. Computer Aided Geometric Design 3 (1986) 231-247.

[LEE 73]   Lee, E.H.; Forsythe, G.E.: Variational Study of nonlinear spline curves. SIAM Review 15 (1973) 120-133.

[LEE 75]   Lee, E.T.Y.: On Choosing notes in parametric curve interpolation. SIAM Applied Geoemtry meeting, Albany, New York 1975.

[LEE 82]   Lee, E.T.Y.: A simplified B-spline computation routine. Computing **29** (1982) 365-373.

[LEE 86]   Lee, E.T.Y.: Comments on some B-Spline-Algorithms. Computing **36** (1986) 229-238.

[LEE 87]   Lee, E.T.Y.: The rational Bézier representation for conics. In Farin, G. (ed.): Geometric Modeling: Algorithms and new trends. SIAM (1987) 3-19.

[LEE 84]   Lee, R. B.; Fredericks, D. A.: Intersection of parametric surfaces and a plane. IEEE Computer Graphics and Applications **4** (1984) 48-51.

[LEV 76] Levin, J.Z.: A Parametric Algorithm for drawing pictures of Solid Objects composed of Quadric Surfaces. Communications of the ACM 19 (1976) 555-563.

[LEV 79] Levin, J. Z.: Mathematical models for determining the intersection of quadric surfaces. Computer Graphics and Image Processing 11 (1979) 73-87.

[LEWI 78] Lewis, B.A.; Robinson, J.S.: Triangulation of planar regions with applications. The Computer Journal 21 (1978) 324-332.

[LEW 75] Lewis, J.: B-spline bases for splines under tension, nu-splines and fractional order splines. Presented at the SIAM-SIGNUM-meeting, San Fransisco 1975.

[LI 88] Li, L.: Hidden-line algorithm for curved surfaces. Computer-aided design 20 (1988) 466-470.

[LI 90] Li, J.; Hoschek, J.; Hartmann, E.: A geometrical method for smooth joining and interpolation of curves and surfaces. Computer Aided Geometric Design 1990.

[LIT 83] Little, F.: Convex Combination Surfaces. In Barnhill, R.E.; Böhm, W. (ed.): Surfaces in Computer Aided Geometric Design, North-Holland (1983) 99-108.

[LIU 86] Liu, D.: A geometric condition for smoothness between adjacent rectangular Bézier patches. Acta Math. Sinica 9 (1986) 432-442.

[LIU 89] Liu, D.; Hoschek, J.: GC^1 continuity conditions between adjacent rectangular and triangular Bézier surface patches. Computer-aided design 21 (1989) 194-200.

[LIU 90] Liu, D.: GC^1 Continuity Conditions between two Adjacent Rational Bézier Surface Patches. Computer Aided Geometric Design 1990.

[LOH 81] Loh, R.: Convex B-spline surfaces. Computer-aided design 13 (1981) 145-149.

[LON 87] Long, C.: Special Bézier quartics in three dimensional curve design and interpolation. Computer-aided design 19 (1987) 77-84.

[LUK 89] Lukacs, G.: The generalized inverse matrix and the surface-surface intersection problem. In Strasser, W. (ed.): Theory and Practice of Geometric Modeling. Springer 1989.

[LUS 87] Luscher, N.: Die Bernstein-Bézier-Technik in der Methode der finiten Elemente. Diss. Braunschweig 1987.

[LYC 87] Lyche, T.; Morken, K.: Knot removal for parametric B-spline curves and surfaces. Computer Aided Geometric Design 4 (1987) 217-230.

[LYC 88] Lyche, T.; Morken, K.: A data-reduction strategy for splines with applications to the approximation of functions and data. IMA Journal of Num. Analysis 8 (1988) 185-208.

[LYN 82] Lynch, R.W.: A method for choosing a tension factor for spline under tension interpolation. Thesis, University of Texas, Austin 1982.

[MAL 77] Malcolm, M.A.: On the Computation of Nonlinear Spline Functions. SIAM Jour. Numer. Anal. 14 (1977) 254-282.

[MAN 74] Manning, J. R.: Continuity conditions for spline curves. Computer Journal 17 (1974) 181-186.

[MANS 74] Mansfield, L.: Higher Order Compatible Triangular Finite Elements. Numerische Mathematik 22 (1974) 89-97.

[MAR 86] Martins, R.R.; Pont, J. de; Sharrock, T.J.: Cyclide surfaces in computer aided design. In Gregory, J.A. (ed.): The mathematics of surfaces. Clarendon Press (1986) 253-267.

[MAS 86]   Mastin, C.W.: Parameterization in grid generation. Computer-aided design 18 (1986) 22-24.

[MCL 83]   McLaughlin, H.W.: Shape-Preserving Planar Interpolation: an Algorithm. IEEE Computer Graphics & Appl. 3 (1983) 58-67.

[MCLA 74]   McLain, D.H.: Drawing contours from arbitrary data points. The Computer Journal 17 (1974) 318-324.

[MCLA 76]   McLain, D.H.: Two dimensional interpolation from random data. The Computer Journal 19 (1976) 178-181.

[MCM 87]   McMahon, J.R.; Franke, R.: Knot selection for least squares thin plate splines. Technical Report NPS-53-87-005, Naval Postgraduate School, Monterey 1987.

[MEH 74]   Mehlum, E.: Nonlinear Splines. In Barnhill, R.E.; Riesenfeld, R.F. (ed.): Computer Aided Geometric Design, Academic Press (1974) 173-208.

[MEI 87]   Meier, H.: Der differentialgeometrische Entwurf und die analytische Darstellung krümmungsstetiger Schiffsoberflächen und ähnlichen Freiformflächen. Fortschritt-Berichte VDI, Reihe 20, Heft 5. VDI-Verlag 1987.

[MEIN 79]   Meinguet, J.: Multivariate Interpolation at Arbitrary Points Made Simple. Journal of Applied Mathematics and Physics (ZAMP) 30 (1979) 292-304.

[MEIN 79a] Meinguet, J.: An intrinsic approach to multivariate spline interpolation at arbitrary points. In Sakney, B.N. (ed.): Polynomial and Spline Approximation. Reidel Publishing Company (1979) 163-190.

[MIC 86]   Micchelli, C.A.: Interpolation of scattered data: distance matrices and conditionally positive definite functions. Constructive Approximation 2 (1986) 11-22.

[MIL] 86]   Miller, J.R.: Sculptured Surfaces in Solid Models: Issues and Alternative Approaches. IEE Computer Graphics & Applications 6 (1986) 37-48.

[MIL 87]   Miller, J.R.: Geometric Approaches to Nonplanar Quadric Surface Intersection Curves. ACM Transactions on Graphics 6 (1987) 274-307.

[MIR 82]   Mirante, A.; Weingarten, N.: The radial sweep algorithm for constructing triangulated irregular networks. IEEE Computer Graphics & Applications 2 (1982) 11-21.

[MÖB 67]   Möbius, A. F.: Der barycentrische Calcul 1827. In A. F. Möbius: Gesammelte Werke Band I. Sändig 1967.

[MORG 83]   Morgan, A.P.: A Method for Computing all Solutions to Systems of Polynomial Equations. ACM Transactions on Mathematical Software 9 (1983) 1-17.

[NIE 74]   Nielson, G. M.: Some piecewise polynomial alternatives to splines under tension. In Barnhill, R.E.; Riesenfeld, R.F. (ed.): Computer Aided Geometric Design. Academic Press (1974) 209-235.

[NIE 83]   Nielson, G.M.; Franke, R.: Surface construction based upon triangulations. In Barnhill, R.E.; Böhm, W. (ed.): Surfaces in Computer Aided Geometric Design. North-Holland (1983) 163-177.

[NIE 83a]   Nielson, G.M.: A method for interpolating scattered data based upon a minimum norm network. Mathematics of Computation 40 (1983) 253-271.

[NIE 84]   Nielson, G.M.: A locally controllable spline with tension for inter-
             active curve design. Computer Aided Geometric Design 1 (1984)
             199-205.

[NIE 84a]   Nielson, G.M.; Franke, R.: A method for construction of surfaces
             under tension. Rocky Mountain Journal of Mathematics 14 (1984)
             203-222.

[NIE 86]   Nielson, G.M.: Rectangular ν-splines. IEEE Computer Graphics &
             Applications 6 (1986) 35-40.

[NIE 87]   Nielson, G.M.: Coordinate free scattered data interpolation. In Chui,
             C.K.; Schumaker, L.L.; Utreras, F.I. (ed.): Topics in Multivariate
             Approximation. Academic Press (1987) 175-184.

[NIE 87a]   Nielson, G.M.: An example with a local minimum for the minimax
             ordering of triangulations. Report TR-87-014, Computer Science
             Department, Arizona State University, Tempe 1987.

[NIE 87b]   Nielson, G.M.; Ramaraj, R.: Interpolation over a sphere based upon a
             minimum norm network. Computer Aided Geometric Design 4 (1987)
             41-57.

[NIE 87c]   Nielson, G.M.: A Transfinite, Visually Continuous Triangular Inter-
             polant. In Farin, G. (ed.): Geometric Modeling, Algorithms and New
             Trends, SIAM (1987) 235-246.

[NIE 89]   Nielson, G.M.: Applications of an affine invariant metric. In Schu-
             maker, L.L.; Lyche, T. (ed.): Mathematical Methods in Computer
             Aided Geometric Design. Academic Press 1989.

[NOW 83]   Nowacki, H.; Reese, D.: Design and fairing of ship surfaces. In Barn-
             hill, R.E.; Böhm, W. (ed.): Surfaces in Computer Aided Geometric
             Design. North Holland (1983) 121-134.

[NOW 89]   Nowacki, H.; Liu, D.; Lu, X.: Mesh Fairing GC^1 Surface Generation
             Method. In Straßer, W.(ed.): Theory and Practice of Geometric
             Modeling. Springer 1989.

[NUT 72]   Nutbourne, A.W.; McLellan, P.M.; Kensit, R.M.L.: Curvature profiles
             for plane curves. Computer-aided design 4 (1972) 176-184.

[OWE 87]   Owen, J. C.; Rockwood , A. P.: Intersection of General Implicit Sur-
             faces. In Farin, G. (ed.): Geometric Modeling: Algorithms and New
             Trends. SIAM (1987) 335-345.

[PAL 77]   Pal, T.K.; Nutbourne, A.W.: Two-dimensional curve synthesis using
             linear curvature elements. Computer-aided design 9 (1977) 121-134.

[PAL 78]   Pal, T.K.: Intrinsic spline curve with local control. Computer-aided
             design 10 (1978) 19-29.

[PAL 78a]   Pal, T.K.: Mean tangent rotational angles and curvature integration.
             Computer-aided design 10 (1978) 30-34.

[PAU 88]   Paukowitsch, P.: Fundamental ideas for computer-supported descrip-
             tive geometry. Computers & Graphics 12 (1988) 3-14.

[PATR 89]   Patrikalakis, N.M.: Approximate conversion of rational splines.
             Computer Aided Geometric Design 6 (1989) 155-166.

[PAT 85]   Patterson, R.R.: Projective Transformations of the Parameter of a
             Bernstein-Bézier Curve. ACM Transactions on Graphics 4 (1985)
             276-290.

[PAT 88]   Patterson, R.R.: Parametric cubics as algebraic curves. Computer
             Aided Geometric Design 5 (1988) 139-159.

[PAV 83]   Pavlidis, Th.: Curve Fitting with Conic Splines. ACM Transactions
             on Graphics 2 (1983) 1-31.

[PECK 85]   Peckham, R.J.: Shading evaluations with general three-dimensional models. Computer-aided design 17 (1985) 305-310.

[PEN 84]   Peng, Q. S.: An algorithm for finding the intersection lines between two B-Spline surfaces. Computer-aided design 16 (1984) 191-196.

[PERC 76]   Percell, P.: On cubic an quartic Clough-Tocher elements. SIAM Jour. Numerical Analysis 13 (1976) 100-103.

[PER 78]   Persson, H.: NC machining of arbitrarily shaped pockets. Computer-aided design 10 (1978) 169-174.

[PET 84]   Petersen, C. S.: Adaptive contouring of three-dimensional surfaces. Computer Aided Geometric Design 1 (1984) 61-74.

[PET 87]   Petersen, C.S.; Piper, B.R.; Worsey, A.J.: Adaptive Contouring of a trivariate interpolant. In Farin, G. (ed.): Geometric Modeling, Algorithms and new Trends. SIAM (1987) 385-395.

[PETR 87]   Petrie, G.; Kennie, T.J.M.: Terrain modelling in surveying and civil engineering. Computer-aided design 19 (1987) 171-187.

[PFE 85]   Pfeifer, H.U.: Methods used for intersecting geometrical entities in the GPM module for volume geometry. Computer-aided design 17 (1985) 311-318.

[PHA 88]   Pham, B.: Offset approximation of uniform B-splines. Computer-aided design 20 (1988) 471-474.

[PHI 84]   Phillips, M. B.; Odell, G. M.: An Algorithm for Locating and Displaying the Intersection of Two Arbitrary Surfaces. IEEE Computer Graphics & Applications 4 (1984) 48-58.

[PHO 75]   Phong, Bui-Tuong: Illumination of Computer Generated Pictures. Com. Assoc. Computer Mach. 18 (1975) 311-317.

[PIE 86]   Piegl, L.: A Geometric Investigation of the Rational Bézier Scheme of Computer Aided Design. Computers in Industry 7 (1986) 401-410.

[PIE 86a]   Piegl, L.: Curve fitting algorithm for rough cutting. Computer-aided design 18 (1986) 79-82.

[PIE 87]   Piegl, L.: On the use of infinite control points in CAGD. Computer Aided Geometric Design 4 (1987) 155-166.

[PIE 87a]   Piegl, L.: Interactive Data Interpolation by Rational Bézier Curves. IEEE Computer Graphics & Applications 7 (1987) 45-58.

[PIE 87b]   Piegl, L.; Tiller, W.: Curve and surface constructions using rational B-splines. Computer-aided design 19 (1987) 485-498.

[PIE 88]   Piegl, L.: Hermite- and Coons-like interpolants using rational Bézier approximation form with infinite control points. Computer-aided design 20 (1988) 2-10.

[PIE 89]   Piegl, L.: Geometric method of intersecting natural quadrics represented in trimmed surface form. Computer-aided design 21 (1989) 201-212.

[PIP 87]   Piper, B.R.: Visually Smooth Interpolation with Triangular Bézier Patches. In Farin, G. (ed.): Geometric Modeling, Algorithms and New Trends, SIAM (1987) 221-233.

[PLU 85]   Plunkett, D. J.; Bailey, M. J.: The Vectorization of a Ray-Tracing Algorithm for Improved Execution Speed. IEEE Computer Graphics & Applications 5 (1985) 52-60.

[PÖS 84]   Pöschl, Th.: Detecting surface irregularities using isophotes. Computer Aided Geometric Design 1 (1984) 163-168.

[POT 88]   Pottmann, H.: Curves and Tensor Product Surfaces with Third Order Geometric Continuity. Proceedings of the Third International Conference on Engineering Graphics and Descriptive Geometry 2. Wien (1988) 107-116.

[POT 88a] Pottmann, H.: Eine Verfeinerung der Isophotenmethode zur Qualitätsanalyse von Freiformflächen. CAD und Computergraphik 11 (1988) 99-109.

[POT 90]   Pottmann, H.: Projectively invariant classes of geometric continuity for CAGD. Computer Aided Geometric Design 1990.

[POT 90a] Pottmann, H.: Scattered data interpolation based upon generalized minimum norm networks. Constructive Approximation 1990.

[POW 72]   Powell, M.J.: Problems Related to Unconstrained Optimisation. in Murray, W. (ed.): Numerical Methods for Unconstrained Optimisation. Academic Press 1972.

[POW 77]   Powell, M.J.; Sabin, M.A.: Piecewise quadratic approximations on triangles. ACM Trans. on Mathematical Software 3 (1977) 316-325.

[PRAT 86] Pratt, M. J.; Geisow, A. D.: Surface/surface intersection problems. in Gregory, J. A. (ed.): The Mathematics of Surfaces. Clarendon Press (1986) 117-142.

[PRAT 88] Pratt, M.J.: Applications of Cyclide Surfaces in Geometric Modelling. in Handscomb, D.C. (ed.): The Mathematics of Surfaces III. Oxford University Press 1988.

[PRAT 89] Pratt, M.J.: Cyclide Blending in Solid Modelling. in Straßer, W. (ed.): Theory and Practice of Geometric Modeling. Springer 1989.

[PRA 84]   Prautzsch, H.: Unterteilungsalgorithmen für multivariate Splines, ein geometrischer Zugang. Diss. Braunschweig 1984.

[PRA 84a] Prautzsch, H.: Degree elevation of B-spline curves. Computer Aided Geometric Design 1 (1984) 193-198.

[PRA 85]   Prautzsch, H.: Generalized subdivision and convergence. Computer Aided Geometric Design 2 (1985) 69-75.

[PRU 76]   Pruess, S.: Properties of splines in tension. Journal of Approximation Theory 17 (1976) 86-96.

[PUE 87]   Pueyo, X.; Brunet, P.: A parametric-space-based scan-line algorithm for rendering bicubic surfaces. IEEE Computer Graphics & Applications 7 (1987) 17-25.

[RAM 87]   Ramshaw, L.: Blossoming: A Connect-the-Dots Approach to Splines. Research Report 19, Digital Systems Research Center, Palo Alto 1987.

[RAT 88]   Rath, W.: Computergestützte Darstellung von Hyperflächen des $\mathbb{R}^4$ und deren Anwendungsmöglichkeiten im CAGD. CAD und Computergraphik 11 (1988) 111-117.

[REE 83]   Reese, D.; Riedger, M.; Lang, R.: Flächenhaftes Glätten und Verändern von Schiffsoberflächen. Bericht des Institutes für Schiffs- und Meerestechnik Berlin 14, 1983.

[REI 67]   Reinsch, Ch. H.: Smoothing by Spline Functions. Num. Math. 10 (1967) 177-183.

[REI 71]   Reinsch, Ch.H.: Smoothing by Spline Functions II. Num. Math. 16 (1971) 451-454.

[REN 84]   Renka, R.J.; Cline, A.K.: A triangle-based C^1 interpolation method. Rocky Mountain Journal of Mathematics 14 (1984) 223-237.

[REN 84a]   Renka, R.J.: Interpolation of data on the surface of a sphere. ACM Trans. Math. Software 10 (1984) 417-436.

[REN 87]   Renka, R.J.: Interpolatory tension splines with automatic selection of tension factors. SIAM Jour. Sci. Stat. Comput. 8 (1987) 393-415.

[RENN 82]   Renner, G.: A method of shape description for mechanical engineering practice. Computers in Industries 3 (1982) 137-142.

[RENT 80]   Rentrop, P.: An algorithm for the computation of the exponential spline. Num. Math. 35 (1980) 81-83.

[RENZ 82]   Renz, W.: Interactive smoothing of digitized point data. Computer-aided design 14 (1982) 267-269.

[RES 87]   Rescorla, K.L.: C^1 trivariate polynomial interpolation. Computer Aided Geometric Design 4 (1987) 237-244.

[RIC 73]   Ricci, A.: A constructive geometry for computer graphics. The Computer Journal 16 (1973) 157-160.

[RIE 73]   Riesenfeld, R.F.: Applications of B-spline approximation to geometric problems of computer-aided design. Thesis Syrakus 1973.

[RIE 75]   Riesenfeld, R.F.: On Chaikin's Algorithm. Computer Graphics and Image Processing 4 (1975) 304-310.

[ROCK 87]   Rockwood, A.; Owen, J.: Blending surfaces in solid modeling. in Farin, G. (ed.): Geometric Modeling, Algorithms and new Trends. SIAM (1987) 367-384.

[RÖS 37]   Rössler, F.: Geometrische Grundlagen der Konstruktion von Helligkeitsgleichungen für eine neue Helligkeitshypothese. Monh. Math. 46 (1937) 157-171.

[ROSE 85]   Rose de, T.D.: Geometric Continuity: A Parametrization Independent Measure of Continuity for Computer Aided Geometric Design. Thesis Berkeley 1985.

[ROSE 88]   Rose de, T.D.; Barsky, B.A.: Geometric Continuity, Shape Parameters, and Geometric Constructions for Catmull-Rom Splines. ACM Transactions on Graphics 7 (1988) 1-41.

[ROSE 88a]   Rose de, T.D.: Composing Bézier Simplices. ACM Transactions on Graphics 7 (1988) 198-221.

[ROSE 88b]   Rose de, T.D.: S-patches: A class of representations for multi-sided surface patches. Technical Report 88-05-02, Department of Computer Science, University of Washington, Seattle 1988.

[ROSS 86]   Rossignac, J.R.; Requicha, A.A.G.: Offsetting operations in solid modelling. Computer Aided Geometric Design 3 (1986) 129-148.

[ROT 82]   Roth, S. D.: Ray Casting for Modeling Solids. Computer Graphics and Image Processing 18 (1982) 109-144.

[ROU 88]   Rouller, J.A.: Bézier curves of positive curvature. Computer Aided Geometric Design 5 (1988) 59-70.

[RUD 58]   Rudin, M.E.: A unshellable triangulation of a tetrahedron. Bulletin of the American Mathematical Society 64 (1958) 90-91.

[RUN 01]   Runge, C.: Über empirische Funktionen und die Interpolation zwischen äquidistanten Ordinaten. Zeitsch. Angew. Math. Mech. 46 (1901) 224-243.

[SAB 76]   Sabin, M. A.: A Method for displaying the Intersection Curve of two Quadric Surfaces. Computer Journal 19 (1976) 336-338.

[SAB 77]   Sabin, M.A.: The use of piecewise forms for the numerical representation of shape. Diss. Hungarian Academy of Science 1977.

[SAB 80]   Sabin, M.A.: Contouring - A review of methods for scattered data. In Brodlie, K.W. (ed.): Mathematical Methods in Computer Graphics and Design. Academic Press (1980) 63-85.

[SAB 83]   Sabin, M.A.: Non-rectangular patches suitable for inclusion in a B-spline surface. Ten Hagen (ed.): Proc. Eurographics. North-Holland (1983) 57-69.

[SAB 85]   Sabin, M.A.: Non-four-sided patch expressions with control points. Computer Aided Geometric Design 1 (1985) 289-290.

[SAB 85a] Sabin, M.A.: Contouring - the State of the Art. In Earnshaw, R.A. (ed.): Fundamental Algorithms for Computer Graphics. NATO ASI series F 17. Springer (1985) 411-482.

[SAB 86]   Sabin, M.A.: Some negative results in N aided patches. Computer-aided design 18 (1986) 38-44.

[SABL 78] Sablonniere, P.: Spline and Bézier polygons associated with a polynomial spline curve. Computer-aided design 10 (1978) 257-261.

[SABL 85] Sablonniere, P.: Bernstein-Bézier methods for the construction of bivariate spline approximants. Computer Aided Geometric Design 2 (1985) 29-36.

[SABL 85a] Sablonniere, P.: Composite finite elements of class C^k. Journal of Computational and Applied Mathematics 12 & 13 (1985) 541-550.

[SABL 87] Sablonniere, P.: Composite finite elements of Class C^2. In Chui, C.K.; Schumaker, L.L.; Utreras, F.I. (ed.): Topics in Multivariate Approximation. Academic Press (1987) 207-217.

[SAK 88]   Sakai, M.; Usmani, R.A.: A shape preserving area true approximation of histograms by rational splines. Computer Science Num. Math. 28 (1988) 329-339.

[SALK 74] Salkauskas, K.: C^1 splines for interpolation of rapidly varying data. Rocky Mountain Journal of Mathematics 14 (1974) 239-250.

[SAP 88]   Sapidis, N.S.; Kaklis, P.D.: An algorithm for constructing convexity and monotonicity-preserving splines in tension. Computer Aided Geometric Design 5 (1988) 127-137.

[SAR 83]   Sarraga, R. F.: Algebraic Methods for Intersections of Quadric Surfaces in GMSOLID. Computer Vision, Graphics and Image Processing 22 (1983) 222-238.

[SAR 87]   Sarraga, R.F.: G^1 interpolation of generally unrestricted cubic Bézier curves. Computer Aided Geometric Design 4 (1987) 23-39.

[SAR 89]   Sarraga, R.F.: Errata: G^1 interpolation of generally unrestricted cubic Bézier curves. Computer Aided Geometric Design 6 (1989) 167-172.

[SAT 85]   Satterfield, St.G.; Rogers, D.F.: A procedure for generating contour lines from a B-spline surface. IEEE Computer Graphics & Applications 5 (1985) 71-75.

[SCHA 88] Schaal, H.: Computer Graphical Treatments of Perspective Pictures. Computers & graphics 12 (1988) 15-32.

[SCHE 78] Schechter, A.: Synthesis of 2D curves by blending piecewise linear curvature profiles. Computer-aided design 10 (1978) 8-18.

[SCHE 78a] Schechter, A.: Linear blending of curvature profiles. Computer-aided design 10 (1978) 101-109.

[SCHEL 84] Schelske, H.J.: Lokale Glättung segmentierter Bézierkurven und Bézierflächen. Diss. Darmstadt 1984.

[SCHER 78] Scherrer, P.K.; Hillberry, B.M.: Determing distance to a surface represented in piecewise fashion with surface patches. Computer-aided design 10 (1978) 320-324.

[SCHM 79] Schmidt, R.M.: Einstufige Verfahren zur Flächenapproximation unregelmäßig verteilter Daten durch Tensor-Produkt B-Splines. Berlin Hahn-Meitner-Institutsbericht 268, 1979.

[SCHM 83] Schmidt, R.: Fitting scattered surface data with large gaps. In Barnhill, R.E.; Böhm, W. (ed.): Surfaces in Computer Aided Geometric Design. North-Holland (1983) 185-189.

[SCHM 85] Schmidt, R.: Ein Beitrag zur Flächenapproximation über unregelmäßig verteilten Daten. In Schempp, W.; Zeller, K.: Multivariate Approximations Theory III. Birkhäuser (1985) 363-369.

[SCHO 67] Schoenberg, I.J.; Greville, T.N.E.: On spline functions. In Shisha, O. (ed.): Inequalities. Academic Press (1967) 255-291.

[SCHU 76] Schumaker, L.L.: Fitting surfaces to scattered data. In Lorentz, G.G.; Chui, C.K.; Schumaker, L.L. (ed.): Approximation Theory II. Academic Press (1976) 203-268.

[SCHU 79] Schumaker, L.L.: Two-stage methods for fitting surfaces to scattered data. Berlin: Hahn-Meitner-Institutsbericht 314, 1979.

[SCHU 84] Schumaker, L.L.: Bounds on the dimension of spaces of multivariate piecewise polynomials. Rocky Mountain Journal of Mathematics 14 (1984) 251-264.

[SCHU 86] Schumaker, L.L.; Volk, W.: Efficient evaluation of multivariate polynomials. Computer Aided Geometric Design 3 (1986) 149-154.

[SCHU 87] Schumaker, L.L.: Triangulation methods. In Chui, C.K.; Schumaker, L.L.; Utreras, F.I. (ed.): Topics in Multivariate Approximation, Academic Press (1987) 219-232.

[SCHW 66] Schweikert, D. G.: An Interpolation Curve Using a Spline In Tension. J. Math. A. Physics 45 (1966) 312-317.

[SED 83] Sederberg, Th.W.: Implicit and parametric curves and surfaces for Compter Aided Geometric Design. Thesis Purdue University 1983.

[SED 84] Sederberg, Th.W.; Anderson, D.C.; Goldman, R.N.: Implicit Representation of Parametric Curves and Surfaces. Computer Vision, Graphics, and Image Processing 28 (1984) 72-84.

[SED 85] Sederberg, Th.W.; Anderson, D.C.: Steiner surface patches. IEEE Computer Graphics & Applications 5 (1985) 23-36.

[SED 85a] Sederberg, Th.W.; Anderson, D.C.; Goldman, R.N.: Implicitization, inversion, and intersection of planar rational cubic curves. Computer Vision, Graphics, and Image Processing 31 (1985) 89-102.

[SED 85b] Sederberg, Th.W.: Piecewise algebraic surface patches. Computer Aided Geometric Design 2 (1985) 53-59.

[SED 86] Sederberg, Th.W.; Parry, S.R.: Comparison of three curve intersection algorithms. Computer-aided design 18 (1986) 58-63.

[SED 86a] Sederberg, Th.W.; Parry, S.R.: Free-form deformation of solid geometric models. ACM 20 (1986) 151-160.

[SED 87] Sederberg, Th.W.: Algebraic geometry for surface and solid modeling. In Farin, G. (ed.): Geometric Modeling, Algorithms and new Trends. SIAM (1987) 28-42.

[SED 87a] Sederberg, Th.W.; Wang, X.: Rational hodographs. Computer Aided Geometric Design 4 (1987) 333-335.

[SED 88]   Sederberg, Th.W.; Meyers, R.J.: Loop detection in surface patch intersections. Computer Aided Geometric Design 5 (1988) 161-171.

[SED 88a] Sederberg, Th.W.; White, S.C.; Zundel, A.K.: Fat arcs: A bounding region with cubic convergence. Report No. ECGL-88-1, Engineering Computer Graphics Laboratory, Brigham Young University, Provo 1988.

[SED 89]   Sederberg, Th.W.; Zhao, J.; Zundel, A.K.: Approximate Parametrization of Algebraic Curves. In Strasser, W. (ed.): Theory and Practice of Geometric Modeling. Springer 1989.

[SEI 88]   Seidel, H.P.: Knot insertion from a blossoming point of view. Computer Aided Geometric Design 5 (1988) 81-86.

[SEW 88]   Sewell, G.: Plotting Contour Surfaces of a Function of Three Variables. Algorithm 657. ACM Trans. Math. Software 14 (1988) 33-41.

[SHA 82]   Sharpe, R.J.; Thorne, R.W.: Numerical method for extracting an arc length parameterization from parametric curves. Computer-aided design 14 (1982) 79-81.

[SHE 68]   Shepard, D.: A two dimensional interpolation function for irregular spaced data. ACM National Conference (1968) 512-524.

[SHI 87]   Shirman, L.A.; Séquin, C.H.: Local surface interpolation with Bézier patches. Computer Aided Geometric Design 4 (1987) 279-295.

[SIB 78]   Sibson, R.: Locally equiangular triangulations. The Computer Journal 21 (1978) 243-245.

[SNY 87]   Snyder, J.M., Barr, A.H.: Ray Tracing Complex Models Containing Surface Tessellations. ACM Computer Graphics 21 (1987) 119-128.

[SPÄ 69]   Späth, H.: Exponential spline interpolation. Computing 4 (1969) 225-233.

[SPÄ 71]   Späth, H.: Algorithmus 16: Two-Dimensional Exponential Splines. Computing 7 (1971) 364-369.

[STÄ 76]   Stärk, E.: Mehrfach differenzierbare Bézier-Kurven und Bézier-Flächen. Diss. Braunschweig 1976.

[STAN 88] Standerski, N.B.: Die Generierung und Verzerrung von Schiffsoberflächen beschrieben mit globalen Tensorproduktflächen. Diss. TU Berlin 1988.

[STA 81]   Stark, E.L.: Bernstein-Polynome, 1912-1955. In Butzer, P.L.; Nagy, B.Sz.; Gorlich, E. (ed.):Functional Analysis and Approximation. Birkhäuser (1981) 443-461.

[STE 84]   Stead, S.E.: Estimation of Gradients from Scattered Data. Rocky Mountain Journal of Mathematics 14 (1984) 265-279.

[STO 89]   Storry, D.J.T.; Ball, A.A.: Design of a n-sided surface patch from Hermite boundary data. Computer Aided Geometric Design 6 (1989) 111-120.

[SUT 76]   Sutcliffe, D.C.: A remark on a contouring algorithm. The Computer Journal 19 (1976) 333-335.

[SUT 80]   Sutcliffe, D.C.: Contouring over rectangular and skewed rectangular grids - an introduction. In Brodlie, K. (ed.): Mathematical Methods in Computer Graphics and Design. Academic Press (1980) 39-62.

[TIL 83]   Tiller, W.: Rational B-splines for curve and surface representation. IEEE Computer Graphics Appl. 3 (1983) 61-69.

[TIL 84]   Tiller, W.; Hanson, E. G.: Offsets of Two-Dimensional Profiles. IEEE Computer Graphics & Applications 4 (1984) 36-46.

[TIM 77]   Timmer, H.G.: Analytical background for computation of surface intersections. Douglas Aircraft Company Technical Memorandum C1-250-CAT-77-036, 1977.

[TOD 86]   Todd, P.H.; McLeod, R.J.Y.: Numerical estimation of the curvature of surfaces. Computer-aided design 18 (1986) 33-37.

[TÖP 82]   Töpfer, H.J.: Models for smooth curve fitting. Numerical Methods of Approximation Theory 6, Birkhäuser Verlag (1982) 209-224.

[UNB 85]   Unbehaun, K.: Drucken in drei Dimensionen - Analyse der alternativen verfügbaren 3-D-Verfahren. Deutscher Drucker 16 (1985) 142-160.

[VAR 89]   Varady, T.; Martin, R.R.; Vida, J.: Topological considerations in blending boundary representation solid models. In Straßer, W. (ed.): Theory and Practice of Geometric Modeling. Springer 1989.

[VERO 76]   Veron, M.; Ris, G.; Musse, J. P.: Continuity of biparametric surface patches. Computer-aided design 8 (1976) 267-273.

[VERS 75]   Verspille, K.J.: Computer-aided design applications of the rational B-spline approximation form. Diss. Syracuse University 1975.

[VIN 89]   Vinacua, A.; Brunet, P.: A construction for VC^1 continuity of rational Bézier patches. In Schumaker, L.L.; Lyche, T. (ed.): Mathematical Methods in Computer Aided Geometric Design. Academic Press 1989.

[WAG 86]   Waggenspack, W.N.; Anderson, D.C.: Converting standard bivariate polynomials to Bernstein form over arbitrary triangular regions. Computer-aided design 18 (1986) 529-532.

[WAG 89]   Waggenspack, W.N.; Anderson, D.C.: Piecewise parametric approximations for algebraic curves. Computer Aided Geometric Design 6 (1989) 33-53.

[WAH 84]   Wahba, G.: Surface fitting with scattered noisy data on Euclidean D-space and on the sphere. Rocky Mountain Journal of Mathematics 14 (1984) 281-299.

[WAL 71]   Walter, H.: Numerische Darstellung von Oberflächen unter Verwendung eines Optimalprinzips. Diss. TU München 1971.

[WAS 88]   Wassum, P.: Approximative Basistransformation von Splineflächen. Preprint 1195, Fachbereich Mathematik, Technische Hochschule Darmstadt 1988.

[WAS 89]   Wassum, P.: VC^1- und VC^2-Übergangsbedingungen zwischen angrenzenden Rechtecks- und Dreiecks-Bézier-Flächen. Preprint 1233, Fachbereich Mathematik, Technische Hochschule Darmstadt 1989.

[WATK 88] Watkins, M.A.; Worsey, A.J.: Degree reduction of Bézier curves. Computer-aided design 20 (1988) 398-405.

[WATK 88a] Watkins, M.A.: Problems in geometric continuity. Computer-aided design 20 (1988) 499-502.

[WAT 81]   Watson, D.F.: Computing the n-dimensional Delaunay tessellation with application to Voronoi polytopes. The Computer Journal 24 (1981) 167-172.

[WAT 84]   Watson, D.F.; Philip, G.M.: Survey: Systematic triangulations. Computer Vision, Graphics, and Image Processing 26 (1984) 217-223.

[WEI 66]   Weiss, R.A.: Be VISION, a package of IBM 7090 FORTRAN programs to draw orthographic views of combinations of plane and quadric surfaces. Journal ACM 13 (1966) 194-204.

[WER 79]   Werner, H.: An introduction to non-linear splines. In Sahney, B.N. (ed.): Polynomial and Spline Approximation. Reidel Publishing Company (1979) 247-306.

[WEV 88]   Wever, U.: Darstellung von Kurven und Flächen mittels datenreduzierender Algorithmen. Diss. TU München 1988.

[WHE 86]   Whelan, T.: A representation of a C^2 interpolant over triangles. Computer Aided Geometric Design 3 (1986) 53-66.

[WIJ 86]   van Wijk, J.J.: Bicubic patches for approximating non-rectangular control-point meshes. Computer Aided Geometric Design 3 (1986) 1-13.

[WIT 81]   Wittram, M.: Hidden-line algorithm for scenes of high complexity. Computer-aided design 13 (1981) 187-192.

[WOO 87]   Woodwark, J.R.: Blends in Geometric Modelling. In Martin, R.R. (ed.): The Mathematics of Surfaces II. Oxford University Press 1987.

[WOON 71] Woon, P.Y.; Freeman, H.: A procedure for generating visible-line projections of solids bounded by quadric surfaces. In Proceedings 1971 IFIP Congress, North Holland (1971) 1120-1125.

[WOR 85]   Worsey, A.J.: C^2 interpolation over hypercubes. Computer Aided Geometric Design 2 (1985) 107-115.

[WOR 87]   Worsey, A.J.; Farin, G.: An n-Dimensional Clough-Tocher Interpolant. Constructive Approximation 3 (1987) 99-110.

[WOR 88]   Worsey, A.J.; Piper, B.: A trivariate Powell-Sabin interpolant. Computer Aided Geometric Design 5 (1988) 177-186.

[WRI 85]   Wright, A.H.: Finding All Solutions to a System of Polynomial Equations. Mathematics of Computation 44 (1985) 125-133.

[WUN 50]   Wunderlich, W.: Zur Geometrie gewisser Glanzerscheinungen. Monh. Math. 54 (1950) 330-344.

[WUN 77]   Wunderlich, W.: Über die gefährlichen Örter bei zwei Achtpunktproblemen und einem Fünfpunktproblem. Österr. Z. Vermessungswesen und Photogrammetrie 64 (1977) 119-128.

[YAN 87]   Yang, C.G.: On speeding up ray tracing of B-spline surfaces. Computer-aided design 19 (1987) 122-130.

[YAN 87a] Yang, C.G.: Illumination models for generating images of curved surfaces. Computer-aided design 20 (1987) 544-554.

[ZEN 70]   Ženišek, A.: Interpolation Polynomials on the Triangle. Numer. Math. 15 (1970) 283-296.

[ZEN 73]   Ženišek, A.: Polynomial Approximation on tetrahedrons in the finite element method. Journal of Approximation Theory 7 (1973) 334-351.

15. Stichwortverzeichnis

Mathematische Methoden in der Technik

Band 1: **Törnig/Gipser/Kaspar, Numerische Lösung von partiellen Differentialgleichungen der Technik**
183 Seiten. DM 38,–

Band 2: **Dutter, Geostatistik**
159 Seiten. DM 36,–

Band 3: **Spellucci/Törnig, Eigenwertberechnung in den Ingenieurwissenschaften**
196 Seiten. DM 38,–

Band 4: **Buchberger/Kutzler/Feilmeier/Kratz/Kulisch/Rump, Rechnerorientierte Verfahren**
281 Seiten. DM 48,–

Band 5: **Babovsky/Beth/Neunzert/Schulz-Reese, Mathematische Methoden in der Systemtheorie: Fourieranalysis**
173 Seiten. DM 38,–

Band 8: **Weiß, Stochastische Modelle für Anwender**
192 Seiten. DM 38,–

Band 9: **Antes, Anwendungen der Methode der Randelemente in der Elastodynamik und der Fluiddynamik**
196 Seiten. DM 38,–

Band 10: Vogt, **Methoden der Statistischen Qualitätskontrolle**
295 Seiten. DM 48,–

In Vorbereitung

Band 6: **Krüger/Scheiba, Mathematische Methoden in der Systemtheorie: Stochastische Prozesse**

Preisänderungen vorbehalten

 B. G. Teubner Stuttgart

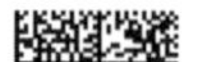